한국 산업인력공단 필기시험 집중 대비서

Craftsman Elevator

승강기 기능사 필기

과년도 3주완성

저자 이영민, 정재복

엘리베이터나 에스컬레이터, 주차용 기계장치 등 승강기는 일단 설치가 끝나면, 좋은 작동상태를 유지하기 위해 지속적인 점검 및 보수작업을 해야 한다. 이러한 작업을 위해서는 기계, 전자, 전기에 대한 기초적인 지식과 기능을 필요로 한다. 이에 따라 산업현장에서 필요로 하는 기능인력의 양성을 통해 승강기 이용시 안전을 도모하고자 자격제도를 제정하였다.

도서출판 엔플북스

머리말

현대사회의 주거공간이 예전과 달리 고층화되면서 승강기에 대한 비중은 나날이 커지고 있다. 하지만 고급 전문 인력의 부족으로 일반 설비관리자나 전기관리자가 업무를 병행하다 보니 자잘한 사고가 빈번하게 일어난다.

승강기 사고로 인해 인명피해 및 많은 물적 손실이 생기는 것을 방지하기 위해서는 전문기술자 양성이 필요로 되고 있다. 이처럼 전문기술자 양성을 위해 국가에서 시행하는 자격증을 좀 더 쉽게 취득하게 하기 위해 가장 기초적인 기능사 수험서를 만들어 수험자들에게 좀 더 쉽게 자격증을 취득하도록 하였다.

이 책의 특징은
1. 수험자들이 원하는 가장 기본적인 부분만을 요점정리를 하였다.
2. 반복적인 문제를 집중적으로 분석해서 해설 및 풀이를 간략하게 정리하였다.
3. 문법에 맞추어 보기 쉽게 정리하였다.
4. 누구나 쉽게 이해할 수 있도록 책을 읽다보면 자연스럽게 익힐 수 있도록 반복학습을 할 수 있게 구성하였다.

이 책이 나오기까지 힘써주신 정재복 선생님과 엔플북스 사장님 이하 직원분들에게 감사함을 드리며, 수험생 여러분들의 합격도 기원합니다.

이해가 되지 않는 부분에 대해서는 엔플북스 홈페이지나 카페를 이용해 문의내용을 올려주시면 최대한 답변을 자세히 해 드리도록 노력할 것을 약속드립니다.

2015년 1월
저자 올림

목 차

🖱 승강기 /3
1절 : 승강기의 개요 ·· 3
2절 : 조작방법 ··· 5
3절 : 로프식(전기식) 승강기 ·· 6
4절 : 유압식 승강기 ··· 15
5절 : 덤웨이터 ·· 18
6절 : 특수 승강기 ··· 19
7절 : 승강기의 주요구조 및 부속장치 ······································· 20

🖱 수평보행기 및 에스컬레이터 /46
1절 : 수평보행기 ·· 46
2절 : 에스컬레이터 ··· 48

🖱 기계 기초이론 /59
1절 : 재료의 성질 ··· 59
2절 : 기계 구조와 원리 ··· 60
3절 : 측정기기 ·· 63

🖱 전기 기초이론 /64
1절 : 전기의 개요 ··· 64
2절 : 자기회로 ·· 67
3절 : 정전계 ··· 69
4절 : 논리회로 ·· 70
5절 : 반도체 소자 ··· 72
6절 : 전압의 종류 및 절연, 접지 ··· 73
7절 : 구동기계 기구 및 동작원리 ·· 74

🖱 안전관리 /77
1절 : 재해발생의 원인 ·· 77
2절 : 기타 설비 ·· 80

🖱 과년도출제문제 /1

🖱 모의고사 /1

이론요약

- 승강기
- 수평보행기 및 에스컬레이터
- 기계 기초이론
- 전기 기초이론
- 안전관리

승강기 기능사

승강기

1절 승강기의 개요

1. 동력 매체별 분류

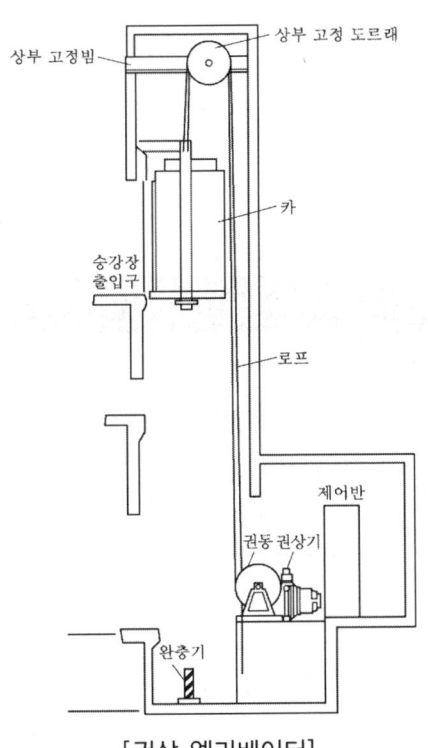

[권상 엘리베이터]

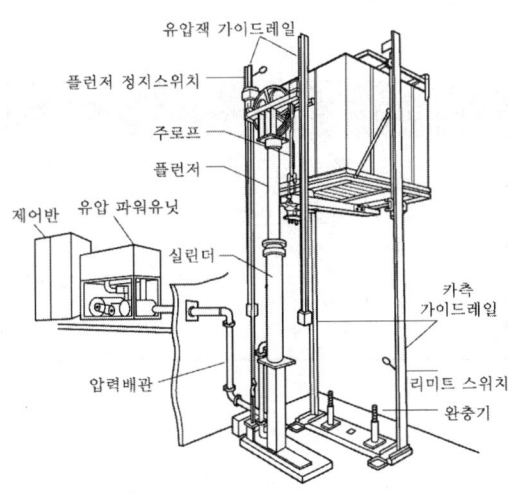

[유압 엘리베이터]

구 분	이용 방법	종 류
로프식(전기식)	로프에 카를 매달아 전동기를 이용하는 방식	권상 구동식, 포지티브 구동식
플런저	유체의 압력을 이용하는 방식	직접식, 간접식, 팬터그래프식
스크루	나사의 홈 기둥을 따라 이동하는 방식	
랙·피니언	레일의 랙(rack)과 카의 피니언을 이용, 움직이는 방식	

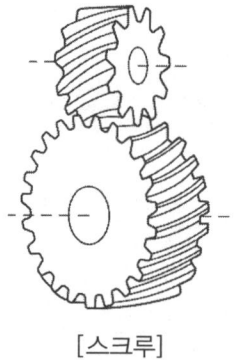

[스크루]

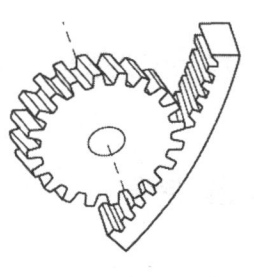

[랙·피니언]

2. 속도별 구분

종 류	속 도
저속	45m/min 이하
중속	60m/min 이상 105m/min 이하
고속	120m/min 이상 300m/min 이하
초고속	360m/min 초과

3. 용도별 분류

구 분	종 류	분류 기준
승객용	승객용	사람 운송용으로 사용되는 엘리베이터
	침대용	병원용으로 침대나 승객 운송용으로 사용되는 엘리베이터
	승객·화물용	승객이나 화물을 같이 사용하는 엘리베이터
	장애인용	장애인이 사용하기 적합하게 제작된 엘리베이터
	전망용	엘리베이터 안에서 외부를 전망하게 제작된 엘리베이터
	비상용	비상시 구조나 화재소화에 사용되는 엘리베이터
화물용	화물용	화물운반용으로 사용되는 엘리베이터(취급자 1인 탑승 가능. 단, 1톤 미만 사람이 탑승하지 않는 것은 제외)
	자동차용	자동차를 운반하는 엘리베이터
	덤웨이터	카의 바닥면적이 $1m^2$ 이하, 천장높이가 1.2m 이하로 사람이 타지 않으면서 1톤 미만의 소화물을 운반하는 엘리베이터이다. 그러므로 정전등이 필요 없다.

2절 조작방법

1. 운전원 방식

① 카 스위치 방식 : 기동·정지가 모두 운전자에 의해서 작동한다.
② 시그널 컨트롤 방식 : 카의 진행방향의 결정 또는 정지층 결정은 눌러진 카 내의 운전반 버튼 또는 승강장 버튼에 의해 작동된다. 운전자는 문의 개폐만 한다.
③ 레코드 컨트롤 방식 : 운전원이 승객의 목적층과 승강장의 호출신호를 보고, 조작반 목적층의 버튼을 누르면 순서대로 자동 정지한다.

2. 무운전원 방식

① 단식자동제어방식 : 오름, 내림 겸용으로 먼저 호출된 것에만 응답하고, 운행 중에는

　　다른 호출에 응하지 않는다.

　② 하강승합자동식 : 2층 이상의 승강장에는 내림 버튼만 있고, 중간층에서 위방향으로 올라갈 때는 1층까지 내려갔다가 다시 눌러야 올라간다.

　③ 승합전자동식 : 승강장에 버튼이 2개 있으며 동시에 기억 카의 진행방향에 카 내의 호출과 승강장의 호출을 응답하면서 작동한다.

3. 복수 승강기 조작방식

　① 군승합 자동식 : 2~3대의 엘리베이터를 연계시킨 후 호출에 대해 먼저 응답한 카만 가동하고 다른 카는 응답하지 않아 효율적인 방식이다.

　② 군관리 방식 : 3~8대의 엘리베이터를 연계, 집단으로 묶어서 운행 관리하는 방식이다.

3절 로프식(전기식) 승강기

1. 전동기

(1) 전동기의 구비 조건

　① 기동전류가 작을 것
　② 기동토크가 작을 것
　③ 회전부분의 관성 모멘트가 작을 것
　④ 잦은 기동빈도에 대해 열적으로 견딜 것

(2) 전동기의 이상 상태

　① 전동기 외함에 전류가 흐른다.
　② 전동기 축부분에 이상음이 생긴다.
　③ 전동기 본체부분에 균열이 약간 있다.
　④ 마찰음이 심하다.

(3) 모터용량

$$P = \frac{1분간\ 수송인원 \times 1명의\ 중량 \times 층높이}{6120 \times 종합효율}\,[\text{kW}]$$

$$모터용량(P) = \frac{LVS}{6120 \times \eta}\,[\text{kW}]$$

L : 정격적재용량, V : 정격속도, $S = 1 - F$(오버 밸런스율)

(4) 로프식 엘리베이터
벽이나 기둥으로부터 30cm 이상 떨어져야 한다.

(5) 분권전동기
직류전동기로 계자권선과 전기자를 병렬로 접속한 것이며, 부하전류의 변동과 관계없이 속도는 일정하다.

(6) 차동복권전동기
전기자전류가 변화했을 경우에, 거의 속도가 변하지 않는다는 성질을 지니게 할 수 있으나, 시동 때에는 토크가 적으므로 많이 사용되지 않는다.

(7) 제어방법
① 교류 제어방식

교류 1단 방식, 교류 2단 방식, 교류 귀환방식, VVVF 방식 등이 있다.

㉠ 교류 1단 속도제어 : 가장 간단한 제어방식으로 3상 교류의 단속도 모터에 전원을 공급하는 것으로 기동과 정속운전을 하고, 정지는 전원을 끊은 후 제동기에 의해 기계적으로 브레이크를 거는 방식이다.

㉡ 교류 2단 속도제어 : 2단 속도 모터를 사용하여 기동과 주행은 고속권선으로 행하고, 감속 시는 저속권선으로 감속하여 착상하는 방식

㉢ 교류 귀환제어방식

ⓐ 고속측은 사이리스터에 의한 1차 전압제어 또는 교류 2단 속도와 동일한 기동저항을 이용한 방식으로 하고, 제동측은 사이리스터에 의한 직류전압을 모터에 가하는 다이내믹 브레이크(DB제어)를 작동시킨다.

ⓑ 속도 지령에 따라 크리프 리스로 착상 가능하기 때문에 층간 운전시간이 짧고 승차감이 뛰어나지만, 모터의 발열이 크다는 것이 단점이다.

ⓒ 2권선 모터를 사용하지 않고, 1권선 모터를 이용해 감속 시에는 구동회로에

　　　서 모터를 전원으로부터 분리하여 제동 전류를 모터에 가하는 등 다양한 어레인지가 이루어졌다.

　　ⓔ 가변전압 가변주파수(VVVF) 제어방식 : 인버터 방식의 최근 엘리베이터뿐만 아니라, 다른 기기에서도 널리 사용되고 있는 방식이다. 엘리베이터에서는 승강실 내 하중과 운전방향에 따라 회생전력이 발생한다.(승강실이 빈 상태로 상승하는 경우 등) 이 회생전력을 흡수하기 위해 인버터의 직류단에 회생전류 흡수용 저항기를 설치해 열을 발산하고 있다. 정격속도 120m/min을 넘는 것의 대부분은 컨버터를 정류회로로 바꾸어 회생전력을 전원으로 되돌리고 있다.

② 직류전동기의 속도제어방법

　저항제어법, 전기자 전압제어법, 계자제어법 등이 있다.

③ 워드레오나드방식은 직류전동기의 속도 제어방식을 말하며, 전동기의 여자 전류를 최대로 하고 발전기의 단자전압을 제로에서 서서히 상승시키면 주 전동기는 기동저항 없이 조용히 기동한다. 발전기의 단자전압의 제어에 의해서 주 전동기의 속도를 단계 없이 제어할 수 있다. 전동기의 역전은 발전기 단자전압의 극성을 반대로 함으로써 할 수 있다.

④ 정지레오나드 방식

　사이리스터를 사용하여 교류를 직류로 변환, 전동기에 공급하여 사이리스터 점호각을 제어하고 직류전압을 가변시켜 속도를 제어하는 방식

2. 권상기(traction machine)

(1) 권상기 형식

　① 기어드(geared) 방식

　　기어를 부착시킨 것 웜 기어 또는 헬리컬 기어를 사용하며, 속도 105m/min 이하이다.

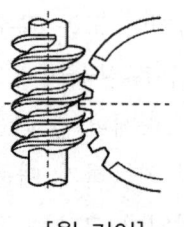
[웜 기어]

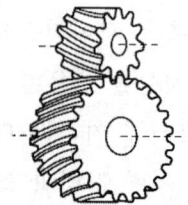
[헬리컬 기어]

[헬리컬 기어와 웜 기어 비교]

구 분	헬리컬 기어	웜 기어
효율	높다	낮다
역구동	쉽다	어렵다
소음	크다	작다

- 기어리스(Gearless) : 기어를 사용하지 않고 전동기의 회전축에 시브를 부착시켜 사용. 속도 120m/min 이상
② 권상기 도르래 홈의 형상의 종류 : U홈, V홈, 언더컷 홈
- 언더컷 시브는 로프 마모율이 심하다.
③ 도르래 직경 : 주로프(D/d=40 : 1), 균형로프(D/d=32 : 1)

(2) 권상용 와이어로프의 종류

- 로프 꼬임의 종류 -

① 보통 꼬임 : 스트랜드의 꼬는 방향과 로프의 꼬는 방향이 반대인 것. 많이 사용되고 있다.
② 랭(Lang) 꼬임 : 스트랜드의 꼬는 방향과 로프의 꼬는 방향이 같은 방향인 것

(3) 와이어로프의 조건

① 직경은 공칭지름 12mm(단, 정격속도 분당 15m 이하로 카의 바닥면적이 $1.5m^2$ 이하의 승강기에는 10mm) 이상일 것
② 카 1대에 대해 3본(단, 권동식은 2본 이상) 이상일 것
③ 단부는 1본마다 강재 소켓에 배빗 채움, 클램프 고정 또는 이와 같은 방법으로

고정되어 있을 것

④ 권동식 승강기의 권상용 로프 여유길이는 카가 최저가 되었을 때 권상기 드럼에 2회 감고 남은 길이일 것

⑤ 로프의 안전율

종 류		안전율
권상용 와이어로프	승용	10
	화물용	6
조속기		4

(4) 재료의 허용 응력

승강기 부분		안전율
승용 승강기(승객·화물겸용 승강기 포함)의 카		7.5
승용 승강기 이외의 승강기 카		6
지지보	철골 구조	4
	철근 콘크리트 구조	7
보조 로프		4

(5) 시브 및 드럼

직경은 주로프 직경의 40배 이상으로 할 것(단, 시브로서 주로프 직경에 접한 부분의 길이가 그 둘레의 $\frac{1}{4}$ 이하인 것의 직경은 주로프 직경의 36배 이상으로 할 수 있다.)

3. 주로프

(1) 로프의 구조

① 주로프는 10~12호, 15~17호 등이 사용된다.

② 주로프는 일반로프보다 탄소함유량이 적어야 하고, 파단강도는 135kg/mm² 정도이다.

③ 철제 또는 강철제 3본 이상의 와이어로프를 사용하며, 공칭 직경은 8mm이고 안전율은 12 이상이어야 한다.

④ 보통 꼬임방식이 사용되는데 S꼬임보다 Z꼬임이 사용된다.

(2) 로프 거는 법

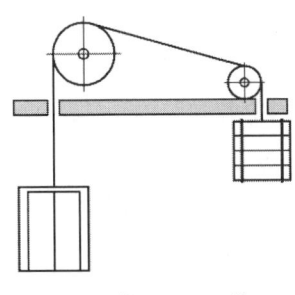

[1 : 1 로핑]   [2 : 1 로핑]

① 대용량 저속 승강기에는 3 : 1, 4 : 1, 6 : 1 로핑이 사용된다.
② 단점
    ㉠ 종합효율이 저하된다.
    ㉡ 로프의 길이가 길어진다.
    ㉢ 로프의 수명이 짧다.
    ㉣ 양중기의 와이어로프 사용금지
        ⓐ 이음매가 있는 것
        ⓑ 와이어로프의 한 가닥에서 소선의 수가 10% 이상인 것
        ⓒ 지름의 감소가 공칭지름의 7%를 초과한 것
        ⓓ 심하게 변형 또는 부식된 것
        ⓔ 꼬인 것

(3) 시브에 로핑 방법

① 싱글랩 방식 : 중·저속 승강기에 사용
② 더블랩 방식 : 고속 승강기에 사용

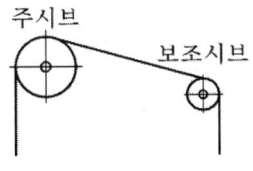 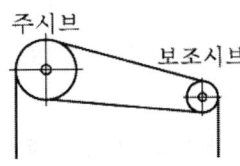

(4) 로프의 미끄러짐 현상의 원인
① 카와 무게추와의 무게비
② 도르래의 마찰력
③ 주도르래에 로프가 감기는 각도(권부각)
④ 속도변화율

(5) 와이어로프의 가공법
U볼트 클립법, 클램프법, 소켓법 등이 있다.

(6) 안전율
① 조속기 로프 : 4 이상
② 화물용 와이어로프 : 6 이상
③ 승객용 와이어로프 : 12 이상

(7) 언더컷 사용 목적
① 로프와 시브의 마찰계수를 높이기 위한 것이다.
② 로프 마모율이 비교적 심하다.
③ 주로 싱글 래핑(1 : 1 로핑)에 사용된다.
④ 홈의 형상은 시브 홈의 밑을 도려낸 것이다.

(8) 승강기 검사기준에서 언더컷의 잔여량은 1mm 이상이어야 하고, 권상기 도르래에 감긴 주로프 가닥의 길이 높이차는 2mm 이내이어야 한다.

(9) 소손의 인장강도 종별에 따른 구분

종 별	비 고
E종 ($135kg/m^2$)	강도가 다소 낮으나 유연성이 좋고 소선이 잘 파단되지 않아 주로 엘리베이터에 사용
G종 ($150kg/m^2$)	습기에 강한 아연도금의 재질이므로 습기가 많은 현장에서 사용
A종 ($165kg/m^2$)	파단강도가 높기 때문에 초고층 엘리베이터에 사용

4. 균형추, 균형 체인

(1) 균형추
① 균형추는 카의 측면 또는 상대편에 위치하여 권상기의 부하를 줄이는 역할을 한다.
② 구조재 및 연결재의 안전율은 균형추가 승강로의 꼭대기에 있고, 엘리베이터가 정지한 상태에서 5 이상으로 한다.
③ 균형추의 총 중량=카 자체중량+정격하중(L)×오버밸런스율(F)
④ 균형추의 총 중량은 일반적으로 빈 카의 자체하중에 정격하중의 35~55%의 중량을 더한 값

(2) 균형 체인(Compensating Chain)
① 카의 위치변화에 따른 로프·이동케이블의 무게를 보상한다.
② 체인의 종류
　㉠ 전동용 체인 : 블록 체인, 롤러 체인, 사일런트 체인
　㉡ 하중용 체인 : 링크 체인, 코일 체인

5. 가이드 레일(guide rail)

	8K	13K	18K	24K
A	56	62	89	89
B	78	89	114	127
C	10	16	16	16
D	26	32	38	50
E	6	7	8	12

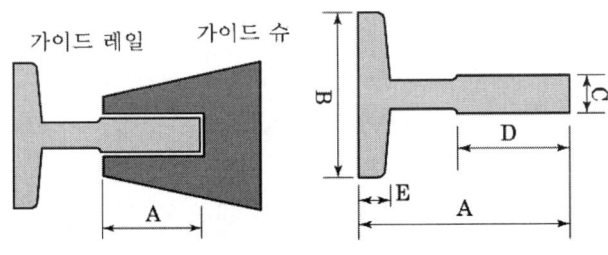

가이드 슈 걸림대(A)
㉠ 5K, 8K 레일 : 2.5cm
㉡ 13K 레일 : 3.0cm
㉢ 18K, 24K 레일 : 3.5cm
㉣ 30K, 37K, 50K 레일 : 4.0cm

(1) 레일의 규격
① 레일의 호칭은 마지막 가동 전 소재의 1m당 중량으로 한다.
② 레일의 표준길이는 5m
③ T형 레일을 사용하고, 공칭은 8K, 13K, 18K, 24K, 30K이며, 대용량 엘리베이터는 37K, 50K 등을 사용

(2) 가이드 레일의 역할
① 비상정지장치가 작동했을 때 수직하중을 유지한다.
② 균형추를 양측에서 지지하며, 수직방향으로 안내해준다.
③ 카의 심한 기울어짐을 막아준다.

(3) 가이드 레일의 점검 항목
① 손상이나 소음 유무를 점검한다.
② 녹이나 이물질이 있을 경우 제거한다.
③ 취부 볼트, 너트의 이완상태 여부를 점검한다.
④ 레일의 브래킷의 조임상태를 점검한다.
⑤ 레일 클립의 변형 유무를 점검한다.
⑥ 레일의 급유상태 및 오염상태를 점검한다.
⑦ 브래킷 취부 앵커 볼트의 이완 유무 및 용접부 균열 유무를 점검한다.

(4) 가이드 레일의 허용응력은 원칙적으로 2400kgf/cm^{2}이어야 한다.

4절 유압식 승강기

1. 유압식 유강기의 종류

(1) 직접식 유압승강기

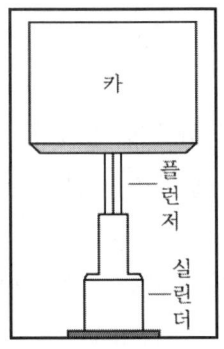

① 실린더의 보호관이 필요 없고, 점검이 용이하다.
② 비상정지장치가 필요하다.
③ 로프의 늘어남과 기름의 압축성 때문에 부하로 인한 바닥 침해가 있다.

(2) 간접식 유압승강기

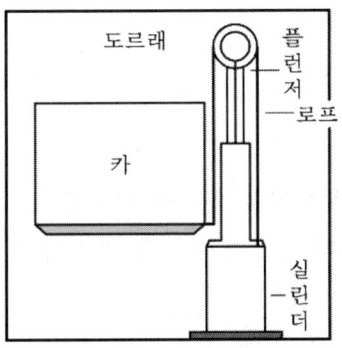

(3) 팬터그래프식 승강기

① 소요 승강로 면적이 작아도 된다.
② 비상정지장치가 없어도 된다.
③ 부하에 대한 카 바닥 침해가 적다.

(4) 유압식 승강기의 특징
① 기계실 위치가 자유롭다.
② 파워 유닛은 승강기 1대당 1대가 필요하다.
③ 속도 60m/min 이하, 높이 7층 이하에 적용
④ 오일의 온도는 5℃ 이상 60℃ 이하로 유지
⑤ 균형추를 사용하지 않으므로 전동기의 출력과 소비전력이 크며, 모터의 용량도 커야 한다.
⑥ 승강로 상부 틈새가 작아도 된다.
⑦ 직상부에 설치하지 않아도 되므로 건물 꼭대기 부분에 하중이 걸리지 않는다.
⑧ 실린더를 사용하여 소음과 진동이 적으나, 길이 및 굵기에 제한이 있어 4층 이상이나 층고가 높은 건물에는 사용이 곤란하다.
⑨ 큰 힘을 낼 수 있어 화물용이나 자동차용 등 큰 용량이 필요한 곳에 사용한다.

(5) 유압식 승강기의 안전장치
① 상승 시 유압은 상용압력의 125%가 넘지 않도록 조절하는 릴리프 밸브장치가 필요하다.
② 전원 차단 시 실린더 내의 오일의 역류로 인한 카의 하강을 자동 저지하기 위해 외부 문턱과 내부 문턱의 보정장치가 필요하다.
③ 오일의 온도를 5℃ 이상~60℃ 이하로 유지하기 위한 오일 온도검출장치를 설치하여야 한다.
④ 전동기의 공회전 방지장치를 설치하여야 한다.
⑤ 플런저가 실린더로부터 이탈하는 것을 방지하기 위해 플런저 이탈방지장치가 필요하다.
⑥ 유압엘리베이터에서 안전벨트가 작동하는 설정값은 125%로 한다.
⑦ 유압식 승강기의 착상보상장치는 착상면 기준 75mm 이내이어야 한다.
⑧ 유압식 엘리베이터는 벽이나 기둥으로부터 50cm 이상 떨어져야 한다.

(6) 유압회로의 종류
① 미터 인(meter-in)회로 : 정확한 제어가 가능하나, 효율이 나쁘다.

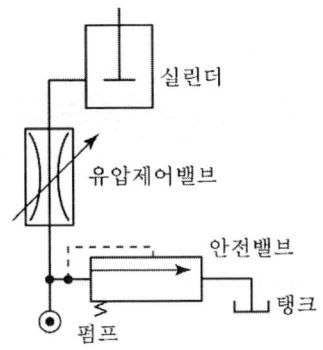

② 블리드 오프(bleed-off)회로 : 부하에 필요한 압력 이상의 압력을 발생시킬 필요가 없어 효율이 높다. 부하변동이 심한 경우 정확한 속도제어가 곤란하다.

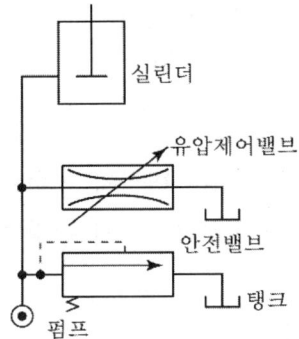

(7) 플런저의 구조
① 플런저의 지름은 압력이 일정한 경우 플런저에 걸리는 하중이 커지면 따라서 같이 커진다.
② 플런저의 표면은 도금과 연마를 하는데 연마를 하는 경우의 표면 거칠기는 1~3μm 정도이다.
③ 관 재료는 KS규격의 기계구조용 탄소용 강관이 사용된다.(t(두께) : 5~20mm 정도)

(8) 플런저의 작동유 온도검출 스위치는 기름탱크의 온도 규정치 60℃를 초과하면 작동유의 점도가 떨어져 착상오차가 심하게 생긴다.

(9) 재료의 안전율

구분	안전율
플런저 실린더 및 압력배관	4 (취성금속을 사용하는 경우 10)
유압 고무호스	10
주로프 또는 체인	10

(10) 간접식 유압 승강기의 체인
① 카 1대에 대해 2본 이상으로 할 것
② 단부는 1본마다 강재로 단단히 체결할 것

(11) 상부틈 : 주행거리$(H) = \dfrac{정격속도(V^2)}{706}$

(12) 기계실의 구조
① 중요한 기계부분에서 기둥 또는 벽까지의 수평거리는 50cm 이상일 것
② 바닥면에서 천장 또는 보의 하단까지의 수직거리는 2.1m 이상일 것
③ 소화설비를 갖출 것
④ 환기시설(10~40℃ 유지)
⑤ 조명시설(바닥에서 100Lux 이상)

(13) 「승강기검사기준」에는 "정전 시에 램프 중심부로부터 2m 떨어진 수직면 사이의 조도를 2Lux 이상으로 1시간 이상 비출 수 있는 예비조명장치가 설치되어야 한다." 로 바뀌었다.

5절 덤웨이터

카의 바닥면적이 $1m^2$ 이하, 천장높이가 1.2m 이하로 사람이 타지 않으면서 1톤 미만의 소화물을 운반하는 엘리베이터이다. 그러므로 정전등이 필요 없다.

6절 특수 승강기

1. 주차설비

(1) 기계식 주차장치의 종류
① 수평순환방식　　② 수직순환방식
③ 다층순환방식　　④ 이단방식
⑤ 승강기방식　　　⑥ 평면왕복방식
⑦ 다단방식　　　　⑧ 승강기슬라이드방식

(2) 수평순환식
주차설비는 다수의 운반기를 평면상에 2열, 또는 그 이상으로 배열하여 임의의 2열 간의 양단에 운반기를 수평순환시켜 주차하는 방식

(3) 수직순환식
주차설비는 자동차를 넣고 그 주차구획을 수직으로 순환시켜 주차시키는 방식

(4) 승강기식
여러 층의 고정된 구차구획에 상하로 움직일 수 있는 운반기에 자동차를 주차시키는 방식

(5) 평면왕복식
평면에 고정된 주차구획에 운반기로 자동차를 주차시키는 방식

(6) 2단식 주차장치
주차실을 2단으로 설치하여 주차면적을 2배로 이용한 설비

(7) 다단식
주차실을 3단 이상으로 하는 방식

(8) 슬라이드방식
넓은 곳에 운반하여 종·횡 방식으로 이동해 주차하는 방식

7절 승강기의 주요 구조 및 부속장치

1. 비상정지장치

(1) 비상정지장치는 승강기에서 과속이 발생했을 때(하강 방향으로) 과속을 감지하여 카를 안전하게 정지시키는 안전장치이다.(조속기에 의해 과속이 감지되어 정속도의 1.3배 때 전기적 스위치가, 1.4배 때 기계적인 작동으로 레일을 꽉 물면서 정지함)

(2) 비상정지장치 작동 후 점검 사항
   ① 가이드레일의 손상 여부
   ② 조속기 로프 연결부의 손상 여부
   ③ 조속기의 손상 여부

(3) 록다운 비상정지장치 : 비상정지장치 작동 시 균형추나 로프 등이 관성으로 상승하는 것을 방지하기 위해 설치한다.(속도는 210m/min 이상에 설치한다.)

(4) 비상정지장치는 카 바닥의 수평도는 어디에서나 $\frac{1}{30}$ 이내일 것

2. 조속기(governor machine)

(1) 조속기

카의 운행속도를 기계적이고 전기적인 방법으로 동시에 검출하여 카의 과속도를 검출하여 이상 시 동력을 차단하여 비상정지를 시키는 장치이다. 조속기는 원심력에 의해 작동하며, 구동축 주위를 도는 2개의 추로 이루어져 있다. 이 추들은 대부분 스프링을 이용한 제어력에 의해 밖으로 튀어나가지 않도록 되어 있다.

(2) 조속기의 동작 원리

조속기의 속도가 빠르면 원심력에 의해 웨이트나 플라이 볼이 동작, 과속스위치 또는 전원스위치 등을 작동시켜 카를 멈춘다.

(3) 조속기의 종류
   ① 플라이 볼형, 롤 세이프티형, 펜들럼형
   ② 조속기의 동작방식 : 순간식 비상정지장치, 점진식 비상정지장치
   ③ 조속기의 물림쇠 형태 : 롤러형, 웨지형

(4) 점진식 비상정지장치(60m/min 이상에 사용)

① 플렉시블 웨지 클램프(F.W.C) : 레일을 죄는 힘이 처음에는 약하게 그리고 하강함에 따라 강해지다가 얼마 후 일정하다.

② 플렉시블 가이드 클램프(F.G.C) : 레일을 죄는 힘이 처음부터 끝까지 일정하다.

(5) 순간식 비상정지장치

카를 순간적으로 일시정지시키는 장치(45m/min 이하에 사용)

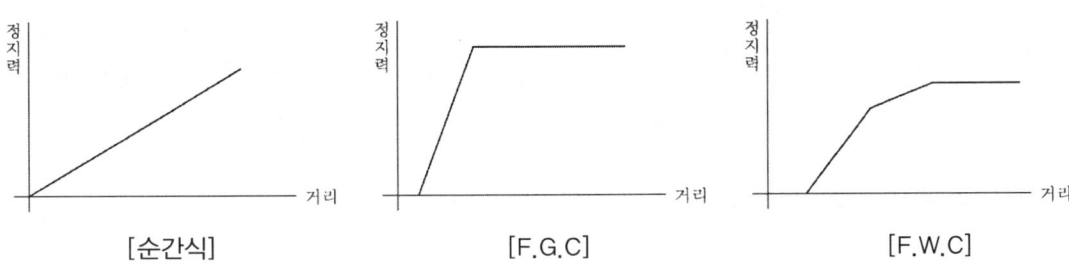

[순간식]　　　　　　　　[F.G.C]　　　　　　　　[F.W.C]

(6) 조속기의 속도별 용도

① 롤 세이프티형(GR형) : 45m/min 이하의 저속용 승강기에 적용

② 디스크형(GD형) : 60~105m/min에 적용

③ 플라이 볼형(GF형) : 120m/min 이상 고속용 승강기에 적용

(7) 롤 세이프티형 조속기의 점검방법

① 각 지점부의 부착상태, 급유상태 및 조정 스프링의 약화 등이 없는지 확인한다.

② 조속기 스위치를 끊어 놓고 안전회로가 차단됨을 확인한다. 또 스위치의 설치상태 및 배선단자의 이완을 확인한다.

③ 카 위에 타고 점검운전을 하면서 조속기 로프의 마모 및 파단상태를 확인하고, 로프 텐션의 상태를 확인한다.

④ 도르래의 홈을 확인하고, 도르래 윗면과 로프의 윗면 치수가 윗면에서 2mm 이상이면 교체한다.

(8) 조속기의 동작

① 제1동작

㉠ 카의 정격속도가 조속기에 의해 과속이 감지되어 정속도의 1.3배를 넘지 않은

　　　　범위 내에서 동작한다.

　　　ⓒ 전원을 차단하고 브레이크를 동작시킨다. 이때 속도는 45m/min 이하의 경우 63m/min이다.

　② 제2동작

　　　㉠ 카의 정격속도가 조속기에 의해 과속이 감지되어 정속도의 1.4배를 넘지 않은 범위 내에서 동작한다.

　　　ⓒ 기계적인 작동으로 레일을 꽉 물면서 정지, 이때 속도는 45m/min 이하의 경우 68m/min이다.

(9) 조속기의 캐치가 작동되었을 때 로프의 인장력은 300N 이상과 비상정지장치를 거는 데 필요한 힘의 2배를 비교하여 큰 값 이상이어야 한다.

(10) 조속기의 공칭직경은 6mm 이상이어야 한다.

3. 제동기(브레이크)

솔레노이드 코일이 자석의 성질을 잃게 되면 즉시 스프링의 힘에 의해 제동이 걸리는 방식이다.

(1) 제동능력

승객용은 125%의 부하, 화물용은 120%의 부하에서 전속 하강 중 카가 위험 없이 감속, 정지할 수 있어야 한다.

(2) 제동시간

$$t = \frac{120d}{V}(\text{s})$$

　　d : 제동 후 이동거리(m), V : 엘리베이터의 속도(m/min)

4. 완충기

완충기는 카가 어떤 원인으로 최하층 피트로 떨어질 때 충격을 완화시키는 장치이다.

정격 속도		최소 거리(mm)		최대 거리(mm)	
		교류1단 속도제어방식 또는 저항제어방식	그 외의 제어방식	카측	균형추측
스프링 완충기	7.5 이하	75	150	600	900
	7.5 초과 15 이하	150			
	15 초과 30 이하	225			
	30 초과	300			
유입완충기		규정하지 않음			

(1) 스프링 완충기

① 카측 스프링 완충기의 적용 중량의 기준은 (카 자중+정격하중)의 2배

② 스프링 완충기의 속도별 최소 행정

　㉠ 30m/min 이하 : 38mm

　㉡ 30m/min 이상 45m/min 이하 : 64mm

　㉢ 45m/min 이상 60m/min 이하 : 100mm

(2) 유입 완충기

유입 완충기 최대 적재중량은 카 자중+적재하중이고, 최소 적재하중은 카 자중+65이다. 유입 완충기의 행정은 카가 정격속도의 115%로 충돌할 경우 평균 감속도가 1G(9.8m/sec) 이하로 정지시킬 수 있어야 하고, 순간 최대 감속도 2.5G를 넘는 감속도가 $\frac{1}{25}$초 이상 지속되지 않아야 한다.

• 속도 60m/min 이하이면 스프링 완충기, 60m/min 초과이면 유입 완충기를 사용한다.

5. 유압 펌프

(1) 나사펌프(스크루 펌프)

회전 펌프의 하나로 스크루 펌프라고도 하며, 관 속에 들어 있는 나사를 회전시켜 유체를 축방향으로 흐르게 하는 것이다. 이 경우 두 개의 나사가 같은 축이 맞닿으면서 흡·토출을 한다. 최근에는 나사펌프는 유압 쪽에서 거의 사용하고 있지 않다. 기

어 펌프와 마찬가지로 이물질로 인해서 맞닿는 나사가 손상되는 경우가 많기 때문이고 두 개의 축이 맞물려 돌아가기 때문에 마모가 쉽다. 또한 나사가 맞닿는 기어의 제작 시 기밀성을 유지하기 어려워서 효율저하가 쉽다.

(2) 기어펌프

2개의 기어를 맞물리게 하여 기어의 이와 이의 공간에 갇힌 유체를 기어의 회전에 의하여 케이싱 내면을 따라 보내게 되어 있는 펌프로, 점도가 높은 균질의 액체를 수송하는 데 적합하기 때문에 기름펌프로서 가장 널리 사용되고 있다. 배출되는 유량은 기어의 회전수에 비례한다.

(3) 플런저 펌프

피스톤과 흡사한 플런저를 실린더 내에서 왕복 운동시킴에 의해 물 또는 유압유를 가압하여 급수하는 형식의 펌프로서, 증기 또는 전동기에 의해 운전되는데 전동기에 의해 구동하는 경우가 많다. 플런저 펌프는, 피스톤 왕복식 펌프(워싱톤 펌프나 위어 펌프 등)가 비교적 저압의 보일러에 이용되는 데 비해 고압에 적합하다.

(4) 베인펌프

회전 펌프의 하나로 편심 펌프라고도 한다. 원통형 케이싱 안에 편심회전자가 있고 그 홈 속에 판상의 깃이 들어 있으며, 이 베인이 원심력 또는 스프링의 장력에 의해 벽에 밀착되어 회전하면서 액체를 입송하는 형식이다. 주로 유압 펌프용으로 사용된다.

6. 밸브 및 기타

(1) 안전밸브

압력조절 밸브로서 압력이 과도하게 상승하는 것을 방지한다.

(2) 역저지밸브

유체를 한쪽 방향으로만 흐르게 하는 밸브로서, 카의 정지 중이나 운행 중 작동유의 압력이 떨어져 카가 역행하는 것을 방지하는 밸브이다.

(3) 스톱 밸브

① 밸브를 닫으면 실린더의 오일이 탱크로 역류하는 것을 방지한다. 유압장치의 보수·점검 또는 수리 시 사용한다.

② 유압 파워 유닛과 실린더 사이의 압력배관에 설치되며, 이것을 닫으면 실린더의

기름이 파워 유닛으로 역류하는 것을 방지한다.

(4) 하강용 유량제어밸브
정전 또는 기계고장으로 카가 멈추었을 때 수동식 하강밸브를 열어주면 카 자체의 하중으로 서서히 내려와 승객을 안전하게 구출할 수 있다.

(5) 상승용 유량제어밸브
펌프로 인해 압력을 받은 오일은 실린더로 가지만 일부는 상승용 전자밸브에 의해 조정되어 유량제어밸브를 통해 탱크로 되돌아오는데, 되돌아오는 유압을 제어하여 실린더측의 유량을 간접적으로 제어하는 밸브이다.

(6) 유량제어밸브
밸브 내의 통과 유량을 무단계로 제어하여 각종 밸브의 개폐 속도의 변경, 가변 용량 펌프·모터의 밀어내는 용적 변경, 속도의 조정 등에 사용된다.

(7) 릴리프 밸브
카의 상승 시 유압의 이상 증대의 경우에 작동압력이 상용압력의 125%를 초과하지 않을 때 자동으로 작동을 개시하고, 작동압력이 상용압력의 140%를 초과하지 않도록 하는 밸브이다.

(8) 레벨링 밸브
차체의 높이가 항상 일정하게 유지되도록 압축 공기를 자동적으로 공기 스프링에 공급하거나 배출하는 역할을 한다.

(9) 럽처 밸브
오일이 실린더로 들어가는 곳에 설치되어 만일 파이프가 파손되었을 때 자동적으로 밸브를 닫아 카가 급격히 떨어지는 것을 방지한다.

(10) 사일런서
자동차의 머플러와 같이 작동유의 압력 맥동을 흡수하여 진동, 소음을 감소시키는 역할을 한다.

(11) 여과기(스트레이너)
펌프 흡입측에 부착하여 유량 내의 철분이나 모래 등의 이물질을 제거하는 장치

7. 안전장치

(1) 도어 클로저
승강장 도어가 열려 있을 때 자동으로 닫히게 하는 장치

(2) 도어 스위치
도어 스위치가 접점이 안 되면 도어가 열린 것으로 인식하고 승강기가 운행되지 않는다.

(3) 세이프티 슈
엘리베이터의 도어 끝단에 부착된 안전장치로, 도어가 닫히는 도중에 사람이나 물건이 접촉하면 반전하여 다시 열리도록 한다.

(4) 가이드 슈
승강로 내에 카를 상하로 주행 안내하고, 주행 중에 카의 진동을 감소시키는 역할을 한다.

(5) 과부하 감지장치
① 기능 : 정격 적재하중의 105~110% 범위 내에서 동작, 경보를 울리고 해제 시까지 문을 열고 대기한다.
② 고장 시 : 초과 하중을 감지 못하고 과적재로 승강기가 추락할 수 있다.

(6) 파이널 리미트 스위치
카가 승강로의 완충기에 충돌되기 전에 작동되어야 한다.

(7) 슬랙 로프 세이프티
조속기를 설치하지 않는 방식으로 로프에 걸리는 장력이 없어져서 휘어짐이 생겼을 때, 바로 운전회로를 차단한다.

(8) 파워 유닛
① 높은 압력의 기름을 빼낼 수 있도록 한 장치
② 실린더와 연결된 부분에 유량제어 밸브를 설치한다.

(9) 파워 유닛 구성 요소

전동기, 펌프, 체크밸브, 안전밸브, 유량제어 밸브, 기름 탱크, 여과기, 사일런서, 필터, 스톱 밸브, 작동유 냉각장치, 작동유 보온장치 등으로 구성되어 있다.

(10) 세이프티 디바이스

인체에 대한 해나 기기의 파괴를 막기 위해 설치한다.

(11) 입체 캠(입체적인 모양의 캠)의 종류

원통형 캠, 구면 캠, 원추 캠, 사판 캠, 단면 캠이 있다.

(12) 권과방지장치

권상용 와이어로프 또는 시브 등의 기복용 와이어로프가 과하게 감기는 것을 방지하는 장치

8. 기계실

(1) 기계실 설치 종류

① 사이드 머신 방식 : 승강로 상부측면에 설치된 방식
② 베이스먼트 방식 : 승강로 하부측면에 설치된 방식
③ 오버헤드 머신 방식 : 승강로 정상부에 설치된 방식

(2) 기계실 구조 및 규정

① 기계실의 바닥면적은 일반적으로 승강로 수평투영면적의 2배 이상이어야 한다.
② 정격속도에 따른 수직거리

정격속도(m/min)	수직거리(m)
60 이하	2.0
60 초과 150 이하	2.2
150 초과 210 이하	2.5
210 초과	2.8

③ 엘리베이터 기계실의 권상기 제어반은 유지보수를 위하여 벽면에서 최소한 0.3m

이상 떨어져야 한다.

④ 기계실 온도는 5℃ 이상 40℃ 이하를 유지해야 한다.

⑤ 기계실 내 작업구역에서의 유효높이는 2.1m 이상이어야 한다.

⑥ 기계실에 설치 운용되는 주요설비 및 장치 : 권상기, 조속기, 제어반

(3) 기계실 출입문

① 출입문은 폭 0.7m 이상, 높이 1.8m 이상의 금속제 문이어야 하며, 기계실 외부로 완전히 열리는 구조이어야 한다. 기계실 내부로는 열리지 않아야 한다.

② 출입문은 열쇠로 조작되는 잠금장치가 있어야 하며, 기계실 내부에서 열쇠를 사용하지 않고 열릴 수 있어야 한다.

③ 출입문이 외기에 접하는 경우에는 빗물이 침입하지 않는 구조이어야 한다.

(4) 비상등

정전 시에 승강기 내부에서 1lux 이상의 밝기를 유지할 수 있는 예비조명장치였으나 최근 기준이 2lux로 변경되었다.

9. 카(CAR)

(1) 엘리베이터의 카가 갖추어야 할 조건

① 카 주위벽은 방화구조로 되어 있어야 한다.

② 외부와의 연락 및 구출장치가 있어야 한다.

③ 카의 실내환기를 유지하기 위해 환풍장치를 부착한다.

④ 비상등이 설치되어 있어야 한다.

⑤ 승객용은 한 개의 카에 두 개의 출입구 설치를 금지한다.

(2) 카 내에서 행하는 검사

① 운전반 버튼의 동작상태

② 카 내의 조명상태

③ 비상통화장치

④ 승강장 출입구 바닥 앞부분과 카 바닥 앞부분과의 틈의 너비

(3) 카의 적재하중

카의 종류		적재하중(kg)
승용 및 화물 겸용	바닥 면적 1.5m² 이하인 것	바닥면적 중 1m²당 370으로 계산한 값
	바닥 면적 1.5m² 이상 3m² 이하	바닥면적 중 1.5m²를 초과한 면적에 대해서 1m²당 500으로 계산한 값에 550을 더한 값
	바닥 면적 3m² 이상	바닥면적 중 3m²를 초과한 면적에 대해서 1m²당 600으로 계산한 값에 1300을 더한 값
화물용	바닥 면적 중 1m²당 250(단, 자동차 운반용에 대해서는 150)으로 계산한 값	

(4) 카 상부에 탑승 절차

① 절차에 의하여 탑승 스위치를 정지시키고, 도어를 열어 비상정지 스위치를 정지 상태로 전환한다.
② 자동, 수동 스위치를 점검 쪽으로 전환한다.
③ 카 상부에 탑승하기 전에 작업등을 점등하고, 외부 문을 열어 둔다.

(5) 승객용 엘리베이터에서 카 바닥 앞부분의 아랫방향으로 출입구의 전폭에 걸쳐 수직 높이가 540mm 이상인 보호판이 견고하게 설치되어야 한다.

(6) 카 추락방지안전장치가 작동될 때, 무부하 상태의 카 바닥 또는 정격하중이 균일하게 분포된 부하 상태의 카 바닥은 정상적인 위치에서 5%를 초과하여 기울어지지 않아야 한다.

(7) 환기

① 구멍이 없는 문이 설치된 카에는 카의 위·아랫부분에 자연 환기구가 있어야 한다.
② 카 윗부분에 위치한 자연 환기구의 유효 면적은 카의 허용면적의 1% 이상이어야 한다. 카 아랫부분의 환기구 또한 동일하게 적용된다. 카 문 주위에 있는 개구부 또는 틈새는 규정된 유효 면적의 50%까지 환기구의 면적에 계산될 수 있다.
③ 자연 환기구는 직경 10mm의 곧은 강체 막대 봉이 카 내부에서 카 벽을 통해 통과 될 수 없는 구조이어야 한다.

10. 승강로

(1) 승강로의 구비 조건
① 외부 공간과 격리되어야 한다.
② 카나 균형추에 접촉하지 않도록 되어야 한다.
③ 화재 시 승강로를 거쳐 다른 층으로 연소되지 않아야 한다.
④ 승강기의 배관설비 이외에 다른 배관설비는 함께 설비되지 않도록 한다.
⑤ 막판은 철재로서 철판의 두께는 1.5mm 이상으로 하고, 쉽게 부착 또는 개폐되지 않아야 한다.
⑥ 막판 이면의 콘크리트벽에는 두께 2.1mm 이상의 강판 또는 스테인리스 판넬을 설치한다.(단, 막판의 두께가 2.0mm 이상일 때는 당해 판넬의 두께를 1.6mm 이상으로 할 수 있다.)
⑦ 측면 또는 막판은 내화구조로 하고, 주요한 부분에 공간이 생기지 않도록 견고하게 부착한다.

(2) 승강로
① 출입구(비상구 포함) 부분과 사람이 가까이 할 염려가 있는 곳에는 견고한 벽이나 울 또는 문을 설치할 것
② 정격속도별 꼭대기 틈새 및 피트 깊이

정격속도	상부 여유거리	피트 깊이
45m/min 이하	1.2m 이상	1.2m 이상
45m/min 이상 60m/min 이하	1.4m 이상	1.5m 이상
60m/min 이상 90m/min 이하	1.6m 이상	1.8m 이상
90m/min 이상 120m/min 이하	1.8m 이상	2.1m 이상
120m/min 이상 150m/min 이하	2.0m 이상	2.4m 이상
150m/min 이상 180m/min 이하	2.3m 이상	2.7m 이상
180m/min 이상 210m/min 이하	2.7m 이상	3.2m 이상
210m/min 이상 240m/min 이하	3.3m 이상	3.8m 이상
240m/min 이상	4.0m 이상	4.0m 이상

③ 동일 층에 대해 출입의 문은 카 1대에 2개 이하로 설치할 것(단, 출입구가 2개일

경우 동시에 열리지 않는 구조일 것)

(3) 가설통로(작업장으로 통하는 통로)의 조건
① 통로의 주요한 부분에 통로 표시를 하여 작업자가 안전하게 통행할 수 있도록 한다.
② 미끄럼막이 간격은 경사각 15° 초과 시 47cm, 경사각 30° 이내 시 30cm로 한다.
③ 통로면으로부터 높이 2m 이내에는 장애물이 없어야 하며, 조명시설을 하여야 한다.
④ 경사로 폭은 최소 90cm 이상으로 한다.

(4) 카 바닥 끝단과 승강로 벽 사이의 거리는 0.15m 이하이어야 한다.

11. 승강장

(1) 승강기 탑승을 위해 기다리는 각 층 승강기 문 앞
① 승강장 도어 설치 기준에서 승강장 도어와 문틀 사이의 여유간격은 6mm 이하이어야 한다.
② 승강장 도어에는 도어 스위치, 도어 레일, 도어 가이드 슈, 행거 롤러, 업스러스트 롤러 등이 있다.
③ 출입구의 간격 : 승객용 엘리베이터에서 승강장 출입구 바닥 앞부분과 카 바닥 앞부분과의 틈의 너비는 4cm 이하이어야 한다.
④ 홀 랜턴(hall lantern) : 승장의 호출등록 시 서비스할 카를 예보하거나, 카의 도착 또는 운행방향을 표시하기 위하여 설치하는 신호기이다.

(2) 2016년에는 노후 승강기에 대한 안전관리 강화 차원에서 설치한지 15년이 지난 승강기의 경우에는 이전까지 한 차례만 정밀안전검사를 받도록 하던 것을, 3년마다 정밀안전검사를 받도록 제도가 강화되었다. 다만, 기존에 설치되어 이용 중에 있거나 건축허가가 신청되어 진행 중인 승강기에 대해서는 소급적용하지 않고 종전의 검사기준(종전의 완성검사, 정기검사, 수시검사 또는 정밀안전검사를 받을 당시의 검사기준)을 적용할 수 있도록 해 소급적용에 따른 추가 비용 발생 등 문제가 발생하지 않도록 예외를 둔다.

(3) 장애인 엘리베이터는 호출 버튼 또는 등록 버튼에 의하여 카가 정지하면 10초 이상 문이 열린 채로 대기하여야 한다.

(4) 승강장 주의 표지판

① 주의 표지판은 견고한 재질로 만들어야 하며, 잘 보이는 곳에 확실히 부착하여야 한다.
② 주의 표지판은 국문으로 읽기 쉽게 표기한다. 크기 80mm×80mm 이상, 색상은 흰색 바탕에 청색 그림으로 하지만 X 표시는 적색으로 한다.
③ 주의 표지판에는 "어린이는 반드시 잡고 탈 것", "애완동물은 반드시 안고 탈 것", "몸은 주행 방향쪽을 향하고, 발을 바깥쪽으로 내밀지 말 것", "핸드레일을 잡고 탈 것"이라는 의미를 반드시 포함하여야 하며, "신발을 신은 상태에서만 탈 것", "크고 무거운 짐을 운반하지 말 것", "유모차나 손수레를 싣지 말 것"(다만, 에스컬레이터 탑재를 위하여 구름 및 전도방지를 위한 제동장치와 걸림 홈이 설치된 전용 손수레를 사용하며 경사각이 25° 이하이고 상·하 수평 스텝이 4스텝 이상(1스텝 0.4m 이상), 주행속도가 30m/min 이하이고 비상정지 버튼 스위치가 콤에서 각각 2m 이내의 출구지역에 있어야 하며, 출구지역 승강장 공간 5m 이상, 콤의 경사도가 19° 이하, 에스컬레이터 스텝이 트롤리(카트)보다 최소 0.4m 이상의 여유를 확보하였을 경우에는 "유모차나 손수레를 싣지 말 것"이라는 항목의 적용을 제외한다, 무빙워크는 제외)이라는 의미를 부가적으로 포함할 수 있다.

12. 도어장치

(1) 도어 머신의 구비 조건

① 작동이 원활하고 정숙할 것
② 카 상부에 설치하기 위해 소형 경량일 것
③ 동작횟수가 엘리베이터 기동 횟수의 2배이므로 보수가 용이할 것
④ 가격이 저렴할 것

(2) 승강기 문의 자동개폐

① 문이 완전히 닫혔을 때의 위치에서 동력으로 문이 열리는 것을 저지하는 저속측의 문으로 15kgf 이하일 것
② 문이 닫히는 도중 정지 후 다시 문이 닫히는 힘은 15kgf 이하일 것
③ 문닫힘 안전장치를 비접촉식으로 설치할 경우 바닥면 위 0.3~1.4m 사이의 물체를 감지할 수 있도록 설치한다.

(3) 승강기 문의 수동개폐

문을 손으로 여는 데 필요한 힘은 정지 중에는 5kgf 이상 30kgf 이하이고, 주행 중에는 20kgf이다.

(4) 문열림 방식

S : 가로 열기　　　CO : 중앙 열기　　　UP : 위로 열기

(5) 상·하 개폐식 및 중앙개폐식 도어는 5cm 이내로 닫혔을 때 가동하고, 승강장에서는 5cm 이상 열리지 않아야 한다. 하지만 상·하 개폐식 및 중앙개폐식 이외의 도어는 2cm 이내로 닫혔을 때 가동하고, 승강장에서는 2cm 이상 열리지 않아야 한다.

(6) 도어 인터록

닫힐 때는 도어록이 먼저 걸린 후 스위치가 들어가고, 열릴 때는 도어 스위치가 끊어진 후 도어록이 열리는 구조이다.

(7) 착상장치 고장 증상

① 호출된 층에 정지하지 않고 통과한다.
② 어느 한쪽 방향의 착상오차가 100mm 이상 일어난다.
③ 고속에서 저속으로 전환되지 않는다.
• 최하층으로 직행 감속되지 않고 완충기에 충돌 전에 비상정지장치가 동작되어 정지되어야 한다.

13. 구출구(비상구)

카 천장에 비상구출문이 설치된 경우, 유효 개구부의 크기는 0.4m×0.5m 이상이어야 한다. 다만, 8.6.2에 따라 카 벽에 설치된 경우 제외될 수 있다. 비고 공간이 허용된다면, 유효 개구부의 크기는 0.5×0.7m가 바람직하다.

(1) 구출구(비상구)의 크기

① 카 내에 승객이 갇혀 있을 때 구출을 목적으로 설치한다.
② 카 안에서 열리지 않고, 케이지 외측에서 열려야 한다.
③ 비상구가 열려 있으면 카가 움직이지 않게 안전 스위치를 부착해야 한다.
④ 1개의 승강로에 2대 이상의 엘리베이터가 설치된 경우에는 벽면에 설치 가능하다.

14. 비상용 엘리베이터

비상용 엘리베이터는 건축물의 전 층을 운행하여야 한다.

① 비상용 엘리베이터의 크기는 KS B ISO 4190-1에 따라 630kg의 정격하중을 갖는 폭 1,100mm, 깊이 1,400mm 이상이어야 하며, 출입구 유효 폭은 800mm 이상이어야 한다.

② 침대 등을 수용하거나, 2개의 출입구로 설계된 경우 또는 피난용도로 의도된 경우, 정격하중은 1,000kg 이상이어야 하고, 카의 면적은 폭 1,100mm, 깊이 2,100mm 이상이어야 한다.

③ 비상용 엘리베이터는 소방관이 조작하여 엘리베이터 문이 닫힌 이후부터 60초 이내에 가장 먼 층에 도착하여야 된다. 다만, 운행속도는 60m/min 이상이어야 한다.

④ 소방구조용 엘리베이터는 소방관 접근 지정층에서 소방관이 조작하여 엘리베이터 문이 닫힌 이후부터 60초 이내에 가장 먼 층에 도착되어야 한다. 다만, 운행속도는 1m/s 이상이어야 한다. 단, 승강행정 200m 이상 운행될 경우에는 가장 먼 층까지의 도달 시간을 3m 운행 거리마다 1초씩 증가될 수 있다. 또한, 속도가 4.5m/s가 넘는 경우는 기술적 복잡성 때문에 문제를 야기할 수 있다.(이차 전원 공급의 크기, 가압된 환경으로부터의 난류, 카 지붕의 스포일러)

15. 소방운전 제어 조건 아래에서 엘리베이터의 이용

비상용 엘리베이터가 문이 열린 상태로 소방관 접근 지정 층에 정지하고 있는 후에는 비상용 엘리베이터는 카 조작반에서만 운전되어야 하고 다음 사항을 보장하여야 한다.

① 1단계가 외부 신호에 의해 시작되는 경우에는 소방운전 스위치가 조작되기 전까지 비상용 엘리베이터는 운전되지 않아야 한다.

② 2개 이상의 카 운행 층이 동시에 등록되는 것은 가능하지 않아야 한다.

③ 카가 움직이고 있는 동안에는 카 내부에서 새로운 층 등록이 가능하여야 한다. 미리 등록된 층은 취소되어야 한다. 카는 새롭게 등록된 층으로 빠른 시간에 운행되어야 한다.

④ 카 운전등록은 엘리베이터 카를 등록된 층으로 운행시키고 등록된 층에 문이 닫힌 상태로 정지시켜야 한다.

⑤ 카가 승강장에 정지하고 있다면 카 내의 '문 열림' 버튼에 지속적인 압력이 가해질

때만 문이 열려야 한다. 문이 완전히 열리기 전에 카 내의 '문 열림' 버튼에 압력을 가하지 않으면 문은 자동으로 다시 닫혀야 한다. 문이 완전히 열리면 카 조작반에 새로운 층이 등록되기 전까지는 문이 열린 상태로 있어야 한다.

⑥ 카 문닫힘 안전장치 및 문 열림 버튼[16.2.7.7 다) 제외]은 1단계와 같이 무효화되어야 한다.

⑦ 비상용 엘리베이터는 소방운전 스위치의 '1'에서 '0'으로 전환(최대 5초 동안)에 의해 소방관 접근 지정 층으로 복귀되어야 한다. 그리고 다시 '1'로 전환되면 1단계가 반복되어야 한다. 다만 이 규정은 소방운전 스위치가 아래의 아)에서 기술된 것처럼 카에 있는 경우에는 적용하지 않는다.

⑧ 추가적으로 소방운전용 키 스위치가 카에 설치된 경우, '0' 및 '1'이 명확하게 표시되어야 한다. 이 스위치는 '0'의 위치에서만 제거되어야 한다.

⑨ 이 스위치의 조작은 다음과 같아야 한다.
  ㉠ 엘리베이터가 소방관 접근 지정 층에 있는 소방운전 스위치에 의해 소방운전 제어조건 아래에 있을 때 카에 있는 키 스위치는 카를 움직이기 위해서 '1' 위치로 전환되어야 한다.
  ㉡ 엘리베이터가 소방관 접근 지정 층이 아닌 다른 층에 있고 카에 있는 키 스위치가 '0' 위치로 전환되면 카는 더 이상 움직이지 않고 문은 열린 상태로 있어야 된다.

⑩ 등록된 카의 운행은 카 조작반에만 시각적으로 표시되어야 한다.

⑪ 정상 또는 비상 전원공급이 유효할 때 카 내부 및 소방관 접근 지정 층에 카의 위치가 표시되어 보여야 한다.

⑫ 엘리베이터는 카 운행 층이 더 등록되기 전까지 지정 층에 남아 있어야 한다.

⑬ 16.2.11에 기술된 소방 활동 통화시스템은 2단계 동안 작동 상태이어야 한다.

⑭ 소방운전 스위치가 '0'으로 다시 전환되면 비상용 엘리베이터 제어시스템은 엘리베이터가 소방관 접근 지정 층에 복귀될 때에만 정상운전 상태로 되돌아갈 수 있어야 한다.

[별첨] 전기식 엘리베이터 자체점검 항목 및 방법

No	점검항목 장치	B로 하여야 할 것	C로 하여야 할 것	주기 (회/월)
1	기계실, 구동기 및 풀리 공간에서 하는 점검			
1.1	통로, 출입문/점검문	• 통로에 장애물이 있는 것 • 계단의 상태가 불량한 것 • 통로가 현저하게 어두운 것 • 잠금 장치가 불량한 것	• 잠금 스위치의 기능을 상실한 것	1/1
1.2	환경	• 엘리베이터 관계 이외의 물건이 있는 것 • 현저히 어두운 것 • 환기가 부족한 것 • 실온이 +5℃ 미만 또는 40℃ 초과하는 것	• B의 상태가 심한 것 • 천정, 창 등에서 우수가 침입하여 기기에 악영향을 미칠 염려가 있는 것	1/1
1.3	제어 패널, 캐비닛 접촉기, 릴레이 제어 기판	• 접촉기, 릴레이 - 접촉기 등의 손모가 현저한 것 • 잠금장치가 불량한 것 • 고정이 불량한 것 • 발열, 진동 등이 현저한 것 • 동작이 불안정한 것 • 환경상태(먼지, 이물질)가 불량한 것 • 제어 계통에서 안전에 지장이 없는 경미한 결함 또는 오류가 발행한 것 • 전기설비의 절연저항이 규정값을 초과하는 것	• B의 상태가 심한 것 • 화재발생의 염려가 있는 것 • 퓨즈 등에 규격외의 것이 사용되고 있는 것 • 먼지나 이물에 의한 오염으로 오작동의 염려가 있는 것 • 기판의 접촉이 불량한 것 • 제어계통에 안전과 관련된 중대한 결함 또는 오류가 발생한 것 • 제어계통에서 안전과 관련된 중대한 결함 또는 오류를 초래할 수 있는 경미한 오류가 반복적으로 발생한 것	1/1
	㈜ 제어 프로그램의 오류 또는 결함 코드 및 고장 처리에 대한 사항은 제조사 제공			
1.4	수권조작 수단	수권조작 수단이 불량한 것		1/3
1.5	층상선택기	각 부분의 손모가 현저한 것	• B의 상태가 심한 것 • 계속운전에 지장이 생길 염려가 있는 것	1/1
1.6	상승과속 방지 수단	-	• 기능 상실이 예상되는 것	1/3
1.7	의도하지 않은 움직임 보호수단		• 검사기준 9.11.5에 부적합한 것 • 기능 상실이 예상되는 것	1/3

No	점검항목 장치		B로 하여야 할 것	C로 하여야 할 것	주기 (회/월)
1.8	권상기	감속기어	• 누유가 심한 것 • 윤활유가 부족 또는 노화되어 있는 것 • 기어 이의 마모가 현저한 것 • 트러스트량이 큰 것	• B의 상태가 심한 것 • 윤활불량으로 눌러 붙을 상태의 염려가 있는 것 • 기어 이의 마모가 심한 것 • 트러스트량이 심하게 큰 것	1/3
1.9		도르래	• 로프홈의 마모가 현저한 것 • 회전이 원활하지 못한 것 • 보호수단이 불량한 것	• 로프홈의 마모가 심한 것 또는 불균일하게 진행되어 있는 것 • 로프가 미끄러질 위험성이 있는 것 • 축의 상태가 불량한 것	1/6
1.10		베어링	• 발열이 현저한 것 • 이상음이 있는 것	• B의 상태가 심한 것 • 운전의 계속이 위험스러운 것 • 제조사가 제시한 내구연한을 초과한 것	1/6
1.11		브레이크 라이닝 드럼 플런저 스프링	• 라이닝에 기름부착이 있고 제동에 영향이 있는 것 • 브레이크 드럼 등의 마모가 현저하여 라이닝의 닿는 면적이 부족한 것 • 라이닝의 마모가 현저한 것	• B의 상태가 심한 것 • 솔레노이드/플런저의 작동이 불량한 것 • 전원 공급/차단이 불량한 것 • 카의 멈춤 유지가 불량한 것	1/1
1.12		고정 도르래, 풀리	• 로프 홈의 마모가 현저하게 진행되고 있는 것 • 회전이 원활하지 않은 것 • 이상 음이 있는 것 • 보호수단이 불량한 것	• B의 상태가 심한 것 • 로프 홈의 마모가 심한 것 또는 불균일하게 진행하고 있는 것	1/12
1.13		전동기	• 발열이 현저한 것 • 이상음이 있는 것	• B의 상태가 심한 것 • 운전의 계속에 지장이 생길 염려가 있는 것 • 구동시간 제한장치의 기능 상실이 예상되는 것	1/1
1.14		전동발전기	• 발열이 현저한 것 • 이상음이 있는 것	• B의 상태가 심한 것 • 운전의 계속에 지장이 생길 염려가 있는 것	1/1

No	점검항목 장치		B로 하여야 할 것	C로 하여야 할 것	주기 (회/월)
1.15	조속기	카측	• 각부 마모가 진행하여 진동 소음이 현저한 것	• B의 상태가 심한 것 • 베어링에 눌러 붙음이 생길 염려가 있는 것 • 캣치가 작동하지 않는 것 • 작동치가 규정 범위를 넘는 것 • 스위치가 불량한 것 • 비상정지장치를 작동시키지 못하는 것	1/6
1.16		균형추측	• 각부 마모가 진행하여 진동 소음이 현저한 것	• B의 상태가 심한 것 • 베어링에 눌러 붙음이 생길 염려가 있는 것 • 캣치가 작동하지 않는 것 • 작동치가 규정 범위를 넘는 것 • 스위치가 불량한 것 • 비상정지장치를 작동시키지 못하는 것	1/6
1.17	기계실 기기의 내진대책		• 권상기, 전동발전기의 전도, 이동방지 스토퍼의 부착에 느슨해짐이 있는 것 또는 손상이 있는 것 • 권상기 도르래의 로프가드 부착에 늘어짐이 있는 것 또는 손상이 있는 것 • 제어반등의 전도방지 조치의 부착에 늘어짐이 있는 것	• B의 상태가 심한 것 • 전도, 이동의 염려가 있는 것 • 로프의 벗겨질 염려가 있는 것	1/12
2.	카 실내에서 하는 점검				
2.1	카 실내주벽, 천장 및 바닥		• 변형, 마모, 녹, 부식 등이 현저한 것	• B의 상태가 심하고 안전상 지장이 있는 것 • 난연재 이상의 것을 사용하지 않는 것	1/3
2.2	카의 문 및 문턱		• 변형, 마모, 녹, 부식 등이 현저한 것 • 문짝 사이의 틈새 또는 문짝과 문설주, 인방 또는 문턱 사이의 틈새가 10mm를 초과한 것	• B의 상태가 심하고 안전상 지장이 있는 것 • 착상 정확도가 ±10mm를 초과하는 것 • 재착상 정확도가 ±20mm를 초과하는 것	1/1

No	점검항목 장치	B로 하여야 할 것	C로 하여야 할 것	주기 (회/월)
2.2	카의 문 및 문턱	[계속] • 문턱 틈새가 35mm를 초과하는 것 • 문개폐 동작이 현저하게 불량한 것		1/1
2.3	카 도어 스위치	–	• 스위치의 부착에 늘어짐이 있는 것 • 스위치의 작동위치가 적당치 않은 것 • 스위치의 기능을 상실한 것	1/1
2.4	문닫힘 안전장치	• 반전동작이 둔한 것	• 반전동작이 불안정한 것	1/1
2.5	카 조작반 및 표시기 버튼 스위치류	• 누름버튼, 스위치류의 노화 손상이 현저한 것 • 스위치류의 표시가 선명하지 않은 것 • 잠금장치가 부착된 것으로서 잠금장치가 불완전한 것 • 표시기의 표시가 부정확한 것	• B의 상태가 심한 것 • 누름버튼 기능 상실이 예상되는 것	1/1
2.6	비상통화 장치	• 경보장치, 통화장치의 감도가 저하된 것	• 경보장치, 통화 장치의 기능을 상실한 것	1/1
2.7	정지스위치	–	• 정지스위치의 동작이 불량한 것	1/1
2.8	용도, 적재하중, 정원 등 표시	• 표시가 부정확한 것 • 표시가 없는 것 • 승강기 번호가 부착되지 않은 것	–	1/6
2.9	조명 예비조명	• 50lx 미만인 것	• 예비조명이 점등하지 않은 것 • 예비조명의 조도가 2lx 미만인 것	1/1
2.10	카바닥 앞과 승강로 벽과의 수평거리	–	• 검사기준 11.2.1에 부적합 것 • 보호판의 부착에 늘어짐 또는 손상이 있는 것	1/3
2.11	측면 구출구	• 구출구의 개폐가 곤란한 것 • 전용 키 없이 열 수 있는 것	• 스위치가 부착된 것으로서 구출구를 열어도 카가 정지하지 않는 것 • 구출구가 파손되어 있는 것	1/3

No	점검항목 장치	B로 하여야 할 것	C로 하여야 할 것	주기 (회/월)
3	카 위에서 하는 점검			
3.1	비상구출구	• 구출구의 개폐가 곤란한 것	• 스위치가 부착된 것으로서 구출구를 열어도 카가 정지하지 않는 것 • 구출구의 덮개가 없는 것 또는 파손되어 있는 것	1/3
3.2	문의 개폐장치 전동기 벨트/체인 도어기판	• 문의 개폐 시의 소음, 진동이 현저한 것	• B의 상태가 심한 것 • 개폐기구에 극심한 마모, 늘어짐이 있는 것 • 정전 시에 수동개방이 불가능한 것	1/1
3.3	도어잠금 및 잠금해체 장치	• 잠금장치의 마모, 노화가 현저한 것	• B의 상태가 심하고 잠금 및 해제가 곤란한 것 • 잠금 작용 부품의 기능 상실이 예상되는 것 • 잠금 작용이 유지되지 않는 것	1/1
3.4	카 위 안전스위치	–	• 스위치의 개폐기능이 불량한 것 • 스위치를 꺼도 카가 정지하지 않는 것	1/1
3.5	상부 도르래, 폴리, 스프라켓	• 로프 홈의 마모가 현저한 것 • 회전이 원활하지 않은 것 • 보호수단이 불량한 것	• 로프 홈의 마모가 심하고 또는 불균일하게 진행하고 있는 것 • 로프 슬립이 나타나고 위험성이 있는 것	1/6
3.6	비상정지 장치 스위치	• 녹, 부식 등이 현저한 것	• B의 상태가 심하여 작동이 불안전한 것 • 스위치의 기능의 상실이 예상되는 것	1/1
3.7	조속기 로프	• 로프의 마모 및 파손이 승강기 검사기준 4.1.3(8)의 규정치 또는 부속서 XI에 가까운 것 • 로프의 변형, 신장, 녹 발생이 현저한 것 • 당김부 재료의 마모, 녹 발생, 부식이 현저한 것	• 로프의 마모 및 파손이 승강기 검사기준 4.1.3(8)의 규정치 또는 부속서 XI를 초과하는 것 • 상기 이외에도 B의 상태가 심하고 위험하다고 보이는 것 • 2중 너트, 핀 등의 견고함과 조임이 불량한 것 • 단말처리가 불량한 것	1/6

No	점검항목 장치	B로 하여야 할 것	C로 하여야 할 것	주기 (회/월)
3.8	카의 가이드 슈(롤러)	• 섭동부(회전)의 마모가 현저한 것	• B의 상태가 심하고 카 주행 및 다른 기기에 영향이 있는 것	1/6
3.9	주로프 및 부착부	• 로프의 마모 및 파손이 승강기 검사기준 4.1.3(8)의 규정치 또는 부속서 XI에 가까운 것 • 로프의 변형, 신장, 녹 발생, 부식이 현저한 것 • 장력이 불균등한 것	• 로프의 마모 및 파손이 승강기 검사기준 4.1.3(8)의 규정치 또는 부속서 XI를 초과하는 것 • 상기 이외에 B의 상태가 심하여 위험하게 보이는 것 • 2중 너트, 핀 등의 조임 및 장착이 불확실한 것 • 단말처리가 불량한 것	1/6
3.10	과부하감지 장치	• 장치의 부착이 불합리한 것	• 장치가 움직이지 않는 것 • 스위치가 작동하여도 장치가 움직이지 않는 것 • 스위치 자체의 기능을 상실한 것	1/1
3.11	가이드레일, 브라켓	• 레일과 브래킷에 심하게 녹, 부식 등이 보이는 것 • 부착에 늘어짐이 있는 것	• B의 상태가 심한 것 • 운행이 어려울 정도로 비틀림, 휨 등이 발생한 것	1/12
3.12	균형추 각부	• 균형추의 이어지는 볼트 또는 틀의 늘어짐, 녹 발생, 부식이 현저한 것 • 섭동부의 마모가 현저하게 진행하고 있는 것	• B의 상태가 심하고 카의 주행 및 다른 기기에 영향이 있는 것	1/6
3.13	균형추측 비상정지장치 스위치	• 녹 발생, 부식 등이 현저한 것	• B의 상태가 심하여 작동이 불안정한 것 • 스위치 기능의 상실이 예상되는 것	1/3
3.14	균형추 상부 도르래, 풀리	• 로프 홈의 마모가 심한 것 • 회전이 원활하지 않은 것 • 보호수단이 불량한 것	• B의 상태가 심한 것	1/6
3.15	상부 파이널 리미트 스위치	-	• 스위치의 부착에 늘어짐이 있는 것 • 스위치의 작동위치가 적당하지 않은 것 • 기능에 지장이 생길 염려가 있는 것	1/1

No	점검항목 장치	B로 하여야 할 것	C로 하여야 할 것	주기 (회/월)
3.16	승강장의 문 및 문턱 도어 가이드 슈	• 변형, 마모, 녹발생, 부식 등이 현저한 것 • 승강장 문과 출입문 틀과의 틈새가 현저하게 큰 것 • 문의 개폐동작이 현저하게 불량한 것	• B의 상태가 심하여 안전상 지장이 있는 것	1/1
3.17	도어 잠금 스위치	• 먼지의 축적이 예상되는 것	• 부착부 부분의 녹 발생, 부식이 현저하여 기능이 저하하고 있는 것 • 스위치의 기능을 상실한 것	1/1
3.18	도어 클로저	• 녹 발생, 부식, 노화가 심하여 도어클로저 기능이 부족한 것	• 도어 클로저 기능을 상실한 것 • 도어 클로저 관련 부품의 기능이 현저히 저하한 것	1/1
3.19	이동케이블 및 부착부	• 케이블이 다른 기기, 돌출물과 접촉하여 손상을 받을 염려가 있는 것 또는 손상되고 있는 것 • 케이블 끝부 및 당김부에 손상의 염려가 있는 것	• B의 상태가 심하고 안전상 지장이 있는 것	1/6
3.20	승강로 주벽	• 승강로 벽의 균열, 누수 등이 현저한 것	• B의 상태가 심하고 운행에 지장이 생길 염려가 있는 것 • 승강기 관계 이외의 것이 설치되어 있는 것 주) 스피커, 연기감지기는 승강기 관계설비로 본다.	1/12
3.21	점검문/비상문	• 잠금장치가 불량한 것 • 개폐가 곤란한 것	• 승강로 내부로 열리는 것 • 스위치의 기능 상실이 예상되는 것	1/3
3.22	승강로 조명	• 조도가 50lx 미만인 것	• 조명이 점등되지 않는 것	1/3
3.23	비상통화 장치	• 경보장치, 통화장치의 감도가 저하된 것	• 경보장치, 통화장치의 기능을 상실한 것	1/3
3.24	승강로 내의 내진 대책	• 카 및 균형추차의 로프 가드의 부착부에 늘어짐 또는 손상이 생기고 있는 것 • 로프, 이동케이블, 테이프, 쇄의 보호장치가 불합리한 것	• B의 상태가 심한 것 • 로프가 벗겨질 염려가 있는 것 • 레일을 이탈할 염려가 있는 것 • 기능에 지장이 생길 염려가 있는 것	1/12

No	점검항목 장치	B로 하여야 할 것	C로 하여야 할 것	주기 (회/월)
4	승강장에서 하는 점검			
4.1	승강장 버튼 및 표시기	• 누름버튼, 스위치류의 노후, 손상이 현저한 것 • 표시기의 표시가 부적합한 것	• 누름버튼, 스위치류의 기능이 심하게 저하하고 고장의 염려가 있는 것	1/1
4.2	잠금 해제 열쇠구멍	–	• 전용 열쇠(삼각키)의 사용이 어려운 것 • 전용 열쇠가 아닌 다른 수단의 사용이 가능한 것	1/1
4.3	에이프런	• 부식이 심하고 고정 상태가 불량한 것	• 이탈의 염려가 있는 것 • 높이가 0.75m 미만인 것	1/3
5	피트에서 하는 점검			
5.1	완충기	• 완충기 본체 및 부착부분의 녹발생이 현저한 것 • 유압식으로 유량부족의 것	• B의 상태가 심한 것 • 완충기의 부착이 불확실한 것 • 스프링식에서는 스프링이 손상되어 있는 것 • 전기안전장치가 불량한 것	1/6
5.2	조속기 로프 및 기타의 당김 도르래	• 카의 주행 중 동요, 소음 등이 현저한 것 • 인장차의 틈새가 작게 된 것	• B의 상태가 심한 것 • 로프 등이 벗겨질 염려가 있는 것 • 인장차가 바닥에 닿는 것	1/3
5.3	피트 바닥	• 청소상태가 불량한 것 • 방수가 불량한 것	• B의 상태가 심하여 기기의 기능에 영향을 주는 것	1/6
5.4	하부 파이널 리미트 스위치	–	• 스위치의 부착에 늘어짐이 있는 것 • 스위치의 작동위치가 적당하지 않은 것 • 스위치 기능을 상실한 것	1/1
5.5	카 비상정지 장치 및 스위치	• 녹 발생, 부식 등이 현저한 것	• B의 상태가 심하고 작동이 불안정한 것 • 비상정지장치 스위치가 작동하지 않는 것	1/1
5.6	하부 도르래	• 로프 홈의 마모가 현저한 것 • 회전이 원활하지 않은 것 • 보호수단이 불량한 것	• B의 상태가 심한 것	1/6
5.7	보상수단 및 부착부	• 변형, 신장, 마모, 녹 발생이 현저한 것 • 인장멈춤부 재료의 마모, 녹 발생, 부식이 현저한 것 • 튀어오름장치가 불량한 것	• 인장장치가 불량한 것 • 전기안전장치가 불량하거나 기능을 상실한 것 • 이중너트, 핀 등의 조임 및 장착이 불합리한 것 • 단말처리가 불량한 것	1/6

No	점검항목 장치	B로 하여야 할 것	C로 하여야 할 것	주기 (회/월)
5.8	균형추 밑부분 틈새	• 승강기 검사기준 4.1.4(5) 표 7의 규정치에 가까운 것 • 완충기에 닿는 것	• 규정범위를 초과하는 것 • 스프링식에서는 파이널 리미트 스위치의 거리를 밑도는 것 • 완충기를 압축하고 있는 것	1/6
5.9	이동케이블 및 부착부	• 케이블이 다른 기기, 돌출물과 접촉하여 손상을 받을 염려가 있는 것 또는 손상하고 있는 것 • 케이블 끝부 및 인장멈춤부에 손상의 염려가 있는 것	• B의 상태가 심하고 안전상 지장이 있는 것	1/6
5.10	과부하 감지장치	• 장치의 부착에 늘어짐 또는 손상이 생긴 것	• 장치가 움직이지 않는 것 • 스위치가 작동하여도 장치가 움직이지 않는 것 • 스위치 자체의 기능이 상실된 것	1/1
5.11	피트 내의 내진대책	• 카의 하강차, 균형로프 및 조속기 로프의 인장차의 로프가드에 부착의 늘어짐 또는 손상이 있는 것	• B의 상태가 심한 것 • 로프가 이탈할 염려가 있는 것	1/12
6	비상용 엘리베이터 점검			
6.1	카 호출장치		• 호출운전이 되지 않는 것	1/1
6.2	소방운전 스위치(로비)		• 열쇠구멍이 불량한 것 • 1,2단계 운전이 불량한 것	
6.3	1, 2차 소방운전		• 1, 2차 소방운전이 불합리한 것	
6.4	비상용 표지 및 표시등	• 비상용 표지, 표시등(비상 운전등)이 선명하지 않은 것 • 검사기준 16.2.7.1에 따른 알림표지가 불량한 것	• 비상용 표지가 없는 것 • 표시등(비상 운전등)이 점등되지 않는 것	1/3
6.5	예비전원		• 예비전원으로 엘리베이터를 운전할 수 없는 것	1/1
6.6	구출 수단	• 검사기준 16.2.4.3에 따른 구출 수단이 불량한 것	• 검사기준 16.2.4.3에 따른 구출 수단이 없는 것	1/1
6.7	탈출 수단	• 카 외부에 부착된 사다리가 불량한 것 • 카 내부에 보관된 사다리가 불량한 것	• 사다리가 없는 것 • 전기안전장치가 작동하지 않거나 기능을 상실한 것	1/1

No	점검항목 장치	B로 하여야 할 것	C로 하여야 할 것	주기 (회/월)
6.8	물에 대한 보호	• 보호수단의 기능이 저하된 것	• 보호수단의 기능 상실이 예상되는 것	1/1
7	장애인용 엘리베이터 점검			
7.1	음향 및 음성 신호장치	• 음향 및 음성신호장치의 기능이 저하된 것 • 층 선택 음성안내장치의 기능이 저하된 것	• 기능 상실이 예상되는 것	1/3
7.2	문턱 틈새	• 3cm를 초과하는 것		1/3
7.3	기타 설비	• 손잡이가 불량한 것 • 거울이 불량한 것		1/6
7.4	대기시간	• 10초를 초과하는 것		1/3

수평보행기 및 에스컬레이터

1절 수평보행기

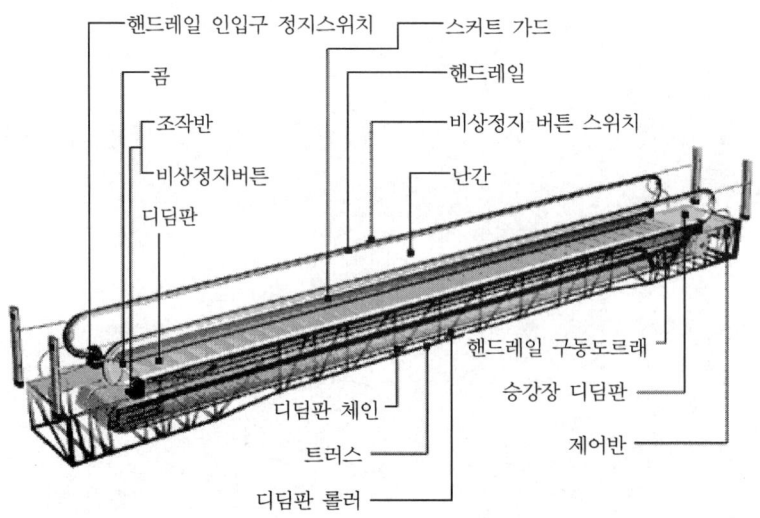

1. 수평보행기의 설치 기준

① 사람 또는 화물이 끼이거나, 장애물에 충돌이 없을 것
② 경사각도는 12° 이하로 할 것(단, 6° 이하일 경우에는 광폭형으로 설치할 수 있다.)
단, 디딤면이 고무제품 등 미끄러지기 어려운 구조일 경우에는 15° 이하로 할 수 있다.

③ 정격속도는 45m/min(0.75m/s) 이하로 한다.
④ 이동 손잡이 간의 거리는 1.25m 이하로 한다.
⑤ 핸드레일은 계단에서 높이 0.6m에 설치해야 된다.
⑥ 디딤판의 수평 투영면적에 270kg/m² 를 곱한 값 이상으로 한다.
⑦ 디딤판의 속도는 경사도가 8° 이하의 것은 50m/min 이하, 경사도가 8° 이상이면 40m/min 이하로 한다.

2. 안전 규정

① "사람이나 물건이 에스컬레이터 또는 수평보행기의 각부분에 끼이거나 부딪치는 일이 없도록 안전한 구조로 하여야 한다."라고 규정
② "승강장에서는 물체가 쉽게 끼어 들어가지 않도록 디딤판과 콤(Comb)의 물림량은 6mm 이상(벨트방식의 경우에는 4mm 이상)이어야 하고, 맞물리는 부분의 틈새는 4mm 이하이어야 한다."라고 규정되어 있다. 또한 승강기검사기준 '8. 승강기 주요안전부품 검사'에 스텝에 대하여 아래와 같이 규정되어 있다.
③ 스텝 디딤판은 수평을 유지하여야 한다.
④ 스텝 둥근 부위(Step riser)에는 수직 돌출부가 형성되어야 하며 그것은 스텝의 경사에서 수평으로 움직일 때 디딤판의 홈과 맞물려 원활하게 작동되어야 한다. 단, 수평보행기용과 골프장용 등 특수목적의 것은 예외로 할 수 있으나 안전상 지장이 없어야 한다.
⑤ 스텝의 각 디딤판 표면에는 스텝의 진행방향과 평행인 방향으로 너비 7mm 이하, 깊이 10mm(수평보행기용은 5mm) 이상의 홈이 있어야 한다.
⑥ 서로 인접한 홈의 중심에서 중심까지의 거리는 10mm(수평보행기용은 13mm) 이하이어야 한다.
⑦ 스텝의 표면에는 양쪽 가장자리 및 인접 스텝 쪽 부분에 너비 20mm 이상의 황색 주의 표시를 하여야 한다. 스텝 디딤면의 돌출부가 어느 정도 파손되어야 교체하는지에 대하여 승강기검사기준에 규정된 사항은 없지만, 돌출부가 조금이라도 파손되면 위 검사기준에 저촉되며, 또한 디딤면과 콤이 맞물리는 지점에서 승객(어린이)이 넘어질 경우 손이나 발 등 신체의 일부가 끼일 우려가 있으므로 파손된 부위의 크기에 상관 없이 즉시 교체하여야 한다.

2절 에스컬레이터

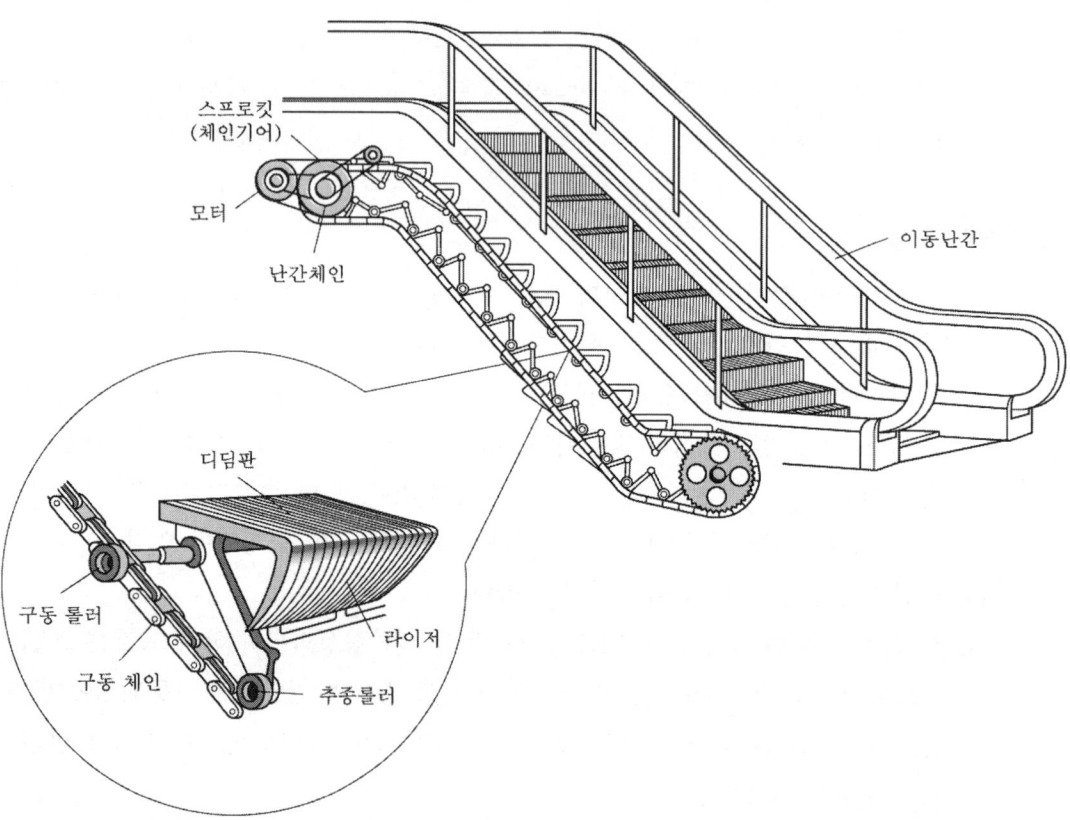

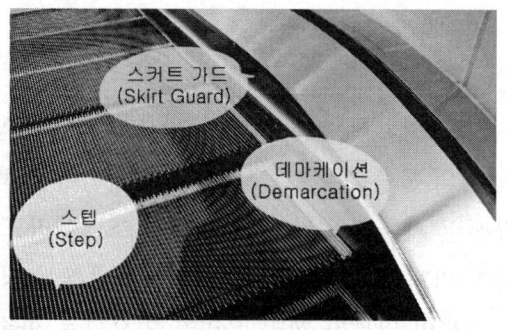
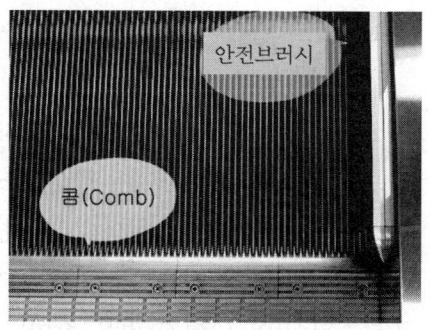

1. 에스컬레이터의 설치 규정

① 디딤바닥의 정격속도는 30° 이하인 경우 45m/min 이하이어야 한다.
② 에스컬레이터의 경사각은 30°를 초과하지 않아야 한다. 단, 층고가 6m 이하일 경우에는 35°까지 가능
③ 적재하중 산출식 : $G = 270 \times \sqrt{3} \times$ 스텝폭(W)$\times$높이(H)$= 270 \times$투영면적(A)
④ 스텝 체인은 에스컬레이터 좌우에 설치되며, 스텝을 주행시키는 역할을 한다.
⑤ 에스컬레이터의 디딤판과 스커트 가드와의 틈새는 승강로의 총 길이에 걸쳐서 한쪽이 4mm 이하이어야 하고, 양쪽을 합쳐서 7mm 이하이어야 한다.
⑥ 에스컬레이터의 브레이크장치는 무부하 시의 정지거리는 0.1~0.6m 이하이어야 한다.
⑦ 디딤판의 높이는 100mm 이하이어야 한다. 또한 디딤판의 길이는 가로 560~1,020mm 이하, 세로 400mm 이하이어야 한다.
⑧ 스텝 체인은 에스컬레이터 좌우에 설치되며, 스텝을 주행시키는 역할을 한다.
⑨ 에스컬레이터의 정지거리 : 무부하 상태의 에스컬레이터 및 하강 방향으로 움직이는 제동부하 상태의 에스컬레이터에 대한 정지거리는 다음과 같다.

공칭속도(V)	정지 거리
0.50m/s	0.20m에서 1.00m 사이
0.65m/s	0.30m에서 1.30m 사이
0.75m/s	0.40m에서 1.50m 사이

㉠ 공칭속도 사이에 있는 속도의 정지거리는 보간법으로 결정되어야 한다.
㉡ 정지거리는 전기적 정지장치가 작동된 시간부터 측정되어야 한다.

2. 재료의 허용 응력

부 분	안전율
디딤판체인 및 구동체인	10
벨트의 디딤판 및 연결부재	7
트러스 및 빔	5

3. 에스컬레이터 스텝의 구성 요소
　① 클리트(줄홈)
　② 라이저(수직면)
　③ 디딤판

4. 에스컬레이터 난간 폭에 따른 분류
800형 6,000명/시간,　1,200형 9,000명/시간

5. 에스컬레이터의 주요 장치 및 부속

(1) 감속기
기어를 이용한 감속장치로, 오일 온도가 상승하면 전동기온도도 상승한다. 이때 규정온도 이상 상승하면 온도바이메탈 스위치가 작동하여 에스컬레이터를 정지시킨다.

(2) 핸드레일 인입구 안전장치(인렛 스위치)
핸드레일 인입구에 이물질이 들어가는 것을 방지하는 장치로 손 또는 이물질이 끼었을 경우 즉시 작동되어 에스컬레이터를 정지시킨다.

(3) 구동체인 안전장치(DC 스위치)
구동체인이 파손될 때 즉시 모터의 작동을 정지시켜 주는 장치이다.

(4) 스커트 스위치
에스컬레이터의 고정된 스커트 가드와 스텝 사이의 틈에 신발이나 옷 등이 끼여 사고가 발생할 수 있으므로 이를 감지하여 정지시키는 스위치이다.

(5) 비상정지버튼과 조작스위치(E-STOP RUN SWITCH)
에스컬레이터를 운행시키거나 즉시 정지시켜야 할 경우에 사용한다.

(6) 스텝 체인 안전장치
스텝 체인이 파손되거나 과도하게 늘어날 때 즉시 작동하여 에스컬레이터를 정지시키는 장치로서 설치 위치는 하부 종단부에 설치한다.

(7) 핸드레일 이상 검출 스위치
핸드레일이 과도하게 늘어나거나 파손되었을 경우 작동한다.

(8) 핸드레일 구동 스위치
핸드레일 구동장치의 장력이 충분하지 않아 핸드레일 구동이 원활하지 않았을 경우에 작동한다.

(9) 보조브레이크
구동체인의 고도신장이나 파단 시 또는 주제동장치의 라이닝 마모 시 에스컬레이터의 예기치 못한 역회전 및 정전 시에 작동하여 에스컬레이터의 운행을 안전하게 정지시킨다.

(10) 스텝 파손 감지 스위치
스텝이 파손되거나 정상적인 궤도를 벗어나 주행할 경우 안전장치가 작동한다.

(11) 핸드레일 멈춤 스위치
핸드레일이 진행 중에 멈추거나 정격속도보다 20% 이상 속도차이를 나타낼 경우, 이를 감지하여 자동으로 에스컬레이터를 정지시킨다.

(12) 과부하 보호계전기(EOCR)
모터에 정격 이상의 전류가 흐르는 경우 에스컬레이터를 자동으로 정지시키는 장치

(13) 이상속도 안전장치
에스컬레이터가 정격속도보다 20% 이상 또는 이하의 속도로 이상 운행될 때 작동하여 에스컬레이터를 정지시키는 장치

(14) 마그네틱 브레이크
마그네틱 브레이크는 감속기 내측에 위치해 있으며 운전 중 전기적으로 개방된 상태에서 모터의 전원차단이나 각종 안전장치의 동작사고 시 신속하고 안전하게 제동시키는 장치

6. 에스컬레이터의 안전장치
(1) 구동체인 절단스위치
(2) 비상정지스위치

(3) 전자브레이크
(4) 디딤판 이상 검출 안전장치
(5) 과전류 안전장치
(6) 역상결상 계전기

7. 에스컬레이터의 운전 중 점검사항

(1) 운전 중 소음과 진동상태
(2) 콤 빗살과 스텝 홈의 물림상태
(3) 핸드레일과 스텝의 속도차이 유무
(4) 손잡이 이탈 유무

8. 삼각부 보호판

에스컬레이터에서 사람이 3각부에 충돌하는 것을 경고하기 위하여 25~35cm 전방에 설치하는 것으로, 신체상해의 우려가 없는 재질의 비고정식 안전 보호판이다.

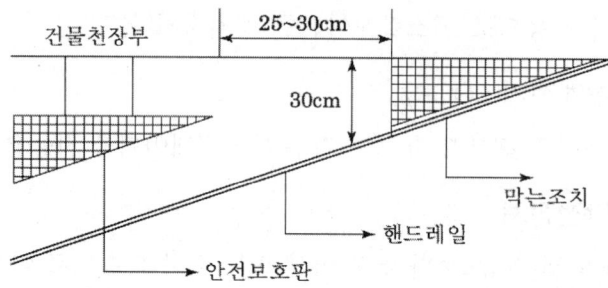

[별첨] 에스컬레이터(무빙워크 포함) 점검항목 및 방법

NO	점검항목 장치	B로 하여야 할 것	C로 하여야 할 것	주기 (회/월)
1	구동기 및 순환 공간에서 하는 점검			
1.1	구동기 공간	• 운전, 유지보수 및 점검에 필요한 설비 이외의 것이 있는 것 • 상부 덮개와 바닥면과의 이음부분에 현저한 차이가 있는 것 • 상부덮개 및 상부덮개 부착부의 마모, 손상 및 부식이 현저하고 감도가 저하하고 있는 것 • 구동기 고정 볼트 등의 상태가 불량한 것	• 전기안전장치의 기능을 상실한 것 • 열쇠 또는 도구로 열 수 없는 것 • 유지보수를 위한 들어올리는 장치의 기능이 상실된 것 • 구동기가 전도될 우려가 있는 것	1/1
1.2	조명 및 콘센트	• 조명의 조도가 200lx 미만인 것		1/3
1.3	유지보수 정지 스위치		• 기능을 상실한 것	1/1
1.4	제어 패널, 캐비닛, 접촉기, 릴레이 제어 기판	• 접촉기, 릴레이-접촉기 등의 손모가 현저한 것 • 잠금장치가 불량한 것 • 고정이 불량한 것 • 발열, 진동 등이 현저한 것 • 동작이 불안정한 것 • 환경상태(먼지, 이물)가 불량한 것 • 제어 계통에서 안전에 지장이 없는 경미한 결함 또는 오류가 발행한 것 • 전기설비의 절연저항이 규정값을 초과하는 것	• B의 상태가 심한 것 • 화재발생의 염려가 있는 것 • 퓨즈 등에 규격 외의 것이 사용되고 있는 것 • 먼지나 이물에 의한 오염으로 오작동의 염려가 있는 것 • 기판의 접촉이 불량한 것 • 제어계통에 안전과 관련된 중대한 결함 또는 오류가 발생한 것 • 제어계통에서 안전과 관련된 중대한 결함 또는 오류를 초래할 수 있는 경미한 오류가 반복적으로 발생한 것	1/1
1.5	구동기 / 전동기	• 고정이 불량한 것 • 발열이 현저한 것 • 소음을 발하는 것 • 회전자에 늘어짐이 생기고 있는 것	• B의 상태가 심한 것 • 운전의 계속에 지장이 생길 염려가 있는 것 • 화재발생의 염려가 있는 것 • 심한 소음을 발하는 것 • 회전이 심하게 저하하는 것	1/1

NO	점검항목 장치		B로 하여야 할 것	C로 하여야 할 것	주기 (회/월)
1.6	구동기	베어링	• 발열이 현저한 것 • 이상음이 있는 것	• B의 상태가 심한 것 • 운전의 계속이 위험스러운 것 • 제조사가 제시한 내구 연한을 초과한 것	1/6
1.7		감속기어	• 누유가 심한 것 • 윤활유가 부족 또는 노화되어 있는 것 • 기어 이의 마모가 현저한 것 • 스러스트량이 큰 것	• B의 상태가 심한 것 • 윤활불량으로 눌어붙을 상태의 염려가 있는 것 • 기어 이의 마모가 심한 것 • 스러스트량이 심하게 큰 것	1/6
1.8		공칭속도		• 검사기준 5.4.1.2에 부적합한 것	1/1
1.9		수동 권취 장치	—	• 전기안전장치의 기능을 상실한 것	1/1
1.10	브레이크 시스템	라이닝 드럼 플런저 스프링	• 라이닝에 기름부착이 있고 제동에 영향이 있는 것 • 브레이크 드럼 등의 마모가 현저하여 라이닝의 닿는 면적이 부족한 것 • 라이닝의 마모가 현저한 것	• B의 상태가 심한 것 • 솔레노이드/플런저의 작동이 불량한 것 • 전원 공급/차단이 불량한 것 • 카의 멈춤 유지가 불량한 것	1/1
1.11		보조브레이크		• 공칭속도 1.4배를 초과하기 전 작동하지 않는 것 • 운행방향이 바뀌어도 작동되지 않는 것	1/1
1.12		정지거리		• 검사기준 5.4.2.1.3.2 또는 5.4.2.1.3.4에 부적합한 것	1/1
1.13		역전위험에 대한 보호		• 공칭속도의 1.2배를 초과하기 전 작동하지 않는 것 • 운행방향이 바뀌어도 작동되지 않는 것	1/1
1.14		구동체인안전스위치		• 구동체인 절단 검출장치의 작동이 불안정한 것 • 검출동작이 불량하고 비상브레이크가 듣지 않는 것	1/1
1.15		구동체인 인장장치	• 체인의 늘어짐이 발생한 것	• 인장장치가 ±20mm 움직여도 자동으로 정지하지 않는 것 • 무게추 현수수단 파손 시 안전이 유지되지 않는 것	1/3

NO	점검항목 장치		B로 하여야 할 것	C로 하여야 할 것	주기 (회/월)
1.16	구동벨트 인장장치		• 벨트의 늘어짐이 발생한 것	• B의 상태가 심한 것 • 무게추 현수수단 파손 시 안전이 유지되지 않는 것	1/3
1.17	스텝구동 장치		• 구동체인의 신장이나 링크, 핀, 스프로켓의 이의 마모가 현저하지만 스프로켓축 등 부착에 늘어짐이 있는 것	• 구동체인에 부분적 파동이 있지만 스프로켓에 균열이나 치차에 결함이 있는 것	1/1
2	상부 승강장에서 하는 점검				
2.1	난간		• 난간의 고정상태가 불량한 것	• 난간에 사람이 설 수 있는 부분이 있는 것	1/1
2.2	콤		• 콤의 빗살이 현저하게 마모하고 있는 것	• B의 상태가 심하고 위험한 것 • 이물질이 끼이거나 충격이 가해질 때 자동으로 정지하지 않는 것	1/1
2.3	콤과 홈의 맞물림		• 콤과 홈의 맞물림이 현저히 불량한 것	• B의 상태가 심하고 위험한 것 • 콤의 빗살이 2개 이상 파손된 것 • 콤과 홈의 맞물림 깊이가 4mm 미만인 것	1/1
2.4	핸드래일 시스템	핸드레일 및 속도	• 핸드레일에 균열이 있지만 재료 중심의 캠퍼스 등이 노정한 것, 장력이 부족한 것 • 가이드에서 벗겨질 우려가 있는 것	• 핸드레일 절단 또는 손가락이 물릴 염려가 있는 것 • 핸드레일 속도가 스텝과 같지 않거나 +2%를 초과하는 것	1/1
2.5		가드	• 핸드레일 가드(들어가는 입구)의 부착에 늘어짐이 있지만 손상한 것	• 핸드레일 가드의 기능 불량으로 손가락이 끼일 염려가 큰 것	1/1
2.6		속도 감지 장치		• 검사기준 5.6.1.2에 부적합한 것	1/1
2.7	인입구		• 손가락이 끼일 우려가 있는 것	• B의 상태가 심한 것 • 스위치의 기능이 상실된 것	1/1
2.8	비상정지 스위치			• 비상정지스위치의 식별이 곤란한 것 • 스위치가 작동되지 않는 것	1/1
2.9	기동 스위치		• 기동스위치의 표지가 명확하지 않은 것 • 스위치의 조작이 곤란한 것 • 보호 덮개의 변형, 균열 또는 파손이 있는 것	• 기동스위치의 일부가 파손되어 감전의 염려가 있는 것 • 키를 사용하지 않고 스위치의 조작이 되는 것 • 기동스위치의 기능이 불충분한 것 • 보호덮개가 없는 것	1/1
2.10	자동 기동장치		• 운행 방향 표시가 명확하지 않은 것	• 검사기준 5.12.2.1.2에 부적합한 것	1/1

NO	점검항목 장치		B로 하여야 할 것	C로 하여야 할 것	주기 (회/월)
2.11	경보, 운전, 정지스위치		–	• 경보음이 나지 않는 것 또는 불명확한 것 • 스위치가 동작이 되지 않는 것	1/1
2.12	스텝 및 스레드		• 스텝 스레드에 일부 결함이 있고 빗살과의 물림이 불안전한 것 • 모서리에 날카로운 부분이 있는 것	• 스텝 스레드의 마모가 심하기 때문에 승강장에서 이물질이 끼어 들어갈 염려가 있는 것	1/1
2.13	스커트 가드 스위치			• 기능을 상실한 것	1/1
2.14	틈새	스커트와 스텝 또는 팔레트 사이	• 틈새가 현저하게 불균일한 것	• 각 측면에서 4mm를 초과하는 것 • 양 측면의 합이 7mm를 초과하는 것	1/1
2.15		2개 스텝 또는 팔레트 사이		• 6mm를 초과하는 것	1/1
2.16	빠진 스텝 또는 팔레트 검출 장치		–	• 장치의 기능을 상실한 것	1/1
3	중간부에서 하는 점검				
3.1	내측판		• 내측판면의 손상, 요철 또는 부식이 현저한 것	• 내측판의 파손, 부착, 늘어짐 등 때문에 운전 중 사람이 부상할 염려가 있는 것	1/1
3.2	스텝라이저		• 스텝라이저의 녹, 부식 또는 요철이 현저한 것	• 라이저의 부착에 늘어짐이 있는 것 • 라이저에 손상이 있고 발이 들어갈 수 있는 염려가 있는 것	1/1
3.3	스텝 체인		• 스텝 체인의 늘어짐에 따라 스텝의 좌우 또는 상호간의 틈새가 현저하게 과대하게 된 것	• 스텝 체인의 일부 결함 또는 균열이 있는 것 • 스텝 체인이 불량하기 때문에 운전 중 스텝의 동요가 심한 것	1/1
3.4	스텝 레일		• 스텝 레일의 마모가 현저한 것 • 스텝 각 롤러 및 베어링의 마모, 손상이 현저한 것	• 스텝레일의 부식, 부착 늘어짐, 손상 때문에 운전 중 스텝이 이상하게 흔들리는 것	1/6
3.5	스텝과 스커트가드의 틈새		• 스텝과 스커트가드의 틈새가 현저하게 불균일한 것	• 각 측면에서 4mm를 초과하는 것 • 양 측면의 합이 7mm를 초과하는 것	1/1

NO	점검항목 장치	B로 하여야 할 것	C로 하여야 할 것	주기 (회/월)
3.6	스커트 디플렉터	• 고정 불량 또는 변형이 발생한 것	• 검사기준 5.5.3.4에 부적합한 것	1/3
4	하부 승강장에서 하는 점검			
4.1	난간	• 난간에 사람이 설 수 있는 부분이 있는 것 • 난간의 고정상태가 불량한 것	-	1/1
4.2	콤	• 콤의 빗살이 현저하게 마모하고 있는 것	• B의 상태가 심하고 위험한 것 • 이물질이 끼이거나 충격이 가해질 때 자동으로 정지하지 않는 것	1/1
4.3	콤과 홈의 맞물림	• 콤과 홈의 맞물림이 현저히 불량한 것	• B의 상태가 심하고 위험한 것 • 콤의 빗살이 2개 이상 파손된 것 • 콤과 홈의 맞물림 깊이가 4mm 미만인 것	1/1
4.4	비상정지스위치	• 위치를 쉽게 확인할 수 없는 것 • 보호 덮개의 변형, 균열 또는 파손이 있는 것	• 기능을 상실한 것 • 보호 덮개가 없는 것	1/1
4.5	기동 스위치	• 보호 덮개의 변형, 균열 또는 파손이 있는 것	• 보호덮개가 없는 것 • 기능을 상실한 것	1/1
4.6	자동 기동장치	• 운행 방향 표시가 명확하지 않은 것	• 검사기준 5.12.2.1.2에 부적합한 것	1/1
4.7	스텝 체인 안전 스위치		• 스위치 자체 및 그 부착부에 늘어짐, 변형, 녹, 부식이 있는 것 • 스위치가 동작하지 않는 것 • 동작하여도 운전이 정지하지 않는 것	1/1
4.8	경보, 운전, 정지스위치		• 경보음이 나지 않는 것 또는 불명확한 것 • 스위치가 동작이 되지 않는 것	1/1
4.9	스텝 및 스레드	• 스텝 스레드에 일부 결함이 있고 빗살과의 물림이 불안전한 것 • 모서리에 날카로운 부분이 있는 것	• 스텝 스레드의 마모가 심하기 때문에 승강장에서 이물질이 끼어 들어갈 염려가 있는 것	1/1
4.10	스커트가드 스위치		• 기능을 상실한 것	1/1
4.11	틈새 / 스커트와 스텝 또는 팔레트 사이	• 틈새가 현저하게 불균일한 것	• 각 측면에서 4mm를 초과하는 것 • 양 측면의 합이 7mm를 초과하는 것	1/1

NO	점검항목 장치		B로 하여야 할 것	C로 하여야 할 것	주기 (회/월)
4.12	틈새	2개 스텝 또는 팔레트 사이		• 6mm를 초과하는 것	1/1
4.13	하부 인입구		• 손가락이 끼일 우려가 있는 것	• B의 상태가 심한 것 • 스위치의 기능이 상실된 것	1/1
5	안전대책에 대한 점검				
5.1	경고 및 표지		• 변형, 파손된 것 • 쉽게 식별할 수 없는 것 • 검사기준 6.2에 부적합한 것 • 수권작동 지침이 없는 것		1/6
5.2	승강기 고유번호		• 승강기 고유번호가 부착되지 않은 것 • 번호를 식별할 수 없는 것		1/6
5.3	안내문		• 검사기준 별표3 6.2에 부적합한 것		1/6
5.4	낙하방지책, 망		• 드나드는 구멍부의 안전책, 개구부의 부착이 미비한 것	• 드나드는 구멍부의 안전책, 개부의 안전책, 개구부의 진입방지보호판, 낙하방지망 등이 파손되어 기능을 상실한 것	1/1
5.5	삼각부 안전 보호판 및 막는 조치		• 보호판 및 막는 조치의 부착이 미비한 것 • 보호판 및 막는 조치의 기능이 불충분한 것	• 보호판 및 막는 조치가 부착되어 있지 않은 것 • 검사기준 7.2.4에 부적합한 것	1/1
5.6	스텝면 주의표지			• 주의표지가 현저하게 불분명한 것 • 주의표지가 없는 것	1/1
5.7	방화셔터 등과의 연동정지		• 방화셔터 등과의 연동이 규정치를 초과하는 것	• 방화셔터 등이 폐쇄되어도 정지 않는 것	1/12
6	옥외용 추가 점검				
6.1	강수 보호			• 지지설비의 부식, 변형이 심한 것 • 보호 덮개의 기능이 상실된 것	1/6
6.2	난방시스템			• 기능을 상실한 것	1/12
6.3	물의 배수		• 물이 고이는 것	• 배수 수단의 기능이 상실된 것 • 정화시설의 기능이 상실된 것	1/3
6.4	야간 조명		• 조명이 어두운 것	• 조명이 점등하지 않는 것 • 스텝/팔레트 등의 식별이 어려운 것	1/6

승강기 기능사

기계 기초이론

1절 재료의 성질

1. 응력(stress)

외부에서 힘이 가해졌을 때 물체에 생기는 저항력

(1) 수직응력

재료에 수직하중이 작용할 때 재료 내부에 발생하는 응력

$$수직응력(\sigma) = \frac{W}{A}\,[\mathrm{kg/mm^2}]$$

W : 하중(kg), A : 단면적($\mathrm{mm^2}$)

(2) 전단응력

물체 내 하나의 단면상에 단면에 따라 크기가 같고 방향이 반대인 1쌍의 힘이 작용하여 물체를 그 단면에서 절단하도록 하는 하중

$$수직응력(\sigma) = \frac{W_s}{A}\,[\mathrm{kg/mm^2}]$$

(W : 하중(kg), A : 단면적($\mathrm{mm^2}$))

2. 변형률(strain)

(1) 가로변형률(ε)

$$\varepsilon = \frac{d}{\delta}$$ (d : 처음의 가로방향의 길이, δ : 늘어난 길이)

(2) 세로변형률(ε')

$$\varepsilon' = \frac{\lambda}{l}$$
(λ : 원래의 길이, l : 변형된 길이)

(3) 전단변형률(r)

$$r = \frac{\lambda_s}{l} = \tan\phi ≒ \phi$$
(λ_s : 늘어난 길이, l : 원래의 길이, ϕ : 전단각)

3. 허용응력과 안전율

(1) 허용응력 : 안전상 허용되는 최대 응력
(2) 사용응력 : 기계나 물체에 실제로 생기는 응력

$$탄성한도 > 허용응력 ≧ 사용응력$$

(3) 안전율 : $\dfrac{극한강도}{허용응력} = \dfrac{인장강도}{허용응력}$

(4) 승강기의 지지보 강도

$$P = P_1 + 2P_2$$
(P : 적재하중, P_1 : 총중량, P_2 : 로프의 작용하중)

2절 기계 구조와 원리

1. 캠

회전운동을 직선, 왕복, 진동으로 변환하는 기구
(1) 입체캠의 종류 : 원통캠(실제캠), 엔드캠(단면캠), 빗판캠(경사캠)
(2) 평면캠의 종류 : 판캠, 확동캠, 직동캠, 반대캠

2. 활차장치

(1) 정활차

힘의 방향만 바꾼다.(F=N)

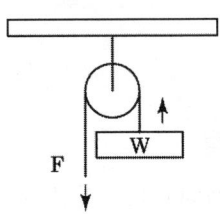

(2) 동활차

하중을 위로 올리면 $\frac{1}{2}$의 힘으로 올릴 수 있다.(F=2W)

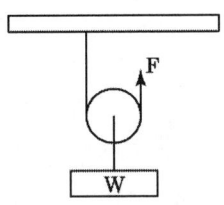

(3) 복활차

정활차와 동활차를 조합하여 만든 것. 적은 힘으로 몇 배의 하중을 올릴 수 있다.

$W = 2^n \times F$

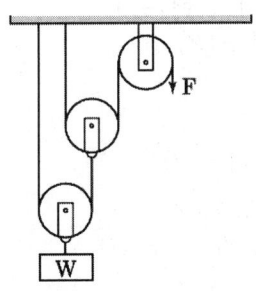

$W = 2^2 \times F$

(4) 단활차

$W \times r = F \times R$ (R : 도르래 지름)

3. 기어(gear)

(1) 두 축이 만나는 기어의 종류
헬리컬 베벨기어, 스파이럴 베벨기어, 직선 베벨기어, 제롤 베벨기어, 크라운 기어

(2) 두 축이 서로 평행한 기어
헬리컬 기어, 인터널 기어, 더블 헬리컬 기어, 스퍼 기어, 랙

(3) 두 축이 만나지도 평행하지도 않은 기어
스크루 기어, 웜 기어

4. 기어의 톱니 표시방법

(1) 모듈(module)
피치원의 지름을 잇수로 나눈 값

$$모듈(M) = \frac{피치원의\ 지름(D)}{잇수(Z)}$$

(2) 원주의 피치
피치원의 원주를 잇수로 나눈 값

$$원주피치(P) = \frac{피치원의\ 둘레(\pi D)}{잇수(Z)}$$

(3) 지름의 피치
잇수를 피치원의 지름으로 나눈 값

$$지름피치(DP) = \frac{잇수(Z)}{피치원의\ 지름(D)}$$

3절 측정기기

1. 일반 측정기
자, 외경퍼스, 내경퍼스가 있다.

2. 정밀측정기의 종류

(1) 버니어 캘리퍼스(vernier calipers)
기계부품의 지름, 두께, 깊이를 측정한다.

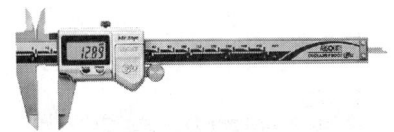

(2) 마이크로미터(micrometer calipers)
판의 두께, 작은 물체의 길이, 바깥지름, 안지름 등을 측정한다.

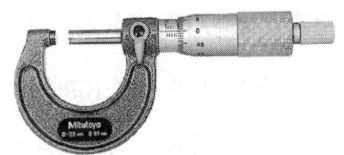

(3) 다이얼 게이지(dial gauge)
평면의 요철, 각각의 흔들림을 측정한다.

(4) 하이트 게이지(height gauge)
공작물의 높이, 정밀한 금긋기에 사용한다.

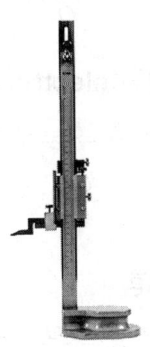

승강기 기능사

전기 기초이론

1절 전기의 개요

1. 전자와 양자의 성질

(1) 전자의 질량 : $9.10955 \times 10^{-31} [\text{kg}]$

(2) 양자의 질량 : $1.67261 \times 10^{-27} [\text{kg}]$

(3) 전자와 양자의 전기량 : $1.60219 \times 10^{-19} [\text{C}]$

(4) 대전 : 물질이 전자의 과부족으로 양전기 또는 음전기를 띠는 상태

2. 직류

(1) **전압**(Voltage)

전기의 크기

$$V = \frac{W}{Q} [\text{V}] \quad (W : 일(\text{J}), \ Q : 전기량(\text{C}))$$

(2) **전류**(electric current)

전기를 흐르게 하는 힘

$$I = \frac{Q}{t} [\text{A}] \quad (t : 시간(\text{sec}), \ Q : 전기량(\text{C}))$$

(3) **저항**

전기를 흐르지 못하게 하는 힘

(4) 옴의 법칙(Ohm's law)

전압의 크기를 V, 전류의 세기를 I, 저항을 R이라 할 때, V=I·R의 관계가 성립한다.

$$V = I \cdot R [\text{V}], \quad I = \frac{V}{R}[\text{A}], \quad R = \frac{V}{I}[\Omega]$$

3. 저항의 접속

(1) 직렬접속

$$R = R_1 + R_2 + R_3 + \cdots \cdots + R_n [\Omega]$$

(2) 저항 n개의 직렬 합성저항

$$R_0 = nR [\Omega]$$

(3) 병렬접속

$$\frac{1}{\frac{1}{R_1} + \frac{1}{R_2} + \frac{1}{R_3} \cdots \cdots \frac{1}{R_n}} [\Omega]$$

(4) 저항 n개의 병렬 합성저항

$$R_0 = \frac{R}{n} [\Omega]$$

(5) 전도율(conductivity)

$$전도율(\sigma) = \frac{1}{고유저항(\rho)} [\mho/\text{m}]$$

(6) 키르히호프의 법칙(Kirchhoff's law)

① 제1법칙 KCL(키르히호프의 전류 법칙) : 어떤 마디(node)에 들어오는 전류와 나가는 전류의 합은 같다. 즉, 임의의 마디로 들어오는(혹은 나가는) 전류의 대수합은 0이다.

② 제2법칙 KVL(키르히호프의 전압 법칙) : 어떤 폐회로를 따라서 전압의 대수합은 0이다. 폐회로란 시작 노드와 끝나는 노드가 같은 하나의 망을 의미하며, 이 망에서 전압의 상승값과 강하값은 같다는 것이다.

(7) 패러데이의 법칙(Faraday's law)
① 전기 분해 시 전극에서 석출되는 물질의 양 $W[g]$은 전기량 $Q[C]$에 비례한다.
② 물질의 양 $W[g]$은 전기량이 일정하면 물질의 전기 화학당량 K에 비례한다.
$$W = KQ[g], \quad W = KIt[g]$$

(8) 건전지(충전지)의 접속
① 직렬접속 : 전압은 배가 되고 용량은 변하지 않는다.
② 병렬접속 : 전압은 변하지 않고 용량은 2배가 된다.

(9) 분류기
전류계의 측정범위를 확대하기 위해서 계기의 내부 회로에 병렬로 접속하는 저항기

(10) 배율기
전압계의 측정범위를 확대하기 위해서 계기의 내부 회로에 직렬로 접속하는 저항기

(11) 변류기(CT)
대전류를 소전류로 변성한 것으로, CT 2차측을 개방하면 1차측 전류가 모두 여자되어 2차측에 과전압이 유기되고 절연이 파괴되어 소손의 우려가 있다. 그러므로 2차측 기기를 수리, 교체할 경우 반드시 2차측을 단락시켜야 한다.

(12) 전력(electric power)
1초 동안 전기가 하는 일의 양
$$P = VI = I^2R = \frac{V^2}{R}[W]$$
(V : 전압, I : 전류, R : 저항)

(13) 전력량
일정한 시간 동안 전기가 하는 일의 양
$$W = VIt = I^2Rt = Pt[J]$$
(V : 전압, I : 전류, R : 저항, t : 시간(초))

(14) 줄의 법칙(Joule's law)
일정한 시간 동안 저항에 전류가 흐를 때 발생하는 열
$$H = Pt[J] \quad (H : 발열량, P : 전력, t : 시간(s))$$
* $1J = 0.24cal$

2절 자기회로

1. 자력선의 성질
(1) 자석의 N극에서 시작하고 S에서 끝난다.
(2) 자기장의 상태표시는 선을 가상으로 자기장의 크기와 방향을 표시한다.
(3) 자력선은 다른 극성은 서로 당기는 장력과, 같은 극성은 반발하는 자력을 가진다.
(4) 자력선은 서로 교차하지 않는다.

2. 쿨롱의 법칙(Coulomb's law)

$$F = \frac{1}{4\pi\varepsilon} \cdot \frac{Q_1 Q_2}{r^2} = \frac{1}{4\pi\varepsilon_0} \cdot \frac{Q_1 Q_2}{\varepsilon_s r^2} = 9 \times 10^9 \frac{Q_1 Q_2}{\varepsilon_s r^2} [\text{N}]$$

Q_1, Q_2 : 전하, ε : 유전율(F/m), $\varepsilon = \varepsilon_0 \varepsilon_s$ (F/m)
r : 거리(m), F : 정전력(N)

3. 자기 모멘트
일정한 시간에 이룰 수 있는 일의 비율
모멘트(M) = 자극의 세기(m) × 자축의 길이(l) [Wb·m]

4. 자기 저항
자속의 흐름을 방해하는 것

$$R = \frac{l}{\mu A} = \frac{IN}{\phi} [\text{AT/Wb}]$$

5. 플레밍의 왼손법칙
전자기력의 방향을 따질 때, 플레밍의 왼손법칙으로 방향을 설명할 수 있다.

6. 플레밍의 오른손법칙
도체의 운동에 의한 전자유도로 생기는 기전력의 방향을 알기 위한 법칙

7. 렌츠의 법칙

전자기 유도의 방향에 관한 법칙이다. 전자기 유도에 의해 만들어지는 전류는 자속의 변화를 방해하는 방향으로 흐른다.

8. 패러데이의 법칙

유기기전력의 크기는 코일을 지나는 자속의 매초 변화량과 코일의 권수에 비례한다.

$$e = -N\frac{\Delta\phi}{\Delta t}[\mathrm{V}]$$

($-N$: 반대방향의 권수,　$\Delta\phi$: 자속의 변화량,　Δt : 시간의 변화량)

9. 인덕턴스

코일의 자체유도 능력

$$L = \frac{N\phi}{I}[\mathrm{H}]$$

10. 교류회로

(1) 주기 : 1사이클의 변화에 필요한 시간

(2) 순시값 : 임의 시간에 대한 전압, 전류값

(3) 최댓값 : 순시값 중 가장 큰 값

(4) 평균값 : 순시값에 대한 평균값

(5) 실효값 : 교류의 크기를 그 크기와 일치하게 직류로 바꿔 놓은 값

(6) 파형률 및 파고율

① 파형률 = $\dfrac{실효값}{평균값}$

② 파고율 = $\dfrac{최대값}{실효값}$

(7) 단상 교류 전력 : $P = VI\cos\theta\,[\mathrm{W}]$

(8) 3상 교류 전력

① 유효전력 : $P = \sqrt{3}\,V_l I_l \cos\theta = 3\,V_s I_s \cos\theta = 3I_s^2 R\,[\mathrm{W}]$

② 무효전력 : $P = \sqrt{3}\,V_l I_l \sin\theta = 3\,V_s I_s \sin\theta = 3I_s^2 X\,[\mathrm{VAR}]$

③ 피상전력 : $P = \sqrt{3}\,V_l I_l \sin\theta = 3V_s I_s = \sqrt{P^2 + P_r^2} = 3I_s^2 Z [\mathrm{VA}]$

11. 자동제어

(1) 목표값의 시간적 변화에 따른 분류
① 정치제어 : 목표값이 시간적으로 변화하지 않고 일정하게 유지하는 경우의 제어
② 추치제어 : 목표값이 시간적으로 변화하는 경우의 제어로 측정제어라고도 한다.
③ 프로그램제어 : 목표값의 변화방법이 미리 정해진 순서에 의해 변화되는 제어

(2) 시퀀스 제어
미리 정해진 순서대로 순차적으로 진행되는 제어(교통 신호등, 커피자판기 등등)

(3) 피드백(되먹임) 제어
입력값을 목표값과 비교하여 제어량이 일치하지 않으면 다시 입력측으로 보내 정정하는 제어방식

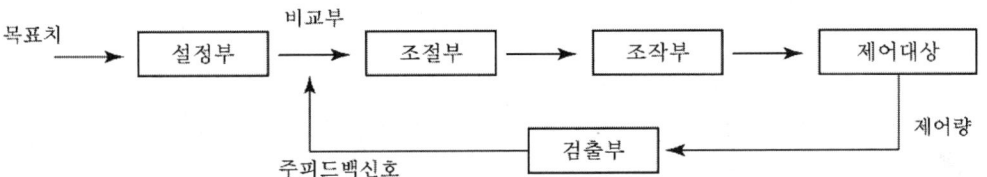

3절 정전계

1. 콘덴서의 정전용량

$$정전용량(C) = \frac{유전율(\varepsilon) \times 극판의\ 면적(A)}{극판의\ 간격(d)}[\mathrm{F}]$$

2. 콘덴서의 접속

(1) 직렬접속

$$C = \frac{C_1 \cdot C_2}{C_1 + C_2}$$

(2) 병렬접속

$$C = C_1 + C_2$$

4절 논리회로

1. OR 회로

논리 기호	진리표	시퀀스 회로	논리식
	A B X 0 0 0 0 1 1 1 0 1 1 1 1		$X = A + B$

2. NOR 회로

논리 기호	진리표	시퀀스 회로	논리식
A, B → X (NOR gate)	A B X 0 0 1 0 1 0 1 0 0 1 1 0	A, B 직렬 / X-b	$X = \overline{A+B}$

3. AND 회로

논리 기호	진리표	시퀀스 회로	논리식
A, B → X (AND gate)	A B X 0 0 0 0 1 0 1 0 0 1 1 1	A, B 직렬 / X-a	$X = A \times B$

4. NAND 회로

논리 기호	진리표	시퀀스 회로	논리식
A, B → X (NAND gate)	A B X 0 0 1 0 1 1 1 0 1 1 1 0	A, B 직렬 / X-b	$X = \overline{A \times B}$

5. NOT 회로

논리 기호	진리표	시퀀스 회로	논리식
A —▷o— X	A X / 0 1 / 1 0		$X = \overline{A}$

5절 반도체 소자

(1) 다이오드 : 전류를 한 방향으로만 흐르게 하고, 역방향으로 흐르지 못하게 하는 성질을 가진 반도체 소자. 다이오드의 전류를 한 방향만으로 흐르게 하는 작용을 정류라 하며, 교류를 직류로 변환할 때 쓰인다.

(2) 서미스터(Thermistor) : 온도보상용으로 사용

(3) 다이악(DIAC) : 트리거 소자로 사용

(4) SCR(실리콘 제어 정류소자) : 실리콘 PNPN 4층 구조로 3단자를 가지는 단방향 소자로서, 스위치 소자이며, 직·교류 제어용이다.

(5) 배리스터(Varistor) : 전기접점의 불꽃을 소거하거나 반도체 정류기·트랜지스터 등의 서지전압(surge voltage)으로부터의 보호에 사용한다.

6절 전압의 종류 및 절연, 접지

1. 전압의 종류

저압	직류	750V 이하
	교류	600V 이하
고압	직류	750V 이상 7000V 이하
	교류	600V 이상 7000V 이하
특고압	직류 및 교류 7000V 이상	

2. 접지공사

어스라고도 하며 땅에 매설한 전극과 땅 사이의 전기저항을 말한다.

구분	접지	전선	전압 구분
1종	10Ω 이하	6.0mm	고압, 특고압
2종	150÷1선지락전류	16mm	
3종	100Ω 이하	2.5mm	400V 이하
4종	10Ω 이하	2.5mm	400V 초과 저압

3. 절연저항

전류가 도체에서 절연물을 통하여 다른 충전부나 기기의 케이스 등에서 새는 경로의 저항이다.

회로의 용도	사용 전압	절연 저항
전동기 주회로	300V 이하	0.2MΩ 이상
	300V 이상 400V 이하	0.3MΩ 이상
	400V 초과	0.4MΩ 이상
제어 회로 신호 회로 조명 회로	150V 이하	0.1MΩ 이상
	150V 이상 300V 이하	0.2MΩ 이상

4. 절연 계급에 따른 허용 최고온도

절연의 종류	허용 최고온도
Y종	90℃
A종	105℃
E종	120℃
B종	130℃
F종	155℃
H종	180℃
C종	180℃ 초과

7절 구동기계 기구 및 동작원리

1. 직류기

(1) 직류발전기의 구조

① 계자(field) 자속을 만드는 부분으로 계자권선, 계자철심, 자극편 및 계철로 구성되어 있다.

② 전기자(armature) : 계자에서 만든 자속을 끊어 기전력을 유도하는 부분이다.

③ 정류자(commutator) : 교류를 직류로 바꾸는 부분

④ 브러시가 갖추어야 할 성질
  ㉠ 접촉저항이 적당할 것
  ㉡ 마모성이 적을 것
  ㉢ 내열성이 클 것
  ㉣ 기계적 강도가 클 것
  ㉤ 전기저항이 작을 것

(2) 직류발전기의 원리

① 유도기전력 : $E = e\dfrac{Z}{a} = \dfrac{PZ}{a}\phi\dfrac{N}{60} = K\phi N[\text{V}]$

② 전기자의 반작용 : 전기자 권선에 전류가 흐를 때 이 전류에 의해 발생되는 자속이 계자에 영향을 주는 현상. 하지만 역률에 따라서 그 작용이 다르다.

③ 반작용으로 인한 현상
 ㉠ 브러시의 불꽃 발생
 ㉡ 감자작용
 ㉢ 공극의 자속이 한쪽으로 치우침
 ㉣ 중성축 이동

④ 방지책
 ㉠ 보극의 설치
 ㉡ 보상권선 설치
 ㉢ 브러시 위치를 전기적 중성점으로 이동

(3) 정류작용의 개선방법

① 보극의 설치
② 보상권선 설치
③ 접촉저항이 큰 브러시 사용

2. 직류발전기의 종류

(1) 자여자 발전기 : 발전기 자체에서 기전력에 의해 계자전류를 공급하여 여자하는 것 (직권발전기, 분권 발전기, 복권 발전기가 있다.)

(2) 타여자 발전기 : 외부 직류전원을 공급받아 계자 자속을 만드는 발전기

3. 직류전동기 속도제어

(1) 계자제어법 : 계자전류를 조정하여 속도를 제어한다. 제어 가능한 속도범위 내에 있으면 출력은 일정한 성질을 갖는다.

(2) 전압제어법 : 입력 전압에 의해 발진 주파수를 가변하여 제어

(3) 저항제어법 : 전기자회로에 직렬로 저항을 접속하여 속도를 제어

4. 직류전동기의 제동방법

(1) 역전제동법 : 전동기의 단자접속을 변경하여 제동하는 방법

(2) 발전제동법 : 전동기의 전원을 분리하여 회전자의 운동에너지를 제동하는 방법

(3) 회생제동법 : 회전체에 축전된 운동에너지를 전원측으로 반환하면서 제동하는 방법

5 유도전동기

(1) 3상 유도전동기의 종류

① 농형 회전자

② 권선형 회전자

(2) 3상 유도전동기의 기동법

① 전원압 기동 : 5kW 이하에 사용

② Y-Δ 기동 : 10~15kW에 사용

③ 리액터 기동 : 리액터를 전동기와 직렬로 접속하여 기동전류를 제한할 때 사용

④ 기동보상기 이용한 기동 : 15kW 이상에 사용

(3) 속도 제어방법

① 극수 변환법   ② 주파수 변환법

③ 2차 저항 가감법   ④ 종속 접속법

(4) 제동방법

① 역전제동   ② 발전제동

③ 회생제동   ④ 단상제동

6. 단상 유도전동기

(1) 콘덴서 기동형 : 기동용 콘덴서를 이용하여 기동. 많이 사용한다.

(2) 분상 기동형 : 기동 토크가 커서 많이 사용하지 않는다.

(3) 반발 기동형 : 단상 유도전동기 중 기동 토크가 크다.

(4) 셰이딩 코일형 : 기동토크가 작은 곳에 사용(효율, 역률이 좋지 않다.)

안전관리

1절 재해발생의 원인

1. 사고 예방 대책 기본 원리 5단계

단계	과정	내용
1단계	조직	㉮ 경영층의 참여　　㉯ 안전관리자의 임명 ㉰ 안전 라인 및 참모조직 구성 ㉱ 안전 활동 방침 및 계획 수립 ㉲ 조직을 통한 안전 활동
2단계	사실의 발견	㉮ 사고 및 안전 활동 기록 검토 ㉯ 작업분석　　㉰ 안전점검 및 안전진단 ㉱ 사고 조사　　㉲ 안전회의 및 토의 ㉳ 근로자의 제안 및 여론조사 ㉴ 관찰 및 보고서의 연구 등을 통한 불안전요소 발견
3단계	분석 평가	㉮ 사고 보고서 및 현장조사 ㉯ 사고 기록 및 인적·물적 조건 분석 ㉰ 작업공정 분석 ㉱ 교육 훈련 분석을 통해 사고의 직접원인과 간접원인 규명
4단계	시정방법의 선정	㉮ 기술적 개선　　㉯ 인사 조정 ㉰ 교육 훈련 개선　　㉱ 안전행정 개선 ㉲ 규정, 수칙 및 작업표준 개선 ㉳ 확인, 통제체제 개선
5단계	시정책의 적용(3E)	㉮ 기술적 대책　㉯ 교육적 대책　㉰ 단속적 대책

2. 재해의 원인

(1) 직접 원인
① 인적 요인 : 사람의 불안전한 행동, 상태(지식 부족, 미숙련, 과로, 태만, 지시 무시 등등)
② 물적 요인 : 불량한 기계설비와 불안전한 환경에서 오는 요인으로 정리정돈의 결함이다.(안전장치의 결함, 보호구의 결함, 부적절한 작업환경 등이 있다.)

(2) 간접 원인
기술적 원인, 교육적 원인, 정신적 원인, 관리적 원인, 신체적 원인

3. 전기 재해

(1) 전기화재의 원인
① 합선(단락) : 전선로에서 두 개 이상의 전선이 어떤 원인에 의해 서로 접촉되는 경우
② 누전 : 전류가 설계된 부분 이외의 곳으로 흐르는 현상
③ 과전류(과부하) : 전선의 허용전류 이상의 많은 부하기기를 사용함으로써 전선에 많은 전류가 흘러 이로 인해 전선에 과도한 열이 발생하여 화재가 발생하게 된다.
④ 그 외 스파크와 접촉불량이 있다.

(2) 전기 감전의 증상

전 류	증 상
1mA	최소 감지 전류
5mA	상당한 통증을 느낀다.
10mA	고통의 한계전류
20mA	근육수축과 움직임이 불가능
50mA	매우 위험 상태
100mA	치명적

(3) 감전사고의 원인
① 전기기계기구나 공구의 절연파괴
② 콘덴서의 방전코일이 없는 상태
③ 정전작업 시 접지가 없어 유도전압이 발생
④ 충전부의 절연 불량
⑤ 낙뢰
⑥ 기계, 기구의 자체 결함
⑦ 이상전류에 의한 전위상승 등이 있다.

(4) 제어반의 점검, 보수항목
① 제어반의 수직도 및 볼트 취부 이완상태 유무
② 각 스위치, 릴레이 등 작동 유무
③ 절연저항 측정 및 결선 단자 조임상태 유무
④ 접지선 접속 유무
⑤ 절연물, 아크방지기, 코일의 소손 및 파손 유무
⑥ 소음의 유무 등

3. 안전관리

(1) 안전관리자의 직무
① 당해 사업장의 안전보건관리규정 및 취업규정에서 정한 업무
② 당해 사업장 안전교육계획의 수립 및 실시
③ 사업장 순회점검, 지도 및 조치의 건의
④ 산업재해발생 원인조사 및 재발방지를 위한 기술적 지도 조언
⑤ 방호장치, 기계기구 및 설비, 보호구 중 안전에 관계되는 보호구 구입 시 적격품 판정
⑥ 산업재해에 관한 통계의 유지관리를 위한 조치 건의
⑦ 안전에 관한 사항을 위반한 근로자에 대한 조치 건의

(2) 안전점검 시 유의사항
① 안전점검은 형식, 내용에 변화를 주어 몇 가지 점검방법을 병용한다.

② 점검자의 능력을 감안해서 거기에 대응한 점검을 실시한다.
③ 과거 재해발생개소는 그 원인이 완전히 배제되어 있는지 확인한다.
④ 불량개소가 발견되었을 때는 다른 동종 설비에 대해서도 점검한다.
⑤ 발견된 불량개소는 원인을 조사해 즉시 필요한 대책을 강구한다.
⑥ 경미한 사실이라도 중대사고로 이어지는 일이 있기 때문에 지나쳐버리지 않도록 유의한다.
⑦ 안전점검은 안전수준의 향상을 목적으로 한다는 것을 염두에 두고, 결점을 지적하거나 관찰하는 태도는 삼가도록 한다.

(3) 안전점검의 종류
① 수시점검 : 수시로 실시하는 점검
② 정기점검 : 일정기간마다 정기적으로 실시하는 점검
③ 임시점검 : 기기 이상 시 실시하는 점검
④ 특별점검 : 특별한 경우 실시하는 점검

2절 기타 설비

1. 설비

(1) 베어링
회전하고 있는 기계의 축을 일정한 위치에 고정시키고 축의 자중과 축에 걸리는 하중을 지지하면서 축을 회전시키는 역할을 하는 기계요소

(2) 베어링의 구비 조건
① 축의 재료보다 연하면서 마모에 잘 견딜 것
② 축과의 마찰계수가 작을 것
③ 내식성이 클 것
④ 마찰열의 발산이 잘 되도록 열전도가 좋을 것
⑤ 가공성이 좋으며 유지 및 수리가 쉬울 것

(3) 구름 베어링
① 동력손실과 마멸손실이 적다.
② 과열의 위험이 적고 마찰계수도 작다.
③ 호환성이 좋고 소형화가 가능하다.

(4) 미끄럼 베어링
① 충격에 강하고 진동 소음이 적다.
② 구조가 간단하여 가격이 싸고 수리가 용이하다.
③ 베어링에 작용이 클 경우 적합

(5) 기계에 대한 통제방법
① 반응에 의한 통제
② 개폐에 의한 통제
③ 양의 조절에 의한 통제

(6) 마찰차의 응용 범위
① 속도비가 중요하지 않은 경우
② 회전속도가 커서 보통 기어의 사용이 곤란한 경우
③ 두 축 사이를 단속할 필요가 있을 때
④ 무단변속을 시키는 경우

(7) 배관이음의 종류
나사(관용)이음, 용접이음, 플랜지이음, 빅토리이음 등

(8) 오차의 종류
① 절대오차 : 계산의 결과에서 나온 직접적인 오차의 절대값
② 과실오차 : 측정자의 부주의에 의한 오차
③ 계통오차 : 관측장치나 관측자의 특성으로 인하여 특정 방향으로 치우쳐 나타나는 오차
④ 우연오차 : 정확하게 알 수 없는 원인으로 발생하는 오차

2. 전기

(1) 전격방지장치
전기용접기로 용접작업을 할 때 용접라인에 흐르는 누설전기로 인하여 생기는 감전의 피해를 사전에 막기 위하여 라인에 설치한 누전감시 차단장치

(2) 클리퍼 회로
교류파형을 경계값을 기준으로 파형의 상부 또는 하부를 절단시키고, 그 외 부분은 통과시키는 회로

(3) 인버터
인버터 : 직류 → 교류, 컨버터 : 교류 → 직류

(4) 메거
전선로나 전동기 등의 절연저항의 측정에 사용하는 테스터이며, 습기가 많은 장소에 설치된 전동기 등은 특히 절연이 저하하는 경향이 있으므로, 누설 전류에 의한 사고 발생을 방지하기 위하여 필요하다. 절연저항계라고도 한다.

과년도문제

과년도출제문제 : 2011년~2016

과년도 출제문제

2011년 1회

01 직류 가변전압식 엘리베이터에는 권상전동기에 직류 전원을 공급한다. 필요한 발전기 용량은? (단, 권상전동기의 효율은 80%, 1시간 정격은 연속정격의 56%, 엘리베이터용 전동기의 출력은 20kW이다.)

① 약 11kW   ② 약 14kW
③ 약 17kW   ④ 약 20kW

☞ $Q = \dfrac{출력}{효율} \times 연속정격$
$= \dfrac{20}{0.8} \times 0.56 = 14\text{kW}$

02 엘리베이터의 운행 속도를 검출하는 안전장치는?

① 비상브레이크   ② 조속기
③ 브레이크   ④ 전동기

☞ ㉠ 제1동작
- 카의 정격속도가 조속기에 의해 과속이 감지되어 정속도의 1.3배를 넘지 않은 범위 내에서 동작
- 전원을 차단하고 브레이크를 동작시킴. 이때 속도는 45m/min 이하의 경우 63m/min이다.

㉡ 제2동작
- 카의 정격속도가 조속기에 의해 과속이 감지되어 정속도의 1.4배를 넘지 않은 범위 내에서 동작
- 기계적인 작동으로 레일을 꽉 물면서 정지. 이때 속도는 45m/min 이하의 경우 68m/min이다.

03 완충기에 대한 설명으로 틀린 것은?

① 카가 어떤 원인으로 최하층을 통과하여 피트로 떨어졌을 때 충격을 완화하기 위하여 설치한다.
② 완충기는 카나 균형추의 자유낙하를 완충하기 위한 것은 아니다.
③ 용수철 완충기와 유입 완충기가 있다.
④ 승강기의 정격속도가 60m/min를 초과하면 운동에너지가 증가하므로 용수철 완충기를 사용한다.

☞ ㉠ 속도 60m/min 이하 스프링 완충기 사용
㉡ 속도 60m/min 초과 유입 완충기 사용

04 승객용 엘리베이터에서 카 바닥 앞부분의 아랫방향으로 출입구의 전폭에 걸쳐 수직높이가 몇 mm 이상인 보호판이 견고하게 설치되어 있어야 하는가?

① 450   ② 540
③ 1450   ④ 1540

☞ 승객용 엘리베이터에서 카 바닥 앞부분의 아랫방향으로 출입구의 전폭에 걸쳐 수직높이 540mm 이상인 보호판이 견고하게 설치되어야 한다.

05 엘리베이터 기계실의 실온은 원칙적으로 얼마 이하로 유지하여야 하는가?

① 20℃   ② 30℃
③ 40℃   ④ 50℃

Answer
1. ② 2. ② 3. ④ 4. ② 5. ③

☞ 기계실 온도는 5℃ 이상 40℃ 이하를 유지해야 한다.

06 언더 컷(under cut) 홈 시브에 대한 설명으로 틀린 것은?

① 로프와 시브의 마찰계수를 높이기 위한 것이다.
② 로프 마모율이 비교적 심하지 않다.
③ 주로 싱글 래핑(1 : 1 로핑)에 사용된다.
④ 홈의 형상은 시브 홈의 밑을 도려낸 것이다.

☞ 언더컷 시브는 로프 마모율이 심하다.

07 공동 주택용 엘리베이터에서 카가 정지하였거나 동력이 끊어졌을 때 카의 도어를 손으로 여는 데 필요한 힘의 범위로 옳은 것은?

① 5kg 이상 30kg 이하
② 5kg 이상 20kg 이하
③ 10kg 이상 30kg 이하
④ 10kg 이상 20kg 이하

☞ 문을 손으로 여는 데 필요한 힘은 정지 5kgf 이상 30kgf 이하이고, 주행 중에는 20kgf이다.

08 45m/min 이하의 승강기에서 조속기의 2차 작동(비상정지장치의 작동) 속도는?

① 63m/min
② 68m/min
③ 정격속도의 160%
④ 정격속도의 200%

☞ ㉠ 제1동작
• 카의 정격속도가 조속기에 의해 과속이 감지되어 정속도의 1.3배를 넘지 않은 범위 내에서 동작
• 전원을 차단하고 브레이크를 동작시킴. 이때 속도는 45m/min 이하의 경우 63m/min이다.
㉡ 제2동작
• 카의 정격속도가 조속기에 의해 과속이 감지되어 정속도의 1.4배를 넘지 않은 범위 내에서 동작
• 기계적인 작동으로 레일을 꽉 물면서 정지. 이때 속도는 45m/min 이하의 경우 68m/min이다.

09 균형로프(compensating rope)에 대한 설명으로 옳은 것은?

① 주로 고속엘리베이터에 많이 사용하고 있다.
② 유압승강기에 많이 사용하고 있다.
③ 10층 미만의 로프식 승강기에 많이 사용하고 있다.
④ 화물용 승강기에만 주로 사용하고 있다.

☞ 균형로프는 고속용 엘리베이터(120m/min)에 사용된다.

10 수평보행기의 디딤면의 경사도는 몇 도 이하이어야 하는가?

① 8도   ② 10도
③ 12도   ④ 15도

☞ 수평보행기의 경사각도는 12° 이하로 할 것. 단, 디딤면이 고무제품 등 미끄러지기 어려운 구조일 경우에는 15° 이하로 할 수 있다.

11 과부하 감지기의 작동에 따른 연계작동에 포함되지 않는 것은?

① 카가 움직이지 않는다.
② 경보가 울린다.
③ 통화장치가 작동된다.

Answer
6. ② 7. ① 8. ② 9. ① 10. ③ 11. ③

④ 문이 닫히지 않는다.

👉 **과부하장치 작동**
- 문이 닫히지 않는다.
- 경보가 울린다.
- 카가 움직이지 않는다.
- 감지 해지 후 문이 닫히고 움직인다.

12 에스컬레이터의 비상정지버튼의 설치 위치는?
① 기계실에 설치한다.
② 상부 승강장 입구에 설치한다.
③ 하부 승강장 입구에 설치한다.
④ 상·하부 승강장 입구에 설치한다.

13 승강장의 문이 열린 상태에서 모든 제약이 해제되면 자동적으로 닫히게끔 하여 문의 개방상태에서 생기는 2차 재해를 방지하는 문의 안전장치는?
① 세이프티 레이
② 도어 인터록
③ 도어 클로저
④ 도어 세이프티

👉 **도어 클로저**
승강장 도어가 열려 있을 때 자동으로 닫히게 하는 장치

14 승강로 꼭대기 틈새(상부틈)에 대한 설명으로 옳은 것은?
① 카가 최상층에 정지하였을 경우 카 바닥과 기계실 바닥 간의 거리
② 카가 최상층에 정지하였을 경우 카 바닥과 카 천장 간의 거리
③ 카가 최상층에 정지하였을 경우 카 상부체대와 승강로 천장 간의 거리
④ 카가 최상층에 정지하였을 경우 카 상부체대와 기계실 천장까지의 거리

15 유압엘리베이터용 펌프로 소음이 적고 압력맥동이 적은 펌프는?
① 기어펌프　　② 스크류펌프
③ 외접펌프　　④ 피스톤펌프

👉 **스크류 펌프**
압력 맥동이 적고, 진동과 소음이 적어 많이 사용된다.

16 VVVF제어에서 3상의 교류를 일단 DC전원으로 변환시키는 것은?
① 인버터　　② 발전기
③ 전동기　　④ 컨버터

👉 인버터 : 직류 → 교류
　　컨버터 : 교류 → 직류

17 기계실의 바닥면적은 승강로 수평투영면적의 몇 배 이상으로 하여야 하는가? (단, 기기의 배치 및 관리에 지장이 없을 경우이다.)
① 1　　② 2
③ 3　　④ 4

👉 기계실의 바닥면적은 일반적으로 승강로 수평투영면적의 2배 이상이어야 한다.

18 에스컬레이터에서 스텝체인에 대한 설명으로 옳은 것은?
① 폭이 좁고, 층고가 낮을수록 높은 강도의 체인을 필요로 한다.
② 일종의 롤러체인이다.
③ 좌우 체인의 링크 간격은 스텝을 안전

Answer
12. ④　13. ③　14. ③　15. ②　16. ④　17. ②　18. ②

하게 유지하기 위하여 크기가 서로 다른 환강으로 연결한다.
④ 클립형과 판넬형이 있다.

☞ 스텝체인은 에스컬레이터 좌우에 설치되며, 스텝을 주행시키는 역할을 한다.

19 승강기의 자체검사 항목이 아닌 것은?
① 기계실의 면적
② 브레이크 및 제어장치
③ 와이어로프
④ 과부하 방지장치

20 방호장치 중 과도한 한계를 벗어나 계속적으로 작동하지 않도록 제한하는 장치는?
① 크레인
② 리미트 스위치
③ 윈치
④ 호이스트

☞ **리미트 스위치**
카가 최상층 또는 최하층을 지나치지 않도록 하는 스위치

21 재해의 직접 원인은 인적 원인과 물적 원인으로 구분할 수 있다. 다음 중 물적 원인에 해당하는 것은?
① 복장, 보호구의 잘못 사용
② 정서불안
③ 작업환경의 결함
④ 위험물 취급 부주의

22 높은 곳에서 전기 작업을 위한 사다리작업을 할 때 안전을 위하여 절대 사용해서는 안 되는 사다리는?

① 미끄럼 방지장치가 있는 사다리
② 도전성이 있는 금속제 사다리
③ 니스(도료)를 칠한 사다리
④ 셸락(shellac)을 칠한 사다리

☞ 전기 감전을 방지하기 위해 도전성이 없는 사다리를 사용해야 한다.

23 전기안전대책의 기본 요건에 해당되지 않는 것은?
① 정전방지를 위해 활선작업 유도
② 전기시설의 안전처리 확립
③ 취급자의 안전자세 확립
④ 전기설비의 접지 실시

☞ 활선작업은 전기가 통전되는 상태를 말하며, 정전방지를 위해 유도해서는 안 된다.

24 안전 작업모를 착용하는 주요 목적이 아닌 것은?
① 화상방지
② 비산물로 인한 부상방지
③ 종업원 표시
④ 감전의 방지

25 부상으로 인하여 8일 이상의 노동력 상실을 가져온 상해정도는?
① 중상해　　② 경상해
③ 경미 상해　④ 무상해

☞ • 경상해 : 부상으로 1일 이상 7일 이하의 노동 상실의 상해
• 중상해 : 부상으로 8일 이상의 노동 상실의 상해

19. ①　20. ②　21. ③　22. ②　23. ①　24. ③　25. ①

26 원동기, 회전축 등에는 위험방지장치를 설치하도록 규정하고 있다. 설치방법에 대한 설명으로 틀린 것은?
① 위험부위에는 덮개, 울, 슬리브 등을 설치
② 키 및 핀 등의 기계요소는 묻힘형으로 설치
③ 벨트의 이음부분에는 돌출된 고정기구로 설치
④ 건널다리에는 안전난간 및 미끄러지지 아니하는 구조의 발판 설치

☞ 벨트의 이음부분에는 돌출된 고정기구로 설치해서는 안 된다.

27 재해발생 시 긴급 처리해야 할 사항이 아닌 것은?
① 피해 기계의 정지
② 피해자의 응급조치
③ 관계기관에 신고
④ 2차 재해방지

28 인장응력을 가장 옳게 설명한 것은?
① 재료 내부에 인장힘이 발생하여 갈라지는 균열현상
② 재료 외부에 인장힘이 발생하여 갈라지는 균열현상
③ 재료가 외력을 받아 인장되려고 할 때 재료 내에서 생기는 응력
④ 재료가 내력을 받아 인장되려고 할 때 재료 내에서 생기는 응력

☞ 응력 = $\dfrac{하중}{단면적}$

29 하중경보장치는 몇 % 적재 시 경보를 발하고 문의 닫힘을 제어하는가?
① 80   ② 100
③ 110   ④ 120

☞ **과부하 감지장치**
• 기능 : 정격 적재하중의 105~110% 범위 내에서 동작, 경보를 울리고 해제 시까지 문을 열고 대기함
• 고장 시 : 초과 하중을 감지 못하고 과적재로 승강기가 추락할 수 있음

30 카 내에서 행하는 검사에 해당되지 않는 것은?
① 카 시브의 안전상태
② 카 내의 조명상태
③ 비상통화장치
④ 운전반 버튼의 동작상태

☞ **카 내에서 행하는 검사**
• 운전반 버튼의 동작상태
• 카 내의 조명상태
• 비상통화장치

31 전동 덤웨이터에 대한 설명으로 틀린 것은?
① 구조상 경미한 부분을 제외하고는 불연재료로 만들거나 씌워야 한다.
② 점검용 콘센트는 소방설비용 비상콘센트를 겸용하여 사용한다.
③ 일반적으로 기계실 천장의 높이는 1m 이상을 유지하여야 한다.
④ 서적, 음식물 등 소형화물의 운반에 적합하게 제작된 엘리베이터이다.

☞ **덤웨이터**
카의 바닥면적이 1m² 이하, 천장높이가 1.2m 이하로 사람이 타지 않으면서 1톤 미만의 소화물을 운반하는 엘리베이터이다. 점검용 콘센트는 소방설비용 비상콘센트와 공용으로 사용해서는 안 된다.

Answer
26. ③ 27. ③ 28. ③ 29. ③ 30. ① 31. ②

부록 : 과년도출제문제

32 순간식 비상정지장치의 일종으로 로프에 걸리는 장력이 없어져서 휘어짐이 생겼을 때 바로 운전회로를 차단하는 장치는?
① 조속기
② 슬랙로프 세이프티
③ 브레이크
④ 상승방향 과속방지장치

👉 **슬랙로프 세이프티**
조속기를 설치하지 않는 방식으로 로프에 걸리는 장력이 없어져서 휘어짐이 생겼을 때, 바로 운전회로를 차단한다.

33 다음 중 권상기 도르래 홈의 형상에 속하지 않는 것은?
① U홈 ② V홈
③ R홈 ④ 언더컷 홈

👉 **권상기 도르래 홈의 형상의 종류**
U홈, V홈, 언더컷 홈

34 균형로프(compensating rope)의 역할로 가장 알맞은 것은?
① 카의 무게를 보상
② 카의 낙하를 방지
③ 균형추의 이탈을 방지
④ 와이어로프의 무게를 보상

👉 **균형체인의 설치 목적**
이동 케이블과 로프의 이동에 따라 변화되는 하중을 보상

35 가이드 레일의 규격에 관한 설명으로 틀린 것은?
① 일반적으로 쓰는 T형 레일의 공칭은 8, 13, 18, 24K 등이 있다.
② 대용량의 엘리베이터에서는 37, 50K 레일도 있다.
③ 레일의 표준길이는 6m이다.
④ 레일의 규격의 호칭은 마무리 가공 전 소재의 1m당의 중량이다.

👉 **레일의 규격**
• 레일의 호칭은 마지막 가동 전 소재의 1m당 중량으로 한다.
• 레일의 표준길이는 5m
• T형 레일을 사용하며, 공칭은 8K, 13K, 18K, 24K, 30K이고, 대용량 엘리베이터는 37K, 50K 등을 사용한다.

36 다음 중 에스컬레이터의 안전장치가 아닌 것은?
① 구동 체인 안전장치
② 스텝 체인 안전장치
③ 비상정지스위치
④ 피트 정지 안전장치

👉 에스컬레이터의 안전장치 : 구동 체인 안전장치, 스텝 체인 안전장치, 비상정지스위치, 스커트 가드 안전스위치

37 플라이 웨이트가 로프잡이를 동작시켜 로프잡이는 조속기로프를 잡고 비상정지장치를 동작시키는 기구로 되어 있는 조속기는?
① 디스크형 조속기
② 플라이 볼형 조속기
③ 롤 세이프티형 조속기
④ 슬라이드형 조속기

👉 **디스크형 조속기**
조속기 시브의 속도가 빠르면 원심력에 의해 웨이트가 벌어지면 고속 스위치가 작동, 전원을 차단하고 브레이크를 작동시킨다.

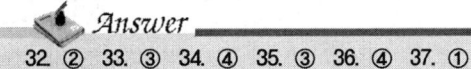

32. ② 33. ③ 34. ④ 35. ③ 36. ④ 37. ①

38 엘리베이터의 도어 슈의 점검을 위해 실시하여야 할 점검사항이 아닌 것은?
① 도어 슈의 마모상태 점검
② 가이드 롤러의 고무 탄력상태 점검
③ 슈 고정볼트의 조임상태 점검
④ 도어 개폐 시 실과 간섭상태 점검

39 유압식 승강기의 하중시험 시 110%의 하중을 적재하고 상승할 때 전동기 정격전류 값의 몇 % 이하로 작동하여야 하는가?
① 120   ② 130
③ 140   ④ 150

	적재하중의 100%	적재하중의 110%
속도	설계도면에 기재되어 있는 속도의 90% 이상 105% 이하	설계도면에 기재되어 있는 속도의 85% 이상 110% 이하
전류	전동기 정격전류값의 125% 이하	전동기 정격전류값의 140% 이하
작동압력	설계값의 115% 이하	설계값의 115% 이하

40 엘리베이터를 카 위에서 검사할 때 주로프를 걸어 맨 고정 부위는 2중 너트로 견고하게 조여 있어야 하고 풀림방지를 위하여 무엇이 꽂혀 있어야 하는가?
① 소켓   ② 균형체인
③ 브래킷   ④ 분할핀

41 조속기 스위치를 설명한 것으로 옳은 것은?
① 일단 작동하면 자동으로 복귀되지 않는다.
② 작동 후 속도가 정상으로 복귀되면 스위치도 복귀된다.
③ 일단 작동하면 교체하여야 한다.
④ 자동복귀되어도 작동하지 않는다.

42 정격속도 90m/min로 유입완충기를 사용하는 카가 최하층에 수평으로 정지되었다면 카와 완충기의 최소거리로 옳은 것은?
① 규정하지 않는다.
② 150~300mm
③ 300~600mm
④ 75~150mm

정격 속도	최소 거리(mm)		최대 거리(mm)	
	교류 1단 속도 제어방식 또는 저항제어방식	그 외의 제어방식	카측	균형 추측
스프링 완충기 7.5 이하	75	150	600	900
7.5 초과 15 이하	150			
15 초과 30 이하	225			
30 초과	300			
유입완충기	규정하지 않음			

43 유압승강기에서 파워 유닛의 보수, 점검 또는 수리를 위해 실린더로 통하는 기름을 수동으로 차단시켜야 하는 것은?
① 역지밸브   ② 스트레이너
③ 스톱밸브   ④ 레벨링밸브

☞ **스톱밸브**
• 밸브를 닫으면 실린더의 오일이 탱크로 역류하는 것을 방지한다.
• 유압장치의 보수・점검 또는 수리 시 사용

44 에스컬레이터의 종류 중 수송능력에 따른 분류에 해당되는 것은?
① 700형   ② 800형
③ 900형   ④ 1100형

☞ 에스컬레이터 난간폭에 따른 분류 : 800형 6000명/시간, 1200형 9000명/시간

Answer
38. ② 39. ③ 40. ④ 41. ① 42. ① 43. ③ 44. ②

45 가변전압 가변주파수(VVVF)제어방식 승강기의 특징이 아닌 것은?
① 워드 레오나드 방식에 의해 유지보수가 쉽다.
② 교류 2단 속도제어방식보다 소비전력이 적다.
③ 높은 기동전류로 기동하며 기동 시에도 높은 토크를 낼 수 있다.
④ 속도에 대응하여 최적의 전압과 주파수로 제어하기 때문에 승차감이 양호하다.

☞ **가변전압 가변주파수(VVVF)제어방식**
인버터 방식의 최근 엘리베이터뿐만 아니라, 다른 기기에서도 널리 사용되고 있는 방식이다. 엘리베이터에서는 승강실 내 하중과 운전방향에 따라 회생전력이 발생한다. (승강실이 빈 상태로 상승하는 경우 등) 이 회생전력을 흡수하기 위해 인버터의 직류단에 회생전류 흡수용 저항기를 설치해 열을 발산하고 있다. 정격속도 120m/min을 넘는 것의 대부분은 컨버터를 정류회로로 바꾸어 회생전력을 전원으로 되돌리고 있다.

46 스위치 및 릴레이 작동상태를 점검하는 것이 아닌 것은?
① 저항의 파손상태 확인
② 융착된 금속접점 유무를 확인
③ 코일의 절연물 소손상태 확인
④ 접점의 마모상태 확인

47 3Ω과 6Ω의 저항을 직렬로 연결했을 때의 합성저항은?
① 2Ω ② 4.5Ω
③ 6Ω ④ 9Ω

☞ **직렬저항**
$R_0 = R_1 + R_2 + R_3 \ldots R_m = 3 + 6 = 9$

48 전선의 길이를 고르게 2배로 늘리면 단면적은 1/2로 된다. 이때의 저항은 처음의 몇 배가 되는가?
① 4배 ② 2배
③ 0.5배 ④ 0.25배

☞ $R = (고유저항)\rho \frac{(길이)l}{(단면적)A}$ 에서

$R_0 = \rho \frac{2l}{\frac{A}{2}} = \rho \frac{l}{A} \times 4 = 4R$

49 정속도 전동기에 속하는 것은?
① 타여자 전동기
② 직권 전동기
③ 분권 전동기
④ 가동복권 전동기

☞ **분권 전동기**
직류 전동기로 계자권선과 전기자를 병렬로 접속한 것이며, 부하전류의 변동과 관계없이 속도는 일정하다.

50 반도체에서 공유결합을 할 때 과잉전자를 발생시키는 반도체는?
① P형 반도체
② N형 반도체
③ 진성 반도체
④ 불순물 반도체

☞ **N형 반도체**
과잉전자에 의해 전기 전도를 하는 불순물 반도체

51 논리식의 불 대수에 관한 법칙 중 맞는 것은?
① A·A=A ② 0·A=1
③ A+A=A ④ 1+A=1

Answer
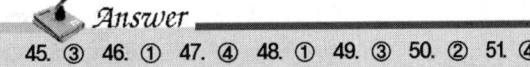
45. ③ 46. ① 47. ④ 48. ① 49. ③ 50. ② 51. ④

☞
- A · A = 1
- A · 0 = 0
- A + A = 1
- A + 1 = 1
- A + 0 = 1
- A + $\overline{A}$ = 1

52 용량이 1kW인 전열기를 2시간 동안 사용하였을 때 발생한 열량은?

① 430kcal ② 860kcal
③ 1720kcal ④ 2000kcal

☞ $H = 860 \times 2 = 1720\text{kcal}$

53 아래 그림은 트랜지스터를 사용한 무접점 스위치이다. 부하의 저항값이 10Ω, 트랜지스터 전류이득 β=100일 때, 부하에 흐르는 전류는? (단, V_{in}은 트랜지스터가 포화되는 전압을 가하고 다른 조건은 무시한다.)

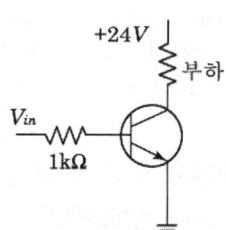

① 0.024A ② 0.24A
③ 2.4A ④ 24A

☞ 전류이득 β=100이다. 따라서
$I = \dfrac{V}{R} = \dfrac{24}{10} = 2.4$

54 자기저항에 관한 설명 중 옳은 것은? (단, 자기회로=l, 자로의 단면적=A, 투자율=μ이다.)

① 자기회로의 l에 반비례하고 A와 μ의 곱에 비례한다.
② 자기회로의 l에 비례하고 A와 μ의 곱에 비례한다.
③ 자기회로의 l에 반비례하고 A와 μ의 곱에 반비례한다.
④ 자기회로의 l에 비례하고 A와 μ의 곱에 반비례한다.

☞ $R = \dfrac{l}{\mu A}$ (AT/Wb)

55 60μA는 몇 mA에 해당하는가?

① 0.06 ② 0.6
③ 6 ④ 60

☞ $\mu A = 10^{-6}$, $mA = 10^{-3}$, 따라서
$60\mu A = 0.06 mA$

56 다음 측정기 중 각도측정기로 알맞은 것은?

① 버니어캘리퍼스
② 사인 바
③ 수준기
④ 마이크로미터

☞ **사인 바**
작업물의 각도를 측정하는 기구

57 발전기 및 변압기를 보호하기 위하여 사용되는 차동계전기는 어느 고장 부분을 검출하는 것인가?

① 내부 고장
② 권선의 층간 단락
③ 선로의 접지
④ 권선의 온도상승

58 SCR의 게이트 작용은?

① 소자의 on-off 작용
② 소자의 도통 제어 작용
③ 소자의 브레이크 다운 작용

Answer
52. ③ 53. ③ 54. ④ 55. ① 56. ② 57. ② 58. ②

④ 소자의 브레이크 오버 작용

☞ 게이트에 cathode와 순방향으로 전압을 걸면 순방향으로 전류가 흐르면서 anode(+)와 cathode(-)가 순방향일 경우 문을 열어주는 역할을 한다. 이때 게이트에 걸리는 순방향 전압을 gate turn on전압이라고 한다.

59 동일 규격의 축전지 2개를 병렬로 접속하면 전압과 용량의 관계는 어떻게 되는가?

① 전압과 용량이 모두 반으로 줄어든다.
② 전압과 용량이 모두 2배가 된다.
③ 전압은 2배가 되고 용량은 변하지 않는다.
④ 전압은 변하지 않고 용량은 2배가 된다.

☞ ㉠ 직렬 연결 : 전압은 2배가 되고 용량은 변하지 않는다.
㉡ 병렬 연결 : 전압은 변하지 않고 용량은 2배가 된다.

60 마찰차의 종류가 아닌 것은?

① 원뿔 마찰차
② 변속 마찰차
③ 홈붙이 마찰차
④ 이붙이 마찰차

Answer
59. ④ 60. ④

과년도 출제문제

2011년 2회

01 조속기가 작동하여 전원을 차단하고 브레이크를 작동시키는 속도는 정격속도의 몇 배를 초과하지 않는 범위이어야 하는가?
① 1.1배 ② 1.2배
③ 1.3배 ④ 1.4배

☞ ㉠ 제1동작
- 카의 정격속도가 조속기에 의해 과속이 감지되어 정속도의 1.3배를 넘지 않은 범위 내에서 동작
- 전원을 차단하고 브레이크를 동작시킴. 이때 속도는 45m/min 이하의 경우 63m/min이다.

㉡ 제2동작
- 카의 정격속도가 조속기에 의해 과속이 감지되어 정속도의 1.4배를 넘지 않은 범위 내에서 동작
- 기계적인 작동으로 레일을 꽉 물면서 정지. 이때 속도는 45m/min 이하의 경우 68m/min이다.

02 트랙션 머신 시브를 중심으로 카 반대편의 로프에 매달리게 하여 카 중량에 대한 평형을 맞추는 것은?
① 조속기 ② 균형체인
③ 완충기 ④ 균형추

03 승객 엘리베이터의 경우 카 문턱과 승강로 벽 사이의 틈은 몇 mm 이하로 하는가?
① 80   ② 105
③ 125 ④ 150

☞ 카 바닥 끝단과 승강로 벽 사이의 거리는 0.15m 이하이어야 한다.

04 엘리베이터 기계실의 설비가 아닌 것은?
① 전동기 ② 레일
③ 조속기 ④ 권상기

☞ 레일은 기계실이 아닌 카 위에 설치되어 있다.

05 공동주택용 엘리베이터에서 카가 저속으로 주행 중 문을 손으로 여는 데 필요한 힘은 얼마인가?
① 5kgf 이상   ② 10kgf 이상
③ 15kgf 이상 ④ 20kgf 이상

☞ 문을 손으로 여는 데 필요한 힘은 정지 시 5kgf 이상 30kgf 이하이고, 주행 중에는 20kgf이다.

06 승강기의 안전장치에 해당되지 않는 것은?
① 마지막 층에는 파이널 리미트 스위치를 설치한다.
② 비상정지장치가 작동하면 안전회로가 차단되는 스위치를 설치하여야 한다.
③ 비상탈출구가 열리면 안전회로가 차단되는 스위치를 설치한다.
④ 카가 출발하면 자동으로 선풍기가 가동되는 장치가 있어야 한다.

Answer
1. ③ 2. ④ 3. ④ 4. ② 5. ④ 6. ④

07 로프식 엘리베이터 기계실의 구조에서 주요한 기기로부터 기둥이나 벽까지의 수평거리는 얼마 이상으로 하여야 하는가?

① 30cm   ② 40cm
③ 50cm   ④ 100cm

☞ • 유압식 엘리베이터 : 벽이나 기둥으로부터 50cm 이상 떨어져야 한다.
• 로프식 엘리베이터 : 벽이나 기둥으로부터 30cm 이상 떨어져야 한다.

08 승강기에서 사람이 타는 케이지(cage)에 관계되는 설명이 아닌 것은?

① 재질은 일반적으로 1.2mm 이상의 강판을 사용한다.
② 완충기가 있는 피트는 깊을수록 좋다.
③ 벽은 불연재료로 제작하여 화재사고에 대비해야 한다.
④ 천장에 비상구출구가 있어야 한다.

☞ 완충기가 있는 피트는 적당해야 한다.

09 에스컬레이터의 난간 폭에 의한 분류 중 폭 800형의 공칭수용능력은?

① 10000인/시간   ② 9000인/시간
③ 8000인/시간   ④ 6000인/시간

☞ 에스컬레이터 난간폭에 따른 분류
800형 6000명/시간, 1200형 9000명/시간

10 도어 인터록에서 도어가 닫혀 있지 않으면 승강기 운전을 불가능하도록 한 것은?

① 도어록   ② 도어스위치
③ 도어머신   ④ 도어클로저

☞ 도어스위치
도어스위치가 접점이 안 되면 도어가 열린 것으로 인식하고 승강기가 운행되지 않는다.

11 주차장치 중 다수의 운반기를 2열 혹은 그 이상으로 배열하여 순환 이동하는 방식은?

① 수직 순환식   ② 다층 순환식
③ 수평 순환식   ④ 승강기식

☞ 수평 순환식 주차설비는 다수의 운반기를 평면상에 2열, 또는 그 이상으로 배열하여 임의의 2열 간의 양단에 운반기를 수평순환시켜 주차하는 방식

12 유입완충기에서 완전히 압축한 상태에서 완전히 복귀할 때까지 요하는 플런저의 복귀시간은 몇 초 이내이어야 하는가?

① 30   ② 60
③ 90   ④ 120

13 중속 엘리베이터에서 고속권선과 저속권선으로 하는 속도제어는?

① 일단 속도제어
② 이단 속도제어
③ 궤환제어
④ VVVF 속도제어

☞ 이단 속도제어
2단 속도 모터를 사용하여 기동과 주행은 고속권선으로 행하고, 감속 시는 저속권선으로 감속하여 착상하는 방식

14 에스컬레이터의 구동체인이 규정치 이상으로 늘어났을 때 일어나는 현상은?

① 안전레버가 작동하여 하강은 되나 상승은 되지 않는다.
② 안전레버가 작동하여 브레이크가 작동하지 않는다.

7. ① 8. ② 9. ④ 10. ② 11. ③ 12. ② 13. ② 14. ④

③ 안전레버가 작동하여 무부하 시는 구동되나 부하 시는 구동되지 않는다.
④ 안전레버가 작동하여 안전회로 차단으로 구동되지 않는다.

15 승객용 엘리베이터에서 각 층 강제정지 운전의 목적으로 가장 적합한 것은?
① 출·퇴근 시간대에 모든 층의 승객에게 골고루 서비스 제공
② 각 층의 도어장치 기능의 원활한 작동
③ 각 층의 도어장치 확인 시 사용
④ 카 안의 범죄활동 방지

16 블리드오프 유압회로 방식의 특징이 아닌 것은?
① 카의 기동 시 유량조절이 어렵다.
② 상승운전 시의 효율이 높다.
③ 작동유의 온도(점도)변화 및 압력변화 등의 영향을 받기 쉽다.
④ 기동·정지 시 효과가 적다.

> 블리드오프(bleed-off) 회로
> • 운전 시 효율이 높다.
> • 기동·정지 시 효과가 적다.
> • 카의 기동 시 유량조절이 쉽다.
> • 작동유의 온도변화 및 압력변화 등의 영향을 받기 쉽다.

17 엘리베이터용 전동기를 선정할 때의 주의사항으로 옳은 것은?
① 고기동빈도에 의한 발열을 고려하여 선정한다.
② 내열성이 낮은 절연재료로 선정한다.
③ 출력해야 할 회전력 +80%~70% 정도인가를 살펴서 선정한다.

④ 동선의 표피효과가 큰 것을 선정한다.

> 전동기의 구비 조건
> • 기동전류가 작을 것
> • 기동토크가 작을 것
> • 회전부분의 관성 모멘트가 작을 것
> • 잦은 기동빈도에 대해 열적으로 견딜 것

18 1 : 1 로핑방식에 비해 2 : 1, 3 : 1, 4 : 1 로핑방식의 설명 중 옳지 않은 것은?
① 와이어로프의 수명이 짧다.
② 와이어로프의 총 길이가 길다.
③ 승강기의 속도가 빠르다.
④ 종합 효율이 저하된다.

> 로핑 비율이 커질수록 속도는 느려진다.

19 길이가 긴 물건을 공동으로 운반할 때의 주의사항으로 적절하지 않은 것은?
① 두 사람이 운반할 때 키가 큰 사람이 무게를 많이 든다.
② 들어올리거나 내릴 때에는 소리를 내어 동작을 일치시킨다.
③ 운반 도중 서로 신호 없이는 힘을 빼지 않는다.
④ 혼자 무리한 자세나 동작으로 작업하지 않는다.

20 사업장에 승강기의 조립 또는 해체작업을 할 때 조치하여야 할 사항과 거리가 먼 것은?
① 작업을 지휘하는 자를 선임하여 지휘자의 책임하에 작업을 실시할 것
② 작업할 구역에는 관계근로자 외의 자의 출입을 금지시킬 것
③ 기상상태의 불안정으로 인하여 날씨가

Answer
15. ④ 16. ① 17. ① 18. ③ 19. ① 20. ④

몹시 나쁠 때에는 그 작업을 중지시킬 것
④ 사용자의 편의를 위하여 야간작업을 하도록 할 것

21 일반적으로 교류의 감전 전류값이 100mA 일 때 인체에 미치는 영향 정도는?
① 약간의 자극을 느낀다.
② 상당한 고통이 온다.
③ 근육에 경련이 일어난다.
④ 심장은 마비증상을 일으키며 호흡도 정지한다.

☞ 전기 감전의 증상

전류	증상
1mA	최소 감지 전류
5mA	상당한 통증을 느낀다.
10mA	고통의 한계전류
20mA	근육수축과 움직임이 불가능
50mA	매우 위험 상태
100mA	치명적

22 회전 중의 파괴위험이 있는 연마반의 숫돌은 어떤 장치를 하여야 하는가?
① 차단장치   ② 전도장치
③ 덮개장치   ④ 개폐장치

23 승강기 출입문에 손이 끼여 사고를 당했다면 그 기인물은?
① 승강기   ② 사람
③ 출입문   ④ 손

24 다음 중 안전점검표에 포함하지 않아도 되는 사항은?
① 시정확인   ② 점검항목
③ 점검시기   ④ 판정기준

☞ **안전점검표**
점검대상, 점검부분, 점검항목, 점검주기, 점검방법, 판정기준, 조치사항

25 다음 중 안전점검의 종류가 아닌 것은?
① 순회점검   ② 정기점검
③ 특별점검   ④ 일상점검

☞ **안전점검의 종류**
- 수시점검 : 수시로 실시하는 점검
- 정기점검 : 일정기간마다 정기적으로 실시하는 점검
- 임시점검 : 기기 이상 시 실시하는 점검
- 특별점검 : 특별한 경우 실시하는 점검

26 감기거나 말려들기 쉬운 동력전달장치가 아닌 것은
① 기어   ② 벤딩
③ 컨베이어   ④ 체인

☞ 벤딩 : 관을 구부리는 것

27 엘리베이터에서 사고가 발생하였을 때의 조치사항이 아닌 것은?
① 응급조치 등의 필요한 조치
② 소방서 및 의료기관 등에 연락
③ 피해자의 동료에게 연락
④ 전문 기술자에게 연락

28 다음 중 감전과 관계없는 것은?
① 인체에 흐르는 전류
② 인체의 저항
③ 기기의 정격전류
④ 인체에 가해지는 전압

☞ 기기의 정격전류는 기기가 동작하는 데 필요

Answer
21. ④ 22. ③ 23. ① 24. ① 25. ① 26. ② 27. ③ 28. ③

한 전류이다.

29 엘리베이터의 카 상부에서 행하는 검사가 아닌 것은?
① 조속기 로프의 설치 상태
② 비상정지장치의 연결기구 작동상태
③ 레일 및 브래킷의 마모상태
④ 조속기의 작동상태

☞ 조속기 작동상태는 조속기가 있는 곳에서 행한다.

30 경사각이 6° 이하인 경우를 제외한 수평보행기 디딤면의 폭은?
① 560mm 이상, 1020mm 이하
② 580mm 이상, 1020mm 이하
③ 580mm 이상, 1050mm 이하
④ 580mm 이상, 2050mm 이하

☞ 디딤판의 높이는 100mm 이하이어야 한다. 또한 디딤판의 길이는 가로 560~1020mm 이하, 세로 400mm 이하이어야 한다.

31 승객용 승강기의 시브가 편마모되었을 때 그 원인을 제거하기 위해 어떤 것을 보수, 조정하여야 하는가?
① 과부하 방지장치
② 조속기
③ 로프의 장력
④ 균형체인

32 엘리베이터 전동기에 요구되는 특성으로 옳지 않은 것은?
① 충분한 제동력을 가져야 한다.
② 운전상태가 정숙하고 고진동이어야 한다.
③ 카의 정격속도를 만족하는 회전특성을 가져야 한다.
④ 높은 기동빈도에 의한 발열에 대응하여야 한다.

☞ 운전상태가 정숙하고 저진동이어야 한다.

33 승강기의 제어반에서 점검할 수 없는 것은?
① 전동기 회로의 절연상태
② 조속기 스위치의 작동 상태
③ 결선단자의 조임 상태
④ 주접촉자의 접촉상태

☞ 조속기 스위치의 작동 상태는 제어반에서 할 수 없다.

34 아래 그림의 리미트 스위치 기호로 옳은 것은?

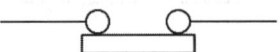

① 전기적 a접점 ② 전기적 b접점
③ 기계적 a접점 ④ 기계적 b접점

35 유압식 엘리베이터에서 실린더의 일반적인 구조기준은 안전율 몇 이상이어야 하는가?
① 2   ② 4
③ 8   ④ 10

☞
구분	안전율
플런저 실린더 및 압력배관	4(취성금속을 사용하는 경우 10)
유압 고무호스	10
주로프 또는 체인	10

Answer
29. ④ 30. ① 31. ③ 32. ② 33. ② 34. ④ 35. ②

36 정전으로 인하여 카가 정지될 때 점검자에 의해 주로 사용되는 밸브는?
① 하강용 유량제어밸브
② 스톱밸브
③ 릴리프밸브
④ 체크밸브

☞ 하강용 유량제어밸브는 정전 또는 기계고장으로 카가 멈추었을 때 수동식 하강밸브를 열어주면 카 자체의 하중으로 서서히 내려와 승객을 안전하게 구출할 수 있다.

37 에스컬레이터 난간과 핸드레일의 점검사항이 아닌 것은?
① 접촉기와 계전기의 이상 유무를 확인한다.
② 가이드에서 핸드레일의 이탈 가능성을 확인한다.
③ 표면의 균열 및 진동여부를 확인한다.
④ 주행 중 소음 및 진동여부를 확인한다.

☞ 접촉기와 계전기의 이상 유무는 제어반에서 한다.

38 카 바닥 앞부분과 승강로 벽과의 수평거리는 일반적으로 몇 mm 이하이어야 하는가?
① 120mm ② 125mm
③ 130mm ④ 150mm

☞ 카 바닥 끝단과 승강로 벽 사이의 거리는 0.15m 이하이어야 한다.

39 비상정지장치가 작동된 후 승강기 카 바닥면의 수평도의 기준은 얼마인가?
① $\frac{1}{10}$ 이내 ② $\frac{1}{20}$ 이내
③ $\frac{1}{30}$ 이내 ④ $\frac{1}{40}$ 이내

40 스텝체인 안전장치에 대한 설명으로 알맞은 것은?
① 스커트 가드판과 스텝 사이에 이물질의 끼임을 감지하는 장치이다.
② 스텝체인의 늘어남 또는 파단을 감지하는 장치이다.
③ 스텝과 레일 사이에 이물질의 끼임을 감지하는 장치이다.
④ 상부 기계실 내 작업 시에 전원이 투입되지 않도록 하는 장치이다.

☞ **스텝체인 안전장치**
스텝체인의 늘어남 또는 파단이 감지되었을 때 에스컬레이터를 정지시킨다.

41 승강기의 구조에서 항상 카의 속도를 검출하는 장치는?
① 권상기 ② 균형추
③ 전동기 ④ 조속기

☞ **조속기**
카의 운행속도를 기계적이고 전기적인 방법으로 동시에 검출하여 카의 과속도를 검출하여 이상 시 동력을 차단하여 비상정지를 시키는 장치이다.

42 유압승강기 압력배관에 관한 설명 중 옳지 않은 것은?
① 압력배관은 펌프 출구에서 안전밸브까지를 말한다.
② 지진 또는 진동 및 충격을 완화하기 위한 조치가 필요하다.
③ 압력배관으로 탄소강 강관이나 고압 고무호스를 사용한다.
④ 압력배관이 파손되었을 때 카의 하강을 제지하는 장치가 필요하다.

Answer
36. ① 37. ① 38. ④ 39. ③ 40. ② 41. ④ 42. ①

☞ 압력배관은 펌프 출구에서 실린더 출구까지를 말한다.

43 속도가 60m/min인 엘리베이터의 피트 깊이는 몇 m 이상이어야 하는가?
① 1.1m ② 1.2m
③ 1.4m ④ 1.5m

☞ 정격속도별 꼭대기 틈새 및 피트 깊이

정격속도	상부 여유거리	피트 깊이
45m/min 이하	1.2m 이상	1.2m 이상
45m/min 이상 60m/min 이하	1.4m 이상	1.5m 이상
60m/min 이상 90m/min 이하	1.6m 이상	1.8m 이상
90m/min 이상 120m/min 이하	1.8m 이상	2.1m 이상
120m/min 이상 150m/min 이하	2.0m 이상	2.4m 이상
150m/min 이상 180m/min 이하	2.3m 이상	2.7m 이상
180m/min 이상 210m/min 이하	2.7m 이상	3.2m 이상
210m/min 이상 240m/min 이하	3.3m 이상	3.8m 이상
240m/min 이상	4.0m 이상	4.0m 이상

44 카 실(cage)의 구조에 관한 설명 중 옳지 않은 것은?
① 승객용 카의 출입구에는 정전기 장애가 없도록 방전코일을 설치하여야 한다.
② 카 천장에 비상탈출구를 설치하여야 한다.
③ 구조상 경미한 부분을 제외하고는 불연재료를 사용하여야 한다.
④ 승객용은 한 개의 카에 두 개의 출입구 설치를 금지한다.

☞ 엘리베이터의 카실이 갖추어야 할 조건
 • 구조상 경미한 부분을 제외하고는 불연재료를 사용하여야 한다.
 • 카 천장에 비상탈출구를 설치하여야 한다.
 • 카의 실내환기를 유지하기 위해 환풍장치를 부착한다.
 • 승객용은 한 개의 카에 두 개의 출입구 설치를 금지한다.

45 에스컬레이터의 ㉠ 트러스 및 ㉡ 구동체인 안전율은?
① ㉠ : 3, ㉡ : 8
② ㉠ : 5, ㉡ : 10
③ ㉠ : 8, ㉡ : 13
④ ㉠ : 10, ㉡ : 15

☞ 트러스 외 빔 5 이상, 체인 10 이상

46 로프식 엘리베이터의 가이드 레일 설치에서 패킹(보강재)이 설치된 경우는?
① 레일이 짧게 설치되어 보강할 경우
② 레일이 양 폭의 조정 작업을 할 경우
③ 철구조물 등과 레일 브래킷의 간격을 줄일 경우
④ 철구조물 등과 레일 브래킷의 간격조정 및 보강이 필요한 경우

47 원통부분의 축심과 기준축심의 오차의 크기이며, 표시기호 ◎로 나타내는 측정법은?
① 원통도 ② 진원도
③ 위치도 ④ 동심도

48 두 자극 사이에 작용하는 힘은 두 자극의 세기의 곱에 비례하고 두 자극 사이의 거리의 제곱에 반비례한다는 법칙은?
① 패러데이의 법칙
② 쿨롱의 법칙
③ 렌츠의 법칙
④ 플레밍의 법칙

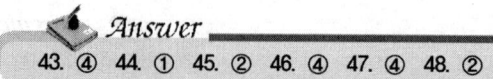
43. ④ 44. ① 45. ② 46. ④ 47. ④ 48. ②

49 트랜지스터, IC 등의 반도체를 사용한 논리소자를 스위치로 이용하는 제어하는 방식은?
① 전자개폐기제어
② 유접점제어
③ 무접점제어
④ 과전류전기제어

50 변류기(CT) 2차측 회로의 수리 및 점검 시 반드시 시행해야 할 사항은?
① 1차, 2차측을 모두 개방한다.
② 1차측을 단락한다.
③ 2차측을 개방한다.
④ 2차측을 단락한다.

👉 **변류기(CT)**
대전류를 소전류로 변성한 것으로, CT 2차측을 개방하면 1차측 전류가 모두 여자되어 2차측에 과전압이 유기되어 절연이 파괴되어 소손의 우려가 있다. 그러므로 2차측 기기를 수리, 교체할 경우 반드시 2차측을 단락시켜야 한다.

51 되먹임 제어회로에서 가장 중요한 장치는?
① 입력과 출력을 비교하는 장치
② 응답속도를 느리게 하는 장치
③ 응답속도를 빠르게 하는 장치
④ 안정도를 좋게 하는 장치

👉 **피드백제어**
입력값을 목표값과 비교하여 제어량이 일치하지 않으면 다시 입력측으로 보내 정정하는 제어 방식

52 전류의 열작용과 관계있는 법칙은?
① 옴의 법칙
② 줄의 법칙
③ 플레밍의 법칙
④ 키르히호프의 법칙

👉 **줄의 법칙**
저항에 전류가 흐를 때 발생되는 열을 구하는 법칙

53 다음 중 직류기의 3요소에 해당되는 것은?
① 계자, 전기자, 보극
② 계자, 브러시, 정류자
③ 계자, 전기자, 정류자
④ 보극, 보상권선, 전기자권선

👉 **직류발전기의 3요소**
계자, 전기자, 정류자

54 Y결선의 상전압이 $V[V]$이다. 선간전압은?
① $3V$
② $\sqrt{3}\,V$
③ $\dfrac{V}{3}$
④ $\dfrac{V^2}{3}$

55 유도전동기의 동기 속도는 무엇에 의하여 정하여지는가?
① 전원의 주파수와 전동기의 극수
② 전원 전압과 전류
③ 전원의 주파수와 전압
④ 전동기의 극수와 전류

👉 $N_s = \dfrac{120 \times f}{P}$

56 몇 개의 막대가 서로 연결되어 회전, 요동, 왕복운동 등을 하도록 구성한 것은?
① 캠장치
② 커플링장치
③ 기어장치
④ 링크장치

Answer
49. ③ 50. ④ 51. ① 52. ② 53. ③ 54. ② 55. ① 56. ④

57 그림과 같은 논리회로에서 출력 X의 식은?

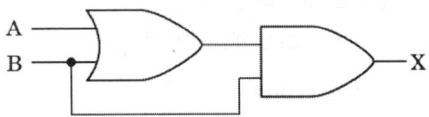

① X = A
② X = B
③ X = A + B
④ X = A × B

☞ X = (A+B) · B
　 X = AB+BB = AB+B = B

58 P형 반도체와 N형 반도체 또는 반도체와 금속을 접합시키면 전류가 한쪽 방향으로는 잘 흐르나 반대방향으로는 잘 흐르지 않는 정류작용을 한다. 이와 같은 원리를 이용하는 것은?

① 다이오드　② CDS
③ 서미스터　④ 트라이액

☞ 다이오드
전류를 한 방향으로만 흐르게 하고, 그 역방향으로 흐르지 못하게 하는 성질을 가진 반도체 소자. 다이오드의 전류를 한 방향만으로 흐르게 하는 작용을 정류라 하며, 교류를 직류로 변환할 때 쓰인다.

59 다음 회로에서 A, B 간의 합성용량은 몇 μF인가?

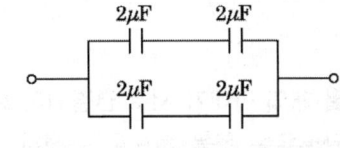

① 1　　② 2
③ 4　　④ 8

☞ 직렬접속 $C = \dfrac{C_1 \cdot C_2}{C_1 + C_2} = \dfrac{2 \times 2}{2+2} = 1$

병렬접속 $C = C_1 + C_2$
따라서 직렬 계산 후 병렬 계산하면 1+1=2

60 다음 심벌이 나타내는 논리게이트는?

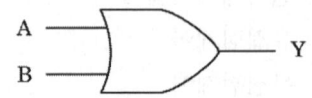

① AND　　② OR
③ NAND　④ NOT

Answer
57. ② 58. ① 59. ② 60. ②

부록

과년도출제문제

2011년 5회

01 수평보행기의 디딤면의 경사도는 몇 도(°) 이하로 하여야 하는가??
① 12° ② 15°
③ 18° ④ 20°

☞ 수평보행기의 경사각도는 12° 이하로 할 것. 단, 디딤면이 고무제품 등 미끄러지기 어려운 구조일 경우에는 15° 이하로 할 수 있다.

02 에스컬레이터의 경사도는 주로 몇 도(°)를 초과하지 않아야 하는가?
① 15° ② 25°
③ 30° ④ 45°

☞ 에스컬레이터의 경사각은 30°를 초과하지 않아야 한다. 단, 층고가 6m 이하일 경우에는 35°까지 가능

03 기계실의 바닥면부터 천장 또는 보의 하부까지의 수직거리는 얼마 이상으로 해야 하는가?
① 1m ② 1.5m
③ 2.1m ④ 2.5m

☞ 기계실의 바닥면부터 천장 또는 보의 하부까지의 수직거리는 2.1m 이상이어야 한다.

04 다음 승강로의 구조에 대한 설명으로 옳지 않은 것은?
① 승강로는 안전한 벽 또는 울타리에 의하여 외부공간과 격리되어야 한다.
② 사람 또는 물건이 운전 중인 카나 균형추에 접촉하지 않도록 되어야 한다.
③ 화재 시 승강로를 거쳐 다른 층으로 연소되지 않아야 한다.
④ 승강기의 배관설비 이외의 배관도 승강로에 함께 설비되도록 한다.

☞ **승강로의 구비 조건**
· 외부 공간과 격리되어야 한다.
· 카나 균형추에 접촉하지 않도록 되어야 한다.
· 화재 시 승강로를 거쳐 다른 층으로 연소되지 않아야 한다.
· 승강기의 배관설비 이외에 다른 배관설비는 함께 설비되지 않도록 한다.

05 균형체인의 설치 목적으로 가장 알맞은 것은?
① 카의 진동을 방지하기 위해서 설치한다.
② 카의 추락을 방지하기 위해서 설치한다.
③ 이동 케이블과 로프의 이동에 따라 변화되는 하중을 보상하기 위해서 설치한다.
④ 균형추의 추락을 방지하기 위해서 설치한다.

☞ **균형체인의 설치 목적**
이동 케이블과 로프의 이동에 따라 변화되는 하중을 보상하기 위해 설치

Answer
1.① 2.③ 3.③ 4.④ 5.③

06 승강로에 설치되는 파이널 리미트 스위치에 대한 설명 중 타당하지 않은 것은?

① 승강로 내부에 설치하고 카에 부착된 캠으로 조작시켜야 한다.
② 기계적으로 조작되어야 하며 작동 캠은 금속재이어야 한다.
③ 파이널 리미트 스위치가 작동하면 카의 움직임은 어느 방향으로든지 움직일 수 없어야 한다.
④ 종점스위치가 설치되면 파이널 리미트 스위치는 불필요하다.

☞ 종점 스위치가 설치되어 있어도 파이널 리미트 스위치는 설치해야 한다.

07 로프식 엘리베이터의 기계실에 대한 설명 중 옳지 않은 것은?

① 기계실은 일반적으로 승강로의 바로 위에 설치된다.
② 기계실에서 소요설비 이외의 것이 있어서는 안 된다.
③ 기계실의 조명은 100Lux 이상으로 한다.
④ 조명 및 환기시설이 갖추어 있고 실온은 40℃ 이하를 유지해야 한다.

☞ 조명은 200Lux 이상이어야 하고 온도는 5℃ 이상 40℃ 이하를 유지해야 된다.

08 로프식 엘리베이터의 비상정지장치의 종류가 아닌 것은?

① FGC형   ② FWC형
③ 세미실형 ④ 순간식형

☞ **비상정지장치의 종류**
㉠ 점진식 비상정지장치
• 플렉시블 웨지 클램프(FWC) : 레일을 죄는 힘이 처음에는 약하게 그리고 하강함에 따라 강해지다가 얼마 후 일정하다.
• 플렉시블 가이드 클램프(FGC) : 레일을 죄는 힘이 처음부터 끝까지 일정하다.
㉡ 순간식 비상정지장치 : 카를 순간적으로 일시정지시키는 장치(45m/min 이하에 사용)

09 정격속도가 분당 120m인 승객용 엘리베이터에 사용하는 유입완충기의 성능시험을 하려고 한다. 충돌속도는 몇 m/min가 적당한가?

① 130   ② 132
③ 135   ④ 138

☞ 유입완충기의 행정은 카가 정격속도의 115%로 충돌할 경우 평균 감속도가 1G(9.8m/sec) 이하로 정지시킬 수 있어야 하고, 순간 최대 감속도 2.5G를 넘는 감속도가 $\frac{1}{25}$초 이상 지속되지 않아야 한다.
따라서 V=120×1.15=138m/min

10 로프 꼬임 방향과 특성에 대한 설명이 옳지 않은 것은?

① 보통 꼬임은 스트랜드와 로프의 꼬는 방향이 반대이다.
② 랭 꼬임은 스트랜드와 로프의 꼬는 방향이 같다.
③ 랭 꼬임은 보통 꼬임에 비해서 마모가 빠르다.
④ 보통 꼬임은 잘 풀리지 않으므로 일반적으로 사용된다.

☞ 랭 꼬임 로프는 보통 꼬임의 로프보다 사용 시 표면 전체가 균일하게 마모되기 때문에 수명이 길다.

Answer
6. ④ 7. ③ 8. ③ 9. ④ 10. ③

11 플런저 선단에 도르래를 놓고 로프 또는 체인을 통해 카를 올리고 내리는 유압엘리베이터 종류는?

① 직접식 ② 팬터그래프식
③ 간접식 ④ 실린더식

👉 간접식 유압승강기

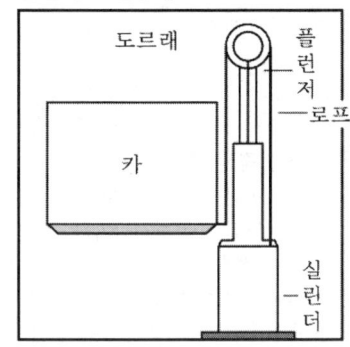

12 승강장 출입구 바닥 앞부분과 카 바닥 앞부분과의 틈의 너비는 몇 cm 이하로 규정하고 있는가?

① 1cm ② 3.5cm
③ 5cm ④ 7cm

👉 승객용 엘리베이터에서 승강장 출입구 바닥 앞부분과 카 바닥 앞부분과의 틈의 너비는 35mm 이하이어야 한다.

13 다음 중 조속기의 종류에 해당되지 않는 것은?

① 플라이볼형 조속기
② 롤 세이프티형 조속기
③ 웨지형 조속기
④ 디스크형 조속기

👉 • 조속기의 종류 : 플라이 볼형, 롤 세이프티형, 펜들럼형
• 조속기의 동작방식 : 순간식 비상정지장치, 점진식 비상정지장치

• 조속기의 물림쇠 형태 : 롤러형, 웨지형

14 승강장 문이 열려 있는 상태에서 발생하는 재해를 방지하기 위한 장치로서 모든 제약이 해제되어 자동으로 문이 닫히게 하는 장치는?

① 도어머신   ② 도어클로저
③ 도어행거   ④ 도어록

👉 도어클로저
승강장 도어가 열려 있을 때 자동으로 닫히게 하는 장치

15 승강장 도어와 문틀 사이의 여유간격은 몇 mm 이하이어야 하는가?

① 6mm   ② 8mm
③ 10mm ④ 12mm

👉 승강장 도어 설치 기준에서 승강장 도어와 문틀 사이의 여유간격은 6mm 이하이어야 한다.

16 엘리베이터의 속도제어 중 VVVF 제어방식의 특징으로 잘못 설명된 것은?

① 소비전력을 줄일 수 있고 보수가 용이하다.
② 저속의 승강기에만 적용 가능하다.
③ 유도전동기의 전압과 주파수를 변환시킨다.
④ 직류전동기와 동등한 제어 특성을 낼 수 있다.

👉 가변전압 가변주파수(VVVF) 제어방식
인버터 방식의 최근 엘리베이터뿐만 아니라, 다른 기기에서도 널리 사용되고 있는 방식이다. 엘리베이터에서는 승강실 내 하중과 운전방향에 따라 회생전력이 발생한다. (승강실이 빈 상태로 상승하는 경우 등) 이 회생전력을 흡수하기 위해 인버터의 직류단에 회생전류

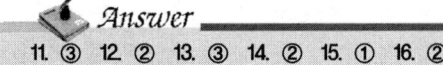

11. ③ 12. ② 13. ③ 14. ② 15. ① 16. ②

흡수용 저항기를 설치해 열을 발산하고 있다. 정격속도 120m/min을 넘는 것의 대부분은 컨버터를 정류회로로 바꾸어 회생전력을 전원으로 되돌리고 있다.

17 트랙션식 권상기에서 로프와 도르래의 마찰계수를 높이기 위해서 도르래 홈의 밑을 도려낸 언더컷 홈을 사용한다. 이 언더컷 홈의 결점은?
① 지나친 되감기 발생
② 균형추 진동
③ 시브의 이완
④ 로프 마모

☞ 언더컷 시브는 로프 마모율이 심하다.

18 에스컬레이터의 안전장치가 아닌 것은?
① 스텝체인 안전장치
② 플런저 이탈 방지장치
③ 핸드레일 안전장치
④ 역결상 보호장치

☞ 플런저 이탈 방지장치는 엘리베이터에서 사용된다.

19 작업장에서 작업복을 착용하는 가장 큰 이유는?
① 방한
② 작업능률 향상
③ 작업 중 위험 감소
④ 복장 통일

20 재해의 발생형태에서 추락에 대한 설명으로 가장 옳은 것은?
① 사람이 중간 단계의 접촉 없이 자유낙하하는 것
② 사람이 정지물에 부딪친 것
③ 사람이 엎어져 넘어지는 것
④ 사람이 평면상으로 넘어져 굴러 떨어지는 것

21 안전점검을 할 때 어떤 일정 기간을 두고서 행하는 점검은?
① 수시점검   ② 임시점검
③ 특별점검   ④ 정기점검

☞ **안전점검의 종류**
• 수시점검 : 수시로 실시하는 점검
• 정기점검 : 일정기간마다 정기적으로 실시하는 점검
• 임시점검 : 기기 이상 시 실시하는 점검
• 특별점검 : 특별한 경우 실시하는 점검

22 물에 젖은 손으로 전기기기를 만졌을 경우의 위험요소는?
① 감열   ② 소손
③ 누전   ④ 감전

23 정전기로 인한 화재폭발 방지에 필요한 조치는?
① 개폐기 설치
② 전선은 단선 사용
③ 접지설비
④ 역률 개선

☞ 정전기 제거방법 중 최고의 효율은 금속체 부분을 접지하는 것이다.

24 경보를 통일시켜 정지하지 않아도 되는 것은?
① 발파작업   ② 화재발생
③ 토석의 붕괴 ④ 누전감지

Answer
17. ④ 18. ② 19. ③ 20. ① 21. ④ 22. ④ 23. ③ 24. ④

25 안전관리상 안전모를 착용하는 목적이 아닌 것은?
① 감전의 방지
② 추락에 의한 부상방지
③ 종업원의 표시
④ 비산물로 인한 부상방지

26 안전관리자의 직무가 아닌 것은?
① 안전보건 관리규정에서 정한 직무
② 산업재해 발생의 원인 조사 및 대책
③ 안전교육계획의 수립 및 실시
④ 근로환경보건에 관한 연구 및 조사

> **안전관리자의 직무**
> • 당해 사업장의 안전보건관리규정 및 취업규정에서 정한 업무
> • 당해 사업장 안전교육계획의 수립 및 실시
> • 사업장 순회점검, 지도 및 조치의 건의
> • 산업재해발생 원인조사 및 재발방지를 위한 기술적 지도 조언
> • 방호장치, 기계기구 및 설비, 보호구 중 안전에 관계되는 보호구 구입 시 적격품 판정
> • 산업재해에 관한 통계의 유지관리를 위한 조치 건의
> • 안전에 관한 사항을 위반한 근로자에 대한 조치 건의

27 재해의 직접적인 원인은?
① 안전지식의 부족
② 안전수칙의 오해
③ 작업기준의 불명확
④ 복장, 보호구의 결함

> **재해의 직접적인 원인**
> • 인적 요인 : 사람의 불안전한 행동, 상태(지식 부족, 미숙련, 과로, 태만, 지시 무시 등)
> • 물적 요인 : 불량한 기계설비와 불안전한 환경에서 오는 요인으로 정리정돈의 결함이다. (안전장치의 결함, 보호구의 결함, 부적절한 작업환경 등이 있다.)

28 승강기 시설을 점검하여 다음과 같이 조치를 취하였다. 다음 중 가장 적절한 조치사항은?
① 퓨즈가 단선되어 철선을 끼웠다.
② 기계실의 조도가 규정치 미달이어서 조명등을 껐다.
③ 와이어로프가 규정치 이상 마모되어 교체를 지시했다.
④ 카 내부와 비상용 인터폰이 고장나서 제거하였다.

29 유압엘리베이터의 플런저에 대한 설명으로 옳은 것은?
① 플런저에 걸리는 하중이 클수록 그 단면적은 커지므로 재료는 두꺼운 강판이 사용된다.
② 플런저에 작용하는 총 하중이 크면 클수록 그 단면은 작아진다.
③ 플런저의 표면은 연마를 하는 경우의 표면거칠기는 10~30μm 정도이다.
④ 탄소강 강관의 이음매가 없는 것이 사용되며 두께는 50~60mm 정도이다.

> **플런저의 구조**
> • 플런저의 지름은 압력이 일정한 경우 플런저에 걸리는 하중이 커지면 따라서 같이 커진다.
> • 플런저의 표면은 도금과 연마를 하는데 연마를 하는 경우의 표면거칠기는 1~3μm 정도이다.
> • 관 재료는 KS규격의 기계구조용 탄소용 강관이 사용된다. (t(두께) : 5~20mm 정도)

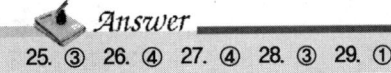
25. ③ 26. ④ 27. ④ 28. ③ 29. ①

30 유압승강기의 안전장치에 대한 설명으로 옳지 않은 것은?

① 플런저 리미트 스위치는 플런저의 상하 행정을 제한하는 안전장치이다.
② 플런저 리미트 스위치 작동 시 상승방향의 전력을 차단하며, 반대방향으로 주행이 가능토록 회로가 구성되어야 한다.
③ 작동유 온도검출 스위치는 기름탱크의 온도 규정치 80℃를 초과하면 이를 감지하여 카 운행을 중지시키는 장치이다.
④ 전동기 공전 정지장치는 타이머에 설정된 시간을 초과하면 전동기를 정지시키는 장치이다.

👉 작동유 온도검출 스위치는 기름탱크의 온도 규정치 60℃를 초과하면 작동유의 점도가 떨어져 착상오차가 심하게 생긴다.

31 조속기(govrernor)의 작동상태를 잘못 설명한 것은?

① 카가 상승하거나 하강하는 어떤 방향에도 정격속도의 1.3배를 초과하기 전에 조속기 스위치가 동작해야 한다.
② 조속기의 스위치는 작동 후 자동으로 복귀되어서는 안 된다.
③ 조속기의 캐치는 일단 동작하고 난 후 자동 복귀된다.
④ 조속기 로프가 장력을 잃게 되면 전동기의 주회로를 차단시키는 경우가 있다.

👉 조속기의 캐치는 일단 동작하고 난 후에는 수동 복귀시킨다.

32 다음 중 도어 사이에 이물질이 있을 경우 반전시키는 보호장치가 아닌 것은?

① 세이프티 슈
② 비상정지장치
③ 광전 장치
④ 초음파 장치

👉 비상정지장치
승강기에서 과속이 발생했을 때(하강 방향으로) 과속을 감지하여 카를 안전하게 정지시키는 안전장치이다. (조속기에 의해 과속이 감지되어 정속도의 1.3배 때 전기적 스위치가, 1.4배 때 기계적인 작동으로 레일을 꽉 물면서 정지함)

33 엘리베이터 피트 내의 환경상태를 점검할 때 유의하여야 할 항목을 나열한 것이다. 해당되지 않는 것은?

① 피트 바닥 청결상태
② 비상등 작동상태
③ 누수, 누유상태
④ 피트 작업등 점등상태

👉 피트 내의 환경점검 내역
• 피트 내의 바닥 청결상태는 청결한가?
• 피트 내의 작업등 점등상태는 양호한가?
• 피트 내의 누수, 누유는 없는가?

34 카 상부에 탑승할 때 반드시 지켜야 할 사항으로 볼 수 없는 것은?

① 스톱스위치를 차단한다.
② 탑승 후 외부 문부터 닫는다.
③ 자동 스위치를 점검 쪽으로 전환한다.
④ 카 상부에 탑승하기 전에 작업등을 점등한다.

👉 카 상부에 탑승 절차
• 절차에 의하여 탑승 스위치를 정지시키고, 도어를 열어 비상정지스위치를 정지 상태로 전환한다.
• 자동, 수동 스위치를 점검 쪽으로 전환한다.

Answer
30. ③ 31. ③ 32. ② 33. ② 34. ②

• 카 상부에 탑승하기 전에 작업등을 점등하고, 외부 문을 열어 둔다.

35 에스컬레이터의 스텝(디딤판)체인의 안전장치에 관한 설명 중 옳지 않은 것은?
① 일종의 롤러 체인이다.
② 에스컬레이터의 폭이 넓을수록 체인의 강도는 높아야 한다.
③ 에스컬레이터의 양정(계고)이 높을수록 체인의 강도는 높아야 한다.
④ 체인의 안전장치는 길이의 $\frac{1}{2}$ 되는 지점에 설치해야 한다.

☞ **스텝체인 안전장치**
• 스텝체인이 파손되거나 과도하게 늘어날 때 즉시 작동하여 에스컬레이터를 정지시키는 장치이다.
• 설치 위치는 하부 종단부에 설치한다.

36 다음 중 승객·화물용 엘리베이터에서 과부하 방지장치의 작동에 대한 설명으로 틀린 것은?
① 작동치는 정격하중의 105~110%를 표준으로 한다.
② 적재하중 초과 시 경보를 울린다.
③ 출입문을 자동적으로 닫히게 한다.
④ 카의 출발을 정지시킨다.

☞ **과부하 감지장치**
• 기능 : 정격 적재하중의 105~110% 범위 내에서 동작, 경보를 울리고 해제 시까지 문을 열고 대기함
• 고장 시 : 초과 하중을 감지 못하고 과적재로 승강기가 추락할 수 있음

37 에스컬레이터의 스커트 가드는 어느 부분에서 25cm²의 면적에 1500N의 힘을 직각으로 가했을 때의 휨량은 몇 mm 이내이어야 하는가?
① 2mm 이내   ② 3mm 이내
③ 4mm 이내   ④ 5mm 이내

☞ 스커트 가드는 어느 부분에서 25mm²의 면적에 1500N(153kgf)의 힘을 직각으로 가했을 때의 휨량이 4mm 이내이어야 하고, 시험 후 영구 변형이 없어야 한다.

38 비상정지장치가 작동한 경우에 검사하여야 할 사항과 거리가 먼 것은?
① 조속기 로프의 연결부의 손상 유무
② 조속기의 손상 유무
③ 가이드 레일의 손상 유무
④ 메인로프의 연결부위 손상 유무

☞ **비상정지장치 작동 후 점검사항**
• 가이드 레일의 손상 여부
• 조속기 로프의 연결부의 손상 여부
• 조속기의 손상 여부

39 자동차를 수용하는 주차구획과 자동차용 엘리베이터와의 조합으로 입체적으로 구성되며 자동차의 전방향으로 주차구획을 설치하는 것을 종식, 좌우 방향을 횡식이라 하는 주차 설비는?
① 수직 순환식
② 수평 순환식
③ 평면 왕복식
④ 엘리베이터식

40 로프식 엘리베이터에서 정격 속도 90m/min인 엘리베이터의 균형추와 완충기의 최대거리는 몇 mm인가?
① 300   ② 600

Answer
35. ④ 36. ③ 37. ③ 38. ④ 39. ④ 40. ③

③ 900 ④ 1200

정격 속도	최소 거리(mm)		최대 거리(mm)	
	교류 1단 속도 제어방식 또는 저항제어방식	그 외의 제어방식	카측	균형추측
스프링 완충기 7.5 이하				
7.5 초과 15 이하	75	150	600	900
15 초과 30 이하	150			
30 초과	225			
	300			
유입완충기	규정하지 않음			

41 승강로에 관한 설명 중 올바르지 못한 것은?
① 승강로는 안전한 벽 또는 울타리에 의하여 외부공간과 격리되어야 한다.
② 엘리베이터에 필요한 배관 설비 외의 설비는 승강로 내에 설치하여서는 안 된다.
③ 승강로 피트 하부를 사무실이나 통로로 사용할 경우 균형추에 비상정지장치를 설치한다.
④ 승강로는 화재 시 승강로를 거쳐서 다른 층으로 연소될 수 있도록 한다.

 승강로의 구비 조건
• 외부 공간과 격리되어야 한다.
• 카나 균형추에 접촉하지 않도록 되어야 한다.
• 화재 시 승강로를 거쳐 다른 층으로 연소되지 않아야 한다.
• 승강기의 배관설비 이외에 다른 배관설비는 함께 설비되지 않도록 한다.

42 에스컬레이터가 정격하중으로 하강하는 중 브레이크가 작동될 경우 감속도의 기준은 몇 m/s^2인가?
① $1m/s^2$ 이하 ② $2m/s^2$ 이하
③ $3m/s^2$ 이하 ④ $4m/s^2$ 이하

본 문제는 2013년 9월 15일 시행에 맞도록 수정되었음

43 에스컬레이터의 제작 기준으로 맞지 않는 것은?
① 경사도는 일반적인 경우 30도 이하로 한다.
② 핸드레일 속도는 디딤판과 동일 속도로 한다.
③ 디딤판의 속도는 65m/min(1.2m/s) 이하로 한다.
④ 이동식 핸드레일의 경우 운행 전구간에서 디딤판과 핸드레일의 속도차는 0~2% 이하로 한다.

정격속도는 45m/min(0.75m/s) 이하로 한다.

44 가이드 레일에 하중이 적용하여 부재에 가해지는 응력, 휨 및 앵커볼트의 전단응력을 계산하는데 이때 응력, 휨 및 앵커볼트의 전단응력 등 안전이 허용되는 범위를 나타내는 관계식 중 틀린 것은?
① 작용응력 ≦ 허용응력
② 휨 ≦ 0.5cm
③ 앵커볼트의 전단응력 ≦ 전단 허용응력
④ 앵커볼트의 인발하중 ≦ 앵커볼트의 인발내력

• 인발하중 : 당기는 힘
• 인발내력 : 당기는 힘을 견디는 힘
• 앵커볼트의 인발하중 ≦ $\frac{앵커볼트의 인발내력}{4}$

45 엘리베이터 가이드 레일의 역할이 아닌 것은?

Answer
41. ④ 42. ① 43. ③ 44. ④ 45. ②

① 카와 균형추의 승강로 내 위치 규제
② 승강로의 기계적 강도를 보강해 주는 역할
③ 카의 자중이나 화물에 의한 카의 기울어짐을 방지
④ 집중하중이나 비상정지장치 작동 시 수직하중 유지

☞ **가이드 레일의 역할**
• 비상정지장치가 작동했을 때 수직하중을 유지한다.
• 균형추를 양측에서 지지하며, 수직방향으로 안내해준다.
• 카의 심한 기울어짐을 막아준다.

46 기계실에 권상기 전동기 및 제어반 등을 설치하려고 한다. 벽으로부터 최소 몇 cm 이상 떨어져야 점검 등이 용이한가?
① 20   ② 25
③ 30   ④ 50

47 승강기의 브레이크 장치에 관한 설명 중 옳은 것은?
① 승객용 엘리베이터는 125%의 적재하중을 싣고 정격속도 하강 시 정격부하 시와 같은 승차감으로 안전하게 감속 정지해야 한다.
② 화물용 엘리베이터는 125% 적재하중을 싣고 정격속도 하강 시 안전하게 감속 정지해야 한다.
③ 승객용 엘리베이터는 125%의 적재하중을 싣고 정격속도 하강 시 안전하게 감속 정지해야 한다.
④ 화물용은 135%의 적재하중을 싣고 정격속도 하강 시 안전하게 감속 정지해야 한다.

☞ • 화물용 승강기에서 제동기 제동력은 적재하중의 120%
• 승객용 승강기에서 제동기 제동력은 적재하중의 125%

48 길이 측정에 사용되는 측정기의 설명 중 옳지 않은 것은?
① 다이얼 게이지 : 기어를 이용
② 옵티미터 : 광학 확대장치를 이용
③ 미니미터 : 전기용량의 변화를 이용
④ 마이크로미터 : 나사를 이용

☞ **미니미터**
레버를 확대기구로 이용하여 미소한 치수를 측정하는 측정기

49 절연저항을 측정하는 계기는?
① 훅온미터
② 휘트스톤브리지
③ 회로시험기
④ 메거

☞ **메거**
전선로나 전동기 등의 절연저항의 측정에 사용하는 테스터이며, 습기가 많은 장소에 설치된 전동기 등은 특히 절연이 저하하는 경향이 있으므로, 누설 전류에 의한 사고 발생을 방지하기 위하여 필요하다. 절연저항계라고도 한다.

50 RLC 직렬회로에서 직렬 공진 시 최대가 되는 것은?
① 전압   ② 전류
③ 저항   ④ 주파수

46. ③ 47. ③ 48. ③ 49. ④ 50. ①

	전압	임피 던스	어드 미턴스	공진주파수
직렬 공진	최대	최소	최대	$f_0 = \dfrac{1}{2\pi\sqrt{LC}}$ [Hz]
병렬 공진	최소	최대	최소	

51 직류기에서 워드 레오나드 방식의 목적은?

① 계자자속을 조정하기 위하여
② 속도제어를 하기 위하여
③ 병렬운전을 하기 위하여
④ 정류를 좋게 하기 위하여

- 워드 레오나드 방식은 직류전동기의 속도 제어방식을 말하며, 전동기의 여자 전류를 최대로 하고 발전기의 단자전압을 제로에서 서서히 상승시키면 주 전동기는 기동저항 없이 조용히 기동한다.
- 발전기의 단자전압의 제어에 의해서 주 전동기의 속도를 단계 없이 제어할 수 있다.
- 전동기의 역전은 발전기 단자전압의 극성을 반대로 함으로써 할 수 있다.

52 직류전동기의 제동법이 아닌 것은?

① 저항제동   ② 발전제동
③ 역전제동   ④ 회생제동

직류전동기의 제동방법
발전제동, 역전제동, 회생제동

53 회로도와 원리가 같은 논리기호는?

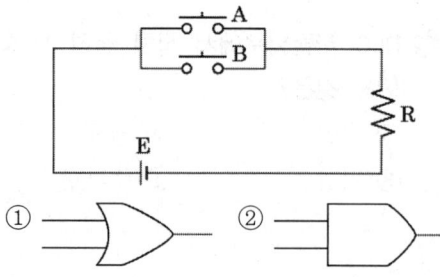

A, B가 병렬이므로 A+B이다. 그러므로 OR 게이트이다.

54 유도전동기의 속도제어법이 아닌 것은?

① 주파수제어법
② 계자제어법
③ 2차 저항법
④ 2차 여자법

계자제어법은 직류전동기 속도제어법이다.

55 배선용 차단기의 영문 문자기호는?

① S   ② DS
③ THR   ④ MCCB

- S : 스위치
- DS : 단로기
- THR : 열동 계전기
- MCCB : 배선용 차단기

56 콘덴서의 정전용량이 증가되는 경우를 모두 나열한 것은?

ⓐ 전극의 면적을 증가시킨다.
ⓑ 비유전율이 큰 유전체를 사용한다.
ⓒ 전극 사이의 간격을 증가시킨다.
ⓓ 콘덴서에 가하는 전압을 증가시킨다.

① ⓐ   ② ⓐ, ⓑ
③ ⓐ, ⓑ, ⓒ   ④ ⓐ, ⓑ, ⓒ, ⓓ

정전용량(C)
$= \dfrac{\text{유전율}(\varepsilon) \times \text{극판의 면적}(A)}{\text{극판의 간격}(d)}$ (F)

57 2단자 반도체 소자로 서지전압에 대한 회로 보호용으로 사용되는 것은?

Answer
51. ② 52. ① 53. ① 54. ② 55. ④ 56. ② 57. ③

① 터널 다이오드
② 서미스터
③ 배리스터
④ 바랙터 다이오드

🔎 **배리스터(Varistor)**
전기접점의 불꽃을 소거하거나 반도체정류기·트랜지스터 등의 서지전압(surge voltage)으로부터의 보호에 사용

58 자동제어계의 상태를 교란시키는 외적인 신호는?

① 동작신호　② 외란
③ 목표량　　④ 피드백신호

🔎 **외란**
제어량의 값을 변화시키려는 외부로부터의 바람직하지 않은 신호

59 진공 중에서 1Wb인 같은 크기의 두 자극을 1m 거리에 놓았을 때 작용하는 힘은 몇 N인가?

① 6.33×10^3　② 6.33×10^4
③ 6.33×10^5　④ 6.33×10^6

🔎 $F = 6.33 \times 10^4 \dfrac{m_1 m_2}{r^2}$
$= 6.33 \times 10^4 \dfrac{1 \times 1}{1^2} = 6.33 \times 10^4 \,[\text{N}]$

60 다음에서 입체 캠에 해당되는 것은?

① 단면 캠　② 판 캠
③ 직통 캠　④ 정면 캠

🔎 **입체 캠(입체적인 모양의 캠)의 종류**
원통형 캠, 구면 캠, 원추 캠, 사판 캠, 단면 캠이 있다.

Answer
58. ② 59. ② 60. ①

부 록

과 년 도 출 제 문 제

2012년1회

01 승강로의 벽 일부에 한국산업규격에 알맞은 유리를 사용할 경우 다음 중 적합하지 않은 것은?
① 망유리 ② 강화유리
③ 접합유리 ④ 감광유리

02 삼각부에 비고정식 안전보호판을 설치하지 않아도 되는 경우는?
① 건축물 천장부가 핸드레일 외측 끝단에서 30cm 이상 떨어져 있는 경우
② 건축물 천장부가 핸드레일 외측 끝단에서 40cm 이상 떨어져 있는 경우
③ 건축물 천장부가 핸드레일 외측 끝단에서 50cm 이상 떨어져 있는 경우
④ 교차각이 45°를 초과하는 경우

03 우리나라에서 주로 사용되고 있는 에스컬레이터의 속도는?
① 15 ② 25
③ 30 ④ 45

04 엘리베이터가 주행하는 중 정상속도 이상으로 주행하여 위험한 속도에 도달할 경우 이를 검출하여 강제적으로 엘리베이터를 정지시키는 장치는?
① 조속기
② 유입완충기
③ 과전류 차단기
④ 역결상 릴레이

> **조속기**
> 카의 운행속도를 기계적이고 전기적인 방법으로 동시에 검출하여 카의 과속도를 검출하여 이상 시 동력을 차단하여 비상정지를 시키는 장치이다.

05 다음 장치들 중 보조안전스위치(장치) 설치와 무관한 것은?
① 균형추
② 유입완충기
③ 조속기 로프 인장장치
④ 균형로프 도르래

06 블리드 오프(Bleed off) 유압회로에 대한 설명으로 틀린 것은?
① 정확한 속도제어가 곤란하다.
② 유량제어밸브를 주회로에서 분기된 바이패스회로에 삽입한 것이다.
③ 회전수를 가변하여 펌프에 가압되어 토출되는 작동유를 제어하는 방식이다.
④ 부하에 필요한 압력 이상의 압력을 발생시킬 필요가 없어 효율이 높다.

07 다음과 같은 조건에서 카의 속도는 몇 m/min인가?

Answer
1. ④ 2. ③ 3. ④ 4. ① 5. ① 6. ③ 7. ②

[조건]
- 정격부하에서 4극 모터가 12%의 슬립으로 운전한다.(단, 주파수는 60Hz)
- 기어의 비는 61 : 2, 시브의 직경은 560 mm이다.

① 약 85   ② 약 91
③ 약 105   ④ 약 122

☞ $N_0 = (1-s)\dfrac{120f}{p} (1-0.12)\dfrac{120 \times 60}{4}$
$= 1584\text{rpm}$
$N = \dfrac{\pi D N_0}{1000} \times F$
$= \dfrac{3.14 \times 560 \times 1584}{1000} \times \dfrac{2}{61} = 91.32\text{m/min}$

08 단수(1대) 엘리베이터의 조작 방식과 관계가 없는 것은?

① 단식 자동식
② 하강승합 전자동식
③ 군승합 자동식
④ 승합 전자동식

☞ **군승합 자동식**
2~3대의 엘리베이터를 연계시킨 후 호출에 대해 먼저 응답한 카만 가동하고 다른 카는 응답하지 않아 효율적인 방식이다.

09 교류 2단 속도제어방식으로 주로 사용되는 것은?

① 정지 레오나드 방식
② 주파수 변환방식
③ 극수 변환방식
④ 워드 레오나드 방식

☞ 교류 2단 속도제어방법은 2단 속도 전동기를 사용, 고속권선으로 기동과 주행을 하고, 저속권선으로는 감속을 하는 극수변환방식이다.

10 다음 중 비상정지장치와 관련이 없는 것은?

① 플렉시블 가이드 클램프형 세이프티
② 슬랙 로프 세이프티
③ 조속기
④ 턴버클

☞ **턴버클**
강선이나 지선을 설치할 때 장력의 가감을 필요로 하는 곳에 사용

11 비상용 승강기에 대한 설명 중 옳지 않은 것은?

① 외부와 연락할 수 있는 전화를 설치하여야 한다.
② 예비전원을 설치하여야 한다.
③ 정전 시에는 예비전원으로 작동할 수 있어야 한다.
④ 승강기의 운행속도는 90m/min 이상으로 해야 한다.

☞ 승강기의 운행속도는 60m/min 이상으로 해야 한다.

12 정격속도가 90m/min인 승객용 엘리베이터에 사용되는 유입완충기의 필요 최소행정은 약 몇 mm인가?

① 132   ② 142
③ 152   ④ 162

☞ **유입완충기의 필요 최소행정**

정격 속도(m/min)	최소 행정
90	152
105	207
120	270
150	422
180	608
210	827
240	1080

Answer
8. ③ 9. ③ 10. ④ 11. ④ 12. ③

13 엘리베이터 기계실에 관한 설명으로 옳지 않은 것은?

① 정상부에 위치할 경우 꼭대기 틈새의 높이는 정격속도에 따라 일정 높이를 두어야 한다.
② 기계실의 크기는 승강로 수평투영면적의 2배 이상으로 하는 것이 적합하다.
③ 기계실의 위치는 반드시 정상부에 위치하지 않아도 된다.
④ 기계실의 크기는 승강로의 크기와 같아야 한다.

👉 **기계실 구조 및 규정**
① 기계실의 바닥면적은 일반적으로 승강로 수평투영면적의 2배 이상이어야 한다.
② 정격속도에 따른 수직거리

정격속도(m/min)	수직거리(m)
60 이하	2.0
60 초과 150 이하	2.2
150 초과 210 이하	2.5
210 초과	2.8

③ 엘리베이터 기계실의 권상기 제어반은 유지보수를 위하여 벽면에서 최소한 0.3m 이상 떨어져야 한다.
④ 기계실 온도는 5℃ 이상 40℃ 이하를 유지해야 한다.
⑤ 기계실 내 작업구역에서의 유효높이는 2m 이상이어야 한다.
⑥ 기계실에 설치 운용되는 주요설비 및 장치 : 권상기, 조속기, 제어반

14 주로프에서 심강이란?

① 로프의 중심부를 구성하며 천연의 마를 사용한다.
② 소선수를 말하며 합성섬유를 사용한다.
③ 제동력을 높이기 위해 소선에 기름을 먹인 것을 말한다.
④ Z꼬임으로 되어 있는 것을 말한다.

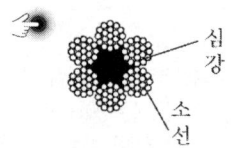

15 승객용 엘리베이터에서 일반적으로 균형체인 대신 균형로프를 사용하는 정격속도의 범위는?

① 120m/min 이상 ② 120m/min 이하
③ 150m/min 이상 ④ 150m/min 미만

16 정격속도 30m/min인 승강기의 피트 깊이는 몇 m 이상이어야 하는가?

① 0.8 ② 1.0
③ 1.2 ④ 1.5

👉 **정격속도별 꼭대기 틈새 및 피트 깊이**

정격속도	상부 여유거리	피트 깊이
45m/min 이하	1.2m 이상	1.2m 이상
45m/min 이상 60m/min 이하	1.4m 이상	1.5m 이상
60m/min 이상 90m/min 이하	1.6m 이상	1.8m 이상
90m/min 이상 120m/min 이하	1.8m 이상	2.1m 이상
120m/min 이상 150m/min 이하	2.0m 이상	2.4m 이상
150m/min 이상 180m/min 이하	2.3m 이상	2.7m 이상
180m/min 이상 210m/min 이하	2.7m 이상	3.2m 이상
210m/min 이상 240m/min 이하	3.3m 이상	3.8m 이상
240m/min 이상	4.0m 이상	4.0m 이상

17 문닫힘 안전장치(door safety shoe)에 대한 설명으로 틀린 것은?

① 문이 닫힐 때 작동시키면 다시 열린다.
② 문이 열릴 때 작동시키면 즉시 닫힌다.
③ 문이 완전히 닫힌 상태에서는 작동하지 않는다.
④ 문이 열려 있을 때 작동시키면 닫혀지지 않는다.

Answer
13. ④ 14. ① 15. ① 16. ③ 17. ②

▶ **문닫힘 안전장치(door safety shoe)**
도어선단에 센서를 부착, 사람이나 물건에 의해 동작되면 문이 닫히는 도중이라도 다시 열리게 한다.

18 승강장의 문이 열린 상태에서 모든 제약이 해제되면 자동적으로 닫히게 하여 문의 개방상태에서 생기는 2차 재해를 방지하는 문의 안전장치는?
① 시그널 컨트롤   ② 도어 컨트롤
③ 도어 클로저   ④ 도어 인터록

▶ **도어 클로저**
승강기 문이 열려 있을 때 자동으로 닫히게 하는 장치. 도어 인터록, 도어 로크, 도어 스위치로 구성되어 있다.

19 승강기의 자체검사자 자격이 있다고 볼 수 없는 자는?
① 자체검사원 양성 이수자
② 해당분야 안전담당자
③ 지정검사기관의 검사원
④ 사업주

20 이상 통제의 조건이 아닌 것은?
① 설비   ② 휴식
③ 방법   ④ 사람

21 다음 중 전기사고의 방지대책이 아닌 것은?
① 방전장치의 시설
② 누전 개소의 조기 발견
③ 전기의 사용 억제
④ 규격 전기용품의 사용

22 옥외에 설치된 승강기의 승강로 탑 및 가이드 레일 지지탑의 조립 및 해체작업을 할 때 안전조치에 해당되지 않는 것은?
① 작업 지휘자를 선임하여 작업을 지휘한다.
② 근로자가 위험이 없다고 판단되면 작업을 한다.
③ 관계 근로자 외의 출입을 금지시킨다.
④ 근로자에게 위험이 미칠 우려가 있을 때는 작업을 중지시킨다.

23 파괴검사방법이 아닌 것은?
① 인장 검사   ② 굽힘 검사
③ 견고도 검사   ④ 육안 검사

24 사업주가 근로자의 안전 또는 보건을 위하여 취하는 조치에 따라 근로자가 준수하여야 할 사항 중 옳지 않은 것은?
① 보호구 착용
② 작업 중지
③ 대피
④ 작업장 순회점검

25 산업재해의 발생 원인으로 불안전한 행동이 많은 사고의 원인이 되고 있다. 이에 해당되지 않은 것은?
① 위험장소 접근
② 안전장치기능 제거
③ 복장보호구 잘못 사용
④ 작업장소 불량

26 일반적인 안전대책의 수립 방법으로 가장 알맞은 것은?

Answer

18. ③ 19. ④ 20. ② 21. ③ 22. ② 23. ④ 24. ④ 25. ④ 26. ④

① 계획적 ② 경험적
③ 사무적 ④ 통계적

27 와이어로프 안전율의 산출공식으로 옳은 것은? (단, F : 안전율, s : 로프 1가닥에 대한 제작사 정격파단 강도, N : 부하를 받는 와이어로프의 가닥수, W : 카와 정격하중을 승강로 안의 어떤 위치에 두고 모든 카 로프에 걸리는 최대정지부하임)

① $F = \dfrac{S \cdot W}{N}$ ② $F = \dfrac{N \cdot S}{W}$

③ $F = \dfrac{W}{N \cdot S}$ ④ $F = \dfrac{N \cdot W}{S}$

28 매일 작업 전·후 등의 점검에 해당하는 것은?
① 일상점검 ② 특별점검
③ 임시점검 ④ 정기점검

29 승강기 카 상부에서 점검 및 작업을 할 때 주의하여야 할 사항이 아닌 것은?
① 장애물 등에 주의한다.
② 승강장측 신호계통을 분리시킨다.
③ 승객을 탑승시킬 때 주의시킨다.
④ 올라설 곳은 견고한지 확인한다.

30 고장 및 정전 시 카 내의 승객을 구출하기 위한 비상 천장 구출구에 대한 설명으로 옳지 않은 것은?
① 카 안에서는 열 수 없도록 잠금장치를 하여야 한다.
② 카 위에서는 공구 등을 사용하지 않고 간단한 조작에 의해 용이하게 열 수 있어야 한다.
③ 승객의 구조활동에 장애가 없도록 충분한 공간이 확보되는 위치에 설치한다.
④ 구출구의 크기는 최소 폭 0.3m, 면적 0.1m² 이상이어야 한다.

🖐 **구출구의 크기**
최소 폭 0.4m×0.5m, 면적 0.2m² 이상

31 유압잭에 대한 설명으로 옳지 않은 것은?
① 유압잭은 단단식과 다단식으로 구분된다.
② 유압잭은 실린더부와 플런저부로 구성된다.
③ 유압잭에서 플런저는 실린더에 비해 하중분담이 적으므로 좌굴은 검토 대상이 아니다.
④ 유압잭에서 작동유의 압력은 실린더 내측과 플런저 외측에 균등하게 작용한다.

🖐 유압잭에서 플런저는 실린더에 비해 하중분담이 적으므로 좌굴은 검토 대상이다.

32 엘리베이터의 승강장 문이 닫혀 있을 경우 승강장에서 몇 cm 이상 열려지지 않아야 하는가? (단, 상하 개폐문 및 중앙개폐문이 아니며, 화물용 상승 개폐문이 아닌 경우이다.)
① 1cm ② 2cm
③ 3cm ④ 4cm

🖐 상·하 개폐식 및 중앙개폐식 도어는 5cm 이내로 닫혔을 때 가동하고, 승강장에서는 5cm 이상 열리지 않아야 한다. 하지만 상·하 개폐식 및 중앙개폐식 이외의 도어는 2cm 이내로 닫혔을 때 가동하고, 승강장에서는 2cm 이상 열리지 않아야 한다.

Answer
27. ② 28. ① 29. ③ 30. ④ 31. ③ 32. ②

33. 조속기의 기계적인 작동을 하는 2차 동작 시점은 정격속도의 몇 배 이하인가?
① 1.2 ② 1.4
③ 1.6 ④ 1.8

☞ ㉠ 제1동작
- 카의 정격속도가 조속기에 의해 과속이 감지되어 정속도의 1.3배를 넘지 않은 범위 내에서 동작
- 전원을 차단하고 브레이크를 동작시킴. 이때 속도는 45m/min 이하의 경우 63m/min이다.

㉡ 제2동작
- 카의 정격속도가 조속기에 의해 과속이 감지되어 정속도의 1.4배를 넘지 않은 범위 내에서 동작
- 기계적인 작동으로 레일을 꽉 물면서 정지. 이때 속도는 45m/min 이하의 경우 68m/min이다.

34. 로프식 엘리베이터에서 주로프의 끝부분은 몇 가닥마다 로프 소켓에 배빗 채움을 하거나 체결식 로프소켓을 사용하여 고정하여야 하는가?
① 1가닥 ② 2가닥
③ 3가닥 ④ 5가닥

35. 에스컬레이터의 안전장치가 아닌 것은?
① 핸드 레일 안전장치
② 구동 체인 안전장치
③ 카 도어 안전장치
④ 스커트 가드 안전장치

☞ 카 도어 안전장치는 엘리베이터에서 사용한다.

36. 엘리베이터 전동기 주회로의 사용전압이 380V이면 절연저항은 몇 MΩ 이상이어야 하는가?
① 0.1 ② 0.2
③ 0.3 ④ 0.4

회로의 용도	사용 전압	절연저항
전동기 주회로	300V 이하	0.2MΩ 이상
	300V 이상 400V 이하	0.3MΩ 이상
	400V 초과	0.4MΩ 이상
제어회로 신호회로 조명회로	150V 이하	0.1MΩ 이상
	150V 이상 300V 이하	0.2MΩ 이상

37. 난간폭에 의한 에스컬레이터 분류 중 800형 에스컬레이터의 시간당 수송인원수는?
① 5000명 ② 6000명
③ 7000명 ④ 8000명

☞ 800형은 수송능력이 6000명/시간이다.

38. 고속엘리베이터에 주로 적용되는 조속기로 알맞은 것은?
① 디스크형
② 블리드오프형
③ 롤 세이프티형
④ 플라이볼형

☞ • 플라이볼형 조속기 : 고속형 엘리베이터에 사용
• 디스크형 조속기 : 저·중속 엘리베이터에 사용

39. 엘리베이터 로프의 검사기준과 맞지 않는 것은?
① 주로프에 걸어 맨 고정부위는 2중 너트로 견고하게 조인다.
② 모든 주로프는 균등한 장력을 받고 있어야 한다.

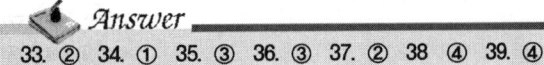

33. ② 34. ① 35. ③ 36. ③ 37. ② 38. ④ 39. ④

③ 주로프에 걸어 맨 고정부위는 풀림방지를 위한 분할핀이 꽂혀 있어야 한다.
④ 로프의 마모 및 파손상태는 가장 양호한 부분에서 검사한다.

☞ 점검은 마모 및 파손이 심한 부분에 한다.

40 카 또는 균형추의 상하좌우에 부착되어 레일을 따라 움직이고 카 또는 균형추를 지지해주는 역할을 하는 것은?
① 완충기　　　② 중간 스토퍼
③ 가이드 레일　④ 가이드슈

41 기계식 주차장치의 일반적 분류 방법에 해당되지 않는 것은?
① 수직순환, 다층순환
② 다층순환, 수평순환
③ 수평순환, 엘리베이터방식
④ 곤돌라방식, 수직전환

☞ 기계식 주차장치의 일반적 분류 방법에는 곤돌라방식은 해당되지 않는다.

42 승강장문의 조립체는 소프트 펜들럼 시험방법에 따라 몇 J의 운동에너지로 충격을 가하였을 때 문의 이탈 없이 견딜 수 있어야 하는가?
① 400　　② 450
③ 500　　④ 550

43 승강기의 방호장치에 대한 설명으로 틀린 것은?
① 용도에 구분 없이 모든 승강기는 도어 인터록을 설치한다.
② 화물용 승강기는 수동 운전 시 도어가 개방되었을 때도 운전이 가능하도록 한다.
③ 수동 운전 시 업 다운(up down) 버튼 조작을 중지하면 자동적으로 정지하여야 한다.
④ 로프식 승강기는 반드시 승강로 상부에 2차 전지 스위치를 설치할 필요가 있다.

☞ 화물용 승강기는 수동 운전 시 도어가 개방되어 운행되서는 안 된다.

44 승강장에서 행하는 검사가 아닌 것은?
① 승강장 도어의 손상 유무
② 도어 슈의 마모 유무
③ 승강장 버튼의 양호 유무
④ 조속기 스위치 동작 여부

45 에스컬레이터에 전원의 일부가 결상되거나 전동기의 토크가 부족하였을 때 상승운전 중 하강을 방지하기 위한 안전장치는?
① 조속기
② 스커트 가드 스위치
③ 구동 체인 안전장치
④ 핸드 레일 안전장치

☞ **조속기**
에스컬레이터에 전원의 일부가 결상되거나 전동기의 토크가 부족하였을 때 상승운전 중 하강을 방지한다.

46 유압엘리베이터에 있어서 정상적인 작동을 위하여 유지하여야 할 오일의 온도 범위는?
① 30℃~40℃　② 50℃~60℃
③ 70℃~80℃　④ 90℃~100℃

Answer
40. ④　41. ④　42. ②　43. ②　44. ④　45. ①　46. ②

47 콘덴서의 용량을 크게 하는 방법으로 옳지 않은 것은?
① 극판의 면적을 넓게 한다.
② 극판의 간격을 좁게 한다.
③ 극판 간에 넣은 물질은 비유전율이 큰 것을 사용한다.
④ 극판 사이의 전압을 높게 한다.

> 콘덴서의 용량은 극판의 면적과 유전율에 비례하고, 극판 간의 간격에는 반비례한다.

48 직류기에 사용되는 브러시가 갖추어야 할 성질 중 틀린 것은?
① 접촉저항이 적당할 것
② 마모성이 적을 것
③ 스프링에 의한 적당한 압력을 가질 것
④ 기계적으로 튼튼할 것

> 브러시가 갖추어야 할 성질
> ㉠ 접촉저항이 적당할 것
> ㉡ 마모성이 적을 것
> ㉢ 내열성이 클 것
> ㉣ 기계적 강도가 클 것
> ㉤ 전기저항이 작을 것

49 버니어 캘리퍼스의 종류에 속하는 것은?
① HB형   ② HM형
③ HT형   ④ CM형

> 버니어 캘리퍼스의 종류
> ㉠ M_1형, ㉡ M_2형, ㉢ CB형, ㉣ CM형

50 다음 중 교류엘리베이터 제어와 관계가 없는 것은?
① 정지 레오나드 방식
② 교류 2단 속도 제어방식
③ 교류 귀환 제어방식
④ 가변전압 가변주파수 제어방식

> 교류 제어방식
> 교류 1단 방식, 교류 2단 방식, 교류 귀환방식, VVVF 방식 등이 있다.

51 회전운동을 직선운동으로 바꾸어 주는 기구는?
① 풀리   ② 캠
③ 체인   ④ 기어

52 자기인덕턴스 L[H]의 코일에 전류 I[A]를 흘렸을 때 여기에 축적되는 에너지 W는 몇 J인가?
① $W = LI^2$ ② $W = \frac{1}{2}LI^2$
③ $W = 2LI^2$ ④ $W = \frac{2I^2}{L}$

53 다음 중 PNP형 트랜지스터의 기호로 알맞은 것은?

54 그림은 정류회로의 전압파형이다. 입력 전압은 사인파로 실효값이 100V일 때 출력 파형의 평균값 V_a[V]는?

Answer
47. ④ 48. ③ 49. ④ 50. ① 51. ② 52. ② 53. ② 54. ③

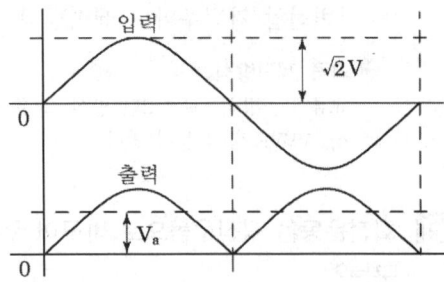

① 약 45V   ② 약 70V
③ 약 90V   ④ 약 110V

👉 $V = \dfrac{V_m}{\sqrt{2}} = V_m = \sqrt{2}\,V$

$V_a = \dfrac{2V_m}{\pi} = \dfrac{2\sqrt{2}\,V}{\pi}$

$= \dfrac{2 \times 1.414 \times 100}{3.14} = 90.063$

55 2V의 기전력으로 20J의 일을 할 때 이동한 전기량은 몇 C인가?

① 0.1   ② 10
③ 100   ④ 1000

👉 $V = \dfrac{W}{Q}, \; Q = \dfrac{W}{V} = \dfrac{20}{2} = 10$

56 전자력 $F = Bil$[N]과 관계되는 법칙은?

① 패러데이의 법칙
② 플레밍의 오른손법칙
③ 오른나사법칙
④ 플레밍의 왼손법칙

👉 **플레밍의 왼손법칙**
전자기력의 방향을 따질 때, 플레밍의 왼손법칙으로 방향을 설명할 수 있다.

57 최대눈금이 200V, 내부저항이 20000Ω인 직류전압계가 있다. 이 전압계로 최대 600V까지 측정하려면 외부에 직렬로 접속할 저항은 몇 kΩ인가?

① 20   ② 40
③ 60   ④ 80

👉 $V = V_0\left(1 + \dfrac{R_m}{r_a}\right) \rightarrow 600 = 200\left(1 + \dfrac{R_m}{20000}\right)$

∴ $R_m = 40000\,\Omega$

58 NAND게이트 3개로 구성된 다음 논리회로의 출력값 E는?

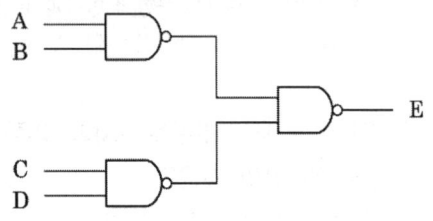

① $A \cdot B + C \cdot D$
② $(A + B) \cdot (C + D)$
③ $\overline{A \cdot B} + \overline{C \cdot D}$
④ $A \cdot B \cdot C \cdot D$

👉 $E = \overline{\overline{AB} \cdot \overline{CD}} = \overline{\overline{AB}} + \overline{\overline{CD}} = AB + CD$

59 제어에 대한 용어의 설명 중 옳지 않은 것은?

① 제어명령이란 제어대상의 출력을 원하는 상태로 하기 위한 입력신호를 말한다.
② 신호란 물리량의 종류에는 관계하지 않고, 크기 및 변화 상태만을 고려한 것을 말한다.
③ 목표값이란 외부에서 제어계에 주어지는 값을 말한다.
④ 제어량이란 제어대상의 출력과 기준 입력과의 차이값을 말한다.

👉 **제어량**
제어대상의 양이며, 측정되고 제어되는 것이다.

Answer
55. ② 56. ④ 57. ② 58. ① 59. ④

60 엘리베이터의 도어스위치 회로는 어떻게 구성하는 것이 좋은가?
① 병렬회로
② 직렬회로
③ 직·병렬회로
④ 인터록회로

Answer
60. ②

과년도 출제문제

2012년 2회

01 승객이나 운전자의 마음을 편하게 해주고 주위의 분위기를 부드럽게 하기 위하여 설치하는 장치는?
① 통신장치
② 관제운전장치
③ 구출운전장치
④ BGM장치

02 에스컬레이터의 구동장치가 아닌 것은?
① 구동기
② 스텝 체인 구동장치
③ 핸드 레일 구동장치
④ 구동 체인 안전장치

☞ 구동체인 안전장치는 체인이 끊어지거나 늘어나면 구동장치의 하강방향의 회전을 제지한다.

03 카가 정지하고 있지 않은 층의 문이 열리지 않도록 하고, 각 층의 문이 닫혀 있지 않으면 운전을 불가능하게 하는 장치는?
① 도어 인터록
② 도어 세이프티
③ 도어 오픈
④ 도어 클로저

04 중앙개폐방식 승강장 도어를 나타내는 기호는?

① 2S
② UP
③ CO
④ SO

☞ CO(center open) : 중앙 개폐

05 권상하중 1000kg, 권상속도 60m/min의 엘리베이터용 전동기의 최소 용량은 몇 kW인가? (단, 권상장치의 효율은 70%, 오버밸런스율은 50%이다.)
① 5.5
② 7
③ 9.5
④ 11

☞ $P = \dfrac{LVS}{6120\eta} = \dfrac{1000 \times 60(1-0.5)}{6120 \times 0.7} = 7.002$

06 승강로 출입구에 접한 승강 로비에 대한 설명으로 올바른 것은??
① 승강 로비는 엘리베이터 전용으로 하여야 한다.
② 당해 부분의 벽이 실내에 접하는 부분의 마감은 난연재료로 하여야 한다.
③ 당해 부분의 천장이 실내에 접하는 부분의 마감은 난연재료로 하여야 한다.
④ 로비 하부는 준불연재료로 하여야 한다.

07 가장 먼저 등록된 부름에만 응답하고 그 운전이 완료될 때까지는 다른 부름에 응답하지 않는 방식으로 주로 화물용으로 사용되는 운전방식은?

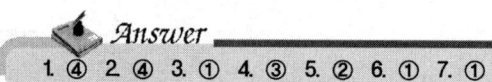

Answer
1. ④ 2. ④ 3. ① 4. ③ 5. ② 6. ① 7. ①

① 단식 자동식
② 하강 승합 전자동식
③ 군승합 전자동식
④ 양방향 승합 전자동식

☞ **단식 자동식**
먼저 눌러진 호출에 응답하고, 운행 중에는 다른 호출에는 응하지 않는다.

08 엘리베이터 기계실의 바닥면적은 승강로 수평투영면적의 몇 배 이상이어야 하는가?

① 1.5배   ② 2배
③ 2.5배   ④ 3배

☞ 엘리베이터 기계실의 바닥면적은 승강로 수평투영면적의 2배 이상이어야 한다.

09 엘리베이터용 로프의 특성으로 옳은 것은?

① 강도가 크고 유연성이 적어야 한다.
② 강도가 크고 유연성이 풍부하여야 한다.
③ 강도와 유연성이 적어야 한다.
④ 강도가 적고 유연성이 풍부하여야 한다.

10 로프식 엘리베이터에서 카 바닥 앞부분과 승강장 출입구 바닥 앞부분과의 틈새는 몇 cm 이하인가?

① 2   ② 3
③ 4   ④ 5

11 간접식 유압엘리베이터의 특징이 아닌 것은?

① 기계실의 위치가 자유롭다.
② 주로 저속 승강기에 사용된다.
③ 승강행정이 짧은 승강기에 사용된다.
④ 비상정지장치가 필요 없다.

☞ 간접식 유압엘리베이터는 비상정지장치가 필요하다.

12 비상정지장치는 엘리베이터 정격속도의 얼마의 범위에서 동작해야 하는가?

① 1.3배 이하   ② 1.3배 초과
③ 1.4배 이하   ④ 1.4배 초과

☞ 비상정지장치 승강기에서 과속이 발생했을 때(하강 방향으로) 과속을 감지하여 카를 안전하게 정지시키는 안전장치이다.(조속기에 의해 과속이 감지되어 정속도의 1.3배 때 전기적 스위치가, 1.4배 때 기계적인 작동으로 레일을 꽉 물면서 정지함)

13 다음 중 ( ) 안에 들어갈 내용으로 알맞은 것은?

카가 유입완충기에 충돌했을 때 플런저가 하강하고 이에 따라 실린더 내의 기름이 좁은 ( )을(를) 통과하면서 생기는 유체저항에 의해 완충작용을 하게 된다.

① 오리피스 틈새   ② 실린더
③ 오일게이지   ④ 플런저

14 가변전압 가변주파수(VVVF) 제어에 대한 설명으로 틀린 것은?

① 교류엘리베이터 속도제어의 방법이다.
② 전동기는 교류 유도전동기를 사용한다.
③ 인버터 제어이다.
④ 직류엘리베이터 속도제어방법이다.

☞ **교류 제어방식**
교류 1단 방식, 교류 2단 방식, 교류 귀환방식, VVVF 방식 등이 있다.

Answer
8. ②　9. ②　10. ③　11. ④　12. ③　13. ①　14. ④

15 균형추의 중량을 결정하는 계산식은? (단, L은 정격하중, F는 오버밸런스율이다.)
① 균형추의 중량= 카 자체하중×(L·F)
② 균형추의 중량= 카 자체하중+(L+F)
③ 균형추의 중량= 카 자체하중+(L−F)
④ 균형추의 중량= 카 자체하중+(L·F)

16 점차작동형 비상정지장치에 대한 설명으로 옳지 않은 것은?
① 레일을 죄는 힘이 동작 시부터 정지 시까지 일정한 것이 F.G.C형이다.
② 레일을 죄는 힘이 처음에는 약하고 하강함에 따라 강하다가 얼마 후 일정값에 도달하는 것이 F.W.C형이다.
③ 구조가 간단하고 복구가 용이하기 때문에 대부분 F.W.C형을 사용한다.
④ 점차작동형은 정격속도가 60m/min 이상인 엘리베이터에 주로 사용한다.
☞ 구조가 복잡해서 거의 사용하지 않는다.

17 비상용 엘리베이터 구조로 옳지 않은 것은?
① 엘리베이터의 운행속도는 60m/min 이상이어야 한다.
② 카는 비상운전 시 반드시 모든 승강장의 출입구마다 정지할 수 있어야 한다.
③ 정전 시 예비전원에 의해 2시간 이상 가동할 수 있어야 한다.
④ 90초 이내에 엘리베이터 운행에 필요한 전력을 공급하여야 한다.

18 에스컬레이터에서 탑승객이 좌우로 떨어지지 않도록 설치한 측면 벽의 명칭에 해당하는 것은?
① 난간   ② 스커트 가드
③ 핸드레일   ④ 데크보드

19 동력으로 운전하는 기계에 작업자의 안전을 위하여 기계마다 설치하는 장치는?
① 수동스위치 장치
② 동력차단장치
③ 동력장치
④ 동력전도장치
☞ **동력차단장치**
기기에 인가되는 동력을 차단시키는 장치

20 승강기 운행관리자의 직무가 아닌 것은?
① 고장 및 수리에 관한 기록 유지
② 사고발생에 대비한 비상연락망의 작성 및 관리
③ 사고 시의 사고 보고
④ 고장 시의 긴급 수리

21 감전사고 시 응급조치로 가장 옳은 것은?
① 인공호흡을 하면 안 된다.
② 호흡이 정상인 경우에만 인공호흡을 한다.
③ 호흡이 정지된 경우에는 인공호흡을 안 한다.
④ 호흡이 정지되어 있어도 인공호흡을 하는 것이 좋다.

22 에스컬레이터 이용자의 준수사항과 관련이 없는 것은?
① 옷이나 물건 등이 틈새에 끼이지 않도록 주의하여야 한다.

Answer
15. ④ 16. ③ 17. ④ 18. ① 19. ② 20. ④ 21. ④ 22. ②

② 화물은 디딤판 위에 반드시 올려놓고 타야 한다.
③ 디딤판 가장자리에 표시된 황색 안전선 밖으로 발이 벗어나지 않도록 하여야 한다.
④ 핸드레일을 잡고 있어야 한다.

23 안전점검의 목적에 해당되지 않는 것은?
① 생산 위주로 시설 가동
② 결함이나 불안전 조건의 제거
③ 기계·설비의 본래 성능 유지
④ 합리적인 생산관리

24 경고나 주의를 표시할 때 사용하는 색채로 가장 알맞은 것은?
① 파랑   ② 보라
③ 노랑   ④ 녹색

25 건설용 리프트의 주요 검사항목과 관련 없는 것은?
① 브레이크   ② 클러치
③ 완충기   ④ 와이어로프

26 사다리 작업의 안전 지침으로 적당하지 않은 것은?
① 상부와 하부가 움직이지 않도록 고정되어야 한다.
② 사다리를 다리처럼 사용해서는 안 된다.
③ 부서지기 쉬운 벽돌 등을 받침대로 사용해서는 안 된다.
④ 사다리 상단은 작업장으로부터 120cm 이상 올라가야 한다.

👉 사다리는 지면과의 경사각은 70~75°, 사다리 상단은 걸쳐진 지점으로부터 60cm 이상 올라가야 한다.

27 산업재해예방의 기본 원칙에 속하지 않는 것은?
① 원인 규명의 원칙
② 대책 선정의 원칙
③ 손실 우연의 원칙
④ 원인 연계의 원칙

👉 산업재해예방의 기본 원칙
㉠ 원인 계기의 원칙
㉡ 예방 기능의 원칙
㉢ 대책 선정의 원칙
㉣ 손실 우연의 원칙

28 재해원인 중 생리적인 원인은?
① 안전장치 사용의 미숙
② 안전장치의 고장
③ 작업자의 무지
④ 작업자의 피로

29 유압식 엘리베이터에 설치하여야 하는 안전장치에 관한 설명으로 옳지 않은 것은?
① 카의 상승 시 유압이 이상하게 증대하는 경우에 작동압력이 상용압력의 1.25배를 초과하지 않을 때 자동적으로 작동을 개시하지 않도록 하는 장치
② 동력이 차단되었을 때 유압잭 내의 기름의 역류에 의한 카의 하강을 제지하는 장치
③ 작동유의 온도를 65℃ 이상 80℃ 이하로 유지하기 위한 장치
④ 전동기의 공전을 방지하기 위한 장치

Answer
23. ① 24. ③ 25. ③ 26. ④ 27. ① 28. ④ 29. ③

➤ 유압식 엘리베이터의 오일의 온도는 5℃ 이상 60℃ 이하로 유지해야 한다.

30 꼭대기 틈새와 오버헤드 관계에서 꼭대기 틈새는?
① 오버헤드에서 카의 높이를 뺀 값
② 오버헤드에서 카의 높이와 완충기행정을 뺀 값
③ 오버헤드에서 카의 높이와 로프 처짐량을 뺀 값
④ 오버헤드에서 피트 깊이와 완충기행정을 뺀 값

31 유압식 엘리베이터에서 상승방향으로만 기름을 흐르게 하고 역방향으로는 흐르지 못하게 하는 밸브는?
① 안전밸브　　② 체크밸브
③ 스톱밸브　　④ 럽처밸브

➤ **역저지밸브(체크밸브)**
유체를 한쪽방향으로만 흐르게 하는 밸브로서, 카의 정지 중이나 운행 중 작동유의 압력이 떨어져 카가 역행하는 것을 방지하는 밸브이다.

32 유압엘리베이터에 사용되고 있는 강제 송유식 펌프의 종류가 아닌 것은?
① 기어펌프
② 베인펌프
③ 원심펌프
④ 스크류펌프

➤ **유압 펌프의 종류**
기어펌프, 베인펌프, 스크류펌프

33 승강기의 비상정지장치에 대한 설명 중 옳지 않은 것은?
① 순간식과 슬랙로프 세이프트식이 있다.
② 플렉시블 가이드 클램프형과 플렉시블 웨지 클램프형이 있다.
③ 비상정지장치의 정지거리는 제한이 있다.
④ 유압식 엘리베이터의 경우는 비상정지장치가 필요하지 않다.

➤ 직접식 유압엘리베이터는 비상정지장치가 필요하지 않으나, 간접식 유압엘리베이터에는 필요하다.

34 엘리베이터의 잦은 기동빈도에 대해 열적으로 견딜 것에 대한 설명으로 옳지 않은 것은?
① 기동토크가 작을 것
② 기동전류가 작을 것
③ 회전부분의 관성 모멘트가 작을 것
④ 잦은 기동빈도에 대해 열적으로 견딜 것

➤ **전동기의 구비 조건**
㉠ 기동전류가 작을 것
㉡ 기동토크가 작을 것
㉢ 회전부분의 관성 모멘트가 작을 것
㉣ 잦은 기동빈도에 대해 열적으로 견딜 것

35 에스컬레이터의 층고가 6m 이하일 때에는 경사도는 몇 도 이하인가?
① 35°　　② 40°
③ 45°　　④ 50°

➤ 에스컬레이터의 경사각은 30°를 초과하지 않아야 한다. 단, 층고가 6m 이하일 경우에는 35°까지 가능

36 유압엘리베이터 제어반에서 할 수 없는 것은?

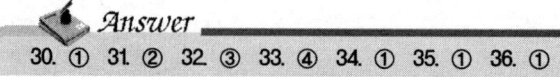
30. ①　31. ②　32. ③　33. ④　34. ①　35. ①　36. ①

① 작동 시의 유압 측정
② 전동기의 전류 측정
③ 절연저항의 측정
④ 과전류계전기의 작동

37 피트에서 행하는 검사 항목은?
① 외부와의 연락장치 이상 유무
② 도어스위치 작동상태
③ 시브 또는 스프로킷의 부착 이상 유무
④ 이동케이블의 손상유무

38 디딤면이 고무제품으로 미끄러지기 어려운 구조일 경우 수평보행기의 경사도는 몇 도 이하로 할 수 있는가?
① 8° 이하   ② 12° 이하
③ 15° 이하   ④ 18° 이하

☞ 수평보행기의 경사도는 12° 이하로 한다(단, 6° 이하일 경우에는 광폭형으로 설치할 수 있다). 단, 디딤면이 고무제품 등 미끄러지기 어려운 구조일 경우에는 15° 이하로 할 수 있다.

39 로프식 엘리베이터의 경우 카 위에서 하는 검사가 아닌 것은?
① 비상구출구
② 도어개폐장치
③ 리미트 스위치류
④ 운전조작반

40 카 위에서 카를 조금씩 움직이면서 점검하는 주로프의 점검항목이 아닌 것은?
① 회전상태
② 장력상태
③ 파단상태
④ 부식 및 마모상태

41 에스컬레이터 회로의 사용전압이 400V 이하인 것의 접지저항은 몇 Ω 이하이어야 하는가?
① 10   ② 100
③ 300   ④ 500

☞ 에스컬레이터의 접지저항

사용 전압	접지 저항
400V 미만	제3종 접지공사(100Ω 이하)
400V 이상	특별 제3종 접지공사(10Ω 이하)
고압 또는 특고압	제1종 접지공사(10Ω 이하)

42 가이드 레일 보수 점검 항목에 해당되지 않는 것은?
① 이음판의 취부 볼트, 너트의 이완 상태
② 로프와 클립체결 상태
③ 가이드 레일의 급유상태
④ 브래킷 용접부의 균열 상태

43 조속기 도르래의 피치 지름과 로프의 공칭 지름의 비는 몇 배 이상인가?
① 25배   ② 30배
③ 35배   ④ 40배

☞ 조속기 도르래의 피치 지름과 로프의 공칭지름의 비는 30배 이상이어야 한다.

44 에스컬레이터의 이동식 핸드레일은 하강 운전 중 상부 승강장에서 사람이 수평으로 약 몇 N 정도의 힘으로 당겨도 정지하지 않아야 하는가?
① 127   ② 137

37. ④ 38. ③ 39. ④ 40. ① 41. ② 42. ② 43. ② 44. ③

③ 147　　　　④ 157

45 변형 및 강도를 고려 시 와이어로프의 절단방법으로 가장 알맞은 것은?
① 산소절단기로 절단한다.
② 전기용접기로 절단한다.
③ 그라인더로 절단한다.
④ 쇠톱이나 와이어 커터로 절단한다.

46 에스컬레이터에 대한 설명 중 옳은 것은
① 승강장에서는 물체가 쉽게 끼어 들어가지 않도록 디딤판과 콤의 물림량은 3mm 이상이어야 한다.
② 승강장에서는 물체가 쉽게 끼어 들어가지 않도록 디딤판과 콤의 물림량은 6mm 이상이어야 한다.
③ 승강장에서는 물체가 쉽게 끼어 들어가지 않도록 디딤판과 콤의 물림량은 8mm 이상이어야 한다.
④ 승강장에서는 물체가 쉽게 끼어 들어가지 않도록 디딤판과 콤의 물림량은 10mm 이상이어야 한다.

47 절연저항계로 측정할 수 없는 것은?
① 선로와 대지 간의 절연측정
② 선간절연의 측정
③ 도통시험
④ 주파수 측정

☞ 절연저항계로 측정하는 것은 선간절연의 측정, 선로와 대지 간의 절연측정, 도통시험 등이 있다.

48 전압 220V, 전류 20A, 역률 0.6인 3상 회로의 전력은 약 몇 kW인가?
① 4.6　　　　② 4.8
③ 5.0　　　　④ 5.2

☞ $P = \sqrt{3} \times V \cdot I \cdot \cos\theta$
$= \sqrt{3} \times 220 \times 20 \times 0.6 = 4572.61W$

49 진공 중에서 m[Wb]의 자극으로부터 나오는 총 자력선의 수는 어떻게 표현되는가?
① $\dfrac{m}{4\pi\mu_o}$　　　　② $\dfrac{m}{\mu_o}$
③ $\mu_o m$　　　　④ $\mu_o m^2$

☞ $N = \dfrac{m}{\mu} = \dfrac{m}{\mu_o \mu_s} = \dfrac{m}{\mu_o}$

50 전류의 열작용과 관계있는 법칙은?
① 옴의 법칙
② 줄의 법칙
③ 플레밍의 오른손법칙
④ 키르히호프의 법칙

☞ **줄의 법칙**
저항체에 전류가 흐를 때의 발열량의 법칙

51 교류용접기가 갖추어야 할 조건이 아닌 것은?
① 박막 용접이 잘 될 것
② 구조와 취급이 간단할 것
③ 무부하 전압이 최대한으로 높을 것
④ 아크 용접이 조용하고 쉬울 것

☞ 무부하 전압이 낮을 것

52 정속도 전동기에 속하는 것은?
① 타여자 전동기
② 직권 전동기
③ 분권 전동기

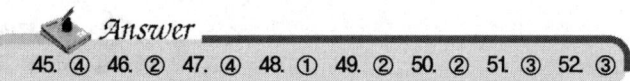
45. ④　46. ②　47. ④　48. ①　49. ②　50. ②　51. ③　52. ③

④ 가동복권 전동기

☞ **분권 전동기**
부하의 변화에 대해 회전속도의 변동이 작으므로 정속도에 속한다.

53 전기에서 많이 사용되는 옴의 법칙은?

① $I = \dfrac{V^2}{R}$ ② $V = IR$

③ $V = I^2 R$ ④ $V = RV$

☞

54 검출 스위치에 해당되는 것은?

① 누름 버튼 스위치
② 리미트 스위치
③ 유지형 스위치
④ 가동복권 전동기

☞ 위치 검출에는 리미트 스위치가 많이 이용되고 있다. 물체가 리미트 스위치의 접촉부에 접촉함으로써 내장스위치를 작동시킬 수 있도록 되어 있는 구조이며 공작기계에 널리 사용된다.

55 그림과 같은 논리회로의 논리식은?

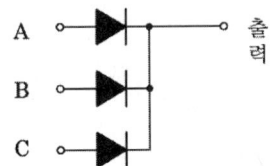

① $\overline{A+B+C}$ ② $A+B+C$
③ $A \cdot B \cdot C$ ④ $\overline{A \cdot B \cdot C}$

☞ **OR 게이트**
입력 신호가 A, B, C 중 어떤 곳으로 들어가도 출력이 나온다.

56 직류발전기의 주요 3요소는?

① 계자, 전기자, 정류자
② 계자, 전기자, 브러시
③ 정류자, 계자, 브러시
④ 보극, 보상권선, 전기자권선

☞ **직류발전기의 3요소**
계자, 전기가, 정류자

57 다음 회로에서 A, B 간의 합성용량은 몇 μF 인가?

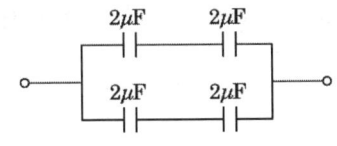

① 2   ② 4
③ 8   ④ 16

☞ • 직렬접속 $C = \dfrac{C_1 \cdot C_2}{C_1 + C_2} = \dfrac{2 \times 2}{2+2} = 1$

• 병렬접속 $C = C_1 + C_2$
따라서 직렬 계산 후 병렬 계산하면 1+1=2

58 제어계에 사용하는 비접촉식 입력요소로만 짝지어진 것은?

① 누름 버튼 스위치, 광전 스위치
② 근접 스위치, 리미트 스위치
③ 리미트 스위치, 광전 스위치
④ 근접 스위치, 광전 스위치

59 재료를 축 방향으로 눌러 수축하도록 작용하는 하중은?

① 연장하중   ② 압축하중
③ 전단하중   ④ 휨하중

Answer
53. ② 54. ② 55. ② 56. ① 57. ① 58. ④ 59. ②

60 무게 W[N]가 움직이는 도르래에 매달려 있다. 물체를 끌어 올리는 힘 F[N]는? (단, 도르래와 로프의 무게는 없다고 본다.)

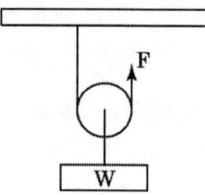

① $F = \dfrac{1}{4} W$ ② $F = \dfrac{1}{3} W$

③ $F = \dfrac{1}{2} W$ ④ $F = W$

Answer
60. ③

과년도출제문제

2012년 5회

01 에스컬레이터 비상정지스위치에 관한 설명 중 옳은 것은??
① 비상정지스위치는 승객의 안전을 위하여 하부 승강구에만 설치한다.
② 어린이의 장난을 방지하기 위해 비상정지장치의 위치 명시는 식별이 어렵게 한다.
③ 비상정지스위치는 오작동을 방지하기 위하여 덮개를 씌워 보호한다.
④ 색상은 청색으로 하며 버튼 또는 버튼 주변에 "정지" 표시를 하여야 한다.

☞ 비상정지스위치는 상부와 하부에 설치하며 적색으로 "정지" 표시를 한다. 또한 식별을 쉽게 하며, 덮개를 씌운다.

02 기동과 주행은 고속권선으로 하고 감속과 착상은 저속으로 하며, 착상지점에 근접해 지면 모두 접점을 끊고 동시에 브레이크를 거는 제어방식은
① VVVF 제어방식
② 교류 1단 제어방식
③ 교류 2단 제어방식
④ 교류 궤환 제어방식

☞ **이단 속도 제어**
2단 속도 모터를 사용하여 기동과 주행은 고속권선으로 행하고, 감속 시는 저속권선으로 감속하여 착상하는 방식

03 스트랜드의 내층·외층 소선을 같은 직경으로 구성하고 소선 간의 틈새에 가는 소선을 넣은 와이어로프는?
① 실형 ② 필러형
③ 워링톤형 ④ 헤르쿨레스형

☞ **필러형 와이어로프**

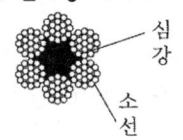

04 승강장 도어 구조에 해당되지 않는 것은?
① 착상 스위치함
② 도어 스위치
③ 행거 롤러
④ 도어 가이드 슈

☞ **승강장 도어**
도어 스위치, 도어 레일, 도어 가이드 슈, 행거 롤러, 업스러스트 롤러 등이 있다.

05 간접식 유압엘리베이터의 특징이 아닌 것은?
① 부하에 의한 카 바닥의 빠짐이 비교적 작다.
② 비상정지장치가 필요하다.
③ 실린더 설치를 위한 보호관이 필요치 않다.
④ 실린더의 점검이 용이하다.

☞ 로프의 늘어남과 기름의 압축성 때문에 부하

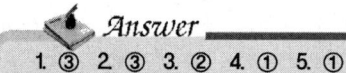

Answer
1. ③ 2. ③ 3. ② 4. ① 5. ①

로 인한 바닥침하가 심하다.

06 승객용 엘리베이터에서 고장이나 정전 시 카 내에서 도어를 억지로 여는 데 필요한 힘은?

① 1kgf 이상 10kgf 이하
② 5kgf 이상 30kgf 이하
③ 40kgf 이상 60kgf 이하
④ 60kgf 이상 70kgf 이하

👉 **문을 여는 데 필요한 힘**
- 정지 시 5kgf 이상 30kgf 이하
- 주행 중에는 20kgf

07 로프식 엘리베이터의 균형추 무게를 계산하는 식은? (단, 오버밸런스율은 50%로 한다.)

① 카 하중+카 하중의 50%
② 카 하중+정격하중의 50%
③ 정격하중의 150%
④ 정격하중의 50%

👉 **균형추 무게**
=카하중+정격하중×오버밸런스율

08 엘리베이터 정격속도 90m/min의 피트 깊이는 최소 몇 m 이상인가?

① 1.5   ② 1.8
③ 2.1   ④ 2.4

👉 **정격속도별 꼭대기 틈새 및 피트 깊이**

정격속도	상부 여유거리	피트 깊이
45m/min 이하	1.2m 이상	1.2m 이상
45m/min 이상 60m/min 이하	1.4m 이상	1.5m 이상
60m/min 이상 90m/min 이하	1.6m 이상	1.8m 이상
90m/min 이상 120m/min 이하	1.8m 이상	2.1m 이상
120m/min 이상 150m/min 이하	2.0m 이상	2.4m 이상
150m/min 이상 180m/min 이하	2.3m 이상	2.7m 이상
180m/min 이상 210m/min 이하	2.7m 이상	3.2m 이상
210m/min 이상 240m/min 이하	3.3m 이상	3.8m 이상
240m/min 이상	4.0m 이상	4.0m 이상

09 1 : 1 로핑에 비하여 2 : 1 로핑의 단점이 아닌 것은?

① 적재용량이 줄어든다.
② 로프의 수명이 짧아진다.
③ 로프의 길이가 길어진다.
④ 종합효율이 낮아진다.

👉 2 : 1 로핑은 적재하중이 늘어난다.

10 수평보행기의 디딤판의 속도에 관한 기준으로 맞는 것은?

① 경사도가 6° 이하의 것은 속도 60m/min 이하
② 경사도가 6° 이하의 것은 속도 50m/min 이하
③ 경사도가 8° 이하의 것은 속도 50m/min 이하
④ 경사도가 8° 이하의 것은 속도 60m/min 이하

👉 수평보행기의 디딤판의 속도는 경사도가 8° 이하의 것은 50m/min 이하, 경사도가 8° 이상이면 40m/min 이하로 한다.

11 기계실 위치에 의한 엘리베이터 분류에서 기계실을 승강로의 아래쪽 방향에 설치하는 방식은?

① 기어드 방식
② 횡인구동 방식

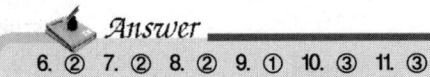

6. ② 7. ② 8. ② 9. ① 10. ③ 11. ③

③ 베이스먼트 방식
④ 사이드머신 방식

☞ 승강기의 기계실은 상부에는 사이드머신 방식과 하부에는 베이스먼트 방식이 있다.

12 엘리베이터 완충기에 대한 설명으로 적합하지 않은 것은?

① 정격속도 60m/min 이하의 엘리베이터에 스프링 완충기를 사용하였다.
② 정격속도 60m/min 초과 엘리베이터에 유입 완충기를 사용하였다.
③ 유입 완충기의 플런저를 완전히 압축한 상태에서 완전 복구할 때까지의 시간은 90초 이하이다.
④ 유입 완충기에서 최소적용중량은 카 자중+적재하중으로 한다.

☞ 유입 완충기 최대 적재중량 : 카 자중+적재하중이고, 최소 적재하중 : 카 자중+65이다.

13 엘리베이터의 구조 중 사람이나 화물을 싣는 카에 설치되어 있지 않은 것은?

① 카 천장   ② 문 개폐장치
③ 운전스위치   ④ 카 완충기

☞ 완충기는 피트 바닥에 설치한다.

14 에스컬레이터의 적재하중 산출과 관계가 없는 것은?

① 스텝면의 수평투영면적
② 층고
③ 스텝폭
④ 정격속도

☞ 적재하중 산출식
$G = 270 \times \sqrt{3} \times 스텝폭(W) \times 높이(H)$
$= 270 \times 투영면적(A)$

15 엘리베이터 비상정지장치에 관한 설명 중 옳은 것은?

① F.W.C형 비상정지장치의 동작곡선은 정지력이 정지거리에 비례하여 정지할 때까지 커진다.
② F.G.C형 비상정지장치는 레일을 죄는 힘이 동작 개시 후부터 정지 시까지 일정하다.
③ 즉시작동형 비상정지장치는 정지력이 거리에 비례하여 커지다가 일정하게 된다.
④ 슬랙로프 세이프티는 고속 대형 엘리베이터에 주로 사용한다.

☞ • F.W.C형 : 레일의 죄는 힘이 동작 초기에는 약하나 점점 강해진 후 일정하다.
• F.G.C형 : 레일을 죄는 힘이 동작 개시 후부터 정지 시까지 일정하다.
• 슬랙로프 세이프티 : 조속기를 설치하지 않는 방식으로 로프에 걸리는 장력이 없어져서 휘어짐이 생겼을 때, 바로 운전회로를 차단한다. 저속 소형 엘리베이터에 주로 사용한다.

16 엘리베이터용 전동기의 출력을 계산하고자 한다. 다음 식의 ( ) 안에 알맞은 것은?

$$\frac{정격하중[kg] \cdot ()(1-오버밸런스율(\%)/100)}{6120 \times 종합효율} \times [kW]$$

① 정격속도[m/min]
② 균형추의 중량[kg]
③ 정격전압[V]
④ 회전속도[rpm]

☞ $\frac{정격하중[kg] \cdot 정격속도[m/min](1-오버밸런스율(\%)/100)}{6120 \times 종합효율} \times [kW]$

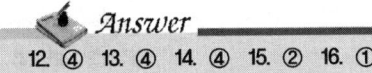

12. ④   13. ④   14. ④   15. ②   16. ①

17 엘리베이터를 설치할 때 건축물 전원이 300V 이하의 저압일 때 접지는 제 몇 종 접지공사를 하는가?

① 제1종　　② 제2종
③ 제3종　　④ 특별 제3종

☞ 엘리베이터의 접지저항

사용 전압	접지 저항
400V 미만	제3종 접지공사(100Ω 이하)
400V 이상	특별 제3종 접지공사(10Ω 이하)
고압 또는 특고압	제1종 접지공사(10Ω 이하)

18 엘리베이터 조속기의 기능 및 구조에 관한 설명 중 옳지 않은 것은?

① 조속기 로프는 카와 같은 속도로 움직인다.
② 카의 과속을 검출하여 전원을 끊고 브레이크를 건다.
③ 고속형 엘리베이터에는 플라이볼형 조속기가 일반적으로 사용된다.
④ 카의 정격속도가 1.1배 이상이면 과속스위치가 작동하여 전원을 끊고 브레이크를 건다.

☞ ㉠ 제1동작
  • 카의 정격속도가 조속기에 의해 과속이 감지되어 정속도의 1.3배를 넘지 않은 범위 내에서 동작
  • 전원을 차단하고 브레이크를 동작시킴. 이때 속도는 45m/min 이하의 경우 63m/min이다.
㉡ 제2동작
  • 카의 정격속도가 조속기에 의해 과속이 감지되어 정속도의 1.4배를 넘지 않은 범위 내에서 동작
  • 기계적인 작동으로 레일을 꽉 물면서 정지. 이때 속도는 45m/min 이하의 경우 68m/min이다.

19 전기안전기준으로 옳지 않은 것은?

① 전기코드는 물이나 습기에 안전한 것이어야 한다.
② 전기위험설비에는 위험 표시를 해야 한다.
③ 전기설비의 감전, 누전, 화재, 폭발장치를 위해 매년 1회 이상 점검한다.
④ 감전의 위험이 있는 작업을 할 때에는 통전시간을 명시하고 관계근로자에게 미리 주지시킨다.

☞ 전기설비는 수시로 점검하여 감전, 누전, 화재, 폭발 등의 안전사고를 미연에 방지하여야 한다.

20 카 내에 갇힌 사람이 외부와 연결할 수 있는 장치는?

① 차임벨
② 리미트 스위치
③ 위치표시램프
④ 인터폰

☞ 운행 중 고장으로 정지하면 우선 인터폰(통신장비)으로 관리사무소(관리자)에 알린다.

21 산업재해의 간접 원인에 해당되지 않는 것은?

① 기술적 원인
② 인적 원인
③ 교육적 원인
④ 정신적 원인

☞ 직접 원인 : 물리적 원인, 인적 원인

22 로프식 승강기로 짝지어진 것은?

① 직접식과 간접식

17. ③ 18. ④ 19. ③ 20. ④ 21. ② 22. ②

② 견인식과 권동식
③ 견인식과 직접식
④ 권동식과 간접식

☞ 로프식 승강기에는 견인식과 권동식이 있다.

23 다음 중 사고방지를 위한 5단계 중 가장 먼저 조치해야 할 사항은?
① 사실의 발견 ② 안전조직
③ 분석평가 ④ 대책의 선정

☞ 사고예방대책 기본원리 5단계

단계	과정	내용
1단계	조직	• 경영층의 참여 • 안전관리자의 임명 • 안전 라인 및 참모조직 구성 • 안전 활동 방침 및 계획 수립 • 조직을 통한 안전 활동
2단계	사실의 발견	• 사고 및 안전 활동 기록 검토 • 작업분석 • 안전점검 및 안전진단 • 사고 조사 • 안전회의 및 토의 • 근로자의 제안 및 여론조사 • 관찰 및 보고서의 연구 등을 통한 불안전요소 발견
3단계	분석 평가	• 사고 보고서 및 현장조사 • 사고 기록 및 인적 물적, 조건 분석 • 작업공정 분석 • 교육 훈련 분석을 통해 사고의 직접 원인과 간접 원인 규명
4단계	시정방법의 선정	• 기술적 개선 • 인사 조정 • 교육 훈련 개선 • 안전행정 개선 • 규정, 수칙 및 작업표준 개선 • 확인, 통제체제 개선
5단계	시정책의 적용(3E)	• 기술적 대책 • 교육적 대책 • 단속적 대책

24 사다리를 사용하는 작업에서 안전수칙에 어긋나는 행위는?
① 위험 및 사용금지의 표찰이 붙어서 결함이 있는 사다리를 사용할 때는 주의하면서 사용한다.
② 사다리 밑 끝이 불안전하거나 3m 이상의 높은 곳이면 다른 사람으로 하여금 붙들게 하고 작업한다.
③ 사다리를 문 앞에 설치할 때는 문을 완전히 열어놓거나 잠궈야 한다.
④ 사다리 설치 시에는 사다리의 밑바닥과 사다리 길이를 고려하여 어느 정도 벽에서 떨어지게 한다.

☞ 결함이 있는 사다리는 사용해서는 안 된다.

25 로프식 엘리베이터에 대하여 매월 1회 이상 정기적으로 실시하는 자체검사항목이 아닌 것은?
① 수전반, 제어반
② 고정 도르래
③ 권상기의 브레이크
④ 카 도어 스위치

☞ **월정검사**
기계실, 피트, 승강장, 카실, 카 상부 등

26 사고발생빈도에 영향을 미치지 않는 것은?
① 작업시간
② 작업자의 연령
③ 작업숙련도 및 경험년수
④ 작업자의 거주지

27 스패너를 힘주어 돌릴 때 지켜야 할 안전사항이 아닌 것은?

Answer

23. ② 24. ① 25. ② 26. ④ 27. ①

① 스패너 자루에 파이프를 끼워 힘껏 조인다.
② 주위를 살펴보고 조심성 있게 조인다.
③ 스패너를 밀지 않고 당기는 식으로 사용한다.
④ 스패너를 조금씩 여러 번 돌려 사용한다.

🖐 스패너 자루에 파이프를 끼워 사용하면 빠지는 경우 부상에 위험이 있다.

28 감전사고의 원인이 되는 것과 관계가 없는 것은?

① 콘덴서의 방전코일이 없는 상태
② 전기기계기구나 공구의 절연파괴
③ 기계기구의 빈번한 기동 및 정지
④ 정전작업 시 접지가 없어 유도전압이 발생

🖐 기계기구의 빈번한 기동 및 정지는 안전사고의 원인과 관계없다.

29 로프의 미끄러짐 현상을 줄이는 방법으로 틀린 것은?

① 권부각을 크게 한다.
② 가감속도를 완만하게 한다.
③ 균형체인이나 균형로프를 설치한다.
④ 카 자중을 가볍게 한다.

🖐 **로프의 미끄러짐 현상의 원인**
• 카와 무게추와의 무게비
• 도르래의 마찰력
• 주도르래에 로프가 감기는 각도(권부각)
• 속도변화율

30 전동기에 대한 점검을 하고자 할 때 계측기를 사용하지 않으면 측정이 불가능한 것은?

① 전동기의 회전속도
② 이상음 발생 유무
③ 전동기 본체의 파손
④ 이상발열 유무

🖐 전동기의 회전속도는 스트로보스코프로 한다.

31 에스컬레이터의 구동 체인이 규정값 이상으로 늘어져 있을 경우에 나타나는 현상은?

① 브레이크가 작동하지 않는다.
② 안전회로가 차단되어 구동되지 않는다.
③ 상승만 가능하다.
④ 하강만 가능하다.

🖐 스텝체인의 늘어남 또는 파단이 감지되었을 때 에스컬레이터를 정지시킨다.

32 가이드 레일에 대한 점검사항이 아닌 것은?

① 세이프티 링크 스위치와 캠의 간격
② 브래킷 용접부의 균열 유무
③ 이음판 취부의 볼트, 너트 이완 유무
④ 가이드 레일의 급유 상태

🖐 세이프티 링크와 캠의 간격은 제조사에서의 점검사항이다.

33 기계식 주차장치의 종류에서 순환방식에 속하지 않은 것은?

① 멀티순환방식   ② 수평순환방식
③ 수직순환방식   ④ 다층순환방식

🖐 **기계식 주차장치의 종류**
• 수평순환방식
• 수직순환방식
• 다층순환방식
• 이단방식

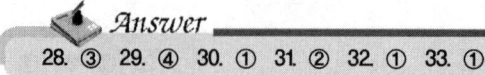
28. ③ 29. ④ 30. ① 31. ② 32. ① 33. ①

- 승강기방식
- 평면왕복방식
- 다단방식
- 승강기 슬라이드방식

34 엘리베이터의 피트에서 행하는 점검사항이 아닌 것은?
① 파이널 리미트 스위치 점검
② 이동케이블 점검
③ 배수구 점검
④ 도어로크 점검

☞ 도어로크는 도어에서 점검한다.

35 권상기의 브레이크 기능을 설명한 것으로 옳지 않은 것은?
① 승객용의 경우 카에 125% 부하상태에서 정격속도로 하강 중에도 안전하게 감속정지시켜야 한다.
② 브레이크는 전기가 입력되는 즉시 브레이크 슈가 작동하여 드럼을 잡아 미끄러지지 않도록 설계되어야 한다.
③ 브레이크는 전동기, 카, 균형추 등 모든 장치의 관성을 제지하는 역할을 해야 한다.
④ 정지 후에는 부하에 의한 불균형 역구동이 되어 움직이는 일이 없어야 한다.

☞ 브레이크는 전기가 차단되면 브레이크 코일이 소자(전자석)되어 스프링에 의해 라이닝 드럼을 잡도록 설계되어 있다.

36 에스컬레이터 및 수평보행기의 비상정지 스위치에 관한 설명으로 옳지 않은 것은?
① 상하 승강장의 잘 보이는 곳에 설치한다.
② 색상은 적색으로 하여야 한다.
③ 장난 등에 의한 오조작 방지를 위하여 잠금장치를 설치하여야 한다.
④ 버튼 또는 버튼 부근에는 "정지" 표시를 하여야 한다.

☞ 비상정지스위치는 상부와 하부에 설치하며 적색으로 "정지" 표시를 한다. 또한 식별을 쉽게 하며, 덮개를 씌운다.

37 조속기의 보수점검 항목에 해당되지 않는 것은?
① 조속기 스위치의 접점 청결상태
② 세이프티 링크와 캠의 간격
③ 운전의 윤활성 및 소음 유무
④ 조속기 로프와 클립 체결상태

☞ 세이프티 링크와 캠의 간격은 제조사에서의 점검사항이다.

38 오일이 실린더로 들어가는 곳에 설치되어 만일 파이프가 파손되었을 때 자동적으로 밸브를 닫아 카가 급격히 떨어지는 것을 방지하는 밸브는?
① 럽쳐 밸브
② 체크 밸브
③ 스톱밸브
④ 사일렌서

39 가이드 레일에 관한 설명으로 맞지 않는 것은?
① 레일의 가장 좋은 규격은 길이 5m이다.
② 대용량 엘리베이터에는 13K, 18K, 24K가 사용되고 있다.
③ 레일규격의 호칭은 1m당의 중량으로 한다.

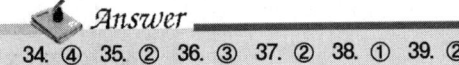

34. ④ 35. ② 36. ③ 37. ② 38. ① 39. ②

④ 비상정지장치가 작동할 때 안전하게 물려야 한다.

👉 공칭은 8K, 13K, 18K, 24K, 30K이고 대용량 엘리베이터는 37K, 50K 등을 사용

40 에스컬레이터 디딤판 체인 및 구동 체인의 안전율로 알맞은 것은?

① 5 이상   ② 7 이상
③ 8 이상   ④ 10 이상

👉 트러스 외 빔 5 이상, 체인 10 이상

41 에스컬레이터 구동장치 보수점검사항에 해당되지 않는 것은?

① 구동 체인의 이완 여부
② 브레이크 작동상태
③ 스텝과 핸드레일의 속도차이
④ 각 부의 볼트 및 너트의 풀림 상태

👉 구동장치 점검사항 : 구동 체인, 브레이크, 볼트 및 너트 상태 등

42 로프식 엘리베이터의 경우 기계실에서 검사하는 항목과 관계가 없는 것은?

① 전동기 및 제동기
② 권상기의 도르래
③ 브레이크 라이닝
④ 인터록 장치

👉 인터록 장치는 도어에 관한 장치이다.

43 로프식 엘리베이터 정격속도 60m/min의 꼭대기 틈새는 몇 m 이상이어야 하는가?

① 1.2   ② 1.4
③ 1.6   ④ 1.8

👉 **정격속도별 꼭대기 틈새 및 피트 깊이**

정격속도	상부 여유거리	피트 깊이
45m/min 이하	1.2m 이상	1.2m 이상
45m/min 이상 60m/min 이하	1.4m 이상	1.5m 이상
60m/min 이상 90m/min 이하	1.6m 이상	1.8m 이상
90m/min 이상 120m/min 이하	1.8m 이상	2.1m 이상
120m/min 이상 150m/min 이하	2.0m 이상	2.4m 이상
150m/min 이상 180m/min 이하	2.3m 이상	2.7m 이상
180m/min 이상 210m/min 이하	2.7m 이상	3.2m 이상
210m/min 이상 240m/min 이하	3.3m 이상	3.8m 이상
240m/min 이상	4.0m 이상	4.0m 이상

44 승강기의 가변전압 가변주파수 제어에서 인버터가 제어하는 방식은?

① PAM   ② PWM
③ PSM   ④ IGBT

👉
- PAM : 펄스 진폭 변조
- PWM : 펄스폭 변조 (VVVF에서 인버터 제어방식)
- PSM : 펄스 안전 변조
- IGBT : 절연게이트 양극성 트랜지스터

45 유압식 엘리베이터의 부품 및 특징에 대한 설명으로 옳지 않은 것은?

① 역저지밸브 : 정전이나 그 외의 원인으로 펌프의 토출 압력이 떨어져 실린더의 기름이 역류하여 카가 자유낙하하는 것을 방지하는 역할을 한다.
② 스톱밸브 : 유압파워유닛과 실린더 사이의 압력배관에 설치되며, 이것을 닫으면 실린더의 기름이 파워유닛으로 역류하는 것을 방지한다.
③ 스트레이너 : 역할은 필터와 같으나 일반적으로 펌프의 출구 쪽에 붙인 것을

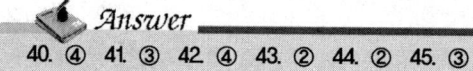

40. ④ 41. ③ 42. ④ 43. ② 44. ② 45. ③

말한다.
④ 사일렌서 : 자동차의 머플러와 같이 작동유의 압력 맥동을 흡수하여 진동, 소음을 감소시키는 역할을 한다.

☞ **여과기(스트레이너)**
펌프 흡입측에 부착하여 유량 내의 철분이나 모래 등의 이물질을 제거하는 장치

46 승강장 문의 로크 및 스위치 검사 시 적합하지 않은 것은?
① 승강장 문은 외부에서 열 수 없도록 로크장치의 설치 상태가 견고하여야 한다.
② 승강장 문이 열려 있거나 닫혀 있지 않은 경우 도어스위치는 열려 있어야 한다.
③ 승강장 문의 인터록장치는 로크가 걸린 후에 도어스위치를 닫아야 한다.
④ 승강장 문의 도어스위치가 확실히 열리기 전에 로크가 벗겨져야 한다.

☞ 승강장 문의 도어스위치가 확실히 열린 후에 로크가 벗겨져야 한다.

47 다음 진리표의 논리회로는?

입력		출력
0	0	1
0	1	0
1	0	0
1	1	0

① OR   ② NOR
③ AND ④ NAND

48 직류기의 구조에서 계자에 해당하는 것은?
① 자극편   ② 정류자
③ 전기자   ④ 공극

☞ **계자**
자극편, 계철, 계자철심, 계자권선으로 구성된다.

49 전압, 전류, 주파수, 회전속도 등 전기적, 기계적 양을 주로 제어하는 것으로서 응답속도가 대단히 빨라야 하는 것이 특징인 제어는?
① 프로세스제어
② 서보기구
③ 프로그램제어
④ 자동조정

50 캠이 가장 많이 사용되는 경우는?
① 회전운동을 직선운동으로 할 때
② 왕복운동을 직선운동으로 할 때
③ 요동운동을 직선운동으로 할 때
④ 상하운동을 직선운동으로 할 때

☞ 캠은 회전운동을 직선운동으로 바꾸는데 가장 많이 사용된다.

51 정현파 교류에서 시간의 변화에 따라 시시각각 다르게 나타나는 것은?
① 최대값   ② 실효값
③ 순시값   ④ 파고값

☞ **실효값**
정현파 교류에서 시간의 변화에 따라 시시각각 다르게 나타난다.

52 다음의 접점 기호는 무엇을 나타내는가?

① 한시동작 순시복귀의 a 접점
② 한시동작 순시복귀의 b 접점

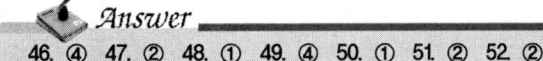

46. ④ 47. ② 48. ① 49. ④ 50. ① 51. ② 52. ②

③ 순시동작 순시복귀의 a 접점
④ 순시동작 순시복귀의 b 접점

53 높이를 측정할 수 있는 측정기기는?
① 다이얼 게이지
② 하이트 게이지
③ 마이크로미터
④ 오토콜리미터

☞ **하이트 게이지**
공작물의 높이를 측정하는 측정기

54 5Ω의 저항에 5A의 전류가 흐른다면 전압 [V]은?
① 0.02
② 0.5
③ 25
④ 50

☞ 옴의 법칙 : V=IR=5×5=25V

55 다음 그림과 같은 제어계의 전체 전달함수는? (단, H(s)=1이다.)

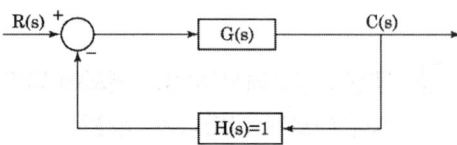

① $\dfrac{1}{G(s)}$
② $\dfrac{1}{1+G(s)}$
③ $\dfrac{G(s)}{1+G(s)}$
④ $\dfrac{G(s)}{1-G(s)}$

56 직류전위차계에 대한 설명으로 옳은 것은?
① 전압계 회로에 병렬로 접속하여 측정한다.
② 3V 이상의 전류전압을 정밀하게 측정한다.
③ 배율기를 사용하여 고전압을 측정한다.
④ 1V 이하의 직류전압을 정밀하게 측정한다.

☞ 직류전위차계는 직류전압을 표준전지의 기전력과 비교하는 영위법으로 정밀측정 시에 사용한다.

57 전자유도현상에 의한 유기기전력의 방향을 정하는 것은?
① 플레밍의 오른손법칙
② 옴의 법칙
③ 플레밍의 왼손법칙
④ 렌츠의 법칙

☞ ①플레밍의 오른손법칙 : 도체의 운동에 의한 전자유도로 생기는 기전력의 방향을 알기 위한 법칙
②옴의 법칙 : 전압의 크기를 V, 전류의 세기를 I, 저항을 R이라 할 때, V=I·R의 관계가 성립한다.
③플레밍의 왼손법칙 : 전자기력의 방향을 따질 때, 플레밍의 왼손법칙으로 방향을 설명할 수 있다.
④렌츠의 법칙 : 전자기 유도의 방향에 관한 법칙이다. 전자기 유도에 의해 만들어지는 전류는 자속의 변화를 방해하는 방향으로 흐른다.

58 어떤 물질의 대전 상태를 설명한 것으로 옳은 것은?
① 어떤 물질이 전자의 과부족으로 전기를 띠는 상태이다.
② 물질이 안정된 상태이다.
③ 중성임을 뜻한다.
④ 원자핵이 파괴된 것이다.

☞ **대전**
물질이 전자의 과부족으로 양전기 또는 음전

기를 띠는 상태

59 2Ω의 저항 10개를 직렬로 연결했을 때는 병렬로 연결했을 때의 몇 배인가?
① 10   ② 50
③ 100 ④ 200

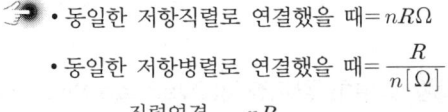
- 동일한 저항직렬로 연결했을 때 = $nR\,\Omega$
- 동일한 저항병렬로 연결했을 때 = $\dfrac{R}{n}[\Omega]$

따라서 $\dfrac{직렬연결}{병렬연결} = \dfrac{nR}{\dfrac{R}{n}} = n^2$배 $= 10^2 = 100$

60 그림과 같은 활차장치의 옳은 설명은?

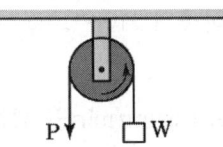

① 힘의 방향만 변화시키고, 크기는 $P = W$ 이다.
② 힘의 방향만 변화시키고, 크기는 $P = \dfrac{W}{2}$ 이다.
③ 힘의 방향만 변화시키고, 크기는 $P = \dfrac{W}{3}$ 이다.
④ 힘의 방향만 변화시키고, 크기는 $P = \dfrac{W}{4}$ 이다.

단활차는 힘의 방향만 변화시킨다.

Answer
59. ③ 60. ①

과년도출제문제
2013년 1회

01 유압식 엘리베이터를 구조에 따라 분류할 때 해당되지 않는 것은?
① 펌프식
② 간접식
③ 팬터그래프식
④ 직접식

02 교류엘리베이터 제어방식에 관한 설명 중 옳지 않은 것은?
① 교류 일단속도제어는 30m/min 이하에 적용한다.
② VVVF 제어는 전압과 주파수를 동시에 제어하는 방식이다.
③ 교류 궤환 제어는 사이리스터의 점호각을 바꾸어 유도전동기의 속도를 제어하는 방식이다.
④ 교류 이단 속도제어방식은 교류 일단 속도제어보다 착상 오차가 큰 것이 단점이다.

☞ 교류 이단 속도제어방식은 교류 일단 속도제어보다 착상 오차가 작다.

03 유입식 완충기는 정격속도가 몇 m/min 초과 시에 주로 사용하는가?
① 30   ② 45
③ 50   ④ 60

☞ 정격속도 60m/min 이하는 스프링 완충기, 60m/min 이상은 유입식 완충기를 사용한다.

04 과부하 감지장치(Overload Switch)의 작동범위로 맞는 것은?
① 정격하중의 95~100%
② 정격하중의 100~105%
③ 정격하중의 105~110%
④ 정격하중의 110~115%

05 정격속도가 30m/min인 화물용 엘리베이터의 비상정지장치 작동 시 카의 최대 속도[m/min]는?
① 42   ② 39
③ 63   ④ 68

☞ ㉠ 제1동작
• 카의 정격속도가 조속기에 의해 과속이 감지되어 정속도의 1.3배를 넘지 않은 범위 내에서 동작
• 전원을 차단하고 브레이크를 동작시킨다. 이때 속도는 45m/min 이하의 경우 63m/min이다.
㉡ 제2동작
• 카의 정격속도가 조속기에 의해 과속이 감지되어 정속도의 1.4배를 넘지 않은 범위 내에서 동작
• 기계적인 작동으로 레일을 꽉 물면서 정지. 이때 속도는 45m/min 이하의 경우 68m/min이다.

Answer
1. ① 2. ④ 3. ④ 4. ③ 5. ④

06 일반 승객용 엘리베이터의 도어머신에 요구되는 구비 조건이 아닌 것은?
① 작동이 원활하고 조용할 것
② 방수 및 내화구조일 것
③ 카 상부에 설치하기 위해 소형 경량일 것
④ 작동이 확실해야 할 것

07 일반적으로 기계실의 바닥면적은 승강로 수평투영면적의 몇 배 이상으로 하여야 하는가?
① 1.5   ② 2.0
③ 2.5   ④ 3.0

08 엘리베이터 권상기의 구성 요소가 아닌 것은?
① 감속기
② 브레이크
③ 비상정지장치
④ 전동기

> 비상정지장치 : 승강기에서 과속이 발생했을 때(하강 방향으로) 과속을 감지하여 카를 안전하게 정지시키는 안전장치이다.(조속기에 의해 과속이 감지되어 정속도의 1.3배 때 전기적 스위치가, 1.4배 때 기계적인 작동으로 레일을 꽉 물면서 정지함)

09 승강로 내에서 카를 상하로 주행 안내하고 주행 중 카에 전달되는 진동을 감소시켜 주는 역할을 하는 것은?
① 가이드 슈   ② 완충기
③ 중간 스토퍼   ④ 가이드 레일

> 가이드 슈
> 승강로 내에 카를 상하로 주행 안내하고, 주행 중에 카의 진동을 감소시키는 역할을 한다.

10 승객용 엘리베이터에 작용할 수 있는 도어 방식 중 승강로 공간이 동일한 조건에서 열림 폭을 가장 크게 할 수 있는 것은?
① 2짝 상하개폐방식
② 2짝 중앙개폐방식
③ 2짝 측면개폐방식
④ 3짝 측면개폐방식

11 정격속도 60m/min인 기계실 있는 엘리베이터에서 조속기 1차 과속스위치가 작동하는 속도[m/min]는?
① 60   ② 63
③ 68   ④ 78

> • 카의 정격속도가 조속기에 의해 과속이 감지되어 정속도의 1.3배를 넘지 않은 범위 내에서 동작
> • 전원을 차단하고 브레이크를 동작시킴. 이때 속도는 45m/min 이하의 경우 63m/min 이다.
> ∴ 60×1.3=78

12 여러 층으로 배치되어 있는 고정된 주차구획에 상하로 이동할 수 있는 운반기에 의해 자동차를 운반 이동하여 주차하도록 설계된 주차장치는?
① 승강기식 주차장치
② 평면왕복식 주차장치
③ 수평순환식 주차장치
④ 승강기 슬라이드식 주차장치

13 에스컬레이터 스텝체인의 안전율은 얼마 이상이어야 하는가?
① 5   ② 10
③ 15   ④ 20

Answer
6. ② 7. ② 8. ③ 9. ① 10. ④ 11. ④ 12. ① 13. ②

　　👉 에스컬레이터 스텝체인의 안전율 : 10

14 소형 화물 등의 운반에 적합하게 제작된 덤웨이터의 적재용량은?

① 0.5톤 미만　② 0.8톤 미만
③ 1.0톤 미만　④ 1.2톤 미만

　👉 **덤웨이터 분류 기준**
　　사람이 탑승하지 않으면서 적재용량 1톤 미만의 소형화물(서적, 음식물 등) 운반에 적합하게 제작된 엘리베이터일 것

15 엘리베이터의 도어인터록에 대한 설명 중 옳지 않은 것은?

① 카가 정지하고 있지 않은 층계의 문은 반드시 전용열쇠로만 열려져야 한다.
② 문이 닫혀 있지 않으면 운전이 불가능하도록 하는 도어 스위치가 있어야 한다.
③ 시건장치 후에 도어스위치가 ON되고, 도어스위치가 OFF 후에 시건장치가 빠지는 구조로 되어야 한다.
④ 승강장에서는 비상시에 대비하여 자물쇠가 일반 공구로도 열려지게 설계되어야 한다.

　👉 승강장에서는 비상시에 대비하여 자물쇠가 전용 열쇠로만 열려지게 설계되어야 한다.

16 로프식 엘리베이터의 정격속도가 240m/min을 초과할 때 꼭대기 틈새와 피트 깊이로 가장 적합한 것은?

① 꼭대기 틈새 3.3m 이상, 피트 깊이 3.3m 이상
② 꼭대기 틈새 3.3m 이상, 피트 깊이 3.8m 이상
③ 꼭대기 틈새 4.0m 이상, 피트 깊이 4.0m 이상
④ 꼭대기 틈새 4.0m 이상, 피트 깊이 4.3m 이상

　👉 **정격속도별 꼭대기 틈새 및 피트 깊이**

정격속도	상부 여유거리	피트 깊이
45m/min 이하	1.2m 이상	1.2m 이상
45m/min 이상 60m/min 이하	1.4m 이상	1.5m 이상
60m/min 이상 90m/min 이하	1.6m 이상	1.8m 이상
90m/min 이상 120m/min 이하	1.8m 이상	2.1m 이상
120m/min 이상 150m/min 이하	2.0m 이상	2.4m 이상
150m/min 이상 180m/min 이하	2.3m 이상	2.7m 이상
180m/min 이상 210m/min 이하	2.7m 이상	3.2m 이상
210m/min 이상 240m/min 이하	3.3m 이상	3.8m 이상
240m/min 이상	4.0m 이상	4.0m 이상

17 균형추(counter weight)의 중량을 구하는 식은? (단, 오버밸런스율은 0.45로 한다.)

① 카 무게+정격하중×0.45
② 카 무게×0.45
③ 카 무게+정격 하중
④ 카 무게

　👉 균형추의 중량=카의 적재하중+정격 적재량(L)×오버밸런스율(F)

18 1200형 에스컬레이터의 시간당 수송능력은?

① 3000명　② 6000명
③ 9000명　④ 12000명

　👉 1200형은 수송능력이 9000명/시간

19 재해원인 분석의 개별분석방법에 관한 설명으로 옳지 않은 것은?

① 이 방법은 재해 건수가 적은 사업장에

Answer
14. ③　15. ④　16. ③　17. ①　18. ③　19. ③

적용된다.
② 특수하거나 중대한 재해의 분석에 적합하다.
③ 청취에 의하여 공통 재해의 원인을 알 수 있다.
④ 개개의 재해 특유의 조사항목을 사용할 수 있다.

20 안전을 위한 작업의 중지조건이 될 수 없는 것은?
① 안개가 짙게 끼었을 때
② 퇴근시간이 되었을 때
③ 우천, 강풍 등이 생겼을 때
④ 작업원의 신체에 장애가 생겼을 때

21 로프식 엘리베이터용 주로프의 안전율은?
① 4 이상   ② 6 이상
③ 10 이상 ④ 15 이상

👉 **로프식 엘리베이터용 주로프의 안전율**

종류		안전율
권상용 와이어로프	승객용	10
	화물용	6
조속기		4

22 엘리베이터의 속도가 비정상적으로 증대한 경우에는 정격 속도의 1.4배를 넘지 않는 범위 내에서 카의 하강을 자동적으로 제지시키는 장치는?
① 비상정지장치
② 인터록장치
③ 로프처짐 감지장치
④ 제동장치

👉 ㉠ 제1동작
• 카의 정격속도가 조속기에 의해 과속이 감지되어 정속도의 1.3배를 넘지 않은 범위 내에서 동작
• 전원을 차단하고 브레이크를 동작시킴. 이때 속도는 45m/min 이하의 경우 63m/min이다.
㉡ 제2동작
• 카의 정격속도가 조속기에 의해 과속이 감지되어 정속도의 1.4배를 넘지 않은 범위 내에서 동작
• 기계적인 작동으로 레일을 꽉 물면서 정지. 이때 속도는 45m/min 이하의 경우 68m/min이다.

23 사고예방대책 기본원리 5단계 중 3E를 적용하는 단계는?
① 1단계   ② 2단계
③ 3단계   ④ 5단계

👉 **사고예방대책 기본원리 5단계**

단계	과정	내용
1단계	조직	• 경영층의 참여 • 안전관리자의 임명 • 안전 라인 및 참모조직 구성 • 안전 활동 방침 및 계획 수립 • 조직을 통한 안전 활동
2단계	사실의 발견	• 사고 및 안전 활동 기록 검토 • 작업분석 • 안전점검 및 안전진단 • 사고 조사 • 안전회의 및 토의 • 근로자의 제안 및 여론조사 • 관찰 및 보고서의 연구 등을 통한 불안전요소 발견
3단계	분석 평가	• 사고 보고서 및 현장조사 • 사고 기록 및 인적 물적, 조건 분석 • 작업공정 분석 • 교육훈련분석을 통해 사고의 직접 원인과 간접 원인 규명

Answer
20. ② 21. ③ 22. ① 23. ④

단계	과정	내용
4단계	시정방법의 선정	• 기술적 개선 • 인사 조정 • 교육 훈련 개선 • 안전행정 개선 • 규정, 수칙 및 작업표준 개선 • 확인, 통제체제 개선
5단계	시정책의 적용(3E)	• 기술적 대책 • 교육적 대책 • 단속적 대책

24 승강기 관리주체는 해당 승강기에 대하여 행정안전부장관이 실시하는 검사를 받아야 한다. 다음 중 해당되는 검사가 아닌 것은?
① 완성검사 ② 정기검사
③ 수시검사 ④ 특별검사

25 재해원인의 분석방법 중 개별적 원인분석은?
① 각각의 재해원인을 규명하면서 하나하나 분석하는 것이다.
② 사고의 유형, 기인물 등을 분류하여 큰 순서대로 도표화하는 것이다.
③ 특성과 요인관계를 도표로 하여 물고기 모양으로 세분화하는 것이다.
④ 월별 재해 발생수를 그래프화하여 관리선을 선정하여 관리하는 것이다.

26 엘리베이터 이상 발견 시 조치 순서로 옳은 것은?
① 발견 – 조치 – 점검 – 수리 – 확인
② 발견 – 조치 – 확인 – 수리 – 점검
③ 발견 – 점검 – 조치 – 수리 – 확인
④ 발견 – 점검 – 조치 – 확인 – 수리

27 감전사고로 의식을 잃은 환자에게 가장 먼저 취하여야 할 조치로 옳은 것은?
① 인공호흡을 시킨다.
② 음료수를 흡입시킨다.
③ 의복을 벗긴다.
④ 몸에서 피가 나오도록 유도한다.

28 재해 누발자의 유형이 아닌 것은?
① 미숙성 누발자
② 상황성 누발자
③ 습관성 누발자
④ 자발성 누발자
☞ 재해 누발자의 유형에는 자발성이 아니라 소질성 누발자이다.

29 간접식 유압엘리베이터의 체인은 몇 본 이상으로 설치하여야 하는가?
① 1 ② 2
③ 3 ④ 4

30 에스컬레이터 제동기는 적재하중을 싣지 않고 디딤판이 상승할 때의 정지거리는?
① 0.1m 이상 0.6m 이하
② 0.6m 이상 1.0m 이하
③ 1.0m 이상 1.4m 이하
④ 1.5m 이상 1.8m 이하

31 조속기에 의한 비상정지장치가 작동하여 카 바닥의 수평도를 수준기를 사용하여 측정하였을 때 오차의 범위는 최대 얼마 이내이어야 하는가?
① 1/10 ② 1/20

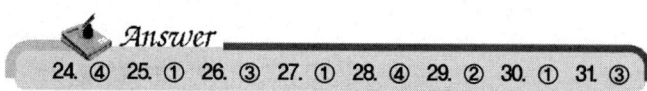
24. ④ 25. ① 26. ③ 27. ① 28. ④ 29. ② 30. ① 31. ③

③ 1/30 ④ 1/40

32 승객용 엘리베이터의 제동기는 승차감을 저해하지 않고 로프 슬립을 일으킬 수 있는 위험을 방지하기 위하여 감속도를 어느 정도로 하고 있는가?

① 0.1G ② 0.2G
③ 0.3G ④ 0.4G

33 엘리베이터용 유압회로에서 실린더와 유량제어밸브 사이에 들어갈 수 없는 것은?

① 스트레이너
② 스톱밸브
③ 사일렌서
④ 라인필터

👉 여과기(스트레이너)
펌프 흡입측에 부착하여 유량 내의 철분이나 모래 등의 이물질을 제거하는 장치

34 조속기에 관한 설명 중 틀린 것은?

① 과속 스위치는 반드시 수동으로 복귀해야 한다.
② 속도 90m/min인 승강기의 과속 스위치는 정격속도 1.3배 이하에서 작동해야 한다.
③ 과속 스위치는 상승 및 하강의 양 방향에서 작동해야 한다.
④ 균형추측에 조속기가 있는 경우 카측보다 먼저 작동해야 한다.

👉 균형추측에 조속기가 있는 경우 카측이 먼저 작동해야 한다.

35 가이드 레일의 규격(호칭)에 해당되지 않는 것은?

① 8K ② 13K
③ 15K ④ 18K

👉 공칭은 8K, 13K, 18K, 24K, 30K이고, 대용량 엘리베이터는 37K, 50K 등을 사용

36 피트에서 하는 검사에 관한 사항 중 옳지 않은 것은?

① 비상용 엘리베이터의 경우에는 최하층 바닥면 아래에 설치되는 스위치류는 비상용으로 쓰여질 때는 분리되어서는 안된다.
② 아랫부분 리미트 스위치류의 설치 상태는 견고하고, 작동상태는 양호하여야 한다.
③ 스프링 완충기는 녹 또는 부식 등이 없어야 하고, 유입 완충기의 경우에는 유량이 적절하여야 한다.
④ 이동케이블은 손상의 염려가 없어야 한다.

👉 비상용 엘리베이터의 경우에는 최하층 바닥면 아래에 설치되는 스위치류는 비상용으로 쓰여질 때는 분리되어 있어야 한다.

37 승강장 도어에 대한 설명 중 옳지 않은 것은?

① 승강장 도어와 문틀 사이의 여유간격은 6mm 이하이어야 한다.
② 중앙개폐식 도어는 서로 맞부딪치는 도어의 끝부분이 평활하고 뾰족한 돌출부분이 없어야 한다.
③ 승강장 도어에는 비상해제장치를 설치할 필요가 없다.

Answer

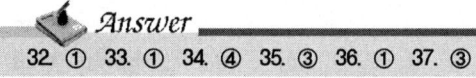

32. ① 33. ① 34. ④ 35. ③ 36. ① 37. ③

④ 도어는 위와 양쪽옆, 상호간에 서로 겹쳐야 하며, 다중속도 도어의 경우는 12 mm 이상 겹쳐야 한다.

☞ 승강장 도어에는 비상시 사용해야 하므로 비상해제장치를 설치해야 한다.

38 엘리베이터의 비상정지장치에 대한 보수 점검사항이 아닌 것은?
① 세이프티 링크 기구에 이완이나 용접이 벗겨지는 일은 없는지 점검
② 세이프티 링크 스위치와 캠의 간격 점검
③ 마찰 댐퍼의 스프링 및 볼트 변형 등 점검
④ 과속스위치의 접점 및 작동 점검

☞ 과속스위치의 접점 및 작동 점검은 수시점검 사항이다.

39 로프식 엘리베이터의 과부하 방지장치에 대한 설명으로 틀린 것은?
① 엘리베이터 주행 중에는 오동작을 방지하기 위해 과부하 방지장치 작동은 유효화되어 있어야 한다.
② 과부하 방지장치의 작동치는 정격 적재하중의 110%를 초과하지 않아야 한다.
③ 과부하 방지장치의 작동상태는 초과하중이 해소되기까지 계속 유지되어야 한다.
④ 적재하중 초과 시 경보가 울리고 출입문의 닫힘이 자동적으로 제지되어야 한다.

☞ 과부하 방지장치가 작동되면 출입문이 닫히지 않아 주행이 되지 않는다.

40 수평보행기의 경사도는 특수한 경우를 제외하고 몇 도 이하로 하여야 하는가?
① 12　　　　② 18

③ 25　　　　④ 30

41 카 실내에서 행하는 검사가 아닌 것은?
① 조작스위치의 작동상태
② 비상연락장치의 작동상태
③ 조명등의 점등상태
④ 비상구출구 개방의 적정성 여부

☞ 비상구출구 개방의 적정성 여부는 카 위에서 한다.

42 기계실에서 점검할 항목이 아닌 것은?
① 수전반 및 주개폐기
② 가이드 롤러
③ 절연저항
④ 제동기

43 승객용 엘리베이터에서 자동으로 동력에 의해 문을 닫는 방식에서의 문닫힘 안전장치의 기준에 부적합한 것은?
① 문닫힘 동작 시 사람 또는 물건이 끼일 때 문이 반전하여 열려야 한다.
② 문닫힘 안전장치 연결전선이 끊어지면 문이 반전하여 닫혀야 한다.
③ 문닫힘 안전장치의 종류에는 세이프티 슈, 광전장치, 초음파장치 등이 있다.
④ 문닫힘 안전장치는 카 문이나 승강장 문에 설치되어야 한다.

☞ 문닫힘 안전장치의 연결전선이 끊어지면 문은 닫힘 상태에서 정지한다.

44 대지전압이 150V를 넘고 300V 이하인 경우 절연저항은 몇 MΩ 이상이어야 하는가?
① 0.1　　　　② 0.2

Answer
38. ④　39. ①　40. ①　41. ④　42. ②　43. ②　44. ②

③ 0.3　　　　　④ 0.4

👉 **절연저항**

회로의 용도	사용전압	절연저항
전동기 주회로	300V 이하	0.2MΩ 이상
	300V 이상 400V 이하	0.3MΩ 이상
	400V 초과	0.4MΩ 이상
제어회로 신호회로 조명회로	150V 이하	0.1MΩ 이상
	150V 이상 300V 이하	0.2MΩ 이상

45 균형체인과 균형로프의 점검사항이 아닌 것은?
① 연결부위의 이상 마모가 있는지를 점검
② 이완상태가 있는지를 점검
③ 이상소음이 있는지를 점검
④ 양쪽 끝단은 카의 양측에 균등하게 연결되어 있는지를 점검

46 에스컬레이터의 이동식 핸드레일의 경우, 운행 전구간에서 디딤판과 핸드레일 속도 차의 범위는?
① 0~1% 이하
② 0~2% 이하
③ 0~3% 이하
④ 0~4% 이하

47 엘리베이터의 상승 전자접촉기와 하강 전자접촉기 상호간에 구성하여야 할 회로로 가장 옳은 것은?
① 인터록회로
② 병렬회로
③ 직병렬회로
④ 합성회로

48 그림은 마이크로미터로 어떤 치수를 측정한 것이다. 치수는 몇 mm인가?

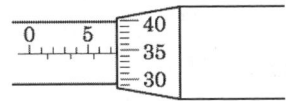

① 0.785　　　② 5.35
③ 7.35　　　　④ 7.85

👉 7.5+0.35=7.85

49 다음 응력에 대한 설명 중 옳은 것은?
① 단면적이 일정한 상태에서 외력이 증가하면 응력은 작아진다.
② 단면적이 일정한 상태에서 하중이 증가하면 응력은 증가한다.
③ 외력이 일정한 상태에서 단면적이 작아지면 응력은 작아진다.
④ 외력이 증가하고 단면적이 커지면 응력은 증가한다.

👉 수직응력 $\sigma = \dfrac{하중(W)}{단면적(A)}$

50 2V의 기전력으로 80J의 일을 할 때 이동한 전기량[C]은?
① 0.4　　　　② 4
③ 40　　　　　④ 160

👉 정전용량 $(Q) = \dfrac{W}{V} = \dfrac{80}{2} = 40$

51 자기저항의 단위로 맞는 것은?
① Ω　　　　　② AT/Wb
③ φ　　　　　④ Wb

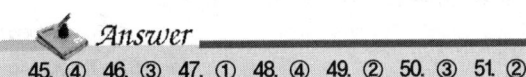

45. ④　46. ③　47. ①　48. ④　49. ②　50. ③　51. ②

52 지름 5cm, 길이 30cm인 환봉이 있다. p=24ton인 장력을 작용시킬 때 0.1mm가 신장된다면 이 재료의 탄성계수[kg/cm²]는?

① 3.66×10^6
② 3.66×10^5
③ 4.22×10^6
④ 4.22×10^5

☞ $E = \dfrac{W\ell}{A\lambda}$

$= \dfrac{24 \times 10^3 \times 30}{\dfrac{3.14 \times 5^2}{4} \times 0.01}$

$= 3668789.809 ≒ 3.7 \times 10^6$

53 회전축에서 베어링과 접촉하고 있는 부분은?

① 핀
② 체인
③ 베어링
④ 저널

☞ 베어링에 의해 둘러싸인 축의 일부분을 이룬다. 크랭크축과 캠축 등이 이에 해당된다. 축에 가해지는 하중의 방향에 따라 레이디얼 저널과 스러스트 저널이 있다.

54 직류발전기에서 무부하 전압 V_0[V], 정격전압 V_n[V]일 때 전압변동률은?

① $\dfrac{V_0 - V_n}{V_0} \times 100$

② $\dfrac{V_n - V_0}{V_n} \times 100$

③ $\dfrac{V_n - V_0}{V_0} \times 100$

④ $\dfrac{V_0 - V_n}{V_n} \times 100$

55 되먹임제어에서 꼭 필요한 장치는?

① 응답속도를 느리게 하는 장치
② 응답 속도를 빠르게 하는 장치
③ 안정도를 좋게 하는 장치
④ 입력과 출력을 비교하는 장치

☞ 되먹임제어(인터록 제어)
입력과 출력를 비교하는 장치에서 충족되지 않으면 다시 돌려보내는 제어

56 다음 중 직류 직권전동기의 용도로 가장 적합한 것은?

① 엘리베이터
② 컨베이어
③ 크레인
④ 에스컬레이터

57 전기의 본질에 대한 설명으로 틀린 것은?

① 전자는 음(-)의 전기를 띤 입자이다.
② 양성자는 양(+)의 전기를 띤 입자이다.
③ 중성자는 전기를 띠지 않지만 질량은 전자와 거의 같다.
④ 전기량의 크기는 양성자와 같다.

58 직류발전기의 구조에서 공극을 통하여 전기자에 계자자속을 적당히 분포시키는 역할을 하는 것은?

① 계철
② 브러시
③ 공극
④ 자극편

59 전동용 기계요소에서 마찰차의 적용 범위에 해당되지 않는 것은?

① 무단 변속을 하는 경우
② 전달하는 힘이 커서 속도비가 중요시되지 않는 경우
③ 회전속도가 커서 보통의 기어를 사용할 수 없는 경우

Answer
52. ① 53. ④ 54. ④ 55. ④ 56. ③ 57. ③ 58. ④ 59. ②

④ 두 축 사이를 자주 단속할 필요가 있는 경우

☞ 전달하는 힘이 작아도 되는 경우

60 다음 중 길이를 측정하는 측정기가 아닌 것은?

① 버니어캘리퍼스 ② 마이크로미터
③ 서피스 게이지   ④ 내경퍼스

☞ **서피스 게이지**
정반 위에서 금긋기, 중심내기 등에 이용하는 금긋기 공구

Answer
60. ③

부 록
과년도 출제문제
2013년 2회

01 승강장의 문이 열린 상태에서 모든 제약이 해제되면 자동적으로 닫히게 하여 문의 개방에서 생기는 2차 재해를 방지하는 것은?
① 도어 인터록
② 도어 클로저
③ 도어 머신
④ 도어 행거

☞ **도어 클로저**
승강장 도어가 열려 있을 때 자동으로 닫히게 하는 장치

02 도어 사이에 이물질이 있는 경우 도어를 반전시키는 안전장치가 아닌 것은?
① 세이프티 슈
② 세이프티 디바이스
③ 세이프티 레이
④ 초음파 장치

☞ **세이프티 디바이스**
인체의 해나 기기의 파괴를 막기 위해 설치한다.

03 카의 하강하는 속도가 과속스위치의 작동속도를 넘었을 때에 비상정지장치는 매분의 속도가 정격속도의 몇 배를 넘지 않는 범위 내에서 카의 하강을 자동적으로 제지하여야 하는가?
① 1.3배   ② 1.4배
③ 1.5배   ④ 1.6배

☞ **비상정지장치**
승강기에서 과속이 발생했을 때(하강 방향으로) 과속을 감지하여 카를 안전하게 정지시키는 안전장치이다. (조속기에 의해 과속이 감지되어 정속도의 1.3배 때 전기적 스위치가, 1.4배 때 기계적인 작동으로 레일을 꽉 물면서 정지함)

04 승강기의 카 상부에서 행할 수 없는 점검은?
① 카 천장 조명등의 상태
② 비상 구출구의 상태
③ 카 도어 스위치 설치 상태
④ 상부의 리미트 스위치 설치 상태

☞ 카 천장 조명등 상태는 카 내부에서 행한다.

05 승강기가 어떤 원인으로 피트에 떨어졌을 때 충격을 완화하기 위하여 설치하는 것은?
① 조속기   ② 비상정지장치
③ 완충기   ④ 제동기

☞ 완충기는 카가 어떤 원인으로 최하층 피트로 떨어질 때 충격을 완화시키는 장치이다.

06 엘리베이터용 권상기 브레이크에 대한 설명으로 옳은 것은?
① 전동기나 균형추 등의 관성은 제지할 필요가 없다.

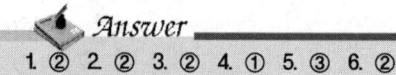

Answer
1. ② 2. ② 3. ② 4. ① 5. ③ 6. ②

② 관성에 의한 원동기의 회전을 제지할 수 있어야 한다.
③ 승객용 엘리베이터는 110%의 부하로 하강 중 감속·정지할 수 있어야 한다.
④ 화물용 엘리베이터는 130%의 부하로 하강 중 감속·정지할 수 있어야 한다.

☞ • 제동기는 관성을 제지할 수 있어야 한다.
• 화물용 승강기에서 제동기 제동력은 적재하중의 120%
• 승객용 승강기에서 제동기 제동력은 적재하중의 125%

07 에스컬레이터의 수평주행구간 디딤판의 수가 3개 이상이고, 층고가 6m 이하인 경우에는 정격속도를 얼마까지 할 수 있는가?
① 30m/min 이하
② 40m/min 이하
③ 50m/min 이하
④ 60m/min 이하

☞ 에스컬레이터의 수평주행구간 디딤판의 수가 3개 이상이고, 층고가 6m 이하인 경우에는 정격속도 40m/min 이하까지 할 수 있다.

08 에스컬레이터와 건물의 빔 또는 에스컬레이터의 교차승계형 배열로 설치했을 경우에 생기는 협각부에 끼는 것을 방지하기 위해 설치하는 것은?
① 역결상 검출장치
② 스커트 가드 판넬
③ 리미트 스위치
④ 삼각부 보호판

☞ **삼각부 보호판**
에스컬레이터에서 사람이 3각부에 충돌하는 것을 경고하기 위하여 25~35cm 전방에 설치하는 신체상해의 우려가 없는 재질의 비고정식 안전 보호판이다.

09 기계실의 바닥면적은 일반적으로 승강로 수평투영면적의 몇 배 이상으로 하여야 하는가?
① 2배
② 3배
③ 4배
④ 5배

☞ 기계실의 바닥면적은 일반적으로 승강로 수평투영면적의 2배 이상이어야 한다.

10 엘리베이터 전원이 정전이 될 경우 카 내 예비조명장치에 관한 설명 중 타당하지 않은 것은?
① 조도는 램프로부터 2m 떨어진 거리에서 측정한다.
② 조도는 1Lux 미만이어야 한다.
③ 자동차용 엘리베이터에는 설치하지 않아도 된다.
④ 카 내 조작반이 없는 화물용 엘리베이터에는 설치하지 않아도 된다.

☞ 승강기검사기준(2013.9.15 시행)에는 "정전 시에 램프중심부로부터 2m 떨어진 수직면 사이의 조도를 2Lux 이상으로 비출 수 있는 예비조명장치의 작동상태는 양호하여야 한다."

11 수직면 내에 배열된 다수의 주차구획이 순환 이동하는 방식의 주차설비는 무엇인가?
① 다층순환식
② 수평순환식
③ 승강기식
④ 수직순환식

☞ 수직순환식 주차설비는 자동차를 넣고 그 주차구획을 수직으로 순환시켜 주차시키는 방식

Answer
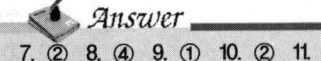
7. ② 8. ④ 9. ① 10. ② 11. ④

12 엘리베이터의 로프 거는 방식에서 1 : 1에 비하여 3 : 1, 4 : 1 또는 6 : 1로 하였을 때 나타나는 현상으로 옳지 않은 것은?

① 로프의 수명이 짧아진다.
② 로프의 길이가 길어진다.
③ 속도가 빨라진다.
④ 종합적인 효율이 저하된다.

☞ 1 : 1보다 3 : 1, 4 : 1, 6 : 1로 하면 속도가 느려진다.

13 엘리베이터의 완충기에 대한 설명 중 옳지 않은 것은?

① 스프링 완충기와 유입 완충기가 있다.
② 정격속도 60m/min 이하는 스프링 완충기가 사용된다.
③ 정격속도 60m/min 초과 시는 유입 완충기가 사용된다.
④ 스프링 완충기의 작용은 유체저항에 의한다.

☞ • 스프링 완충기의 작용은 스프링 탄성 저항에 의한다.
• 속도 60m/min 이하 스프링 완충기, 60m/min 초과 유입 완충기를 사용한다.

14 직접식 유압엘리베이터의 특징으로 옳지 않은 것은?

① 승강로의 소요평면치수가 작고, 구조가 간단하다.
② 비상정지장치가 필요하다.
③ 부하에 의한 바닥 침하가 적다.
④ 실린더 보호관을 땅속에 설치할 필요가 있다.

☞ 직접식 유압엘리베이터는 비상정지장치가 필요 없다.

15 로프식 엘리베이터에서 주로프가 절단되었을 때 일어나는 현상이 아닌 것은?

① 조속기(governor)의 과속 스위치가 작동한다.
② 비상정지장치(safety device)가 작동한다.
③ 조속기 로프에 카(car)가 매달린다.
④ 조속기의 캐치가 작동한다.

16 에스컬레이터의 경사각은 몇 도(°)를 초과하지 않아야 하는가?

① 10 ② 20
③ 30 ④ 40

☞ 에스컬레이터의 경사각은 30°를 초과하지 않아야 한다. 단, 층고가 6m 이하일 경우에는 35°까지 가능

17 에스컬레이터의 계단(디딤판)에 대한 설명 중 옳지 않은 것은?

① 디딤판 윗면은 수평으로 설치되어야 한다.
② 디딤판의 주행방향의 길이는 400mm 이상이다.
③ 발판 사이의 높이는 215mm 이하이다.
④ 디딤판 상호간 틈새는 8mm 이하이다.

☞ 「승강기 검사기준」 4.3.2(11)에서는 "디딤판 상호 간의 틈새는 승강로의 총길이에 걸쳐서 6mm 이하이어야 한다."

18 사이리스터의 점호각을 바꿔 유도전동기 속도를 제어하는 방식은?

① 교류 1단제어
② 교류 2단제어

Answer
12. ③ 13. ④ 14. ② 15. ③ 16. ③ 17. ④ 18. ③

③ 교류 궤환제어
④ VVVF 제어

☞ **교류 궤환제어**
고속측은 사이리스터에 의한 1차 전압제어 또는 교류 2단 속도와 동일한 기동저항을 이용한 방식으로 하고, 제동측은 사이리스터에 의한 직류전압을 모터에 가하는 다이내믹 브레이크(DB제어)를 작동시킨다.

19 승강기 자체검사 항목이 아닌 것은?
① 브레이크
② 가이드 레일
③ 권과방지장치
④ 비상정지장치

☞ 권과방지장치는 승강기 자체검사 항목이 아니다.

20 안전점검 및 진단순서가 맞는 것은?
① 실태 파악 → 결함 발견 → 대책 결정 → 대책 실시
② 실태 파악 → 대책 결정 → 결함 발견 → 대책 실시
③ 결함 발견 → 실태 파악 → 대책 실시 → 대책 결정
④ 결함 발견 → 실태 파악 → 대책 결정 → 대책 실시

21 중량물을 달아 올릴 때 와이어로프에 가장 힘이 크게 걸리는 각도는?
① 45°
② 55°
③ 65°
④ 90°

☞ 물건을 올릴 때 90°가 힘이 가장 크게 걸린다.

22 물건에 끼어진 상태나 말려든 상태는 어떤 재해인가?
① 추락
② 전도
③ 협착
④ 낙하

23 재해원인에 대한 설명으로 옳지 않은 것은?
① 불안전한 행동과 불안전한 상태는 재해의 간접 원인이다.
② 불안전한 상태는 물적 원인에 해당한다.
③ 위험장소의 접근은 재해의 불안전한 행동에 해당된다.
④ 부적당한 조명, 온도 등 작업환경의 결함도 재해원인에 해당된다.

☞ 불안전한 행동과 불안전한 상태는 재해의 직접 원인이다.

24 재해 원인을 분류할 때 인적 원인에 해당되는 것은?
① 방호장치의 결함
② 안전장치의 결함
③ 보호구의 결함
④ 지식의 부족

☞ **재해 원인의 인적 원인**
지식 부족, 미숙련, 과로, 태만, 지시 무시

25 산업재해(사고)조사 항목이 아닌 것은?
① 재해원인 물체
② 재해 발생 날짜, 시간, 장소
③ 재해 책임자 경력
④ 피해자 상해정도 및 부위

☞ 책임자 경력은 조사항목에 해당되지 않는다.

Answer
19. ③ 20. ① 21. ④ 22. ③ 23. ① 24. ④ 25. ③

26 기계설비의 기계적 위험에 해당되지 않는 것은?

① 직선운동과 미끄럼운동
② 회전운동과 기계부품의 튀어나옴
③ 재료의 튀어나옴과 진동 운동체의 끼임
④ 감전, 누전 등 오통전에 의한 기계의 오작동

☞ 감전, 누전 등 오통전에 의한 기계의 오작동은 전기설비의 전기적 위험에 해당된다.

27 재해가 발생되었을 때의 조치 순서로서 가장 알맞은 것은?

① 긴급처리 → 재해조사 → 원인강구 → 대책수립 → 실시 → 평가
② 긴급처리 → 원인강구 → 대책수립 → 실시 → 평가 → 재해조사
③ 긴급처리 → 재해조사 → 대책수립 → 실시 → 원인강구 → 평가
④ 긴급처리 → 재해조사 → 평가 → 대책수립 → 원인강구 → 실시

28 안전점검의 종류가 아닌 것은?

① 정기점검 ② 특별점검
③ 순회점검 ④ 수시점검

☞ 안전점검의 종류
• 수시점검 : 수시로 실시하는 점검
• 정기점검 : 일정기간마다 정기적으로 실시하는 점검
• 임시점검 : 기기 이상 시 실시하는 점검
• 특별점검 : 특별한 경우 실시하는 점검

29 승강기를 보수 점검할 경우 보수 점검의 내용이 틀린 것은?

① 메인 로프와 시브의 마모를 줄이기 위해 그리스를 주기적으로 충분하게 주입한다.
② 권동기의 기어오일을 확인하고 부족 시 주유한다.
③ 레일 가이드 슈의 오일을 확인하여 부족 시 보충하고 구동체인에는 그리스를 주입한다.
④ 도어슈, 도어클로저, 체인 등에서 소음이 발생할 때 링크 부위를 그리스로 주입하고 볼트와 너트가 풀린 곳을 확인하고 조인다.

☞ 메인 로프와 시브에 그리스를 주입하면 미끄러짐 현상이 발생한다.

30 유압식 엘리베이터의 유압 파워유닛(Power Unit)의 구성 요소가 아닌 것은?

① 펌프
② 유압실린더
③ 유량제어밸브
④ 체크밸브

☞ 파워유닛 구성 요소
전동기, 펌프, 체크밸브, 안전밸브, 유량제어밸브, 기름 탱크, 여과기, 사일렌서, 필터, 스톱밸브, 작동유 냉각장치, 작동유 보온장치 등으로 구성되어 있다.

31 에스컬레이터의 800형, 1200형이라 부르는 것은 무엇을 기준으로 한 것인가?

① 난간 폭
② 계단의 폭
③ 속도
④ 양정

☞ 에스컬레이터 난간폭에 따른 분류
800형 6000명/시간, 1200형 9000명/시간

Answer
26. ④ 27. ① 28. ③ 29. ① 30. ② 31. ①

32 균형추를 구성하고 있는 구조재 및 연결재의 안전율은 균형추가 승강로의 꼭대기에 있고, 엘리베이터가 정지한 상태에서 얼마 이상으로 하는 것이 바람직한가?

① 3　　② 5
③ 7　　④ 9

🔥 **균형추**
구조재 및 연결재의 안전율은 균형추가 승강로의 꼭대기에 있고, 엘리베이터가 정지한 상태에서 5 이상으로 한다.

33 회로의 사용전압이 300V 초과 400V 이하인 경우 전동기 주회로의 절연저항은 몇 MΩ 이상이어야 하는가?

① 0.2　　② 0.3
③ 0.4　　④ 0.5

🔥 **절연저항**

회로의 용도	사용 전압	절연저항
전동기 주회로	300V 이하	0.2MΩ 이상
	300V 이상 400V 이하	0.3MΩ 이상
	400V 초과	0.4MΩ 이상
제어회로 신호회로 조명회로	150V 이하	0.1MΩ 이상
	150V 이상 300V 이하	0.2MΩ 이상

34 유압식 엘리베이터에 대한 설명으로 옳지 않은 것은?

① 실린더를 사용하기 때문에 행정거리와 속도에 한계가 있다.
② 균형추를 사용하지 않으므로 전동기의 소요동력이 커진다.
③ 건물 꼭대기 부분에 하중이 많이 걸린다.
④ 승강로의 꼭대기 틈새가 작아도 좋다.

🔥 **유압식 엘리베이터의 특징**
· 기계실 위치가 자유롭다.
· 승강로 상부 틈새가 작아도 된다.
· 직상부에 설치하지 않아도 되므로 건물 꼭대기 부분에 하중이 걸리지 않는다.
· 균형추를 사용하지 않으므로 전동기의 출력과 소비전력이 크다.
· 실린더를 사용하기 때문에 행정거리와 속도에 한계가 있다.

35 유압엘리베이터의 안전장치에 대한 설명으로 틀린 것은?

① 상승 시 유압은 상용압력의 125%가 넘지 않도록 조절하는 릴리프 밸브장치가 필요하다.
② 오일의 온도를 65℃~80℃로 유지하기 위한 장치를 설치하여야 한다.
③ 전동기의 공회전 방지장치를 설치하여야 한다.
④ 전원 차단 시 실린더 내의 오일의 역류로 인한 카의 하강을 자동 저지하는 장치를 설치하여야 한다.

🔥 오일의 온도를 5℃ 이상~60℃ 이하 유지하기 위한 장치를 설치하여야 한다.

36 교류엘리베이터 제어방식이 아닌 것은?

① VVVF 제어방식
② 정지 레오나드 제어방식
③ 교류 귀환 제어방식
④ 교류 2단 속도 제어방식

🔥 **정지 레오나드 방식**
사이리스터를 사용하여 교류를 직류로 변환, 전동기에 공급하여 사이리스터 점호각을 제어하여 직류전압을 가변시켜, 속도를 제어하는 방식

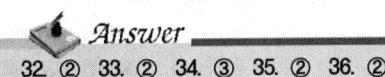
32. ②　33. ②　34. ③　35. ②　36. ②

37 회전운동을 하는 유희시설에 해당되지 않는 것은?
① 코스터 ② 문로켓트
③ 옥토퍼스 ④ 해적선

➡ **롤러 코스터**
레일 위를 달리는 궤도열차이다.

38 엘리베이터 카의 속도를 검출하는 장치는?
① 배선용 차단기
② 전자접촉기
③ 제어용 릴레이
④ 조속기

➡ **조속기**
카의 운행속도를 기계적이고 전기적인 방법으로 동시에 검출하여 카의 과속도를 검출하여 이상 시 동력을 차단하여 비상정지를 시키는 장치이다.

39 엘리베이터 카 내부에서 실시하는 검사가 아닌 것은?
① 외부와 연결하는 통화장치의 작동상태
② 정전 시 예비조명장치의 작동상태
③ 리미트 스위치의 작동상태
④ 도어스위치의 작동상태

➡ 리미트 스위치는 피트에서 검사하는 사항이다.

40 로프식 엘리베이터에서 권상기 도르래 홈의 언더컷의 잔여량은 몇 mm 미만일 때 도르래를 교체하여야 하는가?
① 4 ② 3
③ 2 ④ 1

➡ 승강기 검사기준에서 언더컷의 잔여량은 1mm 이상이어야 하고, 권상기 도르래에 감긴 주로프 가닥의 길이의 높이차는 2mm 이내이어야 한다.

41 엘리베이터 카 도어머신에 요구되는 성능이 아닌 것은?
① 작동이 원활하고 정숙할 것
② 카 상부에 설치하기 위해 소형 경량일 것
③ 동작횟수가 엘리베이터 기동 횟수의 2배이므로 보수가 용이할 것
④ 어떠한 경우라도 수동으로 카 도어가 열려서는 안 될 것

➡ 문을 손으로 여는 데 필요한 힘은 정지 5kgf 이상 30kgf 이하이고, 주행 중에는 20kgf이다.

42 엘리베이터의 안정된 사용 및 정지를 위하여 승강장·중앙관리실 또는 경비실 등에 설치되어 카 이외의 장소에서 엘리베이터 운행의 정지조작과 재개조작이 가능한 안전장치는?
① 자동/수동 전환스위치
② 도어 안전장치
③ 파킹 스위치
④ 카 운행정지 스위치

➡ **파킹 스위치**
㉠ 파킹장치, 즉 엘리베이터를 사용하지 않는 경우에 기준층에 대기하게 하는 기능을 갖는 장치에 사용되는 스위치이다.
㉡ 승강장, 중앙관제실 또는 경비실에 설치되며 운행의 정지·재개조작을 가능하게 한다.

43 카 출입구 또는 구출구에 대한 설명 중 옳지 않은 것은?
① 카 출입구 이외에 카 천장 구출구를 반드시 설치하여야 한다.
② 출입구에는 정전기 방지를 위한 방전코

Answer
37. ① 38. ④ 39. ③ 40. ④ 41. ④ 42. ③ 43. ②

일을 반드시 설치하여야 한다.
③ 카의 천장 구출구는 카 외측에서 열게 되어 있다.
④ 2대 이상의 카가 동일 승강로에 병설되었을 경우 카측 벽에도 구출구를 설치할 수 있다.

☞ 출입구에는 정전기 방지를 위한 방전코일을 반드시 설치할 필요가 없다.

사용 전압	접지저항
400V 미만	제3종 접지공사(100Ω 이하)
400V 이상	특별 제3종 접지공사(10Ω 이하)
고압 또는 특고압	제1종 접지공사(10Ω 이하)

44 가이드 레일의 보수점검사항 중 틀린 것은?
① 녹이나 이물질이 있을 경우 제거한다.
② 레일의 브래킷의 조임상태를 점검한다.
③ 레일 클립의 변형 유무를 점검한다.
④ 조속기 로프의 미끄럼 유무를 점검한다.

☞ **가이드 레일의 점검 항목**
- 손상이나 소음유무를 점검한다.
- 녹이나 이물질이 있을 경우 제거한다.
- 취부 볼트, 너트의 이완상태 여부를 점검한다.
- 레일의 브래킷의 조임상태를 점검한다.
- 레일 클립의 변형 유무를 점검한다.
- 레일의 급유상태 및 오염상태를 점검한다.
- 브래킷 취부 앵커 볼트의 이완 유무 및 용접부 균열 유무를 점검한다.

45 엘리베이터 동력전원이 380V인 제어반의 외함 및 금속제 프레임(Frame)은 몇 종 접지공사에 해당하는가?
① 제1종 접지공사
② 제2종 접지공사
③ 제3종 접지공사
④ 특별 제3종 접지공사

☞ **엘리베이터의 접지저항**

46 전기식 엘리베이터의 가이드 레일 설치에서 패킹(보강재)이 설치된 경우는?
① 가이드 레일이 짧게 설치되어 보강할 경우
② 가이드 레일 양 폭의 너비를 조정 작업할 경우
③ 레일 브래킷의 간격이 필요 이상 한계를 초과할 경우 레일의 뒷면에 강재를 붙여서 보강하는 경우
④ 레일 브래킷의 간격이 필요 이상 한계를 초과할 경우 레일의 앞면에 강재를 붙여서 보강하는 경우

☞ **전기식 엘리베이터 가이드 레일 패킹**
철골구조 등 기타 승강로 구조상의 이유로 해서 레일 브래킷의 고정위치가 제약을 받아 레일 브래킷의 간격이 필요 이상 한계를 초과할 경우 레일의 뒷면에 패킹을 붙여서 보강하는 것이 효과가 있다.

47 그림의 회로에서 전체의 저항값 R을 구하는 공식은?

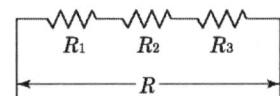

① $R = R_1 + R_2 + R_3$
② $R = \dfrac{1}{R_1} + \dfrac{1}{R_2} + \dfrac{1}{R_3}$
③ $R = \dfrac{R_1 + R_2 + R_3}{2}$

Answer
44. ④ 45. ③ 46. ③ 47. ①

④ $R = R_1 \times R_2 \times R_3$

☞ 직렬합성저항 $= R_1 + R_2 + R_3 \ldots R_n$

48 길이 1m의 봉이 인장력을 받고 0.2mm만큼 늘어났다. 인장변형률은 얼마인가?

① 0.0001 ② 0.0002
③ 0.0004 ④ 0.0005

☞ $\varepsilon = \dfrac{\lambda}{l} = \dfrac{0.2}{1 \times 10^3} = 0.0002$

49 체인의 종류가 아닌 것은?

① 링크체인 ② 롤러체인
③ 리프체인 ④ 베어링체인

☞ 체인의 종류
① 전동용 체인
 • 블록체인
 • 롤러체인
 • 사일런트 체인
② 하중용 체인
 • 링크체인
 • 코일체인

50 부하 1상의 인덕턴스가 3+j4Ω인 △ 결선 회로에 100V의 전압을 가할 때 선전류는 몇 A인가?

① 10   ② $10\sqrt{3}$
③ 20   ④ $20\sqrt{3}$

☞ $I_P = \dfrac{V_P}{Z} = \dfrac{100}{3+j4} = \dfrac{100}{\sqrt{3^2+4^2}}$
$= \dfrac{100}{5} = 20\text{A}$
$I_\ell = \sqrt{3}\,I_P = \sqrt{3} \times 20 = 20\sqrt{3}$

51 전환 스위치가 있는 접지저항계를 이용한 접지저항 측정법으로 틀린 것은?

① 전환스위치를 이용하여 절연저항과 접지저항을 비교한다.
② 전환스위치를 이용하여 E, P 간의 전압을 측정한다.
③ 전환스위치를 저항값에 두고 검류계의 밸런스를 잡는다.
④ 전환스위치를 이용하여 내장 전지의 양부(+, −)를 확인한다.

☞ • 절연저항 : 전류가 도체에서 절연물을 통하여 다른 충전부나 기기의 케이스 등에서 새는 경로의 저항이다.
• 접지저항 : 어스라고도 하며 땅에 매설한 전극과 땅 사이의 전기저항을 말한다.
• 위 내용처럼 다르므로 서로 비교할 수 없다.

52 로프 소선의 파단강도에 따라 구분되는 로프 중에서 파단강도가 높기 때문에 초고층용 엘리베이터나 로프 가닥수를 적게 하고자 하는 경우에 쓰이는 것은?

① A종   ② B종
③ E종   ④ G종

☞ 소손의 인장강도 종별에 따른 구분

종별	비고
E종(135kg/m^2)	비도금
G종(150kg/m^2)	도금 (도금 후 신선선을 포함)
A종(165kg/m^2)	비도금, 도금 (도금 후 신선선을 포함)

53 3상 유도전동기에서 슬립(slip) s의 범위는?

① 0<s<1   ② 0>s>−1
③ 2>s>1   ④ −1<s<1

☞ • 전동기가 정지상태일 때 : s=1
• 전동기가 동기속도일 때 : s=0
• 전동기가 운전 상태일 때 : 0<s<1

Answer
48. ② 49. ④ 50. ④ 51. ① 52. ① 53. ①

54 엘리베이터 제어반에 설치되는 기기가 아닌 것은?

① 배선용 차단기
② 전자접촉기
③ 리미트 스위치
④ 제어용 계전기

☞ 리미트 스위치
기계식 스위치로 승강로에 설치하며 카를 최상, 최하층에 설치한다.

55 2축이 만나는(교차하는) 기어는?

① 나사(screw)
② 베벨기어
③ 웜기어
④ 하이포이드 기어

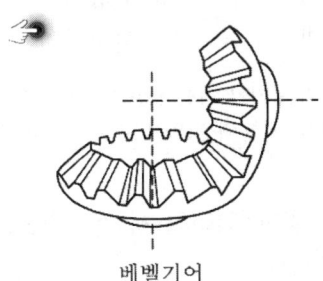

베벨기어

56 NAND게이트 3개로 구성된 다음 논리회로의 출력값 E는?

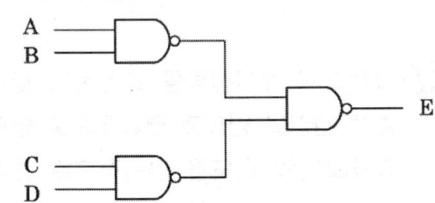

① $A \cdot B + C \cdot D$
② $(A+B) \cdot (C+D)$
③ $\overline{A \cdot B} + \overline{C \cdot D}$
④ $A \cdot B \cdot C \cdot D$

☞ $E = \overline{\overline{AB} \cdot \overline{CD}} = \overline{\overline{AB}} + \overline{\overline{CD}} = AB + CD$

57 정현파 교류의 실효치는 최대치의 몇 배인가?

① π배　　② $\dfrac{2}{\pi}$
③ $\sqrt{2}$배　　④ $\dfrac{1}{\sqrt{2}}$배

☞ 실효전압$(V) = \dfrac{최대전압(V_m)}{\sqrt{2}}$

58 입체(실체)캠이 아닌 것은?

① 원통 캠　　② 경사판 캠
③ 판 캠　　④ 구면 캠

☞ 판 캠은 평면 캠이다.

59 일반적으로 유도전동기의 공극은 약 몇 mm인가?

① 0.3~2.5　　② 3~4
③ 3~6　　④ 7~8

☞ 유도전동기 공극은 일반적으로 0.3~2.5mm이다.

60 직류전위차계에 대한 설명으로 옳은 것은?

① 미소한 전류나 전압의 유무 검출 시 사용
② 직류 고전압 측정기로 45kV까지 측정 시 사용
③ 가동코일형으로 20mV~1000V까지 측정 시 사용
④ 1V 이하의 직류전압을 정밀하게 측정할 때 사용

☞ 직류전위차계는 1V 이하의 직류전압을 정밀하게 측정할 때 사용한다.

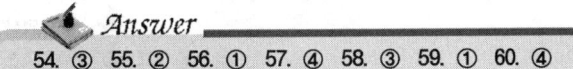

54. ③　55. ②　56. ①　57. ④　58. ③　59. ①　60. ④

부 록

과년도 출제문제
2013년 5회

01 유압엘리베이터의 작동유의 적정온도의 범위는?
① 30℃ 이상 70℃ 이하
② 30℃ 이상 80℃ 이하
③ 30℃ 이상 90℃ 이하
④ 30℃ 이상 60℃ 이하

02 레일의 규격은 어떻게 표시하는가?
① 1m당 중량
② 1m당 레일이 견디는 하중
③ 레일의 높이
④ 레일 1개의 길이

> **레일의 규격**
> • 레일의 호칭은 마지막 가동 전 소재의 1m당 중량으로 한다.
> • 레일의 표준길이는 5m
> • T형 레일을 사용하며, 공칭은 8K, 13K, 18K, 24K, 30K이고, 대용량 엘리베이터는 37K, 50K 등을 사용

03 상·하 승강장 및 디딤판에서 하는 검사가 아닌 것은?
① 구동체인 안전장치
② 디딤판과 핸드레일 속도차
③ 핸드레일 인입구 안전장치
④ 스커트 가드 스위치 작동상태

> 구동체인은 에스컬레이터 구동장치용 체인이므로 승강장 및 디딤판에서 검사대상이 아님

04 엘리베이터 구조물의 진동이 카로 전달되지 않도록 하는 것은?
① 과부하 검출장치
② 방진고무
③ 맞대임고무
④ 도어 인터록

05 기계실에 설치되지 않는 것은?
① 조속기   ② 권상기
③ 제어반   ④ 완충기

> 완충기는 카가 어떤 원인으로 최하층 피트로 떨어질 때 충격을 완화시키는 장치이다.

06 1200형 엘리베이터의 시간당 수송능력 (명/시간은)?
① 1200   ② 4500
③ 6000   ④ 9000

> 1200형은 수송능력이 9000명/시간

07 발전기의 계자전류를 조절하여 발전기의 발생 전압을 임의로 연속적으로 변화시켜 직류모터의 속도를 연속적으로 광범위하게 제어하는 방식은?
① 사이리스터 제어방식
② 여자기 제어방식
③ 워드-레오나드 방식
④ 피드백 제어방식

Answer
1. ④ 2. ① 3. ① 4. ② 5. ④ 6. ④ 7. ③

☞ 발전기의 계자 전류를 조절, 발전기에서 발생 전압을 임의로 연속적으로 변화시켜주어 직류모터의 속도를 연속적으로 제어하는 방식은 워드-레오나드 방식이다.

08 고속엘리베이터의 일반적인 속도[m/min] 범위는?
① 40~60 ② 60~105
③ 120~300 ④ 360 이상

09 카의 정격속도가 45m/min 이하인 경우 꼭대기 틈새 및 피트 깊이는 각각 몇 m로 규정하고 있는가?
① 꼭대기 틈새 : 1.2m 이상, 피트 깊이 : 1.2m 이상
② 꼭대기 틈새 : 1.4m 이상, 피트 깊이 : 1.5m 이상
③ 꼭대기 틈새 : 1.6m 이상, 피트 깊이 : 1.8m 이상
④ 꼭대기 틈새 : 1.8m 이상, 피트 깊이 : 2.1m 이상

☞ 정격속도별 꼭대기 틈새 및 피트 깊이

정격속도	상부 여유거리	피트 깊이
45m/min 이하	1.2m 이상	1.2m 이상
45m/min 이상 60m/min 이하	1.4m 이상	1.5m 이상
60m/min 이상 90m/min 이하	1.6m 이상	1.8m 이상
90m/min 이상 120m/min 이하	1.8m 이상	2.1m 이상
120m/min 이상 150m/min 이하	2.0m 이상	2.4m 이상
150m/min 이상 180m/min 이하	2.3m 이상	2.7m 이상
180m/min 이상 210m/min 이하	2.7m 이상	3.2m 이상
210m/min 이상 240m/min 이하	3.3m 이상	3.8m 이상
240m/min 이상	4.0m 이상	4.0m 이상

10 도어관련 부품 중 안전장치가 아닌 것은?
① 도어 머신 ② 도어 스위치
③ 도어 인터록 ④ 도어 클로저

☞ • 도어 안전장치 : 도어 스위치, 클로저, 도어록
• 도어 머신 : 전동기, 감속기 등을 포함한 도어를 개폐하는 장치이다.

11 수평보행기에서 경사각이 몇 도(°) 이하인 경우, 디딤판을 광폭형으로 설치할 수 있는가?
① 6° ② 8°
③ 10° ④ 12°

☞ **수평보행기의 설치 기준**
• 사람 또는 화물이 끼이거나, 장애물에 충돌이 없을 것
• 경사각도는 12° 이하로 할 것(단, 6° 이하일 경우에는 광폭형으로 설치할 수 있다.)
• 경사속도는 45m/min(0.75m/s) 이하로 한다.
• 이동 손잡이 간의 거리는 1.25m 이하로 한다.

12 자동차용 엘리베이터나 대형 화물용 엘리베이터에 주로 사용하는 도어 개폐방식은?
① CO ② SO
③ UD ④ UP

☞ **UP**
자동차용 엘리베이터나 대형 화물용 엘리베이터에 주로 사용하는 방식은 위로 개폐되는 방식을 사용한다.

13 기계실로 가는 계단의 폭은 얼마 이상으로 해야 하는가?
① 0.5m ② 0.7m
③ 0.9m ④ 1.1m

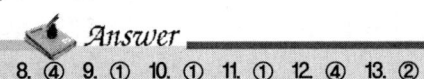
8. ④ 9. ① 10. ① 11. ① 12. ④ 13. ②

14 엘리베이터의 속도가 규정치 이상이 되었을 때 작동하여 동력을 차단하고 비상정지를 작동시키는 기계장치는?
① 구동기 ② 조속기
③ 완충기 ④ 도어스위치

> **조속기**
> 카의 과속도를 검출하여 이상 시 동력을 차단하여 비상정지를 시키는 장치이다.

15 교류 귀환제어방식에 관한 설명으로 옳은 것은?
① 카의 실속도와 지령속도를 비교하여 다이오드의 점호각을 바꿔 유도전동기의 속도를 제어한다.
② 유도전동기의 1차측 각 상에서 사이리스터와 다이오드를 병렬로 접속하여 토크를 변화시킨다.
③ 미리 정해진 지령속도에 따라 제어되므로 승차감 및 착상도가 좋다.
④ 교류 이단속도와 같은 저속주행시간이 없으므로 운전시간이 길다.

> **교류 귀환제어방식**
> • 고속측은 사이리스터에 의한 1차 전압제어 또는 교류 2단 속도와 동일한 기동저항을 이용한 방식으로 하고, 제동측은 사이리스터에 의한 직류전압을 모터에 가하는 다이내믹 브레이크(DB제어)를 작동시킨다.
> • 속도 지령에 따라 크리프 리스로 착상 가능하기 때문에 층간 운전시간이 짧고 승차감이 뛰어나지만, 모터의 발열이 크다는 것이 단점이다.
> • 2권선 모터를 사용하지 않고, 1권선 모터를 이용해 감속 시에는 구동회로에서 모터를 전원으로부터 분리하여 제동 전류를 모터에 가하는 등 다양한 어레인지가 이루어졌다.

16 기계실이 있는 엘리베이터의 정격속도가 90m/min인 경우 비상정지장치의 작동속도는?
① 108m/min 이하
② 112.5m/min 이하
③ 117m/min 이하
④ 126m/min 이하

> **비상정지장치**
> 승강기에서 과속이 발생했을 때(하강 방향으로) 과속을 감지하여 카를 안전하게 정지시키는 안전장치이다.(조속기에 의해 과속이 감지되어 정속도의 1.3배 때 전기적 스위치가, 1.4배 때 기계적인 작동으로 레일을 꽉 물면서 정지함)
> 90m/min×1.4=126m/min

17 균형추 쪽에도 비상정지장치를 설치해야 하는 경우는?
① 정격속도가 360m/min 이상인 승객용 엘리베이터
② 정격속도가 400m/min 이상인 승객용 엘리베이터
③ 피트 바닥부하를 거실 등으로 사용할 경우
④ 가이드 레일의 길이가 짧은 경우

18 엘리베이터 정전 시 카 내를 조명하여 승객의 불안을 줄여주는 조명에 대한 설명으로 옳은 것은?
① 램프 중심부에서 2m 떨어진 수직면에서 3lx 이상의 밝기가 필요하다.
② 램프 중심부에서 1m 떨어진 수직면에서 2lx 이상의 밝기가 필요하다.
③ 램프 중심부에서 2m 떨어진 수직면에

Answer
14. ② 15. ③ 16. ④ 17. ③ 18. ③

서 2lx 이상의 밝기가 필요하다.
④ 램프 중심부에서 1m 떨어진 수직면에서 3lx 이상의 밝기가 필요하다.

☞ 「승강기검사기준」 4.1.2(11)에는 "정전 시에 램프중심부로부터 2m 떨어진 수직면 사이의 조도를 1Lux 이상으로 비출 수 있는 예비조명장치의 작동상태는 양호하여야 한다."
* 2013.9.15 이후 램프 중심부에서 2m 떨어진 수직면에서 2lx 이상으로 변경

19 승강로 작업 시 착용하는 보호구로 알맞지 않은 것은?
① 안전모 ② 안전대
③ 핫스틱 ④ 안전화

☞ 활선작업을 할 때 손으로 잡는 부분이 절연재료로 만들어진 봉(棒)상의 절연물로 되어서 절연용 보호구를 착용하지 않고 활선작업을 할 수 있는 것으로 핫스틱, 단로기 조작봉 등이 있다.

20 문 닫힘 안전장치의 동작 중 부적합한 것은?
① 사람이나 물건이 도어 사이에 끼이게 되면 도어의 닫힘 동작이 중단되고 열림 동작으로 바뀌게 되는 장치이다.
② 문 닫힘 안전장치는 엘리베이터의 중요한 안전장치로 동작이 확실해야 된다.
③ 정지를 작동시키면 즉시 도어의 열림 동작이 멈추어야 한다.
④ 닫힘 동작이 멈춘 후에는 즉시 열림 동작에 의하여 도어가 열려야 한다.

☞ 정지를 작동시키면 즉시 닫힘 동작이 멈춘 후 즉시 열림 동작에 의하여 도어가 열려야 한다.

21 카 상부 작업 시의 안전수칙으로 옳지 않은 것은?
① 작업개시 전에 작업등을 켠다.
② 이동 중에 로프를 손으로 잡아서는 안된다.
③ 운전 선택스위치는 자동으로 설치한다.
④ 안전스위치를 작동시켜 안전회로를 차단시킨다.

☞ 운전 선택스위치를 수동으로 설치한다.

22 안전검사 시의 유의사항으로 옳지 않은 것은?
① 여러 가지의 점검방법을 병용하여 점검한다.
② 과거의 재해 발생 부분은 고려할 필요 없이 점검한다.
③ 불량부분이 발견되면 다른 동종의 설비도 점검한다.
④ 발견된 불량부분은 원인을 조사하고 필요한 대책을 강구한다.

☞ 안전점검을 실시할 때 다음 사항에 유의한다.
• 안전점검은 형식, 내용에 변화를 주어 몇 가지 점검방법을 병용한다.
• 점검자의 능력을 감안해서 거기에 대응한 점검을 실시한다.
• 과거 재해발생개소는 그 원인이 완전히 배제되어 있는지 확인한다.
• 불량개소가 발견되었을 때는 다른 동종 설비에 대해서도 점검한다.
• 발견된 불량개소는 원인을 조사해 즉시 필요한 대책을 강구한다.
• 경미한 사실이라도 중대사고로 이어지는 일이 있기 때문에 지나쳐버리지 않도록 유의한다.
• 안전점검은 안전수준의 향상을 목적으로 한다는 것을 염두에 두고, 결점을 지적하거나 관찰하는 태도는 삼가도록 한다.

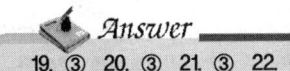
19. ③ 20. ③ 21. ③ 22. ②

23 전기적 문제로 볼 때 감전사고의 원인으로 볼 수 없는 것은?
① 전기기구나 공구의 절연파괴
② 장시간 계속 운전
③ 정전작업 시 접지를 안 한 경우
④ 방전코일이 없는 콘덴서를 사용

➤ 감전사고는 기계의 장시간 운전과는 상관없음

24 재해의 발생 순서로 옳은 것은?
① 이상상태 - 불안전 행동 및 상태 - 사고 - 재해
② 이상상태 - 사고 - 불안전 행동 및 상태 - 재해
③ 이상상태 - 재해 - 사고 - 불안전 행동 및 상태
④ 재해 - 이상상태 - 사고 - 불안전 행동 및 상태

25 엘리베이터의 안전장치에 관한 설명으로 틀린 것은?
① 작업 형편상 경우에 따라 일시 제거해도 좋다.
② 카의 출입문이 열려 있을 경우 움직이지 않는다.
③ 불량할 때는 즉시 보수한 다음 작업한다.
④ 반드시 작업 전에 점검한다.

➤ 어떠한 경우에도 안전장치는 제거해서는 안 된다.

26 이상 시 재해원인 중 통계적 재해 분류에 속하지 않는 것은?
① 중상해
② 경상해
③ 중미상해
④ 경미상해

27 에스컬레이터 사고 발생 중 가장 많이 발생하는 원인은?
① 과부하
② 기계불량
③ 이용자의 부주의
④ 작업자의 부주의

28 전기화재의 원인이 아닌 것은?
① 누전   ② 단락
③ 과전류   ④ 케이블 연피

➤ 전기화재의 원인
• 합선(단락) : 전선로에서 두 개 이상의 전선이 어떤 원인에 의해 서로 접촉되는 경우
• 누전 : 전류가 설계된 부분 이외의 곳으로 흐르는 현상
• 과전류(과부하) : 전선의 허용전류 이상의 많은 부하기기를 사용함으로써 전선에 많은 전류가 흘러 이로 인해 전선에 과도한 열이 발생하여 화재가 발생하게 된다.
• 그 외 스파크와 접촉불량이 있다.

29 엘리베이터에 많이 사용하는 가이드 레일의 허용응력은 보통 몇 kgf/cm^2인가?
① 1000   ② 1450
③ 2100   ④ 2400

30 비상정지장치에 대한 설명 중 옳지 않은 것은?
① 승강로 피트 하부가 통로로 사용된 경우는 카측에만 설치하여야 한다.
② 속도 45m/min 이하에는 순간적으로 정지시키는 즉시 작동형이 사용된다.

Answer
23. ② 24. ① 25. ① 26. ③ 27. ③ 28. ④ 29. ④ 30. ①

③ 정격속도 90m/min인 경우 126m/min 에서 작동하였다.
④ 45m/min 초과의 승강기는 정격속도의 1.4배를 넘지 않는 범위에서 작동하여야 한다.

👉 승강로 피트 하부가 사무실이나 통로로 사용되어, 사람이 출입하는 곳이면 균형추에도 설치한다.

31 이동식 핸드레일은 운행 전 구간에서 디딤판과 핸드레일의 속도 차는 몇 %인가?
① 0~2
② 3~4
③ 5~6
④ 7~8

32 에스컬레이터의 구조로서 옳지 않은 것은?
① 디딤판과 콤(Comb)이 맞물리는 지점에 물체가 끼었을 때 승강을 자동적으로 정지시키는 장치가 있어야 한다.
② 디딤판 디딤면의 주행방향 길이는 400mm 이상, 폭은 560mm 이상이어야 한다.
③ 경사도는 30° 이하로 하며 다만 층고가 6m 이하일 때는 35° 이하로 할 수 있다.
④ 디딤판과 디딤판과의 높이 차는 200mm 이하이어야 한다.

👉 디딤판의 높이는 100mm 이하이어야 한다. 또한 디딤판의 길이는 가로 560~1020mm 이하, 세로 400mm 이하이어야 한다.

33 비상용 엘리베이터는 정전 시 몇 초 이내에 엘리베이터 운행에 필요한 전력용량이 자동적으로 발생되어야 하는가?
① 60
② 90
③ 120
④ 150

34 카가 최하층에 정지하였을 때 균형추 상단과 기계실 하부와의 거리는 카 하부와 완충기와의 거리보다 어떤 상태이어야 하는가?
① 작아야 한다.
② 커야 한다.
③ 같아야 한다.
④ 크거나 작거나 관계없다.

👉 카가 최하층에 정지하였을 때 균형추 상단과 기계실 하부와의 거리는 카 하부와 완충기와의 거리보다 커야 한다.

35 엘리베이터의 파킹 스위치를 설치해야 하는 곳은?
① 오피스 빌딩
② 공동주택
③ 숙박시설
④ 의료시설

36 엘리베이터의 운행속도를 기계적이고 전기적인 방법으로 동시에 검출하고 작동하는 안전장치는?
① 제동기
② 비상정지장치
③ 조속기
④ 브레이크

👉 **조속기**
카의 운행속도를 기계적이고 전기적인 방법으로 동시에 검출하여 카의 과속도를 검출하여 이상 시 동력을 차단하여 비상정지를 시키는 장치이다.

37 압력배관 작업에 사용되는 배관이음방식에 해당되지 않는 것은?
① 관용나사를 사용한 나사이음

Answer
31. ① 32. ④ 33. ① 34. ② 35. ① 36. ③ 37. ②

···87

② 일반나사를 사용한 나사이음
③ 플랜지 이음
④ 빅토리 타입 이음

👉 **배관이음의 종류**
나사(관용)이음, 용접이음, 플랜지이음, 빅토리이음 등

38 엘리베이터 제어장치의 보수점검 및 조정 방법으로 틀린 것은?
① 절연저항 측정
② 전동기의 진동 및 소음
③ 저항기의 불량 유무 확인
④ 각 접점의 마모 및 작동상태

39 레일은 5m 단위로 제조되는데 T형 가이드 레일에서 13K, 18K, 24K, 30K를 바르게 설명한 것은?
① 가이드 레일 형상
② 가이드 레일 길이
③ 가이드 레일 1m의 무게
④ 가이드 레일 5m의 무게

👉 **레일의 규격**
- 레일의 호칭은 마지막 가동 전 소재의 1m당 중량으로 한다.
- 레일의 표준길이는 5m
- T형 레일을 사용하며, 공칭은 8K, 13K, 18K, 24K, 30K이고, 대용량 엘리베이터는 37K, 50K 등을 사용

40 유압엘리베이터의 역저지(체크)밸브에 대한 설명으로 옳은 것은?
① 작동유의 압력이 150%를 넘지 않도록 하는 밸브이다.
② 수동으로 카를 하강시키기 위한 밸브이다.

③ 카의 정지 중이나 운행 중 작동유의 압력이 떨어져 카가 역행하는 것을 방지하는 밸브이다.
④ 안전밸브와 역저지 밸브 사이에 설치

👉 **역저지밸브**
유체를 한쪽 방향으로만 흐르게 하는 밸브로서, 카의 정지 중이나 운행 중 작동유의 압력이 떨어져 카가 역행하는 것을 방지하는 밸브

41 비상정지장치의 작동으로 카가 정지할 때까지 레일이 죄는 힘이 처음에는 약하게 그리고 하강함에 따라 강해지다가 얼마 후 일정치로 도달하는 방식은?
① 순간식 비상정지장치
② 슬랙로프 세이프티
③ 플렉시블 가이드 클램프 방식
④ 플렉시블 웨지 클램프 방식

👉 **점진식 비상정지장치**
- 플렉시블 웨지 클램프 : 레일을 죄는 힘이 처음에는 약하게 그리고 하강함에 따라 강해지다가 얼마 후 일정하다.
- 플렉시블 가이드 클램프 : 레일을 죄는 힘이 처음부터 끝까지 일정하다.

42 로프식 승객용 엘리베이터에서 자동 착상장치가 고장났을 때의 현상으로 볼 수 없는 것은?
① 고속에서 저속으로 전환되지 않는다.
② 최하층으로 직행 감속되지 않고 완충기에 충돌하였다.
③ 어느 한쪽 방향의 착상오차가 100mm 이상 일어난다.
④ 호출된 층에 정지하지 않고 통과한다.

👉 **착상장치 고장 증상**
- 호출된 층에 정지하지 않고 통과한다.

- 어느 한쪽 방향의 착상오차가 100mm 이상 일어난다.
- 고속에서 저속으로 전환되지 않는다.
- 최하층으로 직행 감속되지 않고 완충기에 충돌 전에 비상정지장치가 동작되어 정지 되어야 한다.

43 다음 중 치수가 가장 큰 것은?
① 이동케이블과 레일 브래킷 사이의 간격
② 테일코드와 카의 간격
③ 테일코드와 테일코드 사이의 간격
④ 카 도어 열림 시 출입구 기둥과 도어단 자 사이의 간격

44 유압엘리베이터에서 도르래의 직경은 보통 주로프 직경의 몇 배 이상인가?
① 10 ② 20
③ 30 ④ 40

☞ **도르래 직경**
주로프(D/d=40 : 1), 균형로프(D/d=32 : 1)

45 강도가 다소 낮으나 유연성을 좋게 하여 소선이 파단되기 어렵고 도르래의 마모가 적게 제조되어 엘리베이터에 사용되는 소선은?
① E종 ② A종
③ G종 ④ D종

☞ • E종 : 강도가 다소 낮으나 유연성이 좋고 소선이 잘 파단되지 않아 주로 엘리베이터에 사용
• A종 : 파단강도가 높기 때문에 초고층 엘리베이터에 사용
• G종 : 습기에 강한 아연도금의 재질이므로 습기가 많은 현장에서 사용

46 유압엘리베이터의 카가 최하층에 정지하였을 때 완충기와의 거리는 최대 몇 mm 이하인가?
① 300 ② 400
③ 500 ④ 600

정격 속도	최소 거리(mm)		최대 거리(mm)	
	교류 1단 속도 제어방식 또는 저항제어방식	그 외의 제어방식	카측	균형추측
스프링 완충기	7.5 이하			
	7.5 초과 15 이하	75		
		150	150	600	900
	15 초과 30 이하	225			
	30 초과	300			
유입완충기	규정하지 않음			

47 회전축에서 베어링과 접촉하고 있는 부분을 무엇이라고 하는가?
① 저널 ② 체인
③ 베어링 ④ 핀

☞ 베어링에 의해 둘러싸인 축의 일부분을 이른다. 크랭크축과 캠축 등이 이에 해당된다. 축에 가해지는 하중의 방향에 따라 레이디얼 저널과 스러스트 저널이 있다.

48 베어링의 구비 조건이 아닌 것은?
① 마찰 저항이 적을 것
② 강도가 클 것
③ 가공수리가 쉬울 것
④ 열전도도가 적을 것

☞ **베어링의 구비 조건**
• 축의 재료보다 연하면서 마모에 견딜 것
• 축과의 마찰계수가 작을 것
• 내식성이 클 것

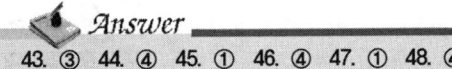

43. ③ 44. ④ 45. ① 46. ④ 47. ① 48. ④

- 마찰열의 발산이 잘 되도록 열전도가 좋을 것
- 가공성이 좋으며 유지 및 수리가 쉬울 것

49 SCR의 게이트 작용은?

① 소자의 ON-OFF 작용
② 소자의 Turn-on 작용
③ 소자의 브레이크 다운 작용
④ 소자의 브레이크 오버 작용

  게이트에 캐소드와 순방향으로 전압을 걸면 순방향으로 전류가 흐르면서 애노드(+)와 캐소드(-)가 순방향일 경우 문을 열어주는 역할을 한다. 이때 게이트에 걸리는 순방향 전압을 GATE TURN ON 전압이라고 한다.

50 전동기 주회로의 전압이 400V를 초과할 때 절연저항은 몇 MΩ 이상이어야 하는가?

① 0.2   ② 0.4
③ 0.6   ④ 1.0

회로의 용도	사용 전압	절연저항
전동기 주회로	300V 이하	0.2MΩ 이상
	300V 이상 400V 이하	0.3MΩ 이상
	400V 초과	0.4MΩ 이상

51 제어시스템의 과도응답 해석에 가장 많이 쓰이는 입력 모양은? (단, 가로축은 시간이다.)

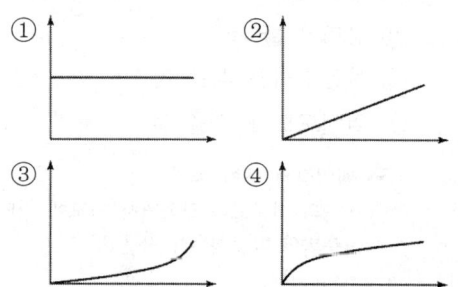

52 전자유도현상에 의한 유도기전력의 방향을 정하는 것은?

① 플레밍의 오른손법칙
② 옴의 법칙
③ 플레밍의 왼손법칙
④ 렌츠의 법칙

- 렌츠의 법칙 : 전자기 유도의 방향에 관한 법칙이다. 전자기 유도에 의해 만들어지는 전류는 자속의 변화를 방해하는 방향으로 흐른다.
- 플레밍의 오른손법칙 : 도체의 운동에 의한 전자 유도로 생기는 기전력의 방향을 알기 위한 법칙
- 옴의 법칙 : 전압의 크기를 V, 전류의 세기를 I, 저항을 R이라 할 때, V=I·R의 관계가 성립한다.
- 플레밍의 왼손법칙 : 전자기력의 방향을 따질 때, 플레밍의 왼손법칙으로 방향을 설명할 수 있다.

53 와이어로프의 사용 하중의 파단강도의 어느 정도로 하면 되는가?

① $\frac{1}{2} \sim \frac{1}{5}$ ② $\frac{1}{5} \sim \frac{1}{10}$
③ $\frac{2}{3} \sim \frac{3}{5}$ ④ $\frac{1}{10} \sim \frac{1}{15}$

54 인장(파단)강도가 400kg/cm² 인 재료를 사용응력 100kg/cm² 로 사용하면 안전계수는?

① 1   ② 2
③ 3   ④ 4

  안전계수 = $\frac{인장강도}{사용응력}$ = $\frac{400}{100}$ = 4

Answer
49. ② 50. ② 51. ① 52. ④ 53. ② 54. ④

55 변형량과 원래 치수와의 비를 변형률이라 하는데 다음 중 변형률의 종류가 아닌 것은?
① 가로 변형률   ② 세로 변형률
③ 전단 변형률   ④ 전체 변형률

☞ **변형률의 종류**
• 가로 변형률
• 세로 변형률
• 전단 변형률

56 그림과 같은 회로의 합성저항 R은 몇 Ω 인가?

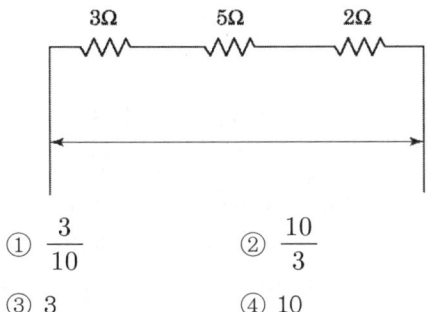

① $\dfrac{3}{10}$ ② $\dfrac{10}{3}$
③ 3   ④ 10

☞ 직렬 합성저항 $R = R_1 + R_2 + \ldots + R_n$ 따라서 3+5+2=10Ω

57 3상 교류 전원을 받아서 직류전동기를 구동시키기 위해 DC전원을 만드는 장치는?
① 권상기   ② 정전압장치
③ 전동발전기   ④ 브리지회로

☞ **전동발전기**
전력을 변성·변환 또는 변류하려는 목적으로 사용된다. 대개의 경우 전동기는 유도전동기, 발전기는 직류발전기인데 동기전동기와 동기발전기, 동기전동기와 직류발전기가 결합된 것도 있다.

58 접지저항을 측정하는 데 적합하지 않은 것은?

① 절연저항계
② Wenner 4전극법
③ 어스 테스터
④ 콜라우시 브리지법

☞ • 절연저항 : 전류가 도체에서 절연물을 통하여 다른 충전부나 기기의 케이스 등에서 새는 경로의 저항이다.
• 접지저항 : 어스라고도 하며 땅에 매설한 전극과 땅 사이의 전기저항을 말한다.

59 동일 규격의 축전지 2개를 병렬로 접속하면 전압과 용량의 관계는 어떻게 되는가?
① 전압과 용량이 모두 반으로 줄어든다.
② 전압과 용량이 모두 2배가 된다.
③ 전압은 반으로 줄고 용량은 2배가 된다.
④ 전압은 변화지 않고 용량은 2배가 된다.

☞ 축전지를 직렬로 연결하면 전압은 증가하고 용량은 변하지 않고, 병렬로 연결하면 전압은 변하지 않으나 용량은 증가한다.

60 다음 중 속도를 제어하는 제어법이 아닌 것은?
① 계자 제어법   ② 전류 제어법
③ 저항 제어법   ④ 전압 제어법

☞ **속도제어법의 종류**
자속(계자), 전압, 저항 제어법

Answer
55. ④ 56. ④ 57. ③ 58. ① 59. ④ 60. ②

과년도 출제문제

2014년 1회

01 카의 실속도와 지령속도를 비교하여 사이리스터의 점호각을 바꿔 유도전동기의 속도를 제어하는 방식은?
① 교류 일단 속도제어
② 교류 이단 속도제어
③ 교류 궤환 전압제어
④ 가변전압 가변주파수방식

☞ 교류 궤환제어방식
- 고속측은 사이리스터에 의한 1차 전압제어 또는 교류 2단 속도와 동일한 기동저항을 이용한 방식으로 하고, 제동측은 사이리스터에 의한 직류전압을 모터에 가하는 다이내믹 브레이크(DB제어)를 작동시킨다.
- 속도 지령에 따라 크리프 리스로 착상 가능하기 때문에 층간 운전시간이 짧고 승차감이 뛰어나지만, 모터의 발열이 크다는 것이 단점이다.
- 2권선 모터를 사용하지 않고, 1권선 모터를 이용해 감속 시에는 구동 회로에서 모터를 전원으로부터 분리하여 제동 전류를 모터에 가하는 등 다양한 어레인지가 이루어졌다.

02 균형로프의 주된 사용 목적은?
① 카의 소음진동을 보상
② 카의 위치변화에 따른 주로프 무게를 보상
③ 카의 밸런스 보상
④ 카의 적재하중 변화를 보상

☞ 균형로프의 설치 목적
이동 케이블과 로프의 이동에 따라 변화되는 하중을 보상하기 위해 설치

03 엘리베이터의 도어시스템에 관한 설명 중 틀린 것은?
① 승강장 도어 로킹장치와는 별도로 카 도어 로킹장치를 설치하는 것도 허용된다.
② 승강장 도어는 비상시를 대비하여 일반 공구로 쉽게 열리도록 한다.
③ 승강기 도어용 모터로 직류 모터뿐만 아니라 교류 모터도 사용된다.
④ 자동차용이나 대형 화물용 엘리베이터는 상승(상하)개폐방식이 많이 사용된다.

☞ 승강장 도어는 쉽게 열려서는 안 된다.

04 피트에 설치되지 않는 것은?
① 인장 도르래
② 조속기
③ 완충기
④ 균형추

05 무빙워크의 공칭속도[m/s]는 얼마 이하로 하여야 하는가?
① 0.55 ② 0.65
③ 0.75 ④ 0.95

☞ 정격속도는 45m/min(0.75m/s) 이하로 한다.

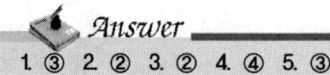

Answer
1.③ 2.② 3.② 4.④ 5.③

06 조속기의 캐치가 작동되었을 때 로프의 인장력에 대한 설명으로 적합한 것은?

① 300N 이상과 비상정지장치를 거는 데 필요한 힘의 1.5배를 비교하여 큰 값 이상
② 300N 이상과 비상정지장치를 거는 데 필요한 힘의 2배를 비교하여 큰 값 이상
③ 400N 이상과 비상정지장치를 거는 데 필요한 힘의 1.5배를 비교하여 큰 값 이상
④ 400N 이상과 비상정지장치를 거는 데 필요한 힘의 2배를 비교하여 큰 값 이상

☞ 조속기의 캐치가 작동되었을 때 로프의 인장력은 300N 이상과 비상정지장치를 거는 데 필요한 힘의 2배를 비교하여 큰 값 이상이어야 한다.

07 에스컬레이터의 비상정지스위치의 설치 위치를 바르게 설명한 것은?

① 디딤판과 콤(comb)이 맞물리는 지점에 설치한다.
② 리미트 스위치에 설치한다.
③ 상·하부의 승강구에 설치한다.
④ 승강로의 중간부에 설치한다.

☞ 에스컬레이터의 비상정지스위치의 설치는 상·하부의 승강구에 설치한다.

08 엘리베이터의 완충기에 대한 설명 중 옳지 않은 것은?

① 엘리베이터 피트부분에 설치한다.
② 케이지나 균형추의 자유낙하를 완충한다.
③ 스프링 완충기와 유입 완충기가 가장 많이 사용된다.
④ 스프링 완충기는 엘리베이터의 속도가 낮은 경우에 주로 사용된다.

☞ 완충기는 케이지나 균형추의 자유낙하의 충격을 완충하지 못한다.

09 엘리베이터의 분류법에 해당되지 않은 것은?

① 구동방식에 의한 분류
② 속도에 의한 분류
③ 연도에 의한 분류
④ 용도 및 종류에 의한 분류

10 기계식 주차설비의 설치기준에서 모든 자동차의 입출고 시간으로 맞는 것은?

① 입고시간 60분 이내, 출고시간 60분 이내
② 입고시간 90분 이내, 출고시간 90분 이내
③ 입고시간 120분 이내, 출고시간 120분 이내
④ 입고시간 150분 이내, 출고시간 150분 이내

☞ 기계식 주차설비의 기준에서 자동차의 입고시간 150분 이내, 출고시간 150분 이내이어야 한다.

11 조속기의 종류가 아닌 것은?

① 롤세이프티형 조속기
② 디스크형 조속기
③ 플렉시블형 조속기
④ 플라이볼형 조속기

☞ **조속기의 종류**
플라이 볼형, 롤세이프티형, 펜들럼형

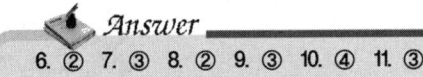

6. ② 7. ③ 8. ② 9. ③ 10. ④ 11. ③

12 정전 시 비상전원장치의 비상조명의 점등 조건은?
① 정전 시에 자동으로 점등
② 고장 시 카가 급정지하면 점등
③ 정전 시 비상등스위치를 켜야 점등
④ 항상 점등

13 전망용 엘리베이터의 카에 주로 사용하는 유리의 기준으로 옳은 것은?
① 반사유리 ② 거울유리
③ 강화유리 ④ 방음유리

14 다음 중 회전운동을 하는 유희시설이 아닌 것은?
① 해적선 ② 로터
③ 비행탑 ④ 워터슈트

15 엘리베이터 기계실의 구조에 대한 설명으로 적합하지 않은 것은?
① 기계실 내부에 공간이 있어서 옥상 물탱크의 양수설비를 하였다.
② 당해 건축물의 다른 부분과 내화구조로 구획하였다.
③ 바닥면적은 승강로의 수평투영면적의 2배로 하였다.
④ 천장에는 기기를 양정하기 위한 고리를 설치하였다.

☞ 기계실 내부에는 다른 설비를 하여서는 안 된다.

16 구조에 따라 분류한 유압엘리베이터의 종류가 아닌 것은?

① 직접식 ② 간접식
③ 팬터그래프 ④ VVVF식

☞ VVVF(가변전압 가변주파수)식은 속도제어 방식이다.

17 교류엘리베이터의 제어방법이 아닌 것은?
① 워드 레오나드 방식제어
② 교류 일단 속도제어
③ 교류 이단 속도제어
④ 교류 귀환 제어

☞ 교류 제어방식
교류 1단 방식, 교류 2단 방식, 교류 귀환방식, VVVF 방식 등이 있다.

18 무기어식 엘리베이터의 총합효율은?
① 0.3~0.5 ② 0.5~0.7
③ 0.7~0.85 ④ 0.85~0.90

19 추락 대책 수립의 기본방향에서 인적 측면에서의 안전대책과 관련이 없는 것은?
① 작업 지휘자를 지명하여 집단작업을 통제한다.
② 작업의 방법과 순서를 명확히 하여 작업자에게 주지시킨다.
③ 작업자의 능력과 체력을 감안하여 적정한 배치를 한다.
④ 작업대와 통로 주변에는 보호대를 설치한다.

☞ 통로 보호대는 추락과는 관계없다.

20 안전점검 시 에스컬레이터의 운전 중 점검확인 사항에 해당되지 않는 것은?
① 운전 중 소음과 진동상태

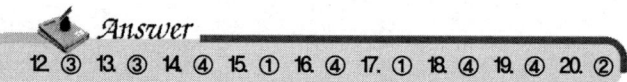

Answer
12. ③ 13. ③ 14. ④ 15. ① 16. ④ 17. ① 18. ④ 19. ④ 20. ②

② 스텝에 작용하는 부하의 작용 상태
③ 콤 빗살과 스텝 홈의 물림상태
④ 핸드레일과 스텝의 속도차이 유무

👉 **에스컬레이터의 운전 중 점검사항**
- 운전 중 소음과 진동상태
- 콤 빗살과 스텝 홈의 물림상태
- 핸드레일과 스텝의 속도차이 유무
- 손잡이 이탈 유무

21 안전 작업모를 착용하는 목적에 있어서 안전관리와 관계가 없는 것은?

① 종업원의 표시
② 화상방지
③ 감전의 방지
④ 비산물로 인한 부상방지

22 그림과 같은 경고표지는?

① 낙하물 경고
② 고온 경고
③ 방사성 물질 경고
④ 고압 전기 경고

23 휠체어리프트 이용자가 승강기의 안전운행과 사고방지를 위하여 준수해야 할 사항과 거리가 먼 것은?

① 전동휠체어 등을 이용할 경우에는 운전자가 직접 이용할 수 있다.
② 정원 및 적재하중의 초과는 고장이나 사고의 원인이 되므로 엄수하여야 한다.
③ 휠체어 사용자 전용이므로 보조자 이외의 일반인은 탑승하여서는 안 된다.
④ 조작반의 비상정지스위치 등을 불필요하게 조작하지 말아야 한다.

👉 전동휠체어 등을 이용할 경우에는 안전요원이 작동하여야 한다.

24 승강기 안전관리자의 임무가 아닌 것은?

① 승강기 비상열쇠 관리
② 자체점검자 선임
③ 운행관리규정의 작성 및 유지관리
④ 승강기 사고 시 사고보고 관리

👉 **안전관리자의 직무**
- 당해 사업장의 안전보건관리규정 및 취업규정에서 정한 업무
- 당해 사업장 안전교육계획의 수립 및 실시
- 사업장 순회점검, 지도 및 조치의 건의
- 산업재해발생 원인조사 및 재발방지를 위한 기술적 지도 조언
- 방호장치, 기계기구 및 설비, 보호구 중 안전에 관계되는 보호구 구입 시 적격품 판정
- 산업재해에 관한 통계의 유지관리를 위한 조치 건의
- 안전에 관한 사항을 위반한 근로자에 대한 조치 건의

25 현장 내에 안전표지판을 부착하는 이유로 가장 적합한 것은?

① 작업방법을 표준화하기 위하여
② 작업환경을 표준화하기 위하여
③ 기계나 설비를 통제하기 위하여
④ 비능률적인 작업을 통제하기 위하여

26 감전이나 전기화상을 입을 위험이 있는 작업에 반드시 갖추어야 할 것은?

① 보호구   ② 구급용구
③ 위험신호장치   ④ 구명구

Answer
21. ① 22. ④ 23. ① 24. ② 25. ② 26. ①

27 안전점검 중 어떤 일정기간을 정해 두고 행하는 점검은
① 수시점검 ② 정기점검
③ 임시점검 ④ 특별점검

> 안전점검의 종류
> • 수시점검 : 수시로 실시하는 점검
> • 정기점검 : 일정기간마다 정기적으로 실시하는 점검
> • 임시점검 : 기기 이상 시 실시하는 점검
> • 특별점검 : 특별한 경우 실시하는 점검

28 재해 발생 과정의 요건이 아닌 것은?
① 사회적 환경과 유전적인 요소
② 개인적 결함
③ 사고
④ 안전한 행동

> 재해의 원인
> ㉠ 직접 원인
> • 인적 요인 : 사람의 불안전한 행동, 상태 (지식 부족, 미숙련, 과로, 태만, 지시 무시 등)
> • 물적 요인 : 불량한 기계설비와 불안전한 환경에서 오는 요인으로 정리정돈의 결함이다.(안전장치의 결함, 보호구의 결함, 부적절한 작업환경 등이 있다.)
> ㉡ 간접 원인 : 기술적 원인, 교육적 원인, 정신적 원인, 관리적 원인, 신체적 원인

29 스텝체인 안전장치에 대한 설명으로 알맞은 것은?
① 스커트 가드 판과 스텝 사이에 이물질의 끼임을 감지하여 안전스위치를 작동시키는 장치이다.
② 스텝과 레일 사이에 이물질의 끼임을 감지하는 장치이다.
③ 스텝체인이 절단되거나 늘어남을 감지하는 장치이다.
④ 상부 기계실 내 작업 시에 전원이 투입되지 않도록 하는 장치이다

> 스텝체인 안전장치
> 스텝체인의 늘어남 또는 파단이 감지되었을 때 에스컬레이터를 정지시킨다.

30 간접식 유압엘리베이터의 주로프 본수는 카 1대에 대하여 몇 본 이상인가?
① 1 ② 2
③ 3 ④ 4

> 권상용 와이어로프는 직경 12mm 이상의 로프를 3본 이상(권동식은 2본 이상)을 사용한다.

31 스크류(Screw) 펌프에 대한 설명으로 옳은 것은?
① 나사로 된 로터가 서로 맞물려 돌 때 축방향으로 기름을 밀어내는 펌프
② 2개의 기어가 회전하면서 기름을 밀어내는 펌프
③ 케이싱의 캠링 속에 편심한 로터에 수개의 베인이 회전하면서 밀어내는 펌프
④ 2개의 플런저를 동작시켜서 밀어내는 펌프

> 스크류 펌프
> 회전 펌프의 일종으로 나사 펌프라고도 하며, 관 속에 들어 있는 나사를 회전시켜 유체를 축방향으로 흐르게 하는 것이다.

32 엘리베이터용 모터에 부착되어 있는 로터리 엔코더의 역할은?
① 모터의 소음 측정
② 모터의 진동 측정

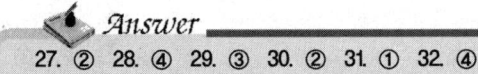

27. ② 28. ④ 29. ③ 30. ② 31. ① 32. ④

③ 모터의 토크 측정
④ 모터의 속도 측정

☛ **로터리 엔코더**
회전각을 펄스 신호로 변환하여 모터의 속도를 측정

33 비상정지장치가 작동된 후 승강기 카 바닥면의 수평도의 기준은 얼마인가?

① $\frac{1}{10}$ 이내 ② $\frac{1}{15}$ 이내
③ $\frac{1}{25}$ 이내 ④ $\frac{1}{30}$ 이내

☛ 비상정지장치는 카 바닥의 수평도는 어디서나 $\frac{1}{30}$ 이내일 것

34 정격속도가 분당 120m인 승객용 엘리베이터 조속기의 과속스위치 작동속도는 정격속도의 몇 배 이하에서 작동하도록 조정되어야 하는가?

① 1.2배 ② 1.3배
③ 1.4배 ④ 1.5배

☛ **조속기의 동작**
㉠ 제1동작
 • 카의 정격속도가 조속기에 의해 과속이 감지되어 정속도의 1.3배를 넘지 않은 범위 내에서 동작
 • 전원을 차단하고 브레이크를 동작시킴. 이때 속도는 45m/min 이하의 경우 63m/min이다.
㉡ 제2동작
 • 카의 정격속도가 조속기에 의해 과속이 감지되어 정속도의 1.4배를 넘지 않은 범위 내에서 동작
 • 기계적인 작동으로 레일을 꽉 물면서 정지. 이때 속도는 45m/min 이하의 경우 68m/min이다.

35 스프링 완충기를 사용한 경우 카가 최상층에 수평으로 정지되어 있을 때 균형추와 완충기와의 최대거리는?

① 300mm ② 600mm
③ 900mm ④ 1200mm

☛

정격 속도	최소 거리(mm)		최대 거리(mm)	
	교류단 속도 제어방식 또는 저항제어방식	그 외의 제어방식	카측	균형추측
스프링 완충기 7.5 이하				
7.5 초과 15 이하	75			
15 초과	150	150	600	900
30 이하	225			
30 초과	300			
유압완충기	규정하지 않음			

36 압력배관에 대한 설명으로 옳지 않은 것은?

① 건물벽관통부에는 가급적 사용하지 않는다.
② 파워 유닛에서 실린더까지는 압력배관으로 연결하도록 한다.
③ 진동이 건물에 전달되지 않도록 방진고무를 넣어서 건물에 고정시킨다.
④ 압력 고무호스는 여유가 없어야 하며 일직선으로 연결되어 있어야 한다.

☛ 압력 고무호스는 압력이 올라가면 늘어나므로 여유가 있어야 하며 곡선으로 연결되어 있어야 한다.

37 피트 내에서 행하는 검사가 아닌 것은?

① 피트 스위치 동작 여부
② 하부 파이널스위치 동작 여부
③ 완충기 취부상태 양호 여부

Answer
33. ④ 34. ② 35. ③ 36. ④ 37. ④

④ 상부 파이널 스위치 동작 여부

☞ 상부 파이널 스위치 동작 여부는 카 상부에서 한다.

38 카가 최하층에 수평으로 정지되어 있는 경우 카와 완충기의 거리에 완충기의 행정을 더한 수치는?
① 균형추의 꼭대기 틈새보다 작아야 한다.
② 균형추의 꼭대기 틈새의 2배이어야 한다.
③ 균형추의 꼭대기 틈새와 같아야 한다.
④ 균형추의 꼭대기 틈새의 3배이어야 한다.

☞ 카와 완충기의 거리+완충기의 행정은 균형추의 꼭대기 틈새보다 작아야 한다.
A+B<C

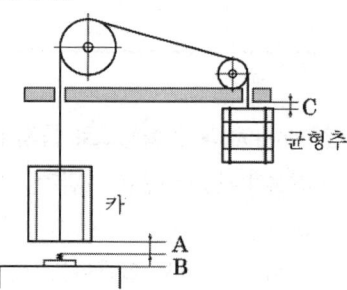

39 에스컬레이터의 구동전동기의 용량을 결정하는 요소로 거리가 가장 먼 것은?
① 속도
② 경사각도
③ 적재하중
④ 디딤판의 높이

☞ 구동용 모터를 선정 시 고려할 사항 : 1분간의 수송인원, 1인당 평균 중량, 속도, 높이 등

40 스텝 체인 절단 검출장치의 점검항목이 아닌 것은?
① 검출스위치의 동작여부
② 검출스위치 및 캠의 취부상태
③ 암, 레버장치의 취부상태
④ 종동장치 텐션스프링의 올바른 치수여부

☞ 암, 레버장치의 취부상태는 구동체인 절단 감지장치의 점검 항목이다.

41 에스컬레이터에 바르게 타도록 디딤판 위의 황색 또는 적색으로 표시한 안전마크는?
① 스텝체인   ② 데크보드
③ 데마케이션   ④ 스커트 가드

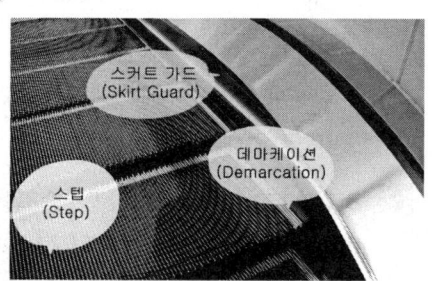

42 주차설비 중 자동차를 운반하는 운반기의 일반적인 호칭으로 사용되지 않는 것은?
① 카고, 리프트
② 케이지, 카트
③ 트레이, 팔레트
④ 리프트, 호이스트

43 엘리베이터가 정격속도를 현저히 초과할 때 모터에 가해지는 전원을 차단하여 카를 정지시키는 장치는?
① 권상기 브레이크
② 가이드 레일
③ 권상기 드라이버
④ 조속기

Answer
38. ① 39. ④ 40. ③ 41. ③ 42. ④ 43. ④

조속기
- 카의 정격속도가 조속기에 의해 과속이 감지되어 정속도의 1.3배를 넘지 않은 범위 내에서 동작
- 전원을 차단하고 브레이크를 동작시킴. 이 때 속도는 45m/min 이하의 경우 63m/min 이다.

44 승강기의 제어반에서 점검할 수 없는 것은?
① 전동기 회로의 절연 상태
② 주 접촉자의 접촉 상태
③ 결선단자의 조임 상태
④ 조속기 스위치의 작동 상태

조속기 스위치의 작동 상태는 카 상부에서 한다.

45 승객용 엘리베이터의 시브가 편마모되었을 때 그 원인을 제거하기 위해 어떤 것을 보수, 조정하여야 하는가?
① 완충기   ② 조속기
③ 균형체인 ④ 로프의 장력

46 유압엘리베이터의 파워 유닛(power unit)의 점검사항으로 적당하지 않은 것은?
① 기름의 유출 유무
② 작동 유(oil)의 온도 상승 상태
③ 과전류계전기의 이상 유무
④ 전동기와 펌프의 이상음 발생 유무

파워유닛
높은 압력의 기름을 빼낼 수 있도록 한 장치이므로 과전류계전기와는 관계없다.

47 되먹임 제어에서 가장 필요한 장치는?
① 입력과 출력을 비교하는 장치
② 응답속도를 느리게 하는 장치
③ 응답속도를 빠르게 하는 장치
④ 안정도를 좋게 하는 장치

피드백제어
입력값을 목표값과 비교하여 제어량이 일치하지 않으면 다시 입력측으로 보내 정정하는 제어 방식

48 엘리베이터 전원공급 배선회로의 절연저항측정으로 가장 적당한 측정기는?
① 휘트스톤 브리지
② 메거
③ 콜라우시 브리지
④ 켈빈더블 브리지

메거
전선로나 전동기 등의 절연저항의 측정에 사용하는 테스터이며, 습기가 많은 장소에 설치된 전동기 등은 특히 절연이 저하하는 경향이 있으므로, 누설 전류에 의한 사고 발생을 방지하기 위하여 필요하다. 절연저항계라고도 한다.

49 배선용 차단기의 기호(약호)는?
① S   ② DS
③ THR   ④ MCCB

S : 스위치, THR : 열동 계전기, MCCB : 배선용 차단기

50 회전축에 가해지는 하중이 마찰저항을 작게 받도록 지지하여 주는 기계요소는?
① 클러치   ② 베어링
③ 커플링   ④ 축

베어링
회전하고 있는 기계의 축을 일정한 위치에 고정시키고 축의 자중과 축에 걸리는 하중을 지

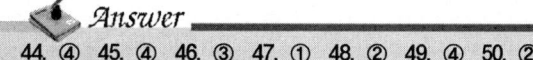
44. ④ 45. ④ 46. ③ 47. ① 48. ② 49. ④ 50. ②

지하면서 축을 회전시키는 역할을 하는 기계요소

51 직류전동기의 속도제어방법이 아닌 것은?
① 저항제어 ② 전압제어
③ 계자제어 ④ 주파수제어

☞ **직류전동기의 속도제어방법**
저항제어법, 전기자 전압제어법, 계자제어법 등이 있다.

52 R-L-C 직렬회로에서 최대전류가 흐르게 되는 조건은?
① $\omega L^2 - \dfrac{1}{\omega C} = 0$ ② $\omega L^2 + \dfrac{1}{\omega C} = 0$
③ $\omega L - \dfrac{1}{\omega C} = 0$ ④ $\omega L + \dfrac{1}{\omega C} = 0$

53 하중이 작용하는 방향에 따른 분류에 속하지 않는 것은?
① 압축 하중 ② 인장 하중
③ 교번 하중 ④ 전단 하중

☞ **교번하중**
하중의 크기와 방향이 시간에 따라 반복적으로 변하는 것

54 그림과 같은 심벌의 명칭은?

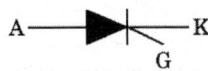

① TRIAC ② SCR
③ DIODE ④ DIAC

☞ **SCR(실리콘 제어 정류소자)**
실리콘 PNPN 4층 구조로 3단자를 가지는 단방향 소자로서, 스위치 소자이며, 직·교류 제어용이다.

55 3Ω, 4Ω, 6Ω의 저항을 병렬접속할 때 합성저항은 몇 Ω인가?
① $\dfrac{1}{3}$ ② $\dfrac{4}{3}$
③ $\dfrac{5}{6}$ ④ $\dfrac{3}{4}$

☞ 병렬합성저항 = $\dfrac{R_1 R_2 R_3}{R_1 R_2 + R_2 R_3 + R_1 R_3}$
= $\dfrac{3 \times 4 \times 6}{3 \times 4 + 4 \times 6 + 3 \times 6}$
= $\dfrac{72}{54} = \dfrac{4}{3}$

56 엘리베이터에서 기계적으로 작동시키는 스위치가 아닌 것은?
① 도어 스위치
② 조속기 스위치
③ 인덕터 스위치
④ 승강로 종점 스위치

57 3상 농형 유도전동기 기동 시 공급전압을 낮추어 기동하는 방식이 아닌 것은?
① 전전압 기동법
② Y- 기동법
③ 리액터 기동법
④ 기동보상기 기동법

☞

기동법	전전압 직입 기동	감압 기동			
		Y-Δ 기동	콘도르파 기동	리액터 기동	1차저항 기동
동작 방법	전동기에 최초로부터 전전압을 인가하여 기동	결선으로 운전하는 전동기를 기동할 때 만 Y결선으로 하여 기동전류, 토크와 함께 직입의 1/3	V결선의 단권변압기를 사용하여 전동기의 인가전압을 저하시켜 기동	전동기의 1차측에 리액터를 넣어서 기동 시 전동기의 전압을 리액터 전압 강하분만큼 낮추어서 기동	리액터 기동의 리액터 대신 저항기로써 기동하는 것

Answer
51. ④ 52. ③ 53. ③ 54. ② 55. ② 56. ③ 57. ①

58 전력량 1kWh는 몇 줄(Joule)인가?

① $3.6 \times 10^4 J$ ② $3.6 \times 10^5 J$
③ $3.6 \times 10^6 J$ ④ $3.6 \times 10^7 J$

☞ 1kWh = 1000W × 3600s
　　　 = 1000J/s × 3600s = 3600000J
따라서 3.6×10^6

59 권수가 400인 코일에서 0.1초 사이에 0.5Wb의 자속이 변화한다면 유도기전력의 크기는 몇 V인가?

① 100   ② 200
③ 1000   ④ 2000

☞ 기전력$(E) = \dfrac{\text{권수}(n) \times \text{자속}(\phi)}{\text{시간}(s)}$
　　　 $= \dfrac{400 \times 0.5}{0.1} = 2000$

60 입력신호 A, B가 모두 "1"일 때만 출력값이 "1"이 되고 그 외에는 "0"이 되는 회로는?

① AND 회로   ② OR 회로
③ NOT 회로   ④ NOR 회로

☞ AND 회로(×)　　OR 회로(+)

A	B	C
0	0	0
1	0	0
0	1	0
1	1	1

A	B	C
0	0	0
1	0	1
0	1	1
1	1	1

Answer
58. ③　59. ④　60. ①

과년도출제문제

2014년 2회

01 직접식 유압엘리베이터의 장점이 되는 항목은?
① 실린더를 보호하기 위한 보호관을 설치할 필요가 없다.
② 승강로의 소요평면치수가 크다.
③ 부하에 의한 바닥의 빠짐이 크다.
④ 비상정지장치가 필요하지 않다.

👉 **직접식 승강기**

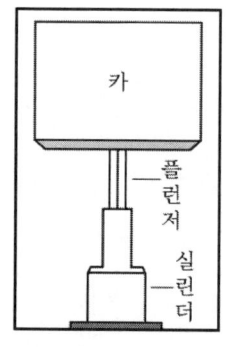

- 해당 승강로 평면이 작아도 되며, 구조가 간단하다.
- 비상정지장치가 없어도 된다.
- 실린더 설치를 위한 보호관을 땅에 묻어야 하므로 설치가 어렵다.

02 기종·용도를 표시하는 엘리베이터의 기호 연결이 옳지 않은 것은?
① P : 전기식(로프식) 일반 승객용
② R : 전기식(로프식) 주택용
③ B : 전기식(로프식) 침대용
④ S : 전기식(로프식) 비상용

👉 **용도별 기호**

기호	용도
P	승객(인용)용
R	주택용
B	병원 침대용
EP	비상겸용
OB	전망용
D/W	덤웨이터용

03 회전운동을 하는 유희시설이 아닌 것은?
① 관람차   ② 비행탑
③ 회전목마 ④ 모노레일

04 구동체인이 늘어나거나 절단되었을 경우 아래로 미끄러지는 것을 방지하는 안전장치는?
① 스텝체인 안전장치
② 정지스위치
③ 인입구 안전장치
④ 구동체인 안전장치

👉 **구동체인 안전장치(DC 스위치)**
구동체인이 파손될 때 즉시 모터의 작동을 정지시켜 주는 장치이다.

05 3상 교류의 단속도 전동기에 전원을 공급하는 것으로 기동과 정속운전을 하고 정지는 전원을 차단한 후 제동기에 의해 기계적으로 브레이크를 거는 제어방식은?

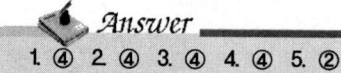

1. ④ 2. ④ 3. ④ 4. ④ 5. ②

① 교류 1단 속도제어
② 교류 2단 속도제어
③ VVVF제어
④ 교류 궤한 전압제어

☞ **교류 2단 속도제어**
2단 속도 모터를 사용하여 기동과 주행은 고속권선으로 행하고, 감속 시는 저속권선으로 감속하여 착상하는 방식

06 전기식 엘리베이터 기계실의 조도는 기기가 배치된 바닥면에서 몇 lx 이상이어야 하는가?

① 150　　　② 200
③ 250　　　④ 300

☞ 기계실에는 바닥면에서 200lx 이상을 비출 수 있고 영구적으로 설치되어 있어야 한다.

07 승강기 도어의 측면 개폐방식의 기호는?

① A　　　② CO
③ S　　　④ T

☞ **문열림 방식**
S : 가로 열기, CO : 중앙 열기, UP : 위로 열기

08 전기식 엘리베이터 기계실의 구비 조건으로 틀린 것은?

① 기계실의 크기는 작업구역에서의 유효 높이는 2.5m 이상이어야 한다.
② 기계실에는 소요설비 이외의 것을 설치하거나 두어서는 안 된다.
③ 유지관리에 지장이 없도록 조명 및 환기 시설은 승강기 검사기준에 적합하여야 한다.
④ 출입문은 외부인의 출입을 방지할 수 있도록 잠금장치를 설치하여야 한다.

☞ 기계실의 크기는 작업구역에서의 유효높이는 2m 이상이어야 한다.

09 트랙션 머신 시브를 중심으로 카 반대편의 로프에 매달리게 하여 카 중량에 대해 맞추는 것은?

① 조속기　　　② 균형체인
③ 완충기　　　④ 균형추

☞ 균형추는 카의 측면 또는 상대편에 위치하여 권상기의 부하를 줄이는 역할을 한다.

10 카가 어떤 원인으로 최하층을 통과하여 피트에 도달했을 때, 카의 충격을 완화시켜 주는 장치는?

① 완충기
② 비상정지장치
③ 조속기
④ 과부하감지장치

☞ 완충기는 카가 어떤 원인으로 최하층 피트로 떨어질 때 충격을 완화시키는 장치이다.
㉠ 스프링 완충기
• 카측 스프링 완충기의 적용 중량의 기준은 (카 자중+정격하중)의 2배
• 스프링 완충기의 속도별 최소 행정
  - 30m/min 이하 : 38mm
  - 30m/min 이상 45m/min 이하 : 64mm
  - 45m/min 이상 60m/min 이하 : 100mm
㉡ 유입 완충기
• 최대 적재중량 : 카 자중+적재하중
  최소 적재하중 : 카 자중+65이다.
• 유입 완충기의 행정은 카가 정격속도의 115%로 충돌할 경우 평균 감속도가 1G(9.8m/sec) 이하로 정지시킬 수 있어야 하고, 순간 최대 감속도 2.5G를 넘는 감속도가 $\frac{1}{25}$초 이상 지속되지 않아야

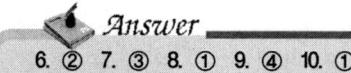

6. ②　7. ③　8. ①　9. ④　10. ①

한다.
- 속도 60m/min 이하 스프링 완충기, 60m/min 초과 유입 완충기를 사용한다.

11 승객과 운전자의 마음을 편하게 해주기 위하여 설치하는 장치는?

① 파킹장치 ② 통신장치
③ 조속기장치 ④ B.G.M장치

👉 **B.G.M장치**
음악이나 자연의 소리 등을 틀어주어 승객과 운전자의 마음을 편하게 해주는 장치

12 T형 가이드 레일의 공칭규격이 아닌 것은?

① 8K ② 14K
③ 18K ④ 24K

👉 **레일의 규격**
- 레일의 호칭은 마지막 가동 전 소재의 1m당 중량으로 한다.
- 레일의 표준길이는 5m
- T형 레일을 사용하며, 공칭은 8K, 13K, 18K, 24K, 30K이고 대용량 엘리베이터는 37K, 50K 등을 사용

13 유입완충기의 부품이 아닌 것은?

① 완충고무
② 플런저
③ 스프링
④ 유량조절밸브

👉 **유입완충기의 부품**
완충고무, 플런저, 스프링, 실린더, 오리피스 봉, 오일게이지, 오일 등이 있다.

14 도어 인터록 장치의 구조로 가장 옳은 것은?

① 도어 스위치가 확실히 걸린 후 도어 인터록이 들어가야 한다.

② 도어 스위치가 확실히 열린 후 도어 인터록이 들어가야 한다.
③ 인터록 장치가 확실히 걸린 후 도어 스위치가 들어가야 한다.
④ 인터록 장치가 확실히 열린 후 도어 스위치가 들어가야 한다.

👉 **도어 인터록**
닫힐 때는 도어록이 먼저 걸린 후 스위치가 들어가고, 열릴 때는 도어스위치가 끊어진 후 도어록이 열리는 구조이다.

15 조속기에서 과속스위치의 작동원리는 무엇을 이용한 것인가?

① 회전력
② 원심력
③ 조속기 로프
④ 승강기의 속도

👉 **조속기의 동작 원리**
조속기의 속도가 빠르면 원심력에 의해 웨이트나 플라이볼이 동작, 과속스위치 또는 전원스위치 등을 작동시켜 카를 멈춘다.

16 비상용 엘리베이터에 대한 설명으로 옳지 않은 것은?

① 평상시는 승객용 또는 승객·화물용으로 사용할 수 있다.
② 카는 비상운전 시 반드시 모든 승강장의 출입구마다 정지할 수 있어야 한다.
③ 별도의 비상전원장치가 필요하다.
④ 도어가 열려 있으면 카를 승강시킬 수 없다.

👉 비상용 엘리베이터는 소방관이나 관계자 조작하에 도어가 열려 있어도 카를 운행할 수 있다.

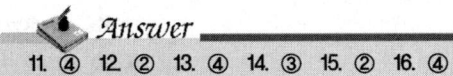

11. ④ 12. ② 13. ④ 14. ③ 15. ② 16. ④

17 트랙션 권상기의 설명 중 옳지 않은 것은?

① 기어식과 무기어식 권상기가 있다.
② 행정거리의 제한이 없다.
③ 소요동력이 크다.
④ 지나치게 감기는 현상이 일어나지 않는다.

☞ 소요동력이 작다.

18 엘리베이터에 반드시 운전자(operator)가 있어야 운행이 가능한 조작 방식은?

① 반자동식(ATT : Attendant)방식
② 단식자동(Single Automatic)방식
③ 승합전자동(Selective Collective)
④ ATT조작방식과 단식자동방식

☞ **반자동식방식**
- 카 도어 개폐만이 운전자의 조작에 의해 이루어지며, 진행방향이나 정지 층은 미리 눌려져 있는 카 내의 행선층 또는 승강장 버튼에 의해 이루어진다.
- 백화점, 쇼핑센터 등 운전자가 있을 경우 사용한다.

19 추락에 의하여 근로자에게 위험이 미칠 우려가 있을 때 비계를 조립하는 등의 방법에 의하여 작업발판을 설치하도록 되어 있다. 높이가 몇 m 이상인 장소에서 작업을 하는 경우에 설치되는가?

① 2   ② 3
③ 4   ④ 5

☞ 추락에 의하여 근로자에게 위험이 미칠 우려가 있을 때 비계를 조립하는 등의 방법에 의하여 작업발판은 2m 이상부터 설치하도록 되어 있다.

20 다음 중 불안전한 행동이 아닌 것은?

① 방호조치의 결함
② 안전조치의 불이행
③ 위험한 상태의 조장
④ 안전장치의 무효화

☞ ㉠ 직접 원인
- 인적 요인 : 사람의 불안전한 행동, 상태 (지식 부족, 미숙련, 과로, 태만, 지시 무시 등)
- 물적 요인 : 불량한 기계설비와 불안전한 환경에서 오는 요인으로 정리정돈의 결함이다.(안전장치의 결함, 보호구의 결함, 부적절한 작업환경 등이 있다.)

㉡ 간접 원인
- 기술적 원인, 교육적 원인, 정신적 원인, 관리적 원인, 신체적 원인

21 다음 중 정기점검에 해당되는 점검은?

① 일상점검
② 월간점검
③ 수시점검
④ 특별점검

☞ **안전점검의 종류**
- 수시점검 : 수시로 실시하는 점검
- 정기점검 : 일정기간마다 정기적으로 실시하는 점검
- 임시점검 : 기기 이상 시 실시하는 점검
- 특별점검 : 특별한 경우 실시하는 점검

22 작업자의 재해 예방에 대한 일방적인 대책으로 맞지 않는 것은?

① 계획의 작성
② 엄격한 작업감독
③ 위험요인의 발굴 대처
④ 작업지시에 대한 위험 예지의 실시

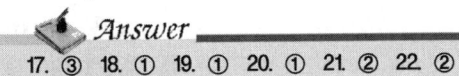

17. ③ 18. ① 19. ① 20. ① 21. ② 22. ②

재해 예방 대책 기본원리 5단계

단계	과정	내용
1단계	조직	• 경영층의 참여 • 안전관리자의 임명 • 안전 라인 및 참모조직 구성 • 안전 활동 방침 및 계획 수립 • 조직을 통한 안전 활동
2단계	사실의 발견	• 사고 및 안전 활동 기록 검토 • 작업분석 • 안전점검 및 안전진단 • 사고 조사 • 안전회의 및 토의 • 근로자의 제안 및 여론조사 • 관찰 및 보고서의 연구 등을 통한 불안전요소 발견
3단계	분석 평가	• 사고 보고서 및 현장조사 • 사고 기록 및 인적 물적, 조건 분석 • 작업공정 분석 • 교육훈련분석을 통해 사고의 직접 원인과 간접 원인 규명
4단계	시정방법의 선정	• 기술적 개선 • 인사 조정 • 교육 훈련 개선 • 안전행정 개선 • 규정, 수칙 및 작업표준 개선 • 확인, 통제체제 개선
5단계	시정책의 적용(3E)	• 기술적 대책 • 교육적 대책 • 단속적 대책

23 안전사고의 발생요인으로 심리적인 요인에 해당되는 것은?

① 감정
② 극도의 피로감
③ 육체적 능력 초과
④ 신경계통의 이상

24 인체에 전격의 위험을 결정하는 주된 인자가 아닌 것은?

① 통전전류의 크기
② 통전경로
③ 음파의 크기
④ 통전시간

☞ 감전 사고는 음파의 크기와는 관계없다.

25 엘리베이터로 인하여 인명사고가 발생했을 경우 안전(운행)관리자의 대처사항으로 부적합한 것은?

① 의약품, 들것, 사다리 등의 구급용품을 준비하고 장소를 명시한다.
② 구급을 위해 의료기관과의 비상연락체계를 확립한다.
③ 전문기술자와의 비상연락체계를 확립한다.
④ 자체검사에 관한 사항을 숙지하고 기술적인 사고 요인을 검사하여 고장요인을 제거한다.

☞ ④는 인명사고가 아닌 기계적인 안전사고에 해당된다.

26 다음 중 방호장치의 기본적인 목적으로 가장 옳은 것은?

① 먼지 흡입 방지
② 기계 위험부위의 접촉방지
③ 작업자 주변의 사람 접근방지
④ 소음과 진동 방지

☞ **방호장치의 설치 목적**
• 가공물 등의 낙하에 의한 위험 방지
• 위험부위와 신체의 접촉방지
• 비산으로 인한 위험방지

27 재해의 직접적인 원인에 해당되는 것은?

① 안전지식 부족
② 안전수칙의 오해
③ 작업기준의 불명확

Answer
23. ① 24. ③ 25. ④ 26. ② 27. ④

④ 복장, 보호구의 결함

☞ 재해의 직접적 원인
• 인적 요인 : 사람의 불안전한 행동, 상태(지식 부족, 미숙련, 과로, 태만, 지시 무시 등)
• 물적 요인 : 불량한 기계설비와 불안전한 환경에서 오는 요인으로 정리정돈의 결함이다 (안전장치의 결함, 보호구의 결함, 부적절한 작업환경 등).

28 다음 중 엘리베이터 자체 검사 시의 점검 항목으로 크게 중요하지 않은 사항은?

① 브레이크장치
② 와이어로프상태
③ 비상정지장치
④ 각종 계전기의 명판 부착 상태

☞ 엘리베이터 자체검사 사항
제동기, 비상정지장치, 도어안전장치, 와이어로프 등

29 카 실(cage)의 구조에 관한 설명 중 옳지 않은 것은?

① 구조상 경미한 부분을 제외하고는 불연재료를 사용하여야 한다.
② 카 천장에 비상구출구를 설치하여야 한다.
③ 승객용 카의 출입구에는 정전기 장애가 없도록 방전코일을 설치하여야 한다.
④ 승객용은 한 개의 카에 두 개의 출입구를 설치할 수 있는 경우도 있다.

☞ 엘리베이터의 카가 갖추어야 할 조건
• 카 주위벽은 방화구조로 되어 있어야 한다.
• 외부와의 연락 및 구출장치가 있어야 한다.
• 카의 실내환기를 유지하기 위해 환풍장치를 부착한다.
• 비상등이 설치되어 있어야 한다.

30 에스컬레이터의 유지관리에 관한 설명으로 옳은 것은?

① 계단식 체인은 굴곡반경이 작으므로 피로와 마모가 크게 문제시된다.
② 계단식 체인은 주행속도가 크기 때문에 피로와 마모가 크게 문제시된다.
③ 구동체인은 속도, 전달동력 등을 고려할 때 마모는 발생하지 않는다.
④ 구동체인은 녹이 슬거나 마모가 발생하기 쉬우므로 주의해야 한다.

31 기계실 내 작업구역에서의 유효높이는 몇 m 이상이어야 하는가?

① 2.0   ② 1.8
③ 1.5   ④ 1.2

☞ 기계실 내 작업구역에서의 유효높이는 2m 이상이어야 한다.

32 승강장 도어 인터록장치의 설정 방법으로 옳은 것은?

① 인터록이 잠기기 전에 스위치 접점이 구성되어야 한다.
② 인터록이 잠김과 동시에 스위치 접점이 구성되어야 한다.
③ 인터록이 잠긴 후 스위치 접점이 구성되어야 한다.
④ 스위치에 관계없이 잠금 역할만 확실히 하면 된다.

☞ 승강장 도어 인터록이 잠긴 후 스위치 접점이 이루어져야 한다.

33 핸드레일 인입구에 손이나 이물질이 끼었을 때 즉시 작동하여 에스컬레이터를 정지

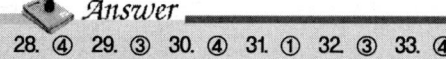
28. ④ 29. ③ 30. ④ 31. ① 32. ③ 33. ④

시키는 장치는?
① 핸드레일 안전장치
② 구동체인 안전장치
③ 조속기
④ 핸드레일 인입구 스위치

👉 **핸드레일 인입구 안전장치(인렛 스위치)**
핸드레일 인입구에 이물질이 들어가는 것을 방지하는 장치로 손 또는 이물질이 끼었을 경우 즉시 작동되어 에스컬레이터를 정지시킨다.

34 다음 중 에스컬레이터를 수리할 때 지켜야 할 사항으로 적절하지 않은 것은?
① 상부 및 하부에 사람이 접근하지 못하도록 단속한다.
② 작업 중 움직일 때는 반드시 상부 및 하부를 확인하고 복명 복창한 후 움직인다.
③ 주행하고자 할 때는 작업자가 안전한 위치에 있는지 확인한다.
④ 작동시간을 게시한 후 시간이 되면 작동시킨다.

👉 작동시간이 되어도 수리가 끝나지 않았으면 작동시켜서는 안 된다.

35 유압장치의 보수, 점검, 수리 시에 사용되고, 일명 게이트 밸브라고도 하는 것은?
① 스톱밸브   ② 사일렌서
③ 체크밸브   ④ 필터

👉 **게이트 밸브**

나사절삭용

배관 속 유체의 흐름 개폐를 하는 밸브
※ 유체의 흐름 방향 표시 없음

36 승객의 구출 및 구조를 위한 카 상부 비상구 출구문의 크기는 얼마 이상이어야 하는가?
① 0.2m×0.2m   ② 0.35m×0.5m
③ 0.4m×0.5m   ④ 0.25m×0.3m

👉 승강기검사기준 2013. 9. 15. 시행법 개정
• 카 상부 비상구출문 : 최소 0.4m×0.5m 이상
• 카 벽의 비상구출문 : 0.4m×1.8m 이상

37 전기식 엘리베이터 로프는 공칭직경 몇 mm 이상으로 몇 가닥 이상이어야 하는가?
① 8mm, 2가닥
② 8mm, 3가닥
③ 12mm, 2가닥
④ 12mm, 3가닥

👉 **로프의 구조**
• 주로프는 10~12호, 15~17호 등이 사용된다.
• 주로프는 일반로프보다 탄소함유량이 적어야 하고, 파단강도는 135kg/mm² 정도이다.
• 철제 또는 강철제 3본 이상의 와이어로프를 사용하며, 공칭 직경은 8mm이고 안전율은 12 이상이어야 한다.
• 보통 꼬임방식이 사용되는데 S꼬임보다 Z꼬임이 사용된다.

38 유압엘리베이터의 카가 심하게 떨리거나 소음이 발생하는 경우의 조치에 해당되지 않는 것은?
① 실린더 내부의 공기 완전제거
② 실린더 로드면에 굴곡 상태 확인

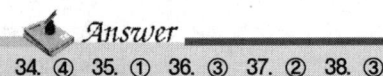

34. ④ 35. ① 36. ③ 37. ② 38. ③

③ 리미트 스위치의 위치 수정
④ 릴리프 세팅 압력 조정

> **유압엘리베이터의 카가 심하게 떨리거나 소음이 발생하는 원인**
> • 실린더 내부의 공기가 있을 때
> • 실린더 로드면에 변형이 생겼을 때
> • 릴리프 세팅 압력이 높거나 낮을 때
> • 도르래에 유격이 생겼을 때

39 간접식 유압엘리베이터의 특징이 아닌 것은?
① 부하에 의한 카의 빠짐이 비교적 작다.
② 실린더 점검이 용이하다.
③ 승강로는 실린더를 수용할 부분만큼 더 커지게 된다.
④ 비상정지장치가 필요하다.

> **간접식 유압엘리베이터의 특징**
> • 실린더의 보호관이 필요 없고, 점검이 용이하다.
> • 비상정지장치가 필요하다.
> • 로프의 늘어남과 기름의 압축성 때문에 부하로 인한 바닥 침해가 있다.

40 승강기에 균형체인을 설치하는 목적은?
① 균형추의 낙하방지를 위하여
② 주행 중 카의 진동과 소음을 방지하기 위하여
③ 카의 무게 중심을 위하여
④ 이동케이블과 로프의 이동에 따라 변동되는 무게를 보상하기 위하여

> **균형체인(Compensating Chain)**
> 카의 위치변화에 따른 로프·이동케이블의 무게를 보상한다.

41 유압용 엘리베이터에서 가장 많이 사용하는 펌프는?

① 기어 펌프   ② 스크류 펌프
③ 베인 펌프   ④ 피스톤 펌프

> **나사 펌프**
> 회전 펌프의 하나로 스크류 펌프라고도 하며, 관 속에 들어 있는 나사를 회전시켜 유체를 축방향으로 흐르게 하는 것이다. 가장 많이 사용되고 있다.

42 가이드레일(guide rail)의 역할이 아닌 것은?
① 카 차체의 기울어짐을 방지
② 비상정지장치가 작동 시 수직하중을 유지
③ 승강로의 기계적 강도를 보강
④ 균형추의 승강로 평면 내의 위치를 규제

> **가이드 레일의 역할**
> • 비상정지장치가 작동했을 때 수직하중을 유지한다.
> • 균형추를 양측에서 지지하며, 수직방향으로 안내해준다.
> • 카의 심한 기울어짐을 막아준다.

43 승강기 회로의 사용전압이 440V인 전동기 주회로의 절연저항은 몇 MΩ 이상이어야 하는가?
① 1.5   ② 1.0
③ 0.4   ④ 0.1

회로의 용도	사용 전압	절연저항
	300V 이하	0.2MΩ 이상
전동기 주회로	300V 이상 400V 이하	0.3MΩ 이상
	400V 초과	0.4MΩ 이상
제어회로 신호회로 조명회로	150V 이하	0.1MΩ 이상
	150V 이상 300V 이하	0.2MΩ 이상

Answer
39. ① 40. ④ 41. ② 42. ③ 43. ③

44 승강기에 적용하는 가이드 레일의 규격을 결정하는 데 관계가 가장 적은 것은?
① 조속기의 속도
② 지진 발생 시 건물의 수평진동력
③ 비상정지장치 작동 시 작용할 수 있는 좌굴하중
④ 불균형한 큰 하중이 적재될 때 작용하는 회전 모멘트

> **가이드 레일의 규격 결정 시 고려사항**
> • 불균형한 큰 하중 적재에 따른 회전 모멘트
> • 지진 발생 시 수평진동력
> • 비상정지장치의 작동에 따른 좌굴

45 2대 이상의 엘리베이터가 동일 승강로에 설치되어 인접한 카에서 구출할 경우 서로 카 사이의 수평거리는 몇 m 이하이어야 하는가?
① 0.35   ② 0.5
③ 0.75   ④ 0.9

> 2대 이상의 엘리베이터가 동일 승강로에 설치되어 인접한 카에서 승객을 구출할 경우 카 사이의 수평거리는 0.75m 이하이어야 한다.

46 카 위의 비상구출구가 개방되었을 때 발생되는 현상 중 옳은 것은?
① 주행 중에 비상구출구가 개방되어도 계속 운전한다.
② 비상구출구가 개방되면 카는 언제든지 중단되는 구조이다.
③ 비상구출구가 개방되면 카 내의 조명이 꺼진다.
④ 비상구출구 개방 유무에 관계없이 운행에 영향을 주지 않는다.

47 훅의 법칙을 옳게 설명한 것은?
① 응력과 변형률은 반비례 관계이다.
② 응력과 탄성계수는 반비례 관계이다.
③ 응력과 변형률은 비례 관계이다.
④ 응력과 탄성계수는 비례 관계이다.

> **훅의 법칙**
> 어떤 물체의 변형이 비교적 작을 때 변위 또는 변형의 크기는 변형력 또는 부하에 정비례한다.

48 다음 중 저압전로의 사용전압이 150V를 넘고 300V 이하인 경우 절연저항값은 몇 MΩ 이상인가?
① 0.1   ② 0.2
③ 0.3   ④ 0.4

> 43번 해설 참조

49 다음 유도전동기의 제동방법이 아닌 것은?
① 극수제동   ② 회생제동
③ 발전제동   ④ 단상제동

> **제동방법**
> • 역전제동   • 발전제동
> • 회생제동   • 단상제동

50 전기기기의 충전부와 외함 사이의 저항은 어떤 저항인가?
① 브리지저항   ② 접지저항
③ 접촉저항   ④ 절연저항

> **절연저항**
> 전류가 도체에서 절연물을 통하여 다른 충전부나 기기의 케이스 등에서 새는 경로의 저항

51 교류회로에서 유효전력이 P[W]이고 피상전력이 P_a[VA]일 때 역률은?

Answer
44. ① 45. ③ 46. ② 47. ③ 48. ② 49. ① 50. ④ 51. ②

① $\sqrt{P+P_a}$ ② $\dfrac{P}{P_a}$

③ $\dfrac{P_a}{P}$ ④ $\dfrac{P}{P+P_a}$

52 정밀성을 요하는 판의 두께를 측정하는 것은?

① 줄자 ② 직각자
③ R게이지 ④ 마이크로미터

👉 **마이크로미터(micrometer calipers)**
판의 두께, 작은 물체의 길이, 바깥지름, 안지름 등을 측정한다.

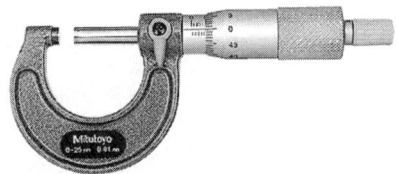

53 회전운동을 직선운동, 왕복운동, 진동 등으로 변환하는 기구는?

① 링크기구 ② 슬라이더
③ 캠 ④ 크랭크

👉 **캠**
- 회전운동을 직선, 왕복, 진동으로 변환하는 기구
- 입체캠의 종류 : 원통캠(실제캠), 엔드캠(단면캠), 빗판캠(경사캠)
- 평면캠의 종류 : 판캠, 확동캠, 직동캠, 반대캠

54 안전상 허용할 수 있는 최대응력을 무엇이라 하는가?

① 안전율 ② 허용응력
③ 사용응력 ④ 탄성한도

👉 • 허용응력 : 안전상 허용되는 최대 응력
• 사용응력 : 기계나 물체에 실제로 생기는 응력
탄성한도＞허용응력≧사용응력

55 RLC 소자의 교류회로에 대한 설명 중 틀린 것은?

① R만의 회로에서 전압과 전류의 위상이 동상이다.
② L만의 회로에서 저항성분을 유도성 리액턴스 X_L이라 한다.
③ C만의 회로에서 전류는 전압보다 위상이 90° 앞선다.
④ 유도성 리액턴스 $X_L = 1/\omega L$이다.

56 엘리베이터의 권상기에서 일반적으로 저속용에는 적은 용량의 전동기를 사용하여 큰 힘을 내도록 하는 동력전달 방식은?

① 웜 및 웜기어
② 헬리컬기어
③ 스퍼 기어
④ 피니언과 랙 기어

57 동기발전기의 전기자 권선법 중 분포권의 장점이 아닌 것은?

① 기전력 파형 개선
② 누설리액턴스 감소
③ 과열방지
④ 기전력 감소

👉 **동기기에서 분포권의 장점**
• 기전력의 파형이 좋아진다.
• 권선의 누설리액턴스가 감소
• 전기자에 발생되는 열을 골고루 분포시켜 과열을 방지
• 단점 : 집중권에 비해 합성 유기기전력이 감소

Answer
52. ④ 53. ③ 54. ② 55. ④ 56. ① 57. ④

58 전지 내부저항 0.5Ω이고 기전력 1.5V인 전지를 부하저항 2.5Ω에 연결할 때, 전지 양단의 전압[V]은?

① 1.25 ② 2
③ 2.5   ④ 3

☞ (전압)V = (기전력)E - (전류×내부저항)Ir

여기서 전류(I) = $\dfrac{(기전력)E}{(저항)R \times 내부저항(r)}$

= $\dfrac{1.5}{2.5+0.5}$ = 0.5

따라서 $V = 1.5 - (0.5 \times 0.5) = 1.25$

59 다음 중 절연저항을 측정하는 계기는?

① 회로시험기
② 메거
③ 훅온미터
④ 휘트스톤브리지

☞ 메거

전선로나 전동기 등의 절연저항의 측정에 사용하는 테스터이며, 습기가 많은 장소에 설치된 전동기 등은 특히 절연이 저하하는 경향이 있으므로, 누설 전류에 의한 사고 발생을 방지하기 위하여 필요하다. 절연저항계라고도 한다.

60 물질 내에서 원자핵의 구속력을 벗어나 자유로이 이동할 수 있는 것은?

① 분자   ② 자유전자
③ 양자   ④ 중성자

☞ ① 분자 : 물질에서 화학적 성질을 가진 최소의 단위 입자
③ 양자 : 더 이상 나눌 수 없는 물질의 최소량의 단위
④ 중성자 : 모든 원자핵을 이루는 구성 입자

Answer
58. ① 59. ② 60. ②

과년도출제문제

2014년 5회

01 기계실에 설치할 설비가 아닌 것은?
① 완충기   ② 권상기
③ 조속기   ④ 제어반

☞ 완충기는 카가 어떤 원인으로 최하층 피트로 떨어질 때 충격을 완화시키는 장치이다.

02 가변전압 가변주파수 제어방식과 관계가 없는 것은?
① PAM   ② VVVF
③ 인버터   ④ MG세트

☞ 가변전압 가변주파수(VVVF) 제어방식 주요 장치 : 컨버터(AWM), 인버터(PWM)

03 엘리베이터가 최종단층을 통과하였을 때 엘리베이터를 정지시키며 상승, 하강 양방향 모두 운행이 불가능하게 하는 안전장치는?
① 슬로우다운 스위치
② 파킹 스위치
③ 피트 정지 스위치
④ 파이널 리미트 스위치

☞ 파이널 리미트 스위치는 카가 승강로의 완충기에 충돌되기 전에 작동되어야 한다.

04 일반적인 에스컬레이터 경사도는 몇 도(°)를 초과하지 않아야 하는가?
① 25°   ② 30°
③ 35°   ④ 40°

☞ 에스컬레이터의 경사각은 30°를 초과하지 않아야 한다. 단, 층고가 6m 이하일 경우에는 35°까지 가능

05 사람이 출입할 수 없도록 정격하중이 300kg 이하이고 정격속도가 1m/s인 승강기는?
① 덤웨이터
② 비상용 엘리베이터
③ 승객·화물용 엘리베이터
④ 수직형 휠체어리프트

☞ **덤웨이터**
카의 바닥면적 $1m^2$ 이하, 천장높이 1.2m 이하로 사람이 타지 않으면서 1톤 미만의 소화물을 운반하는 엘리베이터이다. 그러므로 정전등이 필요 없다.

06 에스컬레이터의 안전율에 대한 기준으로 옳은 것은?
① 트러스와 빔에 대해서는 5 이상
② 트러스와 빔에 대해서는 10 이상
③ 체인류에 대해서는 6 이상
④ 체인류에 대해서는 8 이상

☞ **에스컬레이터의 안전율**

부분	안전율
디딤판체인 및 구동체인	10
벨트의 디딤판 및 연결부재	7
트러스 및 빔	5

Answer
1. ① 2. ④ 3. ④ 4. ② 5. ① 6. ①

07 고속엘리베이터에 이용되는 경우가 많은 조속기(Governor)는?

① 롤 세이프티형
② 디스크형
③ 플렉시블형
④ 플라이 볼형

> **조속기의 속도별 용도**
> • 롤 세이프티형(GR형) : 45m/min 이하의 저속용 승강기에 적용
> • 디스크형(GD형) : 60~105m/min에 적용
> • 플라이 볼형(GF형) : 120m/min 이상 고속용 승강기에 적용

08 전동기의 회전을 감속시키고 암이나 로프 등을 구동시켜 승강기 문을 개폐시키는 장치는?

① 도어 인터록
② 도어 머신
③ 도어 스위치
④ 도어 클로저

> ① 도어 인터록 : 닫힐 때는 도어록이 먼저 걸린 후 스위치가 들어가고, 열릴 때는 도어 스위치가 끊어진 후 도어록이 열리는 구조이다.
> ② 도어 머신 : 전동기를 이용하여 문을 여닫는 장치이다.
> ③ 도어 스위치 : 도어스위치가 접점이 안 되면 도어가 열린 것으로 인식하고 승강기가 운행되지 않는다.
> ④ 도어 클로저 : 승강장 도어가 열려 있을 때 자동으로 닫히게 하는 장치이다.

09 에스컬레이터 또는 수평보행기에 모두 설치하는 것이 아닌 것은?

① 제동기
② 스커트 가드 안전장치
③ 디딤판 체인 안전장치
④ 구동 체인 안전장치

> **에스컬레이터 스커트 가드 안전장치(S.G.S)**
> • 에스컬레이터의 고정된 스커트 가드와 스텝 사이의 틈에 신발이나 옷 등이 끼여 사고가 발생할 수 있으므로 이를 감지하여 정지시키는 스위치
> • 상하부 좌우측에 1개 이상 설치한다.
> • 스위치는 자동복귀형으로 한다.
> ※ 수평보행기의 경우 에스컬레이터와 유사하지만 스커트 가드 스위치는 필요하지 않다.

10 권상기 도르래 홈에 대한 설명 중 옳지 않은 것은?

① 마찰계수의 크기는 U홈<언더컷 홈<V홈 순이다.
② U홈은 로프와의 면압이 작으므로 로프의 수명은 길어진다.
③ 언더컷 홈의 중심각이 작으면 트랙션 능력이 크다.
④ 언더컷 홈은 U홈과 V홈의 중간적 특성을 갖는다.

> 언더컷 홈의 중심각이 작으면 트랙션 능력이 작고, 시브는 로프 마모율이 심하다.

11 화재 시 소화 및 구조활동에 적합하게 제작된 엘리베이터는?

① 덤웨이터
② 비상용 엘리베이터
③ 전망용 엘리베이터
④ 승객·화물용 엘리베이터

Answer
7. ④ 8. ② 9. ② 10. ③ 11. ②

용도별 분류

구분	종류	분류 기준
승객용	승객용	사람 운송용으로 사용되는 엘리베이터
	침대용	병원용으로 침대나 승객 운송용으로 사용되는 엘리베이터
	승객·화물용	승객이나 화물을 같이 사용하는 엘리베이터
	장애인용	장애인이 사용하기 적합하게 제작된 엘리베이터
	전망용	엘리베이터 안에서 외부를 전망하게 제작된 엘리베이터
	비상용	비상시 구조나 화재소화에 사용되는 엘리베이터
화물용	화물용	화물운반용으로 사용되는 엘리베이터(취급자 1인 탑승가능 단, 1톤 미만 사람이 탑승하지 않은 것은 제외)
	자동차용	자동차를 운반하는 엘리베이터
	덤웨이터	카의 바닥면적이 $1m^2$ 이하, 천장 높이가 1.2m 이하로 사람이 타지 않으면서 1톤 미만의 소화물을 운반하는 엘리베이터이다. 그러므로 정전등이 필요 없다.

12 승강장문의 유효 출입구 폭은 카 출입구의 폭 이상으로 하되, 양쪽 측면 모두 카 출입구 측면의 폭보다 몇 mm를 초과하지 않아야 하는가?

① 50 ② 60
③ 70 ④ 80

> 승강장문의 유효 출입구 폭은 카 출입구의 폭 이상이고, 양쪽 측면 모두 카 출입구 측면의 폭보다 50mm를 초과하지 않아야 한다.

13 유압회로의 구성 요소 중 역류 저지 밸브(check valve)의 설명으로 올바른 것은?

① 압력맥동이 적고 소음과 진동이 적은 스크류 펌프가 많이 사용된다.
② 회로의 압력이 상용압력의 125% 이상 높아지면 바이패스 회로를 열어 압력상승을 방지한다.
③ 탱크로 되돌려지는 유량을 제어하여 플런저의 상승속도를 간접적으로 처리하는 밸브이다.
④ 한쪽 방향으로만 기름이 흐르도록 하는 밸브로서 기름이 역류하여 카가 낙하하는 것을 방지한다.

> **역류 저지 밸브**
> 유체를 한쪽 방향으로만 흐르게 하는 밸브로서, 카의 정지 중이나 운행 중 작동유의 압력이 떨어져 카가 역행하는 것을 방지하는 밸브

14 로프식(전기식) 엘리베이터에서 카에 여러 개의 비상정지장치가 설치된 경우의 비상정지장치는?

① 평시 작동형 ② 즉시 작동형
③ 점차 작동형 ④ 순간 작동형

> **점차 작동형 비상정지장치**
> • 레일을 죄는 힘이 동작 시부터 정지 시까지 일정한 것이 FGC형이다.
> • 처음에는 힘이 약하고 하강함에 따라 점점 강해지다가 일정값에 도달하게 된다.
> • 정격속도가 1m/s 이상인 엘리베이터에 주로 사용한다.
> • 정지 시 카 바닥의 수평도 변화는 5% 이내 이어야 한다.

15 FGC(Flexible Guide Clamp)형 비상정지장치의 장점은?

① 베어링을 사용하기 때문에 접촉이 확실하다.
② 구조가 간단하고 복구가 용이하다.
③ 레일의 죄는 힘이 초기에는 약하나, 하강함에 따라 강해진다.
④ 평균 감속도를 0.5g으로 제한한다.

Answer
12. ① 13. ④ 14. ③ 15. ②

👉 **플렉시블 가이드 클램프(F.G.C)**
레일을 죄는 힘이 처음부터 끝까지 일정하며, 구조가 간단하고 복구가 용이하다.

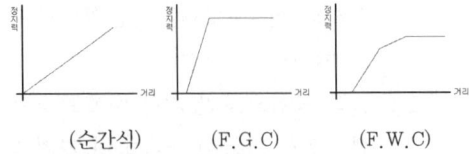

(순간식)　　(F.G.C)　　(F.W.C)

16 승강로의 점검문과 비상문에 관한 내용으로 틀린 것은?

① 이용자의 안전과 유지보수 이외에는 사용하지 않는다.
② 비상문은 폭 0.5m 이상, 높이 1.8m 이상이어야 한다.
③ 점검문 및 비상문은 승강로 내부로 열려야 한다.
④ 트랩방식의 점검문일 경우는 폭 0.5m 이하, 높이 0.5m 이하이어야 한다.

👉 **비상구(구출구)**
- 카 내에 승객이 갇혀 있을 때 구출을 목적으로 설치한다.
- 카 상부 비상구출문은 최소 0.4m×0.5m 이상, 비상문은 높이 1.8m 이상, 폭 0.5m 이상이다.
- 비상구가 열려 있으면 카가 움직이지 않게 안전 스위치를 부착해야 한다.
- 카 안에서 열리지 않고, 케이지 외측에서 열려야 한다.
- 1개의 승강로에 2대 이상의 엘리베이터가 설치된 경우에는 벽면에 설치 가능하다.

17 정전 시 카 내 예비조명장치에 관한 설명으로 틀린 것은?

① 조도는 2lx 이상이어야 한다.
② 조도는 램프중심에서 2m 지점의 수직 면상의 조도이다.
③ 정전 후 60초 이내에 점등되어야 한다.
④ 1시간 동안 전원이 공급되어야 한다.

👉 정전 시에 램프중심부로부터 2m 떨어진 수직면 사이의 조도를 2Lux 이상으로 1시간 이상 비출 수 있는 예비조명장치가 설치되어야 한다.

18 엘리베이터의 문 닫힘 안전장치 중에서 카 도어의 끝단에 설치하여 이물체가 접촉되면 도어의 닫힘이 중단되는 안전장치는?

① 광전장치　　② 초음파장치
③ 세이프티 슈　④ 가이드 슈

👉 **세이프티 슈**
엘리베이터의 도어 끝단에 부착된 안전장치로, 도어가 닫히는 도중에 사람이나 물건이 접촉하면 반전하여 다시 열리도록 한다.

19 재해 발생의 원인 중 가장 높은 빈도를 차지하는 것은?

① 열량의 과잉 억제
② 설비의 배치 착오
③ 과부하
④ 작업자의 작업행동 부주의

👉 재해 발생의 원인 중 가장 높은 빈도는 작업자의 부주의가 가장 많이 차지한다.

20 감전에 영향을 주는 1차적 감전요소가 아닌 것은?

① 통전시간　　② 통전전류의 크기
③ 인체의 조건　④ 전원의 종류

👉 **감전사고의 요인**
전기의 종류, 전류의 크기, 감전시간 등

21 승강기의 안전점검 시 체크사항과 가장 거

Answer
16. ③　17. ③　18. ③　19. ④　20. ④　21. ③

리가 먼 것은?
① 각종 안전장치가 유효하게 작동될 수 있도록 조정되어 있는지의 여부
② 정전용량을 초과한 과부하의 적재 여부
③ 소비 전력량의 정도
④ 승강기 운전 및 사용법 숙지 여부

👉 안전점검을 실시할 때 다음 사항에 유의한다.
- 안전점검은 형식, 내용에 변화를 주어 몇 가지 점검방법을 병용한다.
- 점검자의 능력을 감안해서 거기에 대응한 점검을 실시한다.
- 과거 재해발생개소는 그 원인이 완전히 배제되어 있는지 확인한다.
- 불량개소가 발견되었을 때는 다른 동종 설비에 대해서도 점검한다.
- 발견된 불량개소는 원인을 조사해 즉시 필요한 대책을 강구한다.
- 경미한 사실이라도 중대사고로 이어지는 일이 있기 때문에 지나쳐버리지 않도록 유의한다.
- 안전점검은 안전수준의 향상을 목적으로 한다는 것을 염두에 두고, 결점을 지적하거나 관찰하는 태도는 삼가도록 한다.

22 엘리베이터의 소유자나 안전(운행)관리자에 대한 교육내용이 아닌 것은?
① 엘리베이터에 관한 일반 지식
② 엘리베이터에 관한 법령 등의 지식
③ 엘리베이터에 운행 및 취급에 관한 지식
④ 엘리베이터에 구입 및 가격에 관한 지식

23 사고원인이 잘못 설명된 것은?
① 인적 원인 : 불안전한 행동
② 물적 원인 : 불안전한 상태
③ 교육적인 원인 : 안전지식 부족
④ 간접 원인 : 고의에 의한 사고

👉 간접 원인
기술적 원인, 교육적 원인, 정신적 원인, 관리적 원인, 신체적 원인

24 다음 중 전기재해에 해당되는 것은?
① 동상　　　② 협착
③ 전도　　　④ 감전

25 승강기 보수의 자체점검 시 취해야 할 안전조치 사항이 아닌 것은?
① 보수작업 소요시간 표시
② 보수 계약 기간 설치
③ 보수 중이라는 사용금지 표시
④ 작업자명과 연락처의 전화번호

👉 작업 표지판의 표기 내용
작업 중 표시, 작업 시간, 작업자명과 연락처 등

26 작업 시 이상 상태를 발견할 경우 처리절차가 옳은 것은?
① 작업 중단 → 관리자에게 통보 → 이상상태 제거 → 재발방지대책수립
② 관리자에게 통보 → 작업 중단 → 이상상태 제거 → 재발방지대책수립
③ 작업 중단 → 이상상태 제거 → 관리자에게 통보 → 재발방지대책수립
④ 관리자에게 → 이상상태 제거 → 통보작업 중단 → 재발방지대책수립

27 기계실에서 승강기를 보수하거나 검사 시의 안전수칙에 어긋나는 것은?
① 전기장치를 점검할 경우는 모든 전원스위치를 ON시키고 점검한다.

Answer
22. ④　23. ④　24. ④　25. ②　26. ①　27. ①

② 규정복장을 착용하고 소매끝이 회전물체에 말려 들어가지 않도록 주의한다.
③ 가동부분은 필요한 경우를 제외하고는 움직이지 않도록 한다.
④ 브레이크 라이너를 점검할 경우는 전원스위치를 OFF시킨 상태에서 점검하도록 한다.

👉 전기장치 점검 시 전원스위치를 OFF시키고 점검한다.

28 기계설비의 위험방지를 위해 보전성을 개선하기 위한 사항과 거리가 먼 것은?
① 안전사고 예방을 위해 주기적인 점검을 해야 한다.
② 고가의 부품인 경우는 고장발생 직후에 교환한다.
③ 가동률을 높이고 신뢰성을 향상시키기 위해 안전 모니터링 시스템을 도입하는 것은 바람직하다.
④ 보전용 통로나 작업장의 안전 확보는 필요하다.

👉 고가의 부품이라도 미리 교체하는 것이 좋다.

29 전기식 엘리베이터에서 현수로프 안전율은 몇 이상이어야 하는가?
① 8 ② 9
③ 11 ④ 12

👉 **현수로프**
철제 또는 강철제 3본 이상의 와이어로프를 사용하며, 공칭직경은 8mm이고 안전율은 12 이상이어야 한다.

30 카 상부에 탑승하여 작업할 때 지켜야 할 사항으로 옳지 않은 것은?

① 정전스위치를 차단한다.
② 카 상부에 탑승하기 전 작업등을 점등한다.
③ 탑승 후에는 외부 문부터 닫는다.
④ 자동스위치를 점검 쪽으로 전환 후 작업한다.

👉 **카 상부에 탑승 절차**
• 절차에 의하여 탑승 스위치를 정지시키고, 도어를 열어 비상정지스위치를 정지 상태로 전환한다.
• 자동, 수동 스위치를 점검 쪽으로 전환한다.
• 카 상부에 탑승하기 전에 작업등을 점등하고, 외부 문을 열어 둔다.

31 비상용 엘리베이터에 사용되는 권상기의 도르래 교체기준으로 부적합한 것은?
① 도르래에 균열이 발생한 경우
② 제조사가 권장하는 클리프량을 초과하지 않은 경우
③ 도르래 홈의 마모로 인해 슬립이 발생한 경우
④ 도르래 홈에 로프자국이 심한 경우

👉 **권상기의 도르래 교체 시기**
• 도르래에 균열이 발생한 경우
• 도르래 홈의 마모로 인해 슬립이 발생할 때
• 도르래 홈에 로프자국이 심한 경우
• 작동 시 소음의 발생이 있을 때

32 기계실이 있는 엘리베이터의 승강로 내에 설치되지 않은 것은?
① 균형추 ② 완충기
③ 이동케이블 ④ 조속기

👉 **기계실에 설치 운용되는 주요설비 및 장치**
권상기, 조속기, 제어반

Answer
28. ② 29. ④ 30. ③ 31. ② 32. ④

33 마찰차의 종류가 아닌 것은?
① 원뿔 마찰차   ② 변속 마찰차
③ 홈붙이 마찰차 ④ 이붙이 마찰차

☞ 마찰차
• 동력 전달 시 2개의 바퀴를 접촉시켜 밀어 붙임으로 생기는 마찰력을 이용해 2축 사이의 동력을 전달하는 장치를 말한다.
• 종류는 원통 마찰차, 홈붙이 마찰차, 원뿔 마찰차, 무단 변속 마찰차 등이 있다.

34 카와 균형추에 대한 로프거는 방법으로 2 : 1 로핑방식을 사용하는 경우 그 목적으로 가장 적절한 것은?
① 로프의 수명을 연장하기 위하여
② 속도를 줄이거나 적재하중을 증가시키기 위하여
③ 로프를 교체하기 쉽도록 하기 위하여
④ 무부하로 운전할 때를 대비하기 위하여

☞ 로핑 사용 목적
로핑이 커질수록 대용량 저속이 된다.
※ 로프 거는 법

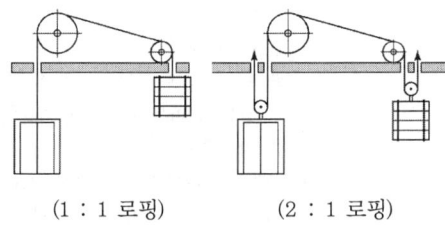

(1 : 1 로핑)   (2 : 1 로핑)

35 에스컬레이터의 핸드레일에 관한 설명 중 틀린 것은?
① 핸드레일은 디딤판과 속도가 일치해야 하며 역방향으로 승강하여야 한다.
② 정상운행 동안 핸드레일이 핸드레일 가이드로부터 이탈되지 않아야 한다.
③ 핸드레일 인입구에 적절한 보호장치가 설치되어 있어야 한다.
④ 핸드레일 인입구에 이물질 및 어린이의 손이 끼이지 않도록 안전스위치가 있어야 한다.

☞ 핸드레일은 디딤판과 속도가 일치해야 하며 정방향으로 승강하여야 한다.

36 카 내에서 행하는 검사에 해당되지 않는 것은?
① 카 시브의 안전상태
② 카 내의 조명상태
③ 비상통화장치
④ 운전반 버튼 동작상태

☞ 카 내에서 행하는 검사
• 운전반 버튼의 동작상태
• 카 내의 조명상태
• 비상통화장치
• 승강장 출입구 바닥 앞부분과 카 바닥 앞부분과의 틈의 너비

37 피트 바닥과 카의 가장 낮은 부품 사이의 수직거리는 몇 m 이상이어야 하는가?
① 2.0   ② 1.5
③ 0.5   ④ 1.0

☞ 피트 바닥과 카의 가장 낮은 부분 사이의 유효 수직거리는 0.5m 이상이어야 한다.

38 롤 세이프티형 조속기의 점검방법에 대한 설명으로 틀린 것은?
① 각 지점부의 부착상태, 급유상태 및 조정 스프링에 약화 등이 없는지 확인한다.
② 조속기 스위치를 끊어 놓고 안전회로가 차단됨을 확인한다.
③ 카 위에 타고 점검운전을 하면서 조속

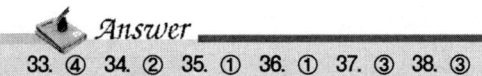

33. ④ 34. ② 35. ① 36. ① 37. ③ 38. ③

기 로프의 마모 및 파단상태를 확인하지만, 로프 텐션의 상태는 확인할 필요가 없다.
④ 시브의 홈의 마모상태를 확인한다.

☞ **롤 세이프티형 조속기의 점검방법**
- 각 지점부의 부착상태, 급유상태 및 조정 스프링에 약화 등이 없는지 확인한다.
- 조속기 스위치를 끊어 놓고 안전회로가 차단됨을 확인한다. 또 스위치의 설치 상태 및 배선단자의 이완을 확인한다.
- 카 위에 타고 점검운전을 하면서 조속기 로프의 마모 및 파단상태를 확인하지만, 로프 텐션의 상태를 확인한다.
- 도르래의 홈을 확인하고, 도르래 윗면과 로프의 윗면 치수가 윗면에서 2mm 이상이면 교체한다.

39 유압엘리베이터의 전동기는?
① 상승 시에만 구동된다.
② 하강 시에만 구동된다.
③ 상승 시와 하강 시 모두 구동된다.
④ 부하의 조건에 따라 상승 시 또는 하강 시에 구동된다.

☞ 유압엘리베이터의 전동기는 상승 시에만 구동된다.

40 플라이 볼형 조속기의 구성 요소에 해당되지 않는 것은?
① 플라이 웨이트　② 로프캐치
③ 플라이 볼　　　④ 베벨기어

☞ **플라이 볼형 조속기의 구성 요소**
플라이 볼, 로프캐치, 베벨기어, 링크, 조정용 스프링, 도르래, 베드 등

41 승강기용 제어반에 사용되는 릴레이의 교체기준으로 부적합한 것은?

① 릴레이 접점표면에 부식이 심한 경우
② 릴레이 접점이 마모, 전이 및 열화된 경우
③ 채터링이 발생된 경우
④ 리미트 스위치 레버가 심하게 손상된 경우

☞ 리미트 스위치 레버가 심하게 손상된 경우 리미트 스위치를 교체한다.

42 일종의 압력조정밸브로 회로의 압력이 상용압력의 125% 이상 높아지게 되면 바이패스 회로를 여는 밸브는?
① 사일렌서　　　② 스톱 밸브
③ 안전 밸브　　　④ 체크 밸브

☞ ① 사일렌서 : 자동차의 머플러와 같이 작동유의 압력 맥동을 흡수하여 진동, 소음을 감소시키는 역할을 한다.
② 스톱밸브 :
　㉠ 밸브를 닫으면 실린더의 오일이 탱크로 역류하는 것을 방지한다.
　㉡ 유압장치의 보수·점검 또는 수리 시 사용한다.
　㉢ 유압파워유닛과 실린더 사이의 압력배관에 설치되며, 이것을 닫으면 실린더의 기름이 파워 유닛으로 역류하는 것을 방지한다.
④ 체크 밸브 : 유체를 한쪽 방향으로만 흐르게 하는 밸브로서, 카의 정지 중이나 운행 중 작동유의 압력이 떨어져 카가 역행하는 것을 방지하는 밸브이다.

43 에스컬레이터의 안전장치에 관한 설명으로 틀린 것은?
① 승강장에서 디딤판의 승강을 정지시키는 것이 가능한 장치이다.
② 사람이나 물건이 핸드레일 인입구에 꼈을 때 디딤판의 승강을 자동적으로 정

Answer
39. ①　40. ①　41. ④　42. ③　43. ④

지시키는 장치이다.

③ 상하 승강장에서 디딤판과 콤 플레이트 사이에 사람이나 물건이 끼이지 않도록 하는 장치이다.

④ 디딤판체인이 절단되었을 때 디딤판의 승강을 수동으로 정지시키는 장치이다.

☞ 디딤판체인이 절단되었을 때 디딤판의 승강을 자동으로 정지시키는 장치이다.

44 와이어로프 클립(wire rope clip)의 체결 방법으로 가장 적합한 것은?

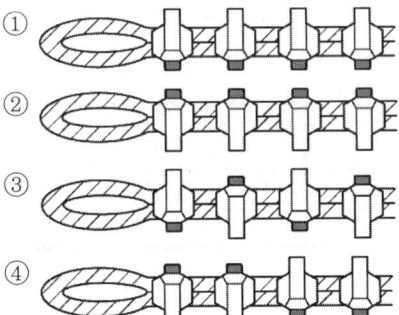

45 유압식 엘리베이터의 속도제어에서 주회로에 유량제어밸브를 삽입하여 유량을 직접 제어하는 회로는?

① 미터오프 회로
② 미터인 회로
③ 블리드오프 회로
④ 블리드인 회로

☞ **미터 인(meter-in) 회로**
- 유량제어밸브를 주회로에 삽입하여 유량을 직접 제어하는 방식이다.
- 비교적 정확한 속도제어가 가능하다.
- 기동 시 유량조정이 어렵다.
- 스타트 쇼크가 발생하기 쉽다.
- 상승 운전 시 효율이 좋지 않다.

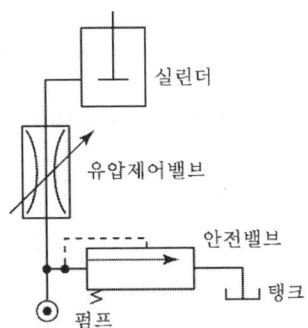

46 에스컬레이터 구동기의 공칭속도는 몇 %를 초과하지 않아야 하는가?

① ±1   ② ±3
③ ±5   ④ ±8

47 전기력선의 성질 중 옳지 않은 것은?

① 양전하에서 시작하여 음전하에서 끝난다.
② 전기력선의 접선방향이 전장의 방향이다.
③ 전기력선은 등전위면과 직교한다.
④ 두 전기력선은 서로 교차한다.

☞ **전기력선의 특징**
- 전기력선은 양전하에서 나와 음전하로 들어간다.
- 갈라지거나 도중에 교차하지 않는다.
- 전기장의 세기가 클수록 전기력선의 밀도가 높다.
- 전기력선의 한 점에서의 접선방향은 그 점에서의 전기장의 방향이다.

48 전류 I[A]와 전하 Q[C] 및 시간 t초와의 상관관계를 나타낸 식은?

① $I=\dfrac{Q}{t}$[A]   ② $I=\dfrac{t}{Q}$[A]

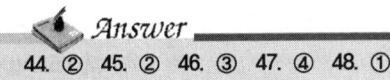

44. ② 45. ② 46. ③ 47. ④ 48. ①

③ $I = \dfrac{Q^2}{t}$ [A]   ④ $I = \dfrac{Q}{t^2}$ [A]

☞ **전류(electric current)**
전기를 흐르게 하는 힘

$I = \dfrac{Q}{t}$ [A]

t : 시간(sec), Q : 전기량(C)

49 크레인, 엘리베이터, 공작기계, 공기압축기 등의 운전에 가장 적합한 전동기는?
① 직권전동기   ② 분권전동기
③ 차동복권전동기 ④ 가동복권전동기

☞ **가동복권전동기**
분권전동기와 직권전동기의 중간 특성을 가지고 있으며 기동 토크가 상당히 크다. 그리고 직권계자권선이 있어 기동 토크도 매우 크다. 그래서 크레인, 엘리베이터, 공작기계, 콤프레셔 등에 사용된다.

50 끝이 고정된 와이어로프 한쪽을 당길 때 와이어로프에 작용하는 하중은?
① 인장하중   ② 압축하중
③ 반복하중   ④ 충격하중

☞ **인장하중**
재료를 끌어당길 때의 힘을 말한다.

51 응력을 옳게 표현한 것은?
① 단위길이에 대한 늘어남
② 단위체적에 대한 질량
③ 단위면적에 대한 변형률
④ 단위면적에 대한 힘

☞ **응력**
외력을 가할 때 변형된 물체 내부에 발생하는 단위 면적당 힘, 즉 단위 면적당 변형에 저항하는 힘을 말한다.

52 그림과 같은 시퀸스도와 같은 논리회로의 기호는? (단, A와 B는 입력, X는 출력이다.)

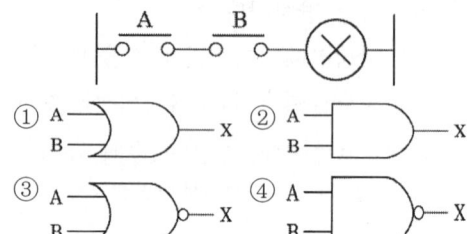

☞ AND 회로

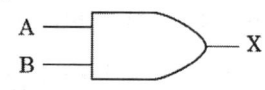

논리 기호

A	B	X
0	0	0
0	1	0
1	0	0
1	1	1

진리표

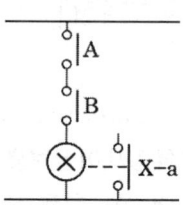

시퀸스 회로

논리식 $X = A \times B$

53 다음과 같은 그림기호는?

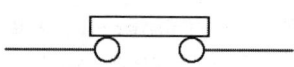

① 플로트레스 스위치
② 리미트 스위치
③ 텀블러 스위치
④ 누름버튼 스위치

Answer
49. ④ 50. ① 51. ④ 52. ② 53. ②

54 기어, 풀리, 플라이휠을 고정시켜 회전력을 전달시키는 기계요소는?
① 키   ② 와셔
③ 베어링 ④ 클러치

☞ 키(key)
축과 회전체를 일체로 하여 회전력을 전달시키는 기계요소

55 푸아송비에 대한 설명으로 옳은 것은?
① 세로변형률을 가로변형률로 나눈 값
② 가로변형률을 세로변형률로 나눈 값
③ 세로변형률을 가로변형률을 곱한 값
④ 세로변형률을 가로변형률을 더한 값

☞ 푸아송비
재료 내부에 생기는 수직 응력에 의한 가로변형률을 세로변형률로 나눈 값이다.

56 다음 중 직류전압의 측정범위를 확대하여 측정할 수 있는 계기는?
① 변압기   ② 배율기
③ 분류기   ④ 변류기

☞ 배율기
전압계의 측정범위를 확대하기 위해서 계기의 내부회로에 직렬로 접속하는 저항기

57 자기인덕턴스 L[H]의 코일에 전류 I[A]를 흘렸을 때, 여기에 축적되는 에너지 W[J]를 나타내는 공식으로 옳은 것은?
① $W = LI^2$ ② $W = \frac{1}{2}LI$
③ $W = L^2 I$ ④ $W = \frac{1}{2}L^2 I$

58 다음 중 3상 유도전동기의 회전방향을 바꾸는 방법은?
① 두 선의 접속변환
② 기상보상기를 이용
③ 전원 주파수 변환
④ 전원의 극수변환

☞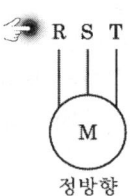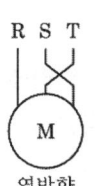
정방향   역방향

59 자극수 4, 전기자 도체수 400, 각 자극의 유효자속수 0.01Wb, 회전수 600rpm인 직류발전기가 있다. 전기자권수가 파권인 경우 유기기전력[V]은?
① 40   ② 70
③ 80   ④ 100

☞ 유기기전력(E)
$= \frac{\phi nzp}{60\alpha} = \frac{0.01 \times 400 \times 600 \times 4}{60 \times 2} = 80$
ϕ : 유효자속수 n : 전기자도체수
z : 회전수 p : 자극수
a : $a = 2$(파권)

60 하중의 시간변화에 따른 분류가 아닌 것은?
① 충격하중   ② 반복하중
③ 전단하중   ④ 교번하중

☞ 하중의 시간변화에 따른 분류
교번하중, 반복하중, 충격하중
※ 전단하중 : 평행 2면에 크기가 같고 방향이 반대로 작용하는 하중

Answer
54. ① 55. ② 56. ② 57. ② 58. ① 59. ③ 60. ③

과년도 출제문제

2015년 1회

01 상승하던 엘리베이터가 갑자기 하강방향으로 움직일 수 있는 상황을 방지하는 안전장치는?
① 스텝 체인
② 핸드레일
③ 구동체인 안전장치
④ 스커트 가드 안전장치

> ① 스텝 체인 안전장치 : 스텝 체인이 파손되거나 과도하게 늘어날 때 즉시 작동하여 에스컬레이터를 정지시키는 장치로서 설치 위치는 하부 종단부에 설치한다.
> ② 핸드레일 인입구 안전장치(인렛 스위치) : 핸드레일 인입구에 이물질이 들어가는 것을 방지하는 장치로 손 또는 이물질이 끼었을 경우 즉시 작동되어 에스컬레이터를 정지시킨다.
> ③ 구동체인 안전장치(DC 스위치) : 구동체인이 파손될 때 즉시 모터의 작동을 정지시켜 주는 장치
> ④ 스커트 스위치 : 에스컬레이터의 고정된 스커트 가드와 스텝 사이의 틈에 신발이나 옷 등이 끼어 사고가 발생할 수 있으므로 이를 감지하여 정지시키는 스위치

02 교류 엘리베이터의 제어방식이 아닌 것은?
① 교류 1단 속도제어방식
② 교류귀환 전압제어방식
③ 가변전압 가변주파수(VVVF) 제어방식
④ 교류상환 속도제어방식

> 교류 제어방식
> 교류 1단 방식, 교류 2단 방식, 교류 귀환방식, VVVF 방식 등이 있다.

03 승강기에 사용되는 전동기의 소요 동력을 결정하는 요소가 아닌 것은?
① 정격적재하중
② 정격속도
③ 종합효율
④ 건물길이

> 모터용량(P)
> $= \dfrac{1분간\ 수송인원 \times 1명의\ 중량 \times 층높이}{6120 \times 종합효율}$ [kW]
> $= \dfrac{LVS}{6120 \times \eta}$ [kW]
> L : 정격 적재용량
> V : 정격속도
> $S = 1 - F$(오버밸런스율)

04 카가 최상층 및 최하층을 지나쳐 주행하는 것을 방지하는 것은?
① 리미트 스위치
② 균형추
③ 인터록 장치
④ 정지스위치

> 리미트 스위치
> 카가 승강로의 완충기에 충돌되기 전에 작동되어야 한다.

05 승객용 엘리베이터에서 일반적으로 균형체인 대신 균형로프를 사용하는 정격속도의 범위는?
① 120m/min 이상

Answer
1. ③ 2. ④ 3. ④ 4. ① 5. ①

② 120m/min 미만
③ 150m/min 이상
④ 150m/min 미만

🔎 승객용 엘리베이터에서 일반적으로 균형체인 대신 균형로프를 사용하는 정격속도의 120m/min 이상으로 한다.

06 전기식 엘리베이터 기계실의 실온 범위는?

① 5~70℃ ② 5~60℃
③ 5~50℃ ④ 5~40℃

🔎 **기계실 구조 및 규정**
- 기계실의 바닥면적은 일반적으로 승강로 수평투영면적의 2배 이상이어야 한다.

정격속도(m/min)	수직거리(m)
60 이하	2.0
60 초과 150 이하	2.2
150 초과 210 이하	2.5
210 초과	2.8

- 정격속도에 따른 수직거리
- 엘리베이터 기계실의 권상기 제어반은 유지보수를 위하여 벽면에서 최소한 0.3m 이상 떨어져야 한다.
- 기계실 온도는 5℃ 이상 40℃ 이하를 유지해야 한다.
- 기계실 내 작업구역에서의 유효높이는 2m 이상이어야 한다.
- 기계실에 설치 운용되는 주요설비 및 장치 : 권상기, 조속기, 제어반

07 무빙워크의 경사도는 몇 도이어야 하는가?

① 30 ② 20
③ 15 ④ 12

🔎 **수평 보행기의 설치 기준**
- 사람 또는 화물이 끼이거나, 장애물에 충돌이 없을 것
- 경사각도는 12° 이하로 할 것(단, 6° 이하일 경우에는 광폭형으로 설치할 수 있다). 단, 디딤면이 고무제품 등 미끄러지기 어려운 구조일 경우에는 15° 이하로 할 수 있다.

- 정격속도는 45m/min(0.75m/s) 이하로 한다.
- 이동 손잡이 간 거리는 1.25m 이하로 한다.
- 핸드레일은 계단에서 높이 0.6m에 설치해야 된다.
- 디딤판의 수평 투영면적에 270kg/m² 를 곱한 값 이상으로 한다.

08 수직순환식 주차장치의 승입방식에 따라 분류할 때 해당되지 않는 것은?

① 하부 승입식 ② 중간 승입식
③ 상부 승입식 ④ 원형 승입식

🔎 **수직순환식**
- 주차설비는 자동차를 넣고 그 주차구획을 수직으로 순환시켜 주차시키는 방식
- 구분 방식 : 하부, 상부, 중간 승입식

09 에스컬레이터의 가이드레일에 대한 치수를 결정할 때 점검해야 할 사항이 아닌 것은?

① 안전장치가 작동할 때 레일에 걸리는 좌굴하중을 점검한다.
② 수평진동에 의한 레일의 휘어짐을 고려한다.
③ 케이지에 회전모멘트가 걸렸을 때 레일이 지지할 수 있는지 여부를 고려한다.
④ 레일에 이물질이 끼었을 때 배출을 고려한다.

🔎 **에스컬레이터의 가이드레일**
- 안전장치가 작동할 때 레일에 걸리는 좌굴하중을 점검한다.
- 수평진동에 의한 레일의 휘어짐을 고려한다.
- 케이지에 회전모멘트가 걸렸을 때 레일이 지지할 수 있는지 여부를 고려한다.
※ 스커트 스위치 : 에스컬레이터의 고정된 스커트 가드와 스텝 사이의 틈에 신발이나 옷 등이 끼여 사고가 발생할 수 있으므로 이를 감지하여 정지시키는 스위치

Answer
6. ④ 7. ④ 8. ④ 9. ④

10 유압엘리베이터의 동력전달 방법에 따른 종류가 아닌 것은?

① 스크류식　　② 직접식
③ 간접식　　　④ 팬더그래프식

👉 **동력 매체별 분류**

구분	이용 방법	종류
로프식 (전기식)	로프에 카를 매달아 전동기를 이용하는 방식	권상 구동식, 포지티브 구동식
플런저	유체의 압력을 이용하는 방식	직접식, 간접식, 팬더그래프식
스크류	나사의 홈 기둥을 따라 이동하는 방식	
랙·피니언	레일의 랙(rack)과 카의 피니언을 이용해 움직이는 방식	

11 사람이 탑승하지 않으면서 적재용량 1톤 미만의 소형 화물 운반에 적합하게 제작된 엘리베이터는?

① 덤웨이터
② 화물용 엘리베이터
③ 비상용 엘리베이터
④ 승객용 엘리베이터

👉 **덤웨이터**
　카의 바닥면적 $1m^3$ 이하, 천장높이 1.2m 이하로 사람이 타지 않으면서 1톤 미만의 소형 화물을 운반하는 엘리베이터이다. 그러므로 정전등이 필요 없다.

12 승강장문의 유효 출입구 높이는 몇 m 이상이어야 하는가? (단, 자동차용 엘리베이터는 제외)

① 1　　　　② 1.5
③ 2　　　　④ 2.5

👉 승강장문의 유효 출입문은 폭 0.7m 이상, 높이 1.8m 이상의 금속제 문이어야 하며 기계실 외부로 완전히 열리는 구조이어야 한다. 기계실 내부로는 열리지 않아야 한다.

13 카의 실제 속도와 속도지령장치의 지령속도를 비교하여 사이리스터의 점호각을 바꿔 유도전동기의 속도를 제어하는 방식은?

① 사이리스터 레오나드 방식
② 교류귀환 전압제어방식
③ 가변전압 가변주파수 방식
④ 워드 레오나드 방식

👉 **교류귀환 제어방식**
• 고속측은 사이리스터에 의한 1차 전압제어 또는 교류 2단 속도와 동일한 기동저항을 이용한 방식으로 하고, 제동측은 사이리스터에 의한 직류전압을 모터에 가하는 다이나믹 브레이크(DB제어)를 작동시킨다.
• 속도 지령에 따라 크리프 리스로 착상 가능하기 때문에 층간 운전시간이 짧고 승차감이 뛰어나지만, 모터의 발열이 크다는 것이 단점이 있다.
• 2권선 모터를 사용하지 않고, 1권선 모터를 이용해 감속 시에는 구동회로에서 모터를 전원으로부터 분리하여 제동 전류를 모터에 가하는 등 다양한 어레인지가 이루어진다.

14 다음 중 승강기 제동기의 구조에 해당되지 않는 것은?

① 브레이크 슈　　② 라이닝
③ 코일　　　　　④ 워터슈트

👉 **승강기 제동기**
• 솔레노이드 코일이 자석의 성질을 잃게 되면 즉시 스프링의 힘에 의해 제동이 걸리는 방식
• 장치로는 코일, 라이닝, 브레이크 슈 등이 있다.

Answer
10. ① 　11. ① 　12. ③ 　13. ② 　14. ④

15 전기식 엘리베이터에서 카 비상정지장치의 작동을 위한 조속기는 정격속도 몇 % 이상의 속도에서 작동되어야 하는가? (단, 13년 개정 전 과속스위치는 1.3배 이하에서 작동)

① 220   ② 200
③ 115   ④ 100

👉 **조속기의 동작**
카 비상정지장치를 위한 조속기 캐치는 적어도 정격속도의 115% 이상에서 작동하여야 한다.

16 다음 중 승강기 도어시스템과 관계가 없는 부품은?

① 브레이스 로드
② 연동로프
③ 캠
④ 행거

👉 **승강기 도어시스템**
행거, 행거롤러, 도어행거, 트랙, 도어레일, 업 스러스트, 행거 케이스, 키받이, 도어 로크, 도어 스위치, 도어 인터록 등이 있다.

17 유압 엘리베이터의 유압 파워 유닛과 압력배관에 설치되며, 이것을 닫으면 실린더의 기름이 파워 유닛으로 역류되는 것을 방지하는 밸브는?

① 스톱 밸브   ② 럽쳐 밸브
③ 체크 밸브   ④ 릴리프 밸브

👉 **① 스톱 밸브**
• 밸브를 닫으면 실린더의 오일이 탱크로 역류하는 것을 방지한다. 유압장치의 보수·점검 또는 수리 시 사용
• 유압 파워 유닛과 실린더 사이의 압력배관에 설치되며, 이것을 닫으면 실린더의 기름이 파워 유닛으로 역류하는 것을 방지한다.

② 럽쳐 밸브 : 오일이 실린더로 들어가는 곳에 설치되어 만일 파이프가 파손되었을 때 자동적으로 밸브를 닫아 카가 급격히 떨어지는 것을 방지한다.
③ 체크 밸브 : 유체를 한쪽 방향으로만 흐르게 하는 밸브로서, 카의 정지 중이나 운행 중 작동유의 압력이 떨어져 카가 역행하는 것을 방지하는 밸브이다.
④ 릴리프 밸브 : 압력조정 밸브로 관내 압력이 상승하여 상용압력의 125% 이상 높아지면 기름을 탱크로 되돌려 보내 압력상승을 방지한다.

18 와이어로프의 꼬는 방법 중 보통 꼬임에 해당하는 것은?

① 스트랜드의 꼬는 방향과 로프의 꼬는 방향이 반대인 것
② 스트랜드의 꼬는 방향과 로프의 꼬는 방향이 같은 것
③ 스트랜드의 꼬는 방향과 로프의 꼬는 방향이 일정구간 같다가 반대이었다가 하는 것
④ 스트랜드의 꼬는 방향과 로프의 꼬는 방향이 전체 길이의 반은 같고 반은 반대인 것

👉 **권상용 와이어로프의 꼬임 종류**
• 보통 꼬임 : 스트랜드의 꼬는 방향과 로프의 꼬는 방향이 반대인 것. 많이 사용되고 있다.
• 랭(Lang) 꼬임 : 스트랜드의 꼬는 방향과 로프의 꼬는 방향이 같은 방향인 것

19 인체에 통전되는 전류가 더욱 증가되면 전류의 일부가 심장부분을 흐르게 된다. 이때 심장이 정상적인 맥동을 못하며 불규칙적으로 세동을 하게 되어 결국 혈액이 순

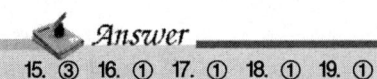
15. ③ 16. ① 17. ① 18. ① 19. ①

환에 큰 장애를 일으키게 되는 현상(전류)을 무엇이라 하는가?

① 심실세동전류 ② 고통한계전류
③ 기수전류 ④ 불수전류

20 에스컬레이터의 이동용 손잡이에 대한 안전점검 사항이 아닌 것은?

① 균열 및 파손 등의 유무
② 손잡이의 안전마크 유무
③ 디딤판과의 속도차 유지 여부
④ 손잡이가 드나드는 구멍의 보호장치 유무

> **에스컬레이터의 이동용 손잡이에 대한 안전점검 사항**
> • 디딤판과의 속도차 유지 여부
> • 손잡이가 드나드는 구멍의 보호장치 유무
> • 균열 및 파손 등의 유무

21 감전사고로 의식불명이 된 환자가 물을 요구할 때의 방법으로 적당한 것은?

① 냉수를 주도록 한다.
② 온수를 주도록 한다.
③ 설탕물을 주도록 한다.
④ 물을 천에 묻혀 입술에 적시어만 준다.

22 다음 중 안전사고 발생 요인이 가장 높은 것은?

① 불안전한 상태와 행동
② 개인의 개성
③ 환경과 유전
④ 개인의 감정

> • 사람의 불안전한 행동, 상태에서 안전사고율이 높다.
> • 지식 부족, 미숙련, 과로, 태만, 지시 무시

23 설비재해의 물적 원인에 속하지 않는 것은?

① 교육적 결함(안전교육의 결함, 표준작업방법의 결여 등)
② 설비나 시설에 위험이 있는 것(방호 불충분 등)
③ 환경의 불량(정리정돈 불량, 조명 불량 등)
④ 작업복, 보호구의 불량

> **재해의 원인**
> ㉠ 직접 원인
>   • 인적 요인 : 사람의 불안전한 행동, 상태 (지식 부족, 미숙련, 과로, 태만, 지시 무시 등)
>   • 물적 요인 : 불량한 기계설비와 불안전한 환경에서 오는 요인으로 정리정돈의 결함이다.(안전장치의 결함, 보호구의 결함, 부적절한 작업환경 등)
> ㉡ 간접 원인 : 기술적 원인, 교육적 원인, 정신적 원인, 관리적 원인, 신체적 원인

24 작업 감독자의 직무에 관한 사항이 아닌 것은?

① 작업감독 지시
② 사고보고서 작성
③ 작업자 지도 및 교육 실시
④ 산업재해 시 보상금 기준 작성

> **안전관리자의 직무**
> • 당해 사업장의 안전보건관리규정 및 취업규정에서 정한 업무
> • 당해 사업장 안전교육계획의 수립 및 실시
> • 사업장 순회점검, 지도 및 조치의 건의
> • 산업재해발생 원인 조사 및 재발방지를 위한 기술적 지도 조언
> • 방호장치, 기계기구 및 설비, 보호구 중 안전에 관계되는 보호구 구입 시 적격품 판정
> • 산업재해에 관한 통계의 유지관리를 위한 조치 건의
> • 안전에 관한 사항을 위반한 근로자에 대한

Answer
20. ② 21. ④ 22. ① 23. ① 24. ④

조치 건의

25 승강기 자체점검의 결과 결함이 있는 경우 조치가 옳은 것은?

① 즉시 보수하고, 보수가 끝날 때까지 운행을 중지
② 주의 표시 부착 후 운행
③ 점검결과를 기록하고 운행
④ 제한적으로 운행하고 보수

☞ 즉시 운행을 중지하고 보수 후 작동한다.

26 산업재해 중에서 다음에 해당하는 경우를 재해형태별로 분류하면 무엇인가?

> 전기 접촉이나 방전에 의해 사람이 충격을 받은 경우

① 감전　　② 전도
③ 추락　　④ 화재

27 추락을 방지하기 위한 2종 안전대의 사용법은?

① U자걸이 전용
② 1개걸이 전용
③ 1개걸이, U자걸이 겸용
④ 2개걸이 전용

☞ 안전대의 종류 및 등급
　㉠ 종류 : 벨트식[B식], 안전그네식[H식]
　㉡ 등급
　　・1종 : U자걸이 전용
　　・2종 : 1개걸이 전용
　　・3종 : 1개걸이, U자걸이 전용
　　・4종 : 안전블록
　　・5종 : 추락방지대

28 전기(로프)식 엘리베이터의 안전장치와 거리가 먼 것은?

① 비상정지장치　　② 조속기
③ 도어인터록　　　④ 스커트 가드

☞ 스커트 가드
에스컬레이터의 고정된 스커트 가드와 스텝 사이의 틈에 신발이나 옷 등이 끼여 사고가 발생할 수 있으므로 이를 방지하는 장치

29 공칭속도 0.5m/s 무부하 상태의 에스컬레이터 및 하강방향으로 움직이는 제동부하 상태의 에스컬레이터의 정지거리는?

① 0.1m에서 1.0m 사이
② 0.2m에서 1.0m 사이
③ 0.3m에서 1.3m 사이
④ 0.4m에서 1.5m 사이

☞ 에스컬레이터의 정지거리
무부하 상태의 에스컬레이터 및 하강 방향으로 움직이는 제동부하 상태의 에스컬레이터에 대한 정지거리

[에스컬레이터의 정지거리]

공칭속도 V	정지거리
0.50m/s	0.20m에서 1.00m 사이
0.65m/s	0.30m에서 1.30m 사이
0.75m/s	0.40m에서 1.50m 사이

• 공칭속도 사이에 있는 속도의 정지거리는 보간법으로 결정되어야 한다.
• 정지거리는 전기적 정지장치가 작동된 시간부터 측정되어야 한다.

Answer
25. ①　26. ①　27. ②　28. ④　29. ②

30 로프식(전기식) 엘리베이터용 조속기의 점검사항이 아닌 것은?

① 진동소음상태
② 베어링 마모상태
③ 캣치 작동상태
④ 라이닝 마모상태

> **조속기의 점검방법**
> • 각 지점부의 부착상태, 급유상태 및 조정 스프링에 약화, 소음의 유무, 볼트 및 너트의 이완 유무 등을 확인한다.
> • 조속기 스위치를 끊어 놓고 안전회로가 차단됨을 확인한다. 또 스위치의 설치상태 및 배선단자의 이완을 확인한다.
> • 카 위에 타고 점검운전을 하면서 조속기 로프의 마모 및 파단상태를 확인하지만, 로프 텐션의 상태를 확인한다.
> • 도르래의 홈을 확인하고, 도르래 윗면과 로프의 윗면 치수가 윗면에서 2mm 이상이면 교체한다.

31 카 도어록이 설치되어 사람의 힘으로 열 수 없는 경우나 화물용 엘리베이터의 경우를 제외하고 엘리베이터의 카바닥 앞부분과 승강로 벽과의 수평거리는 일반적인 경우 그 기준을 몇 mm 이하로 하도록 하고 있는가?

① 30mm   ② 55mm
③ 100mm   ④ 125mm

> 카바닥 앞부분과 승강로 벽과의 수평거리는 125mm 이하이어야 한다.

32 엘리베이터에서 와이어로프를 사용하여 카의 상승과 하강을 전동기를 이용한 동력장치는?

① 권상기   ② 조속기
③ 완충기   ④ 제어반

> ① 권상기 : 와이어로프를 이용하여 카의 상승과 하강을 전동기를 이용
> ② 조속기 : 카의 운행속도를 기계적이고 전기적인 방법으로 동시에 검출하여 카의 과속도를 검출하여 이상 시 동력을 차단하여 비상정지를 시키는 장치이다. 조속기는 원심력에 의해 작동하며, 구동축 주위를 도는 2개의 추로 이루어져 있다. 이 추들은 대부분 스프링을 이용한 제어력에 의해 밖으로 튀어나가지 않도록 되어 있다.
> ③ 완충기 : 카가 어떤 원인으로 최하층 피트로 떨어질 때 충격을 완화시키는 장치

33 로프식(전기식) 엘리베이터에 있어서 기계실내의 조명, 환기상태 점검 시에 운전을 중지하고 긴급수리를 해야 하는 경우는?

① 천장, 창 등에 우수가 침입하여 기기에 악영향을 미칠 염려가 있는 경우
② 실내에 엘리베이터 관계 이외의 물건이 있는 경우
③ 조도, 환기가 부족한 경우
④ 실온 0℃ 이하 또는 40℃ 이상인 경우

34 엘리베이터 전동기에 요구되는 특성으로 옳지 않은 것은?

① 충분한 제동력을 가져야 한다.
② 운전상태가 정숙하고 고진동이어야 한다.
③ 카의 정격속도를 만족하는 회전특성을 가져야 한다.
④ 높은 기동빈도에 의한 발열에 대응하여야 한다.

> **전동기의 구비 조건**
> • 기동전류와 기동토크가 작을 것
> • 운전상태가 정숙하고 저진동이어야 한다.
> • 회전부분의 관성 모멘트가 작을 것

Answer
30. ④ 31. ④ 32. ① 33. ① 34. ②

• 잦은 기동빈도에 대해 열적으로 견딜 것

35 전자접촉기 등의 조작회로를 접지하였을 경우, 당해 전자접촉기 등이 폐로될 염려가 있는 것의 접속방법으로 옳은 것은?
① 코일과 접지측 전선 사이에 반드시 개폐기가 있을 것
② 코일의 일단을 접지측 전선에 접속할 것
③ 코일의 일단을 접지하지 않는 쪽의 전선에 접속할 것
④ 코일과 접지측 전선 사이에 반드시 퓨즈를 설치할 것

36 스텝과 스커트 사이에 끼임의 위험을 최소화하기 위한 장치는?
① 콤
② 뉴얼
③ 스커트
④ 스커트 디플렉터

> **스커트 디플렉터**
> 에스컬레이터의 고정된 스커트 가드와 스텝 사이의 틈에 신발이나 옷 등이 끼여 사고가 발생할 수 있으므로 이를 방지하는 장치

37 전기식 엘리베이터의 카 내 환기시설에 관한 내용 중 틀린 것은?
① 구멍이 없는 문이 설치된 카에는 카의 위·아랫부분에 환기구를 설치한다.
② 구멍이 없는 문이 설치된 카에는 반드시 카의 윗부분에만 환기구를 설치한다.
③ 카의 윗부분에 위치한 자연 환기구의 유효면적은 카의 허용면적의 1% 이상이어야 한다.
④ 카의 아랫부분에 위치한 자연환기구의 유효면적은 카의 허용면적의 1% 이상이어야 한다.

> **환기시설**
> • 구멍이 없는 문이 설치된 카에는 카의 위·아랫부분에 자연 환기구가 있어야 한다.
> • 카 윗부분에 위치한 자연환기구의 유효면적은 카의 허용면적의 1% 이상이어야 한다. 카 아랫부분의 환기구 또한 동일하게 적용된다. 카문 주위에 있는 개구부 또는 틈새는 규정된 유효 면적의 50%까지 환기구의 면적에 계산될 수 있다.
> • 자연환기구는 직경 10mm의 곧은 강체 막대 봉이 카 내부에서 카 벽을 통해 통과될 수 없는 구조이어야 한다.

38 승강기의 트랙션비를 설명한 것 중 옳지 않은 것은?
① 카측 로프가 매달고 있는 중량과 균형추측 로프가 매달고 있는 중량의 비율
② 트랙션비를 낮게 선택해도 로프의 수명과는 전혀 관계가 없다.
③ 카측과 균형추측에 매달리는 중량의 차를 작게 하면 권상기의 전동기 출력을 작게 할 수 있다.
④ 트랙션비는 1.0 이상의 값이 된다.

> **트랙션비**
> • 카측 로프의 중량과 균형추측 로프의 중량비를 말한다.
> • 트랙션비의 계산 시 적재하중, 카 자중, 로프 중량, 오버밸런스율 등을 고려해야 한다.

39 장애인용 엘리베이터의 경우 호출버튼에 의하여 카가 정지하면 몇 초 이상 문이 열린 채로 대기하여야 하는가?
① 8초 이상
② 10초 이상
③ 12초 이상
④ 15초 이상

Answer
35. ② 36. ④ 37. ② 38. ② 39. ②

👉 장애인 엘리베이터는 호출버튼 또는 등록버튼에 의하여 카가 정지하면 10초 이상 문이 열린 채로 대기하여야 한다.

40 과부하 방지장치에 대한 설명으로 옳은 것은?

① 과부하 감지장치가 작동하는 경우 경보음이 울려야 한다.
② 엘리베이터 주행 중에는 과부하감지장치의 작동이 무효화되어서는 안 된다.
③ 과부하 감지장치가 작동한 경우에는 출입문이 닫힘을 저지하여야 한다.
④ 과부하 감지장치는 초과 하중이 해소되기 전까지 작동하여야 한다.

👉 **과부하 방지장치**
• 기능 : 정격적재하중을 초과하여 적재(승차) 시 경보가 울리고 도어가 열림. 해소 시까지 문 열고 대기
• 고장 시 : 초과하중을 감지하지 못하여 과적재로 승강기가 추락할 수 있음. 메인로프와 시브의 미끄럼 발생으로 무통제 운전 발생

41 급유가 필요하지 않은 곳은?

① 호이스트 로프(hoist rope)
② 조속기(governor) 로프
③ 가이드 레일(guide rail)
④ 웜 기어(worm gear)

👉 조속기 로프에 급유가 되면 정지 시 미끄러짐 현상이 발생한다.

42 T형 레일의 13K 레일 높이는 몇 mm인가?

① 35   ② 40
③ 56   ④ 62

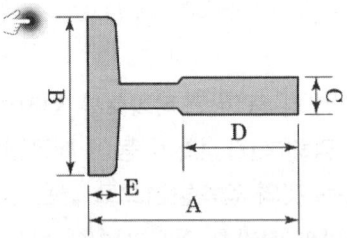

	8K	13K	18K	24K
A	56	62	89	89
B	78	89	114	127
C	10	16	16	16
D	26	32	38	50
E	6	7	8	12

43 유압식 엘리베이터에서 고장 수리할 때 가장 먼저 차단해야 할 밸브는?

① 체크 밸브   ② 스톱 밸브
③ 복합 밸브   ④ 다운 밸브

👉 **스톱 밸브**
• 밸브를 닫으면 실린더의 오일이 탱크로 역류하는 것을 방지한다. 유압장치의 보수·점검 또는 수리 시 사용한다.
• 유압 파워 유닛과 실린더 사이의 압력배관에 설치되며, 스톱 밸브를 닫으면 실린더의 기름이 파워 유닛으로 역류하는 것을 방지한다.

44 3상 유도전동기에 전류가 전혀 흐르지 않을 때의 고장 원인으로 볼 수 있는 것은?

① 1차측 전선 또는 접속선 중 한 선이 단선되었다.
② 1차측 전선 또는 접속선 중 2선 또는 3선이 단선되었다.
③ 1차측 또는 2차측 전선이 접지되었다.
④ 전자접촉기의 접점이 한 개 마모되었다.

👉 3상 유도전동기는 3선 중 2선 이상이 단선되면 전기가 흐르지 않는다.

Answer
40. ② 41. ② 42. ④ 43. ② 44. ②

45 무빙워크 이용자의 주의표시를 위한 표시판 또는 표지 내의 표시되는 내용이 아닌 것은?

① 손잡이를 꼭 잡으세요.
② 카트를 탑재하지 마세요.
③ 걷거나 뛰지 마세요.
④ 안전선 안에 서 주세요.

☞ 마트 무빙워크에는 카트를 탑재한다.

46 유압식 엘리베이터에서 바닥맞춤보정장치는 몇 mm 이내에서 작동상태가 양호하여야 하는가?

① 25   ② 50
③ 75   ④ 90

☞ • 바닥맞춤보정장치는 카의 정지 시 자연하강을 보정하기 위한 보정장치이다.
• 75mm 이내의 위치에서 보정할 수 있어야 한다.

47 직류 분권전동기에서 보극의 역할은?

① 회전수를 일정하게 한다.
② 기동토크를 증가시킨다.
③ 정류를 양호하게 한다.
④ 회전력을 증가시킨다.

☞ **정류작용의 개선 방법**
• 보극의 설치
• 보상권선 설치
• 접촉저항이 큰 브러시 사용

48 일감의 평행도, 원통의 진원도, 회전체의 흔들림 정도 등을 측정할 때 사용하는 측정기는?

① 버니어캘리퍼스
② 하이트게이지
③ 마이크로미터
④ 다이얼게이지

☞ ① 버니어 갤리퍼스(vernier calipers) : 기계부품의 지름, 두께, 깊이를 측정한다.

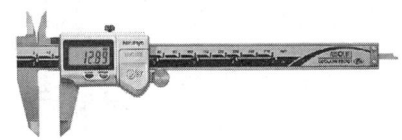

② 하이트 게이지(height gauge) : 공작물의 높이, 정밀한 금긋기에 사용한다.

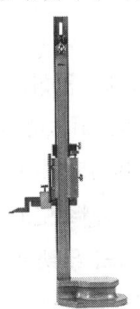

③ 마이크로미터(micrometer calipers) : 판의 두께, 작은 물체의 길이, 바깥지름, 안지름 등을 측정한다.

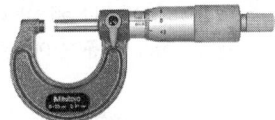

④ 다이얼 게이지(dial gauge) : 평면의 요철, 각각의 흔들림을 측정한다.

49 그림과 같은 지침형(아날로그형) 계기로 측정하기에 가장 알맞은 것은? (단, R은 지

Answer
45. ② 46. ③ 47. ③ 48. ④ 49. ③

침의 0점을 조절하기 위한 가변저항이다.)

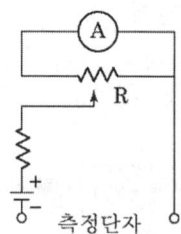

① 전압   ② 전류
③ 저항   ④ 전력

50 엘리베이터 권상기 시브 직경이 500mm 이고, 주와이어로프 직경이 12mm이며, 1 : 1 로핑방식을 사용하고 있다면 권상기 시브의 회전속도가 1분당 약 56회일 경우 엘리베이터 운행속도는 약 몇 m/min가 되겠는가?

① 45   ② 60
③ 90   ④ 120

> (500+12)×3.14×56=90030.08mm/min.
> 단위를 m로 바꾸면 90m/min

51 전동기를 동력원으로 많이 사용하는데 그 이유가 될 수 없는 것은?

① 안전도가 비교적 높다.
② 제어조작이 비교적 쉽다.
③ 소손사고가 발생하지 않는다.
④ 부하에 알맞은 것을 쉽게 선택할 수 있다.

> **엘리베이터에서 전동기 사용의 장·단점**
> • 제어조작이 비교적 쉽다.
> • 부하에 알맞은 것을 쉽게 선택할 수 있다.
> • 안전도가 비교적 높다.
> • 소손사고가 발생할 수 있다.

52 그림과 같은 활차장치의 옳은 설명은? (단, 그 활차의 직경은 같다.)

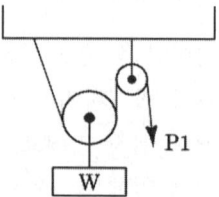

① 힘의 크기는 W=P이고, W의 속도는 P 속도의 $\frac{1}{2}$이다.

② 힘의 크기는 W=P이고, W의 속도는 P 속도의 $\frac{1}{4}$이다.

③ 힘의 크기는 W=2P이고, W의 속도는 P 속도의 $\frac{1}{2}$이다.

④ 힘의 크기는 W=2P이고, W의 속도는 P 속도의 $\frac{1}{4}$이다.

> **복활차**
> • 정활차와 동활차를 조합하여 만든 것
> • 적은 힘으로 몇 배의 하중을 올릴 수 있다.
> $W = 2^n \times F$

53 유도전동기의 동기속도가 n_s, 회전수가 n 이라면 슬립(s)은?

① $\dfrac{n_s - n}{n} \times 100$ ② $\dfrac{n_s - n}{n_s} \times 100$

③ $\dfrac{n_s}{n_s - n} \times 100$ ④ $\dfrac{n_s}{n_s + n} \times 100$

54 다음 강도 중 상대적으로 값이 가장 작은 것은?

① 파괴강도   ② 극한강도

Answer
50. ③ 51. ③ 52. ③ 53. ② 54. ④

③ 항복응력　　④ 허용응력

① 파괴강도 : 물체가 어떤 힘을 받았을 때 파괴되지 않고 견딜 수 있는 강도
② 극한강도 : 부재의 지지능력의 한계점까지 이르는 상태의 강도
③ 항복응력 : 인장 시험에서 소성변형이 시작되는 응력
④ 허용응력 : 안전상 허용되는 최대 응력

55 권수 N의 코일에 I[A]의 전류가 흘러 권선 1회의 코일에서 자속 ϕ[Wh]가 생겼다면 자기 인덕턴스(L)는 몇 H인가?

① $L = \dfrac{\phi I}{N}$　　② $L = IN\phi$

③ $L = \dfrac{N\phi}{I}$　　④ $L = \dfrac{IN}{\phi}$

인덕턴스
　코일의 자체유도 능력
　$L = \dfrac{N\phi}{I}$ [H]

56 저항이 50Ω인 도체에 100V의 전압을 가할 때 그 도체에 흐르는 전류는 몇 A인가?

① 2　　② 4
③ 8　　④ 10

옴의 법칙(ohm's law)
전압의 크기를 V, 전류의 세기를 I, 저항을 R이라 할 때, V=I·R의 관계가 성립한다.
$V = IR$ [V], $I = \dfrac{V}{R}$ [A], $R = \dfrac{V}{I}$ [Ω]
∴ $I = \dfrac{100}{50} = 2$ [A]

57 시퀀스 회로에서 일종의 기억회로라고 할 수 있는 것은?

① AND 회로　　② OR 회로
③ NOT 회로　　④ 자기유지회로

자기유지회로
- 전자계전기를 조작하는 다른 스위치의 접점에 병렬로 그 전자계전기의 a접점이 접속된 회로
- 예를 들면 누름 스위치를 ON으로 했을 때, 스위치가 닫혀 전자계전기가 일단 여자되면 그것의 a접점이 닫히기 때문에 누름 스위치를 떼어도(스위치가 열림) 전자계전기는 여자를 계속한다.

58 정전용량이 같은 두 개의 콘덴서를 병렬로 접속하였을 때의 합성용량은 직렬로 접속하였을 때의 몇 배인가?

① 2　　② 4
③ 1/2　　④ 1/4

콘덴서의 접속
- 직렬 접속

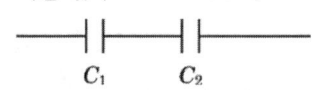

$C = \dfrac{C_1 \cdot C_2}{C_1 + C_2} = \dfrac{1 \times 1}{1 + 1} = \dfrac{1}{2} = 0.5$

- 병렬 접속

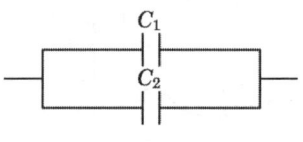

$C = C_1 + C_2 = 1 + 1 = 2$

59 물체에 외력을 가해서 변형을 일으킬 때 탄성한계 내에서 변형의 크기는 외력에 대해 어떻게 나타나는가?

① 탄성한계 내에서 변형의 크기는 외력에 대하여 반비례한다.
② 탄성한계 내에서 변형의 크기는 외력에 대하여 비례한다.
③ 탄성한계 내에서 변형의 크기는 외력과 무관하다.

Answer
55. ③　56. ①　57. ④　58. ②　59. ②

④ 탄성한계 내에서 변형의 크기는 일정하다.

▶ **탄성한계**

외부의 힘을 받아 물체가 변형되면, 물체 내부에서는 외부의 힘에 저항하여 본래 상태로 되돌아가려는 힘(응력)이 생긴다. 이때 외부의 힘이 탄성변형의 힘보다 작으면 외부의 힘과 그것에 저항하는 응력은 비례하는데, 그 한계를 탄성한계라고 한다. 그러나 외부의 힘을 받아 생긴 변형이 탄성한계를 넘어서면 외부의 힘을 없애더라도 완전히 본래 상태로 되돌아가지 않고 변형된 상태로 남게 된다. 이와 같이 외부의 힘을 없애도 본래 상태를 회복하지 못하는 영구변형을 소성변형이라고 한다.

60. A, B는 입력, X를 출력이라 할 때 OR 회로의 논리식은?

① $\overline{A} = X$
② $A \cdot B = X$
③ $A + B = X$
④ $\overline{A \cdot B} = X$

▶ **OR 회로**

논리 기호	진리표
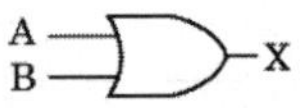 (A, B → X)	A B X 0 0 0 0 1 1 1 0 1 1 1 1
시퀀스 회로	논리식
(A, B, X-a)	$X = A + B$

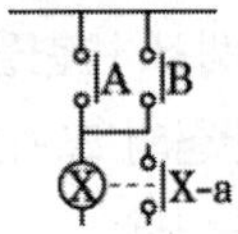

Answer
60. ③

부록

과년도 출제문제

2015년 2회

01 카의 문을 열고 닫는 도어머신에서 성능상 요구되는 조건이 아닌 것은?
① 작동이 원활하고 정숙하여야 한다.
② 카 상부에 설치하기 위하여 소형이며 가벼워야 한다.
③ 어떠한 경우라도 수동동작에 의하여 카 도어가 열려서는 안 된다.
④ 작동 횟수가 승강기 기동 횟수의 2배이므로 보수가 쉬워야 한다.

☞ **도어 머신의 구비 조건**
- 작동이 원활하고 정숙할 것
- 카 상부에 설치하기 위해 소형 경량일 것
- 동작횟수가 엘리베이터 기동 횟수의 2배이므로 보수가 용이할 것
- 가격이 저렴할 것

02 다음 중 에스컬레이터의 종류를 수송 능력별로 구분한 형태로 옳은 것은?
① 1200형과 900형
② 1200형과 800형
③ 900형과 800형
④ 800형과 600형

☞ **에스컬레이터 난간 폭에 따른 분류**
- 800형 6000명/시간
- 1200형 9000명/시간

03 승강장 도어가 닫혀 있지 않으면 엘리베이터 운전이 불가능하도록 하는 것은?

① 승강장 도어 스위치
② 승강장 도어행거
③ 승강장 도어인터록
④ 도어슈

☞ **도어 스위치**
도어 스위치가 접점이 안 되면 도어가 열린 것으로 인식하고 승강기가 운행되지 않는다.

04 유압장치의 보수, 점검 또는 수리 등을 할 때에 사용되는 것은?
① 안전밸브   ② 유량제어밸브
③ 스톱 밸브   ④ 필터

☞ ① 안전밸브 : 압력조절밸브로서 압력이 과도하게 상승하는 것을 방지한다.
② 유량제어밸브 : 밸브 내의 통과 유량을 무단계로 제어하여 각종 밸브의 개폐 속도의 변경, 가변 용량 펌프, 모터의 밀어내는 용적 변경, 속도의 조정 등에 사용된다.
③ 스톱 밸브
- 밸브를 닫으면 실린더의 오일이 탱크로 역류하는 것을 방지한다. 유압장치의 보수·점검 또는 수리 시 사용
- 유압 파워 유닛과 실린더 사이의 압력배관에 설치되며, 스톱 밸브를 닫으면 실린더의 기름이 파워 유닛으로 역류하는 것을 방지한다.
④ 필터 : 유체의 이물질을 걸러주는 장치

05 로프식 엘리베이터에서 도르래의 구조와 특징에 대한 설명으로 틀린 것은?
① 직경은 주로프의 50배 이상으로 하여

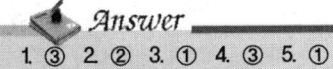

1. ③ 2. ② 3. ① 4. ③ 5. ①

···137

야 한다.
② 주로프가 벗겨질 우려가 있는 경우에는 로프 이탈방지장치를 설치하여야 한다.
③ 도르래 홈의 형상에 따라 마찰계수의 크기는 U홈<언더커트홈<V홈의 순이다.
④ 마찰계수는 도르래 홈의 형상에 따라 다르다.

도르래의 직경
- 주로프(D/d=40 : 1)
- 균형로프(D/d=32 : 1)

06 단식 자동방식(single automatic)에 관한 설명 중 맞는 것은?
① 같은 방향의 호출은 등록된 순서에 따라 응답하면서 운행한다.
② 승강장 버튼은 오름, 내림 공용이다.
③ 주로 승객용에 사용된다.
④ 1개의 호출에 의한 운행 중 다른 호출 방향이 같으면 응답한다.

단식 자동제어방식
오름, 내림 겸용으로 먼저 호출된 것에만 응답하고, 운행 중에는 다른 호출에 응하지 않음

07 VVVF 제어란?
① 전압을 변환시킨다.
② 주파수를 변환시킨다.
③ 전압과 주파수를 변환시킨다.
④ 전압과 주파수를 일정하게 유지시킨다.

가변전압 가변주파수(VVVF) 제어 방식
- 인버터 방식의 최근 엘리베이터뿐만 아니라, 다른 기기에서도 널리 사용되고 있는 방식이다.
- 엘리베이터에서는 승강실 내 하중과 운전방향에 따라 회생전력이 발생한다(승강실이 빈 상태로 상승하는 경우 등).
- 이 회생전력을 흡수하기 위해 인버터의 직류단에 회생전류 흡수용 저항기를 설치해 열을 발산하고 있다.
- 정격속도 120m/min을 넘는 것의 대부분은 컨버터를 정류회로로 바꾸어 회생전력을 전원으로 되돌리고 있다.

08 승강기의 문이 열린 상태에서 모든 제약이 해제되면 자동적으로 닫히게 하여 문의 개방상태에서 생기는 2차 재해를 방지하는 문의 안전장치는?
① 시그널 컨트롤 ② 도어 컨트롤
③ 도어 클로저   ④ 도어 인터록

도어 클로저
승강장 도어가 열려 있을 때 자동으로 닫히게 하는 장치

09 카가 어떤 원인으로 최하층을 통과하여 피트에 도달했을 때 카의 충격을 완화시켜 주는 장치는?
① 완충기   ② 비상정지장치
③ 조속기   ④ 리미트 스위치

① 완충기 : 카가 어떤 원인으로 최하층 피트로 떨어질 때 충격을 완화시키는 장치이다.
② 비상정지장치 : 승강기에서 과속이 발생했을 때(하강 방향으로) 과속을 감지하여 카를 안전하게 정지시키는 안전장치이다.
③ 조속기 : 카의 운행속도를 기계적이고 전기적인 방법으로 동시에 검출하여 카의 과속도를 검출하여 이상 시 동력을 차단하여 비상정지를 시키는 장치이다. 조속기는 원심력에 의해 작동하며, 구동축 주위를 도는 2개의 추로 이루어져 있다. 이 추들은 대부분 스프링을 이용한 제어력에 의해 밖으로 튀어나가지 않도록 되어 있다.
④ 리미트 스위치 : 카가 승강로의 완충기에 충돌되기 전에 작동되는 스위치

Answer
6. ② 7. ③ 8. ③ 9. ①

10 카 문턱 끝과 승강로 벽과의 간격으로 알맞은 것은?

① 11.5cm 이하 ② 12.5cm 이하
③ 13.5cm 이하 ④ 14.5cm 이하

> 카바닥 끝단과 승강로 벽 사이의 거리는 125mm 이하이어야 한다.

11 승강로의 벽 일부에 한국산업표준에 알맞은 유리를 사용할 경우 다음 중 적합하지 않은 것은?

① 망유리 ② 강화유리
③ 접합유리 ④ 감광유리

> 승강로의 벽 또는 울 및 출입문은 불연재료 또는 내화구조로 만들거나 씌워야 한다. 다만, 승강로의 벽 일부에 유리를 사용할 경우에는 한국산업규격의 망유리·강화유리·접합유리 및 복층유리(16mm 이상)와 동등 이상의 것을 사용하여야 한다.
> ※ 감광유리 : 감광성 물질(금, 은, 구리, 백금의 일가 이온)이 들어 있는 특수한 유리

12 가이드 레일의 역할에 대한 설명 중 틀린 것은?

① 카와 균형추를 승강로 평면 내에서 일정 궤도상에 위치를 규제한다.
② 일반적으로 가이드 레일은 H형이 가장 많이 사용된다.
③ 카의 자중이나 화물에 의한 카의 기울어짐을 방지한다.
④ 비상 멈춤이 작동할 때 수직하중을 유지한다.

> **가이드 레일의 역할**
> • 비상정지장치가 작동했을 때 수직하중을 유지한다.
> • 균형추를 양측에서 지지하며, 수직방향으로 안내해준다.
> • 카의 심한 기울어짐을 막아준다.
> • 승강기의 카와 균형추를 안정적으로 지지하는 가이드 레일은 T형 레일을 일반적으로 사용한다.

13 에스컬레이터에 관한 설명 중 틀린 것은?

① 1200형 에스컬레이터의 1시간당 수송인원은 9000명이다.
② 정격속도는 30m/min 이하로 되어 있다.
③ 승강 양정(길이)로 고양정은 10m 이상이다.
④ 경사도는 수평으로 25° 이내이어야 한다.

> **에스컬레이터의 경사각도**
> • 에스컬레이터의 경사각은 30°를 초과하지 않아야 한다.
> • 경사도 30° 이하 : 45m/min(0.75m/s) 이하
> • 경사도 30° 초과 35° 이하 : 30m/min 이하

14 전동 덤웨이터와 구조적으로 가장 유사한 것은?

① 수평 보행기 ② 엘리베이터
③ 에스컬레이터 ④ 간이 리프트

> **전동 덤웨이터**
> 카의 바닥면이 1m³ 이하, 천장높이가 1.2m 이하로, 사람이 타지 않는 1톤 미만의 소형 화물을 운반하는 간이 리프트이다.

15 유압식 엘리베이터의 특징으로 틀린 것은?

① 기계실을 승강로와 떨어져 설치할 수 있다.
② 플런저에 스톱퍼가 설치되어 있기 때문에 오버헤드가 작다.
③ 적재량이 크고 승강행정이 짧은 경우에 유압식이 적당하다.

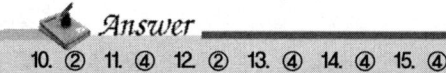
10. ② 11. ④ 12. ② 13. ④ 14. ④ 15. ④

④ 소비전력이 비교적 작다.

유압식 승강기의 특징
- 기계실 위치가 자유롭다.
- 파워 유닛은 승강기 1대당 1대가 필요하다.
- 속도 60m/min 이하, 높이 7층 이하에 적용
- 오일의 온도는 5℃ 이상 60℃ 이하로 유지
- 균형추를 사용하지 않아 전동기의 출력과 소비전력이 크며, 모터 용량도 커야 한다.
- 승강로 상부 틈새가 작아도 된다.
- 직상부에 설치하지 않아도 되므로 건물 꼭대기 부분에 하중이 걸리지 않는다.
- 소음과 진동이 적으나, 길이 및 굵기가 제한이 있어 4층 이상이나 층고가 높은 건물에는 사용이 곤란하다.
- 큰 힘을 낼 수 있어 화물용이나 자동차용 등 큰 용량이 필요한 곳에 사용

16 과부하 감지장치의 용도는?
① 속도 제어용　② 과하중 경보용
③ 속도 변환용　④ 종점 확인용

과부하 감지장치
- 기능 : 정격 적재하중의 105~110% 범위 내에서 동작. 경보를 울리고 해제 시까지 문을 열고 대기함
- 고장 시 : 초과 하중을 감지 못하고 과적재로 승강기가 추락할 수 있음

17 중속 엘리베이터의 속도는 몇 m/min인가?
① 20~45　② 45~65
③ 60~105　④ 100~230

속도별 구분

종류	속도
저속	45m/min 이하
중속	60m/min 이상 105m/min 이하
고속	120m/min 이상 300m/min 이하
초고속	360m/min 초과

18 "승강기의 조속기"란?

① 카의 속도를 검출하는 장치이다.
② 비상정지장치를 뜻한다.
③ 균형추의 속도를 검출한다.
④ 플런저를 뜻한다.

조속기
카의 운행속도를 기계적이고 전기적인 방법으로 동시에 검출하여 카의 과속도를 검출하여 이상 시 동력을 차단하여 비상정지를 시키는 장치이다.

19 안전사고의 발생 요인으로 볼 수 없는 것은?
① 피로감　② 임금
③ 감정　④ 날씨

안전사고의 발생 요인
㉠ 인적 요인 : 사고의 요인이 사람에 있는 경우로 경솔한 행동 및 신체적, 정신적 이상 상태가 원인이다.
- 개체 요인 : 개인의 신체적 조건(체력, 신체 결함, 수면 부족, 피로, 질병, 여성인 경우 생리)이나 정신적 상태(부주의 착각, 정신결함)
- 행동 요인 : 위험한 행동, 작업지식 부족 또는 미숙, 작업속도나 진행의 혼란, 경솔함
㉡ 환경적 요인 : 불량한 환경 조건으로 인한 사고발생이 원인
- 자연적 환경 : 눈, 비, 안개 등
- 인위적 환경 : 건물 구조, 도로나 전기 시설
- 사회적 환경 : 근로시간, 작업조건, 직업, 인간관계

20 작업의 특수성으로 인해 발생하는 직업병으로서 작업 조건에 의하지 않은 것은?
① 먼지　② 유해가스
③ 소음　④ 작업 자세

Answer
16. ②　17. ③　18. ①　19. ②　20. ④

> **직업병으로서 작업 조건**
> - 분진 또는 먼지
> - 유해가스
> - 소음
> - 화학 약품

21 승강기 설치·보수작업에서 발생되는 위험에 해당되지 않는 것은?
① 물리적 위험 ② 접촉적 위험
③ 화학적 위험 ④ 구조적 위험

22 안전사고의 통계를 보고 알 수 없는 것은?
① 사고의 경향
② 안전업무의 정도
③ 기업이윤
④ 안전사고 감소 목표 수준

23 승강기 관리주체가 행하여야 할 사항으로 틀린 것은?
① 안전(운행)관리자를 선임하여야 한다.
② 승강기에 관한 전반적인 관리를 하여야 한다.
③ 안전(운행)관리자가 선임되면 관리주체는 별다른 관리를 할 필요가 없다.
④ 승강기의 유지보수에 대한 위임 용역 및 감독을 하여야 한다.

> 안전(운행)관리자가 선임되어도 관리주체도 지속적인 관리를 하여야 한다.

24 인체의 전기저항에 대한 것으로 피부저항은 피부에 땀이 나 있는 경우는 건조 시에 비해 피부저항이 어떻게 되는가?
① 2배 증가
② 4배 증가
③ 1/12~1/20 감소
④ 1/25~1/30 감소

> **인체의 전기저항**
> - 인체 내부의 전기저항은 약 500~1000Ω 이다.
> - 피부저항은 건조하고 있을 때 가장 높고, 발한 시에는 1/12, 물에 젖어 있으면 1/25로 저하된다.

25 재해조사의 요령으로 바람직한 방법이 아닌 것은?
① 재해 발생 직후에 행한다.
② 현장의 물리적 증거를 수집한다.
③ 재해 피해자로부터 상황을 듣는다.
④ 의견 충돌을 피하기 위하여 반드시 1인이 조사하도록 한다.

> **재해조사의 방법**
> - 재해현장은 변경되기 쉽기 때문에 조사는 재해발생 직후에 실시할 것
> - 물적 증거를 수집해 보관할 것
> - 재해현장의 상황을 기록하고 사진을 촬영할 것
> - 목격자 및 직장의 책임자의 협력하에 조사를 추진할 것
> - 재해발생 직후가 아니라도 가능한 한 피해자의 이야기를 경청할 것
> - 자신이 처리할 수 없다고 판단되는 특수한 재해나 대형재해의 경우는 전문가에게 조사를 의뢰할 것

26 전기감전에 의하여 넘어진 사람에 대한 중요 관찰사항과 거리가 먼 것은?
① 의식 상태 ② 호흡 상태
③ 맥박 상태 ④ 골절 상태

> **골절**
> 뼈가 금이 가거나 부러진 상태

27 사업장에서 승강기의 조립 또는 해체작업을 할 때 조치하여야 할 사항과 거리가 먼

Answer
21. ③ 22. ③ 23. ③ 24. ③ 25. ④ 26. ④ 27. ④

것은?
① 작업을 지휘하는 자를 선임하여 지휘자의 책임하에 작업을 실시할 것
② 작업할 구역에는 관계근로자 외의 자의 출입을 금지시킬 것
③ 기상상태의 불안정으로 인하여 날씨가 몹시 나쁠 때에는 그 작업을 중지시킬 것
④ 사용자의 편의를 위하여 야간작업을 하도록 할 것

28 재해원인의 분류에서 불안전한 상태(물리적인)가 아닌 것은?
① 안전방호장치의 결함
② 작업환경의 결함
③ 생산공정의 결함
④ 불안전한 자세 결함

> **재해의 주요 원인**
> • 물리적 요인 : 기계의 결함, 구조물의 불안전성, 전기적 위험 등
> • 화학적 요인 : 유해 화학 물질의 노출, 화재 및 폭발의 위험 등
> • 인적 요인 : 근로자의 부주의, 피로, 교육 부족 등이 주요 원인
> • 환경적 요인 : 작업 환경의 불안정성, 작업장의 청결 상태 등

29 간접식 유압엘리베이터의 특징이 아닌 것은?
① 실린더를 설치하기 위한 보호관이 필요하지 않다.
② 실린더 점검이 용이하다.
③ 비상정지장치가 필요하다.
④ 로프의 늘어짐과 작동유의 압축성 때문에 부하에 의한 카 바닥의 빠짐이 비교적 적다.

> **간접식 유압승강기의 특징**
> • 실린더의 보호관이 필요 없고, 점검이 용이하다.
> • 비상정지장치가 필요하다.
> • 로프의 늘어남과 기름의 압축성 때문에 부하로 인한 바닥 침해가 있다.

30 승강기의 문(Door)에 관한 설명 중 틀린 것은?
① 문 닫힘 도중에도 승강장의 버튼을 동작시키면 다시 열려야 한다.
② 문이 완전히 열린 후 최소 일정 시간 이상 유지되어야 한다.
③ 착상구역 이외의 위치에서는 카 내의 문 개방 버튼을 동작시켜도 절대로 개방되지 않아야 한다.
④ 문이 일정 시간 후 닫히지 않으면 그 상태를 계속 유지하여야 한다.

> 문이 일정 시간이 지나도 닫히지 않으면 도어 클로저(승강장 도어가 열려 있을 때 자동으로 닫히게 하는 장치) 고장이다.

31 로프식 엘리베이터의 카 틀에서 브레이스 로드의 분담 하중은 대략 어느 정도 되는가?
① $\frac{1}{8}$ ② $\frac{3}{8}$
③ $\frac{1}{3}$ ④ $\frac{1}{16}$

> **브레이스 로드**
> 일반적으로 카틀(car frame)에는 브레이스 로드를 설치한다. 이 브레이스 로드로 인하여 하부체대에 받는 힘의 3/8이 가주 또는 상부체대에 분포된다.

32 승강장 도어 문턱과 카 문턱과의 수평거리는 몇 cm 이하이어야 하는가?

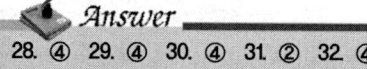

28. ④ 29. ④ 30. ④ 31. ② 32. ④

① 10   ② 8
③ 6   ④ 4

☞ **출입구의 간격**
승객용 엘리베이터에서 승강장 출입구 바닥 앞부분과 카 바닥 앞부분과의 틈의 너비는 4cm 이하이어야 한다.

33 에스컬레이터의 디딤판과 스커트 가드와의 틈새는 양쪽 모두 합쳐서 최대 얼마이어야 하는가?

① 5mm 이하   ② 7mm 이하
③ 9mm 이하   ④ 10mm 이하

☞ **에스컬레이터의 설치 규정**
- 디딤바닥의 정격속도는 30° 이하인 경우 45m/min(0.75m/s) 이하이어야 한다.
- 에스컬레이터의 경사각은 30°를 초과하지 않아야 한다. 단, 층고가 6m 이하일 경우에는 35°까지 가능(단, 경사도 30° 초과 35° 이하 : 30m/min 이하로 한다.)
- 스텝 체인은 에스컬레이터 좌우에 설치되며, 스텝을 주행시키는 역할을 한다.
- 에스컬레이터의 디딤판과 스커트 가드와의 틈새는 승강로의 총길이에 걸쳐서 한쪽이 4mm 이하이어야 하고, 양쪽을 합쳐서 7mm 이하이어야 한다.
- 에스컬레이터의 브레이크장치는 무부하 시 정지거리는 0.1~0.6m 이하이어야 한다.
- 디딤판의 높이는 100mm 이하이어야 한다. 또한 디딤판의 길이는 가로 560~1020mm 이하, 세로 400mm 이하이어야 한다.

34 조속기(Governor)의 작동상태를 잘못 설명한 것은?

① 카가 하강 과속하는 경우에는 일정 속도를 초과하기 전에 조속기 스위치가 동작해야 한다.
② 조속기의 캣치는 일단 동작하고 난 후 자동으로 복귀되어서는 안 된다.
③ 조속기의 스위치는 작동 후 자동 복귀된다.
④ 조속기 로프가 장력을 잃게 되면 전동기의 주회로를 차단시키는 경우도 있다.

☞ 조속기의 스위치는 작동 후 자동으로 복귀되어서는 안 된다.

35 다음 중 엘리베이터 감시반에 필요하지 않은 장치는?

① 현재 엘리베이터의 하강 표시장치
② 현재 엘리베이터의 운행방향 표시장치
③ 현재 엘리베이터의 위치 표시장치
④ 엘리베이터의 이상 유무 확인 표시장치

☞ 엘리베이터의 표시는 운행방향, 위치, 이상 유무를 표시한다.

36 조속기의 보수점검 등에 관한 사항과 거리가 먼 것은?

① 층간 정지 시, 수동으로 돌려 구출하기 위한 수동핸들의 작동검사 및 보수
② 볼트, 너트 핀의 이완 유무
③ 조속기 시브와 로프 사이의 미끄럼 유무
④ 과속스위치 점검 및 작동

☞ **조속기의 보수점검 사항**
- 운전의 원활성과 소음의 유무
- 볼트, 너트 핀의 이완 유무
- 조속기 시브와 로프 사이의 미끄럼 유무
- 과속스위치 점검 및 작동
- 조속기 머신의 고정 유무
- 조속기 로프와 클립 체결상태 양호 유무
- 비상정지장치 작동상태 양호 유무
- 분할핀 결여 유무

37 비상용 승강기는 화재발생 시 화재 진압용으로 사용하기 위하여 고층빌딩에 많이 설

33. ②   34. ③   35. ①   36. ①   37. ①

···143

치하고 있다. 비상용 승강기에 반드시 갖추지 않아도 되는 조건은?

① 비상용 소화기
② 예비전원
③ 전용 승강장 이외의 부분과 방화구획
④ 비상운전 표시등

- 비상용 엘리베이터 : 화재 시 소화 및 구조 활동에 적합하게 제작된 엘리베이터
- 구비 조건 : 예비전원, 전용 승강장 이외의 부분과 방화구획, 비상운전 표시등

38 정전 시 램프 중심으로부터 2m 떨어진 수직면상의 조도는 몇 lx 이상이어야 하는가?

① 100　　② 50
③ 10　　　④ 2

정전 시에 램프 중심부로부터 2m 떨어진 수직면 사이의 조도를 2Lux 이상으로 1시간 이상 비출 수 있는 예비조명장치가 설치되어야 한다.

39 에스컬레이터 승강장의 주의표지판에 대한 설명 중 옳은 것은?

① 주의표지판은 충격을 흡수하는 재질로 만들어야 한다.
② 주의표지판은 영문으로 읽기 쉽게 표기되어야 한다.
③ 주의표지판의 크기는 80mm×80mm 이하의 그림으로 표시되어야 한다.
④ 주의표지판의 바탕은 흰색, 도안은 흑색, 사선은 적색이다.

승강장 주의표지판
㉠ 주의표지판은 견고한 재질로 만들어야 하며, 잘 보이는 곳에 확실히 부착하여야 한다.
㉡ 주의표지판은 국문으로 읽기 쉽게 표기하거나 크기 80mm×80mm 이상, 색상은 흰색 바탕에 청색그림으로 하나 X 표시는 적색으로 한다.
㉢ 주의표지판에는 "어린이는 반드시 잡고 탈 것", "애완동물은 반드시 안고 탈 것", "몸은 주행 방향 쪽을 향하고, 발을 바깥쪽으로 내밀지 말 것", "핸드레일을 잡고 탈 것"이라는 의미를 반드시 포함하여야 하며, "신발을 신은 상태에서만 탈 것", "크고 무거운 짐을 운반하지 말 것", "유모차나 손수레를 싣지 말 것"(다만, 에스컬레이터 탑재를 위하여 구름 및 전도방지를 위한 제동장치와 걸림 홈이 설치된 전용 손수레를 사용하며 경사각이 25° 이하이고 상하 수평스텝이 4스텝 이상(1 스텝 0.4m 이상), 주행속도가 30m/min 이하이고 비상정지버튼 스위치가 콤에서 각각 2m 이내의 출구지역에 있어야 하며, 출구지역 승강장 공간 5m 이상, 콤의 경사도가 19° 이하, 에스컬레이터 스텝이 트롤리(카트)보다 최소 0.4m 이상의 여유를 확보하였을 경우에는 "유모차나 손수레를 싣지 말 것"이라는 항목의 적용을 제외한다. 무빙워크는 제외)이라는 의미를 부가적으로 포함할 수 있다.

40 실린더를 검사하는 것 중 해당되지 않는 것은?

① 패킹으로부터 누유된 기름을 제거하는 장치
② 공기 또는 가스의 배출구
③ 더스트 와이퍼의 상태
④ 압력배관의 고무호스는 여유가 있는지의 상태

실린더의 검사항목
- 실린더 상부의 청소상태 확인
- 실린더 연결부의 누유상태 확인
- 공기 또는 가스의 배출구
- 실린더 윗부분에 대한 리크오일량이 많으면 윗부분의 패킹과 링 및 더스트실을 교환할

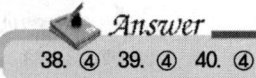
38. ④　39. ④　40. ④

필요가 있다.
- 각 배관조임부의 취부상태 확인
- 실린더의 기울어짐 확인

41 가이드레일 보수 점검 항목이 아닌 것은?
① 브래킷 취부의 앵커 볼트 이완상태
② 레일 및 브래킷의 오염상태
③ 레일의 급유상태
④ 레일길이의 신축상태

👉 **가이드 레일의 점검 항목**
- 손상이나 소음유무를 점검한다.
- 녹이나 이물질이 있을 경우 제거한다.
- 취부 볼트, 너트의 이완상태 여부를 점검한다.
- 레일의 브래킷의 조임상태를 점검한다.
- 레일 클립의 변형 유무를 점검한다.
- 레일의 급유상태 및 오염상태를 점검한다.
- 브래킷 취부 앵커 볼트의 이완 유무 및 용접부 균열 유무를 점검한다.

42 보수 기술자의 올바른 자세로 볼 수 없는 것은?
① 신속, 정확 및 예의 바르게 보수 처리한다.
② 보수를 할 때는 안전기준보다는 경험을 우선시한다.
③ 항상 배우는 자세로 기술 향상에 적극 노력한다.
④ 안전에 유의하면서 작업하고 항상 건강에 유의한다.

👉 보수를 할 때는 안전기준을 우선시한다.

43 조속기의 공칭직경은 몇 mm 이상이어야 하는가?
① 5　　② 6
③ 7　　④ 8

👉 조속기의 공칭직경은 6mm 이상이어야 한다.

44 유압잭의 부품이 아닌 것은?
① 사일렌서　　② 플런저
③ 패킹　　④ 더스트 와이퍼

👉 **사일렌서(silencer)**
작동유의 압력 맥동을 흡수하여 진동, 소음을 감소시키는 장치

45 전기식 엘리베이터에서 자체검사주기가 가장 긴 것은?
① 권상기의 감속기어
② 권상기의 베어링
③ 수동조작핸들
④ 고정도르래

👉
- 권상기의 감속기어 : 3개월에 1회
- 권상기의 베어링 : 6개월에 1회
- 고정도르래 : 12개월에 1회

46 정격속도 60m/min를 초과하는 엘리베이터에 해당되는 비상정지장치의 종류는?
① 점차 작동형
② 즉시 작동형
③ 디스크 작동형
④ 플라이볼 작동형

👉 **점진식 비상정지장치(60m/min 이상에 사용)**
- 플렉시블 웨지 클램프(F.W.C) : 레일을 죄는 힘이 처음에는 약하지만 하강함에 따라 강해지다가 얼마 후 일정해진다.
- 플렉시블 가이드 클램프(F.G.C) : 레일을 죄는 힘이 처음부터 끝까지 일정하다.

47 운동을 전달하는 장치로 옳은 것은?
① 절이 왕복하는 것을 레버라 한다.

Answer
41. ④　42. ②　43. ②　44. ①　45. ④　46. ①　47. ③

② 절이 요동하는 것을 슬라이더라 한다.
③ 절이 회전하는 것을 크랭크라 한다.
④ 절이 진동하는 것을 캠이라 한다.

☞ **크랭크**
왕복운동을 회전운동으로 변환하거나 회전운동을 직선운동으로 변환시킨다.

48 헬리컬기어의 설명으로 적절하지 않은 것은?
① 진동과 소음이 크고 운전이 정숙하지 않다.
② 회전 시에 축압이 생긴다.
③ 스퍼기어보다 가공이 힘들다.
④ 이의 물림이 좋고 연속적으로 접촉한다.

☞ **헬리컬기어는 효율이 높고, 소음이 작다.**
※ 웜기는 효율이 낮고 소음이 크다.

49 평행판 콘덴서에 있어서 정전용량은 판 사이의 거리와 어떤 관계인가?
① 반비례   ② 비례
③ 불변   ④ 2배

☞ **콘덴서의 정전용량**
정전용량은 도체판 사이의 거리에 반비례한다. 두 도체판 사이가 증가하면 정전용량은 감소하고, 사이가 감소하면 정전용량은 증가한다.
$$C = \frac{\text{유전율}(\varepsilon) \times \text{극판의 면적}(A)}{\text{극판의 간격}(d)} [\text{F}]$$

50 복활차에서 하중 W인 물체를 올리기 위해 필요한 힘(P)은? (단, n은 동활차의 수이다.)
① $P = W + 2^n$ ② $P = W - 2^n$
③ $P = W \times 2^n$ ④ $P = W/2^n$

☞ **복활차**
• 정활차와 동활차를 조합하여 만든 것

• 적은 힘으로 몇 배의 하중을 올릴 수 있다.
$$W = 2^n \times F, \quad F = \frac{W}{2^n}$$

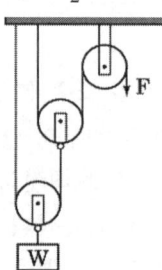

51 유도전동기의 동기속도는 무엇에 의하여 정하여지는가?
① 전원의 주파수와 전동기의 극수
② 전력과 저항
③ 전원의 주파수와 전압
④ 전동기의 극수와 전류

☞ $N_s = \dfrac{120 \times f}{P} [\text{rpm}]$

N_s : 회전자계의 속도
f : 주파수
P : 극수

52 반지름 r[m], 권수 N의 원형코일에 I[A]의 전류가 흐를 때 원형코일 중심점의 자기장의 세기[AT/m]는?
① $\dfrac{NI}{r}$ ② $\dfrac{NI}{2r}$
③ $\dfrac{NI}{2\pi r}$ ④ $\dfrac{NI}{4\pi r}$

53 유도전동기에서 슬립이 1이란 전동기의 어느 상태인가?
① 유도제동기의 역할을 한다.
② 유도전동기가 전부하 운전 상태이다.
③ 유도전동기가 정지 상태이다.

Answer
48. ① 49. ① 50. ④ 51. ① 52. ② 53. ③

④ 유도전동기가 동기속도로 회전한다.

→ 유도전동기에서 슬립은 유도전동기가 전동기로 동작할 경우, 0~1까지의 값을 갖는다.
- 0인 경우 : 인가주파수와 동기되어서 회전
- 1인 경우 : 정지

54 물체에 하중이 작용할 때, 그 재료 내부에 생기는 저항력을 내력이라 하고 단위면적당 내력의 크기를 응력이라 하는데 이 응력을 나타내는 식은?

① $\dfrac{단면적}{하중}$ ② $\dfrac{하중}{단면적}$

③ 단면적×하중   ④ 하중-단면적

→ **응력(stress)**
외부에서 힘이 가해졌을 때 물체에 생기는 저항력
- 수직응력 : 재료에 수직 하중이 작용할 때 재료 내부에 발생하는 응력

  수직응력$(\sigma) = \dfrac{W}{A}$ [kg/mm^2]

  W : 하중[kg], A : 단면적[mm^2]
- 전단응력 : 물체 내 하나의 단면상에 단면에 따라 크기가 같고 방향이 반대인 1쌍의 힘이 작용하여 물체를 그 단면에서 절단하도록 하는 하중

  수직응력$(\sigma) = \dfrac{W_s}{A}$ [kg/mm^2]

55 유도전동기의 속도제어방법이 아닌 것은?

① 전원 전압을 변화시키는 방법
② 극수를 변화시키는 방법
③ 주파수를 변화시키는 방법
④ 계자저항을 변화시키는 방법

→ **유도전동기의 속도제어방법**
- 극수 변환법
- 주파수 변환법
- 2차 저항 가감법
- 종속 접속법

56 다음 중 교류전동기는?

① 분권전동기   ② 타여자전동기
③ 유도전동기   ④ 차동복권전동기

→ **교류전동기의 종류**

유도전동기	단상 유도전동기	분상기동형
		콘덴서기동형
		영구콘덴서형
		세이딩코일형
		콘덴서기동-콘덴서운전형
	삼상 유도전동기	농형 유도전동기
		권선형 유도전동기
동기전동기	단상 동기전동기	
	삼상 동기전동기	

57 자동제어계의 상태를 교란시키는 외적인 신호는?

① 제어량   ② 외란
③ 목표량   ④ 피드백신호

→ **외란**
자동제어에서 기준 입력 이외에 제어량에 변화를 주는 원인이 되는 것

58 50μF의 콘덴서에 200V, 60Hz의 교류전압을 인가했을 때 흐르는 전류[A]는?

① 약 2.56   ② 약 3.77
③ 약 4.56   ④ 약 5.28

→ $Z = \dfrac{1}{2\pi fc}$

$= \dfrac{1}{2 \times 3.14 \times 60 \times 50 \times 10^{-6}} = 53.078$

$\therefore I = \dfrac{V}{Z} = \dfrac{200}{53.078} = 3.768$

59 영(Young)률이 커지면 어떠한 특성을 보이는가?

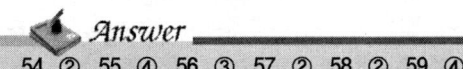
54. ② 55. ④ 56. ③ 57. ② 58. ② 59. ④

① 안전하다.
② 위험하다.
③ 늘어나기 쉽다.
④ 늘어나기 어렵다.

👉 **영률(Young's modulus, 탄성률)**
- 길이방향의 장력이나 압축력을 받은 물질이 길이 변화에 견디는 능력을 측정한 것으로, 길이방향으로 가해진 변형력을 변형률로 나눈 것으로, 단위는 N/m² 이다.
- 영률은 변형률과 변형력 사이의 비례 관계를 나타내며, 물질이 다시 원래의 모습으로 되돌아오는 경우에만 유효하다.

60 와이어 로프의 사용 하중이 5000kgf이고, 파괴하중이 25000kgf일 때 안전율은?

① 2.5 ② 5.0
③ 0.2 ④ 0.5

👉 **안전율**

$$= \frac{\text{파단강도(파괴하중)}}{\text{허용응력(사용하중)}} = \frac{25000}{5000} = 5$$

Answer
60. ②

부록

과년도 출제문제

2015년 4회

01 에스컬레이터의 핸드 레일(Hand Rail)의 속도는 어떻게 하고 있는가?
① 30m/min 이하로 하고 있다.
② 45m/min 이하로 하고 있다.
③ 발판(step) 속도의 2/3 정도로 하고 있다.
④ 발판(step) 속도와 같게 하고 있다.

☞ 스텝 및 스텝 체인은 연속적으로 연결되어 트러스 내의 구동장치에 의해 구동되며 핸드 레일은 스텝의 이동속도와 같게 동일 방향으로 구동되는 구조로 하며 에스컬레이터의 경사 각도는 30°를 유지한다.

02 유압식 승강기의 종류를 분류할 때 적합하지 않은 것은?
① 직접식   ② 간접식
③ 팬터그래프식   ④ 밸브식

☞ 동력 매체별 분류

구분	이용 방법	종류
로프식 (전기식)	로프에 카를 매달아 전동기를 이용하는 방식	권상 구동식, 포지티브 구동식
플런저 (유압식)	유체의 압력을 이용하는 방식	직접식, 간접식, 팬터그래프식
스크류	나사의 홈 기둥을 따라 이동하는 방식	
랙·피니언	레일의 랙(rack)과 카의 피니언을 이용 움직이는 방식	

03 다음 중 엘리베이터 도어용 부품과 거리가 먼 것은?
① 행거 롤러   ② 업스러스트 롤러
③ 도어 레일   ④ 가이드 롤러

☞ • 카와 균형추의 상하좌우에 설치되어 주행 시 레일을 따라 움직이도록 지지해 주는 현가장치로 가이드 슈와 가이드 롤러가 있다.
• 일반적으로 운행속도가 중속(105m/min 이하)의 승강기의 경우 가이드 슈를 사용하고, 고속 또는 용량이 큰 승강기의 경우 부드러운 주행과 마찰감소 등의 이유로 가이드 롤러를 현가장치로 사용한다.

04 균형로프(Compensating Rope)의 역할로 적합한 것은?
① 카의 낙하를 방지한다.
② 균형추의 이탈을 방지한다.
③ 주로프와 이동케이블의 이동으로 변화된 하중을 보상한다.
④ 주로프가 열화되지 않도록 한다.

☞ 균형로프
카의 위치변화에 따른 로프·이동케이블의 무게를 보상한다.

05 교류 2단속도 제어에 관한 설명으로 틀린 것은?
① 기동 시 저속권선 사용
② 주행 시 고속권선 사용
③ 감속 시 저속권선 사용

Answer
1. ④ 2. ④ 3. ④ 4. ③ 5. ①

···149

④ 착상 시 저속권선 사용

🖐 **2단속도 제어**
2단속도 모터를 사용하여 기동과 주행은 고속권선으로 행하고, 감속 시는 저속권선으로 감속하여 착상하는 방식

06 주차구획을 평면상에 배치하여 운반기의 왕복 이동에 의하여 주차를 행하는 방식은?
① 평면 왕복식   ② 다층 순환식
③ 승강기식   ④ 수평 순환식

🖐 **주차설비**
- 평면 왕복식 : 평면에 고정된 주차구획에 운반기로 자동차를 주차시키는 방식
- 승강기식 : 여러 층의 고정된 구차구획에 상하로 움직일 수 있는 운반기에 자동차를 주차시키는 방식
- 수평 순환식 : 주차설비는 다수의 운반기를 평면상에 2열, 또는 그 이상으로 배열하여 임의의 2열 간의 양단에 운반기를 수평 순환시켜 주차하는 방식
- 수직 순환식 : 주차설비는 자동차를 넣고 그 주차구획을 수직으로 순환시켜 주차시키는 방식
- 2단식 주차장치 : 주차실을 2단으로 설치하여 주차면적을 2배로 이용한 설비
- 다단식 : 주차실을 3단 이상으로 하는 방식
- 슬라이드방식 : 넓은 곳에 운반하여 종·횡 방식으로 이동해 주차하는 방식

07 승객용 엘리베이터의 적재하중 및 최대정원을 계산할 때 1인당 하중의 기준은 몇 kg인가?
① 63   ② 65
③ 67   ④ 70

🖐 정격하중 계산 시 1인당 하중을 65kg으로 계산한다.

08 가변 전압 가변 주파수(VVVF) 제어방식에 관한 설명 중 틀린 것은?
① 고속의 승강기까지 가능하다.
② 저속의 승강기에만 적용하여야 한다.
③ 직류전동기와 동등한 제어 특성을 낼 수 있다.
④ 유도전동기의 전압과 주파수를 변환시킨다.

🖐 **가변전압 가변주파수(VVVF) 제어방식**
- 인버터 방식의 최근 엘리베이터뿐만 아니라, 다른 기기에서도 널리 사용되고 있는 방식이다.
- 엘리베이터에서는 승강실 내 하중과 운전방향에 따라 회생전력이 발생한다(승강실이 빈 상태로 상승하는 경우 등).
- 이 회생전력을 흡수하기 위해 인버터의 직류단에 회생전류 흡수용 저항기를 설치해 열을 발산하고 있다.
- 정격속도 120m/min를 넘는 것의 대부분은 컨버터를 정류회로로 바꾸어 회생전력을 전원으로 되돌리고 있다.

09 레일의 규정 호칭은 소재 1m 길이당 중량을 라운드 번호로 하여 레일에 붙여 쓰고 있다. 일반적으로 쓰이고 있는 T형 레일의 공칭이 아닌 것은?
① 8K 레일   ② 13K 레일
③ 16K 레일   ④ 24K 레일

🖐 **레일의 규격**
- 레일의 호칭은 마지막 가동 전 소재의 1m 당 중량으로 한다.
- 레일의 표준길이는 5m
- T형 레일을 사용하며, 공칭은 8K, 13K, 18K, 24K, 30K이고, 대용량 엘리베이터는 37K, 50K 등을 사용

10 엘리베이터 기계실에 관한 설명으로 틀린

Answer
6. ① 7. ② 8. ② 9. ③ 10. ④

것은?

① 기계실이 정상부에 위치할 경우 꼭대기 틈새의 높이는 2m 이상의 높이를 두어야 한다.
② 기계의 크기는 승강로 수평투영면적의 2배 이상으로 하는 것이 적합하다.
③ 기계의 위치는 반드시 정상부에 위치하지 않아도 된다.
④ 기계실이 있는 경우 기계실의 크기는 승강로의 크기와 같아야 한다.

☞ 기계실 구조 및 규정
- 기계실의 바닥면적은 일반적으로 승강로 수평투영면적의 2배 이상이어야 한다.
- 정격속도에 따른 수직거리

정격속도(m/min)	수직거리(m)
60 이하	2.0
60 초과 150 이하	2.2
150 초과 210 이하	2.5
210 초과	2.8

- 엘리베이터 기계실의 권상기 제어반은 유지보수를 위하여 벽면에서 최소한 0.3m 이상 떨어져야 한다.
- 바닥면에서 천장 또는 보의 하단까지의 수직거리는 2m 이상일 것
- 중요한 기계부분에서 기둥 또는 벽까지의 수평거리는 50cm 이상일 것
- 기계실 온도는 10℃ 이상 40℃ 이하를 유지해야 한다.

11 유압 엘리베이터에서 압력 릴리프 밸브는 압력을 전 부하압력의 몇 %까지 제한하도록 맞추어 조절해야 하는가?

① 115 ② 125
③ 140 ④ 150

☞ 압력 릴리프 밸브는 압력을 전 부하압력의 140%까지 제한하도록 맞추어 조절되어야 한다.

12 승강기에 사용하는 가이드 레일 1본의 길이는 몇 m로 정하고 있는가?

① 1 ② 3
③ 5 ④ 7

☞ 레일의 규격
- 레일의 호칭은 마지막 가동 전 소재의 1m당 중량으로 한다.
- 레일의 표준길이는 5m
- T형 레일을 사용하며 공칭은 8K, 13K, 18K, 24K, 30K나 대용량 엘리베이터는 37K, 50K 등 사용

13 기계실의 작업구역에서 유효 높이는 몇 m 이상으로 하여야 하는가?

① 1.8 ② 2
③ 2.5 ④ 3

☞ 기계실의 구조
- 기계실은 건축물의 타부분으로부터 출입문으로 격리되어야 한다.
- 기계실의 작업구역은 유효높이 2m 이상이어야 한다.
- 기계실의 기둥, 벽, 천장은 기기의 보수 및 수리를 위하여 기기와 일정 거리 이상을 두도록 한다.

14 정지로 작동시키면 승강기의 버튼등록이 정지되고 자동으로 지정 층에 도착하여 운행이 정지되는 것은?

① 리미트 스위치
② 슬로다운 스위치
③ 파킹 스위치
④ 피트 정지 스위치

☞ 파킹 운전
엘리베이터를 주기적으로 사용·정지하기 위해 파킹 운전장치가 설치된 경우에는 다음 사항에 적합하여야 한다.

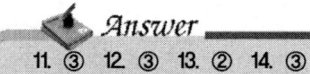
11. ③ 12. ③ 13. ② 14. ③

- 파킹 스위치는 승강장 및 중앙관리실 또는 경비실 등에 설치되어 엘리베이터 운전의 휴지 조작과 재운행 조작이 가능하여야 한다.
- 파킹스위치를 "휴지" 상태로 작동시키면 카가 자동으로 지정된 층으로 움직이고 지정된 층에 도착하면 카의 정상운전 제어장치는 무효화되어야 한다.

15 엘리베이터 완충기에 대한 설명으로 적합하지 않은 것은?

① 정격속도 1m/s 이하의 엘리베이터에 스프링 완충기를 사용하였다.
② 정격속도 1m/s 초과 엘리베이터에 유입완충기를 사용하였다.
③ 유입완충기의 플런저 복귀시험은 완전히 압축한 상태에서 완전 복귀할 때까지의 시간은 120초 이하이다.
④ 유입완충기에서 최소적용중량은 카 자중+적재하중으로 한다.

☞ **완충기**
완충기는 카가 어떤 원인으로 최하층 피트로 떨어질 때 충격을 완화시키는 장치이다.

정격 속도	최소 거리(mm)		최대 거리(mm)	
	교류1단 속도 제어방식 또는 저항제어방식	그 외의 제어방식	카 측	균형추 측
스프링 완충기	7.5 이하	75	150	600	900
	7.5 초과 15 이하	150			
	15초과 30이하	225			
	30 초과	300			
유입완충기	규정하지 않음				

㉠ 스프링 완충기
ⓐ 카측 스프링 완충기의 적용 중량의 기준은 (카자중+정격하중)의 2배
ⓑ 스프링 완충기의 속도별 최소 행정
- 30m/min 이하 : 38mm
- 30m/min 이상 45m/min 이하 : 64mm
- 45m/min 이상 60m/min 이하 : 100mm

㉡ 유입완충기
- 최대 적재중량은 카 자중+적재하중이

고, 최소 적재하중은 카 자중+65이다.
- 유입완충기의 행정은 카가 정격속도의 115%로 충돌할 경우 평균 감속도가 1G (9.8m/sec) 이하로 정지시킬 수 있어야 하고, 순간 최대 감속도는 2.5G를 넘는 감속도가 1/25초 이상 지속되지 않아야 한다.

※ 속도 60m/min 이하 스프링 완충기, 60m/min 초과 유입완충기를 사용한다.

16 에스컬레이터의 역회전 방지장치가 아닌 것은?

① 구동체인 안전장치
② 기계 브레이크
③ 조속기
④ 스커트 가드

☞ **스커트 스위치**
에스컬레이터의 고정된 스커트 가드와 스텝 사이의 틈에 신발이나 옷 등이 끼여 사고가 발생할 수 있으므로 이를 감지하여 정지시키는 스위치로, 에스컬레이터 내측판의 디딤판 옆에 있다.

17 로프이탈방지장치를 설치하는 목적으로 부적절한 것은?

① 급제동 시 진동에 의해 주로프가 벗겨질 우려가 있는 경우
② 지진의 진동에 의해 주로프가 벗겨질

Answer
15. ④ 16. ④ 17. ④

우려가 있는 경우
③ 기타의 진동에 의해 주로프가 벗겨질 우려가 있는 경우
④ 주로프의 파단으로 이탈할 경우

> 🔥 **로프이탈방지장치를 설치하는 목적**
> • 급제동 시 진동에 의해 주로프가 벗겨질 우려가 있는 경우
> • 지진의 진동에 의해 주로프가 벗겨질 우려가 있는 경우
> • 카 충격으로 인해 주로프가 벗겨질 우려가 있는 경우
> • 기타의 진동에 의해 주로프가 벗겨질 우려가 있는 경우

18 평면의 디딤판을 동력으로 오르내리게 한 것으로, 경사도가 12° 이하로 설계된 것은?

① 에스컬레이터　② 수평 보행기
③ 경사형 리프트　④ 덤웨이터

> 🔥 **수평 보행기의 설치 기준**
> • 사람 또는 화물이 끼이거나, 장애물에 충돌이 없을 것
> • 경사각도는 12° 이하로 할 것(단, 6° 이하일 경우에는 광폭형으로 설치할 수 있다). 단, 디딤면이 고무제품 등 미끄러지기 어려운 구조일 경우에는 15° 이하로 할 수 있다.
> • 정격속도는 45m/min(0.75m/s) 이하로 한다.
> • 이동 손잡이 간의 거리는 1.25m 이하로 한다.
> • 핸드레일은 계단에서 높이 0.6m에 설치해야 된다.
> • 디딤판의 수평 투영면적에 270kg/m²를 곱한 값 이상으로 한다.

19 카 내에 승객이 갇혔을 때의 조치할 내용 중 부적절한 것은?

① 우선 인터폰을 통해 승객을 안심시킨다.
② 카의 위치를 확인한다.
③ 층 중간에 정지하여 구출이 어려운 경우에는 기계실에서 정지층에 위치하도록 권상기를 수동으로 조작한다.
④ 반드시 카 상부의 비상구출구를 통해서 구출한다.

> 🔥 **엘리베이터가 정지했을 경우**
> ㉠ 승객
> • 정전으로 엘리베이터가 멈추거나 실내 등이 꺼지면 침착하게 인터폰으로 연락을 취해야 한다.
> • 성급히 탈출을 시도하지 말고 인터폰으로 구조 요청을 해야 한다.
> • 비상환기구는 탈출구가 아니므로 열지 말 것
> • 출입문은 절대 강제로 개방해서는 안 된다.
> • 굉음이 들리거나 진동이 있을 경우 인터폰으로 연락을 취해야 한다.
> • 비상벨이 울리지 않을 경우, 승강기 내에 부착된 비상연락망으로 전화를 해야 하며, 큰소리로 외부에 알려야 한다.
> • 엘리베이터는 추락하거나 질식할 경우가 거의 없으므로, 전문가나 119구조대의 구출 전까지 침착하게 기다려야 한다.
> ㉡ 관리자
> • 정지 상황을 연락받은 즉시 보수회사로 연락을 해야 한다.
> • 비상 구출은 반드시 전문가가 해야 한다는 것
> • 갇힌 승객이 구출되기 전까지 탈출을 시도하지 말고 안심하게 기다릴 수 있도록 유도한다.
> ※ 승강기 안은 외부와 공기가 통하므로 질식의 염려가 없고, 추락의 염려가 없으며, 정전 시에도 비상등이 설치되어 내부를 밝혀주는 안전한 공간임을 계속해서 알려주어 침착하게 구조대를 기다릴 수 있도록 해야 한다.

20 높은 열로 전선의 피복이 연소되는 것을 방지하기 위해 사용되는 재료는?

① 고무　　　　　② 석면

Answer
18. ② 19. ④ 20. ②

③ 종이 ④ PVC

👉 가열을 해도 연소하지 않는 재료로 콘크리트·기와·벽돌·석면판·철강·알루미늄·유리·모르타르·회반죽 그 밖에 이와 유사한 불연성의 재료를 말한다.

21 승강기 안전점검에서 신설·변경 또는 고장수리 등 작업을 한 후 실시하는 것은?
① 사전점검 ② 특별점검
③ 수시점검 ④ 정기점검

👉 안전점검의 종류
  ㉠ 수시점검 : 사고발생으로 수리한 경우나 승강기의 종류, 제어방식, 정격속도, 정격용량이나 왕복운행거리를 변경한 경우 수시로 실시하는 점검
  ㉡ 정기점검 : 일정 기간마다 정기적으로 실시하는 점검
  ㉢ 임시점검 : 기기 이상 시 실시하는 점검
  ㉣ 특별점검 : 특별한 경우 실시하는 점검

22 작업표준의 목적이 아닌 것은?
① 작업의 효율화
② 위험요인의 제거
③ 손실요인의 제거
④ 재해책임의 추궁

👉 작업표준의 목적
  • 작업의 효율성
  • 위험요인의 제거
  • 손실요인의 제거

23 감전의 위험이 있는 장소의 전기를 차단하여 수선, 점검 등의 작업을 할 때에는 작업 중 스위치에 어떤 장치를 하여야 하는가?
① 접지장치 ② 복개장치
③ 시건장치 ④ 통전장치

👉 전기 점검 및 수리 시에는 반드시 잠금장치를 하여 감전사고에 대비하여야 한다.
  ※ 시건장치 : 문이나 금고, 함 등을 타인이 함부로 열지 못하도록 하는 잠금장치

24 방호장치에 대하여 근로자가 준수할 사항이 아닌 것은?
① 방호장치에 이상이 있을 때 근로자가 즉시 수리한다.
② 방호장치를 해체하고자 할 경우에는 사업주의 허가를 받아 해체한다.
③ 방호장치의 해체 사유가 소멸된 때에는 지체 없이 원상으로 회복시킨다.
④ 방호장치의 기능이 상실된 것을 발견하면 지체 없이 사업주에게 신고한다.

👉 방호장치에 이상이 있을 때는 전문 수리기사가 수리해야 한다.

25 전기의 흐름을 안전하게 하기 위하여 전선의 굵기는 가장 적당한 것으로 선정하여 사용하여야 한다. 전선의 굵기를 결정하는 요인으로 다음 중 거리가 가장 먼 것은?
① 전압 강하 ② 허용 전류
③ 기계적 강도 ④ 외부 온도

👉 전선의 굵기를 결정하기 위해서는 먼저 사용하는 부하의 허용최저전압과 최대전류를 알아내어 부하의 동작에 지장이 없고 전선의 온도가 크게 변하지 않는 지점에서의 전선 자체에 강하되어도 좋은 전압을 구한 다음 굵기를 결정하게 된다.
  ※ 전선의 굵기를 결정하는 요건 : 허용전류, 기계적 강도, 선로의 전압강하

26 승강기 관리주체의 의무사항이 아닌 것은?
① 승강기 완성검사를 받아야 한다.
② 자체검사를 받아야 한다.

Answer
21. ② 22. ④ 23. ③ 24. ① 25. ④ 26. ①

③ 승강기의 안전에 관한 일상관리를 하여야 한다.
④ 승강기의 안전에 관한 보수를 하여야 한다.

👉 **승강기 관리주체의 의무사항**
- 승강기의 안전에 관한 보수를 하여야 한다.
- 승강기의 운행에 관한 점검을 월 1회 이상 실시하고, 점검기록을 승강기안전종합정보망에 입력하여야 한다.
- 자체검사를 받아야 한다.
- 자체점검의 결과 해당 승강기에 결함이 있으면 즉시 보수해야 하며, 보수가 끝날 때까지는 운행을 중지해야 한다.

27 재해원인의 분석방법 중 개별적 원인 분석은?
① 각각의 재해원인을 규명하면서 하나하나 분석하는 것이다.
② 사고의 유형, 기인물 등을 분류하여 큰 순서대로 도표화하는 것이다.
③ 특성과 요인관계를 도표로 하고 물고기 모양으로 세분화하는 것이다.
④ 월별 재해 발생수를 그래프화하여 관리선을 선정하여 관리하는 것이다.

👉 **개별적 원인 분석**
- 각각의 재해를 하나씩 분석하는 것으로 원인의 규명이 가능하다.
- 간혹 발생하는 특별재해나 중대한 재해의 원인분석에 적합하다.
- 재해 건수가 적은 중소기업에 적합하다.

28 합리적인 사고의 발견방법으로 타당하지 않은 것은?
① 육감 진단   ② 예측 진단
③ 장비 진단   ④ 육안 진단

👉 **합리적인 사고의 발견방법**

- 육안 진단 : 눈으로 직접 확인한다.
- 장비 진단 : 측정 장비로 진단한다.
- 예측 진단 : 자주 고장나는 부위를 예측하여 진단한다.

29 피트에서 하는 검사가 아닌 것은?
① 완충기의 설치 상태
② 하부 파이널 리미트 스위치류 설치 상태
③ 균형로프 및 부착부 설치 상태
④ 비상구출구 설치 상태

👉 **피트에서 하는 검사**
- 완충기와 완충기 오일 상태
- 과부하 감지장치
- 하부 파이널 스위치 설치 상태
- 카 비상정지장치 및 스위치의 설치 상태
- 이동케이블 및 부착부 설치 상태
- 균형추와 체인 및 부착부 설치 상태
- 누수 등

30 전기식 엘리베이터 자체점검 항목 중 점검 주기가 가장 긴 것은?
① 권상기 감속기어의 윤활유(Oil) 누설유무 확인
② 비상정지장치 스위치의 기능상실 유무 확인
③ 승강장 버튼의 손상 유무 확인
④ 이동케이블의 손상 유무 확인

👉 **전기식 엘리베이터 자체점검 항목 및 방법**
① 권상기 감속기어의 윤활유(Oil) 누설유무 확인 : 3개월에 1회
② 비상정지장치 스위치의 기능상실 유무 확인 : 1개월에 1회
③ 승강장 버튼의 손상 유무 확인 : 1개월에 1회
④ 이동케이블의 손상 유무 확인 : 6개월에 1회

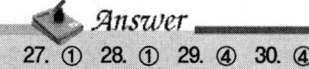
27. ① 28. ① 29. ④ 30. ④

31 다음 중 조속기의 형태가 아닌 것은?

① 롤 세이프티(Roll Safety)형
② 디스크(Disk)형
③ 플라이 볼(Fly Ball)형
④ 카(Car)형

- 조속기의 종류 : 플라이 볼형(GF), 롤 세이프티(GR)형, 디스크(GD)형
- 조속기의 동작방식 : 순간식 비상정지장치, 점진식 비상정지장치
- 조속기의 물림쇠 형태 : 롤러형, 웨지형

32 다음 중 에스컬레이터의 일반구조에 대한 설명으로 틀린 것은?

① 일반적으로 경사도는 30도 이하로 하여야 한다.
② 핸드레일의 속도가 디딤바닥과 동일 속도를 유지하도록 한다.
③ 디딤바닥의 정격속도는 30m/min을 초과하여야 한다.
④ 물건이 에스컬레이터의 각 부분에 끼이거나 부딪치는 일이 없도록 안전한 구조이어야 한다.

에스컬레이터의 설치 규정
- 디딤바닥의 정격속도는 30° 이하인 경우 45m/min 이하이어야 한다.
- 에스컬레이터의 경사각은 30°를 초과하지 않아야 한다. 단, 층고가 6m 이하일 경우에는 35°까지 가능
- 적재하중 산출식
  $G = 270 \times \sqrt{3} \times 스텝폭(W) \times 높이(H)$
  $= 270 \times 투영면적(A)$
- 스텝 체인은 에스컬레이터 좌우에 설치되며, 스텝을 주행시키는 역할을 한다.
- 에스컬레이터의 스커트 가드와 디딤판의 틈새는 승강로의 총길이에 걸쳐 한쪽이 4mm 이하이어야 하고, 양쪽을 합쳐서 7mm 이하이어야 한다.
- 에스컬레이터의 브레이크장치는 무부하 시 정지거리는 0.1~0.6m 이하이어야 한다.
- 디딤판의 높이는 100mm 이하이어야 한다. 또한 디딤판의 길이는 가로 560~1020mm 이하, 세로 400mm 이하이어야 한다.

33 T형 가이드 레일의 규격은 마무리 가공 전 소재 ( )m당 중량을 반올림한 정수에 'K 레일'을 붙여서 호칭한다. 빈칸에 맞는 것은?

① 1　　　② 2
③ 3　　　④ 4

- 레일의 호칭은 마지막 가공 전 소재의 1m당 중량으로 한다.

34 로프식 엘리베이터에서 도르래의 직경은 로프 직경의 몇 배 이상으로 하여야 하는가?

① 25　　　② 30
③ 35　　　④ 40

도르래 직경
- 주로프(D/d=40 : 1)
- 균형로프(D/d=32 : 1)

35 승강기에 설치할 방호장치가 아닌 것은?

① 가이드 레일
② 출입문 인터록
③ 조속기
④ 파이널 리미트 스위치

가이드 레일의 역할
- 비상정지장치가 작동했을 때 수직하중을 유지한다.
- 균형추를 양측에서 지지하며, 수직방향으로 안내해준다.
- 카의 심한 기울어짐을 막아준다.
※ 승강기에 설치할 방호장치 : 과부하방지장치, 권과방지장치, 비상정지장치, 제동장

Answer
31. ④　32. ③　33. ①　34. ④　35. ①

치, 조속기

36 카 및 승강장 문의 유효 출입구의 높이 (m)는 얼마 이상이어야 하는가?
① 1.8　　② 1.9
③ 2.0　　④ 2.1

> • 카 내부의 유효 높이는 2m 이상이어야 한다. 다만, 자동차용 엘리베이터는 제외
> • 카 출입구의 유효 높이는 2m 이상이어야 한다. 다만, 자동차용 엘리베이터는 제외

37 레일을 싸고 있는 모양의 클램프와 레일 사이에 강체와 가까이 롤러를 물려서 정지시키는 비상정지장치의 종류는?
① 즉시 작동형 비상정지장치
② 플렉시블 가이드 클램프형 비상정지장치
③ 플렉시블 웨지 클램프형 비상정지장치
④ 점차 작동형 비상정지장치

> **즉시 작동형 비상정지장치**
> 가이드 레일을 감싸고 있는 블록과 레일 사이에 롤러를 물려서 정지시키는 구조나 또는 로프에 걸리는 장력이 없어져서 로프의 처짐 현상이 생겼을 때 즉시 운전회로를 열고 비상정지장치를 작동시키는 구조이어야 한다.

38 승객용 엘리베이터에서 자동으로 동력에 의해 문을 닫는 방식에서의 문닫힘 안전장치의 기준에 부적합한 것은?
① 문닫힘 동작 시 사람 또는 물건이 끼일 때 문이 반전하여 열려야 한다.
② 문닫힘 안전장치 연결전선이 끊어지면 문이 반전하여 닫혀야 한다.
③ 문닫힘 안전장치의 종류에는 세이프티 슈, 광전장치, 초음파장치 등이 있다.
④ 문닫힘 안전장치는 카 문이나 승강장 문에 설치되어야 한다.

> **문닫힘 안전장치**
> • 기능 : 문 및 문 주위는 인체의 일부, 옷 또는 기타 물체가 끼여 발생하는 손상 또는 부상의 위험을 최소화시키는 방법으로 설계되어야 한다.
> • 종류 : 세이프티 슈, 광전장치, 초음파장치 등이 있다.
> • 설치 위치 : 카 문이나 승강장 문에 설치한다.
> ※ 문닫힘 안전장치 연결전선이 끊어지면 문이 반전하여 열려야 한다.

39 기계식 주차장에 있어서 자동차 중량의 전륜 및 후륜에 대한 배분 비는?
① 6 : 4　　② 5 : 5
③ 7 : 3　　④ 4 : 6

> **기계식 주차장치의 안전기준 및 검사기준**
> 제8조 중량분배
> 자동차 중량의 전륜 및 후륜에 대한 배분 비는 6 : 4로 하고 계산하는 단면에는 큰 쪽의 중량이 집중하는 것으로 가정하여 계산하여야 한다.

40 승강장의 파이널 리미트 스위치(Final Limit Switch)의 요건 중 틀린 것은?
① 반드시 기계적으로 조작되는 것이어야 한다.
② 작동 캠(CAM)은 금속으로 만든 것이어야 한다.
③ 이 스위치가 동작하게 되면 권상전동기 및 브레이크 전원이 차단되어야 한다.
④ 이 스위치는 카가 승강로의 완충기에 충돌된 후에 작동되어야 한다.

> **파이널 리미트 스위치**
> 카가 승강로의 완충기에 충돌되기 전에 작동되어야 한다.

Answer
36. ③　37. ①　38. ②　39. ①　40. ④

41 승강기의 주로프 로핑(Roping) 방법에서 로프의 장력은 부하측(카 및 균형추) 중력의 1/2로 되며, 부하측의 속도가 로프 속도의 1/2이 되는 로핑 방법은 어느 것인가?

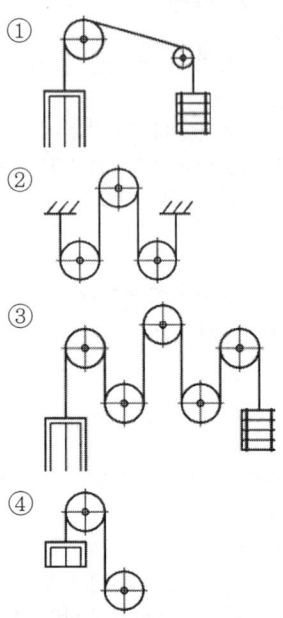

42 엘리베이터의 트랙션 머신에서 시브 풀리의 홈마모 상태를 표시하는 길이 h는 몇 mm 이하로 하는가?

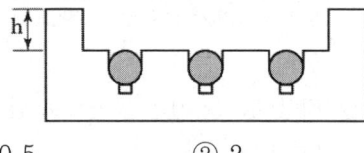

① 0.5　　　② 2
③ 3.5　　　④ 5

> 권상기 도르래 홈의 언더컷의 잔여량은 1mm 이상이어야 하고, 권상기 도르래(시브)에 감긴 주로프 가닥끼리의 높이차는 2mm 이내이어야 한다.

43 전기식 엘리베이터 자체점검 중 카 위에서 하는 점검항목장치가 아닌 것은?

① 비상구 출구
② 도어잠금 및 잠금해제장치
③ 카 위 안전스위치
④ 문닫힘 안전장치

> **문닫힘 안전장치**
> • 기능 : 문이 닫히는 동안 사람이 끼이거나 끼려고 할 때 자동으로 문이 반전되어 열리는 문닫힘 안전장치가 있어야 한다.
> • 설치 위치 : 카 문과 승강장 문에 설치

44 유압식 승강기의 특징으로 틀린 것은?
① 기계실의 배치가 자유롭다.
② 실린더를 사용하기 때문에 행정거리와 속도에 한계가 있다.
③ 과부하방지가 불가능하다.
④ 균형추를 사용하지 않기 때문에 모터의 출력과 소비전력이 크다.

> **유압식 승강기의 특징**
> • 기계실 위치가 자유롭다.
> • 파워 유닛은 승강기 1대당 1대가 필요하다.
> • 속도 60m/min 이하, 높이 7층 이하에 적용된다.
> • 오일의 온도는 5℃ 이상 60℃ 이하로 유지한다.
> • 균형추를 사용하지 않기에 전동기의 출력과 소비전력이 크며, 모터의 용량도 커야 한다.
> • 승강로 상부 틈새가 작아도 된다.
> • 직상부에 설치하지 않아도 되므로 건물 꼭대기 부분에 하중이 걸리지 않는다.
> • 실린더를 사용하여 소음과 진동이 적으나, 길이 및 굵기가 제한이 있어 4층 이상이나 층고가 높은 건물에는 사용이 곤란하다.
> • 큰 힘을 낼 수 있어 화물용이나 자동차용 등 큰 용량이 필요한 곳에 사용한다.

45 에스컬레이터(무빙워크 포함) 자체점검 중 구동기 및 순환 공간에서 하는 점검에서 B (요주의)로 하여야 할 것이 아닌 것은?

Answer
41. ②　42. ②　43. ④　44. ③　45. ①

① 전기안전장치의 기능을 상실한 것
② 운전, 유지보수 및 점검에 필요한 설비 이외의 것이 있는 것
③ 상부 덮개와 바닥면과의 이음부에 현저한 차이가 있는 것
④ 구동기 고정 볼트 등의 상태가 불량한 것

> **에스컬레이터(무빙워크 포함) 점검항목 및 방법**
> ㉠ B로 하여야 할 것
> • 운전, 유지보수 및 점검에 필요한 설비 이외의 것이 있는 것
> • 상부 덮개와 바닥면과의 이음부분에 현저한 차이가 있는 것
> • 상부덮개 및 상부덮개 부착부의 마모, 손상 및 부식이 현저하고 감도가 저하하고 있는 것
> • 구동기 고정 볼트 등의 상태가 불량한 것
> ㉡ C로 하여야 할 것
> • 전기안전장치의 기능을 상실한 것
> • 열쇠 또는 도구로 열 수 없는 것
> • 유지보수를 위한 들어올리는 장치의 기능이 상실된 것
> • 구동기가 전도될 우려가 있는 것

46 유압승강기에 사용되는 안전밸브의 설명으로 옳은 것은?

① 승강기의 속도를 자동으로 조절하는 역할을 한다.
② 압력배관이 파열되었을 때 작동하여 카의 낙하를 방지한다.
③ 카가 최상층으로 상승할 때 더 이상 상승하지 못하게 하는 안전장치이다.
④ 작동유의 압력이 정격압력 이상이 되었을 때 작동하여 압력이 상승하지 않도록 한다.

> **안전밸브**
> 압력조절밸브로서 압력이 과도하게 상승하는 것을 방지한다.

47 변형률이 가장 큰 것은?
① 비례한도
② 인장 최대하중
③ 탄성한도
④ 항복점

> **하중과 변형의 관계**
> 연강의 시험편을 인장 시험기에 걸어 하중을 작용시키면 재료는 변형한다.
> • 비례한도 : 직선부로 하중의 증가와 함께 변형이 비례적으로 증가한다.
> • 탄성한도 : 응력을 제거했을 때 변형이 없어지는 한도를 말한다. 이상 응력을 가하면 응력을 제거해도 변형은 완전히 없어지지 않는다. 이 변형을 소성 변형이라 한다.
> • 항복점 : 응력이 증가하지 않아도 변형이 계속해서 갑자기 증가하는 점이다.
> • 인장강도 : 최대응력점으로 응력을 변화하기 전의 단면적으로 나눈 값을 인장강도로 한다.

48 어떤 백열전등에 100V의 전압을 가하면 0.2A의 전류가 흐른다. 이 전등의 소비전력은 몇 W인가? (단, 부하의 역률은 1)
① 10
② 20
③ 30
④ 40

> $W = V \cdot I = 100 \times 0.2 = 20W$

49 "회로망에서 임의의 접속점에 흘러 들어오고 흘러 나가는 전류의 대수합은 0이다."라는 법칙은?
① 키르히호프의 법칙
② 가우스의 법칙
③ 줄의 법칙
④ 쿨롱의 법칙

> **키르히호프의 법칙(Kirchhoff's law)**
> • 제1법칙(키르히호프의 전류법칙) : 어떤 마

Answer
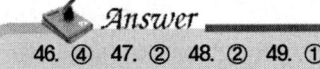
46. ④ 47. ② 48. ② 49. ①

디(node)에 들어오는 전류와 나가는 전류의 합은 같다. 즉, 임의의 마디로 들어오는(혹은 나가는) 전류의 대수합은 0이다.
- 제2법칙(키르히호프의 전압법칙) : 어떤 폐회로를 따라서 전압의 대수합은 0이다. 폐회로란 시작 노드와 끝나는 노드가 같은 하나의 망을 의미한다. 이 망에서 전압의 상승값과 강하값은 같다는 것이다.

50 유도전동기의 속도를 변화시키는 방법이 아닌 것은?

① 슬립 s를 변화시킨다.
② 극수 P를 변화시킨다.
③ 주파수 f를 변화시킨다.
④ 용량을 변화시킨다.

> 유도전동기의 속도제어 방법
> • 극수 변환법   • 주파수 변환법
> • 2차 저항 가감법 • 종속 접속법

51 다음 중 OR 회로의 설명으로 옳은 것은?

① 입력신호가 모두 0이면 출력신호에 1이 된다.
② 입력신호가 모두 0이면 출력신호에 0이 된다.
③ 입력신호가 1과 0이면 출력신호에 0이 된다.
④ 입력신호가 0과 1이면 출력신호에 0이 된다.

> OR 회로

논리 기호	진리표
A, B → X	A B X 0 0 0 0 1 1 1 0 1 1 1 1

시퀀스 회로	논리식
A, B, X-a	X = A + B

52 유도전동기에서 슬립이 1이란 전동기의 어느 상태인가?

① 유도제동기의 역할을 한다.
② 유도전동기가 전부하 운전상태이다.
③ 유도전동기가 정지상태이다.
④ 유도전동기가 동기속도로 회전한다.

> 유도전동기에서 슬립(slip)이 1이란 의미는 모터가 정지상태이다.
> 동기속도 = $\dfrac{120 \times f}{P}$

53 주전원이 380V인 엘리베이터에서 110V 전원을 사용하고자 강압 트랜스를 사용하던 중 트랜스가 소손되었다. 원인 규명을 위해 회로시험기를 사용하여 전압을 확인하고자 할 경우 회로시험기의 전압측정범위선택스위치의 최초 선택위치로 옳은 것은?

① 회로시험기의 110V 미만
② 회로시험기의 110V 이상 220V 미만
③ 회로시험기의 220V 이상 380V 미만
④ 회로시험기의 가장 큰 범위

> 주전원이 380V이기 때문에 380V 이상의 범위에 두고 측정해야 한다.

54 진공 중에서 m(Wb)의 자극으로부터 나오는 총 자력선의 수는 어떻게 표현되는가?

① $\dfrac{m}{4\pi\mu_0}$ ② $\dfrac{m}{\mu_0}$

Answer
50. ④ 51. ② 52. ③ 53. ④ 54. ②

③ $\mu_0 m$ ④ $\mu_0 m^2$

55 대형 직류전동기의 토크를 측정하는 데 가장 적당한 방법은?
① 와전류전동기
② 프로니 브레이크법
③ 전기동력계
④ 반환부하법

🔥 **전기동력계**
- 원동기의 동력을 발전기를 회전시킴으로써 전기적으로 측정하는 장치로 정밀도가 높으며 고속 기관의 출력 계산에 사용된다.
- 동력을 전기로 바꿔, 전류와 전압으로부터 전력을 측정하여 동력을 구한다.
- 동력을 전기로 바꾸면 케이싱도 회전자와 함께 돌려고 하기 때문에, 이것을 돌지 않도록 저울로 제어하고, 그 회전력으로 동력을 측정한다.

56 웜 기어의 특징에 관한 설명으로 틀린 것은?
① 가격이 비싸다.
② 부하용량이 작다.
③ 소음이 작다.
④ 큰 감속비를 얻는다.

🔥 **웜 기어의 특징**
- 부하용량이 크다.
- 소음과 진동이 작다.
- 큰 감속비를 얻을 수 있다.
- 효율이 좋지 않다.

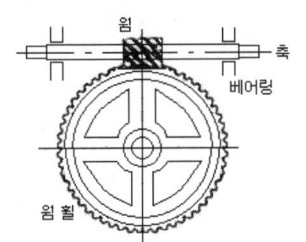

57 다음 설명 중 링크의 특징이 아닌 것은?
① 경쾌한 운동과 동력의 마찰손실이 크다.
② 제작이 용이하다.
③ 전동이 매우 확실하다.
④ 복잡한 운동을 간단한 장치로 할 수 있다.

🔥 **링크의 특징**
- 복잡한 운동을 간단한 장치로 할 수 있다.
- 전동이 매우 확실하다.
- 제작이 용이하다.
- 동력손실이 적다.

58 다음 중 전압계에 대한 설명으로 옳은 것은?
① 부하와 병렬로 연결한다.
② 부하와 직렬로 연결한다.
③ 전압계는 극성이 없다.
④ 교류 전압계에는 극성이 있다.

🔥 **전압계**
- 부하와 전압계를 병렬로 연결하여 큰 전압을 측정한다.
- 전압계는 DC(직류) 극성이 있고, AC(교류) 극성이 없다.

59 재료에 하중이 작용하면 재료를 구성하는 원자 사이에서 위치의 변화가 일어나고, 그 내부에 응력이 생기며, 외부적으로는 변형이 나타난다. 이 변형량과 원치수와의 비를 변형률이라 하는데, 변형률의 종류가 아닌 것은?
① 세로 변형률 ② 가로 변형률
③ 전단 변형률 ④ 중량 변형률

🔥 **변형률(strain)**
- 가로변형률(ε) : $\varepsilon = \dfrac{d}{\delta}$
  d : 처음의 가로방향의 길이
  δ : 늘어난 길이

Answer
55. ③ 56. ② 57. ① 58. ① 59. ④

- 세로변형률(ε') : $\varepsilon' = \dfrac{\lambda}{l}$

    λ : 원래의 길이
    l : 변형된 길이

- 전단변형률(r) : $r = \dfrac{\lambda_s}{l} = \tan\phi ≒ \phi$

    λ_s : 늘어난 길이
    l : 원래의 길이
    ϕ : 전단각

60 2진수 001101과 100101을 더하면 합은 얼마인가?

① 101010　　② 110010
③ 011010　　④ 110100

☞ 2진수끼리 더할 때는 각 자리수의 합이 2가 되면 그 자리에 0을 쓰고 1을 받아 올림한다.
　　001101
　＋100101
　　110010

Answer
60. ②

과년도 출제문제

2015년 5회

01 조속기의 설명에 관한 사항으로 틀린 것은?
① 조속기 로프의 공칭 직경은 8mm 이상이어야 한다.
② 조속기는 조속기 용도로 설계된 와이어 로프에 의해 구동되어야 한다.
③ 조속기에는 비상정지장치의 작동과 일치하는 회전방향이 표시되어야 한다.
④ 조속기 로프 풀리의 피치 직경과 조속기 로프의 공칭직경 사이의 비는 30 이상이어야 한다.

☞ 조속기 로프의 공칭 직경은 6mm 이상이어야 한다.

02 전기식 엘리베이터 기계실의 구조에서 구동기의 회전부품 위로 몇 m 이상의 유효 수직거리가 있어야 하는가?
① 0.2 ② 0.3
③ 0.4 ④ 0.5

☞ 전기식 엘리베이터 기계실의 구조
• 구동기의 회전부품 위로 0.3m 이상의 유효 수직거리가 있어야 한다.
• 작업구역에서 유효 높이는 2m 이상이어야 한다.
• 폭은 0.5m 또는 제어·패널 캐비닛의 전체 폭 중에서 큰 값 이상이어야 한다.
• 깊이는 외함의 표면에서 측정하여 0.7m 이상이어야 한다.

03 균형추의 중량을 결정하는 계산식은? (단, 여기서 L은 정격하중, F는 오버밸런스율이다.)
① 균형추의 중량=카 자체하중+(L×F)
② 균형추의 중량=카 자체하중×(L×F)
③ 균형추의 중량=카 자체하중+(L+F)
④ 균형추의 중량=카 자체하중-(L×F)

☞ 균형추의 총 중량
 =카 자체중량+L×F
  (L : 정격하중, F : 오버밸런스율)

04 승강기가 최하층을 통과했을 때 주전원을 차단시켜 승강기를 정지시키는 것은?
① 완충기
② 조속기
③ 비상정지장치
④ 파이널 리미트 스위치

☞ 파이널 리미트 스위치
카가 승강로의 완충기에 충돌되기 전에 작동되어야 한다.

05 엘리베이터의 정격속도 계산 시 무관한 항목은?
① 감속비 ② 편향도르래
③ 전동기의 회전수 ④ 권상도르래 직경

☞ 편향도르래의 직경은 속도와는 상관없다.

06 엘리베이터용 도어 머신에 요구되는 성능이 아닌 것은?

Answer
1. ① 2. ② 3. ① 4. ④ 5. ② 6. ④

① 가격이 저렴할 것
② 보수가 용이할 것
③ 작동이 원활하고 정숙할 것
④ 기동횟수가 많으므로 대형일 것

> 도어 머신의 구비 조건
> • 작동이 원활하고 정숙할 것
> • 카 상부에 설치하기 위해 소형 경량일 것
> • 동작횟수가 엘리베이터 기동 횟수의 2배이므로 보수가 용이할 것
> • 가격이 저렴할 것

07 여러 층으로 배치되어 있는 고정된 주차구역에 아래·위로 이동할 수 있는 운반기에 의하여 자동차를 자동으로 운반 이동하여 주차하도록 설계한 주차장치는?

① 2단식
② 승강기식
③ 수직순환식
④ 승강기 슬라이드식

> ① 2단식 : 주차실을 2단으로 설치하여 주차 면적을 2배로 이용한 설비
> ② 승강기식 : 여러 층의 고정된 주차 구획에 상하로 움직일 수 있는 운반기에 자동차를 주차시키는 방식
> ③ 수직순환식 : 주차설비는 자동차를 넣고 그 주차구획을 수직으로 순환시켜 주차시키는 방식
> ④ 슬라이드식 : 넓은 곳에 운반하여 종·횡 방식으로 이동해 주차하는 방식

08 다음 중 도어 시스템의 종류가 아닌 것은?

① 2짝문 상하열기 방식
② 2짝문 가로열기(2S) 방식
③ 2짝문 중앙열기(CO) 방식
④ 가로열기와 세로열기 겸용 방식

> 문열림 방식

• S : 가로 열기
• CO : 중앙 열기
• UP : 위로 열기

09 전기식 엘리베이터의 속도에 의한 분류방식 중 고속엘리베이터의 기준은?

① 2m/s 이상
② 2m/s 초과
③ 3m/s 이상
④ 4m/s 초과

> 속도별 구분

종류	속도
저속	45m/min 이하 (0.75m/s 이하)
중속	60m/min 이상 105m/min 이하 (1~4m/s)
고속	120m/min 이상 300m/min 이하 (4~6m/s)
초고속	360m/min 초과 (6m/s 이상)

10 엘리베이터의 구동체인이 규정치 이상으로 늘어났을 때 일어나는 현상은?

① 안전레버가 작동하여 브레이크가 작동하지 않는다.
② 안전레버가 작동하여 하강은 되나 상승은 되지 않는다.
③ 안전레버가 작동하여 안전회로 차단으로 구동되지 않는다.
④ 안전레버가 작동하여 무부하 시에는 작동되나 부하 시에는 구동되지 않는다.

> 구동체인이 늘어나거나 파손되었을 때는 즉시 안전레버가 작동하여 안전회로 차단으로 구동되지 않는다.

11 승강기 정밀안전 검사 시 과부하방지장치의 작동치는 정격적재하중의 몇 %를 권장치로 하는가?

Answer
7. ② 8. ④ 9. ④ 10. ③ 11. ②

① 95~100   ② 105~110
③ 115~120   ④ 125~130

👉 **과부하 감지장치**
- 기능 : 정격 적재하중의 105~110% 범위 내에서 동작, 경보를 울리고 해제 시까지 문을 열고 대기함
- 고장 시 : 초과 하중을 감지 못하고 과적재로 승강기가 추락할 수 있음

12 사이리스터의 점호각을 바꿈으로써 회전수를 제어하는 것은?

① 궤환제어
② 일단속도제어
③ 주파수변환제어
④ 정지 레오나드 제어

👉 ⓐ 교류 궤환제어방식
- 고속측은 사이리스터에 의한 1차 전압제어 또는 교류 2단 속도와 동일한 기동저항을 이용한 방식으로 하고, 제동측은 사이리스터에 의한 직류전압을 모터에 가하는 다이나믹 브레이크(DB제어)를 작동시킨다.
- 속도 지령에 따라 크리프 리스로 착상 가능하기 때문에 층간 운전시간이 짧고 승차감이 뛰어나지만, 모터의 발열이 크다는 것이 단점이다.
- 2권선 모터를 사용하지 않고, 1권선 모터를 이용해 감속 시에는 구동회로에서 모터를 전원으로부터 분리하여 제동전류를 모터에 가하는 등 다양한 어레인지가 이루어진다.

ⓑ 교류 1단 속도제어 : 가장 간단한 제어방식으로 3상 교류의 단속도 모터에 전원을 공급하는 것으로 기동과 정속운전을 하고, 정지는 전원을 끊은 후 제동기에 의해 기계적으로 브레이크를 거는 방식이다.

ⓒ 가변전압 가변주파수(VVVF) 제어 방식 : 인버터 방식의 최근 엘리베이터뿐만 아니라, 다른 기기에서도 널리 사용되고 있는 방식이다. 엘리베이터에서는 승강실 내 하중과 운전방향에 따라 회생전력이 발생한다(승강실이 빈 상태로 상승하는 경우 등). 이 회생전력을 흡수하기 위해 인버터의 직류단에 회생전류 흡수용 저항기를 설치해 열을 발산하고 있다. 정격속도 120m/min을 넘는 것의 대부분은 컨버터를 정류회로로 바꾸어 회생전력을 전원으로 되돌리고 있다.

ⓓ 정지 레오나드 방식 : 사이리스터를 사용하여 교류를 직류로 변환, 전동기에 공급하여 사이리스터 점호각을 제어하여 직류전압을 가변시켜, 속도를 제어하는 방식

13 와이어로프 가공방법 중 효과가 가장 우수한 것은?

①
②
③
④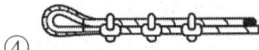

14 실린더에 이물질이 흡수되는 것을 방지하기 위하여 펌프의 흡입측에 부착하는 것은?

① 필터   ② 사일렌서
③ 스트레이너 ④ 더스트와이퍼

👉 **여과기(스트레이너)**
펌프 흡입측에 부착하여 유량 내의 철분이나 모래 등의 이물질을 제거하는 장치

15 직류 가변전압식 엘리베이터에서는 권상전동기에 직류 전원을 공급한다. 필요한 발전기용량은 약 몇 kW인가? (단, 권상전동기의 효율은 80%, 1시간 정격은 연속정격의 56%, 엘리베이터용 전동기의 출력은

Answer
12. ①, ④ 13. ① 14. ③ 15. ②

20kW이다.)

① 11 ② 14
③ 17 ④ 20

🌱 **직류발전기의 용량**
$$= \frac{권상전동기의\ 출력}{권상전동기의\ 효율} \times 1시간\ 정격$$
$$= \frac{20\text{kW}}{80\%} \times 56\% = 14\text{kW}$$

16 교류엘리베이터의 제어방식이 아닌 것은?

① 교류 일단 속도제어방식
② 교류 귀환 전압제어방식
③ 워드레오나드방식
④ VVVF 제어방식

🌱 **교류엘리베이터의 제어방식**
- 교류 1단 방식, 교류 2단 방식, 교류 귀환방식, VVVF 방식 등이 있다.
- 발전기 단자전압의 제어에 의해 주 전동기의 속도를 단계 없이 제어할 수 있다.
- 전동기의 역전은 발전기 단자전압의 극성을 반대로 함으로써 할 수 있다.
- ※ 워드레오나드방식은 직류전동기의 속도제어방식을 말하며, 전동기의 여자 전류를 최대로 하고 발전기의 단자전압을 제로에서 서서히 상승시키면 주 전동기는 기동저항 없이 조용히 기동한다.

17 카 비상정지장치의 작동을 위한 조속기는 정격속도의 몇 % 이상의 속도에서 작동해야 하는가?

① 105 ② 110
③ 115 ④ 120

🌱 **조속기의 동작**
카 비상정지장치를 위한 조속기 캐치는 적어도 정격속도의 115% 이상에서 작동하여야 한다.

18 간접식 유압엘리베이터의 특징으로 틀린 것은?

① 실린더의 점검이 용이하다.
② 비상정지장치가 필요하지 않다.
③ 실린더를 설치하기 위한 보호관이 필요하지 않다.
④ 승강기로는 실린더를 수용할 부분만큼 더 커지게 된다.

🌱 **간접식 유압승강기의 특징**

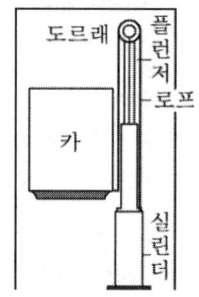

- 실린더의 보호관이 필요 없고, 점검이 용이하다.
- 비상정지장치가 필요하다.
- 로프의 늘어남과 기름의 압축성 때문에 부하로 인한 바닥 침해가 있다.

19 전기기기의 외함 등이 절연이 나빠져서 전류가 누설되어도 감전사고의 위험이 적도록 하기 위하여 어떤 조치를 하여야 하는가?

① 접지를 한다.
② 도금을 한다.
③ 퓨즈를 설치한다.
④ 연상변류기를 설치한다.

🌱 **접지(earthing)**
- 전기기기의 외함 등이 절연이 나빠져서 전류가 누설되어도 감전사고의 위험이 적도록 하기 위하여 접지를 한다.
- 전기설비에서 발생할 수 있는 누전이나 과전압 상황에서 전류가 안전하게 땅으로 흘

Answer
16. ③ 17. ③ 18. ② 19. ①

러가도록 하는 역할을 한다.

20 재해 누발자의 유형이 아닌 것은?
① 미숙성 누발자
② 상황성 누발자
③ 습관성 누발자
④ 자발성 누발자

> 재해 누발자의 유형
> 재해를 발생시키는 사람을 의미
> ㉠ 미숙성 누발자 : 작업에 대해 기능이 미숙한 사람 또는 작업환경에 대한 습관의 미숙으로 발생
> ㉡ 습관성 누발자 : 재해를 당한 경험으로 재해를 일으키는 사람
> ㉢ 상황성 누발자 : 물적·인적 조건(작업에 어려움이 많은 자, 기계설비의 결함 등)에서 산업재해의 횟수를 거듭하는 사람
> ㉣ 소질적 누발자 : 작업자의 소질(주의력 산만, 저지능, 경솔, 소심한 성격 등)로 횟수를 거듭해 산업재해를 일으키는 사람

21 카 내에 갇힌 사람이 외부와 연락할 수 있는 장치는?
① 챠임벨   ② 인터폰
③ 리미트 스위치 ④ 위치표시램프

> 인터폰
> 외부와 연락할 수 있는 장치

22 추락에 의한 위험방지 중 유의사항으로 틀린 것은?
① 승강기 내 작업 시에는 작업공구, 부품 등이 낙하하여 사람을 해하지 않도록 할 것
② 카 상부 작업 시 중간층에는 균형추의 움직임에 주의하여 충돌하지 않도록 할 것
③ 카 상부 작업 시에는 신체가 카 상부 보호대를 넘지 않도록 하며 로프를 잡을 것
④ 승강장 도어 키를 사용하여 도어를 개방할 때에는 몸의 중심을 뒤에 두고 개방하여 반드시 카 유무를 확인하고 탑승할 것

> 카 상부 작업 시 이동 중에는 로프를 손으로 잡아서는 안 된다.

23 안전보호기구의 점검, 관리 및 사용방법으로 틀린 것은?
① 청결하고 습기가 없는 장소에 보관한다.
② 한번 사용한 것은 재사용을 하지 않도록 한다.
③ 보호구는 항상 세척하고 완전히 건조시켜 보관한다.
④ 적어도 한달에 1회 이상 책임있는 감독자가 점검한다.

24 작업장에서 작업복을 착용하는 가장 큰 이유는?
① 방한
② 복장 통일
③ 작업능률 향상
④ 작업 중 위험 감소

> 작업장에서 작업복을 착용하는 이유는 재해로부터 작업자의 몸을 지키기 위해서이다.

25 재해원인 중 생리적인 원인은?
① 작업자의 피로
② 작업자의 무지
③ 안전장치의 고장
④ 안전장치의 사용의 미숙

> 재해의 원인

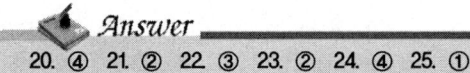
20. ④ 21. ② 22. ③ 23. ② 24. ④ 25. ①

- 생리적 재해 : 작업자의 건강이 작업환경에 의해 직접적으로 영향을 받는 경우
- 물리적 재해 : 기계나 작업환경과 관련된 사고로 물체의 의한 충격, 전기 감전, 화재 및 폭발 사건이 포함된다.
- 화학적 재해 : 유해 화학물질의 노출로 인해 발생하는 사고로 산업 현장에서 자주 발생하는 유형이다.

26 기계운전 시 기본안전수칙이 아닌 것은?

① 작업범위 이외의 기계는 허가 없이 사용한다.
② 방호장치는 유효 적절히 사용하며, 허가 없이 무단으로 떼어놓지 않는다.
③ 기계가 고장이 났을 때에는 정지, 고장 표시를 반드시 기계에 부착한다.
④ 공동 작업을 할 경우 시동할 때에는 남에게 위험이 없도록 확실한 신호를 보내고 스위치를 넣는다.

☞ 모든 기계의 사용 시 관계자의 허가를 받아야 한다.

27 승강기 보수 작업 시 승강기의 카와 건물의 벽 사이에 작업자가 끼인 재해의 발생 형태에 의한 분류는?

① 협착   ② 전도
③ 방심   ④ 접촉

☞ 협착 재해
노동 과정에서 기계나 물건에 신체의 일부가 끼이거나 말려들어 근로자에게 생긴 신체상의 재해

28 감전 상태에 있는 사람을 구출할 때의 행위로 틀린 것은?

① 즉시 잡아당긴다.
② 전원 스위치를 내린다.
③ 절연물을 이용하여 떼어낸다.
④ 변전실에 연락하여 전원을 끈다.

☞ 감전자를 발견 시에는 전원을 끄고 절연체를 이용하여 떼어낸다.

29 운전 중인 에스컬레이터가 어떤 요인에 의해 갑자기 정지하였다. 점검해야 할 에스컬레이터 안전장치로 틀린 것은?

① 승객검출장치
② 인렛 스위치
③ 스커트 가드 안전 스위치
④ 스텝 체인 안전장치

☞ • 핸드레일 인입구 안전장치(인렛 스위치) : 핸드레일 인입구에 이물질이 들어가는 것을 방지하는 장치로 손 또는 이물질이 끼었을 경우 즉시 작동되어 에스컬레이터를 정지시킨다.
• 스커트 가드 스위치 : 에스컬레이터의 고정된 스커트 가드와 스텝 사이의 틈에 신발이나 옷 등이 끼여 사고가 발생할 수 있으므로 이를 감지하여 정지시키는 스위치
• 스텝 체인 안전장치 : 스텝 체인이 파손되거나 과도하게 늘어날 때 즉시 작동하여 에스컬레이터를 정지시키는 장치로서 설치 위치는 하부 종단부에 설치한다.

30 승강기 완전검사 시 에스컬레이터의 공칭 속도가 0.5m/s인 경우 제동기의 정지거리는 몇 m이어야 하는가?

① 0.20m에서 1.00m 사이
② 0.30m에서 1.30m 사이
③ 0.40m에서 1.50m 사이
④ 0.55m에서 1.70m 사이

☞ 에스컬레이터의 정지거리
무부하 상태의 에스컬레이터 및 하강 방향으

Answer
26. ① 27. ① 28. ① 29. ① 30. ①

로 움직이는 제동부하 상태의 에스컬레이터에 대한 정지거리

[에스컬레이터의 정지거리]

공칭속도 V	정지거리
0.50m/s	0.20m에서 1.00m 사이
0.65m/s	0.30m에서 1.30m 사이
0.75m/s	0.40m에서 1.50m 사이

• 공칭속도 사이에 있는 속도의 정지거리는 보간법으로 결정되어야 한다.
• 정지거리는 전기적 정지장치가 작동된 시간부터 측정되어야 한다.

31 로프식 승용 승강기에 대한 사항 중 틀린 것은?

① 카 내에는 외부와 연락되는 통화장치가 있어야 한다.
② 카 내에는 용도, 적재하중(최대 정원) 및 비상시 조치 내용의 표찰이 있어야 한다.
③ 카 바닥 끝단과 승강로 벽 사이의 거리는 150mm를 초과하여야 한다.
④ 카바닥은 수평이 유지되어야 한다.

☞ 카 바닥 끝단과 승강로 벽과의 수평거리는 125mm 이하이어야 한다.

32 버니어 캘리퍼스를 사용하여 와이어 로프의 직경 측정방법으로 알맞은 것은?

①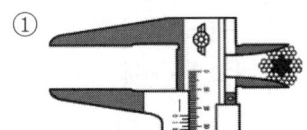

②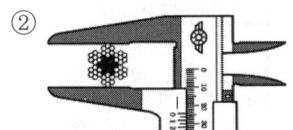

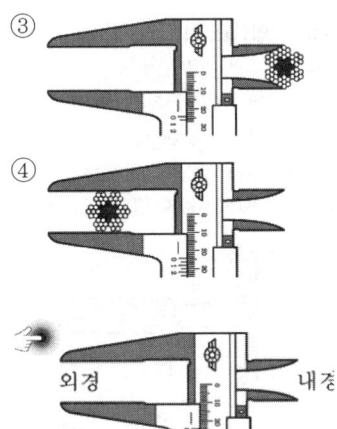

33 전기식 엘리베이터 자체점검 항목 중 피트에서 완충기 점검항목 중 B로 하여야 할 것은?

① 완충기의 부착이 불확실한 것
② 스프링식에서는 스프링이 손상되어 있는 것
③ 전기안전장치가 불량한 것
④ 유압식으로 유량부족의 것

☞ 전기식 엘리베이터 자체점검 항목 및 방법 [이론 요약 본문(p.36)] 참고 요망

34 조속기 로프의 공칭 지름[mm]은 얼마 이상이어야 하는가?

① 6 ② 8
③ 10 ④ 12

☞ 조속기 로프의 공칭직경은 6mm 이상인 조속기 전용으로 설계된 로프를 설치한다.

35 가이드 레일의 규격(호칭)에 해당되지 않는 것은?

① 5K ② 13K
③ 15K ④ 18K

Answer
31. ③ 32. ② 33. ④ 34. ① 35. ③

가이드 레일(guide rail)
- 가이드 슈 걸림대(A)
  ㉠ 5K, 8K 레일 : 2.5cm
  ㉡ 13K 레일 : 3.0cm
  ㉢ 18K, 24K 레일 : 3.5cm
  ㉣ 30K, 37K, 50K 레일 : 4.0cm

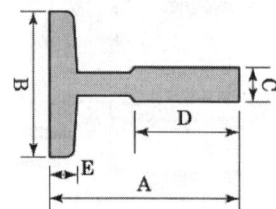

	8K	13K	18K	24K
A	56	62	89	89
B	78	89	114	127
C	10	16	16	16
D	26	32	38	50
E	6	7	8	12

- 레일의 규격
  ㉠ 레일의 호칭은 마지막 가동 전 소재의 1m당 중량으로 한다.
  ㉡ 레일의 표준길이는 5m
  ㉢ T형 레일을 사용하며 공칭은 8K, 13K, 18K, 24K, 30K나, 대용량 엘리베이터는 37K, 50K 등 사용

36 승강기 완성검사 시 전기식 엘리베이터에서 기계실의 조도는 기기가 배치된 바닥면에서 몇 lx 이상인가?

① 50   ② 100
③ 150   ④ 200

전기식 엘리베이터에서 기계실의 조도는 기기가 배치된 바닥면에서 200lx 이상이어야 한다.

37 유압식 엘리베이터의 제어방식에서 펌프의 회전수를 소정의 상승속도에 상당하는 회전수로 제어하는 방식은?

① 가변전압 가변주파수 제어
② 미터인 회로 제어
③ 블리드오프 회로 제어
④ 유량밸브 제어

① 가변전압 가변주파수(VVVF) 제어방식 : 인버터 방식의 최근 엘리베이터뿐만 아니라, 다른 기기에서도 널리 사용되고 있는 방식이다. 엘리베이터에서는 승강실 내 하중과 운전방향에 따라 회생전력이 발생한다. 이 회생전력을 흡수하기 위해 인버터의 직류단에 회생전류 흡수용 저항기를 설치해 열을 발산하고 있다. 정격속도 120m/min을 넘는 것의 대부분은 컨버터를 정류회로로 바꾸어 회생전력을 전원으로 되돌리고 있다.

② 미터인(meter-in) 회로 : 정확한 제어가 가능하나, 효율이 나쁘다.

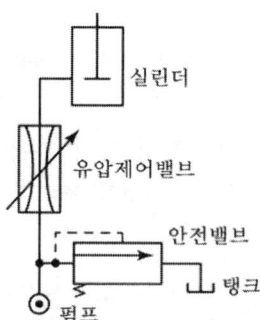

③ 블리드 오프(bleed-off) 회로 : 부하에 필요한 압력 이상의 압력을 발생시킬 필요가 없어 효율이 높다. 부하변동이 심한 경우 정확한 속도제어가 곤란하다.

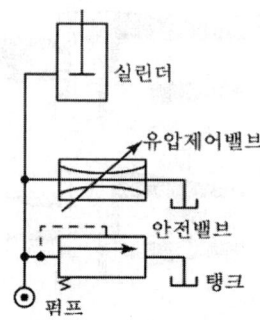

④ 유량제어밸브 : 밸브 내의 통과 유량을 무

Answer
36. ④ 37. ①

단계로 제어하여 각종 밸브의 개폐 속도의 변경, 가변 용량 펌프, 모터의 밀어내는 용적 변경, 속도의 조정 등에 사용된다.

38 베어링(bearing)에 가압력을 주어 축에 삽입할 때 가장 올바른 방법은?

①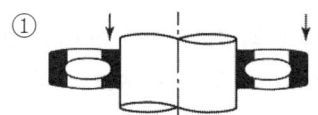

②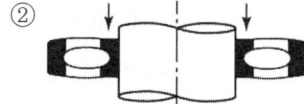

③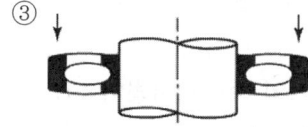

④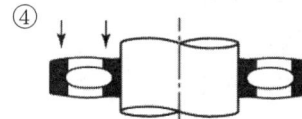

39 도어 시스템(열리는 방향)에서 S로 표현되는 것은?

① 중앙열기 문
② 가로열기 문
③ 외짝 문 상하열기
④ 2짝 문 상하열기

> **문열림 방식**
> • S : 가로 열기   • CO : 중앙 열기
> • UP : 위로 열기

40 다음 중 카 상부에서 하는 검사가 아닌 것은?

① 비상구 출구 스위치의 작동상태
② 도어개폐장치의 설치상태
③ 조속기 로프의 설치상태
④ 조속기 로프 인장장치의 작동상태

> **카 위에서 행하는 검사**
> • 비상구출구, 카 위 안전스위치
> • 문의 개폐장치, 전동기 벨트, 체인 도어기관
> • 도어잠금 및 잠금해체 장치
> • 상부 도르래, 폴리, 스프라켓
> • 비상정지장치 스위치
> • 조속기 로프의 설치상태
> • 카의 가이드 슈(롤러) 등
> ※ 전기식 엘리베이터 자체점검 항목 및 방법 [이론 요약 본문(p.40)] 참고 요망

41 디스크형 조속기의 점검방법으로 틀린 것은?

① 로프잡이의 움직임은 원활하며 지점부에 발청이 없으며 급유상태가 양호한지 확인한다.
② 레버의 올바른 위치에 설정되어 있는지 확인한다.
③ 플라이 볼을 손으로 열어서 각 연결 레버의 움직임에 이상이 없는지 확인한다.
④ 시브홈의 마모를 확인한다.

> 플라이 볼을 손으로 열어서 각 연결 레버의 움직임에 이상이 없는지 확인하는 것은 플라이볼형이다.

42 감속기의 기어 치수가 제대로 맞지 않을 때 일어나는 현상이 아닌 것은?

① 기어의 강도에 악영향을 준다.
② 진동 발생의 주요 원인이 된다.
③ 카가 전도할 우려가 있다.
④ 로프의 마모가 현저히 크다.

> **감속기의 기어 치수가 맞지 않을 때 현상**
> • 진동이 발생된다.
> • 카가 전도할 우려가 있다.

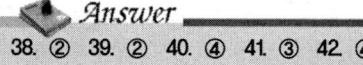

38. ② 39. ② 40. ④ 41. ③ 42. ④

• 기어가 부러지는 현상이 생긴다.

43 전기식 엘리베이터 자체점검 중 피트에서 하는 점검항목에서 과부하감지장치에 대한 점검 주기(회/월)는?

① 1/1　　② 1/3
③ 1/4　　④ 1/6

☞ 전기식 엘리베이터 자체점검 항목 및 방법
[이론 요약 본문(p.44)] 참고 요망

44 도르래의 로드홈에 언더커트(Under Cut)를 하는 목적은?

① 로프의 중심 균형
② 윤활 용이
③ 마찰계수 향상
④ 도르래의 경량화

☞ 언더커트 사용 목적
• 로프와 시브의 마찰계수를 높이기 위한 것이다.
• 로프 마모율이 비교적 심하다.
• 주로 싱글 랩핑(1 : 1 로핑)에 사용된다.
• 홈의 형상은 시브 홈의 밑을 도려낸 것이다.

45 비상용 엘리베이터의 운행속도는 몇 m/min 이상으로 하여야 하는가?

① 30　　② 45
③ 60　　④ 90

☞ • 비상용 엘리베이터는 건축물의 전 층을 운행하여야 한다.
• 비상용 엘리베이터의 크기는 630kg의 정격 하중을 갖는 폭 1100mm, 깊이 1400mm 이상이어야 하며, 출입구 유효 폭은 800mm 이상이어야 한다.
• 침대 등을 수용하거나 2개의 출입구로 설계된 경우 또는 피난용도로 의도된 경우, 정격 하중은 1000kg 이상이어야 하고 카의 면적은 폭 1100mm, 깊이 2100mm 이상이어야 한다.
• 비상용 엘리베이터는 소방관이 조작하여 엘리베이터 문이 닫힌 이후부터 60초 이내에 가장 먼 층에 도착하여야 된다. 다만, 운행 속도는 60m/min 이상이어야 한다.

46 에스컬레이터의 스텝 폭이 1m이고 공칭속도가 0.5m/s인 경우 수송능력(명/h)은?

① 5000　　② 5500
③ 6000　　④ 6500

☞ 에스컬레이터의 공칭속도별 수송능력
• 800형(스텝 폭 800mm) : 6000명/h
• 1200형(스텝 폭 1200mm) : 9000명/h

47 유도전동기의 속도제어법이 아닌 것은?

① 2차 여자제어법
② 1차 계자제어법
③ 2차 저항제어법
④ 1차 주파수제어법

☞ 유도전동기 속도제어방법
• 극수 변환법　　• 주파수 변환법
• 2차 저항제어법　• 종속 접속법
• 1차 전압제어법

48 그림과 같이 자기장 안에서 도선에 전류가 흐를 때, 도선에 작용하는 힘의 방향은? (단, 전선 가운데 점 표시는 전류의 방향을 나타낸다.)

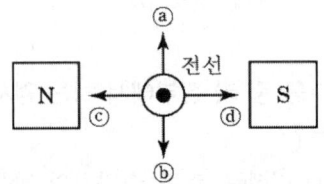

① ⓐ방향　　② ⓑ방향

③ ⓒ방향   ④ ⓓ방향

🠪 플레밍의 왼손법칙

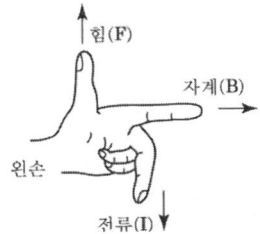

49 6극, 50Hz의 3상 유도전동기의 동기속도 [rpm]는?

① 500   ② 1000
③ 1200 ④ 1800

🠪 $N_s = \dfrac{120f}{P} = \dfrac{120 \times 50}{6} = 1000$
(f : 주파수, P : 극수)

50 다음 중 역률이 가장 좋은 단상 유도전동기로서 널리 사용되는 것은?

① 분상 기동형   ② 반발 기동형
③ 콘덴서 기동형 ④ 셰이딩 코일형

🠪 단상 유도전동기
① 분상 기동형 : 기동 토크가 커서 많이 사용하지 않는다.
② 반발 기동형 : 단상 유도전동기 중 기동 토크가 크다.
③ 콘덴서 기동형 : 기동용 콘덴서를 이용하여 기동하며, 많이 사용한다.
④ 셰이딩 코일형 : 기동 토크가 작은 곳에 사용. 효율 역률이 좋지 않다.

51 Q[C]의 전하에서 나오는 전기력선의 총 수는?

① Q ② εQ
③ $\dfrac{\varepsilon}{Q}$ ④ $\dfrac{Q}{\varepsilon}$

🠪 전기력선의 수
$N = E(전계) \times S(면적) = \dfrac{Q(전하량)}{\varepsilon(유전율)}$
※ $Q(전하량) = D(전속밀도) \times S(면적)$

52 그림에서 지름 400mm의 바퀴가 원주방향으로 25kg의 힘을 받아 200rpm으로 회전하고 있다면 이때 전달되는 동력은 몇 kg·m/sec인가? (단, 마찰계수는 무시한다.)

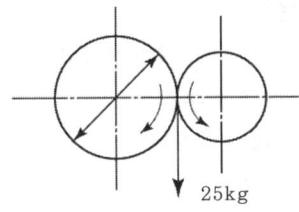

① 10.47   ② 78.5
③ 104.7   ④ 785

🠪 $E_v = \dfrac{1}{2}IW^2 = \dfrac{1}{2}(\dfrac{1}{2}mr^2)W^2$
$I = \dfrac{1}{2}mr^2$
I : 관성모멘트
m : 바퀴의 질량
r : 반지름(200mm=0.2m)
$= \dfrac{1}{2}(\dfrac{1}{2} \times 25 \times 0.2^2) \times (200 \times \dfrac{2\pi}{60})^2$
$= 104.7$kg·m/sec
∴ 전달되는 동력은 바퀴에 가해지는 힘과 같은 크기의 일을 할 수 있으므로 전달되는 동력은 104.7kg·m/sec이다.

53 다음 중 다이오드의 순방향 바이어스 상태를 의미하는 것은?

① P형 쪽에 (-), N형 쪽에 (+) 전압을 연결한 상태
② P형 쪽에 (+), N형 쪽에 (-) 전압을 연결한 상태
③ P형 쪽에 (-), N형 쪽에도 (-) 전압을

Answer
49. ② 50. ③ 51. ④ 52. ③ 53. ②

연결한 상태

④ P형 쪽에 (+), N형 쪽에도 (+) 전압을 연결한 상태

다이오드

전류를 한쪽 방향으로만 흐르게 만들어 주는 부품으로 P형 쪽에 (+), N형 쪽에 (−) 전압을 연결한 상태를 순방향이라고 한다.

54 요소와 측정하는 측정기구의 연결로 틀린 것은?

① 길이 : 버니어캘리퍼스
② 전압 : 볼트미터
③ 전류 : 암메터
④ 접지저항 : 메거

메거

전선로나 전동기 등의 절연저항의 측정에 사용하는 테스터이며, 습기가 많은 장소에 설치된 전동기 등은 특히 절연이 저하하는 경향이 있으므로, 누설 전류에 의한 사고 발생을 방지하기 위하여 필요하다. 절연 저항계라고도 한다.

55 교류회로에서 전압과 전류의 위상이 동상인 회로는?

① 저항만의 조합회로
② 저항과 콘덴서의 조합회로
③ 저항과 코일의 조합회로
④ 콘덴서와 콘덴서만의 조합회로

교류회로에 저항만 들어 있을 경우 동위상이 된다.

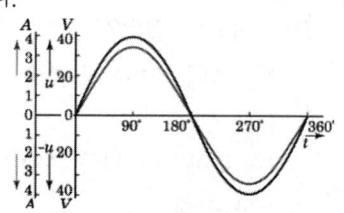

56 아래의 회로도와 같은 논리기호는?

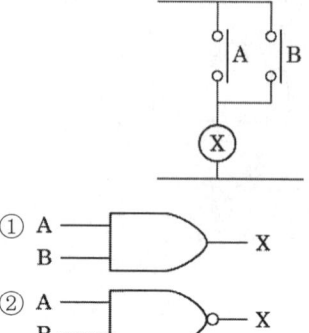

① A B ─▷─ X (AND)
② A B ─▷○─ X (NAND)
③ A B ─▷─ X (NOR)
④ A B ─▷─ X (OR)

㉠ OR 회로

논리 기호	진리표
A B ─▷─ X	A B X 0 0 0 0 1 1 1 0 1 1 1 1
시퀀스 회로	논리식
A B X-a	$X = A + B$

㉡ NOR 회로

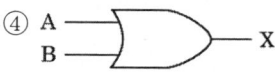

논리 기호	진리표
A B ─▷○─ X	A B X 0 0 1 0 1 0 1 0 0 1 1 0
시퀀스 회로	논리식
A B X-b	$X = \overline{A+B}$

Answer
54. ④ 55. ① 56. ④

㉢ AND 회로

논리 기호	진리표
A—⟫—X B	A B X 0 0 0 0 1 0 1 0 0 1 1 1
시퀀스 회로	논리식
┤A ┤B ⊗--┤X-a	$X = A \times B$

㉣ NAND 회로

논리 기호	진리표
A—⟫○—X B	A B X 0 0 1 0 1 1 1 0 1 1 1 0
시퀀스 회로	논리식
┤A ┤B ⊗┤X-b	$X = \overline{A \times B}$

㉤ NOT 회로

논리 기호	진리표
A—▷○—X	A X 0 1 1 0
시퀀스 회로	논리식
┤A ⊗┤X-b	$X = \overline{A}$

57 구름 베어링의 특징에 관한 설명으로 틀린 것은?

① 고속회전이 가능하다.
② 마찰저항이 작다.
③ 설치가 까다롭다.
④ 충격에 강하다.

👉 **구름 베어링**
• 동력손실과 마멸손실이 적다.
• 과열의 위험이 적고 마찰계수도 작다.
• 호환성이 좋고 소형화가 가능하다.
• 고속회전이 가능하며 유지비가 감소한다.

58 전선의 길이를 고르게 2배로 늘리면 단면적은 1/2로 된다. 이때의 저항은 처음의 몇 배가 되는가?

① 4배　　② 3배
③ 2배　　④ 1.5배

👉 저항은 도선길이에 비례하고 단면적에 반비례한다.
　　　$R = k \times l / S$
　　k : 비례상수
　　l : 도선의 길이
　　S : 도선의 단면적
• 두 개의 도선이 있다. 두 도선의 단면적은 똑같고 길이만 두 배 차이가 난다면 저항은 2배이다.
• 도선을 두 배의 길이로 늘리고 단면적을 1/2로 줄였기 때문에 처음 저항의 4배이다.

59 응력(stress)의 단위가 아닌 것은?

① Pa　　　　② N/m^2
③ kJ/m^2　　④ kgf/m^2

👉 **응력(stress)의 단위**
• 응력은 외력에 대해 재료 내부에서 발생하는 반발력을 말한다.
• 압력은 압축하중이 작용할 때 재료 표면에서 발생하는 것이고, 인장응력에서는 발생하지 않는다. 반면 응력은 하중의 종류에 관계없이 발생한다.
• 응력은 외력의 방향에 따라 수직응력과 전단응력으로 구분된다.
• 응력의 단위 : $1Pa = 1kgf/m^2 = 9.8N/m^2$

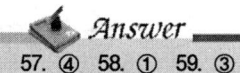
57. ④　58. ①　59. ③

60 동력을 수시로 이어주거나 끊어주는 데 사용할 수 있는 기계요소는?

① 클러치　　② 리벳
③ 키이　　　④ 체인

👉 **클러치**
- 동력을 수시로 이어주거나 끊어주는 장치
- 교합식, 원판식, 전자식, 마찰식 등이 있다.

Answer
60. ①

과년도 출제문제

2016년 1회

01 엘리베이터의 유압식 구동방식에 의한 분류로 틀린 것은?
① 직접식
② 간접식
③ 스크류식
④ 팬터그래프식

👉 **동력 매체별 분류**

구분	이용 방법	종류
로프식 (전기식)	로프에 카를 매달아 전동기를 이용하는 방식	권상 구동식, 포지티브 구동식
플런저 (유압식)	유체의 압력을 이용하는 방식	직접식, 간접식, 팬터그래프식
스크류	나사의 홈 기둥을 따라 이동하는 방식	
랙·피니언	레일의 랙(rack)과 카의 피니언을 이용하여 움직이는 방식	

02 권상도르래, 풀리 또는 트럼과 현수 로프의 공칭직경 사이의 비는 스트랜드의 수와 관계없이 얼마 이상이어야 하는가?
① 10
② 20
③ 30
④ 40

👉 **도르래 직경**
- 주로프(D/d=40 : 1)
- 균형로프(D/d=32 : 1)

03 가이드 레일의 사용 목적으로 틀린 것은?
① 집중하중 작용 시 수평하중을 유지
② 비상정지장치 작동 시 수직하중을 유지
③ 카와 균형추의 승강로 평면 내의 위치 규제
④ 카의 자중이나 화물에 의한 카의 기울어짐 방지

👉 **가이드 레일의 역할**
- 비상정지장치가 작동했을 때 수직하중을 유지한다.
- 균형추를 양측에서 지지하며, 수직방향으로 안내해준다.
- 카의 심한 기울어짐을 막아준다.

04 아파트 등에서 주로 야간에 카 내의 범죄활동 방지를 위해 설치하는 것은?
① 파킹 스위치
② 슬로다운 스위치
③ 록다운 비상정지 장치
④ 각 층 강제 정지운전 스위치

👉 **각 층 강제 정지장치(each floor stop)**
공공주택이나 아파트 등에서 주로 야간에 사용되며, 특정 시간대에 각 층마다 정지하여 도어를 열고 닫은 후 출발하도록 하는 장치

05 레일의 규격을 나타낸 그림이다. 빈칸 ⓐ, ⓑ에 맞는 것은 몇 kg인가?

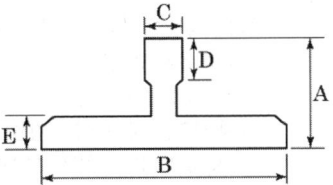

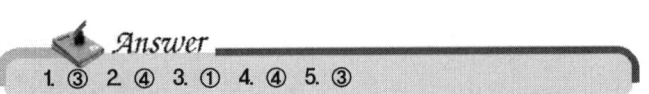

1. ③ 2. ④ 3. ① 4. ④ 5. ③

	8kg	ⓐ	18kg	ⓑ	30kg
A	56	62	89	89	108
B	78	89	114	127	140
S	10	16	16	16	19
D	26	32	38	50	51
E	6	7	8	12	13

① ⓐ 10, ⓑ 26 ② ⓐ 12, ⓑ 22
③ ⓐ 13, ⓑ 24 ④ ⓐ 15, ⓑ 27

👉 가이드 레일(guide rail)

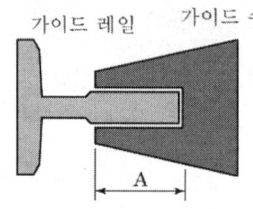

가이드 슈 걸림대(A)
㉠ 5K, 8K 레일 : 2.5cm
㉡ 13K 레일 : 3.0cm
㉢ 18K, 24K 레일 : 3.5cm
㉣ 30K, 37K, 50K 레일 : 4.0cm

㉠ 레일의 규격

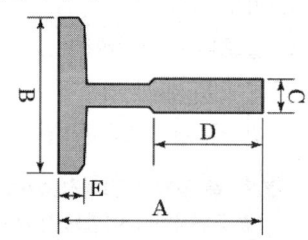

	8K	13K	18K	24K	30K
A	56	62	89	89	108
B	78	89	114	127	140
S	10	16	16	16	19
D	26	32	38	50	51
E	6	7	8	12	13

• 레일의 호칭은 마지막 가동 전 소재의 1m당 중량으로 한다.
• 레일의 표준길이는 5m
• T형 레일을 사용하며 공칭은 8K, 13K, 18K, 24K, 30K이나, 대용량 엘리베이터는 37K, 50K 등 사용
㉡ 가이드 레일의 역할

• 비상정지장치가 작동했을 때 수직하중을 유지한다.
• 균형추를 양측에서 지지하며, 수직방향으로 안내해준다.
• 카의 심한 기울어짐을 막아준다.
㉢ 가이드 레일의 점검 항목
• 손상이나 소음유무를 점검
• 녹이나 이물질이 있을 경우 제거
• 취부 볼트, 너트의 이완상태 여부를 점검
• 레일의 브래킷의 조임상태를 점검
• 레일 클립의 변형 유무를 점검
• 레일의 급유상태 및 오염상태를 점검
• 브래킷 취부 앵커 볼트의 이완 유무 및 용접부 균열 유무를 점검
㉣ 가이드 레일의 허용응력은 원칙적으로 2400 kgf/cm^2이어야 한다.

06 다음 중 주유를 해서는 안 되는 부품은?
① 균형추
② 가이드 슈
③ 가이드 레일
④ 브레이크 라이닝

👉 브레이크 라이닝에는 주유를 하면 미끄러짐 현상이 생기므로 절대 주유해서는 안 된다.

07 중앙 개폐방식의 승강장 도어를 나타내는 기호는?
① 2S   ② CO
③ UP   ④ SO

👉 문열림 방식의 기호
① 2S : 가로 열기(2는 문짝 수를 나타냄)
② CO : 중앙 개폐방식
③ UP : 상승 개폐방식
④ SO : 측면 개폐방식

08 압력맥동이 작고 소음이 작아서 유압식 엘리베이터에 주로 사용되는 펌프는?

Answer
6. ④ 7. ② 8. ③

① 기어 펌프　　② 베인 펌프
③ 스크류 펌프　④ 릴리프 펌프

👉 **유압 펌프의 종류**
- 나사펌프 : 회전 펌프의 하나로 스크류 펌프라고도 하며, 관 속에 들어 있는 나사를 회전시켜 유체를 축방향으로 흐르게 하는 것이다. 이 경우 두 개의 나사가 같은 축이 맞닿으면서 흡·토출을 한다. 하지만 최근에 들어서 나사펌프는 유압 쪽에서 거의 사용하고 있지 않다. 기어 펌프와 마찬가지로 이물질로 인해서 맞닿는 나사가 손상되는 경우가 많기 때문이고 두 개의 축이 맞물려 돌아가기 때문에 마모가 쉽다. 또한 나사가 맞닿는 기어의 제작 시 기밀성을 유지하기 어려워서 효율 저하가 쉽다.
- 기어펌프 : 2개의 기어를 맞물리게 하여 기어의 이와 이의 공간에 갇힌 유체를 기어의 회전에 의하여 케이싱 내면을 따라 보내게 되어 있는 펌프로, 점도가 높은 균질의 액체를 수송하는 데 적합하기 때문에 기름펌프로서 가장 널리 사용되고 있다. 배출되는 유량은 기어의 회전수에 비례한다.
- 플런저 펌프 : 피스톤과 흡사한 플런저를 실린더 내에서 왕복 운동시킴에 의해 물 또는 유압류를 가압하여 급수하는 형식의 펌프로서, 증기 또는 전동기에 의해 운전되는데 전동기에 의해 구동하는 경우가 많다. 플런저 펌프는, 피스톤 왕복식 펌프(워싱톤 펌프나 위어 펌프 등)가 비교적 저압의 보일러에 이용되는 데 비해 고압에 적합하다.
- 베인 펌프 : 회전 펌프의 하나로 편심 펌프라고도 한다. 원통형 케이싱 안에 편심회전자가 있고 그 홈 속에 판상의 깃이 들어 있으며, 이 베인이 원심력 또는 스프링의 장력에 의해 벽에 밀착되어 회전하면서 액체를 입송하는 형식이다. 주로 유압 펌프용으로 사용된다.

09 에스컬레이터의 역회전 방지장치로 틀린 것은?
① 조속기

② 스커트 가드
③ 기계 브레이크
④ 구동체인 안전장치

👉 **스커트 스위치**
에스컬레이터의 고정된 스커트 가드와 스텝 사이의 틈에 신발이나 옷 등이 끼여 사고가 발생할 수 있으므로 이를 감지하여 정지시키는 스위치

10 엘리베이터 도어 사이에 끼이는 물체를 검출하기 위한 안전장치로 틀린 것은?
① 광전장치　　② 도어 클로저
③ 세이프티 슈　④ 초음파장치

👉 **문 닫힘 안전장치**
- 접촉식 : 세이프티 슈
- 비접촉식 : 광전장치, 초음파장치
※ 도어 클로저 : 승강장 도어가 열려 있을 때 자동으로 닫히게 하는 장치

11 기계실을 승강로의 아래쪽에 설치하는 방식은?
① 정상부형 방식
② 횡인 구동 방식
③ 베이스먼트 방식
④ 사이드머신 방식

👉 **기계실 설치의 종류**
- 사이드머신 방식 : 승강로 상부측면에 설치된 방식

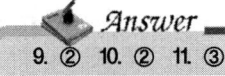
9. ②　10. ②　11. ③

···179

- 베이스먼트 방식 : 승강로 하부측면에 설치된 방식
- 오버헤드 머신 방식 : 승강로 정상부에 설치된 방식

12 기계식 주차설비를 할 때 승강기식인 경우 서브 또는 드럼의 직경은 와이어로프 직경의 몇 배 이상으로 하는가?

① 10   ② 15
③ 20   ④ 30

▶ 승강기식 주차설비
- 여러 층의 고정된 구차구획에 상하로 움직일 수 있는 운반기에 자동차를 주차시키는 방식
- 시브 및 드럼의 직경은 주로프 직경의 30배 이상으로 한다.

13 가장 먼저 누른 호출번호에 응답하고 운전이 완료될 때까지 다른 호출에 응답하지 않는 운전방식은?

① 승합 전자동식
② 단식 자동방식
③ 카 스위치방식
④ 하강 승합 전자동식

▶ ㉠ 운전원 방식
- 카 스위치 방식 : 기동·정지가 모두 운전자에 의해서 작동한다.
- 시그널 컨트롤 방식 : 카의 진행방향의 결정 또는 정지층 결정은 눌러진 카 내의 운전반 버튼 또는 승강장 버튼에 의해 작동된다. 운전자는 문의 개폐만 한다.
- 레코드 컨트롤 방식 : 운전원이 승객의 목적층과 승강장의 호출신호를 보고, 조작반 목적층의 버튼을 누르면 순서대로 자동 정지한다.
㉡ 무운전원 방식
- 단식 자동제어방식 : 오름, 내림 겸용으로 먼저 호출된 것에만 응답하고, 운행 중에는 다른 호출에 응하지 않음
- 하강승합자동식 : 2층 이상의 승강장에는 내림 버튼만 있고, 중간층에서 위방향으로 올라갈 때는 1층까지 내려갔다가 다시 눌러야 올라간다.
- 승합전자동식 : 승강장에 버튼이 2개 있으며 동시에 기억 카의 진행방향에 카 내의 호출과 승강장의 호출을 응답하면서 작동한다.
㉢ 복수 승강기 조작방식
- 군승합자동식 : 2~3대의 엘리베이터를 연계시킨 후 호출에 대해 먼저 응답한 카만 가동하고 다른 카는 응답하지 않아 효율적인 방식이다.
- 군관리 방식 : 3~8대의 엘리베이터를 연계, 집단으로 묶어서 운행 관리하는 방식

14 트랙션 권상기의 특징으로 틀린 것은?

① 소요동력이 작다.
② 행정거리의 제한이 없다.
③ 주로프 및 도르래의 마모가 일어나지 않는다.
④ 권과(지나치게 감기는 현상)를 일으키지 않는다.

▶ 트랙션 권상기의 특징
- 기어식과 무기어식 권상기가 있다.
- 지나치게 감기는 현상이 일어나지 않는다.
- 행정거리의 제한이 없다.
- 소요동력이 작다.
- 주로프 및 도르래의 마모가 크다.

15 정지 레오나드 방식 엘리베이터의 내용으로 틀린 것은?

① 워드 레오나드 방식에 비하여 손실이 작다.
② 워드 레오나드 방식에 비하여 유지보수가 어렵다.
③ 사이리스터를 사용하여 교류를 직류로

12. ④   13. ②   14. ③   15. ②

변환한다.
④ 모터의 속도는 사이리스터의 점호각을 바꾸어 제어한다.

> 정지 레오나드 방식
> 사이리스터를 사용하여 교류를 직류로 변환, 전동기에 공급하여 사이리스터 점호각을 제어하고 직류전압을 가변시켜 속도를 제어하는 방식이라 유지보수가 쉽다.

16 작동유의 압력 맥동을 흡수하여 진동, 소음을 감소시키는 것은?
① 펌프　　　　② 필터
③ 사일렌서　　④ 역류제지 밸브

> 사일렌서
> 자동차의 머플러와 같이 작동유의 압력 맥동을 흡수하여 진동, 소음을 감소시키는 역할을 한다.

17 3상 유도전동기의 회전 방향을 바꾸는 방법으로 옳은 것은?
① 3상 전원의 주파수를 바꾼다.
② 3상 전원 중 1상을 단선시킨다.
③ 3상 전원 중 2상을 단락시킨다.
④ 3상 전원 중 임의의 2상의 접속을 바꾼다.

> 고정자 입력권선 3개 단자 중 2개의 단자를 바꾸면 회전자계의 회전 방향이 바뀌게 된다.

18 에스켈레이터 각 난간의 꼭대기에는 정상 운행 조건하에서 스텝, 팔레트 또는 벨트의 실제 속도와 관련하여 동일 방향으로 몇 %의 공차가 있는 속도로 움직이는 핸드 레일이 설치되어야 하는가?
① 0~2　　　　② 4~5
③ 7~9　　　　④ 10~12

> • 각 난간의 꼭대기에는 정상운행 조건하에서 스텝, 팔레트 또는 벨트의 실제 속도와 관련하여 동일 방향으로 0%에서 +2%의 공차가 있는 속도로 움직이는 핸드 레일이 설치되어야 한다.
> • 핸드 레일은 정상운행 중 운행방향의 반대편에서 450N의 힘으로 당겨도 정지되지 않아야 한다.

19 화재 시 조치사항에 대한 설명 중 틀린 것은?
① 비상용 엘리베이터는 소화활동 등 목적에 맞게 동작시킨다.
② 빌딩 내에서 화재가 발생할 경우 반드시 엘리베이터를 이용해 비상탈출을 시켜야 한다.
③ 승강로에서의 화재 시 전선이나 레일의 윤활유가 탈 때 발생되는 매연에 질식되지 않도록 주의한다.
④ 기계실에서의 화재 시 카 내의 승객과 연락을 취하면서 주전원 스위치를 차단한다.

20 안전점검 체크 리스트 작성 시의 유의사항으로 가장 타당한 것은?
① 일정한 양식으로 작성할 필요가 없다.
② 사업장에 공통적인 내용으로 작성한다.
③ 중점도가 낮은 것부터 순서대로 작성한다.
④ 점검표의 내용은 이해하기 쉽도록 표현하고 구체적이어야 한다.

> 안전점검 체크 리스트 작성요령
> • 중점도가 높은 것부터 순서대로 작성한다.
> • 점검표의 내용은 이해하기 쉽도록 표현하고

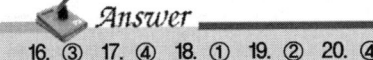
16. ③　17. ④　18. ①　19. ②　20. ④

구체적이어야 한다.
- 일정한 양식으로 작성한다.
- 안전점검은 형식, 내용에 변화를 주어 몇 가지 점검방법을 병용한다.
- 안전점검은 안전수준의 향상을 목적으로 한다는 것을 염두에 두고, 결점을 지적하거나 관찰하는 태도는 삼가도록 한다.

21 재해의 직접 원인 중 작업환경의 결함에 해당되는 것은?

① 위험장소 접근
② 작업순서의 잘못
③ 과다한 소음 발산
④ 기술적, 육체적 무리

☞ **재해의 직접 원인**
㉠ 인적 요인
- 사람의 불안전한 행동, 상태
- 지식 부족, 미숙련, 과로, 태만, 지시 무시 등

㉡ 물적 요인
- 불량한 기계설비와 불안전한 환경에서 오는 요인으로 정리정돈의 결함
- 안전장치의 결함, 보호구의 결함, 부적절한 작업환경 등

22 추락방지를 위한 물적 측면의 안전대책과 관련이 없는 것은?

① 발판, 작업대 등은 파괴 및 동요되지 않도록 견고하고 안정된 구조이어야 한다.
② 안전교육훈련을 통해 작업자에게 추락 위험을 인식시킴과 동시에 자율적 규제를 촉구한다.
③ 작업대와 통로는 미끄러지거나 발에 걸려 넘어지지 않게 평평하고 미끄럼 방지성이 뛰어난 것으로 한다.
④ 작업대와 통로 주변에는 난간이나 보호대를 설치해야 한다.

☞ **인적 측면에 대한 안전대책**
- 작업의 방법과 순서를 명확히 주지시킨다.
- 작업자의 능력과 체력을 감안해 적정한 배치를 한다.
- 안전교육훈련을 통해 작업자에게 추락 위험을 인식시킴과 동시에 자율적 규제를 촉구한다.
- 작업 시 지휘자를 지명하여 집단작업을 통제한다.

23 산업재해의 발생 원인 중 불안전한 행동이 많은 사고의 원인이 되고 있다. 이에 해당되지 않는 것은?

① 위험장소 접근
② 작업장소 불량
③ 안전장비 기능 제거
④ 복장 보호구 잘못 사용

☞ **인적 요인**
사람의 불안전한 행동이나 상태(지식 부족, 미숙련, 과로, 태만, 지시 무시 등)

24 높은 곳에서 전기작업을 위한 사다리작업을 할 때 안전을 위하여 절대 사용해서는 안 되는 사다리는?

① 니스(도료)를 칠한 사다리
② 셸락(shellsc)을 칠한 사다리
③ 도전성이 있는 금속제 사다리
④ 미끄럼 방지장치가 있는 사다리

☞ 전기작업 시에는 감전 위험이 때문에 도전성이 없는 사다리를 사용해야 한다.

25 전기화재의 원인으로 직접적인 관계가 되지 않는 것은?

① 저항   ② 누전
③ 단락   ④ 과전류

Answer
21. ③ 22. ② 23. ② 24. ③ 25. ①

📌 **전기화재의 원인**
- 합선(단락) : 전선로에서 두 개 이상의 전선이 어떤 원인에 의해 서로 접촉되는 경우
- 누전 : 전류가 설계된 부분 이외에 곳으로 흐르는 현상
- 과전류(과부하) : 전선의 허용전류 이상의 많은 부하기기를 사용함으로써 전선에 많은 전류가 흘러 이로 인해 전선에 과도한 열이 발생하여 화재가 발생하게 된다.
- 그 외에 스파크와 접촉불량이 있다.

26 안전점검의 목적에 해당되지 않는 것은?
① 합리적인 생산관리
② 생산위주의 시설 가동
③ 결함이나 불안전 조건의 제거
④ 기계・설비의 본래 성능 유지

📌 **안전점검의 목적**
- 사고원인을 찾아 재해를 미연에 방지하기 위함이다.
- 재해의 재발을 방지하여 사전대책을 세우기 위함이다.
- 현장의 불안전 요인을 찾아 계획에 적절히 반영시키기 위함이다.
- 기계설비의 안전상태 유지를 점검한다.

27 전기식 엘리베이터의 자체점검항목이 아닌 것은?
① 브레이크   ② 스커트 가드
③ 가이드 레일   ④ 비상정지장치

📌 **전기식 엘리베이터 자체점검 항목 및 방법**
[이론 요약 본문(p.36)] 참고 요망
※ 스커트 스위치 : 에스컬레이터의 고정된 스커트 가드와 스텝 사이의 틈에 신발이나 옷 등이 끼여 사고가 발생할 수 있으므로 이를 감지하여 정지시키는 스위치

28 다음에서 일상점검의 중요성이 아닌 것은?
① 승강기 품질유지
② 승강기의 수명 연장
③ 보수자의 편리도모
④ 승강기의 안전한 운행

29 전동 덤웨이터의 안전장치에 대한 설명 중 옳은 것은?
① 도어 인터록 장치는 설치하지 않아도 된다.
② 승강로의 모든 출입구 문이 닫혀야만 카를 승강시킬 수 있다.
③ 출입구 문에 사람의 탑승금지 등의 주의사항은 부착하지 않아도 된다.
④ 로프는 일반 승강기와 같이 와이어로프 소켓을 이용한 채결을 하여야만 한다.

📌 **전동 덤웨이터**
소형 화물용 엘리베이터로 승강로의 모든 출입구의 문이 닫힌 상태에서만 카를 승강시킬 수 있는 안전장치가 설치되어 있다.

30 전기식 엘리베이터의 자체점검 중 피트에서 하는 점검항목장치가 아닌 것은?
① 완충기
② 측면 구출구
③ 하부 파이널 리미트 스위치
④ 조속기 로프 및 기타의 당김 도르래

📌 **피트에서 하는 점검항목**
- 완충기
- 조속기 로프 및 기타의 당김 도르래
- 피트 바닥
- 하부 파이널 리미트 스위치
- 카 비상정지장치 및 스위치
- 하부 도르래
- 보상수단 및 부착부
- 균형추 밑부분 틈새
- 이동케이블 및 부착부
- 과부하 감지장치

Answer
26. ② 27. ② 28. ③ 29. ② 30. ②

• 피트 내의 내진대책

31 유압식 엘리베이터의 피트 내에서 점검을 실시할 때 주의해야 할 사항으로 틀린 것은?
① 피트 내 비상정지장치를 작동 후 들어갈 것
② 피트 내 조명을 점등한 후 들어갈 것
③ 피트에 들어갈 때는 승강로 문을 닫을 것
④ 피트에 들어갈 때 기름에 미끄러지지 않도록 주의할 것

☞ 피트에 들어갈 때는 승강로 문을 열어두어야 한다.

32 전기식 엘리베이터의 경우 기계실에서 검사하는 항목과 관계없는 것은?
① 전동기
② 인터록장치
③ 권상기의 도르래
④ 권상기의 브레이크 라이닝

☞ 전기식 엘리베이터 자체점검 항목 및 방법 [이론 요약 본문(p.36)] 참고 요망
※ 인터록장치는 도어장치 검사항목이다.

33 승강로에 관한 설명 중 틀린 것은?
① 승강로는 안전한 벽 또는 울타리에 의하여 외부공간과 격리되어야 한다.
② 승강로는 화재 시 승강로를 거쳐 다른 층으로 연소될 수 있도록 한다.
③ 엘리베이터에 필요한 배관 설비 외의 설비는 승강로 내에 설치하여서는 안 된다.
④ 승강로 피트 하부를 사무실이나 통로로 사용할 경우 균형추에 비상정지장치를 설치한다.

☞ 승강로의 구비 조건
• 외부 공간과 격리되어야 한다.
• 카나 균형추에 접촉하지 않도록 되어야 한다.
• 화재 시 승강로를 거쳐 다른 층으로 연소되지 않아야 한다.
• 승강기의 배관설비 이외에 다른 배관설비는 함께 설비되지 않도록 한다.
• 막판은 철재로서 철판의 두께가 1.5mm 이상으로 하고, 쉽게 부착 또는 개폐되지 않아야 한다.
• 막판 이면의 콘크리트 벽에는 두께 2.1mm 이상의 강판 또는 스테인리스 판넬을 설치한다. (단, 막판의 두께가 2.0mm 이상일 때는 당해 판넬의 두께가 1.6mm 이상으로 할 수 있다.)
• 측면 또는 막판은 내화구조로 하고, 주요한 부분에 공간이 생기지 않도록 견고하게 부착한다.

34 승강기 완성검사 시 전기식 엘리베이터의 카 문턱과 승강장문 문턱 사이의 수평거리는 몇 mm 이하이어야 하는가?
① 35   ② 40
③ 45   ④ 50

☞ 출입구의 간격
카 문턱과 승강장문 문턱 사이의 수평거리는 35mm 이하이어야 한다.

35 웜 기어 오일(worm gear oil)에 관한 설명으로 틀린 것은?
① 매월 교체하여야 한다.
② 반드시 지정된 것만 사용한다.
③ 규정된 수준을 유지하여야 한다.
④ 웜 기어가 분말이나 먼지로 혼탁해지면 교체한다.

Answer
31. ③ 32. ② 33. ② 34. ① 35. ①

👉 **웜 기어의 오일 특성**
- 오일게이지의 그 레벨까지 기름을 채운다.
- 월 1회 점검한다.
- 보통 1년 주기로 오일을 교체한다.
- 지정된 오일을 사용한다.

36 에스컬레이터(무빙워크 포함)에서 6개월에 1회 점검하는 사항이 아닌 것은?

① 구동기의 베어링 점검
② 구동기의 감속기어 점검
③ 중간부의 스텝 레일 점검
④ 핸드레일 시스템의 속도 점검

👉 에스컬레이터(무빙워크 포함) 점검항목 및 방법 이론요약 p.55 참고 요망
※ 핸드레일 시스템의 속도 점검은 매월 1회 점검하여야 한다.

37 기계실에 대한 설명으로 틀린 것은?

① 출입구 자물쇠의 잠금장치가 없어도 된다.
② 관리 및 검사에 지장이 없도록 조명 및 환기는 적절해야 한다.
③ 주로프, 조속기로프 등은 기계실 바닥의 관통부분과 접촉이 없어야 한다.
④ 권상기 및 제어반은 기둥 및 벽에서 보수관리에 지장이 없어야 한다.

👉 기계실에는 엘리베이터와 관계없는 설비는 설치하지 않아야 하고, 관계자 외 출입을 제한하기 위해 잠금장치를 설치한다.
※ 기계실의 시설
- 전기배관, 플로어 덕트, 풀박스 등은 기계실의 바닥면보다 돌출되지 않도록 한다.
- 승강기 기계실의 바닥면의 로프 등의 관통구에는 바닥으로부터 50mm 정도의 턱을 만들어야 한다.
- 기계실의 각 기기의 배치는 상호간격, 기계와 기둥 또는 벽까지의 수평거리를 300mm 이상 확보하여 보수 등의 작업에 지장이 없도록 한다.
- 기계실 바닥에 양중구가 있는 경우 추락의 위험을 막을 수 있도록 덮개를 설치한다.

38 파워 유니트를 보수·점검 또는 수리할 때 사용하면 불필요한 작동유의 유출을 방지할 수 있는 밸브는?

① 사일렌서   ② 체크 밸브
③ 스톱 밸브   ④ 릴리프 밸브

👉 ① 사일렌서 : 자동차의 머플러와 같이 작동유의 압력 맥동을 흡수하여 진동, 소음을 감소시키는 역할을 한다.
② 체크 밸브 : 유체를 한쪽 방향으로만 흐르게 하는 밸브
③ 스톱 밸브
- 밸브를 닫으면 실린더의 오일이 탱크로 역류하는 것을 방지한다. 유압장치의 보수·점검 또는 수리 시 사용
- 유압 파워 유닛과 실린더 사이의 압력배관에 설치되며, 이것을 닫으면 실린더의 기름이 파워 유닛으로 역류하는 것을 방지한다.
④ 릴리프 밸브 : 압력조정 밸브로 관내 압력이 상승하여 상용압력의 125% 이상 높아지면 기름을 탱크로 되돌려 보내 압력 상승을 방지한다.

39 에스컬레이터의 공칭속도는 경사도가 30° 이하일 경우에 일반적으로 몇 m/s 이하로 하는가?

① 0.75m/s 이하   ② 0.80m/s 이하
③ 0.85m/s 이하   ④ 0.90m/s 이하

👉 **에스컬레이터의 설치 규정**
㉠ 디딤바닥의 정격속도는 30° 이하인 경우 0.75m/s 이하이어야 한다.
㉡ 에스컬레이터의 경사각은 30°를 초과하지 않아야 한다. 단, 층고가 6m 이하일 경우에는 35°까지 가능

Answer
36. ④ 37. ① 38. ③ 39. ①

ⓒ 스텝 체인은 에스컬레이터 좌우에 설치되며, 스텝을 주행시키는 역할을 한다.
ⓔ 에스컬레이터의 디딤판과 스커트 가드와의 틈새는 승강로의 총 길이에 걸쳐서 한쪽이 4mm 이하이어야 하고, 양쪽을 합쳐서 7mm 이하이어야 한다.
ⓜ 에스컬레이터의 브레이크장치는 무부하 시의 정지거리는 0.1~0.6m 이하이어야 한다.
ⓑ 디딤판의 높이는 100mm 이하이어야 한다. 또한 디딤판의 길이는 가로 560~1020 mm 이하, 세로 400mm 이하이어야 한다.
ⓢ 스텝 체인은 에스켈레이터 좌우에 설치되며, 스텝을 주행시키는 역할을 한다.

40 에스컬레이터(무빙워크 포함) 점검항목 및 방법 중 제어 패널, 캐비닛, 접촉기, 릴레이, 제어기판에서 "B로 하여야 할 것"에 해당되지 않는 것은?

① 잠금장치가 불량한 것
② 환경상태(먼지, 이물)가 불량한 것
③ 퓨즈 등에 규격 외의 것이 사용되고 있는 것
④ 접촉기, 릴레이-접촉기 등의 손모가 현저한 것

👉 퓨즈는 규격제품이 사용되어야 한다.

41 고속 엘리베이터에 많이 사용되는 조속기는?

① 점차 작동형 조속기
② 롤 세이프티형 조속기
③ 디스크형 조속기
④ 플라이볼형 조속기

👉 **조속기의 속도별 용도**
• 롤 세프티형(GR형) : 45m/min 이하의 저속용 승강기에 적용
• 디스크형(GD형) : 60~105m/min에 적용
• 플라이볼형(GF형) : 120m/min 이상의 고속용 승강기에 적용

42 에스컬레이터(무빙워크 포함)의 비상정지 스위치에 관한 설명으로 틀린 것은?

① 색상은 적색으로 한다.
② 상하 승강장의 잘 보이는 곳에 설치한다.
③ 버튼 또는 버튼 부근에는 "정지" 표시를 하여야 한다.
④ 장난 등에 의한 오동작 방지를 위하여 잠금장치를 설치하여야 한다.

👉 비상정지스위치는 비상시 작동해야 하므로 잠금장치를 하여서는 안 된다.

43 와이어 로프의 구성 요소가 아닌 것은?

① 소선   ② 심강
③ 킹크   ④ 스트랜드

와이어로프

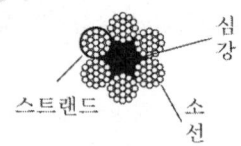
심강 / 스트랜드 / 소선

44 카 상부에서 행하는 검사가 아닌 것은?

① 완충기 점검
② 주로프 점검
③ 가이드 슈 점검
④ 도어 개폐장치 점검

👉 전기식 엘리베이터 자체점검 항목 및 방법 [이론 요약 본문(p.40)] 참고 요망
※ 완충기 점검은 피트에서 하는 점검이다.

45 전기식 엘리베이터의 가이드 레일 장치에서 패킹(보강재)이 설치된 경우는?

① 가이드 레일이 짧게 설치되어 보강할

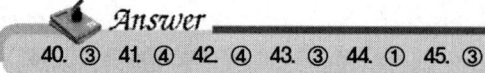
Answer
40. ③ 41. ④ 42. ④ 43. ③ 44. ① 45. ③

경우
② 가이드 레일 양 폭의 너비를 조정 작업할 경우
③ 레일 브래킷의 간격이 필요 이상 한계를 초과하여 레일 뒷면에 강재를 붙여서 보강하는 경우
④ 레일 브래킷의 간격이 필요 이상 한계를 초과하여 레일 앞면에 강재를 붙여서 보강하는 경우

46 유압식 엘리베이터에 있어서 정상적인 작동을 위하여 유지하여야 할 오일의 온도 범위는?

① 5~60℃   ② 20~70℃
③ 30~80℃ ④ 40~90℃

👉 **유압식 승강기의 특징**
- 기계실 위치가 자유롭다.
- 파워 유닛은 승강기 1대당 1대가 필요하다.
- 속도 60m/min 이하, 높이 7층 이하에 적용
- 오일의 온도는 5℃ 이상 60℃ 이하로 유지
- 균형추를 사용하지 않으므로 전동기의 출력과 소비전력이 크며, 모터의 용량도 커야한다.
- 승강로 상부 틈새가 작아도 된다.
- 직상부에 설치하지 않아도 되므로 건물 꼭대기 부분에 하중이 걸리지 않는다.
- 실린더를 사용하여 소음과 진동이 적으나, 길이 및 굵기가 제한이 있어 4층 이상이나 층고가 높은 건물에는 사용이 곤란하다.
- 큰 힘을 낼 수 있어 화물용이나 자동차용 등 큰 용량이 필요한 곳에 사용

47 직류전동기의 회전수를 일정하게 유지하기 위하여 전압을 변화시킬 때 전압은 어디에 해당하는가?

① 조작량   ② 제어량
③ 목표값   ④ 제어대상

👉 제어를 하기 위해 제어 대상에 가하는 양으로, 이것을 변화시킴에 의해 제어량을 지배할 수 있다. 전동기의 회전수나 속도 조절이 조작량에 해당한다.

48 직류발전기의 구조로서 3대 요소에 속하지 않는 것은?

① 계자   ② 보극
③ 전기자   ④ 정류자

👉 **직류발전기의 구조**
① 계자(field) : 자속을 만드는 부분으로 계자권선, 계자철심, 자극편 및 계철로 구성되어 있다.
③ 전기자(armature) : 계자에서 만든 자속을 끊어 기전력을 유도하는 부분이다.
④ 정류자(commutator) : 교류를 직류로 바꾸는 부분

49 체크 밸브(non-return valve)에 관한 설명 중 옳은 것은?

① 하강 시 유량을 제어하는 밸브이다.
② 오일의 압력을 일정하게 유지하는 밸브이다.
③ 오일의 방향이 한쪽 방향으로만 흐르도록 하는 밸브이다.
④ 오일의 방향이 양방향으로 흐르는 것을 제어하는 밸브이다.

👉 **체크 밸브(역저지 밸브)**
유체를 한쪽 방향으로만 흐르게 하는 밸브로서, 카의 정지 중이나 운행 중 작동유의 압력이 떨어져 카가 역행하는 것을 방지하는 밸브이다.

50 높이 50mm의 둥근 봉이 압축하중을 받아 0.004의 변형률이 생겼다고 하면, 이 봉의 높이는 몇 mm인가?

Answer
46. ① 47. ① 48. ② 49. ③ 50. ①

① 49.80   ② 49.90
③ 49.98   ④ 48.99

☞ 변형된 길이
= 원래 길이(50)×변형률(0.004)=0.2
∴ 봉의 길이(50)−변형된 길이(0.2)
= 49.8mm

51 기어의 언더컷에 관한 설명으로 틀린 것은?

① 이의 간섭현상이다.
② 접촉면적이 넓어진다.
③ 원활한 회전이 어렵다.
④ 압력각을 크게 하여 방지한다.

☞ • 언더컷 : 이의 간섭이 일어났을 경우 피니언의 이뿌리면을 상대편 기어의 이끝이 통로를 따라 깎아내는 현상을 언더컷이라고 한다. 이로 인해 이의 강도가 약해지고 물림길이가 짧아진다.
• 이의 간섭 : 한 쌍의 기어가 맞물려 회전할 때, 한쪽 기어(큰 기어)의 이 끝이 상대쪽 기어(피니언)의 이뿌리에 부딪쳐서 회전할 수 없게 되는 현상을 이의 간섭이라고 한다.

52 기계 부품 측정 시 각도를 측정할 수 있는 기기는?

① 사인바   ② 옵티컬 플랫
③ 다이얼 게이지   ④ 마이크로미터

☞ ① 사인바 : 길이를 측정하여 삼각함수의 사인(sin)을 이용해 계산에 의한 각도를 설정하는 측정기
② 옵티컬 플랫(optical flat) : 기계공학에서 광학유리를 연마하여 만들며 작은 부분의 평면도 측정에 쓰이는 평행평면반이다. 금속공학에서 옵티컬 플랫은 작은 부품의 평면도 측정에 사용되는 기구이다. 광선정반이라고도 한다.
③ 다이얼 게이지(dial gauge) : 평면의 요철, 각각의 흔들림을 측정한다.
④ 마이크로미터(micrometer calipers) : 판

의 두께, 작은 물체의 길이, 바깥지름, 안지름 등을 측정한다.

53 그림과 같은 논리회로의 논리식은?

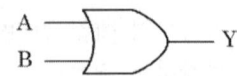

① $Y = \overline{A} + \overline{B}$ ② $Y = \overline{A} \cdot \overline{B}$
③ $Y = A \cdot B$ ④ $Y = A + B$

☞ OR 회로

논리 기호	진리표		
	A	B	X
A─┐▷─X B─┘	0	0	0
	0	1	1
	1	0	1
	1	1	1
시퀀스 회로	논리식		
(diagram)	$X = A + B$		

54 평행판 콘덴서에 있어서 판의 면적을 동일하게 하고 정전용량은 반으로 줄이려면 판 사이의 거리는 어떻게 하여야 하는가?

① 1/4로 줄인다.   ② 반으로 줄인다.
③ 2배로 늘인다.   ④ 4배로 늘인다.

☞ 콘덴서의 정전용량
$= \dfrac{\text{유전율}(\varepsilon) \times \text{극판의 면적(A)}}{\text{극판의 간격(d)}}[F]$

55 유도전동기에서 동기속도 N_S와 극수 P와의 관계로 옳은 것은?

① $N_S \propto P$ ② $N_S \propto \dfrac{1}{P}$
③ $N_S \propto P^2$ ④ $N_S \propto \dfrac{1}{P^2}$

Answer
51. ② 52. ① 53. ④ 54. ③ 55. ②

56 그림과 같은 회로의 역률은 약 얼마인가?

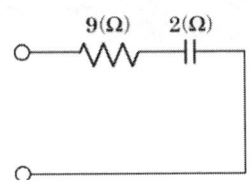

① 0.74   ② 0.80
③ 0.86   ④ 0.98

👉 역률 $\cos\theta = \dfrac{9}{\sqrt{9^2+2^2}} = \dfrac{9}{\sqrt{85}} = 0.976$

57 전기기기에서 E종 절연의 최고허용온도는 몇 ℃인가?

① 90   ② 105
③ 120 ④ 130

👉 절연 계급에 따른 최고허용온도

절연의 종류	최고 허용온도
Y종	90℃
A종	105℃
E종	120℃
B종	130℃
F종	155℃
H종	180℃
C종	180℃ 초과

58 안전율의 정의로 옳은 것은?

① $\dfrac{허용응력}{극한강도}$ ② $\dfrac{극한강도}{허용응력}$

③ $\dfrac{허용응력}{탄성한도}$ ④ $\dfrac{탄성한도}{허용응력}$

👉 안전율

$\dfrac{극한강도}{허용응력} = \dfrac{인장강도}{허용응력}$

59 정속도 전동기에 속하는 것은?

① 직권 전동기
② 분권 전동기
③ 타여자 전동기
④ 가동복권 전동기

👉 정속도 전동기
- 공급 전압, 주파수 또는 그 쌍방이 일정한 경우에는 부하에 관계없이 일정 또는 거의 일정한 회전 속도로 동작하는 전동기를 이른다.
- 종류로는 직류 분권전동기, 유도전동기, 동기전동기 등이 있다.
- 정속도 직류전동기는 입력 전압과 주파수가 일정한 경우 부하에 관계없이 일정한 속도로 동작하는 전동기를 의미하므로, 일정한 직류 전압원이 전기자와 분권 계자에 병렬로 접속되어 정속도 제어에 유리한 분권전동기가 정답이지만, 타여자 전동기 또한 외부 계자에 의해 일정한 자속이 발생하며, 전동기의 입력이 일정한 경우 정속도로 운전이 가능하기에 분권전동기와 동일한 구동방식이라 할 수 있으므로 복수정답으로 인정되었다.

60 측정기기의 오차의 원인으로 장시간의 통전 등에 의한 스프링의 탄성피로에 의하여 생기는 오차를 보정하는 방법으로 가장 알맞은 것은?

① 정전기 제거   ② 자기 가열
③ 저항 감속   ④ 영점 조정

👉 측정기기의 오차를 줄이기 위해 주기적으로 영점 조정을 하는 것이 좋다.

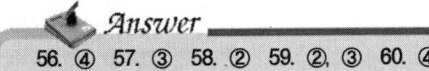
56. ④ 57. ③ 58. ② 59. ②, ③ 60. ④

과년도 출제문제

2016년 2회

01 교류 2단 속도제어에서 가장 많이 사용되는 속도비는?

① 2 : 1
② 4 : 1
③ 6 : 1
④ 8 : 1

교류 2단 속도 제어
- 1단 속도에서는 착상오차가 크므로 중속의 엘리베이터에서 이것을 감소시키기 위해 2단 속도 모터를 사용하여 기동과 주행은 고속권선으로 하고, 감속과 착상을 저속권선으로 행하는 카의 제어이다.
- 가령 60m/min의 엘리베이터를 4 : 1의 속도비로 착상시키면 15m/min의 교류 일단 속도제어와 같은 착상오차가 되어 충분히 실용화할 수 있는 방식이 된다.
- 2단 속도 모터의 속도비는 여러 비율이 생각되지만 착상오차 이외에 감속도, 감속시의 저토크(감속도의 변화 비율), 크리프시간(저속으로 주행하는 시간), 전력회생 등을 감안한 4 : 1이 가장 많이 사용된다.

02 승객이나 운전자의 마음을 편하게 해 주는 장치는?

① 통신장치
② 관제운전장치
③ 구출운전장치
④ B.G.M(Back Groung Music) 장치

03 엘리베이터를 3~8대 병설하여 운행관리하며 1개의 승강장 부름에 대하여 1대의 카가 응답하고 교통수단의 변동에 대하여 변경되는 조작방식은?

① 군관리방식
② 단식 자동방식
③ 군승합 전자동식
④ 방향성 승합 전자동식

- 단식자동제어방식 : 오름, 내림 겸용으로 먼저 호출된 것에만 응답하고, 운행 중에는 다른 호출에 응하지 않음
- 하강승합자동식 : 2층 이상의 승강장에는 내림 버튼만 있고, 중간층에서 윗방향으로 올라갈 때는 1층까지 내려갔다가 다시 눌러야 올라간다.
- 승합전자동식 : 승강장 버튼이 2개 있으며 동시에 기억 카의 진행방향에 카 내의 호출과 승강장의 호출을 응답하면서 작동한다.
- 군승합자동식 : 2~3대의 엘리베이터를 연계시킨 후 호출에 대해 먼저 응답한 카만 가동하고 다른 카는 응답하지 않아 효율적인 방식이다.
- 군관리 방식 : 3~8대의 엘리베이터를 연계, 집단으로 묶어서 운행 관리하는 방식

04 카가 최상층 및 최하층을 지나쳐 주행하는 것을 방지하는 것은?

① 균형추
② 정지스위치
③ 인터록 장치
④ 리미트 스위치

리미트 스위치
카가 승강로의 천정이나 하부의 완충기에 충돌되기 전에 작동되어 정지시키는 장치이다.

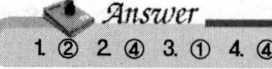

1. ② 2. ④ 3. ① 4. ④

05 에스컬레이터와 무빙워크의 일반적인 경사도는 각각 몇 도 이하인가?

① 20°, 5°
② 30°, 8°
③ 30°, 12°
④ 45°, 20°

➤ ㉠ 에스컬레이터의 설치 규정
- 디딤바닥의 정격속도는 30° 이하인 경우 45m/min 이하이어야 한다.
- 에스컬레이터의 경사각은 30°를 초과하지 않아야 한다. 단, 층고가 6m 이하일 경우에는 35°까지 가능
- 적재하중 산출식
  $G = 270 \times \sqrt{3} \times$ 스텝폭$(W) \times$ 높이(H)
  $= 270 \times$ 투영면적(A)
- 스텝 체인은 에스컬레이터 좌우에 설치되며, 스텝을 주행시키는 역할을 한다.
- 에스컬레이터의 디딤판과 스커트 가드와의 틈새는 승강로의 총 길이에 걸쳐서 한쪽이 4mm 이하이어야 하고, 양쪽을 합쳐서 7mm 이하이어야 한다.
- 에스컬레이터의 브레이크장치는 무부하 시 정지거리는 0.1~0.6m 이하이어야 한다.
- 디딤판 높이는 100mm 이하이어야 한다. 디딤판의 길이는 가로 560~1020mm 이하, 세로 400mm 이하이어야 한다.
- 스텝 체인은 에스컬레이터 좌우에 설치되며, 스텝을 주행시키는 역할을 한다.

㉡ 수평 보행기의 설치 기준
- 사람 또는 화물이 끼이거나, 장애물에 충돌이 없을 것
- 경사각도는 12° 이하로 할 것(단, 6° 이하일 경우 광폭형으로 설치할 수 있다.) 단, 디딤면이 고무제품 등 미끄러지기 어려운 구조일 경우에는 15° 이하로 할 수 있다.
- 정격속도는 45m/min(0.75m/s) 이하로 한다.
- 이동손잡이 간 거리는 1.25m 이하로 한다.
- 핸드레일은 계단에서 높이 0.6m에 설치해야 된다.
- 디딤판의 수평투영면적에 270kg/m² 를 곱한 값 이상으로 한다.

06 도어 인터록에 관한 설명으로 옳은 것은?

① 도어 닫힘 시 도어 록이 걸린 후, 도어 스위치가 들어가야 한다.
② 카가 정지하지 않는 층은 도어 록이 없어도 된다.
③ 도어 록은 비상시 열기 쉽도록 일반공구로 사용 가능해야 한다.
④ 도어 개방 시 도어 록이 열리고, 도어 스위치가 끊어지는 구조이어야 한다.

➤ 도어 인터록
닫힐 때는 도어록이 먼저 걸린 후 스위치가 들어가고, 열릴 때는 도어 스위치가 끊어진 후 도어록이 열리는 구조이다.

07 주차구획이 3층 이상으로 배치되어 있고 출입구가 있는 층의 모든 주차구획을 주차장치 출입구로 사용할 수 있는 구조로서 그 주차구획을 아래·위 또는 수평으로 이동하여 자동차를 주차하도록 설계한 주차장은?

① 수평순환식
② 다층순환식
③ 다단식 주차장치
④ 승강기 슬라이드식

➤ 주차설비
- 수평순환식 : 주차설비는 다수의 운반기를 평면상에 2열, 또는 그 이상으로 배열하여 임의의 2열간의 양단에 운반기를 수평순환시켜 주차하는 방식
- 수직순환식 : 주차설비는 자동차를 넣고 그 주차구획을 수직으로 순환시켜 주차시키는 방식
- 승강기식 : 여러 층의 고정된 주차구획에 상하로 움직일 수 있는 운반기에 자동차를 주

5. ③ 6. ① 7. ③

차시키는 방식
- 평면왕복식 : 평면에 고정된 주차구획에 운반기로 자동차를 주차시키는 방식
- 2단식 주차장치 : 주차실을 2단으로 설치하여 주차면을 2배로 이용한 설비
- 다단식 : 주차실을 3단 이상으로 하는 방식
- 슬라이드방식 : 넓은 곳에 운반하여 종·횡방식으로 이동해 주차하는 방식

08 가요성 호수 및 실린더와 체크밸브 또는 하강밸브 사이의 가요성 호수 연결장치는 전 부하 압력의 몇 배의 압력을 손상 없이 견뎌야 하는가?

① 2 ② 3
③ 4 ④ 5

👉 • 실린더와 체크밸브 또는 하강밸브 사이의 가요성 호수는 전 부하 압력 및 파열 압력과 관련하여 안전율이 8 이상이어야 한다.
• 가요성 호스 및 실린더와 체크밸브 또는 하강밸브 사이의 가요성 호스 연결장치는 전 부하 압력의 5배의 압력을 손상 없이 견뎌야 한다. 호스 조립부품의 제조업체에 의해 시험되어야 한다.

09 엘리베이터의 속도가 규정치 이상이 되었을 때 작동하여 동력을 차단하고 비상정지 장치를 작동시키는 기계장치는?

① 구동기 ② 조속기
③ 완충기 ④ 도어 스위치

👉 **조속기의 동작**
• 제1동작 : 카의 정격속도가 조속기에 의해 과속이 감지되어 정속도의 1.3배를 넘지 않은 범위 내에서 동작. 전원을 차단하고 브레이크를 동작시킨다. 이때 속도는 45m/min 이하의 경우 63m/min이다.
• 제2동작 : 카의 정격속도가 조속기에 의해 과속이 감지되어 정속도의 1.4배를 넘지 않은 범위 내에서 동작. 기계적인 작동으로 레일을 꽉 물면서 정지. 이때 속도는 45m/min 이하의 경우 68m/min이다.

10 비상용 엘리베이터의 정전 시 예비전원의 기능에 대한 설명으로 옳은 것은?

① 30초 이내에 엘리베이터 운행에 필요한 전력용량을 자동적으로 발생하여 1시간 이상 작동하여야 한다.
② 40초 이내에 엘리베이터 운행에 필요한 전력용량을 자동적으로 발생하여 1시간 이상 작동하여야 한다.
③ 60초 이내에 엘리베이터 운행에 필요한 전력용량을 자동적으로 발생하여 2시간 이상 작동하여야 한다.
④ 90초 이내에 엘리베이터 운행에 필요한 전력용량을 자동적으로 발생하여 2시간 이상 작동하여야 한다.

👉 **비상용 엘리베이터 정전 시 규정**
60초 이내에 엘리베이터 운행에 필요한 전력용량을 자동적으로 발생하여 2시간 이상 작동하여야 한다.

11 승객(공동주택)용 엘리베이터에 주로 사용되는 도르래의 홈의 종류는?

① U홈 ② V홈
③ 실홈 ④ 언더컷홈

👉 **도르래 홈**
㉠ V홈 : 마찰계수가 크다.
㉡ U홈(라운드홈, 언더컷홈)
• 라운드홈 : 더블랩 방식에서 고속엘리베이터에 주로 사용하며, 장시간 사용 및 소음이 작다.
• 언더컷홈 : 도르래 및 로프의 수명을 연장시키는 장점이 있고, 라운드홈을 사용하지 않는 도르래에 주로 사용된다.

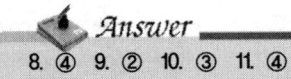

8. ④ 9. ② 10. ③ 11. ④

12 일반적으로 사용되고 있는 승강기의 레일 중 13K, 18K, 24K 레일 폭의 규격에 대한 사항으로 옳은 것은?

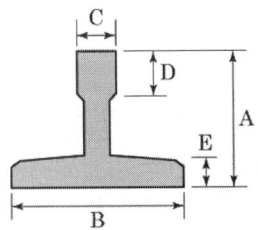

① 3종류가 모두 같다.
② 3종류 모두 다르다.
③ 13K와 18K는 같고, 24K는 다르다.
④ 18K와 24K는 같고, 13K는 다르다.

	8K	13K	18K	24K
A	56	62	89	89
B	78	89	114	127
C	10	16	16	16
D	26	32	38	50
E	6	7	8	12

13 기계실에서 이동을 위한 공간의 유효높이는 바닥에서부터 천장의 빔 하부까지 측정하여 몇 m 이상이어야 하는가?

① 1.2   ② 1.8
③ 2.0   ④ 2.5

• 기계실에서 이동을 위한 공간의 유효높이는 바닥에서부터 천장의 빔 하부까지 1.8m 이상이어야 한다.
• 기계실에서 작업을 하기 위한 공간의 유효높이는 바닥에서부터 천장의 빔 하부까지 2.0m 이상이어야 한다.

14 카 문턱과 승강장문 문턱 사이의 수평거리는 몇 mm 이하이어야 하는가?

① 12   ② 15
③ 35   ④ 125

카 문턱과 승강장 문턱 사이의 수평거리는 35mm 이하이어야 한다.

15 펌프의 출력에 대한 설명으로 옳은 것은?

① 압력과 토출량에 비례한다.
② 압력과 토출량에 반비례한다.
③ 압력에 비례하고, 토출량에 반비례한다.
④ 압력에 반비례하고, 토출량에 비례한다.

펌프의 출력은 압력과 토출량에 비례한다.

16 스텝 폭 0.8m, 공칭속도 0.75m/s인 에스컬레이터로 수송할 수 있는 최대 인원의 수는 시간당 몇 명인가?

① 3600   ② 4800
③ 6000   ④ 6600

최대 수송능력

스텝/팔레트 폭(z_1) [m]	공칭 속도(V) [m/s]		
	0.5	0.65	0.75
0.6	3600명/h	4400명/h	4900명/h
0.8	4800명/h	5900명/h	6600명/h
1	6000명/h	7300명/h	8200명/h

비고1 : 쇼핑용 손수레와 화물용 카트의 사용은 대략 수용력의 80%가 감소한다.
비고2 : 1m를 초과하는 팔레트 폭을 가진 무빙워크에서 이용자가 핸드레일을 잡아야 하기 때문에 수용능력은 증가하지 않는다.

17 엘리베이터용 트랙션식 권상기의 특징이 아닌 것은?

① 소요동력이 작다.
② 균형추가 필요 없다.
③ 행정거리에 제한이 없다.
④ 권과를 일으키지 않는다.

권상기의 특징
• 소요동력이 작다.
• 소음이 적고 효율이 좋다.

Answer
12. ① 13. ② 14. ③ 15. ① 16. ④ 17. ②

· 행정거리에 제한이 없다.
· 권과를 일으키지 않는다.

18 조속기 로프의 공칭직경은 몇 mm 이상이어야 하는가?
① 6
② 8
③ 10
④ 12

　조속기 로프의 공칭직경은 6mm 이상이어야 한다.

19 승강기시설 안전관리법의 목적은 무엇인가?
① 승강기 이용자의 보호
② 승강기 이용자의 편리
③ 승강기 관리주체의 수익
④ 승강기 관리주체의 편리

　승강기의 안전관리법의 목적
　승강기의 설치 및 보수 등에 관한 사항을 정하여 승강기를 효율적으로 관리함으로써 승강기시설의 안전성을 확보하고 승강기 이용자를 보호함을 목적으로 한다.

20 전기재해의 직접적인 원인과 관련이 없는 것은?
① 회로의 단락
② 충전부 노출
③ 접속부 과열
④ 접지판 매설

　감전사고의 원인
· 전기기계기구나 공구의 절연파괴
· 콘덴서의 방전코일이 없는 상태
· 정전작업 시 접지가 없어 유도전압이 발생
· 충전부의 절연 불량
· 낙뢰에 의한 감전
· 기계, 기구의 자체 결함
· 이상전류에 의한 전위상승

21 "엘리베이터 사고 속보"란 사고 발생 후 몇 시간 이내인가?
① 7시간
② 9시간
③ 18시간
④ 24시간

22 사용전압 380V의 전동기를 사용하는 경우 접지공사는?
① 제1종 접지공사
② 제2종 접지공사
③ 제3종 접지공사
④ 특별 제3종 접지공사

사용 전압	접지 저항
400V 미만	제3종 접지공사 (100Ω 이하)
400V 이상	특별 제3종 접지공사 (10Ω 이하)
고압 또는 특고압	제1종 접지공사 (10Ω 이하)

23 재해조사의 목적으로 가장 거리가 먼 것은?
① 재해에 알맞은 시정책 강구
② 근로자의 복리후생을 위하여
③ 동종재해 및 유사재해 재발방지
④ 재해 구성요소를 조사, 분석, 검토하고 그 자료를 활용하기 위하여

　재해조사의 목적
　재해조사는 재해의 원인을 분석하여 재발방지대책을 수립하는 것이 중요 목적이다.
· 재해발생 상황의 진실 규명
· 재해발생의 원인 규명
· 예방대책의 수립 및 시행

24 재해의 발생 과정에 영향을 미치는 것에 해당되지 않는 것은?
① 개인의 성격적 결함

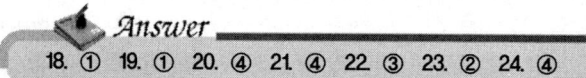

18. ① 19. ① 20. ④ 21. ④ 22. ③ 23. ② 24. ④

② 사회적 환경과 신체적 요소
③ 불안전한 행동과 불안전한 상태
④ 개인의 성별·직업 및 교육의 정도

☞ ㉠ 직접 원인
- 인적 요인 : 사람의 불안전한 행동과 상태 (지식 부족, 미숙련, 과로, 태만, 지시 무시 등)
- 물적 요인 : 불량한 기계설비와 불안전한 환경에서 오는 요인으로 정리정돈의 결함 (안전장치의 결함, 보호구의 결함, 부적절한 작업환경 등)

㉡ 간접 원인 : 기술적 원인, 교육적 원인, 정신적 원인, 관리적 원인, 신체적 원인

25 파괴검사의 방법이 아닌 것은?
① 인장 검사 ② 굽힘 검사
③ 육안 검사 ④ 경도 검사

☞ **파괴검사의 종류**
인장 시험, 압축 시험, 굽힘 시험, 경도 시험, 비틀림 시험, 충격 시험, 피로 시험 등

26 안전 작업모를 착용하는 주요 목적이 아닌 것은?
① 화상 방지
② 감전의 방지
③ 종업원의 표시
④ 비산물로 인한 부상 방지

27 감전에 의한 위험대책 중 부적합한 것은?
① 일반인 이외에는 전기기계 및 기구에 접촉 금지
② 전선의 절연피복을 보호하기 위한 방호조치가 있어야 함
③ 이동전선의 상호 연결은 반드시 접속기구를 사용할 것
④ 배선의 연결부분 및 나선부분은 전기절연용 접착테이프로 테이핑하여야 함

☞ **감전사고의 예방대책**
- 전선 접속부 및 금속외함 접촉 부위를 절연테이프 등으로 절연조치를 강화한다.
- 이동용 전기기계기구의 비충전 외함에 접지공사를 실시하여 누전에 의한 감전사고를 예방한다.
- 전기기계기구에 누전차단기를 설치하여 사고 시 신속히 차단한다.
- 점검 및 조작 작업 시 절연장갑, 절연화 등을 착용하고 절연판 위에서 작업한다.
- 충전부 작업 시 절연덮개 또는 방호망을 설치하고 보호구 착용을 철저히 한다.

28 감전과 전기화상을 입을 위험이 있는 작업에서 구비해야 하는 것은?
① 보호구   ② 구명구
③ 운동화   ④ 구급용구

☞ 전기작업 시 절연덮개 또는 방호망을 설치하고 보호구 착용을 철저히 한다.

29 유압장치의 보수 점검 및 수리 등을 할 때 사용되는 장치로서 이것을 닫으면 실린더의 기름이 파워 유니트로 역류하는 것을 방지하는 장치는?
① 제지 밸브   ② 스톱 밸브
③ 안전 밸브   ④ 럽처 밸브

☞ **스톱 밸브**
- 밸브를 닫으면 실린더의 오일이 탱크로 역류하는 것을 방지한다. 유압장치의 보수·점검 또는 수리 시 사용
- 유압 파워 유닛과 실린더 사이의 압력배관에 설치되며, 스톱 밸브를 닫으면 실린더의 기름이 파워 유닛으로 역류하는 것을 방지한다.

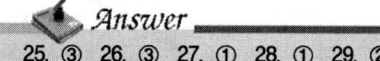

25. ③ 26. ③ 27. ① 28. ① 29. ②

30 유압식 엘리베이터 자체점검 시 피트에서 하는 점검항목장치가 아닌 것은?
① 체크 밸브
② 램(플런저)
③ 이동케이블 및 부착부
④ 하부 파이널 리미트 스위치

> **피트에서 하는 자체점검 항목**
> • 완충기
> • 조속기 로프 및 기타의 당김 도르래
> • 피트 바닥
> • 하부 파이널 리미트 스위치
> • 카 비상정지장치 및 스위치
> • 하부 도르래
> • 보상수단 및 부착부
> • 균형추 밑부분 틈새
> • 이동케이블 및 부착부
> • 과부하 감지장치
> • 피트 내의 내진대책

31 균형체인과 균형로프의 점검사항이 아닌 것은?
① 이상소음이 있는지를 점검
② 이완상태가 있는지를 점검
③ 연결부위의 이상 마모가 있는지를 점검
④ 양쪽 끝단은 카의 양측에 균등하게 연결되어 있는지를 점검

> **균형체인과 균형로프의 점검사항**
> 로프의 이완이나 마모상태 및 소음을 점검한다.

32 유압식 엘리베이터의 카 문턱에는 승강장 유효 출입구 전폭에 걸쳐 에이프런이 설치되어야 한다. 수직면의 아랫부분은 수평면에 대해 몇 도 이상으로 아랫방향을 향하여 구부러져야 하는가?
① 15°
② 30°
③ 45°
④ 60°

> **에이프런**
> 승객용 용도의 엘리베이터에 설치되는 보호판은 다음 기준에 적합하여야 한다.
> • 카 바닥 앞부분의 아랫방향으로 출입구의 전폭에 걸쳐 수직높이가 540mm 이상인 보호판이 견고하게 설치되어 있어야 한다.
> • 보호판은 두께 1.2mm 이상의 금속제 판으로 충분한 강도 및 강성을 갖도록 설치되어 있어야 한다. 또한, 노후, 부식 등으로 인한 구멍이 없어야 한다.
> • 보호판은 카 바닥 앞부분의 아랫방향으로 출입구 전폭에 걸쳐 곧은 수직면을 가져야 하고, 보호판의 아랫부분은 안전상 지장이 없도록 60° 구부러져 있어야 한다.

33 승강기 정밀안전 검사기준에서 전기식 엘리베이터 주로프의 끝부분은 몇 가닥마다 로프 소켓에 배빗 채움을 하거나 체결식 로프 소켓을 사용하여 고정하여야 하는가?
① 1가닥
② 2가닥
③ 3가닥
④ 5가닥

> **주로프**
> • 주로프의 공칭직경은 12mm 이상으로 하여야 한다. 다만, 주로프의 안전율이 10 이상이 되도록 여러 가닥의 로프를 사용하는 경우에 공칭직경은 8mm 이상으로 할 수 있다.
> • 3가닥(권동식은 2가닥) 이상으로 하여야 한다.
> • 권동식 엘리베이터의 카가 최하정지위치에 있는 경우에 주로프가 권동에 감기고 남는 권수는 2권 이상이어야 한다.
> • 끝부분은 1가닥마다 로프 소켓에 배빗채움을 하거나 체결식 로프 소켓을 사용하여 고정하여야 한다. 다만, 기타의 장치로 고정하는 경우의 연결은 주로프 최소파단하중의 80% 이상이어야 한다. 또한, 권동식 엘리베이터인 경우에는 권동측의 끝부분을 1가닥마다 클램프 고정으로 할 수 있다.
> • 로프의 단말은 견고히 처리되거나 또는 주

Answer
30. ① 31. ④ 32. ④ 33. ①

로프가 배빗 채움 방식인 경우 끝부분은 각 가닥을 접어서 구부린 것이 명확하게 보이도록 되어 있어야 한다.
- 주로프를 걸어 맨 고정부위는 2중너트로 견고하게 조이고, 풀림방지를 위한 분할핀이 꽂혀 있어야 한다.
- 모든 주로프는 균등한 장력을 받고 있어야 한다. 또한, 로프의 단말부에는 장력을 균등하게 유지하는 스프링 등의 장치는 정격하중의 110%에서도 완전히 압축되지 않는 등의 정상적인 기능이 유지되어야 한다.
- 로프의 마모 및 파손상태는 가장 심한 부분에서 검사하여 아래 표 규정에 합격하여야 한다.

마모 및 파손상태	기준
소선의 파단이 균등하게 분포되어 있는 경우	1구성 꼬임(스트랜드)의 1꼬임 피치 내에서 파단수 4 이하
파단 소선의 단면적이 원래의 소선 단면적의 70% 이하로 되어 있는 경우 또는 녹이 심한 경우	1구성 꼬임(스트랜드)의 1꼬임 피치 내에서 파단수 2 이하
소선의 파단이 1개소 또는 특정의 꼬임에 집중되어 있는 경우	소선의 파단총수가 1꼬임 피치 내에서 6꼬임 와이어로프이면 12 이하, 8꼬임 와이어로프이면 16 이하
마모부분의 와이어로프의 지름	마모되지 않은 부분의 와이어로프 직경의 90% 이상

- 승객용 용도의 엘리베이터에는 주로프의 단말부 중의 어느 한쪽에는 장력을 균등하게 하기 위한 장치가 있어야 한다.
- 장력을 균등하게 유지하기 위한 장치로 스프링을 사용한 경우 압축으로 작용하여야 한다.

34 자동차용 엘리베이터에서 운전자가 항상 전진방향으로 차량을 입·출고할 수 있도록 해주는 방향 전환장치는?

① 턴 테이블   ② 카 리프트
③ 차량 감지기   ④ 출차 주의등

☞ 턴 테이블

35 정전으로 인하여 카가 층 중간에 정지될 경우 카를 안전하게 하강시키기 위하여 점검자가 주로 사용하는 밸브는?

① 체크 밸브
② 스톱 밸브
③ 릴리프 밸브
④ 하강용 유량제어 밸브

☞ ① 체크 밸브 : 유체를 한쪽 방향으로만 흐르게 하는 밸브로서, 카의 정지 중이나 운행 중 작동유의 압력이 떨어져 카가 역행하는 것을 방지하는 밸브이다.
② 스톱 밸브
- 밸브를 닫으면 실린더의 오일이 탱크로 역류하는 것을 방지한다. 유압장치의 보수·점검 또는 수리 시 사용
- 유압 파워 유닛과 실린더 사이의 압력배관에 설치되며, 이것을 닫으면 실린더의 기름이 파워 유닛으로 역류하는 것을 방지한다.
③ 릴리프 밸브 : 압력조정 밸브로 관내 압력이 상승하여 상용압력의 125% 이상 높아지면 기름을 탱크로 되돌려 보내 압력상승을 방지한다.
④ 하강용 유량제어밸브 : 정전 또는 기계고장으로 카가 멈추었을 때 수동식 하강밸브를 열어주면 카 자체의 하중으로 서서히 내려와 승객을 안전하게 구출할 수 있다.

34. ① 35. ④

36 도어에 사람의 끼임을 방지하는 장치가 아닌 것은?
① 광전장치 ② 세이프티 슈
③ 초음파장치 ④ 도어 인터록

> **승강기 도어의 끼임 방지장치 종류**
> 광전장치, 세이프티 슈, 초음파장치 등
> ※ 도어 인터록 : 닫힐 때는 도어록이 먼저 걸린 후 스위치가 들어가고, 열릴 때는 도어 스위치가 끊어진 후 도어록이 열리는 구조이다.

37 피트 정지 스위치의 설명으로 틀린 것은?
① 이 스위치가 작동하면 문이 반전하여 열리도록 하는 기능을 한다.
② 점검자나 검사자의 안전을 확보하기 위해서는 작업 중 카의 움직임을 방지하여야 한다.
③ 수동으로 조작되고 스위치가 열리면 전동기 및 브레이크에 전원 공급이 차단되어야 한다.
④ 보수 점검 및 검사를 위해 피트 내부로 들어가기 전에 반드시 이 스위치를 "정지" 위치로 두어야 한다.

> **피트 정지 스위치**
> • 카가 최상층이나 최하층에서는 정상적인 정차장치에 의하여 정지해야 하지만 이상 원인으로 감속되지 못하고 최상층이나 최하층을 지나칠 우려가 있을 때 이를 검출하여 강제적으로 카를 감속정지시키는 장치이다.
> • 이 스위치는 주로 리미트 스위치 전에 설치되어 있다.
> • 피트 정지 스위치는 보수·점검·수리 또는 청소를 위해 피트로 들어가기 전 작동시켜 작업 중 카가 움직이는 것을 방지하는 스위치로 스위치가 작동되면 전동기 및 브레이크에 투입되는 전원이 차단된다.

38 전기식 엘리베이터 자체점검 시 기계실, 구동기 및 풀리 공간에서 하는 점검항목 장치가 아닌 것은?
① 조속기
② 권상기
③ 고정 도르래
④ 과부하 감지장치

> **과부하 감지장치**
> 카 바닥 하부 또는 와이어로프 단말에 설치하여 카 내부의 승차인원 또는 적재하중을 감지하여 승차인원이 정원을 초과하였을 때 경보음을 발생하게 하여 카 내에 정원이 초과되었음을 알려주는 동시에 카 도어의 닫힘을 저지하여 카를 출발시키지 않도록 하는 장치

39 에스컬레이터의 스커트 가드판과 스텝 사이에 인체의 일부나 옷, 신발 등이 끼었을 때 동작하여 에스컬레이터를 정지시키는 안전장치는?
① 스텝 체인 안전장치
② 구동 체인 안전장치
③ 핸드레일 안전장치
④ 스커트 가드 안전장치

> ① 스텝 체인 안전장치 : 스텝 체인이 파손되거나 과도하게 늘어날 때 즉시 작동하여 에스컬레이터를 정지시키는 장치로서 설치위치는 하부 종단부에 설치한다.
> ② 구동 체인 안전장치(DC 스위치) : 구동 체인이 파손될 때 즉시 모터의 작동을 정지시켜 주는 장치이다.
> ③ 핸드레일 인입구 안전장치(인렛 스위치) : 핸드레일 인입구에 이물질이 들어가는 것을 방지하는 장치로, 손 또는 이물질이 끼었을 경우 즉시 작동되어 에스컬레이터를 정지시킨다.
> ④ 스커트 스위치 : 에스컬레이터의 고정된 스커트 가드와 스텝 사이의 틈에 신발이

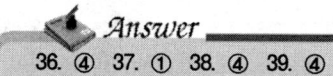

36. ④ 37. ① 38. ④ 39. ④

나 옷 등이 끼여 사고가 발생할 수 있으므로 이를 감지하여 정지시키는 스위치

40 전기식 엘리베이터 자체점검 시 제어 패널, 캐비닛 접촉기, 릴레이 제어 기판에서 "B로 하여야 할 것"이 아닌 것은?

① 기판의 접촉이 불량한 것
② 발열, 진동 등이 현저한 것
③ 접촉기, 릴레이 접촉기 등의 손모가 현저한 것
④ 전기설비의 절연저항이 규정 값을 초과하는 것

㉠ 전기식 엘리베이터 자체점검 시 제어 패널, 캐비닛 접촉기, 릴레이 제어 기판에서 B로 하여야 할 것
- 접촉기, 릴레이-접촉기 등의 손모가 현저한 것
- 잠금장치가 불량한 것
- 고정이 불량한 것
- 발열, 진동 등이 현저한 것
- 동작이 불안정한 것
- 환경상태(먼지, 이물질)가 불량한 것
- 제어 계통에서 안전에 지장이 없는 경미한 결함 또는 오류가 발생한 것
- 전기설비의 절연저항이 규정값을 초과하는 것

㉡ 전기식 엘리베이터 자체점검 시 시 제어 패널, 캐비닛 접촉기, 릴레이 제어 기판에서 C로 하여야 할 것
- B의 상태가 심한 것
- 화재발생의 염려가 있는 것
- 퓨즈 등에 규격 외의 것이 사용되고 있는 것
- 먼지나 이물에 의한 오염으로 오작동의 염려가 있는 것
- 기판의 접촉이 불량한 것
- 제어계통에 안전과 관련된 중대한 결함 또는 오류가 발생한 것
- 제어계통에서 안전과 관련된 중대한 결함 또는 오류를 초래할 수 있는 경미한 오류가 반복적으로 발생한 것

41 로프의 미끄러짐 현상을 줄이는 방법으로 틀린 것은?

① 권부각을 크게 한다.
② 카 자중을 가볍게 한다.
③ 가감속도를 완만하게 한다.
④ 균형체인이나 균형로프를 설치한다.

로프의 미끄러짐 현상을 줄이는 방법
- 권부각을 크게 한다.
- 균형체인이나 균형로프를 설치한다.
- 로프와 도르래 사이의 마찰계수를 크게 한다.
- 속도변화를 완만하게 한다.

42 고장 및 정전 시 카 내의 승객을 구출하기 위해 카 천정에 설치된 비상구출문에 대한 설명으로 틀린 것은?

① 카 천정에 설치된 비상구출문은 카 내부방향으로 열리지 않아야 한다.
② 카 내부에서는 열쇠를 사용하지 않으면 열 수 없는 구조이어야 한다.
③ 비상구출구의 크기는 0.3m×0.3m 이상이어야 한다.
④ 카 천정에 설치된 비상구출문은 열쇠 등을 사용하지 않고 카 외부에서 간단한 조작으로 열 수 있어야 한다.

㉠ 구출구의 크기
: 최소 폭 0.35m, 면적 0.5m 이상
㉡ 비상구(구출구)
- 카 내에 승객이 갇혀 있을 때 구출을 목적으로 설치한다.
- 카 안에서 열리지 않고, 케이지 외측에서 열려야 한다.
- 비상구가 열려 있으면 카가 움직이지 않게 안전 스위치를 부착해야 한다.

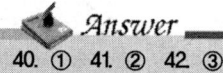

40. ① 41. ② 42. ③

• 1개의 승강로에 2대 이상의 엘리베이터가 설치된 경우에는 벽면에 설치 가능

43 기계실에는 바닥면에서 몇 lx 이상을 비출 수 있는 영구적으로 설치된 전기 조명이 있어야 하는가?
① 2   ② 50
③ 100   ④ 200

☞ 전기식 엘리베이터에서 기계실의 조도는 기기가 배치된 바닥면에서 200lx 이상이어야 한다.

44 승강장에서 스텝 뒤쪽 끝부분을 황색 등으로 표시하여 설치되는 것은?
① 스텝 체인   ② 데크 보드
③ 데마케이션   ④ 스커트 가드

45 유압펌프에 관한 설명으로 틀린 것은?
① 압력맥동이 커야 한다.
② 진동과 소음이 작아야 한다.
③ 일반적으로 스크류 펌프가 사용된다.
④ 펌프의 토출량이 크면 속도도 커진다.

☞ 유압펌프의 구비 조건
• 압력맥동이 작아야 한다.
• 진동과 소음이 작아야 한다.
• 펌프의 토출량이 크면 속도도 커진다.
• 일정한 토출량을 얻을 수 있어야 한다.
• 동력 손실이 적어야 한다.

46 콤에 대한 설명으로 옳은 것은?
① 홈에 맞물리는 각 승강장의 갈래진 부분
② 전기안전장치로 구성된 전기적인 안전 시스템의 부분
③ 에스컬레이터 또는 무빙워크를 둘러싸고 있는 외부측 부분
④ 스텝, 팔레트 또는 벨트와 연결되는 난간의 수직 부분

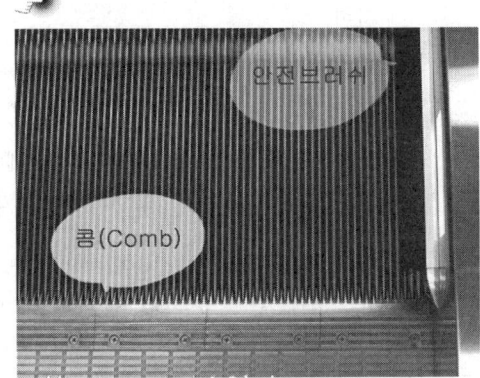

47 직류전동기에서 전기자 반작용의 원인이 되는 것은?
① 계자 전류
② 전기자 전류
③ 와류손 전류
④ 히스테리시스의 전류

☞ 전기자의 반작용
전기자 권선에 전류가 흐를 때 전기자 전류에 의해 발생되는 자속이 계자에 영향을 주는 현상. 하지만 역률에 따라서 그 작용이 다르다.

48 다음 중 측정기기의 눈금이 균일하고, 구동토크가 커서 감도가 좋으면 외부의 영향을 적게 받아 가장 많이 쓰이는 아날로그 계기 눈금의 구동방식은?

Answer
43. ④ 44. ③ 45. ① 46. ① 47. ② 48. ④

① 충전된 물체 사이에 작용하는 힘
② 두 전류에 의한 자기장 사이의 힘
③ 자기장 내에 있는 절편에 작용하는 힘
④ 영구자석과 전류에 의한 자기장 사이의 힘

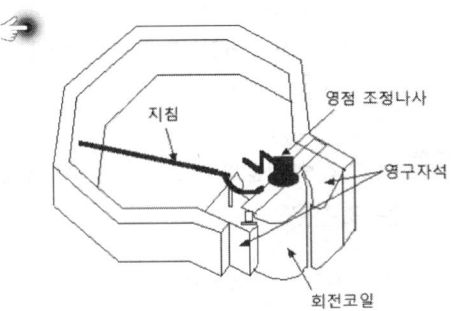

49 한 쌍의 기어를 맞물렸을 때 치면 사이에 생기는 틈새를 무엇이라 하는가?
① 백래시   ② 이사이
③ 이뿌리면 ④ 지름피치

👉 백래시
- 한 쌍의 기어를 매끄럽게 회전시키기 위해서는 적절한 백래시가 필요하다.
- 백래시가 너무 작으면 윤활이 불충분하게 되기 쉬워 치면끼리의 마찰이 커진다. 반대로 백래시가 너무 크면 기어의 맞물림이 나빠져 기어가 파손되기 쉽다.

50 100V를 인가하여 전기량 30C을 이동시키는 데 5초 걸렸다. 이때의 전력(kW)은?
① 0.3   ② 0.6
③ 1.5   ④ 3

👉 $W = VQ$ 에서 $Q = \dfrac{Q}{t} = \dfrac{30}{5} = 6$
따라서, $W = 100 \times 6 = 600[W] = 0.6[kW]$

51 웜(Worm) 기어의 특징이 아닌 것은?
① 효율이 좋다.
② 부하용량이 크다.
③ 소음과 진동이 작다.
④ 큰 감속비를 얻을 수 있다.

👉 웜 기어의 특징

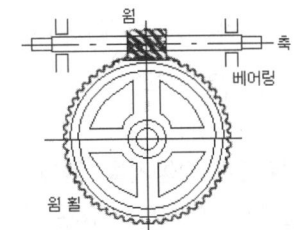

- 부하용량이 크다.
- 소음과 진동이 작다.
- 작은 용량으로 큰 감속비를 얻을 수 있다.
- 효율이 좋지 않다.
- 웜 휠의 정밀측정이 곤란하며, 고가이다.

52 논리회로에 사용되는 인버터(inverter)란?
① OR 회로   ② NOT 회로
③ AND 회로 ④ X-OR 회로

👉 인버터
AC → DC, 0 → 1처럼 입력과 출력이 바뀌는 것

논리 기호	진리표
A ─▷○─ X	A X / 0 1 / 1 0
시퀀스 회로	논리식
	$X = \overline{A}$

53 전압계의 측정범위를 7배로 하려 할 때 배율기의 저항은 전압계 내부저항의 몇 배로 하여야 하는가?
① 7   ② 6
③ 5   ④ 4

Answer
49. ① 50. ② 51. ① 52. ② 53. ②

$$V_2 = V_2 \times \left(1 + \frac{R_m}{R}\right)$$

배율기의 배율$(m) = \frac{V_2}{V_2} = \left(1 + \frac{R_m}{R}\right)$

따라서 $7 = 1 + \frac{R_m}{R} \rightarrow 6 = \frac{R_m}{R}$

∴ 내부저항은 6배가 된다.

54 3상 유도전동기를 역회전 동작시키고자 할 때의 대책으로 옳은 것은?

① 퓨즈를 조사한다.
② 전동기를 교체한다.
③ 3선을 모두 바꾸어 결선한다.
④ 3선의 결선 중 임의의 2선을 바꾸어 결선한다.

플러깅
전동기를 급속제동, 역회전시킬 때 사용하며 전원에 접속된 3상 결선 중 2선의 결선을 바꾸는 방식

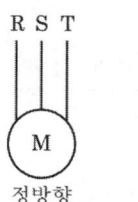 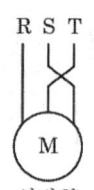

55 직류발전기의 기본 구성 요소에 속하지 않는 것은?

① 계자   ② 보극
③ 전기자   ④ 정류자

직류발전기의 주요 구성 요소
- 계자(field) : 자속을 만드는 부분으로 계자 권선, 계자철심, 자극편 및 계철로 구성되어 있다.
- 전기자(armature) : 계자에서 만든 자속을 끊어 기전력을 유도하는 부분이다.
- 정류자(commutator) : 교류를 직류로 바꾸는 부분

- 로터 : 자석과 연결되어 자기장을 변화시킨다. 기계적인 움직임을 통해 전기를 생성하는 역할을 한다.
- 스테이터 : 로터 주위에 위치해 있으며, 전기를 효과적으로 발생시키기 위한 전도체로 구성되어 있다.
- 브러시 : 회전하는 부분과 정지한 부분 간 전기적 연결을 제공한다.

56 RLC 직렬회로에서 최대전류가 흐르게 되는 조건은?

① $\omega L^2 - \frac{1}{\omega C} = 0$

② $\omega L^2 + \frac{1}{\omega C} = 0$

③ $\omega L - \frac{1}{\omega C} = 0$

④ $\omega L + \frac{1}{\omega C} = 0$

57 변형량과 원래 치수와의 비를 변형률이라 하는데 다음 중 변형률의 종류가 아닌 것은?

① 가로 변형률   ② 세로 변형률
③ 전단 변형률   ④ 전체 변형률

변형률(strain)
① 가로 변형률(ε)

$$\varepsilon = \frac{d}{\delta}$$

여기서, d : 처음의 가로방향의 길이
δ : 늘어난 길이

② 세로 변형률(ε')

$$\varepsilon' = \frac{\lambda}{l}$$

여기서, λ : 원래의 길이
l : 변형된 길이

③ 전단 변형률(r)

$$r = \frac{\lambda_s}{l} = \tan\phi ≒ \phi$$

여기서, λ_s : 늘어난 길이

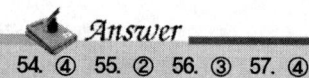

54. ④ 55. ② 56. ③ 57. ④

l : 원래의 길이
ϕ : 전단각

58 논리식 A(A+B)+B를 간단히 하면?

① 1　　　　② A
③ A+B　　　④ A・B

A(A+B)=A・A+A・B
　　　　=A+A・B
　　　　=A(1+B)
　　　　=A・1=A
∴ A+B

59 물체에 하중을 작용시키면 물체 내부에 저항력이 생긴다. 이때 생긴 단위면적에 대한 내부 저항력을 무엇이라 하는가?

① 보　　　　② 하중
③ 응력　　　④ 안전율

응력(stress)
외부에서 힘이 가해졌을 때 물체에 생기는 저항력

60 공작물을 제작할 때 공차 범위라고 하는 것은?

① 영점과 최대 허용치수와의 차이
② 영점과 최소 허용치수와의 차이
③ 오차가 전혀 없는 정확한 치수
④ 최대 허용치수와 최소 허용치수와의 차이

공차 범위
제품이나 부품의 치수, 형상 등에서 오차가 허용되는 범위(영역)

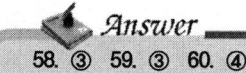
58. ③　59. ③　60. ④

과년도 출제문제
2016년 4회

01 유압식 엘리베이터에서 T형 가이드 레일이 사용되지 않는 엘리베이터의 구성품은?
① 카
② 도어
③ 유압실린더
④ 균형추(밸런싱 웨이트)

👉 **가이드 레일의 역할**
- 비상정지장치가 작동했을 때 수직하중을 유지한다.
- 균형추를 양측에서 지지하며, 수직방향으로 안내해준다.
- 카의 심한 기울어짐을 막아준다.
※ 도어는 가이드 레일을 사용하지 않는다.

02 전기식 엘리베이터에서 기계실 출입문의 크기는?
① 폭 0.7m 이상, 높이 1.8m 이상
② 폭 0.7m 이상, 높이 1.9m 이상
③ 폭 0.6m 이상, 높이 1.8m 이상
④ 폭 0.6m 이상, 높이 1.9m 이상

👉 **기계실 출입문**
- 출입문은 폭 0.7m 이상, 높이 1.8m 이상의 금속제 문이어야 한다.
- 기계실 외부로 완전히 열리는 구조이어야 하며, 기계실 내부로는 열리지 않아야 한다.
- 출입문은 열쇠로 조작되는 잠금장치가 있어야 하며, 기계실 내부에서 열쇠를 사용하지 않고 열릴 수 있어야 한다.
- 출입문이 외기에 접하는 경우에는 빗물이 침입하지 않는 구조이어야 한다.

03 엘리베이터의 도어 머신에 요구되는 성능과 거리가 먼 것은?
① 보수가 용이하다.
② 가격이 저렴하다.
③ 직류 모터만 사용할 것
④ 작동이 원활하고 정숙할 것

👉 **도어 머신의 구비 조건**
- 작동이 원활하고 정숙할 것
- 카 상부에 설치하기 위해 소형 경량일 것
- 동작횟수가 엘리베이터 기동 횟수의 2배이므로 보수가 용이할 것
- 가격이 저렴할 것

04 건물에 에스컬레이터를 배열할 때 고려 사항으로 틀린 것은?
① 엘리베이터 가까운 곳에 설치한다.
② 바닥 점유면적을 되도록 작게 한다.
③ 승객의 보행거리를 줄일 수 있도록 배열한다.
④ 건물의 지지보 등을 고려하여 하중을 균등하게 분산시킨다.

👉 **에스컬레이터 설치 시 고려사항**
문항 ②, ③, ④ 외의 고려사항
- 무게하중을 고려하여 배치한다.
- 건물의 정면 출입구와 엘리베이터 설치 위치와의 중간이 좋다.
- 백화점일 경우에는 가장 눈에 띄기 쉬운 곳의 위치가 좋다.
- 사람의 움직임이 많은 곳에 설치한다.

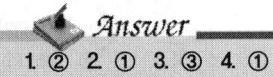

Answer
1. ② 2. ① 3. ③ 4. ①

05 교류 이단속도(AC-2) 제어 승강기에서 카 바닥과 각 층의 바닥면이 일치되도록 정지시켜 주는 역할을 하는 장치는?

① 시브 ② 로프
③ 브레이크 ④ 전원 차단기

☞ **브레이크**
승강기에서 카 바닥과 각 층의 바닥면이 일치되도록 정지시켜 주는 역할을 하는 장치

06 에스컬레이터의 안전장치에 해당되지 않는 것은?

① 스프링(spring) 완충기
② 인렛 스위치(inlet switch)
③ 스커트 가드(skirt guard) 안전 스위치
④ 스텝 체인 안전 스위치(step chain safety switch)

☞ ① 스프링 완충기 : 승강기의 카가 어떤 원인으로 최하층 피트로 떨어질 때 충격을 완화시키는 장치이다.
② 핸드레일 인입구 안전장치(인렛 스위치) : 핸드레일 인입구에 이물질이 들어가는 것을 방지하는 장치로 손 또는 이물질이 끼었을 경우 즉시 작동되어 에스컬레이터를 정지시킨다.
③ 스커트 가드 안전 스위치 : 에스컬레이터의 고정된 스커트 가드와 스텝 사이의 틈에 신발이나 옷 등이 끼어 사고가 발생할 수 있으므로 이를 감지하여 정지시키는 스위치
④ 스텝 체인 안전장치 : 스텝 체인이 파손되거나 과도하게 늘어날 때 즉시 작동하여 에스컬레이터를 정지시키는 장치로서 설치위치는 하부 종단부에 설치한다.

07 유압식 승강기의 밸브 작동 압력을 전 부하 압력의 140%까지 맞추어 조절하는 밸브는?

① 체크 밸브 ② 스톱 밸브
③ 릴리프 밸브 ④ 업(up) 밸브

☞ ① 체크 밸브 : 유체를 한쪽 방향으로만 흐르게 하는 밸브로서, 카의 정지 중이나 운행 중 작동유의 압력이 떨어져 카가 역행하는 것을 방지하는 밸브이다.
② 스톱 밸브
• 밸브를 닫으면 실린더의 오일이 탱크로 역류하는 것을 방지한다. 유압장치의 보수·점검 또는 수리 시 사용
• 유압 파워 유닛과 실린더 사이의 압력배관에 설치되며, 스톱 밸브를 닫으면 실린더의 기름이 파워 유닛으로 역류하는 것을 방지한다.
③ 릴리프 밸브 : 압력조정 밸브로 관내 압력이 상승하여 상용압력의 125% 이상 높아지면 기름을 탱크로 되돌려 보내 압력상승을 방지한다. 압력 릴리프 밸브는 압력을 전부하 압력의 140%까지 제한하도록 맞추어 조절되어야 한다.
④ 상승용 유량제어밸브 : 펌프로 인해 압력을 받은 오일은 실린더로 가지만 일부는 상승용 전자밸브에 의해 조정되어 유량제어밸브를 통해 탱크로 되돌아오는데, 되돌아오는 유압을 제어하여 실린더측의 유량을 간접적으로 제어하는 밸브이다.

08 문 닫힘 안전장치의 종류로 틀린 것은?

① 도어 레일 ② 광전장치
③ 세이프티 슈 ④ 초음파장치

☞ **문 닫힘 안전장치**
• 기능 : 문 및 문 주위는 인체의 일부, 옷 또는 기타 물체가 끼여 발생하는 손상 또는 부상의 위험을 최소화시키는 방법으로 설계되어야 한다.
• 종류 : 세이프티 슈, 광전장치, 초음파장치 등이 있다.
• 설치 위치 : 카 문이나 승강장 문에 설치
• 문닫힘 안전장치 연결전선이 끊어지면 문이 반전하여 열려야 한다.

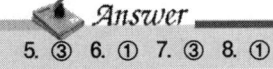
5. ③ 6. ① 7. ③ 8. ①

09 군관리 방식에 대한 설명으로 틀린 것은?

① 특정층의 혼잡 등을 자동적으로 판단한다.
② 카를 불필요한 동작 없이 합리적으로 운행 관리한다.
③ 교통수요의 변화에 따라 카의 운전 내용을 변화시킨다.
④ 승강장 버튼의 부름에 대하여 항상 가장 가까운 카가 응답한다.

☞ **군관리 방식**
- 3~8대의 엘리베이터를 연계, 집단으로 묶어서 운행 관리하는 방식이다.
- 출퇴근 시 피크수요, 회의 종료 및 점심시간에 특정 층의 혼잡을 자동적으로 판단한다.
- 서비스층을 분할하거나 집중적으로 카를 배치한다.

10 기계실 바닥에 몇 m를 초과하는 단차가 있을 경우에는 보호난간이 있는 계단 또는 발판이 있어야 하는가?

① 0.3   ② 0.4
③ 0.5   ④ 0.6

☞ 기계실 바닥에 0.5m를 초과하는 단차가 있는 경우, 고정된 사다리 또는 보호난간이 있는 계단이나 발판이 있어야 한다.

11 다음 중 조속기의 종류에 해당되지 않는 것은?

① 웨지형 조속기
② 디스크형 조속기
③ 플라이 볼형 조속기
④ 롤 세이프티형 조속기

☞ • 조속기의 종류 : 플라이 볼형, 롤 세이프티형, 펜듈럼형, 디스크형
• 조속기의 동작 방식 : 순간식 비상정지장치, 점진식 비상정지장치
• 조속기의 물림쇠 형태 : 롤러형, 웨지형

12 엘리베이터용 전동기의 구비 조건이 아닌 것은?

① 전력소비가 클 것
② 충분한 기동력을 갖출 것
③ 운전상태가 정숙하고 저진동일 것
④ 고기동 빈도에 의한 발열에 충분히 견딜 것

☞ **전동기의 구비 조건**
- 기동전류가 작을 것
- 기동토크가 작을 것
- 회전부분의 관성 모멘트가 적을 것
- 잦은 기동빈도에 대해 열적으로 견딜 것

13 승강기의 안전에 관한 장치가 아닌 것은?

① 조속기(governor)
② 세이프티 블록(safety block)
③ 용수철 완충기(spring buffer)
④ 누름버튼스위치(push button switch)

☞ **승강기의 안전장치**
조속기, 비상정지장치, 완충기, 브레이크, 과부하방지장치, 도어 안전장치, 세이프티 블록 등 여러 종류의 안전장치들이 있다.
※ 누름버튼 스위치 : 각 층을 선택할 때 누르는 스위치

14 가이드 레일의 규격과 거리가 먼 것은?

① 레일의 표준길이는 5m로 한다.
② 레일의 표준길이는 단면으로 결정한다.
③ 일반적으로 8, 13, 18, 24 및 30K레일을 쓴다.
④ 호칭의 소재의 1m당의 중량을 라운드 번호로 K레일을 붙인다.

Answer 9. ④ 10. ③ 11. ① 12. ① 13. ④ 14. ②

👉 **레일의 규격**
- 레일의 호칭은 마지막 가동 전 소재의 1m 당 중량으로 한다.
- 레일의 표준길이는 5m
- T형 레일을 사용하며 공칭은 8K, 13K, 18K, 24K, 30K나 대용량 엘리베이터는 37K, 50K 등 사용

15 승강기의 카 내에 설치되어 있는 것의 조합으로 옳은 것은?
① 조작반, 이동 케이블, 급유기, 조속기
② 비상조명, 카 조작반, 인터폰, 카 위치표시기
③ 카 위치표시기, 수전반, 호출버튼, 비상정지장치
④ 수전반, 승강장 위치표시기, 비상스위치, 리미트 스위치

👉 **승강기의 카 내 설비를 포함한 일체**
- 카 내 위치표시기   • 카 운전 조작반
- 비상호출버튼   • 인터폰
- 용량초과 경보장치   • 환풍기
- 비상탈출구   • 도착음 신호기
- 안전 스위치   • 핸드레일
- 카 내 조명 및 팬 장치 등

16 엘리베이터 카에 부착되어 있는 안전장치가 아닌 것은?
① 조속기 스위치
② 카 도어 스위치
③ 비상정지 스위치
④ 세이프티 슈 스위치

👉 **승강기의 안전장치**
조속기, 비상정지장치, 완충기, 브레이크, 과부하 방지장치, 도어 안전장치, 세이프티 슈, 비상호출버튼, 인터폰 등이 있다.
※ 조속기
- 카의 운행속도를 기계적이고 전기적인 방법으로 동시에 검출하고 카의 과속도를 검출하여 이상 시 동력을 차단하여 비상정지를 시키는 장치이다.
- 조속기는 원심력에 의해 작동하며, 구동축 주위를 도는 2개의 추로 이루어져 있다. 이 추들은 대부분 스프링을 이용한 제어력에 의해 밖으로 튀어나가지 않도록 되어 있다.

17 다음 장치 중에서 작동되어도 카의 운행에 관계없는 것은?
① 통화장치
② 조속기 캐치
③ 승강장 도어의 열림
④ 과부하 감지 스위치

👉 **통화장치**
고장 시에도 카 운행에는 지장이 없다.

18 비상용 승강기에 대한 설명 중 틀린 것은?
① 예비전원을 설치하여야 한다.
② 외부와 연락할 수 있는 전화를 설치하여야 한다.
③ 정전 시에는 예비전원으로 작동할 수 있어야 한다.
④ 승강장의 운행속도는 90m/min 이상으로 해야 한다.

👉 **비상용 승강기**
- 비상용 엘리베이터의 주 전원공급과 보조 전원공급의 전선은 방화구획되어야 하고 서로 구분되어야 하며, 다른 전원공급장치와도 구분되어야 한다.
- 방화 목적으로 사용된 각 승강장 출입구에는 방화구획된 로비가 있어야 한다.
- 비상용 엘리베이터는 소방운전 시 모든 승강장의 출입구마다 정지할 수 있어야 한다.
- 비상용 엘리베이터는 소방관이 조작하여 엘리베이터 문이 닫힌 이후부터 60초 이내에 가장 먼 층에 도착하여야 된다. 다만, 운행

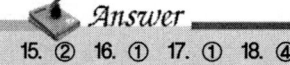
15. ② 16. ① 17. ① 18. ④

- 속도는 1m/s 이상이어야 한다.
- 비상용 엘리베이터의 운행속도는 60m/min 이상이어야 한다.
- 평상 시에 승객용으로 사용할 수 있다.
- 자가발전장치를 사용한 예비전원으로 운전할 수 있다.
- 1차 소방운전 스위치로 운전할 수 있다.

19 사고 예방 대책 기본 원리 5단계 중 3E를 적용하는 단계는?

① 1단계　　② 2단계
③ 3단계　　④ 5단계

👉 **사고 예방 대책 기본 원리 5단계**

단계	과정	내용
1단계	조직	㉠ 경영층의 참여 ㉡ 안전관리자의 임명 ㉢ 안전 라인 및 참모조직 구성 ㉣ 안전 활동 방침 및 계획 수립 ㉤ 조직을 통한 안전 활동
2단계	사실의 발견	㉠ 사고 및 안전 활동 기록 검토 ㉡ 작업분석 ㉢ 안전점검 및 안전진단 ㉣ 사고 조사 ㉤ 안전회의 및 토의 ㉥ 근로자의 제안 및 여론조사 ㉦ 관찰 및 보고서의 연구 등을 통한 불안전요소 발견
3단계	분석 평가	㉠ 사고 보고서 및 현장조사 ㉡ 사고 기록 및 인적 물적, 조건 분석 ㉢ 작업공정 분석 ㉣ 교육 훈련 분석을 통해 사고의 직접원인과 간접원인 규명
4단계	시정방법의 선정	㉠ 기술적 개선 ㉡ 인사 조정 ㉢ 교육 훈련 개선 ㉣ 안전행정 개선 ㉤ 규정, 수칙 및 작업표준 개선 ㉥ 확인, 통제체제 개선
5단계	시정책의 적용(3E)	㉠ 기술적 대책 ㉡ 교육적 대책 ㉢ 단속적 대책

20 승강기의 안전관리자의 직무범위에 속하지 않는 것은?

① 보수계약에 관한 사항
② 비상열쇠 관리에 관한 사항
③ 구급체계의 구성 및 관리에 관한 사항
④ 운행관리규정의 작성 및 유지에 관한 사항

👉 **승강기 안전관리자의 직무**
- 승강기 비상열쇠 관리
- 운행관리규정의 작성 및 유지관리
- 승강기 사고 시 사고보고 관리
- 구급체계의 구성 및 관리에 관한 사항
- 운행관리규정의 작성 및 유지에 관한 사항
- 승강기의 고장 수리 등에 관한 기록 유지에 관한 사항
- 승강기 사고 발생에 대비한 비상연락망의 작성 및 관리에 관한 사항

21 저압 부하설비의 운전조작 수칙에 어긋나는 사항은?

① 퓨즈는 비상시라도 규격품을 사용하도록 한다.
② 정해진 책임자 이외에는 허가 없이 조작하지 않는다.
③ 개폐기는 땀이나 물에 젖은 손으로 조작하지 않도록 한다.
④ 개폐기의 조작은 왼손으로 하고 오른손은 만약의 사태에 대비한다.

👉 **저압 부하설비의 운전조작 수칙**
- 퓨즈는 비상시라도 규격품을 사용한다.
- 개폐기는 땀이나 물에 젖은 손으로 조작하지 않도록 한다.
- 정해진 책임자 이외에는 허가 없이 조작하지 않는다.
- 개폐기의 조작은 절연장갑을 끼고 조작한다.

22 재해 발생 시의 조치내용으로 볼 수 없는 것은?

① 안전교육 계획의 수립

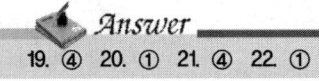

19. ④　20. ①　21. ④　22. ①

② 재해원인 조사와 분석
③ 재해방지대책의 수립과 실시
④ 피해자를 구출하고 2차 재해방지

☞ **재해 발생 시의 조치내용**
- 피해자를 구출하고 2차 재해방지
- 재해원인 조사와 분석
- 작업공정 분석
- 재해방지대책의 수립과 실시
- 규정, 수칙 및 작업표준 개선

23 관리주체가 승강기의 유지관리 시 유지관리자로 하여금 유지관리 중임을 표시하도록 하는 안전 조치로 틀린 것은?
① 사용금지 표시
② 위험요소 및 주의사항
③ 작업자 성명 및 연락처
④ 유지관리 개소 및 소요시간

☞ **보수·점검 시 안전관리 표시항목**
- "보수·점검 중"이라는 사용금지 표시
- 보수·점검 개소 및 소요시간
- 보수·점검자명 및 보수·점검자 연락처

24 전기에서는 위험성이 가장 큰 사고의 하나가 감전이다. 감전 사고를 방지하기 위한 방법이 아닌 것은?
① 충전부 전체를 절연물로 차폐한다.
② 충전부를 덮은 금속체를 접지한다.
③ 가연물질과 전원부의 이격거리를 일정하게 유지한다.
④ 자동차단기를 설치하여 선로를 차단할 수 있게 한다.

☞ ㉠ 감전사고의 원인
- 전기기계기구나 공구의 절연파괴
- 콘덴서의 방전코일이 없는 상태
- 정전작업 시 접지가 없어 유도전압이 발생
- 충전부의 절연 불량

- 낙뢰
- 기계, 기구의 자체 결함
- 이상전류에 의한 전위상승

㉡ 감전사고 방지 방법
- 충전부 전체를 절연물로 차폐한다.
- 콘덴서 방전 후 작업한다.
- 접지를 한다.
- 피뢰기를 설치한다.
- 누전차단기를 설치한다.

25 재해의 직접 원인에 해당되는 것은?
① 물적 원인
② 교육적 원인
③ 기술적 원인
④ 작업관리상 원인

☞ **재해의 직접 원인**
㉠ 인적 요인
- 사람의 불안전한 행동, 상태
- 지식 부족, 미숙련, 과로, 태만, 지시 무시 등

㉡ 물적 요인
- 불량한 기계설비와 불안전한 환경에서 오는 요인으로 정리정돈의 결함
- 안전장치의 결함, 보호구의 결함, 부적절한 작업환경 등

※ 재해의 간접 원인 : 기술적 원인, 교육적 원인, 정신적 원인, 관리적 원인, 신체적 원인

26 안전점검 시의 유의사항으로 틀린 것은?
① 여러 가지의 점검방법을 병용으로 점검한다.
② 과거의 재해발생 부분은 고려할 필요없이 점검한다.
③ 불량 부분이 발견되면 다른 동종의 설비도 점검한다.
④ 발견된 불량 부분은 원인을 조사하고 필요한 대책을 강구한다.

Answer
23. ② 24. ③ 25. ① 26. ②

> **안전점검 시 유의사항**
> - 안전점검은 형식, 내용에 변화를 주어 몇 가지 점검방법을 병용한다.
> - 점검자의 능력을 감안해서 거기에 대응한 점검을 실시한다.
> - 과거 재해발생개소는 그 원인이 완전히 배제되어 있는지 확인한다.
> - 불량개소가 발견되었을 때는 다른 동종 설비에 대해서도 점검한다.
> - 발견된 불량개소는 원인을 조사해 즉시 필요한 대책을 강구한다.
> - 경미한 사실이라도 중대사고로 이어지는 일이 있기 때문에 지나쳐버리지 않도록 유의한다.
> - 안전점검은 안전수준의 향상을 목적으로 한다는 것을 염두에 두고, 결점을 지적하거나 관찰하는 태도는 삼가도록 한다.

27 안전점검 중에서 5S 활동 생활화로 틀린 것은?

① 정리 ② 정돈
③ 청소 ④ 불결

> **3정5S 활동**
> - 3정 : 정품, 정량, 정위치
> - 5S : 정리, 정돈, 청소, 청결, 습관화

28 재해의 간접 원인 중 관리적 원인에 속하지 않는 것은?

① 인원 배치 부적당
② 생산 방법 부적당
③ 작업 지시 부적당
④ 안전관리 조직 결함

> **재해의 간접 원인**
> ㉠ 기술적 원인
> - 기계설비의 설계 결함
> - 구조 재료의 부적합
> - 생산방법의 부적당
> - 점검정비보존불량

> ㉡ 교육적 원인
> - 작업방법 및 교육의 불충분
> - 안전지식 부족
> - 안전수칙 무시
> - 유해 위험작업의 교육 불충분
> ㉢ 관리적 원인
> - 안전관리 조직 미흡
> - 안전관리 규정 미흡
> - 안전관리 계획 미수립
> - 작업준비 미흡
> - 인원배치 미흡
> - 작업지시 미흡

29 전기식 엘리베이터의 정기검사에서 하중시험은 어떤 상태로 이루어져야 하는가?

① 무부하
② 정격하중의 50%
③ 정격하중의 100%
④ 정격하중의 125%

> 전기식 엘리베이터의 정기검사 항목은 1.1.1부터 1.1.6까지에 따른다. 다만, 하중시험은 무부하 상태에서 이루어져야 한다.

30 전기식 엘리베이터의 과부하장치에 대한 설명으로 틀린 것은?

① 과부하방지장치의 작동치는 정격 적재하중의 110%를 초과하지 않아야 한다.
② 과부하방지장치의 작동상태는 초과하중이 해소되기까지 계속 유지되어야 한다.
③ 적재하중 초과 시 경보가 울리고 출입문의 닫힘이 자동적으로 제지되어야 한다.
④ 엘리베이터 주행 중에는 오동작을 방지하기 위해 과부하방지장치 작동은 유효화되어 있어야 한다.

> **과부하 감지장치**
> - 기능 : 정격 적재하중의 105~110% 범위 내에서 동작, 경보를 울리고 해제 시까지 문

Answer 27. ④ 28. ② 29. ① 30. ④

- 을 열고 대기함
- 고장 시 : 초과 하중을 감지 못하고 과적재로 승강기가 추락할 수 있음

31 균형추를 구성하고 있는 구조재 및 연결재의 안전율은 균형추가 승강로의 꼭대기에 있고, 엘리베이터가 정지한 상태에서 얼마 이상으로 하는 것이 바람직한가?

① 3
② 5
③ 7
④ 9

☞ 균형추
- 엘리베이터 카의 자중에 적재용량의 약 40~50%를 더한 중량을 보상시키기 위하여 엘리베이터 카와 연결된 권상로프의 반대편에 연결된 중량물. 구조는 보통 "ㄷ"자 형강 또는 절곡구조로 된 강재를 외부틀로 하고 그 안쪽에 중량을 조절할 수 있도록 여러 개의 추를 넣는다.
- 균형추를 구성하는 구조재와 연결재의 안전율은 균형추가 승강로의 꼭대기에 위치해 있고 엘리베이터가 정지하여 있는 상태에서 5 이상으로 하며, 프레임은 완충기에 안전율을 가질 수 있도록 설계하는 것이 바람직하다.

32 에스컬레이터의 스텝 체인의 늘어남을 확인하는 방법으로 가장 적합한 것은?

① 구동체인을 점검한다.
② 롤러의 물림상태를 점검한다.
③ 라이저의 마모상태를 확인한다.
④ 스텝과 스텝 간의 간격을 측정한다.

☞ 에스컬레이터의 스텝 체인의 늘어남을 확인하는 방법 중 스텝과 스텝 간의 간격을 측정하는 것이 가장 적합하다.

33 비상정지장치의 작동으로 카가 정지할 때까지 레일이 죄는 힘이 처음에는 약하게 그리고 하강함에 따라 강해지다가 얼마 후 일정한 값으로 도달하는 방식은?

① 슬랙로프 세이프티
② 순간식 비상정지장치
③ 플렉시블 가이드 방식
④ 플렉시블 웨지 클램프 방식

☞ 점진식 비상정지장치(60m/min 이상에 사용)
- 플렉시블 웨지 클램프(F.W.C) : 레일을 죄는 힘이 처음에는 약하게 그리고 하강함에 따라 강해지다가 얼마 후 일정하다.
- 플렉시블 가이드 클램프(F.G.C) : 레일을 죄는 힘이 처음부터 끝까지 일정하다.

34 제어반에서 점검할 수 없는 것은?

① 결선단자의 조임상태
② 스위치접점 및 작동상태
③ 조속기 스위치의 작동상태
④ 전동기 제어회로의 절연상태

☞ 제어반의 점검 및 보수항목
- 제어반의 수직도 및 볼트 취부 이완상태 유무
- 각 스위치, 릴레이 등 작동 유무
- 절연저항 측정 및 결선 단자 조임 상태 유무
- 접지선 접속 유무
- 절연물, 아크방지기, 코일의 소손 및 파손 유무
- 소음의 유무 등

35 전기식 엘리베이터에서 카 지붕에 표시되어야 할 정보가 아닌 것은?

① 최종점검일지 비치
② 정지장치에 "정지"라는 글자
③ 점검운전 버튼 또는 근처에 운행 방향 표시
④ 점검운전 스위치 또는 근처에 "정상" 및 "점검"이라는 글자

☞ 카 지붕에 표시되어야 할 정보

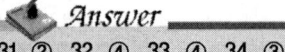

31. ② 32. ④ 33. ④ 34. ③ 35. ①

- 정지장치에 "정지"라는 글자
- 점검운전 스위치 또는 근처에 "정상" 및 "점검"이라는 글자
- 점검운전 버튼 또는 근처에 운행 방향 표시
- 보호난간에 경고문 또는 주의 표시

36 조속기의 점검사항으로 틀린 것은?

① 소음의 유무
② 브러시 주변의 청소상태
③ 볼트 및 너트의 이완 유무
④ 조속기 로프와 클립 체결상태 양호 유무

☞ **조속기의 점검사항**
- 운전의 윤활성 및 소음 유무
- 볼트 및 너트 및 핀의 이완 유무
- 과속스위치의 점검 및 작동
- 조속기 시브와 로프 사이의 미끄럼 유무

37 승강기 정밀안전 검사 시 전기식 엘리베이터에서 권상기 도르래 홈의 언더컷의 잔여량은 몇 mm 미만일 때 도르래를 교체하여야 하는가?

① 1　　　　② 2
③ 3　　　　④ 4

☞ 언더컷의 잔여량은 1mm 이상이어야 하고, 권상기 도르래에 감긴 주로프 가닥의 길이의 높이차는 2mm 이내이어야 한다.

38 이동식 핸드레일은 운행 중에 전 구간에서 디딤판과 핸드레일의 동일 방향 속도 공차는 몇 %인가?

① 0~2　　　② 3~4
③ 5~6　　　④ 7~8

☞ 핸드레일의 동일 방향 속도 공차는 각 난간의 꼭대기에는 정상운행 조건하에서 스텝, 팔레트 또는 벨트의 실제 속도와 관련하여 동일 방향으로 0%에서 +2%의 공차가 있는 속도로 움직이는 핸드레일이 설치되어야 한다. 핸드레일은 정상운행 중 운행방향의 반대편에서 450N의 힘으로 당겨도 정지되지 않아야 한다.

39 유압식 엘리베이터에서 실린더의 점검사항으로 틀린 것은?

① 스위치의 기능 상실여부
② 실린더 패킹의 누유여부
③ 실린더의 패킹 녹 발생여부
④ 구성부품, 재료의 부착에 늘어짐 여부

☞ **유압식 엘리베이터에서 실린더의 점검사항**
- 실린더 패킹의 녹, 누유 점검
- 구성부품, 재료의 부착에 늘어짐 여부
- 실린더 주변의 청결상태 점검

40 에스컬레이터의 스텝 구동장치에 대한 점검사항이 아닌 것은?

① 링크 및 핀의 마모상태
② 핸드레일 가드 마모상태
③ 구동체인의 늘어짐 상태
④ 스프로켓의 이의 마모상태

☞ **에스컬레이터의 스텝 구동장치에 대한 점검사항**
- 구동체인의 신장이나 링크, 핀, 스프로켓의 이의 마모가 현저하지만 스프로켓축 등 부착에 늘어짐 상태 점검
- 구동체인에 부분적 파동이 있지만 스프로켓에 균열이나 치차에 결함 상태 점검

41 전기식 엘리베이터의 기계실에 설치된 고정 도르래의 점검내용이 아닌 것은?

① 이상음 발생여부
② 로프 홈의 마모상태
③ 브레이크 드럼 마모상태
④ 도르래의 원활한 회전여부

Answer
36. ②　37. ①　38. ①　39. ①　40. ②　41. ③

👉 **전기식 엘리베이터의 고정 도르래의 점검사항**
- 로프 홈의 마모상태
- 이상음 발생 여부
- 도르래의 원활한 회전 여부

42 가이드레일 또는 브래킷의 보수점검사항이 아닌 것은?

① 가이드레일의 녹 제거
② 가이드레일의 요철 제거
③ 가이드레일과 브래킷의 체결볼트 점검
④ 가이드레일 고정용 브래킷 간의 간격 조정

👉 **가이드레일 또는 브래킷의 보수점검사항**
- 가이드레일의 녹, 부식 제거
- 가이드레일과 브래킷의 체결볼트 점검
- 가이드레일의 요철 제거
- 가이드레일의 휨, 비틀림 점검

43 엘리베이터에서 현수로프의 점검사항이 아닌 것은?

① 로프의 직경
② 로프의 마모 상태
③ 로프의 꼬임 방향
④ 로프의 변형 부식 유무

👉 **현수로프의 점검사항**
- 로프의 마모 상태
- 로프의 변형 부식 유무
- 로프의 직경
- 로프의 녹 및 파손여부

44 유압식 엘리베이터의 점검 시 플런저 부위에서 특히 유의하여 점검하여야 할 사항은?

① 플런저의 토출량
② 플런저의 승강행정 오차
③ 제어밸브에서의 누유상태
④ 플런저 표면조도 및 작동유 누설 여부

👉 플런저 부위의 누유 여부는 특별히 주의해야 한다.

45 비상정지장치가 없는 균형추의 가이드레일 검사 시 최대 허용 휨의 양은 양방향으로 몇 mm인가?

① 5   ② 10
③ 15   ④ 20

👉 T형 가이드 레일에 대해 계산된 최대 허용 휨은 다음과 같다.
- 비상정지장치가 작동하는 카, 균형추 또는 평형추의 가이드 레일 : 양방향으로 5mm
- 비상정지장치가 없는 균형추 또는 평형추의 가이드 레일 : 양방향으로 10mm

46 전동기의 점검항목이 아닌 것은?

① 발열이 현저한 것
② 이상음이 있을 것
③ 라이닝의 마모가 현저한 것
④ 연속적으로 운전하는 데 지장이 생길 염려가 있는 것

👉 **전동기의 점검 요인**
- 작동 시 이상음이 있을 때
- 전동기에서 열이 평상시보다 높을 때
- 전동기의 진동이 심할 때
- 연속적으로 운전하는 데 지장이 생길 염려가 있을 때

47 18-8 스테인리스강의 특징에 대한 설명 중 틀린 것은?

① 내식성이 뛰어나다.
② 녹이 잘 슬지 않는다.
③ 자성체의 성질을 갖는다.
④ 크롬 18%와 니켈 8%를 함유한다.

Answer
42. ④ 43. ③ 44. ④ 45. ② 46. ③ 47. ③

> **18-8 스테인리스강의 특징**
> - 내식성이 뛰어나다.
> - 크롬 18%와 니켈 8%를 함유한다.
> - 녹이 잘 슬지 않는다.
> - 판이나 관, 주물로도 이용된다.

48 기계요소설계 시 일반 체결용에 주로 사용되는 나사는?

① 삼각나사 ② 사각나사
③ 톱니나사 ④ 사다리꼴나사

49 직류기 권선법에서 전기자 내부 병렬회로수 a와 극수 p의 관계는? (단, 권선법은 중권이다.)

① a=2 ② a=$\frac{1}{2}$p
③ a=p ④ a=2p

> **중권과 파권의 비교**
>
> | | 중권(병렬권) | 파권(직렬권) |
> |---|---|---|
> | 전기자 병렬회로수 | 극수 p와 같다. | 항상 2 |
> | 브러시 수 | 극수와 같다. | 2개 또는 극수만큼 둘 수 있다. |
> | 용도 | 저전압, 대전류용 | 소전류, 고전압용 |
> | 균압 고리 | 대용량에 사용 | 불필요 |

50 다음 논리회로의 출력값 E는?

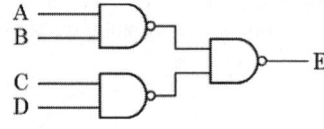

① $\overline{A \cdot B} + \overline{C \cdot D}$
② $A \cdot B + C \cdot D$
③ $A \cdot B \cdot C \cdot D$
④ $(A+B) \cdot (C+D)$

> E = $\overline{\overline{AB} \cdot \overline{CD}}$ = $\overline{\overline{AB}} + \overline{\overline{CD}}$ = AB + CD

51 직류전동기에서 자속이 감소되면 회전수는 어떻게 되는가?

① 정지 ② 감소
③ 불변 ④ 상승

> 직류기는 E=kϕN(ϕ : 자속, N : 분당회전수)이므로 자속과 회전수는 반비례한다. 계자전류는 자속을 만드는 전류이므로 계자전류가 감소하면 자속도 감소한다. 따라서 회전수는 증가한다.

52 회전하는 축을 지지하고 원활한 회전을 유지하도록 하며, 축에 작용하는 하중 및 축의 자중에 의한 마찰저항을 가능한 한 작게 하도록 하는 기계요소는?

① 클런치 ② 베어링
③ 커플링 ④ 스프링

> **베어링**
> 회전하고 있는 기계의 축을 일정한 위치에 고정시키고 축의 자중과 축에 걸리는 하중을 지지하면서 축을 회전시키는 역할을 하는 기계요소

53 계측기와 관련된 문제, 환경적 영향 또는 관측 오차 등으로 인해 발생하는 오차는?

① 절대오차 ② 계통오차
③ 과실오차 ④ 우연오차

> **오차의 종류**
> ① 절대오차 : 계산의 결과에서 나온 직접적인 오차의 절대값
> ② 계통오차 : 관측장치나 관측자의 특성으로 인하여 특정 방향으로 치우쳐 나타나는 오차
> ③ 과실오차 : 측정자의 부주의에 의한 오차
> ④ 우연오차 : 정확하게 알 수 없는 원인으로 발생하는 오차

Answer
48. ① 49. ③ 50. ② 51. ④ 52. ② 53. ②

54 유도기전력의 크기는 코일의 권수와 코일을 관통하는 자속의 시간적인 변화율과의 곱에 비례한다는 법칙은 무엇인가?
① 패러데이의 전자유도법칙
② 앙페르의 주회 적분의 법칙
③ 전자력에 관한 플레밍의 법칙
④ 유도기전력에 관한 렌츠의 법칙

☞ **패러데이의 법칙**
유도기전력의 크기는 코일을 지나는 자속의 매초 변화량과 코일의 권수에 비례한다.

55 직류전동기의 속도제어방법이 아닌 것은?
① 저항 제어법
② 계자 제어법
③ 주파수 제어법
④ 전기자 전압 제어법

☞ **직류전동기 속도제어방법**
㉠ 계자 제어법 : 정출력 가변속도의 용도에 적합
㉡ 전압 제어법 : 입력전압에 의해 발진주파수를 가변하여 제어
㉢ 저항 제어법 : 전력손실이 크고, 속도제어의 범위가 좁다.

56 그림은 마이크로미터로 어떤 치수를 측정한 것이다. 치수는 약 몇 mm인가?

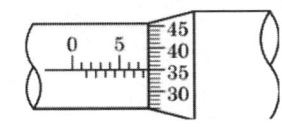

① 5.35   ② 5.85
③ 7.35   ④ 7.85

☞ 7.5+0.35=7.85

57 다음 중 응력을 가장 크게 받는 것은? (단, 다음 그림은 기둥의 단면 모양이며, 가해지는 하중 및 힘의 방향은 같다.)

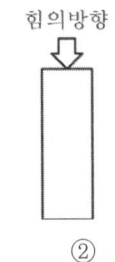

① 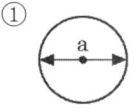   ②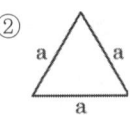

③ 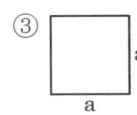   ④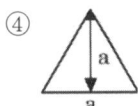

58 다음 그림과 같은 제어계의 전체 전달함수는? (단, H(s)=1이다.)

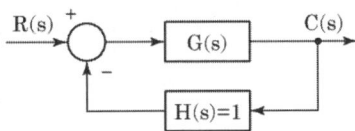

① $\dfrac{1}{G(s)}$ ② $\dfrac{1}{1+G(s)}$

③ $\dfrac{G(s)}{1+G(s)}$ ④ $\dfrac{G(s)}{1-G(s)}$

59 인덕턴스가 5mH인 코일에 50Hz의 교류를 사용할 때 유도 리액턴스는 약 몇 Ω인가?
① 1.57   ② 2.50
③ 2.53   ④ 3.14

☞ $X_L = 2\pi f L$ (5mH=0.05H)
$= 2 \times 3.14 \times 50 \times 0.05 = 1.57$

60 저항 100Ω의 전열기에 5A의 전류를 흘렸을 때 전력은 몇 W인가?

Answer
54. ① 55. ③ 56. ④ 57. ② 58. ③ 59. ① 60. ④

① 20 ② 100
③ 500 ④ 2500

☞ $P = I^2 R = 5^2 \times 100 = 2500\text{W}$

CBT 기출
복원문제

CBT 기출 복원문제

01 아파트 등에서 주로 야간에 카 내의 범죄 활동 방지를 위해 설치하는 것은?
① 파킹 스위치
② 슬로다운 스위치
③ 록다운 비상정지 장치
④ 각층 강제 정지운전 스위치

> 각층 강제 정지장치(each floor stop)
> 공공주택이나 아파트 등에서 주로 야간에 사용되며, 특정 시간대에 각 층마다 정지하여 도어를 열고 닫은 후 출발하도록 하는 장치

02 중앙 개폐방식의 승강장 도어를 나타내는 기호는?
① 2S   ② CO
③ UP   ④ SO

> 문열림 방식
> • S : 가로 열기
> • CO : 중앙 열기
> • UP : 위로 열기

03 압력맥동이 적고 소음이 적어서 유압식 엘리베이터에 주로 사용되는 펌프는?
① 기어 펌프   ② 베인 펌프
③ 스크류 펌프 ④ 릴리프 펌프

> 유압 펌프의 종류
> ㉠ 나사 펌프(스크류 펌프) : 회전 펌프의 하나로 스크류 펌프라고도 하며, 관 속에 들어 있는 나사를 회전시켜 유체를 축방향으로 흐르게 하는 것이다. 이 경우 두 개의 나사가 같은 축이 맞닿으면서 흡·토출을 한다. 최근에 들어서 나사 펌프는 유압 쪽에서 거의 사용하고 있지 않다. 기어 펌프와 마찬가지로 이물질로 인해서 맞닿는 나사가 손상되는 경우가 많기 때문이고 두 개의 축이 맞물려 돌아가기 때문에 마모가 쉽다. 또한 나사가 맞닿는 기어 제작 시 기밀성을 유지하기 어려워서 효율 저하가 쉽다.
> ㉡ 기어 펌프 : 2개의 기어를 맞물리게 하여 기어의 이와 이의 공간에 갇힌 유체를 기어의 회전에 의하여 케이싱 내면을 따라 보내게 되어 있는 펌프로, 점도가 높은 균질의 액체를 수송하는 데 적합하기 때문에 기름 펌프로서 가장 널리 사용되고 있다. 배출되는 유량은 기어의 회전수에 비례한다.
> ㉢ 플런저 펌프 : 피스톤과 흡사한 플런저를 실린더 내에서 왕복 운동시킴에 의해 물 또는 유압류을 가압하여 급수하는 형식의 펌프로서, 증기 또는 전동기에 의해 운전되는데 전동기에 의해 구동하는 경우가 많다. 플런저 펌프는 피스톤 왕복식 펌프(위싱톤 펌프나 위어 펌프 등)가 비교적 저압의 보일러에 이용되는 데 비해 고압에 적합하다.
> ㉣ 베인 펌프 : 회전 펌프의 하나로 편심 펌프라고도 한다. 원통형 케이싱 안에 편심회전자가 있고 그 홈 속에 판상의 깃이 들어 있으며, 이 베인이 원심력 또는 스프링의 장력에 의해 벽에 밀착되어 회전하면서 액체를 입송하는 형식이다. 주로 유압 펌프용으로 사용된다.

04 가장 먼저 누른 호출번호에 응답하고 운전이 완료될 때까지 다른 호출에 응답하지 않는 운전방식은?
① 승합 전자동식
② 단식 자동방식
③ 카 스위치방식
④ 하강 승합 전자동식

Answer
1. ④ 2. ② 3. ③ 4. ②

🔸 ㉠ 운전원 방식
- 카 스위치 방식 : 기동·정지가 모두 운전자에 의해서 작동한다.
- 시그널 컨트롤 방식 : 카의 진행방향의 결정 또는 정지층 결정은 눌러진 카 내의 운전반 버튼 또는 승강장 버튼에 의해 작동된다. 운전자는 문의 개폐만 한다.
- 레코드 컨트롤 방식 : 운전원이 승객의 목적층과 승강장의 호출신호를 보고, 조작반 목적층의 버튼을 누르면 순서대로 자동 정지한다.

㉡ 무운전원 방식
- 단식 자동제어방식 : 오름, 내림 겸용으로 먼저 호출된 것에만 응답하고, 운행 중에는 다른 호출에 응하지 않음
- 하강승합자동식 : 2층 이상의 승강장에는 내림 버튼만 있고, 중간층에서 위방향으로 올라갈 때는 1층까지 내려갔다가 다시 눌러야 올라간다.
- 승합전자동식 : 승강장에 버튼이 2개 있으며 동시에 기억 카의 진행방향에 카 내의 호출과 승강장의 호출을 응답하면서 작동한다.

㉢ 복수 승강기 조작방식
- 군 승합 자동식 : 2~3대의 엘리베이터를 연계시킨 후 호출에 대해 먼저 응답한 카만 가동하고 다른 카는 응답하지 않아 효율적인 방식이다.
- 군관리 방식 : 3~8대의 엘리베이터를 연계, 집단으로 묶어서 운행·관리하는 방식

05 정지 레오나드 방식 엘리베이터의 내용으로 틀린 것은?
① 워드 레오나드 방식에 비하여 손실이 작다.
② 워드 레오나드 방식에 비하여 유지보수가 어렵다.
③ 사이리스터를 사용하여 교류를 직류로 변환한다.
④ 모터의 속도는 사이리스터의 점호각을 바꾸어 제어한다.

🔸 • 워드 레오나드 방식은 직류전동기의 속도 제어방식을 말하며, 전동기의 여자 전류를 최대로 하고 발전기의 단자전압을 제로에서 서서히 상승시키면 주 전동기는 기동저항 없이 조용히 기동한다. 발전기의 단자전압의 제어에 의해서 주 전동기의 속도를 단계 없이 제어할 수 있다. 전동기의 역전은 발전기 단자전압의 극성을 반대로 함으로써 할 수 있다.
- 정지 레오나드 방식 : 사이리스터를 사용하여 교류를 직류로 변환, 전동기에 공급하여 사이리스터 점호각을 제어하여 직류전압을 가변시켜 속도를 제어하는 방식이라 유지·보수가 쉽다.

06 엘리베이터의 유압식 구동방식에 의한 분류로 틀린 것은?
① 직접식 ② 간접식
③ 스크류식 ④ 팬터그래프식

🔸 동력 매체별 분류

구분	이용 방법	종류
로프식 (전기식)	로프에 카를 매달아 전동기를 이용하는 방식	권상 구동식, 포지티브 구동식
플런저	유체의 압력을 이용하는 방식	직접식, 간접식, 팬터그래프식
스크류	나사의 홈 기둥을 따라 이동하는 방식	
랙·피니언	레일의 랙(rack)과 카의 피니언을 이용, 움직이는 방식	

07 권상도르래, 폴리 또는 트럼과 현수로프의 공칭직경 사이의 비는 스트랜드의 수와 관계없이 얼마 이상이어야 하는가?
① 10 ② 20
③ 30 ④ 40

5. ② 6. ③ 7. ④

🖐 **도르래 직경**
- 주로프(D/d=40 : 1)
- 균형 로프(D/d=32 : 1)

08 가이드 레일의 사용 목적으로 틀린 것은?
① 집중하중 작용 시 수평하중을 유지
② 비상정지장치 작동 시 수직하중을 유지
③ 카와 균형추의 승강로 평면 내의 위치 규제
④ 카의 자중이나 화물에 의한 카의 기울어짐 방지

🖐 **가이드 레일의 역할**
- 비상정지장치가 작동했을 때 수직하중을 유지한다.
- 균형추를 양측에서 지지하며, 수직방향으로 안내해준다.
- 카의 심한 기울어짐을 막아준다.

09 레일의 규격을 나타낸 그림이다. 빈칸 ⓐ, ⓑ에 맞는 것은 몇 kg인가?

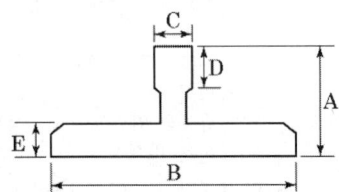

	8kg	ⓐ	18kg	ⓑ	30kg
A	56	62	89	89	108
B	78	89	114	127	140
S	10	16	16	16	19
D	26	32	38	50	51
E	6	7	8	12	13

① ⓐ 10, ⓑ 26　② ⓐ 12, ⓑ 22
③ ⓐ 13, ⓑ 24　④ ⓐ 15, ⓑ 27

🖐 **가이드 레일(guide rail)**

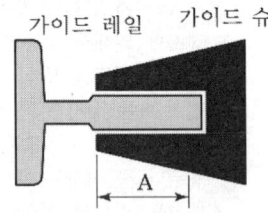

㉠ 가이드 슈 걸림대(A)
- 5K, 8K 레일 : 2.5cm
- 13K 레일 : 3.0cm
- 18K, 24K 레일 : 3.5cm
- 30K, 37K, 50K 레일 : 4.0cm

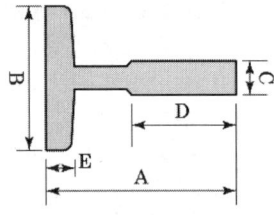

㉡ 가이드 레일의 특징
ⓐ 레일의 규격
- 레일의 호칭은 마지막 가동 전 소재의 1m당 중량으로 한다.
- 레일의 표준길이는 5m
- T형 레일을 사용하며 공칭은 8K, 13K, 18K, 24K, 30K나 대용량 엘리베이터는 37K, 50K 등 사용

ⓑ 가이드 레일의 역할
- 비상정지장치가 작동했을 때 수직하중을 유지한다.
- 균형추를 양측에서 지지하며, 수직방향으로 안내해준다.
- 카의 심한 기울어짐을 막아준다.

ⓒ 가이드 레일의 점검 항목
- 손상이나 소음 유무를 점검한다.
- 녹이나 이물질이 있을 경우 제거한다.
- 취부 볼트, 너트의 이완상태 여부를 점검한다.
- 레일의 브래킷의 조임상태를 점검한다.
- 레일 클립의 변형 유무를 점검한다.
- 레일의 급유상태 및 오염상태를 점검한다.
- 브래킷 취부 앵커 볼트의 이완 유무 및

Answer
8. ①　9. ③

용접부 균열 유무를 점검한다.
ⓓ 가이드 레일의 허용응력은 원칙적으로 2400kgf/cm² 이어야 한다.

10 엘리베이터 도어 사이에 끼이는 물체를 검출하기 위한 안전장치로 틀린 것은?

① 광전장치 ② 도어 클로저
③ 세이프티 슈 ④ 초음파장치

☞ **도어 클로저**
승강장 도어가 열려 있을 때 자동으로 닫히게 하는 장치

11 트랙션 권상기의 특징으로 틀린 것은?

① 소요동력이 작다.
② 행정거리의 제한이 없다.
③ 주로프 및 도르래의 마모가 일어나지 않는다.
④ 권과(지나치게 감기는 현상)를 일으키지 않는다.

☞ **트랙션 권상기의 특징**
- 기어식과 무기어식 권상기가 있다.
- 지나치게 감기는 현상이 일어나지 않는다.
- 행정거리의 제한이 없다.
- 소요동력이 작다.
- 주로프 및 도르래의 마모가 크다.

12 건물에 에스컬레이터를 배열할 때 고려사항으로 틀린 것은?

① 엘리베이터 가까운 곳에 설치한다.
② 바닥점유면적을 되도록 작게 한다.
③ 승객의 보행거리를 줄일 수 있도록 배열한다.
④ 건물의 지지보 등을 고려하여 하중을 균등하게 분산시킨다.

☞ **에스컬레이터 설치 시 고려사항**
- 바닥점유면적을 되도록 작게 한다.
- 건물의 지지보 등을 고려하여 하중을 균등하게 분산시킨다.
- 승객의 보행거리를 줄일 수 있도록 배열한다.
- 무게하중을 고려하여 배치한다.

13 에스컬레이터의 안전장치에 해당되지 않는 것은?

① 스프링(spring) 완충기
② 인레트 스위치(inlet switch)
③ 스커트 가드(skirt guard) 안전 스위치
④ 스텝 체인 안전 스위치(step chain safety switch)

☞ ① 스프링 완충기 : 승강기의 카가 어떤 원인으로 최하층 피트로 떨어질 때 충격을 완화시키는 장치이다.
② 핸드 레일 인입구 안전장치(인렛 스위치) : 핸드 레일 인입구에 이물질이 들어가는 것을 방지하는 장치로 손 또는 이물질이 끼었을 경우 즉시 작동되어 에스컬레이터를 정지시킨다.
③ 스커트 가드 스위치 : 에스컬레이터의 고정된 스커트 가드와 스텝 사이의 틈에 신발이나 옷 등이 끼여 사고가 발생할 수 있으므로 이를 감지하여 정지시키는 스위치
④ 스텝 체인 안전장치 : 스텝 체인이 파손되거나 과도하게 늘어날 때 즉시 작동하여 에스컬레이터를 정지시키는 장치로서 설치 위치는 하부 종단부에 설치한다.

14 에스컬레이터와 무빙워크의 일반적인 경사도는 각각 몇 도 이하인가?

① 20°, 5° ② 30°, 8°
③ 30°, 12° ④ 45°, 20°

☞ ㉠ 에스컬레이터의 설치 규정
- 디딤바닥의 정격속도는 30° 이하인 경우 45

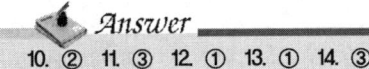

10. ② 11. ③ 12. ① 13. ① 14. ③

m/min 이하이어야 한다.
- 에스컬레이터의 경사각은 30°를 초과하지 않아야 한다. 단, 층고가 6m 이하일 경우에는 35°까지 가능
- 적재하중 산출식
  $G = 270 \times \sqrt{3} \times 스텝폭(W) \times 높이(H)$
  $= 270 \times 투영면적(A)$
- 스텝 체인은 에스컬레이터 좌우에 설치되며, 스텝을 주행시키는 역할을 한다.
- 에스컬레이터의 디딤판과 스커트 가드의 틈새는 승강로의 총 길이에 걸쳐 한쪽이 4mm 이하이어야 하고, 양쪽을 합쳐서 7mm 이하이어야 한다.
- 에스컬레이터의 브레이크장치는 무부하 시의 정지거리는 0.1~0.6m 이하이어야 한다.
- 디딤판의 높이는 100mm 이하이어야 한다. 또한 디딤판의 길이는 가로 560~1020mm 이하, 세로 400mm 이하이어야 한다.

ⓒ 수평 보행기의 설치 기준
- 사람 또는 화물이 끼이거나, 장애물에 충돌이 없을 것
- 경사각도는 12° 이하로 할 것(단, 6° 이하일 경우에는 광폭형으로 설치할 수 있다.) 단, 디딤면이 고무제품 등 미끄러지기 어려운 구조일 경우에는 15° 이하로 할 수 있다.
- 정격속도는 45m/min(0.75m/s) 이하로 한다.
- 이동 손잡이 간의 거리는 1.25m 이하로 한다.
- 핸드 레일은 계단에서 높이 0.6m에 설치해야 된다.
- 디딤판의 수평 투영면적에 270kg/m²를 곱한 값 이상으로 한다.

15 승객(공동주택)용 엘리베이터에 주로 사용되는 도르래의 홈의 종류는?

① U홈   ② V홈
③ 실홈   ④ 언더컷홈

☞ 도르래 홈의 종류
㉠ V홈 : 마찰계수가 크다.
㉡ U홈(라운드홈, 언더컷홈)

- 라운드홈 : 더블랩 방식에서 고속엘리베이터에 주로 사용하며, 장시간 사용 및 소음이 적다.
- 언더컷홈 : 도르래 및 로프의 수명을 연장시키는 장점이 있고, 라운드홈을 사용하지 않는 도르래에 주로 사용된다.

16 비상용 엘리베이터의 정전 시 예비전원의 기능에 대한 설명으로 옳은 것은?

① 30초 이내에 엘리베이터 운행에 필요한 전력용량을 자동적으로 발생하여 1시간 이상 작동하여야 한다.
② 40초 이내에 엘리베이터 운행에 필요한 전력용량을 자동적으로 발생하여 1시간 이상 작동하여야 한다.
③ 60초 이내에 엘리베이터 운행에 필요한 전력용량을 자동적으로 발생하여 2시간 이상 작동하여야 한다.
④ 90초 이내에 엘리베이터 운행에 필요한 전력용량을 자동적으로 발생하여 2시간 이상 작동하여야 한다.

☞ 비상용 엘리베이터 정전 시 규정
60초 이내에 엘리베이터 운행에 필요한 전력용량을 자동적으로 발생하여 2시간 이상 작동하여야 한다.

17 엘리베이터의 속도가 규정치 이상이 되었을 때 작동하여 동력을 차단하고 비상정지장치를 작동시키는 기계장치는?

① 구동기   ② 조속기
③ 완충기   ④ 도어스위치

☞ 조속기의 동작
- 제1동작 : 카의 정격속도가 조속기에 의해 과속이 감지되어 정속도의 1.3배를 넘지 않은 범위 내에서 동작. 전원을 차단하고 브레이크를 동작시킴. 이때 속도는 45m/min

Answer
15. ④ 16. ③ 17. ②

이하의 경우 63 m/min이다.
• 제2동작 : 카의 정격속도가 조속기에 의해 과속이 감지되어 정속도의 1.4배를 넘지 않은 범위 내에서 동작. 기계적인 작동으로 레일을 꽉 물면서 정지, 이때 속도는 45m/min 이하의 경우 68m/min이다.

18 가요성 호수 및 실린더와 체크밸브 또는 하강밸브 사이의 가요성 호수 연결장치는 전 부하 압력의 몇 배의 압력을 손상 없이 견뎌야 하는가?

① 2 ② 3
③ 4 ④ 5

👉 • 실린더와 체크 밸브 또는 하강 밸브 사이의 가요성 호스는 전 부하 압력 및 파열 압력과 관련하여 안전율이 8 이상이어야 한다.
• 가요성 호스 및 실린더와 체크 밸브 또는 하강 밸브 사이의 가요성 호스 연결장치는 전 부하 압력의 5배의 압력을 손상 없이 견뎌야 한다. 호스 조립부품의 제조업체에 의해 시험되어야 한다.

19 기계실에서 이동을 위한 공간의 유효 높이는 바닥에서부터 천장의 빔 하부까지 측정하여 몇 m 이상이어야 하는가?

① 1.2 ② 1.8
③ 2.0 ④ 2.5

👉 기계실에서 이동을 위한 공간의 유효 높이는 바닥에서부터 천장의 빔 하부까지 1.8m 이상이어야 한다.
※ 기계실에서 작업을 하기 위한 공간의 유효 높이는 바닥에서부터 천장의 빔 하부까지 2.0m 이상이어야 한다.

20 스텝 폭 0.8m, 공칭속도 0.75m/s인 에스컬레이터로 수송할 수 있는 최대 인원의 수는 시간당 몇 명인가?

① 3600 ② 4800
③ 6000 ④ 6600

👉 **최대 수송능력**

스텝/팔레트 폭(Z_1)[m]	공칭 속도(V) [m/s]		
	0.5	0.65	0.75
0.6	3600명/h	4400명/h	4900명/h
0.8	4800명/h	5900명/h	6600명/h
1	6000명/h	7300명/h	8200명/h

비고1 : 쇼핑용 손수레와 화물용 카트의 사용은 대략 수용력의 80%가 감소한다.
비고2 : 1m를 초과하는 팔레트 폭을 가진 무빙워크에서 이용자가 핸드 레일을 잡아야 하기 때문에 수용능력은 증가하지 않는다.

21 엘리베이터용 트랙션식 권상기의 특징이 아닌 것은?

① 소요동력이 작다.
② 균형추가 필요 없다.
③ 행정거리에 제한이 없다.
④ 권과를 일으키지 않는다.

👉 **권상기의 특징**
• 소요동력이 작다.
• 소음이 적고 효율이 좋다.
• 행정거리에 제한이 없다.
• 권과를 일으키지 않는다.

22 조속기 로프의 공칭직경은 몇 mm 이상이어야 하는가?

① 6 ② 8
③ 10 ④ 12

👉 조속기 로프의 공칭직경은 6mm 이상이어야 한다.

23 기계실을 승강로의 아래쪽에 설치하는 방식은?

① 베이스먼트 방식
② 정상부형 방식

18. ④ 19. ② 20. ④ 21. ② 22. ① 23. ①

③ 횡인 구동 방식
④ 사이드머신 방식

👉 로프식 엘리베이터에서는 일반적으로 승강로의 직상부에 권상기를 설치하는 것이 합리적이고 경제적이나 승강로의 바로 위에 기계실을 두는 것이 곤란한 경우 또는 기타 다른 이유가 있을 경우 승강로의 중간부 또는 최하부에 인접하여 권상기를 설치하는 방법이 취하여진다. 이중에서 승강로의 최하부에 인접하여 권상기를 설치하는 방식을 베이스먼트형이라고 한다.
※ 승강로 중간부에 접하여 권상기를 설치하는 경우를 머신타입이라고 한다.

24 승강기시설 안전관리법의 목적은 무엇인가?
① 승강기 관리주체의 편리
② 승강기 관리주체의 수익
③ 승강기 이용자의 편리
④ 승강기 이용자의 보호

👉 **승강기의 안전관리법의 목적**
승강기의 설치 및 보수 등에 관한 사항을 정하여 승강기를 효율적으로 관리함으로써 승강시설의 안전성을 확보하고 승강기 이용자를 보호함을 목적으로 한다.

25 재해조사의 목적으로 가장 거리가 먼 것은?
① 재해에 알맞은 시정책 강구
② 동종재해 및 유사재해 재발 방지
③ 근로자의 복리후생을 위하여
④ 재해 구성요소를 조사, 분석, 검토하고 그 자료를 활용하기 위하여

👉 **재해조사의 목적**
재해조사는 재해의 원인과 자체의 결함 등을 규명함으로써 동종 재해 및 유사 재해의 발생을 막기 위한 예방대책을 강구하기 위해서 실시한다. 또한 재해조사는 조사하는 것이 목적이 아니고, 또 관계자의 책임을 추궁하는 것이 목적도 아니다. 재해조사에서 중요한 것은 재해 원인에 대한 사실을 알아내는 데 있는 것이다.

26 재해의 발생 과정에 영향을 미치는 것에 해당되지 않는 것은?
① 개인의 성격적 결함
② 사회적 환경과 신체적 요소
③ 불안전한 행동과 불안전한 상태
④ 개인의 성별·직업 및 교육의 정도

👉 ㉠ 직접 원인
• 인적 요인 : 사람의 불안전한 행동, 상태 (지식 부족, 미숙련, 과로, 태만, 지시 무시 등)
• 물적 요인 : 불량한 기계설비와 불안전한 환경에서 오는 요인으로 정리정돈의 결함이다.(안전장치의 결함, 보호구의 결함, 부적절한 작업환경 등이 있다.)
㉡ 간접 원인 : 기술적 원인, 교육적 원인, 정신적 원인, 관리적 원인, 신체적 원인

27 감전에 의한 위험대책 중 부적합한 것은?
① 일반인 이외에는 전기기계 및 기구에 접촉 금지
② 전선의 절연피복을 보호하기 위한 방호조치가 있어야 함
③ 이동전선의 상호 연결은 반드시 접속기구를 사용할 것
④ 배선의 연결부분 및 나선부분은 전기절연용 접착테이프로 테이핑하여야 함

👉 **감전사고의 예방대책**
• 전선 접속부 및 금속외함 접촉 부위를 절연테이프 등으로 절연조치를 강화한다.
• 이동용 전기기계기구의 비충전 외함에 접지공사를 실시하여 누전에 의한 감전사고를 예방한다.
• 전기기계기구에 누전차단기를 설치하여 사

Answer
24. ④ 25. ③ 26. ④ 27. ①

고 시 신속히 차단한다.
- 점검 및 조작 작업 시 절연장갑, 절연화 등을 착용하고 절연판 위에서 작업한다.
- 충전부 작업 시 절연덮개 또는 방호망을 설치하고 보호구 착용을 철저히 한다.

28 유압식 엘리베이터 자체점검 시 피트에서 하는 점검항목 장치가 아닌 것은?

① 체크밸브
② 램(플런저)
③ 이동케이블 및 부착부
④ 하부 파이널리미트 스위치

> **피트에서 하는 자체점검항목**
> - 완충기   • 피트 바닥
> - 하부 도르래   • 과부하 감지장치
> - 조속기 로프 및 기타의 당김 도르래
> - 하부 파이널 리미트 스위치
> - 카 비상정지장치 및 스위치
> - 보상수단 및 부착부
> - 균형추 밑부분 틈새
> - 이동케이블 및 부착부
> - 피트 내의 내진대책

29 균형체인과 균형로프의 점검사항이 아닌 것은?

① 이상소음이 있는지를 점검
② 이완상태가 있는지를 점검
③ 연결부위의 이상 마모가 있는지를 점검
④ 양쪽 끝단은 카의 양측에 균등하게 연결되어 있는지를 점검

> **균형체인과 균형로프의 점검사항**
> 로프의 이완이나 마모상태 및 소음을 점검한다.

30 유압식 엘리베이터의 카 문턱에는 승강장 유효 출입구 전폭에 걸쳐 에이프런이 설치되어야 한다. 수직면의 아랫부분은 수평면에 대해 몇 도 이상으로 아랫방향을 향하여 구부러져야 하는가?

① 15°   ② 30°
③ 45°   ④ 60°

> **에이프런(보호판)**
> - 카 바닥 앞부분의 아랫방향으로 출입구의 전폭에 걸쳐 수직높이가 540mm 이상인 보호판이 견고하게 설치되어 있어야 한다.
> - 보호판은 두께 1.2mm 이상의 금속제 판으로 충분한 강도 및 강성을 갖도록 설치되어 있어야 한다. 또한, 노후, 부식 등으로 인한 구멍이 없어야 한다.
> - 보호판은 카 바닥 앞부분의 아랫방향으로 출입구 전폭에 걸쳐 곧은 수직면을 가져야 하고, 보호판의 아랫부분은 안전상 지장이 없도록 60° 구부러져 있어야 한다.

31 승강기 정밀안전 검사기준에서 전기식 엘리베이터 주로프의 끝부분은 몇 가닥마다 로프 소켓에 바빗트 채움을 하거나 체결식 로프 소켓을 사용하여 고정하여야 하는가?

① 1가닥   ② 2가닥
③ 3가닥   ④ 5가닥

> **주로프**
> - 주로프의 공칭직경은 12mm 이상으로 하여야 한다. 다만, 주로프의 안전율이 10 이상이 되도록 여러 가닥의 로프를 사용하는 경우 공칭직경은 8mm 이상으로 할 수 있다.
> - 3가닥(권동식은 2가닥) 이상으로 하여야 한다.
> - 권동식 엘리베이터의 카가 최하정지위치에 있는 경우에 주로프가 권동에 감기고 남는 권수는 2권 이상이어야 한다.
> - 끝부분은 1가닥마다 로프 소켓에 바빗트 채움을 하거나 체결식 로프 소켓을 사용하여 고정하여야 한다. 다만, 기타의 장치로 고정하는 경우의 연결은 주로프 최소 파단하중의 80% 이상이어야 한다. 또한, 권동식 엘리베이터인 경우에는 권동측의 끝부분을 1

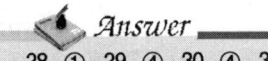

28. ① 29. ④ 30. ④ 31. ①

가닥마다 클램프 고정으로 할 수 있다.
- 로프의 단말은 견고히 처리되거나 또는 주로프가 바빗트 채움 방식인 경우 끝부분은 각 가닥을 접어서 구부린 것이 명확하게 보이도록 되어 있어야 한다.
- 주로프를 걸어 맨 고정부위는 2중 너트로 견고하게 조이고, 풀림방지를 위한 분할핀이 꽂혀 있어야 한다.
- 모든 주로프는 균등한 장력을 받고 있어야 한다. 또한, 로프의 단말부에는 장력을 균등하게 유지하는 스프링 등의 장치는 정격하중의 110%에서도 완전히 압축되지 않는 등의 정상적인 기능이 유지되어야 한다.
- 로프의 마모 및 파손상태는 가장 심한 부분에서 검사하여 아래 표 규정에 합격하여야 한다.

마모 및 파손상태	기준
소선의 파단이 균등하게 분포되어 있는 경우	1구성 꼬임(스트랜드)의 1꼬임 피치 내에서 파단수 4 이하
파단 소선의 단면적이 원래의 소선 단면적의 70% 이하로 되어 있는 경우 또는 녹이 심한 경우	1구성 꼬임(스트랜드)의 1꼬임 피치 내에서 파단수 2 이하
소선의 파단이 1개소 또는 특정의 꼬임에 집중되어 있는 경우	소선의 파단총수가 1꼬임 피치 내에서 6꼬임 와이어로프이면 12 이하, 8꼬임 와이어로프이면 16 이하
마모부분의 와이어로프의 지름	마모되지 않은 부분의 와이어로프 직경의 90% 이상

- 승객용 용도의 엘리베이터에는 주로프의 단말부 중의 어느 한쪽에는 장력을 균등하게 하기 위한 장치가 있어야 한다.
- 장력을 균등하게 유지하기 위한 장치로 스프링을 사용한 경우 압축으로 작용하여야 한다.

32 정전으로 인하여 카가 층 중간에 정지될 경우 카를 안전하게 하강시키기 위하여 점검자가 주로 사용하는 밸브는?

① 체크 밸브
② 스톱 밸브
③ 릴리프 밸브
④ 하강용 유량제어 밸브

☞ ① 체크 밸브 : 유체를 한쪽 방향으로만 흐르게 하는 밸브로서, 카의 정지 중이나 운행 중 작동유의 압력이 떨어져 카가 역행하는 것을 방지하는 밸브이다.
② 스톱 밸브
- 밸브를 닫으면 실린더의 오일이 탱크로 역류하는 것을 방지한다. 유압장치의 보수·점검 또는 수리 시 사용
- 유압 파워 유닛과 실린더 사이의 압력배관에 설치되며, 이것을 닫으면 실린더의 기름이 파워 유닛으로 역류하는 것을 방지한다.
③ 릴리프 밸브 : 압력조정 밸브로 관 내 압력이 상승하여 상용압력의 125% 이상 높아지면 기름을 탱크로 되돌려 보내 압력상승을 방지한다.
④ 하강용 유량 제어 밸브 : 정전 또는 기계고장으로 카가 멈추었을 때 수동식 하강 밸브를 열어주면 카 자체의 하중으로 서서히 내려와 승객을 안전하게 구출할 수 있다.

33 피트 정지 스위치의 설명으로 틀린 것은?

① 이 스위치가 작동하면 문이 반전하여 열리도록 하는 기능을 한다.
② 점검자나 검사자의 안전을 확보하기 위해서는 작업 중 카의 움직임을 방지하여야 한다.
③ 수동으로 조작되고 스위치가 열리면 전동기 및 브레이크에 전원 공급이 차단되어야 한다.
④ 보수 점검 및 검사를 위해 피트 내부로 들어가기 전에 반드시 이 스위치를 정지 위치로 두어야 한다.

32. ④ 33. ①

☞ **피트 정지 스위치**
카가 최상층이나 최하층에서는 정상적인 정차장치에 의하여 정지해야 하지만 어떤 이상 원인으로 감속되지 못하고 최상층이나 최하층을 지나칠 우려가 있을 때 이를 검출하여 강제적으로 카를 감속 정지시키는 장치이다. 이 스위치는 주로 리미트 스위치 전에 설치되어 있다. 피트 정지 스위치 보수 점검 수리 또는 청소를 위해 피트로 들어가기 전 작동시켜 작업 중 카가 움직이는 것을 방지하는 스위치로 스위치가 작동되면 전동기 및 브레이크에 투입되는 전원이 차단된다.

※ 세이프티 슈 : 엘리베이터의 도어 끝단에 부착된 안전장치로, 도어가 닫히는 도중에 사람이나 물건이 접촉하면 반전하여 다시 열리도록 한다.

34 에스켈레이터 각 난간의 꼭대기에는 정상 운행 조건하에서 스텝, 팔레트 또는 벨트의 실제 속도와 관련하여 동일방향으로 몇 %의 공차가 있는 속도로 움직이는 핸드 레일이 설치되어야 하는가?

① 0~2
② 4~5
③ 7~9
④ 10~12

☞ • 각 난간의 꼭대기에는 정상운행 조건하에서 스텝, 팔레트 또는 벨트의 실제속도와 관련하여 동일 방향으로 0%에서 +2%의 공차가 있는 속도로 움직이는 핸드 레일이 설치되어야 한다.
• 핸드 레일은 정상운행 중 운행방향의 반대편에서 450N의 힘으로 당겨도 정지되지 않아야 한다.

35 안전점검 체크 리스트 작성 시의 유의사항으로 가장 타당한 것은?

① 일정한 양식으로 작성할 필요가 없다.
② 사업장에 공통적인 내용으로 작성한다.
③ 중점도가 낮은 것부터 순서대로 작성한다.
④ 점검표의 내용은 이해하기 쉽도록 표현하고 구체적이어야 한다.

☞ **안전점검 체크 리스트 작성요령**
• 중점도가 높은 것부터 순서대로 작성한다.
• 점검표의 내용은 이해하기 쉽도록 표현하고 구체적이어야 한다.
• 일정한 양식으로 작성한다.

36 높은 곳에서 전기작업을 위한 사다리작업을 할 때 안전을 위하여 절대 사용해서는 안 되는 사다리는?

① 니스(도료)를 칠한 사다리
② 셸락(shellsc)을 칠한 사다리
③ 도전성이 있는 금속제 사다리
④ 미끄럼 방지장치가 있는 사다리

☞ 전기작업 시에는 감전 위험이 때문에 도전성이 없는 사다리를 사용해야 한다.

37 안전점검의 목적에 해당되지 않는 것은?

① 합리적인 생산관리
② 생산 위주의 시설 가동
③ 결함이나 불안전 조건의 제거
④ 기계·설비의 본래 성능 유지

☞ **안전점검의 목적**
• 사고원인을 찾아 재해를 미연에 방지하기 위함이다.
• 재해의 재발을 방지하여 사전대책을 세우기 위함이다.
• 현장의 불안전 요인을 찾아 계획에 적절히 반영시키기 위함이다.
• 기계설비의 안전상태 유지를 점검한다.

38 전동 덤웨이터의 안전장치에 대한 설명 중 옳은 것은?

① 도어 인터록 장치는 설치하지 않아도

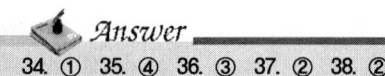
34. ① 35. ④ 36. ③ 37. ② 38. ②

된다.
② 승강로의 모든 출입구 문이 닫혀야만 카를 승강시킬 수 있다.
③ 출입구 문에 사람의 탑승금지 등의 주의사항은 부착하지 않아도 된다.
④ 로프는 일반 승강기와 같이 와이어로프 소켓을 이용한 체결을 하여야만 한다.

🖐 **전동 덤웨이터**
소형 화물용 엘리베이터로 승강로의 모든 출입구의 문이 닫힌 상태에서만 카를 승강시킬 수 있는 안전장치가 설치되어 있다.

39 전기식 엘리베이터의 자체점검 중 피트에서 하는 점검항목장치가 아닌 것은?
① 완충기
② 측면 구출구
③ 하부 파이널 리미트 스위치
④ 조속기 로프 및 기타의 당김 도르래

🖐 **피트에서 하는 점검항목**
• 완충기
• 조속기 로프 및 기타의 당김 도르래
• 피트 바닥
• 하부 파이널 리미트 스위치
• 카 비상정지장치 및 스위치
• 하부 도르래
• 보상수단 및 부착부
• 균형추 밑부분 틈새
• 이동케이블 및 부착부
• 과부하 감지장치
• 피트 내의 내진대책

40 에스컬레이터(무빙워크 포함)에서 6개월에 1회 점검하는 사항이 아닌 것은?
① 구동기의 베어링 점검
② 구동기의 감속기어 점검
③ 중간부의 스텝 레일 점검
④ 핸드레일 시스템의 속도 점검

🖐 • 구동기의 전동기, 베어링, 감속기어는 6개월에 1회 점검해야 한다.
• 스텝 레일의 마모, 스텝 각 롤러 및 베어링 마모와 손상은 6개월에 1회 점검해야 한다.
• 핸드레일 시스템의 핸드레일 및 속도, 가드, 속도감지장치는 1개월에 1회 점검해야 한다.

41 유압식 엘리베이터에 있어서 정상적인 작동을 위하여 유지하여야 할 오일의 온도 범위는?
① 5℃~60℃   ② 20℃~70℃
③ 30℃~80℃   ④ 40℃~90℃

🖐 **유압식 승강기의 특징**
• 기계실 위치가 자유롭다.
• 파워 유닛은 승강기 1대당 1대가 필요
• 속도 60m/min 이하, 높이 7층 이하에 적용
• 오일의 온도는 5℃ 이상 60℃ 이하로 유지
• 균형추를 사용하지 않으므로 전동기의 출력과 소비전력이 크며, 모터용량도 커야 한다.
• 승강로 상부 틈새가 작아도 된다.
• 직상부에 설치하지 않아도 되므로 건물 꼭대기 부분에 하중이 걸리지 않는다.
• 실린더를 사용하여 소음과 진동이 적으나, 길이 및 굵기가 제한이 있어 4층 이상이나 층고가 높은 건물에는 사용이 곤란하다.
• 큰 힘을 낼 수 있어 화물용이나 자동차용 등 큰 용량이 필요한 곳에 사용

42 직류발전기의 구조로서 3대 요소에 속하지 않는 것은?
① 계자   ② 보극
③ 전기자   ④ 정류자

🖐 **직류발전기의 구조**
• 계자(field) : 자속을 만드는 부분으로 계자권선, 계자철심, 자극편 및 계철로 구성되어 있다.
• 전기자(armature) : 계자에서 만든 자속을

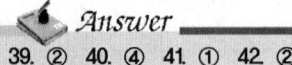
39. ② 40. ④ 41. ① 42. ②

끊어 기전력을 유도하는 부분이다.
- 정류자(commutator) : 교류를 직류로 바꾸는 부분

43 높이 50mm의 둥근 봉이 압축하중을 받아 0.004의 변형률이 생겼다고 하면, 이 봉의 높이는 몇 mm인가?
① 49.80   ② 49.90
③ 49.98   ④ 48.99

☞ 변형된 길이
 = 원래 길이(50) × 변형률(0.004) = 0.2
 ∴ 봉의 길이(50) − 변형된 길이(0.2)
   = 49.8mm

44 기어의 언더컷에 관한 설명으로 틀린 것은?
① 이의 간섭현상이다.
② 접촉면이 넓어진다.
③ 원활한 회전이 어렵다.
④ 압력각을 크게 하여 방지한다.

☞ 언더컷
이의 간섭이 일어났을 경우 피니언의 이뿌리 면을 상대편 기어의 이끝이 통로를 따라 깎아내는 현상을 말한다. 이로 인하여 이의 강도가 약해지고 물림길이가 짧아진다.
※ 이의 간섭 : 한 쌍의 기어가 맞물려 회전할 때, 한쪽 기어(큰 기어)의 이 끝이 상대쪽 기어(피니언)의 이뿌리에 부딪쳐서 회전할 수 없게 되는 현상을 이의 간섭이라고 한다.

45 전기기기에서 E종 절연의 최고허용온도는 몇 ℃인가?
① 90   ② 105
③ 120   ④ 130

☞ 절연 계급에 따른 최고허용온도

절연의 종류	최고 허용온도
Y종	90℃
A종	105℃
E종	120℃
B종	130℃
F종	155℃
H종	180℃
C종	180℃ 초과

46 회전축에 가해지는 하중이 마찰저항을 작게 받도록 지지하여 주는 기계요소는?
① 클러치   ② 베어링
③ 커플링   ④ 축

☞ 베어링
회전하고 있는 기계의 축을 일정한 위치에 고정시키고 축의 자중과 축에 걸리는 하중을 지지하면서 축을 회전시키는 역할을 하는 기계요소

47 되먹임 제어에서 가장 필요한 장치는?
① 입력과 출력을 비교하는 장치
② 응답속도를 느리게 하는 장치
③ 응답속도를 빠르게 하는 장치
④ 안정도를 좋게 하는 장치

☞ 피드백 제어
입력값을 목표값과 비교하여 제어량이 일치하지 않으면 다시 입력측으로 보내 정정하는 제어방식

48 유압 엘리베이터의 파워 유닛의 점검사항으로 적당하지 않은 것은?
① 기름의 유출 유무
② 작동유(油)의 온도 상승 상태
③ 과전류 계전기의 이상 유무
④ 전동기와 펌프의 이상음 발생 유무

43. ① 44. ② 45. ③ 46. ② 47. ① 48. ③

🔹 **파워 유닛(power unit)**
높은 압력의 기름을 빼낼 수 있도록 한 장치이므로 과전류 계전기와는 관계없다.

49 스텝체인 절단 검출장치의 점검항목이 아닌 것은?
① 검출스위치의 동작 여부
② 검출스위치 및 캠의 취부상태
③ 암, 레버장치의 취부상태
④ 종동장치 텐션 스프링의 올바른 치수 여부

🔹 암, 레버장치의 취부상태는 구동체인 절단 감지장치의 점검 항목이다.

50 교류 2단 속도 제어에서 가장 많이 사용되는 속도비는?
① 4 : 1 ② 2 : 1
③ 8 : 1 ④ 6 : 1

🔹 2단 속도 모터의 속도비는 여러 비율이 생각되지만 착상 오차 이외에 감속도, 감속 시의 저토크(감속도의 변화 비율), 크리프 시간(저속으로 주행하는 시간), 전력회생 등을 감안한 4 : 1이 가장 많이 사용된다.

51 직류전동기의 속도제어방법이 아닌 것은?
① 저항 제어 ② 전압 제어
③ 계자 제어 ④ 주파수 제어

🔹 **직류전동기의 속도제어방법**
저항 제어법, 전기자 전압 제어법, 계자 제어법 등이 있다.

52 하중이 작용하는 방향에 따른 분류에 속하지 않는 것은?
① 압축 하중 ② 인장 하중
③ 교번 하중 ④ 전단 하중

🔹 **교번 하중**
하중의 크기와 방향이 시간에 따라 반복적으로 변하는 것

53 그림과 같은 심벌의 명칭은?

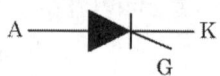

① TRIAC ② SCR
③ DIODE ④ DIAC

🔹 **SCR(실리콘 제어 정류소자)**
실리콘 PNPN 4층 구조로 3단자를 가지는 단방향 소자로서, 스위치 소자이며 직·교류 제어용이다.

54 3Ω, 4Ω, 6Ω의 저항을 병렬접속할 때 합성저항은 몇 Ω인가?
① $\dfrac{1}{3}$ ② $\dfrac{4}{3}$
③ $\dfrac{5}{6}$ ④ $\dfrac{3}{4}$

🔹 병렬합성저항
$$= \frac{R_1 R_2 R_3}{R_1 R_2 + R_2 R_3 + R_1 R_3}$$
$$= \frac{3 \times 4 \times 6}{3 \times 4 + 4 \times 6 + 3 \times 6} = \frac{72}{54} = \frac{4}{3}$$

55 입력신호 A, B가 모두 1일 때만 출력값이 1이 되고 그 외에는 0이 되는 회로는?
① AND 회로 ② OR 회로
③ NOT 회로 ④ NOR 회로

🔹

AND 회로(×)			OR 회로(+)		
A	B	C	A	B	C
0	0	0	0	0	0
1	0	0	1	0	1
0	1	0	0	1	1
1	1	1	1	1	1

Answer
49. ③ 50. ① 51. ④ 52. ③ 53. ② 54. ② 55. ①

56 권수가 400인 코일에서 0.1초 사이에 0.5Wb의 자속이 변화한다면 유도기전력의 크기는 몇 V인가?

① 100 ② 200
③ 1000 ④ 2000

☞ 기전력(E)
$$E = \frac{권수(n) \times 자속(\phi)}{시간(s)} = \frac{400 \times 0.5}{0.1} = 2000$$

57 3상 농형 유도전동기 기동 시 공급전압을 낮추어 기동하는 방식이 아닌 것은?

① 전전압 기동법
② Y-Δ 기동법
③ 리액터 기동법
④ 기동 보상기 기동법

기동법 동작방법	전전압 직입기동	감압 기동			
		Y-Δ 기동	콘도르파 기동	리액터 기동	1차 저항 기동
	전동기에 최초로부터 전전압을 인가하여 기동	결선으로 운전하는 전동기를 기동할 때만 Y결선으로 하여 기동전류, 토크와 함께 직입의 1/3	V결선의 단권변압기를 사용하여 전동기의 인가전압을 저하시켜 기동	전동기의 1차측에 리액터를 넣어서 기동 시 전동기의 전압을 리액터 전압 강하분만큼 낮추어서 기동	리액터기동의 리액터 대신 저항기로써 기동하는 것

※ 전전압 시동 : 가장 일반적이고 경제적인 시동법이지만, 큰 시동 전류(전동기 정격전류의 약 5~8배)가 시동 시에 흐른다.

58 동일 규격의 축전지 2개를 병렬로 접속하면 전압과 용량의 관계는 어떻게 되는가?

① 전압과 용량이 모두 반으로 줄어든다.
② 전압과 용량이 모두 2배가 된다.
③ 전압은 반으로 줄고 용량은 2배가 된다.
④ 전압은 변하지 않고 용량은 2배가 된다.

☞ 축전지를 직렬로 연결하면 전압은 증가하고 용량은 변하지 않고, 병렬로 연결하면 전압은 변하지 않으나 용량은 증가한다.

59 3상 교류 전원을 받아서 직류전동기를 구동시키기 위해 DC 전원을 만드는 장치는?

① 권상기   ② 정전압장치
③ 전동발전기   ④ 브리지회로

☞ 전동발전기
전력을 변성·변환 또는 변류하려는 목적으로 사용된다. 대개의 경우 전동기는 유도전동기, 발전기는 직류발전기인데 동기전동기와 동기발전기, 동기전동기와 직류발전기가 결합된 것도 있다.

60 그림과 같은 회로의 합성저항 R은 몇 Ω인가?

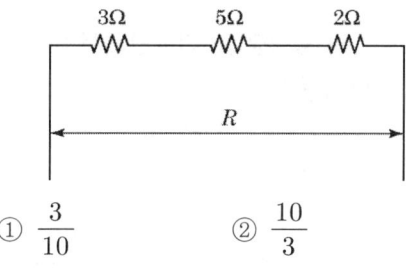

① $\frac{3}{10}$ ② $\frac{10}{3}$
③ 3   ④ 10

☞ 직렬 합성저항
$R = R_1 + R_2 + \cdots + R_n$ 따라서 3+5+2=10Ω

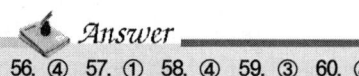

56. ④ 57. ① 58. ④ 59. ③ 60. ④

CBT 기출 복원문제

01 레일의 규격은 어떻게 표시하는가?
① 1m당 중량
② 1m당 레일이 견디는 하중
③ 레일의 높이
④ 레일 1개의 길이

> **레일의 규격**
> • 레일의 호칭은 마지막 가동 전 소재의 1m당 중량으로 한다.
> • 레일의 표준길이는 5m
> • T형 레일을 사용하며 공칭은 8K, 13K, 18K, 24K, 30K이나 대용량 엘리베이터는 37K, 50K 등을 사용

02 상·하 승강장 및 디딤판에서 하는 검사가 아닌 것은?
① 구동 체인 안전장치
② 디딤판과 핸드레일 속도차
③ 핸드레일 인입구 안전장치
④ 스커트 가드 스위치 작동상태

> 구동 체인은 에스컬레이터 구동장치용 체인이므로 승강장 및 디딤판에서 검사대상이 아님

03 카의 정격속도가 45m/min 이하인 경우 꼭대기틈새 및 피트깊이는 각각 몇 m로 규정하고 있는가?
① 꼭대기틈새 : 1.2m 이상, 피트깊이 : 1.2m 이상
② 꼭대기틈새 : 1.4m 이상, 피트깊이 : 1.5m 이상
③ 꼭대기틈새 : 1.6m 이상, 피트깊이 : 1.8m 이상
④ 꼭대기틈새 : 1.8m 이상, 피트깊이 : 2.1m 이상

> **정격속도별 꼭대기틈새 및 피트깊이**

정격속도	상부 여유거리	피트 깊이
45m/min 이하	1.2m 이상	1.2m 이상
45m/min 이상 60m/min 이하	1.4m 이상	1.5m 이상
60m/min 이상 90m/min 이하	1.6m 이상	1.8m 이상
90m/min 이상 120m/min 이하	1.8m 이상	2.1m 이상
120m/min 이상 150m/min 이하	2.0m 이상	2.4m 이상
150m/min 이상 180m/min 이하	2.3m 이상	2.7m 이상
180m/min 이상 210m/min 이하	2.7m 이상	3.2m 이상
210m/min 이상 240m/min 이하	3.3m 이상	3.8m 이상
240m/min 이상	4.0m 이상	4.0m 이상

04 교류 귀환제어방식에 관한 설명으로 옳은 것은?
① 카의 실속도와 지령속도를 비교하여 다이오드의 점호각을 바꿔 유도전동기의 속도를 제어한다.
② 유도전동기의 1차측 각 상에서 사이리스터와 다이오드를 병렬로 접속하여 토크를 변화시킨다.
③ 미리 정해진 지령속도에 따라 제어되므로 승차감 및 착상도가 좋다.
④ 교류이단속도와 같은 저속주행시간이 없으므로 운전시간이 길다.

> **교류 귀환제어방식**
> • 고속측은 사이리스터에 의한 1차 전압제어 또는 교류 2단 속도와 동일한 기동저항을 이용한 방식으로 하고, 제동측은 사이리스터에 의한 직류전압을 모터에 가하는 다이내믹 브레이크(DB 제어)를 작동시킨다.
> • 속도 지령에 따라 크리프 리스로 착상 가능

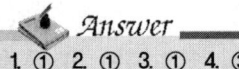
1. ① 2. ① 3. ① 4. ③

하기 때문에 층간 운전시간이 짧고 승차감이 뛰어나지만, 모터의 발열이 크다는 단점이 있다.
- 2권선 모터를 사용하지 않고, 1권선 모터를 이용해 감속 시에는 구동 회로에서 모터를 전원으로부터 분리하여 제동 전류를 모터에 가하는 등 다양한 어레인지가 이루어진다.

05 기계실이 있는 엘리베이터의 정격속도가 90m/min인 경우 비상정지장치의 작동 속도는?

① 108m/min 이하
② 112.5m/min 이하
③ 117m/min 이하
④ 126m/min 이하

👉 **비상정지장치**
- 승강기에서 과속이 발생했을 때(하강 방향으로) 과속을 감지하여 카를 안전하게 정지시키는 안전장치이다.
- 조속기에 의해 과속이 감지되어 정속도의 1.3배 때 전기적 스위치가, 1.4배에 기계적인 작동으로 레일을 꽉 물면서 정지한다.
- 90m/min×1.4=126m/min

06 엘리베이터 정전 시 카 내를 조명하여 승객의 불안을 줄여주는 조명에 대한 설명으로 옳은 것은?

① 램프 중심부에서 2m 떨어진 수직면에서 3lx 이상의 밝기가 필요하다.
② 램프 중심부에서 1m 떨어진 수직면에서 2lx 이상의 밝기가 필요하다.
③ 램프 중심부에서 2m 떨어진 수직면에서 2lx 이상의 밝기가 필요하다.
④ 램프 중심부에서 1m 떨어진 수직면에서 3lx 이상의 밝기가 필요하다.

👉 정전 시에 램프 중심부로부터 2m 떨어진 수직면 사이의 조도를 2Lux 이상으로 비출 수 있는 예비조명장치의 작동상태는 양호하여야 한다.

07 정격속도가 30m/min인 화물용 엘리베이터의 비상정지장치 작동 시 카의 최대 속도(m/min)는?

① 42   ② 39
③ 63   ④ 68

👉 • 제1동작 : 카의 정격속도가 조속기에 의해 과속이 감지되어 정속도의 1.3배를 넘지 않은 범위 내에서 동작. 전원을 차단하고 브레이크를 동작. 속도는 45m/min 이하의 경우 63m/min이다.
- 제2동작 : 카의 정격속도가 조속기에 의해 과속이 감지되어 정속도의 1.4배를 넘지 않은 범위 내에서 동작. 기계적인 작동으로 레일을 꽉 물면서 정지. 속도는 45m/min 이하의 경우 68m/min이다.

08 엘리베이터 권상기의 구성 요소가 아닌 것은?

① 감속기   ② 브레이크
③ 비상정지장치   ④ 전동기

👉 **엘리베이터 권상기 구성 요소**
전동기, 제동기, 감속기, 주도르래, 지지대

09 정격속도 60m/min인 기계실 있는 엘리베이터에서 조속기 1차 과속스위치가 작동하는 속도(m/min)는?

① 60   ② 63
③ 68   ④ 78

👉 • 카의 정격속도가 조속기에 의해 과속이 감지되어 정속도의 1.3배를 넘지 않은 범위 내에서 동작
- 전원을 차단하고 브레이크를 동작시킴

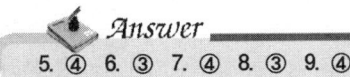
5. ④ 6. ③ 7. ④ 8. ③ 9. ④

- 속도 45m/min 이하의 경우 63m/min이다.
- 60×1.3=78

10 소형 화물 등의 운반에 적합하게 제작된 덤웨이터의 적재용량은?

① 0.5톤 미만   ② 0.8톤 미만
③ 1.0톤 미만   ④ 1.2톤 미만

▶ **덤웨이터 분류기준**
사람이 탑승하지 않으면서 적재용량 1톤 미만의 소형 화물(서적, 음식물 등) 운반에 적합하게 제작된 엘리베이터일 것

11 엘리베이터의 도어 인터록에 대한 설명 중 옳지 않은 것은?

① 카가 정지하고 있지 않은 층계의 문은 반드시 전용열쇠로만 열려져야 한다.
② 문이 닫혀 있지 않으면 운전이 불가능하도록 하는 도어 스위치가 있어야 한다.
③ 시건장치 후에 도어스위치가 ON되고, 도어스위치가 OFF 후에 시건장치가 빠지는 구조로 되어야 한다.
④ 승강장에서는 비상시에 대비하여 자물쇠가 일반 공구로도 열려지게 설계되어야 한다.

▶ 승강장에서는 비상시에 대비하여 자물쇠가 전용열쇠로만 열려지게 설계되어야 한다.

12 균형추(counter weight)의 중량을 구하는 식은? (단, 오버밸런스율은 0.45로 한다.)

① 카 무게+정격하중×0.45
② 카 무게×0.45
③ 카 무게+정격 하중
④ 카 무게

▶ **균형추의 중량**
=카의 적재하중+정격 적재량(L)×오버밸런스율(F)

13 로프식 엘리베이터용 주로프의 안전율은?

① 4 이상   ② 6 이상
③ 10 이상   ④ 15 이상

▶ 주로프의 공칭직경은 12mm 이상으로 하여야 한다. 다만, 주로프의 안전율이 10 이상이 되도록 여러 가닥의 로프를 사용하는 경우에 공칭직경은 8mm 이상으로 할 수 있다.

14 엘리베이터의 속도가 비정상적으로 증대한 경우에는 정격속도의 1.4배를 넘지 않는 범위 내에서 카의 하강을 자동적으로 제지시키는 장치는?

① 비상정지장치
② 인터록장치
③ 로프처짐 감지장치
④ 제동장치

▶ **비상정지장치**
- 카의 정격속도가 조속기에 의해 과속이 감지되어 정속도의 1.4배를 넘지 않은 범위 내에서 동작해야 한다.
- 기계적인 작동으로 레일을 꽉 물면서 정지
- 속도 45m/min 이하의 경우 68m/min이다.

15 승강장의 문이 열린 상태에서 모든 제약이 해제되면 자동적으로 닫히게 하여 문의 개방에서 생기는 2차 재해를 방지하는 것은?

① 도어 인터록   ② 도어 클로저
③ 도어 머신   ④ 도어 행거

▶ **도어 클로저**
승강장 도어가 열려 있을 때 자동으로 닫히게 하는 장치

Answer
10. ③ 11. ④ 12. ① 13. ③ 14. ① 15. ②

16 승강기가 어떤 원인으로 피트에 떨어졌을 때 충격을 완화하기 위하여 설치하는 것은?
① 조속기   ② 비상정지장치
③ 완충기   ④ 제동기

☞ 완충기는 카가 어떤 원인으로 최하층 피트로 떨어질 때 충격을 완화시키는 장치이다.

17 에스컬레이터와 건물의 빔 또는 에스컬레이터의 교차승계형 배열로 설치했을 경우에 생기는 협각부에 끼는 것을 방지하기 위해 설치하는 것은?
① 역결상 검출장치
② 스커트 가드 판넬
③ 리미트 스위치
④ 삼각부 보호판

☞ **삼각부 보호판**
에스컬레이터에는 사람이 삼각부(핸드레일과 천장이 교차하는 부분)에 충돌하는 것을 경고하기 위하여 25~35cm 전방에 설치하는 신체상해의 우려가 없는 재질의 비고정식 안전 보호판이다.

18 조속기에 관한 설명 중 틀린 것은?
① 과속 스위치는 반드시 수동으로 복귀해야 한다.
② 속도 90m/min인 승강기의 과속 스위치는 정격속도 1.3배 이하에서 작동해야 한다.
③ 과속 스위치는 상승 및 하강의 양 방향에서 작동해야 한다.
④ 균형추측에 조속기가 있는 경우 카측보다 먼저 작동해야 한다.

☞ 균형추측에 조속기가 있는 경우 카측보다 나중에 작동해야 한다.

19 피트에서 하는 검사에 관한 사항 중 옳지 않은 것은?
① 비상용 엘리베이터의 경우에는 최하층 바닥면 아래에 설치되는 스위치류는 비상용으로 쓰여질 때는 분리되어서는 안 된다.
② 아랫부분 리미트 스위치류의 설치상태는 견고하고, 작동상태는 양호하여야 한다.
③ 스프링 완충기는 녹 또는 부식 등이 없어야 하고, 유입 완충기의 경우에는 유량이 적절하여야 한다.
④ 이동케이블은 손상의 염려가 없어야 한다.

☞ 비상용 엘리베이터의 경우 최하층 바닥면 아래에 설치되는 스위치류는 비상용으로 쓰여질 때에는 안전회로에서 분리될 수 있어야 한다.

20 에스컬레이터의 계단(디딤판)에 대한 설명 중 옳지 않은 것은?
① 디딤판 윗면은 수평으로 설치되어야 한다.
② 디딤판의 주행방향의 길이는 400mm 이상이다.
③ 발판 사이의 높이는 215mm 이하이다.
④ 디딤판 상호 간 틈새는 8mm 이하이다.

☞ 디딤판 상호 간의 틈새는 승강로의 총길이에 걸쳐서 6mm 이하이어야 한다.

21 사다리 작업의 안전지침으로 적당하지 않은 것은?
① 상부와 하부가 움직이지 않도록 고정되어야 한다.
② 사다리를 다리처럼 사용해서는 안 된다.
③ 부서지기 쉬운 벽돌 등을 받침대로 사

Answer
16. ③ 17. ④ 18. ④ 19. ① 20. ④ 21. ④

용해서는 안 된다.

④ 사다리 상단은 작업장으로부터 120cm 이상 올라가야 한다.

　사다리는 지면과의 경사각은 70~75°, 사다리 상단은 걸쳐진 지점으로부터 60cm 이상 올라가야 한다.

22 물건에 끼여진 상태나 말려든 상태는 어떤 재해인가?

① 추락　　　　② 전도
③ 협착　　　　④ 낙하

23 재해가 발생되었을 때의 조치 순서로서 가장 알맞은 것은?

① 긴급처리 → 재해조사 → 원인강구 → 대책수립 → 실시 → 평가
② 긴급처리 → 원인강구 → 대책수립 → 실시 → 평가 → 재해조사
③ 긴급처리 → 재해조사 → 대책수립 → 실시 → 원인강구 → 평가
④ 긴급처리 → 재해조사 → 평가 → 대책수립 → 원인강구 → 실시

24 안전점검의 종류가 아닌 것은?

① 정기점검　　② 특별점검
③ 순회점검　　④ 수시점검

　안전점검의 종류
　• 수시점검 : 수시로 실시하는 점검
　• 정기점검 : 일정기간마다 정기적으로 실시하는 점검
　• 임시점검 : 기기 이상 시 실시하는 점검
　• 특별점검 : 특별한 경우 실시하는 점검

25 승강기를 보수 점검할 경우 보수 점검의 내용이 틀린 것은?

① 메인 로프와 시브의 마모를 줄이기 위해 그리스를 주기적으로 충분하게 주입한다.
② 권동기의 기어 오일을 확인하고 부족 시 주유한다.
③ 레일 가이드 슈의 오일을 확인하여 부족 시 보충하고 구동체인에는 그리스를 주입한다.
④ 도어 슈, 도어 클로저, 체인 등에서 소음이 발생할 때 링크 부위를 그리스로 주입하고 볼트와 너트가 풀린 곳을 확인하고 조인다.

　메인 로프와 시브에 그리스를 주입하면 미끄러짐 현상이 발생한다.

26 유압식 엘리베이터의 유압 파워 유닛의 구성 요소가 아닌 것은?

① 펌프　　　　② 유압 실린더
③ 유량 제어 밸브　④ 체크 밸브

　파워 유닛(Power Unit) 구성 요소
　전동기, 펌프, 체크 밸브, 안전 밸브, 유량 제어 밸브, 기름 탱크, 여과기, 사일런서, 필터, 스톱 밸브, 작동유 냉각장치, 작동유 보온장치 등으로 구성되어 있다.

27 에스컬레이터 및 수평보행기의 비상정지 스위치에 관한 설명으로 옳지 않은 것은?

① 상하 승강장의 잘 보이는 곳에 설치한다.
② 색상은 적색으로 하여야 한다.
③ 장난 등에 의한 오조작 방지를 위하여 잠금장치를 설치하여야 한다.
④ 버튼 또는 버튼 부근에는 정지 표시를 하여야 한다.

22. ③　23. ①　24. ③　25. ①　26. ②　27. ③

🔎 비상정지장치 스위치는 상부와 하부에 설치하며 적색으로 "정지" 표시를 한다. 또한 식별을 쉽게 하며 덮개를 씌운다.

28 사고 예방 대책 기본 원리 5단계 중 3E를 적용하는 단계는?

① 1단계　　② 2단계
③ 3단계　　④ 5단계

🔎 **사고 예방 대책 기본 원리 5단계**

단계	과정	내용
1단계	조직	㉠ 경영층의 참여 ㉡ 안전관리자의 임명 ㉢ 안전 라인 및 참모조직 구성 ㉣ 안전 활동 방침 및 계획 수립 ㉤ 조직을 통한 안전 활동
2단계	사실의 발견	㉠ 사고 및 안전 활동 기록 검토 ㉡ 작업분석 ㉢ 안전점검 및 안전진단 ㉣ 사고 조사 ㉤ 안전회의 및 토의 ㉥ 근로자의 제안 및 여론조사 ㉦ 관찰 및 보고서의 연구 등을 통한 불안전요소 발견
3단계	분석 평가	㉠ 사고 보고서 및 현장조사 ㉡ 사고 기록 및 인적, 물적 조건 분석 ㉢ 작업공정 분석 ㉣ 교육 훈련 분석을 통해 사고의 직접 원인과 간접 원인 규명
4단계	시정방법의 선정	㉠ 기술적 개선 ㉡ 인사 조정 ㉢ 교육 훈련 개선 ㉣ 안전행정 개선 ㉤ 규정, 수칙 및 작업표준 개선 ㉥ 확인, 통제체제 개선
5단계	시정책의 적용(3E)	㉠ 기술적 대책 ㉡ 교육적 대책 ㉢ 단속적 대책

29 엘리베이터 이상 발견 시 조치 순서로 옳은 것은?

① 발견-조치-점검-수리-확인
② 발견-조치-확인-수리-점검
③ 발견-점검-조치-수리-확인
④ 발견-점검-조치-확인-수리

30 균형추를 구성하고 있는 구조재 및 연결재의 안전율은 균형추가 승강로의 꼭대기에 있고, 엘리베이터가 정지한 상태에서 얼마 이상으로 하는 것이 바람직한가?

① 3　　② 5
③ 7　　④ 9

🔎 **균형추**
구조재 및 연결재의 안전율은 균형추가 승강로의 꼭대기에 있고, 엘리베이터가 정지한 상태에서 5 이상으로 한다.

31 스패너를 힘주어 돌릴 때 지켜야 할 안전사항이 아닌 것은?

① 스패너 자루에 파이프를 끼워 힘껏 조인다.
② 주위를 살펴보고 조심성 있게 조인다.
③ 스패너를 밀지 않고 당기는 식으로 사용한다.
④ 스패너를 조금씩 여러 번 돌려 사용한다.

🔎 스패너 자루에 파이프를 끼워 사용하면 빠지는 경우 부상의 위험이 있다.

32 전기안전기준으로 옳지 않은 것은?

① 전기코드는 물이나 습기에 안전한 것이어야 한다.
② 전기위험설비에는 위험 표시를 해야 한다.
③ 전기설비의 감전, 누전, 화재, 폭발장치를 위해 매년 1회 이상 점검한다.
④ 감전의 위험이 있는 작업을 할 때에는 통전시간을 명시하고 관계근로자에게 미리 주지시킨다.

🔎 전기설비는 수시로 점검하여 안전사고를 미연에 방지하여야 한다.

Answer
28. ④　29. ③　30. ②　31. ①　32. ③

33 엘리베이터용 전동기의 출력을 계산하고자 한다. 다음 식의 ( ) 안에 알맞은 것은?

$$\frac{정격하중(kg) \cdot (\quad)\left(1 - \dfrac{오버밸런스율(\%)}{100}\right)}{6120 \times 종합효율} \times kW$$

① 정격속도(m/min)
② 균형추의 중량(kg)
③ 정격전압(V)
④ 회전속도(rpm)

$$\frac{정격하중[kg] \cdot 정격속도[m/min]\left(1 - \dfrac{오버밸런스율(\%)}{100}\right)}{6120 \times 종합효율} \times [kW]$$

34 로프의 미끄러짐 현상을 줄이는 방법으로 틀린 것은?

① 권부각을 크게 한다.
② 가감속도를 완만하게 한다.
③ 균형체인이나 균형로프를 설치한다.
④ 카 자중을 가볍게 한다.

> **로프의 미끄러짐 현상을 줄이는 방법**
> • 권부각을 크게 한다.
> • 균형체인이나 균형로프를 설치한다.
> • 로프와 도르래 사이의 마찰계수를 크게 한다.
> • 속도변화를 완만하게 한다.

35 감전사고로 의식을 잃은 환자에게 가장 먼저 취하여야 할 조치로 옳은 것은?

① 인공호흡을 시킨다.
② 음료수를 흡입시킨다.
③ 의복을 벗긴다.
④ 몸에서 피가 나오도록 유도한다.

> ②, ③, ④는 악영향을 끼친다.

36 가이드 레일의 보수점검 사항 중 틀린 것은?

① 녹이나 이물질이 있을 경우 제거한다.
② 레일의 브래킷의 조임상태를 점검한다.
③ 레일 클립의 변형 유무를 점검한다.
④ 조속기 로프의 미끄럼 유무를 점검한다.

> **가이드 레일의 점검 항목**
> • 손상이나 소음 유무를 점검한다.
> • 녹이나 이물질이 있을 경우 제거한다.
> • 취부 볼트, 너트의 이완상태 여부를 점검한다.
> • 레일의 브래킷의 조임상태를 점검한다.
> • 레일 클립의 변형 유무를 점검한다.
> • 레일의 급유상태 및 오염상태를 점검한다.
> • 브래킷 취부 앵커 볼트의 이완 유무 및 용접부 균열 유무를 점검한다.

37 엘리베이터의 안정된 사용 및 정지를 위하여 승강장·중앙관리실 또는 경비실 등에 설치되어 카 이외의 장소에서 엘리베이터 운행의 정지조작과 재개조작이 가능한 안전장치는?

① 자동/수동 전환스위치
② 도어 안전장치
③ 파킹 스위치
④ 카 운행정지 스위치

> **파킹 스위치**
> • 파킹장치, 즉 엘리베이터를 사용하지 않는 경우에 기준층에 대기하게 하는 기능을 갖는 장치에 사용되는 스위치이다.
> • 승강장, 중앙관제실 또는 경비실에 설치되며 운행의 정지·재개조작을 가능하게 한다.

38 승강기 정밀안전 검사 시 전기식 엘리베이터에서 권상기 도르래 홈의 언더컷의 잔여량은 몇 mm 미만일 때 도르래를 교체하여야 하는가?

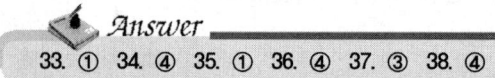

Answer
33. ① 34. ④ 35. ① 36. ④ 37. ③ 38. ④

① 4　　　　　② 3
③ 2　　　　　④ 1

👉 승강기 검사기준에서 언더컷의 잔여량은 1mm 이상이어야 하고, 권상기 도르래에 감긴 주로프 가닥의 길이의 높이차는 2mm 이내이어야 한다.

39 엘리베이터 카의 속도를 검출하는 장치는?
① 배선용 차단기　② 전자접촉기
③ 제어용 릴레이　④ 조속기

👉 **조속기**
카의 운행속도를 기계적이고 전기적인 방법으로 동시에 검출하여 카의 과속도를 검출하여 이상 시 동력을 차단하여 비상정지를 시키는 장치이다.

40 교류 엘리베이터 제어 방식이 아닌 것은?
① 가변전압 가변주파수(VVVF) 제어방식
② 정지 레오나드 제어방식
③ 교류 귀환 제어방식
④ 교류 2단 속도 제어방식

👉 **정지 레오나드 방식**
사이리스터를 사용하여 교류를 직류로 변환, 전동기에 공급하여 사이리스터 점호각을 제어하여 직류전압을 가변시켜, 속도를 제어하는 방식

41 카 실내에서 행하는 검사가 아닌 것은?
① 조작스위치의 작동상태
② 비상연락장치의 작동상태
③ 조명등의 점등상태
④ 비상구 출구 개방의 적정성 여부

👉 비상구 출구 개방의 적정성 여부는 카 위에서 한다.

42 유압식 엘리베이터의 부품 및 특징에 대한 설명으로 옳지 않은 것은?
① 역저지밸브 : 정전이나 그 외의 원인으로 펌프의 토출 압력이 떨어져 실린더의 기름이 역류하여 카가 자유 낙하하는 것을 방지하는 역할을 한다.
② 스톱 밸브 : 유압 파워 유닛과 실린더 사이의 압력배관에 설치되며, 이것을 닫으면 실린더의 기름이 파워 유닛으로 역류하는 것을 방지한다.
③ 스트레이너 : 역할은 필터와 같으나 일반적으로 펌프의 출구 쪽에 붙인 것을 말한다.
④ 사일렌서 : 자동차의 머플러와 같이 작동유의 압력 맥동을 흡수하여 진동, 소음을 감소시키는 역할을 한다.

👉 **여과기(스트레이너)**
펌프 흡입측에 부착하여 유량 내의 철분이나 모래 등의 이물질을 제거하는 장치

43 로프식 엘리베이터의 경우 기계실에서 검사하는 항목과 관계가 없는 것은?
① 전동기 및 제동기
② 권상기의 도르래
③ 브레이크 라이닝
④ 인터록 장치

👉 인터록 장치는 도어에 관한 장치이다.

44 에스컬레이터 구동장치 보수점검사항에 해당되지 않는 것은?
① 구동 체인의 이완 여부
② 브레이크 작동상태
③ 스텝과 핸드레일의 속도 차이

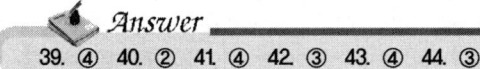
39. ④　40. ②　41. ④　42. ③　43. ④　44. ③

④ 각 부의 볼트 및 너트의 풀림 상태

☞ **구동장치 점검사항**
구동 체인, 브레이크, 볼트 및 너트 상태 등

45 에스컬레이터 디딤판 체인 및 구동 체인의 안전율로 알맞은 것은?
① 5 이상 ② 7 이상
③ 8 이상 ④ 10 이상

☞ 트러스 외 빔 5 이상, 체인 10 이상

46 조속기 도르래의 피치 지름과 로프의 공칭 지름의 비는 몇 배 이상인가?
① 25배 ② 30배
③ 35배 ④ 40배

☞ 조속기 도르래의 피치 지름과 로프의 공칭지름의 비는 30배 이상이어야 한다.

47 절연저항계로 측정할 수 없는 것은?
① 선로와 대지 간의 절연측정
② 선간절연의 측정
③ 도통시험
④ 주파수 측정

☞ **절연저항계에 의한 측정**
선간절연의 측정, 선로와 대지 간의 절연측정, 도통시험 등이 있다.

48 진공 중에서 m(Wb)의 자극으로부터 나오는 총 자력선의 수는 어떻게 표현되는가?
① $\dfrac{m}{4\pi\mu_o}$ ② $\dfrac{m}{\mu_o}$
③ $\mu_o m$ ④ $\mu_o m^2$

☞ $N = \dfrac{m}{\mu} = \dfrac{m}{\mu_o \mu_s} = \dfrac{m}{\mu_o}$

49 캠이 가장 많이 사용되는 경우는?
① 회전운동을 직선운동으로 할 때
② 왕복운동을 직선운동으로 할 때
③ 요동운동을 직선운동으로 할 때
④ 상하운동을 직선운동으로 할 때

☞ 캠은 기계의 회전운동을 직선운동(왕복운동)으로 바꾸는 데 가장 많이 사용된다.

50 로프 소선의 파단강도에 따라 구분되는 로프 중에서 파단강도가 높기 때문에 초고층용 엘리베이터나 로프 가닥수를 적게 하고자 하는 경우에 쓰이는 것은?
① A종 ② B종
③ E종 ④ G종

☞ **와이어로프의 종류**
① A종 : 초고층용 엘리베이터 및 로프 본수를 적게 하는 경우에 사용
② B종 : 강도와 경도가 A종보다 높지만 엘리베이터에는 사용 안함
③ E종 : 엘리베이터 사용 조건을 고려해 제조한 것. 외층 소선에 사용한 소선은 다른 일반 로프에 비해 탄소량을 적게 하고, 경도를 낮게 한 것
④ G종 : 소선 표면에 아연도금. 다습한 장소에 적합

51 체인의 종류가 아닌 것은?
① 링크 체인 ② 롤러 체인
③ 코일 체인 ④ 베어링 체인

☞ **체인의 종류**
• 전동용 체인 : 블록 체인, 롤러 체인, 사일런트 체인
• 하중용 체인 : 링크 체인, 코일 체인

52 다음 중 길이를 측정하는 측정기가 아닌 것은?

Answer
45. ④ 46. ② 47. ④ 48. ② 49. ① 50. ① 51. ④ 52. ③

① 버니어 캘리퍼스
② 마이크로미터
③ 서피스 게이지
④ 내경 퍼스

👉 **서피스 게이지**
정반 위에서 금긋기, 중심내기 등에 이용하는 금긋기 공구

53 다음 응력에 대한 설명 중 옳은 것은?
① 단면적이 일정한 상태에서 외력이 증가하면 응력은 작아진다.
② 단면적이 일정한 상태에서 하중이 증가하면 응력은 증가한다.
③ 외력이 일정한 상태에서 단면적이 작아지면 응력은 작아진다.
④ 외력이 증가하고 단면적이 커지면 응력은 증가한다.

👉 수직응력(σ)= $\frac{하중(W)}{단면적(A)}$

54 그림은 마이크로미터로 어떤 치수를 측정한 것이다. 치수는 몇 mm인가?

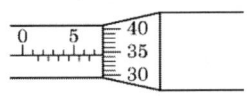

① 0.785　　② 5.35
③ 7.35　　　④ 7.85

👉 7.5+0.35=7.85

55 대지전압이 150V를 넘고 300V 이하인 경우 절연저항은 몇 MΩ 이상이어야 하는가?
① 0.1　　② 0.2
③ 0.3　　④ 0.4

👉 **절연저항**

회로의 용도	사용 전압	절연저항
전동기 주회로	300V 이하	0.2MΩ 이상
	300V 이상 400V 이하	0.3MΩ 이상
	400V 초과	0.4MΩ 이상
제어 회로 신호 회로 조명 회로	150V 이하	0.1MΩ 이상
	150V 이상 300V 이하	0.2MΩ 이상

56 2V의 기전력으로 80J의 일을 할 때 이동한 전기량(C)은?
① 0.4　　② 4
③ 40　　　④ 160

👉 정전용량(Q)= $\frac{W}{V}=\frac{80}{2}=40$

57 지름 5cm, 길이 30cm인 환봉이 있다. p=24ton인 장력을 작용시킬 때 0.1mm가 신장된다면 이 재료의 탄성계수(kg/cm²)는?
① 3.66×10^6　　② 3.66×10^5
③ 4.22×10^6　　④ 4.22×10^5

👉 $E=\frac{Wl}{A\lambda}=\frac{24\times10^3\times30}{\frac{3.14\times5^2}{4}\times0.01}$

$=3668789.809 ≒ 3.7\times10^6$

58 그림의 회로에서 전체의 저항값 R을 구하는 공식은?

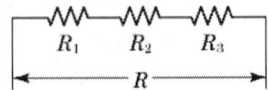

① $R=R_1+R_2+R_3$
② $R=\frac{1}{R_1}+\frac{1}{R_2}+\frac{1}{R_3}$
③ $R=\frac{R_1+R_2+R_3}{2}$
④ $R=R_1\times R_2\times R_3$

👉 직렬 합성저항=$R_1+R_2+R_3\cdots R_n$

Answer
53. ②　54. ④　55. ②　56. ③　57. ①　58. ①

59 전환 스위치가 있는 접지저항계를 이용한 접지저항 측정법으로 틀린 것은?

① 전환스위치를 이용하여 절연저항과 접지저항을 비교한다.
② 전환스위치를 이용하여 E, P 간의 전압을 측정한다.
③ 전환스위치를 저항값에 두고 검류계의 밸런스를 잡는다.
④ 전환스위치를 이용하여 내장 전지의 양부(+, -)를 확인한다.

> • 절연저항 : 전류가 도체에서 절연물을 통하여 다른 충전부나 기기의 케이스 등에서 새는 경로의 저항이다.
> • 접지저항 : 어스라고도 하며 땅에 매설한 전극과 땅 사이의 전기저항을 말한다.
> ∴ 위 내용처럼 서로 다르므로 비교할 수 없다.

60 전자유도현상에 의한 유기기전력의 방향을 정하는 것은?

① 플레밍의 오른손법칙
② 옴의 법칙
③ 플레밍의 왼손법칙
④ 렌츠의 법칙

> ① 플레밍의 오른손법칙 : 도체의 운동에 의한 전자유도로 생기는 기전력의 방향을 알기 위한 법칙
> ② 옴의 법칙 : 전압의 크기를 V, 전류의 세기를 I, 저항을 R이라 할 때, V=I·R의 관계가 성립한다.
> ③ 플레밍의 왼손법칙 : 전자기력의 방향을 따질 때, 플레밍의 왼손법칙으로 방향을 설명할 수 있다.
> ④ 렌츠의 법칙 : 전자기 유도의 방향에 관한 법칙이다. 전자기 유도에 의해 만들어지는 전류는 자속의 변화를 방해하는 방향으로 흐른다.

Answer
59. ① 60. ④

3회 CBT 기출 복원문제

승강기기능사

01 승객용 엘리베이터에서 일반적으로 균형체인 대신 균형로프를 사용하는 정격속도의 범위는?

① 120m/min 이상 ② 120m/min 미만
③ 150m/min 이상 ④ 150m/min 미만

☞ 승객용 엘리베이터에서 일반적으로 균형체인 대신 균형로프를 사용하는 정격속도는 120 m/min 이상으로 한다.

02 VVVF 제어란?

① 전압을 변환시킨다.
② 주파수를 변환시킨다.
③ 전압과 주파수를 변환시킨다.
④ 전압과 주파수를 일정하게 유지시킨다.

☞ 가변전압 가변주파수(VVVF) 제어방식
• 고속의 승강기까지 적용이 가능하다.
• 직류전동기와 동등한 제어 특성을 낼 수 있다.
• 유도전동기의 전압과 주파수를 변환시킨다.
• 교류 엘리베이터 속도제어의 방법이다.
• 인버터제어이다.
• 워드레오나드방식에 비해 유지보수가 용이하다.
• 교류 2단 속도제어방식보다 소비전력이 적다.
• 속도에 대응하여 최적의 전압과 주파수로 제어하기 때문에 승차감이 양호하다.

03 다음 중 에스컬레이터의 종류를 수송 능력별로 구분한 형태로 옳은 것은?

① 1200형과 900형
② 1200형과 800형
③ 900형과 800형
④ 800형과 600형

☞ 에스컬레이터 난간폭에 따른 분류
800형 6000명/시간, 1200형 9000명/시간

04 상승하던 엘리베이터가 갑자기 하강방향으로 움직일 수 있는 상황을 방지하는 안전장치는?

① 스텝 체인
② 핸드 레일
③ 구동 체인 안전장치
④ 스커트 가드 안전장치

☞ ① 스텝 체인 안전장치 : 스텝 체인이 파손되거나 과도하게 늘어날 때 즉시 작동하여 에스컬레이터를 정지시키는 장치로서 설치 위치는 하부 종단부에 설치한다.
② 핸드 레일 인입구 안전장치(인렛 스위치) : 핸드 레일 인입구에 이물질이 들어가는 것을 방지하는 장치로 손 또는 이물질이 끼었을 경우 즉시 작동되어 에스컬레이터를 정지시킨다.
③ 구동 체인 안전장치(DC 스위치) : 구동 체인이 파손될 때 즉시 모터의 작동을 정지시켜 주는 장치
④ 스커트 가드 스위치 : 에스컬레이터의 고정된 스커트 가드와 스텝 사이의 틈에 신발이나 옷 등이 끼여 사고가 발생할 수 있으므로 이를 감지하여 정지시키는 스위치

05 승강기에 사용되는 전동기의 소요동력을 결정하는 요소가 아닌 것은?

① 정격적재하중 ② 정격속도
③ 종합효율 ④ 건물길이

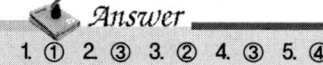
1. ① 2. ③ 3. ② 4. ③ 5. ④

모터용량(P)

$$= \frac{1분간\ 수송인원 \times 1명의\ 중량 \times 층높이}{6120 \times 종합효율} [kW]$$

$$= \frac{LVS}{6120 \times \eta} [kW]$$

L : 정격 적재용량 V : 정격속도
$S = 1-F$(오버밸런스율) η : 종합효율

06 승강장문의 유효 출입구 높이는 몇 m 이상이어야 하는가? (단, 자동차용 엘리베이터는 제외)

① 1 ② 1.5
③ 2 ④ 2.5

👉 카 출입구의 유효 높이는 2m 이상이어야 한다. 다만, 자동차용 엘리베이터는 제외

07 카가 어떤 원인으로 최하층을 통과하여 피트에 도달했을 때 카의 충격을 완화시켜 주는 장치는?

① 완충기 ② 비상정지장치
③ 조속기 ④ 리미트 스위치

👉 ① 완충기 : 카가 어떤 원인으로 최하층 피트로 떨어질 때 충격을 완화시키는 장치이다.
② 비상정지장치 : 승강기에서 과속이 발생했을 때(하강 방향으로) 과속을 감지하여 카를 안전하게 정지시키는 안전장치이다.
③ 조속기 : 카의 운행속도를 기계적이고 전기적인 방법으로 동시에 검출하여 카의 과속도를 검출하고 이상 시 동력을 차단하여 비상정지를 시키는 장치이다. 조속기는 원심력에 의해 작동하며, 구동축 주위를 도는 2개의 추로 이루어져 있다. 이 추들은 대부분 스프링을 이용한 제어력에 의해 밖으로 튀어나가지 않도록 되어 있다.
④ 리미트 스위치 : 카가 승강로의 완충기에 충돌되기 전에 작동되는 스위치

08 카가 최상층 및 최하층을 지나쳐 주행하는 것을 방지하는 것은?

① 리미트 스위치 ② 균형추
③ 인터록 장치 ④ 정지스위치

👉 **리미트 스위치**
카가 승강로의 완충기에 충돌되기 전에 작동되어야 한다.

09 에스컬레이터의 가이드 레일에 대한 치수를 결정할 때 점검해야 할 사항이 아닌 것은?

① 안전장치가 작동할 때 레일에 걸리는 좌굴하중을 점검한다.
② 수평진동에 의한 레일의 휘어짐을 고려한다.
③ 케이지에 회전모멘트가 걸렸을 때 레일이 지지할 수 있는지 여부를 고려한다.
④ 레일에 이물질이 끼었을 때 배출을 고려한다.

👉 **에스컬레이터의 가이드 레일의 치수 결정 시 고려사항**
• 비상정지장치 작동 시 작용할 수 있는 좌굴하중을 점검
• 지진 발생 시 건물의 수평진동에 의한 레일과 가이드슈 사이에 작용하는 수평진동력을 고려
• 불균형한 큰 하중이 적재될 때 작용하는 회전모멘트의 고려
※ 스커트 스위치 : 에스컬레이터의 고정된 스커트 가드와 스텝 사이의 틈에 신발이나 옷 등이 끼여 사고가 발생할 수 있으므로 이를 감지하여 정지시키는 스위치

10 스텝과 스커트 사이에 끼임의 위험을 최소화하기 위한 장치는?

① 콤 ② 뉴얼
③ 스커트 ④ 스커트 디플렉터

👉 스커트 디플렉터

Answer
6. ③ 7. ① 8. ① 9. ④ 10. ④

에스컬레이터의 고정된 스커트와 스텝 사이의 틈에 끼임의 위험을 최소화하기 위한 장치

11 공칭속도 0.5m/s 무부하 상태의 에스컬레이터 및 하강방향으로 움직이는 제동부하 상태의 에스컬레이터의 정지거리는?

① 0.1m에서 1.0m 사이
② 0.2m에서 1.0m 사이
③ 0.3m에서 1.3m 사이
④ 0.4m에서 1.5m 사이

👉 **에스컬레이터의 정지거리**
- 무부하 상태의 에스컬레이터 및 하강 방향으로 움직이는 제동부하 상태의 에스컬레이터에 대한 정지거리

[에스컬레이터의 정지거리]

공칭속도 V	정지거리
0.50m/s	0.20m에서 1.00m 사이
0.65m/s	0.30m에서 1.30m 사이
0.75m/s	0.40m에서 1.50m 사이

- 공칭속도 사이에 있는 속도의 정지거리는 보간법으로 결정되어야 한다.
- 정지거리는 전기적 정지장치가 작동된 시간부터 측정되어야 한다.

12 에스컬레이터의 이동용 손잡이에 대한 안전점검 사항이 아닌 것은?

① 균열 및 파손 등의 유무
② 손잡이의 안전마크 유무
③ 디딤판과의 속도차 유지 여부
④ 손잡이가 드나드는 구멍의 보호장치 유무

👉 **에스컬레이터의 이동용 손잡이에 대한 안전점검 사항**
- 디딤판과의 속도차 유지 여부
- 손잡이가 드나드는 구멍의 보호장치 유무
- 균열 및 파손 등의 유무

13 와이어로프의 꼬는 방법 중 보통꼬임에 해당하는 것은?

① 스트랜드의 꼬는 방향과 로프의 꼬는 방향이 반대인 것
② 스트랜드의 꼬는 방향과 로프의 꼬는 방향이 같은 것
③ 스트랜드의 꼬는 방향과 로프의 꼬는 방향이 일정구간 같다가 반대이었다가 하는 것
④ 스트랜드의 꼬는 방향과 로프의 꼬는 방향이 전체 길이의 반은 같고 반은 반대인 것

👉 **권상용 와이어로프의 꼬임 종류**
- 보통 꼬임 : 스트랜드의 꼬는 방향과 로프의 꼬는 방향이 반대인 것(많이 사용)
- 랭(Lang) 꼬임 : 스트랜드의 꼬는 방향과 로프의 꼬는 방향이 같은 방향인 것

14 승객용 엘리베이터에서 승강장 출입구 바닥 앞부분과 카 바닥 앞부분과의 틈의 너비는 몇 cm 이하로 하여야 하는가?

① 1.0
② 2.0
③ 4.0
④ 8.0

👉 승객용 엘리베이터에서 승강장 출입구 바닥 앞부분과 카 바닥 앞부분과의 틈의 너비는 4cm 이하이어야 한다. 다만, 장애인용 엘리베이터의 경우에는 그러하지 아니하다.

15 무빙워크의 경사도는 몇 도이어야 하는가?

① 30
② 20
③ 15
④ 12

👉 **수평 보행기의 설치 기준**
- 사람 또는 화물이 끼이거나, 장애물에 충돌이 없을 것
- 경사각도는 12° 이하로 할 것(단, 6° 이하일

Answer
11. ② 12. ② 13. ① 14. ③ 15. ④

경우에는 광폭형으로 설치할 수 있다). 단, 디딤면이 고무제품 등 미끄러지기 어려운 구조일 경우에는 15° 이하로 할 수 있다.
- 정격속도는 45m/min(0.75m/s) 이하로, 이동손잡이 간의 거리는 1.25m 이하로 한다.
- 핸드 레일은 계단에서 높이 0.6m에 설치해야 된다.
- 디딤판의 수평 투영면적에 270kg/m² 를 곱한 값 이상으로 한다.

16 유압 엘리베이터의 유압 파워 유닛과 압력배관에 설치되며, 이것을 닫으면 실린더의 기름이 파워 유닛으로 역류되는 것을 방지하는 밸브는?
① 스톱 밸브 ② 럽쳐 밸브
③ 체크 밸브 ④ 릴리프 밸브

☞ ① 스톱 밸브
- 밸브를 닫으면 실린더의 오일이 탱크로 역류하는 것을 방지한다. 유압장치의 보수 · 점검 또는 수리 시 사용
- 유압 파워 유닛과 실린더 사이의 압력배관에 설치되며, 이것을 닫으면 실린더의 기름이 파워 유닛으로 역류하는 것을 방지한다.
② 럽쳐 밸브 : 오일이 실린더로 들어가는 곳에 설치되어 만일 파이프가 파손되었을 때 자동적으로 밸브를 닫아 카가 급격히 떨어지는 것을 방지한다.
③ 체크 밸브 : 유체를 한쪽 방향으로만 흐르게 하는 밸브로서, 카의 정지 중이나 운행 중 작동유의 압력이 떨어져 카가 역행하는 것을 방지하는 밸브이다.
④ 릴리프 밸브 : 압력조정 밸브로 관 내 압력이 상승하여 상용압력의 125% 이상 높아지면 기름을 탱크로 되돌려 보내 압력상승을 방지한다.

17 카 문턱 끝과 승강로 벽과의 간격으로 알맞은 것은?

① 11.5cm 이하   ② 12.5cm 이하
③ 14.0cm 이하   ④ 15.0cm 이하

☞ 카 문턱 끝과 승강로 벽 사이 거리는 15cm 이하이어야 한다.

18 유압식 엘리베이터의 특징으로 틀린 것은?
① 기계실을 승강로와 떨어져 설치할 수 있다.
② 플런저에 스토퍼가 설치되어 있기 때문에 오버헤드가 작다.
③ 적재량이 크고 승강행정이 짧은 경우에 유압식이 적당하다.
④ 소비전력이 비교적 작다.

☞ **유압식 승강기의 특징**
- 기계실 위치가 자유롭다.
- 파워 유닛은 승강기 1대당 1대가 필요하다.
- 속도 60m/min 이하, 높이 7층 이하에 적용된다.
- 오일의 온도는 5℃ 이상 60℃ 이하로 유지한다.
- 균형추를 사용하지 않으므로 전동기의 출력과 소비전력이 크며, 모터의 용량도 커야 한다.
- 승강로 상부 틈새가 작아도 된다.
- 직상부에 설치하지 않아도 되므로 건물 꼭대기 부분에 하중이 걸리지 않는다.
- 실린더를 사용하여 소음과 진동이 적으나, 길이 및 굵기가 제한이 있어 4층 이상이나 층고가 높은 건물에는 사용이 곤란하다.
- 큰 힘을 낼 수 있어 화물용이나 자동차용 등 큰 용량이 필요한 곳에 사용된다.

19 중속 엘리베이터의 속도는 몇 m/min인가?
① 20~45   ② 45~65
③ 60~105   ④ 100~230

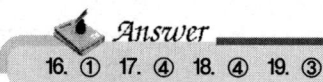
16. ① 17. ④ 18. ④ 19. ③

속도별 구분

종류	속도
저속	45m/min 이하
중속	60m/min 이상 105m/min 이하
고속	120m/min 이상 300m/min 이하
초고속	360m/min 초과

20 전기식 엘리베이터에서 카 비상정지장치의 작동을 위한 조속기는 정격속도 몇 % 이상의 속도에서 작동되어야 하는가? (단, 13년 개정 전 과속스위치는 1.3배 이하에서 작동)

① 220   ② 200
③ 115   ④ 100

☞ 카 비상정지장치를 위한 조속기는 정격속도의 115% 이상의 속도 및 다음의 속도 미만에서 작동되어야 한다.
- 롤러로 잡는 타입을 제외한 즉시 작동식 비상정지장치에 대해 0.8m/s
- 롤러로 잡는 타입의 비상정지장치에 대해 1.0m/s
- 완충 효과를 갖는 즉시 작동형 비상정지 및 정격속도가 1.0m/s를 초과하지 않는 데 사용되는 점차 작동형 비상정지장치에 대해 1.5m/s
- 정격속도가 1.0m/s를 초과하는 데 사용되는 점차 작동형 비상정지장치에 대해 1.25v+0.25/v (여기서 v는 m/s로 표시)

21 인체의 전기저항에 대한 것으로 피부저항은 피부의 땀이 나 있는 경우는 건조 시에 비해 피부저항이 어떻게 되는가?

① 2배 증가
② 4배 증가
③ 1/12~1/20 감소
④ 1/25~1/30 감소

☞ 인체의 전기저항
- 인체내부의 전기저항은 약 500~2500Ω
- 피부저항은 건조할 때 가장 높고, 발한 시에는 1/12, 물에 젖어 있으면 1/25로 저하

22 승강기 관리주체가 행하여야 할 사항으로 틀린 것은?

① 안전(운행)관리자를 선임하여야 한다.
② 승강기에 관한 전반적인 관리를 하여야 한다.
③ 안전(운행)관리자가 선임되면 관리주체는 별다른 관리를 할 필요가 없다.
④ 승강기의 유지보수에 대한 위임 용역 및 감독을 하여야 한다.

☞ 안전(운행)관리자가 선임되어도 관리주체는 지속적인 관리를 하여야 한다.

23 승강기 설치·보수작업에서 발생되는 위험에 해당되지 않는 것은?

① 물리적 위험   ② 접촉적 위험
③ 화학적 위험   ④ 구조적 위험

☞ 위험의 원인
① 물리적 위험 : 비래(날아서 옴), 낙하
② 접촉적 위험 : 끼임, 잘림, 찔림
③ 화학적 위험 : 폭발, 화재, 생리적 위험
④ 구조적 위험 : 파괴, 파열

24 작업 감독자의 직무에 관한 사항이 아닌 것은?

① 작업감독 지시
② 사고보고서 작성
③ 작업자 지도 및 교육 실시
④ 산업재해 시 보상금 기준 작성

☞ 안전관리자의 직무
㉠ 당해 사업장의 안전보건관리규정 및 취업규정에서 정한 업무

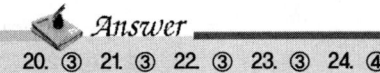
20. ③ 21. ③ 22. ③ 23. ③ 24. ④

㉡ 당해 사업장 안전교육계획의 수립 및 실시
㉢ 사업장 순회점검, 지도 및 조치의 건의
㉣ 산업재해발생 원인 조사 및 재발 방지를 위한 기술적 지도 조언
㉤ 방호장치, 기계기구 및 설비, 보호구 중 안전에 관계되는 보호구 구입 시 적격품 판정
㉥ 산업재해에 관한 통계의 유지 관리를 위한 조치 건의
㉦ 안전에 관한 사항을 위반한 근로자에 대한 조치 건의

25 재해조사의 요령으로 바람직한 방법이 아닌 것은?
① 재해 발생 직후에 행한다.
② 현장의 물리적 증거를 수집한다.
③ 재해 피해자로부터 상황을 듣는다.
④ 의견 충돌을 피하기 위하여 반드시 1인이 조사하도록 한다.

☞ 재해조사의 방법
㉠ 재해현장은 변경되기 쉽기 때문에 조사는 재해 발생 직후에 실시할 것
㉡ 물적 증거를 수집해 보관할 것
㉢ 재해현장의 상황을 기록하고 사진을 촬영할 것
㉣ 목격자 및 직장의 책임자의 협력하에 조사를 추진할 것
㉤ 재해발생 직후가 아니라도 가능한 한 피해자의 이야기를 경청할 것
㉥ 자신이 처리할 수 없다고 판단되는 특수한 재해나 대형재해의 경우는 전문가에게 조사를 의뢰할 것

26 다음 중 안전사고 발생 요인이 가장 높은 것은?
① 불안전한 상태와 행동
② 개인의 개성
③ 환경과 유전
④ 개인의 감정

☞ 사람의 불안전한 행동, 상태에서 안전사고율이 높다(지식 부족, 미숙련, 과로, 태만, 지시 무시 등).

27 전기감전에 의하여 넘어진 사람에 대한 중요 관찰사항과 거리가 먼 것은?
① 의식 상태   ② 호흡 상태
③ 맥박 상태   ④ 골절 상태

☞ 골절 : 뼈에 금이 가거나 부러진 상태

28 설비재해의 물적 원인에 속하지 않는 것은?
① 교육적 결함(안전교육의 결함, 표준작업방법의 결여 등)
② 설비나 시설에 위험이 있는 것(방호 불충분 등)
③ 환경의 불량(정리정돈 불량, 조명 불량 등)
④ 작업복, 보호구의 불량

☞ 재해의 물적 요인
• 불량한 기계설비와 불안전한 환경에서 오는 요인으로 정리정돈의 결함이다.
• 안전장치의 결함, 보호구의 결함, 부적절한 작업환경 등

29 추락을 방지하기 위한 2종 안전대의 사용법은?
① U자 걸이 전용
② 1개 걸이 전용
③ 1개 걸이, U자 걸이 겸용
④ 2개 걸이 전용

☞ 안전대의 종류 및 등급
㉠ 종류 : 벨트식[B식], 안전그네식[H식]
㉡ 등급

Answer
25. ④ 26. ① 27. ④ 28. ① 29. ②

- 1종 : U자 걸이 전용
- 2종 : 1개 걸이 전용
- 3종 : 1개 걸이, U자 걸이 전용
- 4종 : 안전블록
- 5종 : 추락방지대

30 조속기의 보수점검 등에 관한 사항과 거리가 먼 것은?

① 층 간 정지 시, 수동으로 돌려 구출하기 위한 수동핸들의 작동검사 및 보수
② 볼트, 너트 핀의 이완 유무
③ 조속기 시브와 로프 사이의 미끄럼 유무
④ 과속스위치 점검 및 작동

☞ **조속기의 보수점검 사항**
- 운전의 원활성과 소음의 유무
- 볼트, 너트 핀의 이완 유무
- 조속기 시브와 로프 사이의 미끄럼 유무
- 과속스위치 점검 및 작동
- 조속기 머신의 고정 유무

31 비상용 승강기는 화재발생 시 화재 진압용으로 사용하기 위하여 고층빌딩에 많이 설치하고 있다. 비상용 승강기에 반드시 갖추지 않아도 되는 조건은?

① 비상용 소화기
② 예비전원
③ 전용 승강장 이외의 부분과 방화구획
④ 비상운전 표시등

☞ • 비상용 엘리베이터 : 화재 시 소화 및 구조 활동에 적합하게 제작된 엘리베이터
• 구비 조건 : 예비전원, 전용승강장 이외의 부분과 방화구획, 비상운전 표시등

32 에스컬레이터의 디딤판과 스커트 가드와의 틈새는 양쪽 모두 합쳐서 최대 얼마이어야 하는가?

① 5mm 이하   ② 7mm 이하
③ 9mm 이하   ④ 10mm 이하

☞ • 스텝 체인은 에스컬레이터 좌우에 설치되며, 스텝을 주행시키는 역할을 한다.
• 에스컬레이터의 디딤판과 스커트 가드와의 틈새는 승강로의 총길이에 걸쳐서 한쪽이 4mm 이하여야 하고, 양쪽을 합쳐서 7mm 이하이어야 한다.
• 에스컬레이터의 브레이크장치는 무부하 시의 정지거리는 0.1~0.6m 이하이어야 한다.
• 디딤판의 높이는 100mm 이하이어야 한다. 또한 디딤판의 길이는 가로 560~1020mm 이하, 세로 400mm 이하이어야 한다.

33 승강장 도어 문턱과 카 문턱과의 수평거리는 몇 mm 이하이어야 하는가?

① 125   ② 120
③ 50   ④ 35

☞ • 카문의 문턱과 승강장문의 문턱 사이의 수평거리는 35mm 이하이어야 한다.
• 승강장문과 카문 전체가 정상 작동하는 동안, 카문의 앞부분과 승강장문 사이의 수평거리는 0.12m 이하이어야 한다.

34 간접식 유압 엘리베이터의 특징이 아닌 것은?

① 실린더를 설치하기 위한 보호관이 필요하지 않다.
② 실린더 점검이 용이하다.
③ 비상정지장치가 필요하다.
④ 로프의 늘어짐과 작동유의 압축성 때문에 부하에 의한 카 바닥의 빠짐이 비교적 작다.

☞ **간접식 유압 엘리베이터의 특징**
- 실린더의 보호관이 필요 없고, 실린더 점검이 용이하다.
- 비상정지장치가 필요하다.

Answer
30. ① 31. ① 32. ② 33. ④ 34. ④

- 로프의 늘어남과 기름의 압축성 때문에 부하로 인한 카 바닥의 빠짐이 크다.
- ※ 부하에 의한 카 바닥의 빠짐이 비교적 작은 것은 직접식 유압 엘리베이터의 특징

35 장애인용 엘리베이터의 경우 호출버튼에 의하여 카가 정지하면 몇 초 이상 문이 열린 채로 대기하여야 하는가?
① 8초 이상   ② 10초 이상
③ 12초 이상   ④ 15초 이상

👉 장애인 엘리베이터는 호출버튼 또는 등록버튼에 의하여 카가 정지하면 10초 이상 문이 열린 채로 대기하여야 한다.

36 과부하 감지장치에 대한 설명으로 틀린 것은?
① 과부하 감지장치가 작동하는 경우 경보음이 울려야 한다.
② 엘리베이터 주행 중에는 과부하 감지장치의 작동이 무효화되서는 안 된다.
③ 과부하 감지장치가 작동한 경우에는 출입문이 닫힘을 저지하여야 한다.
④ 과부하 감지장치는 초과하중이 해소되기 전까지 작동하여야 한다.

👉 **과부하 감지장치**
- 기능 : 정격적재하중을 초과하여 적재(승차) 시 경보가 울리고 도어가 열림. 해소 시까지 문 열고 대기
- 엘리베이터카에 과부하가 발생하면 엘리베이터의 출발을 방지하도록 되어 있다. 주행 중이라는 말이 틀린 이유이다.

37 로프식(전기식) 엘리베이터용 조속기의 점검사항이 아닌 것은?
① 진동소음상태

② 베어링 마모상태
③ 캐치 작동상태
④ 라이닝 마모상태

👉 **조속기의 점검사항**
- 소음의 유무
- 볼트 및 너트의 이완 유무
- 조속기 로프의 마모와 클립 체결상태 양호 유무
- 베어링의 마모상태
- 캐치 작동상태
- 각 지점부의 부착상태, 급유상태 및 조정 스프링의 약화 등이 없는지 확인
- 배선단자의 이완 확인 등

38 엘리베이터에서 와이어로프를 사용하여 카의 상승과 하강에 전동기를 이용한 동력장치는?
① 권상기   ② 조속기
③ 완충기   ④ 제어반

👉 ① 권상기 : 와이어 로프를 사용하여 카의 상승과 하강에 전동기를 이용한 동력장치
② 조속기 : 카의 운행속도를 기계적이고 전기적인 방법으로 동시에 검출하여 카의 과속도를 검출하고 이상 시 동력을 차단하여 비상정지를 시키는 장치
③ 완충기 : 카가 어떤 원인으로 최하층 피트로 떨어질 때 충격을 완화시키는 장치

39 전기식 엘리베이터의 카 내 환기시설에 관한 내용 중 틀린 것은?
① 구멍이 없는 문이 설치된 카에는 카의 위·아랫부분에 환기구를 설치한다.
② 구멍이 없는 문이 설치된 카에는 반드시 카의 윗부분에만 환기구를 설치한다.
③ 카의 윗부분에 위치한 자연 환기구의 유효면적은 카의 허용면적의 1% 이상이어야 한다.

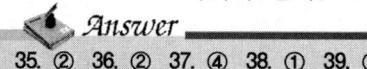

Answer
35. ② 36. ② 37. ④ 38. ① 39. ②

④ 카의 아랫부분에 위치한 자연 환기구의 유효면적은 카의 허용면적의 1% 이상이어야 한다.

승강기검사기준 중 환기
- 구멍이 없는 문이 설치된 카에는 카의 위·아랫부분에 자연 환기구가 있어야 한다.
- 카 윗부분에 위치한 자연 환기구의 유효 면적은 카의 허용면적의 1% 이상이어야 한다. 카 아랫부분의 환기구 또한 동일하게 적용된다. 카문 주위에 있는 개구부 또는 틈새는 규정된 유효면적의 50%까지 환기구의 면적에 계산될 수 있다.
- 자연 환기구는 직경 10mm의 곧은 강체 막대 봉이 카 내부에서 카 벽을 통해 통과될 수 없는 구조이어야 한다.

40 그림과 같은 활차장치의 옳은 설명은? (단, 그 활차의 직경은 같다.)

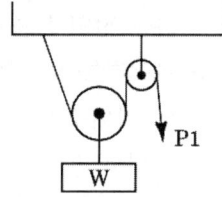

① 힘의 크기는 W=P이고, W의 속도는 P 속도의 $\frac{1}{2}$이다.

② 힘의 크기는 W=P이고, W의 속도는 P 속도의 $\frac{1}{4}$이다.

③ 힘의 크기는 W=2P이고, W의 속도는 P 속도의 $\frac{1}{2}$이다.

④ 힘의 크기는 W=2P이고, W의 속도는 P속도의 $\frac{1}{4}$이다.

복활차
정활차와 동활차를 조합하여 만든 것. 적은 힘으로 몇 배의 하중을 올릴 수 있다.
$W = 2^n \times F$

41 에스컬레이터 승강장의 주의표지판에 대한 설명 중 옳은 것은?

① 주의표지판은 충격을 흡수하는 재질로 만들어야 한다.
② 주의표지판은 영문으로 읽기 쉽게 표기되어야 한다.
③ 주의표지판의 크기는 80mm×80mm 이하의 그림으로 표시되어야 한다.
④ 주의표지판의 바탕은 흰색, 도안은 흑색, 사선은 적색이다.

승강장 주의표지판
- 주의표지판은 견고한 재질로 만들어야 하며, 잘 보이는 곳에 확실히 부착하여야 한다.
- 주의표지판은 국문으로 읽기 쉽게 표기하거나 크기 80mm×80mm 이상, 색상은 흰색 바탕에 청색 그림으로 하나 X표시는 적색으로 한다.
- 주의표지판에는 "어린이는 반드시 잡고 탈 것", "애완동물은 반드시 안고 탈 것", "몸은 주행방향쪽을 향하고, 발을 바깥쪽으로 내밀지 말 것", "핸드 레일을 잡고 탈 것"이라는 의미를 반드시 포함하여야 하며, "신발을 신은 상태에서만 탈 것", "크고 무거운 짐을 운반하지 말 것", "유모차나 손수레를 싣지 말 것"(다만, 에스컬레이터 탑재를 위하여 구름 및 전도방지를 위한 제동장치와 걸림 홈이 설치된 전용 손수레를 사용하며 경사각이 25° 이하이고 상·하 수평 스텝이 4스텝 이상(1스텝 0.4m 이상), 주행속도가 30m/min 이하이고 비상정지버튼 스위치가 콤에서 각각 2m 이내의 출구지역에 있어야 하며, 출구지역 승강장 공간 5m 이상, 콤의 경사도가 19° 이하, 에스컬레이터 스텝이 트롤리(카트)보다 최소 0.4m 이상의 여유를 확보하였을 경우에는 "유모차나 손수레를 싣지 말 것"이라는 항목의 적용을 제외한다. 무빙워크는 제외)이라는 의미를 부가

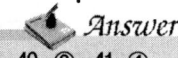

40. ③ 41. ④

적으로 포함할 수 있다.

42 유압식 엘리베이터에서 고장 수리할 때 가장 먼저 차단해야 할 밸브는?
① 체크 밸브 ② 스톱 밸브
③ 복합 밸브 ④ 다운 밸브

☞ **스톱 밸브**
- 밸브를 닫으면 실린더의 오일이 탱크로 역류하는 것을 방지한다. 유압장치의 보수·점검 또는 수리 시 사용
- 유압 파워 유닛과 실린더 사이의 압력배관에 설치되며, 이것을 닫으면 실린더의 기름이 파워 유닛으로 역류하는 것을 방지한다.

43 실린더를 검사하는 것 중 해당되지 않는 것은?
① 패킹으로부터 누유된 기름을 제거하는 장치
② 공기 또는 가스의 배출구
③ 더스트 와이퍼의 상태
④ 압력배관의 고무호스는 여유가 있는지의 상태

☞ **실린더의 검사항목**
- 실린더 상부의 청소상태 확인
- 실린더 연결부의 누유상태 확인
- 공기 또는 가스의 배출구
- 실린더 윗부분에 대한 리크 오일량이 많으면 윗부분의 패킹과 링 및 더스트실을 교환할 필요가 있다.
- 각 배관조임부의 취부상태 확인
- 실린더의 기울어짐 확인

44 유압식 엘리베이터에서 바닥맞춤보정장치는 몇 mm 이내에서 작동상태가 양호하여야 하는가?
① 25 ② 50

③ 75 ④ 900

☞ 바닥맞춤보정장치는 카의 정지 시 자연하강을 보정하기 위한 보정장치로, 75mm 이내의 위치에서 보정할 수 있어야 한다.

45 정격속도 60m/min를 초과하는 엘리베이터에 해당되는 비상정지장치의 종류는?
① 점차 작동형 ② 즉시 작동형
③ 디스크 작동형 ④ 플라이볼 작동형

☞ **점진식 비상정지장치(60m/min 이상에 사용)**
- 플렉시블 웨지 클램프(F.W.C) : 레일을 죄는 힘이 처음에는 약하게 그리고 하강함에 따라 강해지다가 얼마 후 일정하다.
- 플렉시블 가이드 클램프(F.G.C) : 레일을 죄는 힘이 처음부터 끝까지 일정하다.

46 유압식 엘리베이터의 제어방식에서 펌프의 회전수를 소정의 상승속도에 상당하는 회전수로 제어하는 방식은?
① 가변전압 가변주파수 제어
② 미터 인 회로 제어
③ 블리드오프회로 제어
④ 유량밸브 제어

☞ ① 가변전압 가변주파수(VVVF) 제어 : 인버터 방식의 최근 엘리베이터뿐만 아니라, 다른 기기에서도 널리 사용되고 있는 방식이다. 엘리베이터에서는 승강실 내 하중과 운전방향에 따라 회생전력이 발생한다. (승강실이 빈 상태로 상승하는 경우 등) 회생전력을 흡수하기 위해 인버터의 직류단에 회생전류 흡수용 저항기를 설치해 열을 발산하고 있다. 정격속도 120m/min을 넘는 것의 대부분은 컨버터를 정류회로로 바꾸어 회생전력을 전원으로 되돌리고 있다.
② 미터 인(meter-in) 회로 제어 : 정확한 제어가 가능하나, 효율이 나쁘다.

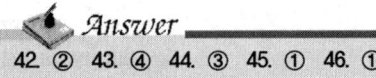
42. ② 43. ④ 44. ③ 45. ① 46. ①

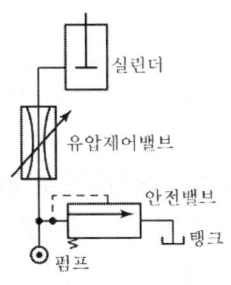

③ 블리드 오프(bleed-off) 회로 제어 : 부하에 필요한 압력 이상의 압력을 발생시킬 필요가 없어 효율이 높다. 부하변동이 심한 경우 정확한 속도 제어가 곤란하다.

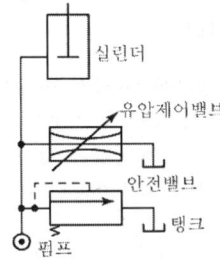

④ 유량 밸브 제어 : 밸브 내의 통과 유량을 무단계로 제어하여 각종 밸브의 개폐 속도의 변경, 가변 용량 펌프, 모터의 밀어내는 용적 변경, 속도의 조정 등에 사용된다.

47 조속기 로프의 공칭직경은 몇 mm 이상이어야 하는가?
① 5   ② 6
③ 7   ④ 8

☞ 조속기 로프의 공칭 직경은 6mm 이상이어야 한다.

48 급유가 필요하지 않은 곳은?
① 호이스트 로프(hoist rope)
② 조속기(governer) 로프
③ 가이드 레일(guide rail)
④ 웜 기어(worm gear)

☞ 조속기 로프에 급유되면 정지 시 미끄러짐 현상이 발생한다.

49 엘리베이터 권상기 시브 직경이 500mm이고, 주와이어로프 직경이 12mm이며, 1 : 1 로핑방식을 사용하고 있다면 권상기 시브의 회전속도가 1분당 약 56회일 경우 엘리베이터 운행속도는 약 몇 m/min가 되겠는가?
① 45   ② 60
③ 90   ④ 120

☞ (500+12)×3.14×56=90030.08mm/min. 단위를 m로 바꾸면 90m/min

50 다음 중 일감의 평행도, 원통의 진원도, 회전체의 흔들림 정도 등을 측정할 때 사용하는 측정기는?
① 버니어 캘리퍼스 ② 하이트 게이지
③ 마이크로미터   ④ 다이얼 게이지

☞ ① 버니어 갤리퍼스(vernier calipers) : 기계부품의 지름, 두께, 깊이를 측정한다.

② 하이트 게이지(height gauge) : 공작물의 높이, 정밀한 금긋기에 사용한다.

③ 마이크로미터(micrometer calipers) : 판의 두께, 작은 물체의 길이, 바깥지름, 안지름 등을 측정한다.

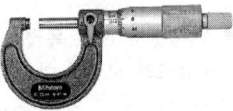

Answer
47. ② 48. ② 49. ③ 50. ④

④ 다이얼 게이지(dial gauge) : 평면의 요철, 직각의 흔들림을 측정한다.

51 비상용 엘리베이터 운행속도는 몇 m/min 이상으로 하여야 하는가?

① 30 ② 45
③ 60 ④ 90

👉 • 비상용 엘리베이터는 건축물의 전 층을 운행하여야 한다.
• 비상용 엘리베이터 크기는 630kg의 정격하중을 갖는 폭 1100mm, 깊이 1400mm 이상이어야 하며, 출입구 유효폭은 800mm 이상이어야 한다. 침대 등을 수용하거나 2개의 출입구로 설계된 경우 또는 피난용도로 의도된 경우, 정격하중은 1000kg 이상이고 카의 면적은 폭 1100mm, 깊이 2100mm 이상이어야 한다.
• 비상용 엘리베이터는 소방관이 조작하여 엘리베이터 문이 닫힌 이후부터 60초 이내에 가장 먼 층에 도착하여야 된다. 다만, 운행속도는 60m/min 이상이어야 한다.

52 도르래의 로드홈에 언더컷(Under Cut)을 하는 목적은?

① 로프의 중심 균형
② 윤활 용이
③ 마찰계수 향상
④ 도르래의 경량화

👉 **언더컷의 사용 목적**
• 로프와 시브의 마찰계수를 높이기 위한 것이다.

• 로프 마모율이 비교적 심하다.
• 주로 싱글 래핑(1 : 1 로핑)에 사용된다.
• 홈의 형상은 시브 홈의 밑을 도려낸 것이다.

53 전동기를 동력원으로 많이 사용하는데 그 이유가 될 수 없는 것은?

① 안전도가 비교적 높다.
② 제어조작이 비교적 쉽다.
③ 소손사고가 발생하지 않는다.
④ 부하에 알맞은 것을 쉽게 선택할 수 있다.

👉 **엘리베이터에서 전동기 사용의 장단점**
• 제어조작이 비교적 쉽다.
• 부하에 알맞은 것을 쉽게 선택할 수 있다.
• 안전도가 비교적 높다.

54 유도전동기의 속도제어법이 아닌 것은?

① 2차 여자제어법
② 1차 계자제어법
③ 2차 저항제어법
④ 1차 주파수제어법

👉 **유도전동기 속도제어방법**
• 1차 주파수제어법
• 1차 전압제어법
• 2차 저항제어법
• 2차 여자제어법

55 3상 유도전동기에서 슬립(slip) s의 범위는?

① $0<s<1$ ② $0>s>-1$
③ $2>s>1$ ④ $-1<s<1$

👉 • 전동기가 정지상태일 때 : $s=1$
• 전동기가 동기속도일 때 : $s=0$
• 동기가 운전상태일 때 : $0<s<1$

56 아래의 회로도와 같은 논리기호는?

Answer
51. ③ 52. ③ 53. ③ 54. ② 55. ① 56. ④

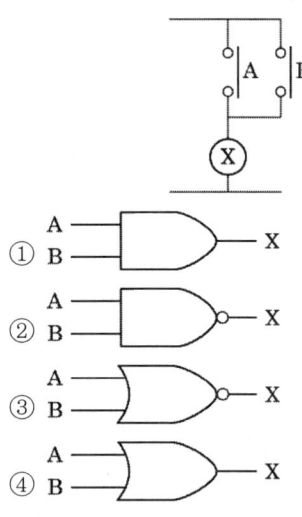

ⓒ AND 회로

논리 기호	진리표		
	A	B	X
A—⟫—X B	0	0	0
	0	1	0
	1	0	0
	1	1	1
시퀀스 회로	논리식		
(회로도)	$X = A \times B$		

ⓛ OR 회로

논리 기호	진리표		
	A	B	X
A—⟫—X B	0	0	0
	0	1	1
	1	0	1
	1	1	1
시퀀스 회로	논리식		
(회로도)	$X = A + B$		

ⓔ NAND 회로

논리 기호	진리표		
	A	B	X
A—⟫∘—X B	0	0	1
	0	1	1
	1	0	1
	1	1	0
시퀀스 회로	논리식		
(회로도)	$X = \overline{A \times B}$		

ⓛ NOR 회로

논리 기호	진리표		
	A	B	X
A—⟫∘—X B	0	0	1
	0	1	0
	1	0	0
	1	1	0
시퀀스 회로	논리식		
(회로도)	$X = \overline{A + B}$		

ⓜ NOT 회로

논리 기호	진리표	
	A	X
A—▷∘—X	0	1
	1	0
시퀀스 회로	논리식
(회로도)	$X = \overline{A}$

57 정현파 교류의 실효치는 최대치의 몇 배인가?

① π 배   ② $\dfrac{2}{\pi}$ 배

④ $\sqrt{2}$ 배   ③ $\dfrac{1}{\sqrt{2}}$ 배

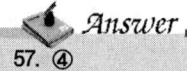

57. ④

👉 실효전압(V) = $\dfrac{최대전압(V_m)}{\sqrt{2}}$

58 그림과 같은 지침형(아날로그형) 계기로 측정하기에 가장 알맞은 것은? (단, R은 지침의 0점을 조절하기 위한 가변저항이다.)

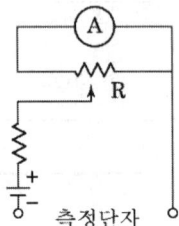

① 전압　　② 전류
③ 저항　　④ 전력

59 NAND 게이트 3개로 구성된 다음 논리회로의 출력값 E는?

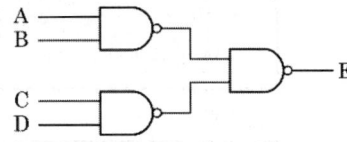

① $A \cdot B + C \cdot D$
② $(A+B) \cdot (C+D)$
③ $\overline{A \cdot B} + \overline{C \cdot D}$
④ $A \cdot B \cdot C \cdot D$

👉 $E = \overline{\overline{AB} \cdot \overline{CD}} = \overline{\overline{AB}} + \overline{\overline{CD}} = AB + CD$

60 부하 1상의 인덕턴스가 3+j4Ω인 Δ결선 회로에 100V의 전압을 가할 때 선전류는 몇 A인가?

① 10　　② $10\sqrt{3}$
③ 20　　④ $20\sqrt{3}$

👉 $I_P = \dfrac{V_P}{Z} = \dfrac{100}{3+j4} = \dfrac{100}{\sqrt{3^2+4^2}}$
　　$= \dfrac{100}{5} = 20A$
∴ $I_\ell = \sqrt{3}\,I_P = \sqrt{3} \times 20 = 20\sqrt{3}$

Answer
58. ③　59. ①　60. ④

CBT 기출 복원문제

4회

승강기기능사

01 기계식 주차설비의 설치 기준에서 모든 자동차의 입·출고 시간으로 맞는 것은?
① 입고시간 60분 이내, 출고시간 60분 이내
② 입고시간 90분 이내, 출고시간 90분 이내
③ 입고시간 120분 이내, 출고시간 120분 이내
④ 입고시간 150분 이내, 출고시간 150분 이내

👉 **기계식 주차설비의 기준**
주차장치에 수용할 수 있는 자동차를 모두 입·출고하는데 소요되는 시간은 각각 2시간 이내일 것(2단식, 다단식 주차장치 제외)

02 엘리베이터 기계실의 구조에 대한 설명으로 적합하지 않은 것은?
① 기계실 내부에 공간이 있어서 옥상 물탱크의 양수설비를 하였다.
② 당해 건축물의 다른 부분과 내화구조로 구획하였다.
③ 바닥면적은 승강로의 수평투영면적의 2배로 하였다.
④ 천장에는 기기를 양정하기 위한 고리를 설치하였다.

👉 기계실 내부에는 다른 설비를 하여서는 안 된다.

03 그림에서와 같이 주로프가 주 시브(main sheave) 및 빔 풀리(beam pulley)를 거쳐 각각 카와 균형추(counter weight)에 고정되는 로핑방식은?

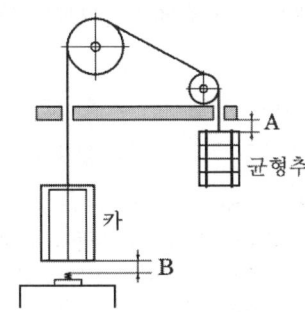

① 1 : 1 로핑 ② 2 : 1 로핑
③ 3 : 1 로핑 ④ 4 : 1 로핑

04 에스컬레이터의 구동용 모터를 선정할 때 가장 중요한 요인은?
① 승강기 높이 ② 승강기 속도
③ 기계실 크기 ④ 수송 인원

👉 **모터 용량(P)**
$$= \frac{1분 간 수송인원 \times 1명의 중량 \times 층높이}{6120 \times 종합 효율} [kW]$$

05 기계실을 승강로의 아래쪽에 설치하는 방식은?
① 정상부형 방식
② 횡인 구동 방식
③ 베이스먼트 방식
④ 사이드머신 방식

👉 **기계실 설치의 방식**
• 사이드머신 방식 : 승강로 상부 측면에 설치된 방식
• 베이스먼트 방식 : 승강로 하부(아래쪽 옆방향) 측면에 설치된 방식
• 오버헤드 머신 방식 : 승강로 정상부에 설치

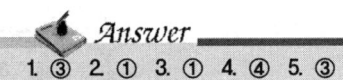

1. ③ 2. ① 3. ① 4. ④ 5. ③

된 방식

06 균형추를 사용한 승객용 엘리베이터에서 제동기(Brake)의 제동력은 적재하중의 몇 %까지는 위험 없이 정지가 가능하여야 하는가?

① 100% ② 110%
③ 120% ④ 125%

👉 엘리베이터 승객용 제동기의 제동력은 적재하중의 125%까지, 화물용의 제동력은 적재하중의 120%까지 적재하중을 싣고 하강 시 안전하게 정지 가능해야 한다.

07 감전사고의 원인이 되는 것과 관계없는 것은?

① 기계, 기구의 빈번한 기동 및 정지
② 전기기계기구나 공구의 절연파괴
③ 콘덴서의 방전코일이 없는 상태
④ 정전 작업 시 접지가 없어 유도전압이 발생

👉 **감전사고의 원인**
• 전기기계기구나 공구의 절연파괴
• 콘덴서의 방전코일이 없는 상태
• 정전 작업 시 접지가 없어 유도전압 발생
• 충전부의 절연 불량
• 낙뢰
• 기계, 기구의 자체 결함
• 이상전류에 의한 전위상승 등

08 엘리베이터의 고장으로 과속 하강 시, 제어신호와 관계없이 기계적으로 카를 정지시킬 때 조속기는 어떤 힘으로 작동되는가?

① 가속력 ② 전자력
③ 구심력 ④ 원심력

👉 **조속기의 동작 원리**

조속기의 속도가 빠르면 원심력에 의해 웨이트나 플라이볼이 동작, 과속 스위치 또는 전원 스위치 등을 작동시켜 카를 멈춘다.

09 카 바닥 앞부분과 승강로 벽과의 수평거리는? (단, 카 도어록이 설치되어 사람의 힘으로 열 수 없는 경우 또는 화물용 엘리베이터의 경우에는 적용되지 않는다.)

① 40mm 이하 ② 80mm 이하
③ 125mm 이하 ④ 160mm 이하

👉 카 바닥 끝단과 승강로 벽 사이의 거리는 125mm 이하이어야 한다.

10 레일은 5m 단위로 제조되는데 T형 가이드 레일에서 13K, 18K, 24K, 30K를 바르게 설명한 것은?

① 가이드 레일 형상
② 가이드 레일 길이
③ 가이드 레일 1m의 무게
④ 가이드 레일 5m의 무게

👉 **레일의 규격**
• 레일의 호칭은 마지막 가동 전 소재의 1m 당 중량으로 한다.
• 레일의 표준길이는 5m
• T형 레일을 사용하며 공칭은 8K, 13K, 18K, 24K, 30K나 대용량 엘리베이터는 37K, 50K 등 사용

11 에스컬레이터 디딤판의 속도는 일반적인 경우 몇 m/min 이하로 하여야 하는가?

① 30m/min 이하 ② 35m/min 이하
③ 50m/min 이하 ④ 60m/min 이하

👉 에스컬레이터의 디딤판, 핸드레일의 속도는 30m/min 이하이다.
※ 수평보행기의 경사도가 8도 이하인 경우,

Answer
6. ④ 7. ① 8. ④ 9. ③ 10. ③ 11. ①

디딤판의 속도는 50m/min 이하로 하여야 한다.

12 제어반에서 점검할 수 없는 것은?
① 결선 단자의 조임 상태
② 전동기 회로 절연상태
③ 스위치 접점 및 작동상태
④ 조속기 스위치 작동상태

☞ 제어반의 점검, 보수항목
• 제어반의 수직도 및 볼트의 취부 이완상태 유무
• 각 스위치, 릴레이 등 작동 유무
• 절연저항 측정 및 결선 단자 조임 상태 유무
• 접지선 접속 유무
• 절연물, 아크방지기, 코일의 소손 및 파손 유무
• 소음의 유무 등

13 직류기에서 워드 레오나드 방식의 목적은?
① 계자자속을 조정하기 위하여
② 속도 제어를 하기 위하여
③ 병렬운전을 하기 위하여
④ 정류를 좋게 하기 위하여

☞ 워드 레오나드 방식
• 직류전동기의 속도제어방식을 말하며, 전동기의 여자전류를 최대로 하고 발전기의 단자전압을 제로에서 서서히 상승시키면 주 전동기는 기동저항 없이 조용히 기동한다.
• 발전기의 단자전압의 제어에 의해서 주 전동기의 속도를 단계 없이 제어할 수 있다.

14 엘리베이터 제어반 등의 회로 절연에 있어서 절연저항이 가장 커야 할 곳은?
① 전동기 주회로
② 승강로 내 안전회로
③ 승강로 내 신호회로
④ 승강로 내 조명회로

☞ 절연저항

회로의 용도	사용 전압	절연저항
전동기 주회로	300V 이하	0.2MΩ 이상
	300V 이상 400V 이하	0.3MΩ 이상
	400V 초과	0.4MΩ 이상
제어회로 신호회로 조명회로	150V 이하	0.1MΩ 이상
	150V 이상 300V 이하	0.2MΩ 이상

15 직류 가변전압식 엘리베이터에는 권상전동기에 직류 전원을 공급한다. 필요한 발전기용량은? (단, 권강전동기 효율 80%, 1시간 정격은 연속정격의 56%, 엘리베이터용 전동기 출력은 20kW이다.)
① 약 11kW   ② 약 14kW
③ 약 17kW   ④ 약 20kW

☞ $Q = \dfrac{출력}{효율} \times 연속정격 = \dfrac{20}{0.8} \times 0.56 = 14\text{kW}$

16 승객용 엘리베이터에서 카 바닥 앞부분의 아랫방향으로 출입구의 전폭에 걸쳐 수직높이가 몇 mm 이상인 보호판이 견고하게 설치되어 있어야 하는가?
① 450   ② 540
③ 1450 ④ 1540

☞ 승객용 엘리베이터에서 카 바닥 앞부분의 아랫방향으로 출입구의 전폭에 걸쳐 수직높이는 540mm 이상인 보호판이 견고하게 설치되어야 한다.

17 공동주택용 엘리베이터에서 카가 정지하였거나 동력이 끊어졌을 때 카의 도어를 손으로 여는 데 필요한 힘의 범위로 옳은 것은?

Answer
12. ④ 13. ② 14. ① 15. ② 16. ② 17. ①

① 5kg 이상 30kg 이하
② 5kg 이상 20kg 이하
③ 10kg 이상 30kg 이하
④ 10kg 이상 20kg 이하

☞ 문을 손으로 여는 데 필요한 힘은 정지하였을 때는 5kg 이상 30kg 이하이고, 주행 중에는 20kg이다.

18 수평보행기의 디딤면의 경사도는 몇 도 이하이어야 하는가?

① 8°   ② 10°
③ 12° ④ 15°

☞ 수평보행기의 경사각도는 12° 이하로 할 것 (단, 디딤면이 고무제품 등 미끄러지기 어려운 구조일 경우에는 15° 이하로 할 수 있다.)

19 과부하 감지기의 작동에 따른 연계작동에 포함되지 않는 것은?

① 카가 움직이지 않는다.
② 경보가 울린다.
③ 통화장치가 작동된다.
④ 문이 닫히지 않는다.

☞ 과부하 감지장치의 작동
• 문이 닫히지 않는다.
• 경보가 울린다.
• 카가 움직이지 않는다.
• 감지 해지 후 문이 닫히고 움직인다.

20 조속기가 작동하여 전원을 차단하고 브레이크를 작동시키는 속도는 정격속도의 몇 배를 초과하지 않는 범위이어야 하는가?

① 1.1배   ② 1.2배
③ 1.3배   ④ 1.4배

☞ ㉠ 제1동작 : 카의 정격속도가 조속기에 의해 과속이 감지되어 정속도의 1.3배를 넘지 않은 범위 내에서 동작. 전원을 차단하고 브레이크를 동작시킴. 이때 속도는 45m/min 이하의 경우 63m/min이다.
㉡ 제2동작 : 카의 정격속도가 조속기에 의해 과속이 감지되어 정속도의 1.4배를 넘지 않은 범위 내에서 동작. 기계적인 작동으로 레일을 꽉 물면서 정지. 이때 속도는 45m/min 이하의 경우 68m/min이다.

21 로프식 엘리베이터 기계실의 구조에서 주요한 기기로부터 기둥이나 벽까지의 수평거리는 얼마 이상으로 하여야 하는가?

① 30cm   ② 40cm
③ 50cm   ④ 100cm

☞ • 로프식 엘리베이터 : 벽이나 기둥으로부터 30cm 이상 떨어져야 한다.
• 유압식 엘리베이터 : 벽이나 기둥으로부터 50cm 이상 떨어져야 한다.

22 블리드 오프 유압회로 방식의 특징이 아닌 것은?

① 카의 기동 시 유량조절이 어렵다.
② 상승 운전 시 효율이 높다.
③ 작동유의 온도(점도)변화 및 압력변화 등의 영향을 받기 쉽다.
④ 기동·정지 시 효과가 적다.

☞ 블리드 오프(bleed-off) 유압회로
• 상승 운전 시 효율이 높다.
• 기동·정지 시 효과가 적다.
• 카의 기동 시 유량조절이 쉽다.
• 작동유의 온도변화 및 압력변화 등의 영향을 받기 쉽다.

23 일반적으로 교류의 감전 전류값이 100mA일 때 인체에 미치는 영향 정도는?

① 약간의 자극을 느낀다.

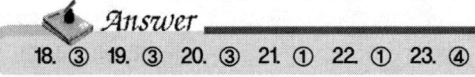

18. ③ 19. ③ 20. ③ 21. ① 22. ① 23. ④

② 상당한 고통이 온다.
③ 근육에 경련이 일어난다.
④ 심장은 마비증상을 일으키며 호흡도 정지한다.

🔥 **전기 감전의 증상**

전류	증상
1mA	최소 감지 전류
5mA	상당한 통증을 느낀다.
10mA	고통의 한계전류
20mA	근육수축과 움직임이 불가능
50mA	매우 위험 상태
100mA	치명적

24 경사각이 6° 이하인 경우를 제외한 수평보행기 디딤면의 폭은?

① 560mm 이상, 1020mm 이하
② 580mm 이상, 1020mm 이하
③ 580mm 이상, 1050mm 이하
④ 580mm 이상, 2050mm 이하

🔥 디딤판 높이는 100mm 이하이어야 한다. 디딤판의 길이는 가로 560~1020mm 이하, 세로 400mm 이하이어야 한다.

25 유압식 엘리베이터에서 실린더의 일반적인 구조 기준은 안전율 몇 이상이어야 하는가?

① 2   ② 4
③ 8   ④ 10

🔥

구분	안전율
플런저 실린더 및 압력배관	4 (취성금속을 사용하는 경우 10)
유압 고무호스	10
주 로프 또는 체인	10

26 권상도르래, 풀리 또는 트럼과 현수로프의 공칭직경 사이의 비는 스트랜드의 수와 관계없이 얼마 이상이어야 하는가?

① 10   ② 20
③ 30   ④ 40

🔥 **도르래 직경**
주 로프(D/d=40 : 1), 균형 로프(D/d=32 : 1)

27 레일의 규격을 나타낸 그림이다. 빈칸 A, B에 맞는 것은 몇 kg인가?

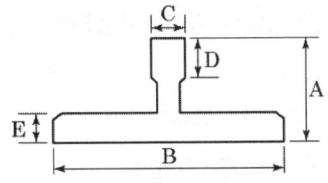

	8kg	Ⓐ	18kg	Ⓑ	30kg
A	56	62	89	89	108
B	78	89	114	127	140
S	10	16	16	16	19
D	26	32	38	50	51
E	6	7	8	12	13

① Ⓐ 10, Ⓑ 26   ② Ⓐ 12, Ⓑ 22
③ Ⓐ 13, Ⓑ 24   ④ Ⓐ 15, Ⓑ 27

🔥 **가이드 레일(guide rail) 규격**

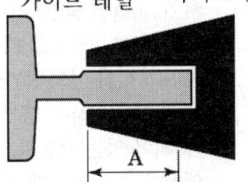

㉠ 레일의 호칭은 마지막 가동 전 소재의 1m당 중량으로 한다.

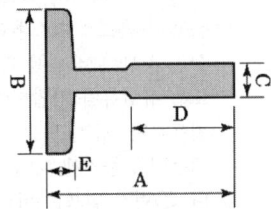

㉡ 레일의 표준길이는 5m
㉢ T형 레일을 사용하며 공칭은 8K, 13K, 18K, 24K, 30K나 대용량 엘리베이터는 37K,

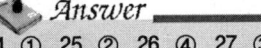
24. ① 25. ② 26. ④ 27. ③

50K 등 사용

	8K	13K	18K	24K	30K
A	56	62	89	89	108
B	78	89	114	127	140
C	10	16	16	16	19
D	26	32	38	50	51
E	6	7	8	12	13

28 압력맥동이 적고 소음이 적어서 유압식 엘리베이터에 주로 사용되는 펌프는?

① 기어 펌프   ② 베인 펌프
③ 스크류 펌프   ④ 릴리프 펌프

☞ 유압 펌프의 종류

㉠ 나사 펌프(스크류 펌프) : 회전 펌프의 하나로 관 속에 들어 있는 나사를 회전시켜 유체를 축방향으로 흐르게 하는 것이다. 이 경우 두 개의 나사와 같은 축이 맞닿으면서 흡·토출을 한다. 하지만 최근에 들어서 나사펌프는 유압 쪽에서 거의 사용하고 있지 않다. 기어 펌프와 마찬가지로 이물질로 인해서 맞닿는 나사가 손상되는 경우가 많기 때문이고 두 개의 축이 맞물려 돌아가기 때문에 마모가 쉽다. 또한 나사가 맞닿는 기어에 제작 시 기밀성을 유지하기 어려워 효율 저하가 쉽다.

㉡ 기어 펌프 : 2개의 기어를 맞물리게 하여 기어의 이와 이의 공간에 갇힌 유체를 기어의 회전에 의하여 케이싱 내면을 따라 보내게 되어 있는 펌프로, 점도가 높은 균질의 액체를 수송하는 데 적합하기 때문에 기름 펌프로서 가장 널리 사용되고 있다. 배출되는 유량은 기어의 회전수에 비례한다.

㉢ 플런저 펌프 : 피스톤과 흡사한 플런저를 실린더 내에서 왕복 운동시킴에 의해 물 또는 유압류를 가압하여 급수하는 형식의 펌프로서, 증기 또는 전동기에 의해 운전되는데 전동기에 의해 구동하는 경우가 많다. 플런저 펌프는 피스톤 왕복식 펌프(워싱톤 펌프나 위어 펌프 등)가 비교적 저압의 보일러에 이용되는 데 비해 고압에 적

합하다.

㉣ 베인 펌프 : 회전 펌프의 하나로 편심 펌프라고도 한다. 원통형 케이싱 안에 편심회전자가 있고 그 홈 속에 판상의 깃이 들어 있으며, 이 베인이 원심력 또는 스프링의 장력에 의해 벽에 밀착되어 회전하면서 액체를 압송하는 형식이다. 주로 유압 펌프용으로 사용된다.

29 카 및 승강장 문의 유효 출입구의 높이(m)는 얼마 이상이어야 하는가?

① 1.8   ② 1.9
③ 2.0   ④ 2.1

☞ • 카 내부의 유효 높이는 2m 이상이어야 한다. 다만, 자동차용 엘리베이터는 제외한다.
• 카 출입구의 유효 높이는 2m 이상이어야 한다. 다만, 자동차용 엘리베이터는 제외한다.

30 가장 먼저 누른 호출번호에 응답하고 운전이 완료될 때까지 다른 호출에 응답하지 않는 운전방식은?

① 승합 전자동식
② 단식 자동방식
③ 카 스위치방식
④ 하강 승합 전자동식

☞ ㉠ 운전원 방식
• 카 스위치 방식 : 기동·정지가 모두 운전자에 의해서 작동한다.
• 시그널 컨트롤 방식 : 카의 진행방향의 결정 또는 정지층 결정은 눌러진 카 내의 운전반 버튼 또는 승강장 버튼에 의해 작동된다. 운전자는 문의 개폐만 한다.
• 레코드 컨트롤 방식 : 운전원이 승객의 목적층과 승강장의 호출신호를 보고, 조작반 목적층의 버튼을 누르면 순서대로 자동 정지한다.

㉡ 무운전원 방식
• 단식 자동제어방식 : 오름, 내림 겸용으로

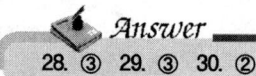
28. ③ 29. ③ 30. ②

먼저 호출된 것에만 응답하고, 운행 중에는 다른 호출에 응하지 않음
- 하강 승합자동식 : 2층 이상의 승강장에는 내림 버튼만 있고, 중간층에서 위 방향으로 올라갈 때에는 1층까지 내려갔다가 다시 눌러야 올라간다.
- 승합 전자동식 : 승강장에 버튼이 2개 있으며 동시에 기억 카의 진행방향에 카 내의 호출과 승강장의 호출을 응답하면서 작동

ⓒ 복수 승강기 조작방식
- 군 승합 자동식 : 2~3대의 엘리베이터를 연계시킨 후 호출에 대해 먼저 응답한 카만 가동하고 다른 카는 응답하지 않아 효율적인 방식이다.
- 군 관리 방식 : 3~8대의 엘리베이터를 연계, 집단으로 묶어 운행 관리하는 방식

31 로프의 미끄러짐 현상을 줄이는 방법으로 틀린 것은?

① 권부각을 크게 한다.
② 카 자중을 가볍게 한다.
③ 가감속도를 완만하게 한다.
④ 균형 체인이나 균형 로프를 설치한다.

로프의 미끄러짐 현상의 원인
- 권부각을 크게 한다.
- 균형체인이나 균형로프를 설치한다.
- 로프와 도르래 사이의 마찰계수를 크게 한다.
- 속도변화를 완만하게 한다.

32 승강기 정밀안전 검사기준에서 전기식 엘리베이터 주로프의 끝부분은 몇 가닥마다 로프 소켓에 바빗 채움을 하거나 체결식 로프 소켓을 사용하여 고정하여야 하는가?

① 1가닥   ② 2가닥
③ 3가닥   ④ 5가닥

주로프
㉠ 주로프의 공칭직경은 12mm 이상으로 하여야 한다. 다만, 주로프의 안전율이 10 이상이 되도록 여러 가닥의 로프를 사용하는 경우에 공칭직경은 8mm 이상으로 할 수 있다.
㉡ 3가닥(권동식은 2가닥) 이상으로 하여야 한다.
㉢ 권동식 엘리베이터의 카가 최하 정지 위치에 있는 경우에 주로프가 권동에 감기고 남는 권수는 2권 이상이어야 한다.
㉣ 끝부분은 1가닥마다 로프 소켓에 바빗 채움을 하거나 체결식 로프 소켓을 사용하여 고정하여야 한다. 다만, 기타의 장치로 고정하는 경우의 연결은 주로프 최소 파단 하중의 80% 이상이어야 한다. 또한, 권동식 엘리베이터인 경우에는 권동측의 끝부분을 1가닥마다 클램프 고정으로 할 수 있다.
㉤ 로프의 단말은 견고히 처리되거나 또는 주로프가 바빗 채움 방식인 경우 끝부분은 각 가닥을 접어서 구부린 것이 명확하게 보이도록 되어 있어야 한다.
㉥ 주로프를 걸어맨 고정부위는 2중 너트로 견고하게 조이고, 풀림방지를 위한 분할 핀이 꽂혀 있어야 한다.
㉦ 모든 주로프는 균등한 장력을 받고 있어야 한다. 또한, 로프의 단말부에는 장력을 균등하게 유지하는 스프링 등의 장치는 정격 하중의 110%에서도 완전히 압축되지 않는 등의 정상적인 기능이 유지되어야 한다.
㉧ 로프의 마모 및 파손상태는 가장 심한 부분에서 검사하여 아래 표 규정에 합격하여야 한다.

마모 및 파손상태	기준
소선의 파단이 균등하게 분포되어 있는 경우	1구성 꼬임(스트랜드)의 1꼬임 피치 내에서 파단수 4 이하
파단 소선의 단면적이 원래의 소선 단면적의 70% 이하로 되어 있는 경우 또는 녹이 심한 경우	1구성 꼬임(스트랜드)의 1꼬임 피치 내에서 파단수 2 이하

Answer
31. ② 32. ①

마모 및 파손상태	기준
소선의 파단이 1개소 또는 특정의 꼬임에 집중되어 있는 경우	소선의 파단 총수가 1꼬임 피치 내에서 6꼬임, 와이어로프이면 12 이하, 8꼬임 와이어로프이면 16 이하
마모부분의 와이어로프의 지름	마모되지 않은 부분의 와이어로프 직경의 90% 이상

ⓒ 승객용 용도의 엘리베이터에는 주로프의 단말부 중의 어느 한쪽에는 장력을 균등하게 하기 위한 장치가 있어야 한다.
ⓒ 장력을 균등하게 유지하기 위한 장치로 스프링을 사용한 경우 압축으로 작용하여야 한다.

33 유압식 엘리베이터의 카 문턱에는 승강장 유효 출입구 전폭에 걸쳐 에이프런이 설치되어야 한다. 수직면의 아랫부분은 수평면에 대해 몇 도 이상으로 아랫방향을 향하여 구부러져야 하는가?

① 15° ② 30°
③ 45° ④ 60°

🖐 **에이프런**
승객용 용도의 엘리베이터에 설치되는 보호판은 다음 기준에 적합하여야 한다.
㉠ 카 바닥 앞부분의 아랫방향으로 출입구의 전폭에 걸쳐 수직높이가 540mm 이상인 보호판이 견고하게 설치되어 있어야 한다.
㉡ 보호판은 두께 1.2mm 이상의 금속제 판으로 충분한 강도 및 강성을 갖도록 설치되어 있어야 한다. 또한, 노후, 부식 등으로 인한 구멍이 없어야 한다.
㉢ 보호판은 카 바닥 앞부분의 아랫방향으로 출입구 전폭에 걸쳐 곧은 수직면을 가져야 하고, 보호판의 아랫부분은 안전상 지장이 없도록 60° 구부러져 있어야 한다.

34 스텝 폭 0.8m, 공칭속도 0.75m/s인 에스컬레이터로 수송할 수 있는 최대 인원의 수는 시간당 몇 명인가?

① 3600 ② 4800
③ 6000 ④ 6600

🖐 **최대 수송능력**

스텝/팔레트 폭(z_1)[m]	공칭 속도(V)[m/s]		
	0.5	0.65	0.75
0.6	3600명/h	4400명/h	4900명/h
0.8	4800명/h	5900명/h	6600명/h
1	6000명/h	7300명/h	8200명/h

비고1 : 쇼핑용 손수레와 화물용 카트의 사용은 대략 수용력의 80%가 감소한다.
비고2 : 1m를 초과하는 팔레트 폭을 가진 무빙워크에서 이용자가 핸드 레일을 잡아야 하기 때문에 수용능력은 증가하지 않는다.

35 카 문턱과 승강장문 문턱 사이의 수평거리는 몇 mm 이하이어야 하는가?

① 12   ② 15
③ 35   ④ 125

🖐 **출입구의 간격**
카 문턱과 승강장문 문턱 사이의 수평거리는 35mm 이하이어야 한다.

36 조속기 로프의 공칭직경은 몇 mm 이상이어야 하는가?

① 6   ② 8
③ 10   ④ 12

🖐 조속기의 공칭직경은 6mm 이상이어야 한다.

37 안전보건표지의 종류가 아닌 것은?

① 금지 ② 방향
③ 경고 ④ 안내

🖐 **안전보건표지의 종류**
금지, 경고, 지시, 안내, 문자 추가 시 범례가 있다.

Answer
33. ④ 34. ④ 35. ③ 36. ① 37. ②

38 다음 중 로프의 꼬임 방법과 거리가 가장 먼 것은?

① 보통 꼬임과 랭 꼬임이 있다.
② 보통 꼬임은 스트랜드의 꼬임 방향과 로프의 꼬임 방향이 같다.
③ 보통 꼬임은 소선과 도르래의 접촉면이 작으면, 마모의 영향은 다소 많다.
④ 보통 꼬임은 잘 풀리지 않아 일반적으로 사용된다.

종류	꼬이는 방법	특징	형상
보통 꼬임	소선과 스트랜드의 꼬임 방향이 다르다.	㉠ 외주가 마모되기 쉽지만 꼬임이 풀리기 어렵다. ㉡ 유연성이 좋다.	Z 꼬임 S 꼬임
랭 꼬임	소선과 스트랜드의 꼬임 방향이 같다.	㉠ 외주가 마모되기 어렵지만 꼬임이 풀리기 쉽다. ㉡ 유연성이 좋다.	Z 꼬임 S 꼬임

39 안전 작업모를 착용하는 주요 목적이 아닌 것은?

① 화상방지
② 비산물로 인한 부상방지
③ 종업원의 표시
④ 감전의 방지

40 아래 그림은 트랜지스터를 사용한 무접점 스위치이다. 부하의 저항값은 10Ω, 트랜지스터 전류이득 $\beta=100$일 때, 부하에 흐르는 전류는? (단, V_{in}은 트랜지스터가 포화되는 전압을 가하고 다른 조건은 무시한다.)

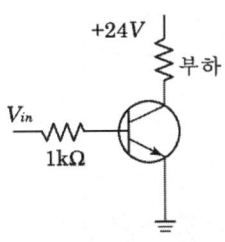

① 0.024A
② 0.24A
③ 2.4A
④ 24A

$I = \dfrac{V}{R} = \dfrac{24}{10} = 2.4$

41 SCR의 게이트 작용은?

① 소자의 on-off 작용
② 소자의 Turn-on 작용
③ 소자의 브레이크 다운 작용
④ 소자의 브레이크 오버 작용

게이트에 캐소드와 순방향으로 전압을 걸면 순방향으로 전류가 흐르면서 애노드(+)와 캐소드(-)가 순방향일 경우 문을 열어주는 역할을 한다. 그래서 이때 게이트에 걸리는 순방향 전압을 Gate Turn-on 전압이라고 한다.

42 논리식의 불 대수에 관한 법칙 중 틀린 것은?

① A·A=A
② 0·A=1
③ A+A=A
④ 1+A=A

- A·A = A
- A·0 = 0
- A+A = A
- A+1 = A
- A+0 = A
- A+$\overline{A}$ = 1

43 파스칼의 원리를 보여주는 다음 그림에서 서로 관통하는 두 원기둥 파이프의 지름이 각각 20cm, 10cm일 때 지름 20cm 원판 위의 상자무게가 10kg이라면 지름 10cm 원판에는 몇 kg·중의 힘을 가해야 양쪽이 균형을 이루겠는가?

Answer
38. ② 39. ③ 40. ③ 41. ② 42. ② 43. ①

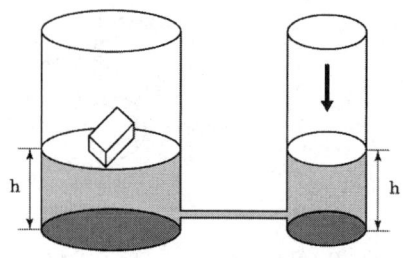

① 2.5 ② 5
③ 20 ④ 40

👉 $\dfrac{F_1}{A_1} = \dfrac{F_2}{A_2}$ 이므로 $\dfrac{10}{\pi 10^2} = \dfrac{x}{\pi 5^2}$

∴ $x = 2.5$

44 전자유도현상에 의한 유도기전력의 방향을 정하는 것은?

① 플레밍의 오른손법칙
② 옴의 법칙
③ 플레밍의 왼손법칙
④ 렌츠의 법칙

👉 ① 플레밍의 오른손법칙 : 도체의 운동에 의한 전자유도로 생기는 기전력의 방향을 알기 위한 법칙
② 옴의 법칙 : 전압의 크기 V, 전류의 세기 I, 저항을 R이라 할 때, V=I·R의 관계가 성립한다.
③ 플레밍의 왼손법칙 : 전자기력의 방향을 따질 때, 플레밍의 왼손법칙으로 방향을 설명할 수 있다.
④ 렌츠의 법칙 : 전자기 유도의 방향에 관한 법칙이다. 전자기 유도에 의해 만들어지는 전류는 자속의 변화를 방해하는 방향으로 흐른다.

45 인장(파단)강도가 400kg/cm²인 재료를 가용응력 100kg/cm²로 사용하면 안전계수는?

① 1 ② 2
③ 3 ④ 4

👉 안전계수 = $\dfrac{\text{인장강도}}{\text{사용응력}} = \dfrac{400}{100} = 4$

46 그림과 같은 회로의 합성저항 R은 몇 Ω인가?

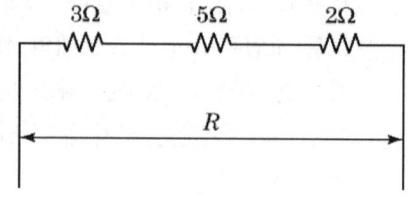

① $\dfrac{3}{10}$ ② $\dfrac{10}{3}$
③ 3 ④ 10

👉 직렬 합성저항 $R = R_1 + R_2 + \cdots + R_n$
따라서, 3+5+2=10Ω

47 동일 규격의 축전지 2개를 병렬로 접속하면 전압과 용량의 관계는 어떻게 되는가?

① 전압과 용량이 모두 반으로 줄어든다.
② 전압과 용량이 모두 2배가 된다.
③ 전압은 반으로 줄고 용량은 2배가 된다.
④ 전압은 변하지 않고 용량은 2배가 된다.

👉 축전지를 직렬로 연결하면 전압은 증가하고 용량은 변하지 않는다. 병렬로 연결하면 전압은 변하지 않으나 용량은 증가한다.

48 베어링의 구비 조건이 아닌 것은?

① 마찰저항이 작을 것
② 강도가 클 것
③ 가공 수리가 쉬울 것
④ 열전도도가 작을 것

👉 **베어링의 구비 조건**
• 축의 재료보다 연하면서 마모에 견딜 것
• 축과의 마찰계수가 작을 것
• 내식성이 클 것

Answer
44. ④ 45. ④ 46. ④ 47. ④ 48. ④

- 마찰열의 발산이 잘 되도록 열전도가 좋을 것
- 가공성이 좋으며 유지 및 수리가 쉬울 것

49 강도가 다소 낮으나 유연성을 좋게 하여 소선이 파기되기 어렵고 도르래의 마모가 적게 제조되어 엘리베이터에 사용되는 소선은?

① E종 ② A종
③ G종 ④ D종

☞ ① E종 : 강도가 다소 낮으나 유연성이 좋고 소선이 잘 파단되지 않아 주로 엘리베이터에 사용
② A종 : 파단강도가 높기 때문에 초고층 엘리베이터에 사용
③ G종 : 습기에 강한 아연도금의 재질이므로 습기가 많은 현장에서 사용

50 전기기기에서 E종 절연의 최고 허용온도는 몇 ℃인가?

① 90   ② 105
③ 120 ④ 130

☞ 절연 계급에 따른 최고 허용온도

절연의 종류	최고 허용온도
Y종	90℃
A종	105℃
E종	120℃
B종	130℃
F종	155℃
H종	180℃
C종	180℃ 초과

51 안전율의 정의로 옳은 것은?

① $\dfrac{허용응력}{극한강도}$ ② $\dfrac{극한강도}{허용응력}$

③ $\dfrac{허용응력}{탄성한도}$ ④ $\dfrac{탄성한도}{허용응력}$

☞ 안전율 = $\dfrac{극한강도}{허용응력}$ = $\dfrac{인장강도}{허용응력}$

52 기계 부품 측정 시 각도를 측정할 수 있는 기기는?

① 사인바   ② 옵티컬 플랫
③ 다이얼 게이지 ④ 마이크로미터

☞ ① 사인바 : 길이를 측정하여 삼각함수의 sine을 이용하여 계산에 의한 각도를 설정하는 측정기
② 옵티컬 플랫(optical flat) : 기계공학에서 광학유리를 연마하여 만들며 작은 부분의 평면도 측정에 쓰이는 평행평면반이다. 금속공학에서 옵티컬 플랫은 작은 부품의 평면도 측정에 사용되는 기구이다. 광선정반이라고도 한다.
③ 다이얼 게이지(dial gauge) : 평면의 요철, 각각의 흔들림을 측정한다.
④ 마이크로미터 캘리퍼스 : 판의 두께, 작은 물체의 길이, 바깥지름, 안지름 등을 측정한다.

53 3상 유도전동기에서 슬립(slip) s의 범위는?

① 0<s<1   ② 0>s>-1
③ 2>s>1   ④ -1<s<1

☞ • 전동기가 정지상태일 때 : s=1
• 전동기가 동기속도일 때 : s=0
• 전동기가 운전 상태일 때 : 0<s<1

54 NAND 게이트 3개로 구성된 다음 논리회로의 출력값 E는?

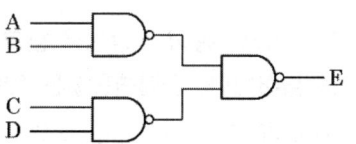

① A·B+C·D   ② (A+B)·(C+D)

49. ① 50. ③ 51. ② 52. ① 53. ① 54. ①

③ $\overline{A \cdot B} + \overline{C \cdot D}$ ④ $A \cdot B \cdot C \cdot D$

☞ $E = \overline{\overline{AB} \cdot \overline{CD}} = \overline{\overline{AB}} + \overline{\overline{CD}} = AB + CD$

55 전환 스위치가 있는 접지저항계를 이용한 접지저항 측정법으로 틀린 것은?

① 전환 스위치를 이용하여 절연저항과 접지저항을 비교한다.
② 전환 스위치를 이용하여 E, P 간의 전압을 측정한다.
③ 전환 스위치를 저항값에 두고 검류계의 밸런스를 잡는다.
④ 전환 스위치를 이용하여 내장 전지의 양부(+, −)를 확인한다.

☞ • 절연저항 : 전류가 도체에서 절연물을 통하여 다른 충전부나 기기의 케이스 등에서 새는 경로의 저항이다.
 • 접지저항 : 어스라고도 하며 땅에 매설한 전극과 땅 사이의 전기저항을 말한다.
 ∴ 위 내용처럼 다르므로 서로 비교할 수 없다.

56 부하 1상의 인덕턴스가 3+j4Ω인 △결선 회로에 100V의 전압을 가할 때 선전류는 몇 A인가?

① 10   ② $10\sqrt{3}$
③ 20   ④ $20\sqrt{3}$

☞ $I_P = \dfrac{V_P}{Z}$
$= \dfrac{100}{3+j4} = \dfrac{100}{\sqrt{3^2+4^2}} = \dfrac{100}{5} = 20A$
∴ $I_l = \sqrt{3}\,I_P = \sqrt{3} \times 20 = 20\sqrt{3}$

57 길이 1m의 봉이 인장력을 받고 0.2mm만큼 늘어났다. 인장변형률은 얼마인가?

① 0.0001   ② 0.0002
③ 0.0004   ④ 0.0005

☞ $\varepsilon = \dfrac{\lambda}{l} = \dfrac{0.2}{1 \times 10^3} = 0.0002$

58 P형 반도체와 N형 반도체 또는 반도체와 금속을 접합시키면 전류가 한쪽 방향으로는 잘 흐르나 반대방향으로는 잘 흐르지 않는 정류작용을 한다. 이와 같은 원리를 이용하는 것은?

① 다이오드   ② CDS
③ 서미스터   ④ 트라이액

☞ **다이오드**
전류를 한 방향으로만 흐르게 하고, 그 역방향으로 흐르지 못하게 하는 성질을 가진 반도체. 소자, 다이오드의 전류를 한 방향만으로 흐르게 하는 작용을 정류라 하며, 교류를 직류로 변환할 때 쓰인다.

59 유도전동기의 동기 속도는 무엇에 의하여 정해지는가?

① 전원의 주파수와 전동기의 극수
② 전원 전압과 전류
③ 전원의 주파수와 전압
④ 전동기의 극수와 전류

☞ 유도전동기는 극수 제어와 주파수 제어로 속도를 조절한다.
$N_s = \dfrac{120 \times f}{P}$

60 다음 중 직류기의 3요소에 해당되는 것은?

① 계자, 전기자, 보극
② 계자, 브러쉬, 정류자
③ 계자, 전기자, 정류자
④ 보극, 보상권선, 전기자권선

☞ **직류발전기의 3요소**
계자, 전기자, 정류자

Answer
55. ① 56. ④ 57. ② 58. ① 59. ① 60. ③

CBT 기출 복원문제

01 건물 건축부문의 안전설계기준 중 카의 속도가 60~90m/min인 경우 피트 깊이는 최소 몇 m가 되어야 하는가?

① 1.2
② 1.5
③ 1.8
④ 2.1

👉 **정격속도별 꼭대기 틈새 및 피트 깊이**

정격속도	상부 여유거리	피트 깊이
45m/min 이하	1.2m 이상	1.2m 이상
45m/min 이상 60m/min 이하	1.4m 이상	1.5m 이상
60m/min 이상 90m/min 이하	1.6m 이상	1.8m 이상
90m/min 이상 120m/min 이하	1.8m 이상	2.1m 이상
120m/min 이상 150m/min 이하	2.0m 이상	2.4m 이상
150m/min 이상 180m/min 이하	2.3m 이상	2.7m 이상
180m/min 이상 210m/min 이하	2.7m 이상	3.2m 이상
210m/min 이상 240m/min 이하	3.3m 이상	3.8m 이상
240m/min 이상	4.0m 이상	4.0m 이상

02 비상정지장치와 관련이 없는 것은?

① 플렉시블 가이드 클램프형 세이프티
② 슬랙 로프 세이프티
③ 조속기
④ 턴버클

👉 **턴버클**
강선이나 지선을 설치할 때 장력의 가감을 필요로 하는 곳에 사용

03 에스컬레이터의 구동용 모터를 선정할 때 가장 큰 결정 요인은?

① 승강 높이
② 승강 속도
③ 기계실 크기
④ 수송 인원

👉 **구동용 모터 선정 시 고려할 사항**
1분간의 수송인원, 1인당 평균 중량, 높이 등

04 카 문의 안전보호장치인 세이프티 슈(Door Safety shoe)의 역할은?

① 문이 원활하게 열리도록 하는 역할
② 문의 개폐작동을 중지시키는 역할
③ 닫히는 문을 다시 열리게 하는 역할
④ 과부하 시에 출발하지 못하도록 하는 역할

👉 **세이프티 슈**
엘리베이터의 도어 끝단에 부착된 안전장치로, 도어가 닫히는 도중에 사람이나 물건이 닿으면 반전하여 다시 열리도록 한다.

05 유압식 승강기의 종류를 분류할 때 적합하지 않은 것은?

① 직접식
② 간접식
③ 팬터그래프식
④ 밸브식

👉 **동력 매체별 구분**

구분	이용 방법	종류
로프식 (전기식)	로프에 카를 매달아 전동기를 이용하는 방식	권상 구동식, 포지티브 구동식
플런저	유체의 압력을 이용하는 방식	직접식, 간접식, 팬터그래프식
스크류	나사의 홈 기둥을 따라 이동하는 방식	
랙·피니언	레일의 랙(rack)과 카의 피니언을 이용, 움직이는 방식	

06 다음 중 엘리베이터 도어용 부품과 거리가 먼 것은?

① 행거 롤러
② 업스러스트 롤러
③ 도어 레일
④ 가이드 롤러

👉 **현가장치(가이드 슈와 가이드 롤러)**
카와 균형추의 상하좌우에 설치되어 주행 시

Answer
1. ③ 2. ④ 3. ④ 4. ③ 5. ④ 6. ④

레일을 따라 움직이도록 지지해주는 현가장치로 가이드 슈와 가이드 롤러가 있다. 운행 속도가 중속(105m/min 이하)인 승강기의 경우 가이드 슈를 사용하고, 고속 또는 용량이 큰 승강기의 경우 부드러운 주행과 마찰 감소 등의 이유로 가이드 롤러를 사용한다.

07 도르래의 로프홈에 언더컷(Under Cut)을 하는 목적은?

① 로프의 중심 균형
② 윤활 용이
③ 마찰계수 향상
④ 도르래의 경량화

> **언더컷의 사용 목적**
> - 로프와 시브의 마찰계수를 높이기 위한 것
> - 로프 마모율이 비교적 심하다.
> - 주로 싱글 래핑(1 : 1 로핑)에 사용된다.
> - 홈의 형상은 시브 홈의 밑을 도려낸 것

08 에스컬레이터와 층 바닥과 교차하는 곳에 손이나 머리가 끼거나 충돌하는 것을 방지하기 위한 안전장치는?

① 셔터운전 안전장치
② 스커드 가드 안전장치
③ 스텝 체인 안전장치
④ 삼각부 보호판

> **삼각부 보호판**
> 에스컬레이터에서 사람이 삼각부에 충돌하는 것을 경고하기 위하여 25~35cm 전방에 설치하는 신체상해의 우려가 없는 재질의 비고정식 안전보호판이다.

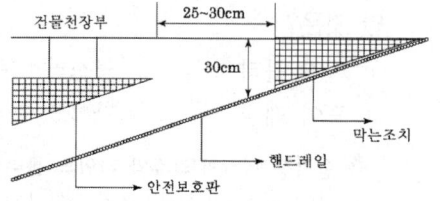

09 균형추의 중량을 결정하는 계산식은? (단, 여기서 L은 정격하중, F는 오버밸런스율이다.)

① 균형추의 중량=카 자체하중×(L・F)
② 균형추의 중량=카 자체하중+(L・F)
③ 균형추의 중량=카 자체하중+(L−F)
④ 균형추의 중량=카 자체하중+(L+F)

> 균형추의 총 중량=카 자체중량+(L×F)

10 유량제어밸브가 주 회로에서 바이패스 회로에 삽입된 것을 블리드 오프(Bleed off) 회로라 한다. 이 회로에 관한 설명 중 옳은 것은?

① 비교적 정확한 속도 제어가 가능하다.
② 부하에 필요한 압력 이상의 압력이 발생한다.
③ 효율이 비교적 높다.
④ 미터 인(Meter in) 회로라고도 한다.

> - 블리드 오프 회로는 부하에 필요한 압력 이상의 압력을 발생시킬 필요가 없어 효율이 높다.
> - 부하변동이 심한 경우 정확한 속도제어가 곤란하다.

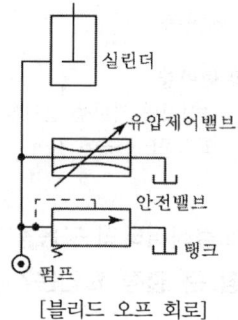

[블리드 오프 회로]

11 승객용 엘리베이터에서 카 바닥 앞부분의 아랫방향으로, 출입구의 전폭에 걸쳐 수직

Answer
7. ③ 8. ④ 9. ② 10. ③ 11. ②

높이가 몇 mm 이상인 보호판이 견고하게 설치되어 있어야 하는가?

① 450   ② 540
③ 1450 ④ 1540

☞ 승객용 엘리베이터에서 카 바닥 앞부분의 아랫방향으로, 출입구의 전폭에 걸쳐 수직높이가 540mm 이상인 보호판이 견고하게 설치되어야 한다.

12 일반 승객용 엘리베이터에서 승강장 출입구 바닥 앞부분과 카 바닥 앞부분과의 틈의 너비는 몇 cm 이하로 하여야 하는가?

① 3.0   ② 4.0
③ 5.0   ④ 6.0

☞ 일반 승객용 엘리베이터에서 승강장 출입구 바닥 앞부분과 카 바닥 앞부분과의 틈의 너비는 4cm 이하이어야 한다.

13 카의 실속도와 지령속도를 비교하여 사이리스터의 점호각을 바꿔 유도전동기의 속도를 제어하는 방식은?

① 교류일단속도제어
② 교류이단속도제어
③ 교류궤환전압제어
④ 가변전압가변주파수방식

☞ **교류궤환제어방식**
• 고속측은 사이리스터에 의한 1차 전압제어 또는 교류 2단 속도와 동일한 기동저항을 이용한 방식으로 하고, 제동측은 사이리스터에 의한 직류전압을 모터에 가하는 다이내믹 브레이크(DB 제어)를 작동시킨다.
• 속도 지령에 따라 크리프 리스로 착상 가능하기 때문에 층간 운전시간이 짧고 승차감이 뛰어나지만, 모터의 발열이 크다는 것이 단점이 있다.
• 2권선 모터를 사용하지 않고, 1권선 모터를 이용해 감속 시에는 구동회로에서 모터를 전원으로부터 분리하여 제동 전류를 모터에 가하는 등 다양한 어레인지가 이루어졌다.

14 에스컬레이터의 비상정지스위치의 설치 위치를 바르게 설명한 것은?

① 디딤판과 콤(comb)이 맞물리는 지점에 설치한다.
② 리미트 스위치에 설치한다.
③ 상·하부의 승강구에 설치한다.
④ 승강로의 중간부에 설치한다.

☞ 에스컬레이터의 비상정지스위치의 설치는 상·하부의 승강구에 설치한다.

15 승강기의 안전에 관한 장치가 아닌 것은?

① 조속기(governor)
② 세이프티 블록(safety block)
③ 용수철 완충기(spring buffer)
④ 누름 버튼 스위치(push button switch)

☞ **승강기의 안전장치**
조속기, 비상정지장치, 완충기, 브레이크, 과부하방지장치, 도어 안전장치, 세이프티 블록 등 여러 종류의 안전장치들이 있다.
※ 누름 버튼 스위치 : 각 층을 선택할 때 누르는 스위치

16 승강기의 카 내에 설치되어 있는 것의 조합으로 옳은 것은?

① 조작반, 이동 케이블, 급유기, 조속기
② 비상조명, 카 조작반, 인터폰, 카 위치표시기
③ 카 위치표시기, 수전반, 호출버튼, 비상정지장치
④ 수전반, 승강장 위치표시기, 비상스위치, 리미트 스위치

11. ②　12. ②　13. ③　14. ③　15. ④　16. ②

> **승강기의 카 내에서 하는 검사**
> • 카 내의 조명상태
> • 비상통화장치 점검
> • 운전반 버튼의 동작 상태 점검
> • 출입구와 승강기 문턱높이 점검
> • 카 위치표시기 점검

17 다음 중 조속기의 종류에 해당되지 않는 것은?

① 웨지형 조속기
② 디스크형 조속기
③ 플라이볼형 조속기
④ 롤 세이프티형 조속기

> **조속기**
> • 카의 운행속도를 기계적이고 전기적인 방법으로 동시에 검출하여 카의 과속도를 검출하여 이상 시 동력을 차단하여 비상정지를 시키는 장치이다.
> • 조속기는 원심력에 의해 작동하며, 구동축 주위를 도는 2개의 추로 이루어져 있다. 이 추들은 대부분 스프링을 이용한 제어력에 의해 밖으로 튀어나가지 않도록 되어 있다.
> • 조속기의 종류 : 플라이볼형, 롤 세이프티형, 펜들럼형, 디스크형이 있다.
> ※ 조속기의 물림쇠 형태 : 롤러형, 웨지형

18 엘리베이터 카에 부착되어 있는 안전장치가 아닌 것은?

① 조속기 스위치
② 카 도어 스위치
③ 비상정지 스위치
④ 세이프티 슈 스위치

> **조속기**
> • 카의 속도가 빠르면 운행속도를 기계적이고 전기적인 방법으로 과속도를 검출해 동력을 차단하여 비상정지를 시키는 장치이다.
> • 원심력에 의해 웨이트나 플라이볼이 동작, 과속스위치 또는 전원스위치 등을 작동시켜

카를 멈춘다.
> • 조속기의 동작방식 : 순간식 비상정지장치, 점진식 비상정지장치가 있다.

19 비상용 승강기에 대한 설명 중 틀린 것은?

① 예비전원을 설치하여야 한다.
② 외부와 연락할 수 있는 전화를 설치하여야 한다.
③ 정전 시에는 예비전원으로 작동할 수 있어야 한다.
④ 승강장의 운행속도는 90m/min 이상으로 해야 한다.

> **비상용 승강기**
> • 비상용 엘리베이터의 주 전원공급과 보조 전원공급의 전선은 방화구획되어야 하고 서로 구분되어야 하며, 다른 전원공급장치와도 구분되어야 한다.
> • 방화 목적으로 사용된 각 승강장 출입구에는 방화구획된 로비가 있어야 한다.
> • 비상용 엘리베이터는 소방 운전 시 모든 승강장의 출입구마다 정지할 수 있어야 한다.
> • 비상용 엘리베이터는 소방관이 조작하여 엘리베이터 문이 닫힌 이후부터 60초 이내에 가장 먼 층에 도착하여야 된다. 다만, 운행속도는 1m/s 이상이어야 한다.
> • 비상용 엘리베이터의 운행속도는 60m/min 이상이어야 한다.
> • 비상용 엘리베이터의 크기는 630kg의 정격하중을 갖는 폭 1100mm, 깊이 1400mm 이상이어야 하며, 출입구 유효 폭은 800mm 이상이어야 한다.
> • 침대 등을 수용하거나 같은 층에 승강장의 출입구가 2개로 설계된 경우 또는 피난용 도로로 의도된 경우, 정격하중은 1000kg 이상이어야 하고 카의 크기는 폭 1100mm, 깊이 2100mm 이상이어야 한다.

20 안전점검 시 에스컬레이터의 운전 중 점검 확인 사항에 해당되지 않는 것은?

Answer
17. ① 18. ① 19. ④ 20. ②

① 운전 중 소음과 진동상태
② 스텝에 작용하는 부하의 작용 상태
③ 콤 빗살과 스텝 홈의 물림상태
④ 핸드 레일과 스텝의 속도 차이 유무

☞ **에스컬레이터의 운전 중 점검사항**
• 운전 중 소음과 진동상태
• 콤 빗살과 스텝 홈의 물림상태
• 핸드 레일과 스텝의 속도 차이 유무
• 손잡이 이탈 유무

21 사고 원인에 대한 사항으로 틀린 것은?

① 교육적 원인 : 안전지식 부족
② 인적 원인 : 불안전한 행동
③ 간접적인 원인 : 고의에 의한 사고
④ 직접적인 원인 : 환경 및 설비의 불량

☞ **재해의 원인**
㉠ 직접 원인
• 인적 요인 : 사람의 불안전한 행동, 상태(지식 부족, 미숙련, 과로, 태만, 지시 무시 등)
• 물적 요인 : 불량한 기계설비와 불안전한 환경에서 오는 요인으로 정리정돈의 결함(안전장치의 결함, 보호구의 결함, 부적절한 작업환경 등)
㉡ 간접 원인 : 기술적 원인, 교육적 원인, 정신적 원인, 관리적 원인, 신체적 원인

22 경고나 주의를 표시할 때 사용하는 색채로 가장 알맞은 것은?

① 파랑   ② 보라색
③ 노랑   ④ 녹색

☞ • 빨간색 : 금지, 정지
• 보라색 : 방사능
• 노란색 : 경고, 주의
• 푸른색 : 지시, 조심

23 휠체어 리프트 이용자가 승강기의 안전운행과 사고방지를 위하여 준수해야 할 사항과 거리가 먼 것은?

① 전동 휠체어 등을 이용할 경우에는 운전자가 직접 이용할 수 있다.
② 정원 및 적재하중의 초과는 고장이나 사고의 원인이 되므로 엄수하여야 한다.
③ 휠 체어 사용자 전용이므로 보조자 이외의 일반인은 탑승하여서는 안 된다.
④ 조작반의 비상정지스위치 등을 불필요하게 조작하지 말아야 한다.

☞ 전동 휠체어 등을 이용할 경우에는 안전요원이 작동하여야 한다.

24 전기에서는 위험성이 가장 큰 사고의 하나가 감전이다. 감전 사고를 방지하기 위한 방법이 아닌 것은?

① 충전부 전체를 절연물로 차폐한다.
② 충전부를 덮은 금속체를 접지한다.
③ 가연물질과 전원부의 이격거리를 일정하게 유지한다.
④ 자동차단기를 설치하여 선로를 차단할 수 있게 한다.

☞ ㉠ 감전사고의 원인(감전사고의 방지법)
• 전기기계기구나 공구의 절연파괴
• 콘덴서의 방전코일이 없는 상태
• 정전 작업 시 접지가 없어 유도전압이 발생
• 충전부의 절연 불량
• 낙뢰에 의한 감전
• 기계, 기구의 자체 결함
• 이상 전류에 의한 전위상승 등
㉡ 감전사고의 방지법
• 충전부 전체를 절연물로 차폐한다.
• 콘덴서 방전 후 작업
• 접지를 한다.
• 파뢰기를 설치한다.

Answer
21. ③ 22. ③ 23. ① 24. ③

• 누전차단기를 설치한다.

25 승강기의 검사방법 및 판정기준에 관한 사항으로 옳지 않은 것은?

① 아랫부분 최종 리미트 스위치(final limit switch)는 카가 완충기에 도달하기 이전에 작동하여야 한다.
② 비상구 출구는 카 밖에서 간단한 조작으로 열 수 있어야 한다.
③ 과속 스위치는 적재하중의 100%의 하중을 실어서 상승할 때의 최고 속도, 즉 정격 속도의 1.5배 이하에서 작동하여야 한다.
④ 카가 최하층에 정지되어 있을 경우 카와 완충기의 거리에 완충기의 충격 정도를 더한 수치는 균형추의 꼭대기 틈새보다 작아야 한다.

☞ 과속 스위치는 적재하중의 100%의 하중을 실어서 상승할 때 최고 속도, 즉 정격 속도의 90% 이상 105% 이하에서 작동하여야 한다.

26 승강기 안전관리자의 임무가 아닌 것은?

① 승강기 비상열쇠 관리
② 자체점검자 선임
③ 운행관리규정의 작성 및 유지관리
④ 승강기 사고 시 사고보고 관리

☞ **승강기 안전관리자의 임무**
• 승강기 운행 및 관리에 관한 규정 작성
• 승강기의 사고 또는 고장 발생에 대비한 비상연락망의 작성 및 관리
• 유지관리업자로 하여금 자체점검을 대행하게 한 경우 유지관리업자에 대한 관리·감독
• 승강기의 중대한 사고 또는 중대한 고장의 통보
• 승강기 내에 갇힌 이용자의 신속한 구출을 위한 승강기 조작
• 피난용 엘리베이터의 운행
• 그 밖에 승강기 관리에 필요한 사항으로서 행정안전부장관이 정하여 고시하는 업무

27 안전점검 중 어떤 일정기간을 정해 두고 행하는 점검은?

① 수시점검   ② 정기점검
③ 임시점검   ④ 특별점검

☞ **안전점검의 종류**
① 수시점검 : 수시로 실시하는 점검
② 정기점검 : 일정기간마다 정기적으로 실시하는 점검
③ 임시점검 : 기기 이상 시 실시하는 점검
④ 특별점검 : 특별한 경우 실시하는 점검

28 사고 예방 대책 기본 원리 5단계 중 3E를 적용하는 단계는?

① 1단계   ② 2단계
③ 3단계   ④ 5단계

☞ **사고 예방 대책 기본 원리 5단계**

단계	과정	내용
1단계	조직	㉠ 경영층의 참여 ㉡ 안전관리자의 임명 ㉢ 안전 라인 및 참모조직 구성 ㉣ 안전 활동 방침 및 계획 수립 ㉤ 조직을 통한 안전 활동
2단계	사실의 발견	㉠ 사고 및 안전 활동 기록 검토 ㉡ 작업분석 ㉢ 안전점검 및 안전진단 ㉣ 사고 조사 ㉤ 안전회의 및 토의 ㉥ 근로자의 제안 및 여론조사 ㉦ 관찰 및 보고서의 연구 등을 통한 불안전요소 발견
3단계	분석 평가	㉠ 사고 보고서 및 현장조사 ㉡ 사고 기록 및 인적, 물적 조건 분석 ㉢ 작업공정 분석 ㉣ 교육 훈련 분석을 통해 사고의 직접 원인과 간접 원인 규명

Answer
25. ③ 26. ② 27. ② 28. ④

단계	과정	내용
4단계	시정방법의 선정	㉠ 기술적 개선 ㉡ 인사 조정 ㉢ 교육 훈련 개선 ㉣ 안전행정 개선 ㉤ 규정, 수칙 및 작업표준 개선 ㉥ 확인, 통제체제 개선
5단계	시정책의 적용(3E)	㉠ 기술적 대책 ㉡ 교육적 대책 ㉢ 단속적 대책

29 승강기시설 안전관리법의 목적은?

① 승강기 이용자의 보호
② 승강기 이용자의 편리
③ 승강기 관리주체의 수익
④ 승강기 관리주체의 편리

☞ **승강기의 안전관리법의 목적**
승강기의 설치 및 보수 등에 관한 사항을 정하여 승강기를 효율적으로 관리함으로써 승강기시설의 안전성을 확보하고 승강기 이용자를 보호함을 목적으로 한다.

30 기계실에서 이동을 위한 공간의 유효 높이는 바닥에서부터 천장의 빔 하부까지 측정하여 몇 m 이상이어야 하는가?

① 1.2 ② 1.8
③ 2.1 ④ 2.5

☞ 기계실에서 이동을 위한 공간의 유효 높이는 바닥에서부터 천장의 빔 하부까지 1.8m 이상이어야 한다.
※ 기계실에서 작업을 하기 위한 공간의 유효 높이는 바닥에서부터 천장의 빔 하부까지 2.1m 이상이어야 한다.

31 승객(공동주택)용 엘리베이터에 주로 사용되는 도르래의 홈의 종류는?

① U홈 ② V홈
③ 실홈 ④ 언더컷 홈

☞ **도르래 홈**
㉠ V홈 : 마찰계수가 크다.
㉡ U홈(라운드 홈, 언더컷 홈)
 • 라운드 홈 : 더블랩 방식에서 고속 엘리베이터에 주로 사용하며, 장시간 사용 및 소음이 적다.
 • 언더컷 홈 : 도르래 및 로프의 수명을 연장시키는 장점이 있고, 라운드 홈을 사용하지 않는 도르래에 주로 사용된다.

32 가요성 호수 및 실린더와 체크 밸브 또는 하강 밸브 사이의 가요성 호수 연결장치는 전 부하 압력의 몇 배의 압력을 손상 없이 견뎌야 하는가?

① 2 ② 3
③ 4 ④ 5

☞ 가요성 호스 및 실린더와 체크 밸브 또는 하강 밸브 사이의 가요성 호스 연결장치는 전 부하 압력의 5배의 압력을 손상 없이 견뎌야 한다. 호스 조립부품의 제조업체에 의해 시험되어야 한다.
※ 실린더와 체크 밸브 또는 하강 밸브 사이의 가요성 호스는 전 부하 압력 및 파열 압력과 관련하여 안전율이 8 이상이어야 한다.

33 에스컬레이터와 무빙워크의 일반적인 경사도는 각각 몇 도 이하인가?

① 20°, 5° ② 30°, 8°
③ 30°, 12° ④ 45°, 20°

☞ ㉠ 에스컬레이터의 설치 규정
 • 디딤바닥의 정격속도는 30° 이하인 경우 45m/min 이하이어야 한다.
 • 에스컬레이터의 경사각은 30°를 초과하지 않아야 한다. 단, 층고가 6m 이하일 경우에는 35°까지 가능하다.
㉡ 수평 보행기의 설치 기준
 • 사람 또는 화물이 끼이거나, 장애물에 충돌이 없을 것

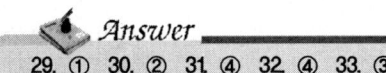
29. ① 30. ② 31. ④ 32. ④ 33. ③

- 경사각도는 12° 이하로 할 것(단, 6° 이하일 경우에는 광폭형으로 설치할 수 있다). 단, 디딤면이 고무제품 등 미끄러지기 어려운 구조일 경우에는 15° 이하로 할 수 있다.

34 카 상부에서 행하는 검사가 아닌 것은?
① 완충기 점검
② 주로프 점검
③ 가이드 슈 점검
④ 도어 개폐장치 점검

☞ 완충기 점검은 피트에서 하는 점검이다.
전기식 엘리베이터 자체점검 항목 및 방법
[이론 요약 본문(p.40)] 참고 요망

35 고속 엘리베이터에 많이 사용되는 조속기는?
① 점차 작동형 조속기
② 롤 세이프티형 조속기
③ 디스크형 조속기
④ 플라이볼형 조속기

☞ **조속기의 속도별 용도**
- 롤 세이프티형(GR형) : 45m/min 이하의 저속용 승강기에 적용
- 디스크형(GD형): 60~105m/min에 적용
- 플라이볼형(GF형) : 120m/min 이상 고속용 승강기에 적용

36 에스컬레이터(무빙워크 포함)의 비상정지 스위치에 관한 설명으로 틀린 것은?
① 색상은 적색으로 한다.
② 상하 승강장의 잘 보이는 곳에 설치한다.
③ 버튼 또는 버튼 부근에는 "정지" 표시를 하여야 한다.
④ 장난 등에 의한 오동작 방지를 위하여 잠금장치를 설치하여야 한다.

☞ 비상정지스위치는 비상시 작동해야 하므로 잠금장치를 하여서는 안 된다.

37 기계실에 대한 설명으로 틀린 것은?
① 출입구 자물쇠의 잠금장치가 없어도 된다.
② 관리 및 검사에 지장이 없도록 조명 및 환기는 적절해야 한다.
③ 주로프, 조속기 로프 등은 기계실 바닥의 관통부분과 접촉이 없어야 한다.
④ 권상기 및 제어반은 기동 및 벽에서 보수관리에 지장이 없어야 한다.

☞ **기계실의 구조 및 규정**
- 기계실의 바닥면적은 일반적으로 승강로 수평투영면적의 2배 이상이어야 한다.
- 기계실에는 일반적으로 엘리베이터와 관계없는 설비를 설치하지 않아야 한다.
- 기계실에는 관계자 이외는 출입을 제한하기 위해 출입구 등에 잠금장치를 설치한다.
- 엘리베이터 기계실의 권상기 제어반은 유지보수를 위하여 벽면에서 최소한 몇 0.3m 이상 떨어져야 한다.
- 기계실 온도는 5℃ 이상 40℃ 이하를 유지해야 한다.
- 기계실 내 작업구역에서의 유효높이는 2m 이상이어야 한다.
- 기계실에 설치 운용되는 주요설비 및 장치 : 권상기, 조속기, 제어반

38 전기식 엘리베이터의 자체 점검 중 피트에서 하는 점검항목장치가 아닌 것은?
① 완충기
② 측면 구출구
③ 하부 파이널 리미트 스위치
④ 조속기 로프 및 기타의 당김 도르래

☞ **피트에서 하는 점검항목**
- 완충기

Answer
34. ① 35. ④ 36. ④ 37. ① 38. ②

- 조속기 로프 및 기타의 당김 도르래
- 피트 바닥
- 하부 파이널 리미트 스위치
- 카 비상정지장치 및 스위치
- 하부 도르래
- 보상수단 및 부착부
- 균형추 밑부분 틈새
- 이동케이블 및 부착부
- 과부하 감지장치
- 피트 내의 내진대책

39 전동 덤웨이터의 안전장치에 대한 설명 중 옳은 것은?

① 도어 인터록 장치는 설치하지 않아도 된다.
② 승강로의 모든 출입구 문을 닫아야만 카를 승강시킬 수 있다.
③ 출입구 문에 사람의 탑승금지 등의 주의사항은 부착하지 않아도 된다.
④ 로프는 일반 승강기와 같이 와이어로프 소켓을 이용한 체결을 하여야만 한다.

> **덤웨이터의 안전장치**
> - 사람을 운반하지 않더라도 도어 인터록 장치를 설치해 문이 열려 있을 때 덤웨이터가 작동하지 않도록 해야 한다.
> - 승강로의 모든 출입구 문을 닫아야만 카를 승강시킬 수 있다.
> - 출입구 등 잘 보이는 곳에 사람의 탑승금지 및 적재하중을 나타내는 표지를 부탁하여야 한다.
> - 카, 균형추 또는 평형추는 와이어로프, 롤러체인 또는 기타 수단에 의해 현수되어야 한다.
> - 현수 로프 또는 체인의 안전율은 8 이상이어야 하며, 로프는 KS D ISO 4344, 체인은 KS B 1407에 적합하거나 동등 이상이어야 한다.

40 조속기(Governor) 로프의 안전율은 얼마 이어야 하는가?

① 3 이상　　② 5 이상
③ 8 이상　　④ 10 이상

> 조속기 로프의 공칭지름은 6mm 이상이어야 한다. 조속기 로프의 최소 파단 하중은 트립 시 작용하는 인장력에 대하여 최소 8 이상의 안전율을 확보하여야 한다.
> ※ 화물용 와이어로프 안전율 : 6 이상
> ※ 승용 와이어로프 안전율 : 12 이상

41 정전, 화재 등의 이유로 전원이 차단되었을 경우 정전 등이 반드시 필요하지 않은 것은?

① 승객용 엘리베이터
② 덤웨이터
③ 승객·화물용 엘리베이터
④ 침대용 엘리베이터

> **덤웨이터**
> 사람이 타지 않으면서 1톤 미만의 소화물을 운반하는 카의 바닥면적이 $1m^3$ 이하, 천장 높이가 1.2m 이하인 엘리베이터이다. 그러므로 정전등이 필요 없다.

42 비상용 엘리베이터의 정전 시 예비전원의 기능에 대한 설명으로 옳은 것은?

① 30초 이내에 엘리베이터 운행에 필요한 전력용량을 자동적으로 발생하여 1시간 이상 작동하여야 한다.
② 40초 이내에 엘리베이터 운행에 필요한 전력용량을 자동적으로 발생하여 1시간 이상 작동하여야 한다.
③ 60초 이내에 엘리베이터 운행에 필요한 전력용량을 자동적으로 발생하여 2시간 이상 작동하여야 한다.
④ 90초 이내에 엘리베이터 운행에 필요

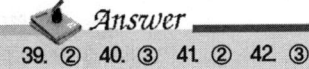
39. ②　40. ③　41. ②　42. ③

한 전력용량을 자동적으로 발생하여 2시간 이상 작동하여야 한다.

43 주차구획이 3층 이상으로 배치되어 있고 출입구가 있는 층의 모든 주차구획을 주차장치 출입구로 사용할 수 있는 구조로서 그 주차구획을 아래·위 또는 수평으로 이동하여 자동차를 주차하도록 설계한 주차장은?

① 수평순환식
② 다층순환식
③ 다단식 주차장치
④ 승강기 슬라이드식

　주차설비
- 수평순환식 : 주차설비는 다수의 운반기를 평면상에 2열, 또는 그 이상으로 배열하여 임의의 2열 간의 양단에 운반기를 수평순환시켜 주차하는 방식
- 수직순환식 : 주차설비는 자동차를 넣고 그 주차구획을 수직으로 순환시켜 주차시키는 방식
- 승강기식 : 여러 층의 고정된 구차구획에 상하로 움직일 수 있는 운반기에 자동차를 주차시키는 방식
- 평면왕복식 : 평면에 고정된 주차구획에 운반기로 자동차를 주차시키는 방식
- 2단식 주차장치 : 주차실을 2단으로 설치하여 주차면적을 2배로 이용한 설비
- 다단식 : 주차실을 3단 이상으로 하는 방식
- 슬라이드 방식 : 넓은 곳에 운반하여 종·횡 방식으로 이동해 주차하는 방식

44 엘리베이터를 3~8대 병설하여 운행관리하며 1개의 승강장 부름에 대하여 1대의 카가 응답하고 교통수단의 변동에 대하여 변경되는 조작방식은?

① 군관리방식
② 단식 자동방식
③ 군 승합 전자동식
④ 방향성 승합 전자동식

　
- 단식 자동제어방식 : 오름, 내림 겸용으로 먼저 호출된 것에만 응답하고, 운행 중에는 다른 호출에 응하지 않음
- 하강 승합자동식 : 2층 이상의 승강장에는 내림 버튼만 있고, 중간층에서 위 방향으로 올라갈 때는 1층까지 내려갔다가 다시 눌러야 올라간다.
- 승합 전자동식 : 승강장에 버튼이 2개 있으며 동시에 기억 카의 진행 방향에 카 내의 호출과 승강장의 호출을 응답하면서 작동한다.
- 군 승합 자동식 : 2~3대의 엘리베이터를 연계시킨 후 호출에 대해 먼저 응답한 카만 가동하고 다른 카는 응답하지 않아 효율적인 방식이다.
- 군 관리 방식 : 3~8대의 엘리베이터를 연계, 집단으로 묶어서 운행 관리하는 방식

45 교류 2단 속도 제어에서 고속과 저속의 속도비로서 일반적으로 가장 많이 사용되는 속도비는?

① 2 : 1　　② 4 : 1
③ 6 : 1　　④ 8 : 1

　교류 2단 속도 제어
2단 속도 모터의 속도비는 여러 비율이 생각되지만 착상 오차 이외에 감속도, 감속 시의 저토크(감속도의 변화 비율), 크리프 시간(저속으로 주행하는 시간), 전력회생 등을 감안한 4 : 1이 가장 많이 사용된다.

46 높이 50mm의 둥근 봉이 압축하중을 받아 0.004의 변형률이 생겼다고 하면, 이 봉의 높이는 몇 mm인가?

① 49.80　　② 49.90
③ 49.98　　④ 48.99

Answer
43. ③　44. ①　45. ②　46. ①

☞ **변형된 길이**
= 원래 길이(50mm) × 변형률(0.004) = 0.2
∴ 봉의 길이(50mm) − 변형된 길이(0.2)
= 49.8mm

47 유압식 엘리베이터에 있어서 정상적인 작동을 위하여 유지하여야 할 오일의 온도 범위는?

① 5℃~60℃   ② 20℃~70℃
③ 30℃~80℃   ④ 40℃~90℃

☞ 유압식 엘리베이터의 오일의 온도는 5℃ 이상 60℃ 이하로 유지하여야 한다.

48 파워 유닛을 보수 · 점검 또는 수리할 때 사용하면 불필요한 작동유의 유출을 방지할 수 있는 밸브는?

① 사일런서   ② 체크 밸브
③ 스톱 밸브   ④ 릴리프 밸브

☞ **스톱 밸브**
• 밸브를 닫으면 실린더의 오일이 탱크로 역류하는 것을 방지
• 유압장치의 보수 · 점검 또는 수리 시 사용
• 유압 파워 유닛과 실린더 사이의 압력배관에 설치되며, 이것을 닫으면 실린더의 기름이 파워 유닛으로 역류하는 것을 방지

49 웜 기어 오일(worm gear oil)에 관한 설명으로 틀린 것은?

① 매월 교체하여야 한다.
② 반드시 지정된 것만 사용한다.
③ 규정된 수준을 유지하여야 한다.
④ 웜 기어가 분말이나 먼지로 혼탁해지면 교체한다.

☞ **웜 기어의 오일 특성**
• 오일 게이지의 그 레벨까지 기름을 채운다.
• 월 1회 점검한다.
• 보통 1년 주기로 오일을 교체한다.
• 지정된 오일을 사용한다.

50 로프식 엘리베이터에서 권상기 도르래 홈의 언더컷의 잔여량은 몇 mm 미만일 때 도르래를 교체하여야 하는가?

① 4   ② 3
③ 2   ④ 1

☞ 승강기 검사 기준에서 언더컷의 잔여량은 1mm 이상이어야 하고, 권상기 도르래에 감긴 주로프 가닥 길이의 높이차는 2mm 이내이어야 한다.

51 유도기전력의 크기는 코일의 권수와 코일을 관통하는 자속의 시간적인 변화율과의 곱에 비례한다는 법칙은 무엇인가?

① 패러데이의 전자유도 법칙
② 앙페르의 주회 적분의 법칙
③ 전자력에 관한 플레밍의 법칙
④ 유도기전력에 관한 렌츠의 법칙

☞ **패러데이의 법칙**
유도기전력의 크기는 코일을 지나는 자속의 매초 변화량과 코일의 권수에 비례한다.
$$e = -N\frac{\Delta\phi}{\Delta t} [V]$$
− N : 반대방향의 권수
$\Delta\phi$: 자속의 변화량
Δt : 시간의 변화량

52 회전하는 축을 지지하고 원활한 회전을 유지하도록 하며, 축에 작용하는 하중 및 축의 자중에 의한 마찰저항을 가능한 한 적게 하도록 하는 기계요소는?

① 클러치   ② 베어링
③ 커플링   ④ 스프링

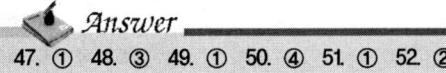
47. ① 48. ③ 49. ① 50. ④ 51. ① 52. ②

→ 베어링
회전하고 있는 기계의 축을 일정한 위치에 고정시키고 축의 자중과 축에 걸리는 하중을 지지하면서 축을 회전시키는 역할을 하는 기계요소

53 계측기와 관련된 문제, 환경적 영향 또는 관측 오차 등으로 인해 발생하는 오차는?
① 절대 오차 ② 계통 오차
③ 과실 오차 ④ 우연 오차

→ 오차의 종류
① 절대 오차 : 계산의 결과에서 나온 직접적인 오차의 절댓값
② 계통 오차 : 관측장치나 관측자의 특성으로 인하여 특정 방향으로 치우쳐 나타나는 오차
③ 과실 오차 : 측정자의 부주의에 의한 오차
④ 우연 오차 : 정확하게 알 수 없는 원인으로 발생하는 오차

54 직류기 권선법에서 전기자 내부 병렬회로수 a와 극수 p의 관계는? (단, 권선법은 중권이다.)
① a=2 ② a=$\frac{1}{2}$p
③ a=p ④ a=2p

→ 중권과 파권의 비교

	중권(병렬권)	파권(직렬권)
전기자 병렬 회로수	극수 p와 같다.	항상 2
브러시 수	극수와 같다.	2개 또는 극수만큼 둘 수 있다.
용도	저전압, 대전류용	소전류, 고전압용
균압 고리	대용량에 사용	불필요

55 다음 그림에서 전류 I는 몇 A인가?

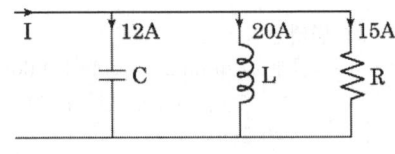

① 17 ② 19
③ 23 ④ 49

→ $I = I_R + I_L + I_C$ 이므로
$I = \sqrt{I_R^2 + I_X^2} = \sqrt{15^2 + (20-12)^2} = 17A$

56 "비례한도 내에서 응력과 변형률은 비례한다."는 법칙은 무슨 법칙인가?
① 나비에의 법칙 ② 불변의 법칙
③ 훅의 법칙 ④ 장력의 법칙

→ 훅의 법칙
재료의 탄성 영역에서 응력과 변형률 사이의 비례 관계

57 스프링의 세기를 나타내는 것은?
① 스프링의 전체길이
② 스프링의 탄성상수
③ 스프링의 강도
④ 스프링의 유효길이

→ 탄성상수
특정한 물체가 힘을 받아 변형되는 정도와 복원되는 정도를 계산한 비율

58 220V 60Hz의 교류전원에서, 슬립이 4%인 2극 단상 유도전동기의 속도 N은 몇 rpm인가?
① 6312 ② 3456
③ 3744 ④ 1056

→ $N = \frac{120f}{p}(1-s)$
$= \frac{120 \times 60}{2}(1-0.04) = 3456$

Answer
53. ②　54. ③　55. ①　56. ③　57. ②　58. ②

59 재료에 하중이 작용하면 재료를 구성하는 원자 사이에서 위치의 변화가 일어나고, 그 내부에 응력이 생기며, 외부적으로는 변형이 나타난다. 이 변형량과 원치수와의 비를 변형률이라 하는데, 변형률의 종류가 아닌 것은?

① 세로 변형률　② 가로 변형률
③ 전단 변형률　④ 중량 변형률

☞ 변형률(strain)

- 가로 변형률(ε) : $\varepsilon = \dfrac{d}{\delta}$

    d : 처음의 가로방향의 길이
    δ : 늘어난 길이

- 세로 변형률(ε') : $\varepsilon' = \dfrac{\lambda}{l}$

    λ : 원래의 길이
    l : 변형된 길이

- 전단 변형률(r) : $r = \dfrac{\lambda_s}{l} = \tan\phi ≒ \phi$

    λ_s : 늘어난 길이
    l : 원래의 길이
    ϕ : 전단각

60 그림과 같은 회로에서 A – B 단자에서의 등가저항은 몇 Ω인가?

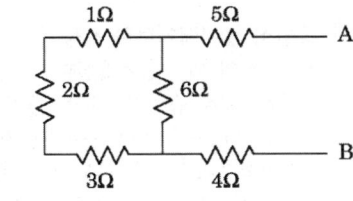

① 6　② 8
③ 10　④ 12

☞ 직렬접속 $R = R_1 + R_2$

　병렬접속 $C = \dfrac{R_1 \cdot R_2}{R_1 + R_2}$

　따라서 $5 + \dfrac{6 \cdot 6}{6 + 6} + 4 = 12$

Answer
59. ④　60. ④

CBT 기출 복원문제

승강기기능사

01 기계실의 온도는 최대 몇 ℃ 이하가 되도록 유지하기 위하여 환기장치를 설치하는가?
① 10 ② 20
③ 30 ④ 40

☞ **기계실의 조건**
- 기계실은 베이스먼트(하부 측면) 타입과 사이드 머신(상부 측면) 타입이 있다.
- 기계실의 크기는 승강로 투영면적의 2배 이상으로 한다.
- 실내온도를 40℃ 이하로 유지하여야 한다.
- 기계실에는 소요설비 이외의 것을 설치하거나 두어서는 아니 된다.

02 엘리베이터용 통신장치로 가장 많이 사용되는 것은?
① 비상벨 ② 인터폰
③ 원격감시장치 ④ 전화기

03 비상정지장치와 관련이 없는 것은?
① 플렉시블 가이드 클램프형 세이프티
② 슬랙 로프 세이프티
③ 조속기
④ 턴버클

☞ **턴버클**
강선이나 지선을 설치할 때 장력의 가감을 필요로 하는 곳에 사용

04 조속기 스위치를 설명한 것으로 옳은 것은?
① 일단 작동하면 자동으로 복귀되지 않는다.
② 작동 후 속도가 정상으로 복귀되면 스위치도 복귀된다.
③ 일단 작동하면 교체하여야 한다.
④ 자동 복귀되어도 작동하지 않는다.

☞ 조속기 스위치는 동작 후 자동으로 복귀되지 않으므로 수동 복귀시켜야 한다.

05 로프의 마모상태가 소선의 파단이 균등하게 분포되어 있는 상태에서 1구성 꼬임(1 strand)의 1꼬임 피치에서 파단수가 얼마이면 교체할 시기가 되었다고 판단하는가?
① 1 ② 2
③ 3 ④ 4

☞ 1구성 꼬임의 1꼬임 피치에서 파단수가 4 이하이면 교체하여야 한다.

06 유압식 엘리베이터의 최대 특징은?
① 고속 주행이 가능하다.
② 제어가 쉽다.
③ 장치 주변을 청결하게 유지할 수 있다.
④ 기계실의 위치가 자유롭다.

☞ **유압식 엘리베이터의 특징**
- 기계실의 위치가 자유롭다.
- 파워유닛은 승강기 1대당 1대가 필요
- 속도 60m/min 이하, 높이 7층 이하에 적용
- 오일의 온도는 5℃ 이상 60℃ 이하로 유지
- 소비전력이 크며, 모터의 용량도 커야 한다.

07 승객용 엘리베이터에서 각 층 강제정지 운전의 목적으로 가장 적합한 것은?
① 출·퇴근 시간대에 모든 층의 승객에게 골고루 서비스 제공
② 각 층의 도어장치 기능의 원활한 작동

Answer
1. ④ 2. ② 3. ④ 4. ① 5. ④ 6. ④ 7. ④

③ 각 층의 도어장치 확인 시 사용
④ 카 안의 범죄활동 방지

☞ 강제정지 운전의 목적은 승객의 안전을 최우선으로 하기 위함이다.

08 엘리베이터 카 도어의 구성 부품이 아닌 것은?
① 균형 체인   ② 도어 슈
③ 링크   ④ 행거

☞ **균형 체인**
카와 균형추 상호간의 위치 변화에 따른 무게를 보상하기 위해서 설치

09 에스컬레이터의 제작 기준으로 맞지 않는 것은?
① 경사도는 일반적인 경우 30도 이하로 한다.
② 핸드레일의 속도는 디딤판과 동일 속도로 한다.
③ 디딤판 속도는 65m/min 이하로 한다.
④ 핸드레일은 디딤판과 동일 방향으로 한다.

☞ • 디딤판의 정격속도는 45m/min 이하이어야 한다.
• 에스컬레이터의 경사각은 30°를 초과하지 않아야 한다. 단, 층고가 6m 이하일 경우에는 35°까지 가능하다.

10 브레이크의 제동력은 보통 얼마 정도로 한정하고 있는가?
① 0.1G   ② 0.2G
③ 0.3G   ④ 0.4G

☞ 승강기나 덤웨이터에서 브레이크 제동력의 감속도는 보통 0.1G로 설정되는 경우도 있다. 여기서 G는 중력 가속도(약 $9.8m/s^2$)를 기준으로 한 가속도 단위이다. 0.1G는 약 $0.98m/s^2$의 감속도를 의미하는데, 이는 승강기가 정상적으로 제동되는 과정에서 안전하고 부드럽게 정지할 수 있는 감속도 범위이다.

11 비상용 엘리베이터에서 카 및 승강장 문이 열려 있어도 카를 승강시킬 수 있는 기능의 종류로 맞는 것은?
① 비상호출 기능   ② 1차 소방운전
③ 2차 소방운전   ④ 3차 소방운전

☞ • 1차 소방운전은 확인소방이다. 동작범위는 층 버튼을 누름과 동시에 문이 닫히고 출발한다. 층 도착 후 열림 버튼을 동작시켜야만 문이 열린다. 열림 버튼을 중간에 놓게 되면 문이 닫힌다.
• 2차 소방운전은 화재진압용이라 할 수 있다. 2차 동작 시 문이 완전히 열린 상황에서도 운행이 가능하다.

12 객석부분이 가변 축의 주위를 회전하는 것으로 회전운동 외에 승강운동도 할 수 있는 구조로 된 유희시설물은?
① 회전목마   ② 코스터
③ 회전그네   ④ 옥토퍼스

☞ **유희시설물 옥토퍼스(Octopus)**
여러 개의 팔이 회전과 상하운동을 하며 탑승객을 이동시키며 스릴을 제공하는 놀이기기

13 권수가 400인 코일에서 0.1초 사이에 0.5Wb의 자속이 변화한다면 유도기전력의 크기는 몇 V인가?
① 100   ② 200
③ 1000   ④ 2000

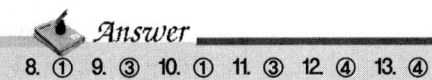

8. ① 9. ③ 10. ① 11. ③ 12. ④ 13. ④

☞ $e = N\dfrac{\Delta\phi}{\Delta t} = 400 \times \dfrac{0.5}{0.1} = 2000$

14 교류 엘리베이터에서 사용하지 않는 제어 방식은?
① 교류 2단 속도제어방식
② 교류 귀환 전압제어방식
③ 가변용량 가변전류제어방식
④ 가변전압 가변주파수제어방식

☞ 교류 제어방식에는 교류 1단 방식, 교류 2단 방식, 교류 귀환방식, VVVF(가변전압 가변주파수제어) 방식 등이 있다.

15 전동기의 회전방향과 관계가 있는 법칙은?
① 렌츠의 법칙
② 패러데이의 법칙
③ 플레밍의 왼손법칙
④ 플레밍의 오른손법칙

☞ 플레밍의 왼손법칙
도선 내의 전기에너지는 자기장 속에서 운동에너지의 형태로 전환될 수 있다. 이것이 전기에너지를 사용하여 회전운동을 하는 전동기의 기본 원리이다.

16 승강기의 속도에 영향을 미치지 않는 것은?
① 모터의 속도
② 주시브(main sheave)의 지름
③ 치차의 감속비
④ 디플렉터 시브(deflector sheave)의 지름

☞ 디플렉터 시브는 편향 도르래이다.

17 감전사고로 의식불명이 된 환자가 물을 요구할 때의 방법으로 적당한 것은?
① 냉수를 주도록 한다.
② 온수를 주도록 한다.
③ 설탕물을 주도록 한다.
④ 물을 천에 묻혀 입술에 적시어만 준다.

18 도어 머신에 관한 설명 중 틀린 것은?
① 주행 중에 카 도어가 열리지 않도록 하기 위하여 전류가 공급된다.
② 직류전동기만을 사용하여야 한다.
③ 소형 경량이어야 한다.
④ 동작횟수가 엘리베이터 기동횟수의 2배 정도이다.

☞ 도어 머신
전동기, 감속기 등을 포함한 도어를 개폐하는 장치로 직류전동기(DC 모터) 뿐만 아니라 교류전동기(AC 모터)도 사용된다. AC 전동기가 더 효율적이고 유지보수가 적으며 가격이 저렴한 경우가 많기 때문이다.

19 엘리베이터에서 사고가 발생하였을 때의 조치사항이 아닌 것은?
① 응급조치 등의 필요한 조치
② 소방서 및 의료기관 등에 연락
③ 피해자의 동료에게 연락
④ 전문기술자에게 연락

20 승장실과 카실(car sill)의 간격은 몇 mm 이하로 하여야 하는가?
① 10   ② 35
③ 50   ④ 70

☞ 승강실과 카실의 간격은 발의 끼임이나 부상을 방지하고자 하는 안전상의 이유로 35mm 이하로 한다.

21 다음 그림은 마이크로미터로 어떤 치수를

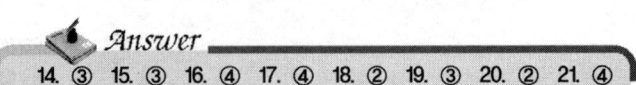

Answer
14. ③ 15. ③ 16. ④ 17. ④ 18. ② 19. ③ 20. ② 21. ④

측정한 것이다. 치수는 몇 mm인가?

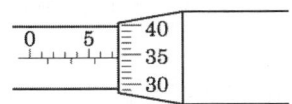

① 0.785　　　② 5.35
③ 7.35　　　④ 7.85

🕭 7.5+0.35=7.85

22 승용 엘리베이터의 범죄방지를 위해 채택된 방식은?
① 워드 레오나드방식
② 종단층 강제속도장치방식
③ 록다운 비상정지방식
④ 강제 각 층 정지운전방식

🕭 각 층에 정지하면서 목적층까지 운행하는 방식으로 범죄예방 목적으로 한다.

23 로프식 승강기의 균형추 무게를 계산하는 식은? (단, 오버밸런스율은 50%로 한다.)
① 카 하중+카 하중의 50%
② 카 하중+적재하중의 50%
③ 적재하중의 150%
④ 적재하중의 50%

🕭 **균형추의 총 중량**
=카 하중+(정격하중(L)×오버밸런스율(F))

24 주로프에 사용되는 로프의 꼬임방법 중 승강기에 주로 사용하는 것은?
① 보통 Z꼬임　　② 보통 S꼬임
③ 랭 Z꼬임　　　④ 랭 S꼬임

🕭 **로프를 꼬는 방법**
소선이 꼬이는 방향과 스트랜드가 꼬인 방향이 반대방향인 보통 꼬임과, 꼬임 방향이 같은 랭 꼬임 등이 있다. 각각 S꼬임과 Z꼬임이 있다. 일반적으로 보통 Z꼬임을 사용한다.

25 재료의 종변형률 ε이란?
① $\varepsilon = \dfrac{\text{변형된 길이}}{\text{원래의 길이}}$
② $\varepsilon = \dfrac{\text{하중}}{\text{원래의 길이}}$
③ $\varepsilon = \dfrac{\text{원래의 길이}}{\text{변형된 길이}}$
④ $\varepsilon = \dfrac{\text{하중}}{\text{응력}}$

26 공동주택용 엘리베이터에서 카 주행 중 문에 손을 대어 억지로 여는 데 필요한 힘은 최소 몇 kgf 이상이 되도록 하는가?
① 5　　　② 10
③ 15　　　④ 20

🕭 문을 손으로 여는 데 필요한 힘은 정지 중 5kgf 이상 30kgf 이하이고, 주행 중에는 20kgf이다.

27 에스컬레이터에서 계단식 체인은 일반적으로 어떻게 구성되어 있는가?
① 좌·우 각 1개씩 있다.
② 좌·우 각 2개씩 있다.
③ 좌측에 1개, 우측에 2개 있다.
④ 좌측에 2개, 우측에 1개 있다.

🕭 에스컬레이터에서 계단식 체인은 좌우 각 1개씩 설치한다.

28 로프 소선에 따른 구분으로 도금용 소선을 사용하는 것은?
① E종　　　② G종
③ A종　　　④ B종

Answer
22. ④　23. ②　24. ①　25. ①　26. ④　27. ①　28. ②

☞ 소손의 인장강도 종별에 따른 구분

종별	비고
E종 (135kg/m²)	비도금
G종 (150kg/m²)	도금 (도금 후 신선선을 포함)
A종 (165kg/m²)	비도금, 도금 (도금 후 신선선을 포함)

29 압력배관에 대한 설명으로 옳지 않은 것은?
① 연결재는 재사용이 불가능한 구조이어야 한다.
② 파워 유닛에서 실린더까지는 압력배관으로 연결하도록 한다.
③ 지진, 진동 및 충격을 완화하는 장치가 설치되고 벽 등 관통부분은 슬리브 등이 설치되어야 한다.
④ 압력 고무호스는 여유가 없어야 하며 일직선으로 연결되어 있어야 한다.

☞ 고무호스는 압력이 가해지면 길이가 짧아지므로 여유가 있어야 한다.

30 기계식 주차설비를 할 때 승강기식인 경우 도르래 또는 드럼의 지름은 로프 지름의 몇 배 이상으로 하는가?
① 10배 ② 15배
③ 20배 ④ 30배

31 기어의 장점으로 틀린 것은?
① 동력전달이 확실하게 이루어진다.
② 마찰계수가 대단히 커서 부드럽게 움직인다.
③ 기계적 강도가 커서 안정적이다.
④ 호환성이 뛰어나고 정밀도가 높다.

☞ 기어의 마찰계수는 기계시스템의 효율성에 영향이 크기에 마찰을 최소화하기 위해 윤활과 재질의 선택이 중요하다.

32 도어판넬과 삼방틀 간의 틈새는 어느 정도가 가장 바람직한가?
① 3~4mm ② 5~7mm
③ 8~9mm ④ 10~12mm

33 응력변형률 선도에서 하중의 크기가 작을 때 변형이 급격히 증가하는 점을 무엇이라 하는가?
① 항복점 ② 피로한도점
③ 응력한도점 ④ 탄성한계점

☞ 항복점
물체에 힘이 작용한 후 변형을 일으킨 후 힘을 제거한 후에도 원래 상태로 되돌아오지 못하고 영구적 변형이 시작된 변형력

34 그림은 승강기 VVVF 제어회로의 일부이다. 회로의 설명 중 옳은 것은?

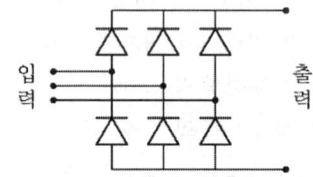

① 교류를 직류로 변환하는 회로이다.
② 교류의 PWM 제어회로이다.
③ 교류의 주파수를 변환하는 회로이다.
④ 교류의 전압을 변환하는 회로이다.

☞ VVVF 제어회로
전압과 주파수를 어느 정도 자유롭게 변환할 수 있는 설비를 말하는데, 위 회로는 교류를 직류로 변환하는 회로이다.

Answer
29. ④ 30. ④ 31. ② 32. ② 33. ① 34. ①

35 잇수 50, 모듈 3인 기어의 외경은 몇 mm 인가?
① 126
② 132
③ 156
④ 180

> 모듈 = $\dfrac{\text{피치원의 지름}}{\text{잇수}}$ 이므로
> D = (2+Z)×M = (2+50)×3 = 156mm

36 비상용 호출 운전 시 무효화되어서는 안 되는 안전장치는?
① 세이프티 슈
② 광전장치
③ 과부하 감지장치
④ 카 내 비상정지스위치

> **세이프티 슈**
> 엘리베이터의 도어 끝단에 부착된 안전장치로, 도어가 닫히는 도중에 사람이나 물건이 닿으면 반전하여 다시 열리도록 한다.

37 시간당 9000명의 수송능력을 가진 에스컬레이터의 형식은?
① 800형
② 900형
③ 1000형
④ 1200형

> **에스컬레이터 난간 폭에 따른 분류**
> • 800형 : 6000명/시간
> • 1200형 : 9000명/시간

38 자전거의 페달에 작용하는 하중은?
① 비틀림 하중
② 휨하중
③ 교번하중
④ 인장하중

> **교번하중**
> • 2가지 이상의 서로 다른 크기의 하중이 반복적으로 교대로 작용하는 상황에서 발생하는 하중
> • 자전거 페달에서는, 라이더가 발을 올리고 내리면서 페달에 가하는 힘이 주기적으로 변화하는 특성을 가지고 있기 때문에, 교번하중이 발생할 수 있다.

39 에스컬레이터의 구동용 모터를 선정할 때 가장 큰 결정 요인은?
① 승강 높이
② 승강 속도
③ 기계실 크기
④ 수송 인원

> **구동용 모터 선정 시 고려할 사항**
> 1분간의 수송 인원, 1인당 평균 중량, 높이 등

40 권상기의 기준이 아닌 것은?
① 역구동이 잘 될 것
② 전동기 본체의 접지가 되어 있을 것
③ 주로프와의 사이에 슬립이나 시브에 균열 등이 없을 것
④ 감속기구가 있는 것은 기어 톱니의 두께가 설치 시의 7/8 이상일 것

> **권상기**
> 무거운 짐을 움직이거나 끌어올리는데 사용하는 기계로 역구동이 안 되어야 한다.

41 주전원이 380V인 엘리베이터에서 110V 전원을 사용하고자 강압 트랜스를 사용하던 중 트랜스가 소손되었다. 원인 규명을 위해 회로시험기를 사용하여 전압을 확인하고자 할 경우 회로시험기의 전압 측정범위 선택 스위치의 최초 선택 위치로 옳은 것은?
① 회로시험기의 110V 미만
② 회로시험기의 110V 이상 220V 미만
③ 회로시험기의 220V 이상 380V 미만
④ 회로시험기의 가장 큰 범위

> 주전원이 380V이므로 최초 380V 이상으로

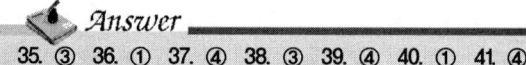

35. ③ 36. ① 37. ④ 38. ③ 39. ④ 40. ① 41. ④

선택하여야 한다.

42 보호구 착용의 의무작업이 아닌 것은?
① 분진의 발산이 심한 곳
② 건조한 실내작업
③ 강한 소음
④ 유해 광선

☞ 보호구 착용의 의무작업은 안전을 보장하기 위해 특정 작업 환경에서 보호구를 반드시 착용해야 하는 작업을 의미한다.

43 천장 비상구에 대한 설명 중 틀리는 것은?
① 카 내에 승객이 갇혀 있을 때 구출을 목적으로 설치한다.
② 카 안에서 열리지 않고, 케이지 외측에서 열도록 되어 있다.
③ 비상구가 열려 있는 동안에는 승강기 운전이 불가능하다.
④ 카 위를 점검하는 점검구로 통상 사용하여도 무방하다.

☞ • 카 천장의 비상구출구는 내부에서는 열쇠를 사용하지 않으면 열 수 없어야 한다.
• 카 천장의 비상구출구는 카의 외부에서 간단하게 열리는 구조로 하여야 한다.

44 표와 같은 진리치표에 대한 논리회로는?

A	B	X
0	0	0
0	1	0
1	0	0
1	1	1

① OR   ② NOR
③ AND   ④ NAND

☞ AND 회로
입력이 모두 1일 때 출력이 1이 나온다.

45 응력의 종류와 거리가 먼 것은?
① 수직응력   ② 평면응력
③ 전단응력   ④ 휨응력

☞ 응력의 종류
① 수직응력 : 수직방향으로 누르거나 당기는 응력
③ 전단응력 : 옆으로 밀어서 찌그러 뜨리는 응력
④ 휨응력 : 휨이 발생하는 부재의 내부에 발생하는 응력

46 전기기기에서 E종 절연의 최고 허용온도는 몇 ℃인가?
① 90   ② 105
③ 120   ④ 130

☞ 절연 계급에 따른 최고 허용온도

절연의 종류	최고 허용온도
Y종	90℃
A종	105℃
E종	120℃
B종	130℃
F종	155℃
H종	180℃
C종	180℃ 초과

47 승강기 기계실에 설비되어서는 안 되는 것은?
① 승강기 제어반   ② 환기설비
③ 옥탑 물탱크   ④ 조속기

☞ 기계실은 누수가 없이 청결하여야 한다.

48 균형 로프(compensating rope)의 역할은?
① 주로프를 보강
② 카의 낙하를 방지
③ 균형추의 이탈을 방지
④ 주로프와 이동 케이블이 이동함에 따라 변화되는 하중을 보상

Answer
42. ② 43. ④ 44. ③ 45. ② 46. ③ 47. ③ 48. ④

☞ 균형 로프의 설치 목적
- 이동 케이블과 주로프의 이동에 따라 변화되는 하중을 보상하기 위해 설치
- 와이어로프의 무게를 보상

49 수평보행기의 구조물이 아닌 것은?
① 내측판   ② 스텝
③ 균형추   ④ 핸드레일

☞ 균형추는 엘리베이터에서 사용

50 객석 부분이 가변축의 주위를 회전하는 것으로서 원주 속도가 크고 객석 부분에 작용하는 원심력이 큰 특징을 가진 유희시설물은?
① 코스터   ② 문로켓
③ 로터   ④ 메리고라운드

☞ 유희시설물 로터(회전자)
- 전동기, 발전기, 터빈 등과 같은 회전기계에서 회전하는 부분의 전체를 말한다.
- 놀이공원이나 유원지에서 사용되는 회전형 놀이기구 중 하나

51 승강로의 벽 일부에 유리를 사용할 경우, 사용할 수 없는 유리의 종류는?
① 망유리   ② 강화유리
③ 접합유리 ④ 배강도유리

☞ 승강로 벽에 사용되는 유리는 강도와 안전성, 내화성, 투명도와 미관, 내구성 등의 다양한 조건을 만족해야 한다.
※ 배강도유리(반강화유리)
- 파손 시 파편이 크고, 용도는 고층부분 시공 (외벽 유리 커튼월로 사용)
- 압축응력이 강화유리보다 작다.

52 와이어로프의 가공법이 아닌 것은?

① U볼트 클립법   ② 킹크(kink)법
③ 클램프법   ④ 소켓법

☞ 와이어로프의 가공법
U볼트 클립법, 클램프법, 소켓법, 약식 묶음법, 수편이음법, 본계수법 등

53 브러시는 자극의 중성축에 설치하는데 중성축에서 브러시를 이동시켰을 때 발생하는 현상은?
① 직류전압이 갑자기 증가된다.
② 불꽃은 적어지고 소음이 심하다.
③ 직류전압이 안 나온다.
④ 직류전압이 감소하고 불꽃이 생길 수 있다.

☞ 브러시가 중성축을 벗어나면, 전류가 비대칭적으로 흐를 수 있고 전기적 잡음이나 스파크가 발생할 가능성이 높아진다.

54 교류 아크용접기의 사용상의 주의사항이 아닌 것은?
① 탭 전환은 반드시 아크발생을 중지시킨 후 시행한다.
② 1차측의 탭은 1차측의 전류, 전압의 변동을 조절하는 것이므로 2차측의 전류, 전압을 높이는 데 사용한다.
③ 정격사용률 이상으로 사용하지 않는다.
④ 2차 단자 한쪽과 용접 케이스는 접지를 확실히 한다.

☞ 2차측의 탭은 2차측의 전류, 전압의 변동을 조절하는 것이므로 2차측의 전류, 전압을 높이는 데 사용한다.

55 에스컬레이터의 안전장치 중 터미널부와 바닥 사이에 물체가 끼인 경우에 에스컬레

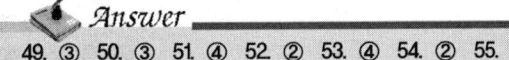
49. ③ 50. ③ 51. ④ 52. ② 53. ④ 54. ② 55. ①

이터를 정지할 목적으로 핸드레일 마지막 노출부위에 설치한 안전장치는?

① 인렛 스위치
② 전자제동기
③ 과전류차단기
④ 스텝 이상 검출장치

👉 **인렛 스위치**
핸드레일 난간 하부로 들어가는 곳에 물체가 끼인 경우 에스컬레이터를 정지시킬 목적으로 핸드레일 인입구에 설치하는 안전장치

56 유압식 엘리베이터의 경우 고속에서 저속으로 전환되어 정지시키는 역할을 하는 밸브는?

① 릴리프밸브 ② 체크밸브
③ 스톱밸브   ④ 유량제어밸브

👉 **유압식 엘리베이터에서의 유량제어밸브**
- 엘리베이터의 승강 속도와 정확한 위치 제어를 위해 중요한 역할을 한다.
- 유압식 엘리베이터는 유압 실린더를 이용하여 엘리베이터를 상승시키고 하강시키며, 유압 시스템에서 유체의 흐름을 제어하는 유량제어밸브는 속도 제어 및 안정적인 작동을 위해 필수적이다.

57 하중이 작용하는 상태에 따른 분류가 아닌 것은?

① 전단하중 ② 휨하중
③ 압축하중 ④ 충격하중

👉 **하중이 작용하는 상태에 따른 분류**
전단하중, 휨하중, 압축하중, 비틀림하중, 인장하중 등

58 비상용 엘리베이터 카의 전원이 정전된 경우 예비전원에 의한 엘리베이터의 가동은 몇 시간 이상 작동할 수 있어야 하는가?

① 1   ② 1.5
③ 2   ④ 2.5

👉 카의 전원이 정전된 경우 예비전원에 의한 엘리베이터는 2시간 이상 가동되어야 한다.

59 힘의 3대 요소에 해당되지 않는 것은?

① 방향   ② 크기
③ 작용점 ④ 속도

👉 **힘의 3대 요소**
방향, 크기, 작용점(힘이 미치는 점)

60 권상용 와이어로프의 안전율은 용도별로 규정하고 있다. 승용 승강기의 안전율은 얼마 이상이어야 하는가?

① 4   ② 6
③ 8   ④ 10

👉 **권상용 와이어로프의 안전율**

운반기계		안전율
크레인		5 이상
리프트	화물용	6 이상
	화학용	10 이상
승강기	승용	10 이상
	화물용	6 이상

Answer
56. ④ 57. ④ 58. ③ 59. ④ 60. ④

CBT 기출 복원문제

01 승강기를 4개 부분으로 분류할 때 옳은 것은?
① 권상기, 조속기, 완충기, 로프
② 기계실, 카, 승강로, 승강장
③ 제어반, 비상정지장치, 종점스위치, 착상스위치
④ 층관리장치, 권상기, 제어반, 조속기

02 일반적으로 기계실의 바닥면적은 승강로 수평투영면적의 몇 배 이상이어야 하는가?
① 1.5배　　② 2배
③ 2.5배　　④ 3배

☞ 기계실의 바닥면적은 승강로 수평투영면적의 2배 이상을 원칙으로 하나, 교류는 2~2.5배, 군 관리운전의 직류 엘리베이터는 3~3.5배 정도로 한다.

03 정전작업 중에 특히 유의할 사항은?
① 명령계통을 일원화시킨다.
② 주변 사람들에게 감시시키면서 작업한다.
③ 작업량을 정하여 작업시킨다.
④ 시간을 잘 지켜 작업하도록 유도한다.

☞ 정전작업 시 작업 전에 작업책임자를 임명하고, 지휘 및 명령계통 확립 및 확인한다.

04 균형추를 사용한 화물용 승강기에서 제동기(Brake)의 제동력은 적재하중의 몇 %까지인가?
① 100　　② 110
③ 120　　④ 130

☞ 화물용 승강기의 제동기 제동력은 적재하중의 120%, 승객용 승강기의 제동기 제동력은 적재하중의 125%이다.

05 나이프 스위치의 충전부가 노출되면 무엇이 위험한가?
① 누전　　② 감전
③ 과부하　　④ 과열

☞ 나이프 스위치는 노출형이 많으므로 감전에 주의해야 한다.

06 유압잭의 부품이 아닌 것은?
① 사일런서　　② 플런저
③ 패킹　　④ 더스트 와이퍼

☞ **사일런서**
소음과 진동을 흡수하는 장치이다.

07 전기기기의 외함 등이 절연이 나빠져서 전류가 누설되어도 감전사고의 위험이 적도록 하기 위하여 어떤 조치를 하여야 하는가?
① 도금을 한다.
② 영상변류기를 설치한다.
③ 퓨즈를 설치한다.
④ 접지를 한다.

☞ 외함을 접지하면 누전되는 전류가 대지로 직접 흘러 외함과 대지와의 전압은 0볼트에 가까워 접촉되어도 전류가 흐르지 않아 감전을 면하게 된다.

08 안전보건 표지의 종류가 아닌 것은?
① 금지　　② 방향
③ 경고　　④ 안내

Answer
1. ② 2. ② 3. ① 4. ③ 5. ② 6. ① 7. ④ 8. ②

☞ **안전보건 표지의 종류**
금지, 경고, 지시, 안내, 문자 추가 시 범례가 있다.

09 재해조사의 항목으로 볼 수 없는 것은?
① 사업주의 인적 사항
② 기인물 및 가해물
③ 피해자의 인적 사항
④ 사고의 형태

☞ **재해조사의 항목**
• 발생 연월일 : 시간, 장소
• 피해자의 인적 사항   • 사고의 현장
• 기인물 및 가해물   • 관리적 요소
• 기술 사항

10 재해 발생 시 긴급 처리해야 할 사항이 아닌 것은?
① 피해 기계의 정지
② 피해자의 응급조치
③ 관계기관에 신고
④ 2차 재해방지

☞ 기계 오작동으로 인한 재해 발생 시 관계기관에 신고를 하다가 또 다른 사고가 발생하는 것을 막기 위해 우선 기계의 작동을 중지시키고, 또 다른 사고가 발생하지 아니하도록 조치하는 것을 우선적으로 선행해야 한다.

11 기계실에 관한 설명 중 틀린 것은?
① 기계실의 크기는 승강로 투영면적의 2배 이상으로 한다.
② 기계실은 승강로 직상부에 설치하여야 한다.
③ 실내온도를 40℃ 이하로 유지하여야 한다.
④ 기계실에는 소요설비 이외의 것을 설치

하거나 두어서는 아니 된다.

☞ **기계실 설치의 방식**
• 사이드머신 방식 : 승강로 상부 측면에 설치된 방식
• 베이스먼트 방식 : 승강로 하부(아래쪽 옆 방향) 측면에 설치된 방식
• 오버헤드 머신 방식 : 승강로 정상부에 설치된 방식

12 어떤 교류전동기의 회전속도가 1200rpm 이라고 할 때 전원주파수를 10% 증가시키면 회전속도는 몇 rpm이 되는가?
① 1080   ② 1200
③ 1320   ④ 1440

☞ $N_s = \dfrac{120f}{P}$ [rpm]일 때 전원주파수가 10% 증가하면 회전수도 10% 증가하므로
∴ 1200+120=1320

13 승강로의 구조에 대한 설명으로 틀린 것은?
① 외부 공간과 격리되어야 한다.
② 카나 균형추에 접촉하지 않도록 되어야 한다.
③ 화재 시 승강로를 거쳐 다른 층으로 연소되지 않아야 한다.
④ 승강기의 배관설비 이외의 배관도 승강로에 함께 설비되도록 한다.

☞ 승강기의 배관설비 이외에 다른 배관설비는 함께 설비되지 않도록 한다.

14 감전사고의 위험도의 기준으로 볼 수 없는 것은?
① 전류의 양   ② 전원의 종류
③ 퓨즈의 종류 ④ 전격 시간

☞ **감전사고의 위험도 기준**

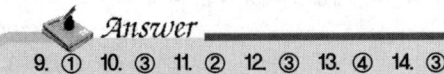
9. ① 10. ③ 11. ② 12. ③ 13. ④ 14. ③

전류의 양, 접촉 기간, 전류의 종류(교류, 직류), 전류의 통과 경로, 신체 조직의 저항도에 따라 결정

15 머리의 부상이 격심할 때의 응급치료의 조치로 적당한 것은?
① 수평상태로 눕혀 두어야 한다.
② 머리를 약간 높이 들어주어야 한다.
③ 머리를 낮게 하여 준다.
④ 머리를 45도 이상 높여주어야 한다.

☞ 머리 부상이 심할 때 머리를 들어주는 이유는 뇌의 혈류와 산소 공급을 유지하기 위함이다.

16 안전점검 및 진단순서가 맞는 것은?
① 실태 파악 → 결함 발견 → 대책 결정 → 대책 실시
② 실태 파악 → 대책 결정 → 결함 발견 → 대책 실시
③ 결함 발견 → 실태 파악 → 대책 실시 → 대책 결정
④ 결함 발견 → 실태 파악 → 대책 결정 → 대책 실시

17 에스컬레이터의 비상정지버튼스위치의 설치 장소로 옳은 것은?
① 승강장 상부에만 설치한다.
② 승강장 하부에만 설치한다.
③ 승강장 상·하부 모두에 설치한다.
④ 기계실에 설치한다.

18 기계실에 반드시 있어야 할 설비가 아닌 것은?
① 조명설비   ② 방음문
③ 환기설비   ④ 소화기

☞ **기계실의 설비**
• 소화설비를 갖출 것
• 환기시설 : 10~40℃ 유지
• 조명시설 : 바닥에서 100Lux 이상

19 그림과 같은 논리회로는?

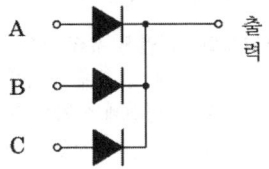

① NOT 회로   ② NOR 회로
③ OR 회로   ④ NAND 회로

☞ **OR 회로**
입력 신호가 A, B, C 중 어떤 곳으로 들어가도 출력이 나온다.

20 가변전압 가변주파수 제어방식과 관계가 없는 것은?
① PAM   ② PWM
③ 컨버터   ④ MG세트

☞ **가변전압 가변주파수(VVVF) 제어방식**
PAM 방식, PWM 방식, 컨버터(PAM에 사용), 인버터(PAM과 PWM에 사용)

21 불안전한 상태에 해당되는 것은?
① 운전 중인 기계장치 손질
② 안전방호장치의 결함
③ 불안전한 상태의 점
④ 운전 중 속도 조절

☞ **불안전한 상태**
• 안전장치의 결함
• 방호조치의 결함
• 보호구 및 복장의 결함
• 작업환경의 결함

Answer
15. ② 16. ① 17. ③ 18. ② 19. ③ 20. ④ 21. ②

• 숙련도 부족

22 정전작업 중에 특히 유의할 사항은?
① 명령계통을 일원화시킨다.
② 주변 사람들에게 감시시키면서 작업한다.
③ 작업량을 정하여 작업시킨다.
④ 시간을 잘 지켜 작업하도록 유도한다.

> **정전작업 시 안전 유의사항**
> 정전작업 시 작업 전에 작업책임자를 임명하고, 지휘 및 명령계통 확립 및 확인한다.
> ※ 정전작업 시 조치사항
> ㉠ 안전장구 및 표지
> ㉡ 무전압상태의 유지
> • 개폐기의 개방 보증 : 감시인을 둘 것
> • 잔류전하의 방전
> • 단락접지할 것
> ㉢ 재통전의 안전조치

23 언더 컷(under cut) 홈 시브에 대한 설명으로 틀린 것은?
① 로프와 시브의 마찰계수를 높이기 위한 것이다.
② 로프 마모율이 비교적 심하지 않다.
③ 주로 싱글 래핑(1 : 1 로핑)에 사용된다.
④ 홈의 형상은 시브 홈의 밑을 도려낸 것이다.

> 언더컷 시브는 로프 마모율이 심하다.

24 엘리베이터의 트랙션 머신에서 시브 풀리의 홈마모 상태를 표시하는 길이 h는 몇 mm 이하로 하는가?

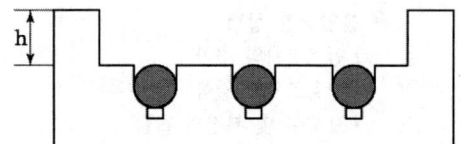

① 0.5 ② 2
③ 3.5 ④ 5

> **트랙션 머신**
> 견인 기계를 말하며, 그림에서 h는 2mm 이하로 한다.

25 순간식 비상정지장치인 즉시작동식이 적용되는 승강기는?
① 정격속도가 45m/min 이하의 승강기
② 정격속도가 60~105m/min의 승강기
③ 정격속도가 120~240m/min의 승강기
④ 정격속도가 300m/min 이상의 승강기

> **비상정지장치**
> ㉠ 즉시작동식
> • 정격속도가 45m/min 이하에 주로 사용
> • 롤러식 비상정지장치라고 불림
> ㉡ 점진식 작동식
> • 정격속도가 60m/min 이상에 주로 사용
> • 레일을 죄는 힘에 따라 FGC식과 FWC식이 있다.

26 이상 통제의 조건이 아닌 것은?
① 설비   ② 휴식
③ 방법   ④ 사람

> **이상 통제의 조건**
> 특정 시스템이나 과정에서 발생할 수 있는 이상 상황(사고 예방)을 식별하고 이를 효율적으로 관리하여 시스템의 안전성을 확보하는 데 필요한 조건들을 말한다.

27 승객용 승강기의 제동기의 조정은 카에 몇 %의 부하를 걸었을 때 위험하지 않게 감속 정지하도록 조정하는가?
① 110   ② 115
③ 125   ④ 150

Answer
22. ① 23. ② 24. ② 25. ① 26. ② 27. ③

👉 승객용 승강기의 제동기 제동력은 적재하중의 125%, 화물용 승강기에서는 적재하중의 120%로 감속 정지하도록 조정한다.

28 승강기 카와 건물벽 사이에 끼어 재해를 당했다면 재해발생의 형태는?
① 협착 ② 충돌
③ 전도 ④ 화상

👉 **협착 재해**
노동 과정 중 기계 따위에 신체의 일부가 끼어 근로자에게 생긴 신체상의 재해

29 그림과 같은 심벌의 명칭은?

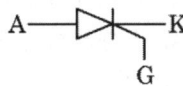

① 트라이액 ② 사이리스터
③ 다이오드 ④ 트랜지스터

30 다음 중 재해 발생의 원인 중 가장 높은 빈도를 차지하는 것은?
① 열량의 과잉 억제
② 설비의 배치 착오
③ 과부하
④ 작업자의 작업행동 부주의

👉 재해 발생의 원인 중 가장 높은 빈도를 차지하는 것은 인적 오류이다. 인적 오류는 사람들의 의도하지 않은 실수, 부족한 경험이나 훈련, 불완전한 의사결정으로 발생하는 사고나 재해를 말한다.

31 카 문의 안전보호장치인 세이프티 슈(Door Safety shoe)의 역할은?
① 문이 원활하게 열리도록 하는 역할
② 문의 개폐작동을 중지시키는 역할
③ 닫히는 문을 다시 열리게 하는 역할
④ 과부하 시에 출발하지 못하도록 하는 역할

👉 **세이프티 슈**
엘리베이터의 도어 끝단에 부착된 안전장치로, 도어가 닫히는 도중에 사람이나 물건이 닿으면 반전하여 다시 열리도록 한다.

32 캠이 가장 많이 사용되는 경우는?
① 요동운동을 직선운동으로 할 때
② 왕복운동을 직선운동으로 할 때
③ 회전운동을 직선운동으로 할 때
④ 상하운동을 직선운동으로 할 때

👉 **캠**
축의 회전운동을 왕복운동이나 직선운동으로 바꾸는 기계장치

33 다음 중 반도체로 만든 PN 접합은 무슨 작용을 하는가?
① 증폭작용 ② 발진작용
③ 정류작용 ④ 변조작용

👉 PN 접합은 다이오드와 같은 반도체 소자의 기본 원리로, 교류를 직류로 변환하는 정류작용을 한다.

34 엘리베이터의 속도에 영향을 미치지 않는 것은?
① 감속기
② 편향 도르래의 직경
③ 전동기 회전수
④ 권상 도르래의 직경

👉 **편향 도르래**
카와 균형추의 왕복운동 중 서로 간섭을 받지 않도록(서로 비켜 지나가도록) 일정한 간격을 유지하게 하는 기능

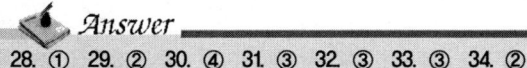

28. ① 29. ② 30. ④ 31. ③ 32. ③ 33. ③ 34. ②

35 엘리베이터의 종류 중 동력 매체별로 구분한 것이 아닌 것은?

① 로프식　　② 플런저식
③ 스크류식　④ 권상식

☞ 동력 매체별 분류
• 로프식　　• 플런저식
• 스크류식　• 랙 피니언식

36 중요한 안전장치로서 승강장 문이 열린 상태에서 모든 제약이 해제되면, 자동적으로 닫히게 하여 재해를 방지하는 것은?

① 도어인터록　　② 도어검출장치
③ 도어스위치　　④ 도어클로저

☞ 도어클로저
문이 열린 후 자동으로 닫히도록 하는 장치

37 재해 조사의 요령으로 바람직한 방법이 아닌 것은?

① 재해 발생 직후에 행한다.
② 현장의 물리적 증거를 수집한다.
③ 재해 피해자로부터 상황을 듣는다.
④ 의견 충돌을 피하기 위하여 가급적 1인이 조사토록 한다.

☞ 재해 조사
• 재해 발생 직후 최대한 빠른 시간 내에 조사를 실시할 것
• 물적 증거를 수집해서 보관할 것
• 재해현장의 상황을 기록으로 보관하기 위해 사진촬영을 할 것
• 목격자와 사업장책임자의 협력하에 조사를 추진할 것
• 가능한 한 피해자의 이야기를 많이 들을 것
• 특수한 재해나 대형 재해의 경우는 전문가에게 조사를 의뢰할 것

38 단상 유도전동기의 동기속도가 2000rpm이고, 회전속도가 1910rpm일 때 슬립은 몇 %인가?

① 4　　② 4.5
③ 5　　④ 5.5

☞ $S = \dfrac{N_s - N}{N_s} = \dfrac{2000 - 1910}{2000} \times 100(\%) = 4.5$

39 에스컬레이터의 안전율에 대한 기준으로 옳은 것은?

① 트러스와 빔에 대해서는 5 이상
② 트러스와 빔에 대해서는 10 이상
③ 체인류에 대해서는 5 이상
④ 체인류에 대해서는 8 이상

☞ 트러스와 빔은 5 이상, 체인은 10 이상

40 정전기로 인한 화재폭발 방지의 필요한 조치는?

① 개폐기 설치
② 전선은 단선 사용
③ 접지설비
④ 역률 개선

☞ 접지를 통해 축적된 정전기를 안전하게 땅으로 방출할 수 있다. 이는 정전기 축적을 방지하고 스파크 발생을 줄이는 데 중요한 역할을 한다.

41 유압회로에서 속도 변동을 작게 하기 위한 압력 보상기구는?

① 유량제어밸브　② 레벨링 밸브
③ 유량조정밸브　④ 럽처 밸브

☞ 유량조정밸브
유압장치 내 압력의 변화가 심할 때 액츄에이터의 일정한 속도를 유지하기 위해 압력보상

Answer
35. ④　36. ④　37. ④　38. ②　39. ①　40. ③　41. ③

이 되는 유량제어밸브로 사용된다.

42 구름 베어링(Rolling Bearing)이 미끄럼 베어링(Sliding Bearing)에 비해 좋지 않은 점은?

① 신뢰성 ② 윤활방법
③ 마멸 ④ 기동저항

☞ 미끄럼 베어링이 구름 베어링보다 좋은 점
- 미끄럼 베어링은 높은 하중을 잘 처리할 수 있고, 하중이 고르게 분포되기에 하중이 큰 환경에서 더 유리하다.
- 미끄럼 베어링은 구름 베어링에 비해 제조가 간단하고 비용이 저렴하다.
- 고온 환경에서 미끄럼 베어링은 구름 베어링보다 더 잘 작동할 수 있다. 특히 냉각이 어려운 환경에서는 미끄럼 베어링이 더 적합하다.
- ※ 구름 베어링은 속도가 빠르고 마찰이 적은 환경에서 효과적이고, 미끄럼 베어링은 고하중이나 고온의 환경에서 유리하고 저렴하며 상대적으로 단순한 설계로 적용 가능하다.

43 승강기 도어의 보호장치 중에서 접촉식 보호장치에 해당하는 것은?

① 세이프티 슈(safety shoe)
② 세이프티 레이(safety ray)
③ 라이트 레이(light ray)
④ 울트라 소닉 센서(ultra sonic sensor)

☞ 세이프티 슈
도어가 닫히는 도중에 사람이나 물건이 닿으면 반전하여 다시 열리는 안전장치

44 직류 분권전동기가 사용되지 않는 것은?

① 압연기의 보조용 전동기
② 환기용 송풍기
③ 선박용 펌프
④ 엘리베이터

☞ 엘리베이터는 보통 3상 유도전동기를 사용한다. 고효율 제공, 부드러운 속도제어, 뛰어난 내구성, 높은 신뢰성으로 엘리베이터에 많이 사용된다.

45 엘리베이터용 유압회로에서 실린더와 유량제어밸브 사이에 들어갈 수 없는 것은?

① 스트레이너 ② 스톱 밸브
③ 사일런서 ④ 라인 필터

☞ 여과기(스트레이너)
유체 속에 이물질을 걸러주는 장치로 펌프의 흡입구, 유체 흐름의 시작부분에 설치한다.

46 수평보행기의 스텝이 금속제로 된 것을 무엇이라고 하는가?

① 고무벨트식 ② 파레트식
③ 군관리방식 ④ 계단식

☞ 수평보행기의 디딤판이 금속제로 된 것은 파레트식이라 하고, 디딤판이 고무벨트로 된 것은 고무벨트식이라 한다.

47 로프식 엘리베이터의 기계실은 바닥면부터 천장 또는 보의 하부까지의 수직거리는 일반적인 경우 몇 m 이상으로 하여야 하는가?

① 1.5 ② 1.8
③ 2.0 ④ 2.3

48 유압식 승강기의 파워 유닛의 구성품이 아닌 것은?

① 펌프 ② 유량제어밸브
③ 체크밸브 ④ 실린더

☞ 파워 유닛의 구성 요소

Answer
42. ① 43. ① 44. ④ 45. ① 46. ② 47. ③ 48. ④

높은 압력의 기름을 빼낼 수 있도록 한 장치로 펌프, 유량제어밸브, 체크밸브, 안전밸브, 주 전동기 등이 있다.

49 수평보행기의 안전장치에 해당되지 않는 것은?

① 스텝 체인 안전스위치
② 스커트 가드 안전스위치
③ 비상정지 스위치
④ 핸드레일 인입구 안전스위치

☞ 스커트 가드 안전스위치는 에스컬레이터의 출구 부근의 스커트 가드 속에 설치되는 안전스위치이다.

50 어떤 백열전등에 100V의 전압을 가하면 0.2A의 전류가 흐른다. 이 전등의 소비전력은 몇 W인가?

① 10   ② 20
③ 30   ④ 40

☞ $P = V \cdot I = 100 \times 0.2 = 20$

51 카가 최상층 및 최하층을 지나쳐 주행하는 것을 방지하는 것은?

① 리미트 스위치   ② 균형추
③ 인터록 장치   ④ 정지스위치

☞ 리미트 스위치
카가 승강로의 바닥 완충기나 상부 부분에 충돌되기 전에 작동되어야 한다.

52 2진수의 1100을 10진수로 바꾸면?

① 11   ② 12
③ 13   ④ 14

☞ 2진수 → 10진수
$1100_2 = 1 \times 8 + 1 \times 4 + 0 \times 2 + 0 \times 1$

$\therefore 8 + 4 = 12$

53 도르래의 로프홈에 언더컷(Under Cut)을 하는 목적은?

① 로프의 중심 균형
② 윤활 용이
③ 마찰계수 향상
④ 도르래의 경량화

☞ 언더컷의 사용 목적은 로프와 시브의 마찰계수를 높이기 위한 것이다.

54 승강기에 사용되는 레일의 종류가 아닌 것은?

① 8kg 레일   ② 13kg 레일
③ 19kg 레일   ④ 24kg 레일

☞ 승강기에 사용되는 레일의 종류
T형 레일을 사용하며, 공칭은 8K, 13K, 18K, 24K, 30K이고, 대용량 엘리베이터는 37K, 50K 등을 사용한다.

55 유압엘리베이터에서 안전밸브가 작동하는 설정값은 보통 상용압력의 몇 %로 하는가?

① 115   ② 125
③ 135   ④ 145

☞ 안전밸브
일종의 압력조정밸브로 회로의 압력이 설정값에 도달하면 밸브를 열어 기름을 탱크로 돌려보내 압력이 높아지는 것을 방지하는 작용을 한다. 보통 상용압력의 125%에 설정한다.

56 스프링의 세기를 나타내는 것은?

① 스프링의 전체길이
② 스프링의 탄성상수
③ 스프링의 강도

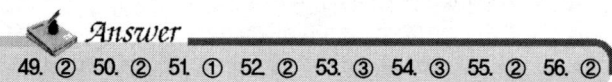

49. ② 50. ② 51. ① 52. ② 53. ③ 54. ③ 55. ② 56. ②

④ 스프링의 유효길이

☞ **탄성상수**
특정한 물체가 힘을 받아 변형되는 정도와 복원되는 정도를 계산한 비율

57 전압의 측정범위를 확대하기 위하여 전압계에 직렬로 접속하는 저항을 무엇이라 하는가?
① 계전기 ② 분류기
③ 배율기 ④ 압축기

☞ **배율기**
전압계의 측정범위를 확대하기 위해서 계기의 내부회로에 직렬로 접속하는 저항기

58 유압식 엘리베이터의 고무호스의 안전율은 얼마 이상이어야 하는가?
① 5 ② 8
③ 10 ④ 12

☞ 유압식 엘리베이터의 고무호스의 사용압력에 대한 안전율은 10 이상으로 한다.

59 안전장치에 관한 설명 중 옳지 않은 것은?
① 정전 시 카 내 예비조명장치의 조도는 일정 조건에서 1럭스 이상이 되어야 한다.
② 로프식 엘리베이터는 125% 적재량과 정격속도로 운행 후 안전하게 감속 정지시켜야 한다.
③ 완충기는 정격속도의 115%에서 충돌할 경우 평균감속도 1G 이하로 정지시키기 위해서 필요한 길이 이상으로 한다.
④ 조속기 스위치는 정격속도의 1.4배를 넘지 않는 범위 내에서 작동되어야 한다.

☞ 조속기에 의해 과속이 감지되어 정속도의 1.3배 빠르면 안전스위치 동작은 전기적 차단을, 1.4배 빠르면 안전스위치와 디바이스 동작을 하며 기계적 작동을 하여 레일을 물어 정지시킨다.

60 전기공사를 할 때 어느 작업에서나 필요한 보호장구는?
① 핫스틱 ② 방전고무장갑
③ 안전허리띠 ④ 안전모

☞ **절연용 보호구**
절연옷, 고무장화, 안전모, 소매커버 등

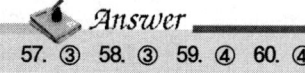
57. ③ 58. ③ 59. ④ 60. ④

CBT 기출 복원문제

승강기기능사

01 승강기 정밀안전검사기준에서 전기식 엘리베이터 주로프의 끝부분은 몇 가닥마다 로프 소켓에 바빗트 채움을 하거나 체결식 로프 소켓을 사용하여 고정하여야 하는가?

① 4가닥　　② 3가닥
③ 2가닥　　④ 1가닥

🖐 전기식 엘리베이터 로프
끝부분은 1가닥마다 로프 소켓에 바빗트 채움을 하거나 체결식 로프 소켓을 사용하여 고정하여야 한다. 다만, 기타의 장치로 고정하는 경우의 연결은 주로프 최소파단하중의 80% 이상이어야 한다. 또한, 권동식 엘리베이터인 경우에는 권동측의 끝부분을 1가닥마다 클램프 고정으로 할 수 있다.

02 즉시 작동식 비상정지장치가 작동할 때 정지력과 거리에 대한 그래프로 옳은 것은?

①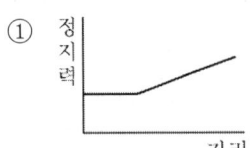

②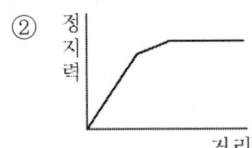

③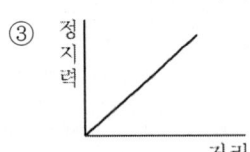

④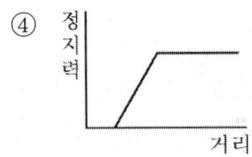

🖐 비상정지장치
- 승강기의 강하를 제동하는 장치로, 점진적 비상정지장치와 순간 비상정지장치가 있다.
- 점진적 비상정지장치는 승강기의 강하에 따라서 회전하도록 장치되어 있는 권동의 회전에 의해서 가이드 레일을 사이에 끼우는 끼움쇠를 가이드 레일에 압착시켜서 승강기의 강하를 정지시키는 것이다.

03 카측 로프가 매달고 있는 중량과 균형추측의 로프가 매달고 있는 중량의 비는?

① 균형비　　② 부하율
③ 트랙션비　　④ 밸런스율

🖐 트랙션비
- 카측의 로프의 중량과 균형추측 로프의 중량비
- 카중량+적재량+로프하중+균형추 중량

04 로프가 느슨해지면서 로프의 장력을 검출하여 동력을 끊어주는 안전장치는?

① 정지스위치
② 리미트 스위치
③ 록다운 비상스위치
④ 권동식 로프 이완 스위치

🖐 권동식 로프 이완 스위치
와이어 로프의 장력을 검출하여 동력 차단 및 오동작 시 주회로 차단 스톱모션 스위치 설치

05 록다운 비상정지장치를 설치해야 하는 엘리베이터의 속도 기준으로서 옳은 것은?

① 정격속도 105m/min 초과
② 정격속도 180m/min 초과
③ 정격속도 210m/min 초과

Answer
1. ④　2. ③　3. ③　4. ④　5. ④

④ 정격속도 240m/min 초과

록다운 비상정지장치
엘리베이터 주행 중 비상정지장치가 작동되었을 때 균형추, 로프가 관성에 의해 튀어오르지 못하도록 속도 240m/min 이상의 엘리베이터에 반드시 설치해야 할 안전장치

06 카의 정격속도가 45m/min 이하인 경우 꼭대기 틈새 및 피트 깊이는 각각 몇 m로 규정하고 있는가?

① 꼭대기 틈새 : 1.2m 이상, 피트 깊이 : 1.2m 이상
② 꼭대기 틈새 : 1.4m 이상, 피트 깊이 : 1.5m 이상
③ 꼭대기 틈새 : 1.6m 이상, 피트 깊이 : 1.8m 이상
④ 꼭대기 틈새 : 1.8m 이상, 피트 깊이 : 2.1m 이상

정격속도별 꼭대기 틈새 및 피트 깊이

정격속도	꼭대기 틈새	피트 깊이
45m/min 이하	1.2m 이상	1.2m 이상
45m/min 이상 60m/min 이하	1.4m 이상	1.5m 이상
60m/min 이상 90m/min 이하	1.6m 이상	1.8m 이상
90m/min 이상 120m/min 이하	1.8m 이상	2.1m 이상
120m/min 이상 150m/min 이하	2.0m 이상	2.4m 이상
150m/min 이상 180m/min 이하	2.3m 이상	2.7m 이상
180m/min 이상 210m/min 이하	2.7m 이상	3.2m 이상
210m/min 이상 240m/min 이하	3.3m 이상	3.8m 이상
240m/min 이상	4.0m 이상	4.0m 이상

07 정격속도 60m/min인 기계실이 있는 엘리베이터에서 조속기 1차 과속스위치가 작동하는 속도(m/min)는?

① 60 ② 63
③ 68 ④ 78

☞ 60×1.3=78

※ 비상정지장치 : 승강기에서 과속이 발생했을 때(하강 방향으로) 과속을 감지하여 카를 안전하게 정지시키는 안전장치이다. 조속기에 의해 과속이 감지되었을 때 정속도의 1.3배일 경우 전기적 스위치가, 1.4배일 경우 기계적인 작동으로 레일을 꽉 물면서 정지한다.

08 케이지의 실속도와 지령속도를 비교하여 사이리스터의 점호각을 바꿔 유도전동기의 속도를 제어하는 방식은?

① 교류 궤환제어
② 정지 레오나드방식
③ 교류 일단 속도제어
④ 교류 이단 속도제어

교류 궤환제어방식
• 케이지의 실속도와 지령속도를 비교하여 사이리스터의 점호각을 바꿔 유도전동기의 속도를 제어하는 방식
• 속도 45~105m/min에 적용
• 지령속도에 맞는 제어방식으로 승차감 또는 착상 정도가 크다.
• 감속 시 유도전동기에 직류를 흐르게 하여 제동 토크를 발생해 제동한다.

09 도어시스템 중 모터의 회전을 감속하고 암이나 로프 등을 구동하여 도어를 개폐하는 장치는?

① 도어 머신   ② 도어 클로저
③ 도어 인터록 ④ 도어 보호장치

도어 머신
• 도어 시스템에서 중요한 역할을 하는 기계장치로, 주로 도어를 자동으로 개폐할 수 있게 하는 장치이다.
• 보통 모터, 감속기, 기어, 암, 로프 등으로 구성되며, 도어를 효율적으로 열고 닫는 동작을 한다.

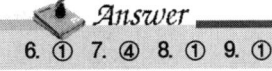
6. ① 7. ④ 8. ① 9. ①

10 소방운전 제어에 대한 설명으로 틀린 것은?
① 카 문닫힘 안전장치는 무효화되어야 한다.
② 소방수가 임의의 층에서 직접 소방운전 상태로 들어갈 수 있다.
③ 2개 이상의 카 운행 층이 동시에 등록되는 것은 가능하지 않아야 한다.
④ 엘리베이터 카를 등록된 층으로 운행시키고 등록된 층에 문이 닫힌 상태로 정지시켜야 한다.

> **소방운전 제어**
> - 1단계가 외부 신호에 의해 시작되는 경우에는 소방운전 스위치가 조작되기 전까지 비상용 엘리베이터는 운전되지 않아야 한다.
> - 카 운전등록은 엘리베이터 카를 등록된 층으로 운행시키고 등록된 층에 문이 닫힌 상태로 정지시켜야 한다.
> - 카 문닫힘 안전장치 및 문 열림 버튼은 1단계와 같이 무효화되어야 한다.
> - 일반적으로 소방운전 모드에서는 자동화된 시스템들이 화재가 발생한 층이나 그 근처로 빠르게 이동할 수 있도록 설계되어 있지만, 소방수의 직접적인 임의적 접근은 화재 확산 방지와 사고 예방을 위해 통제된다.

11 유압 파워 유닛과 유압 잭의 압력배관 중간에 설치하여 보수점검 또는 수리를 할 때 유압 잭에서 불필요하게 작동유가 흘러나오는 것을 방지하는 것은?
① 체크 밸브
② 스톱 밸브
③ 사일렌서
④ 하강용 유량제어밸브

> **스톱 밸브**
> - 밸브를 닫으면 실린더의 오일이 탱크로 역류하는 것을 방지한다. 유압장치의 보수·점검 또는 수리 시 사용한다.
> - 유압 파워 유닛과 실린더 사이의 압력배관에 설치되며, 이것을 닫으면 실린더의 기름이 파워 유닛으로 역류하는 것을 방지한다.

12 에스컬레이터의 디딤판의 크기에 대한 설명 중 옳은 것은?
① 디딤판의 주행방향 길이는 0.30m 이상이고, 디딤판과 디딤판의 높이는 0.24m 이하이어야 한다.
② 디딤판의 주행방향 길이는 0.30m 이상이고, 디딤판과 디딤판의 높이는 0.20m 이하이어야 한다.
③ 디딤판만의 주행방향 길이는 0.38m 이상이고, 디딤판과 디딤판의 높이는 0.24m 이하이어야 한다.
④ 디딤판의 주행방향 길이는 0.24m 이상이고, 디딤판과 디딤판의 높이는 0.38m 이하이어야 한다.

13 비상용 엘리베이터는 정전 시 최대 몇 초 이내에 운행에 필요한 전력용량을 보조 전원공급장치에 의해 자동으로 발생시켜야 하며 또한 최소 몇 시간 이상 운행할 수 있어야 하는가?
① 40초, 1시간
② 40초, 2시간
③ 60초, 1시간
④ 60초, 2시간

> **정전 시 보조 전원공급장치 조건**
> - 60초 이내에 엘리베이터 운행에 필요한 전력용량을 자동으로 발생시키도록 하되 수동으로 전원을 작동시킬 수 있어야 한다.
> - 2시간 이상 운행시킬 수 있어야 한다.

14 소형 화물용 엘리베이터의 특징으로 틀린 것은?
① 사람의 탑승을 금지한다.

Answer
10. ② 11. ② 12. ③ 13. ④ 14. ④

② 덤웨이터라고도 한다.
③ 음식물이나 서적 등 소형 화물의 운반에 적합하게 제조되었다.
④ 바닥면적이 $0.5m^2$ 이하이고, 높이가 $0.6m$ 이하인 것이다.

> 소형 화물용 엘리베이터(덤웨이터)
> 카의 바닥면적이 $1m^3$ 이하, 입구의 높이가 $1.2m$ 이하로 사람이 타지 않으면서 1톤 미만의 소화물을 운반하는 엘리베이터이다.

15 기계실이 있는 엘리베이터의 정격속도가 90m/min인 경우 비상정지장치의 작동 속도는?

① 108m/min 이하
② 112.5m/min 이하
③ 117m/min 이하
④ 126m/min 이하

> 90m/min×1.4=126m/min
> ※ 승강기에서 과속이 발생했을 때 과속을 감지하여 카를 안전하게 정지시키는 비상정지장치는 1.4배일 경우 기계적인 작동으로 레일을 꽉 물면서 정지한다.

16 아파트 등에서 주로 야간에 카 내의 범죄활동 방지를 위해 설치하는 것은?

① 각 층 강제 정지운전 스위치
② 록다운 비상정지장치
③ 슬로다운 스위치
④ 파킹 스위치

> 각 층 강제 정지장치(each floor stop)
> 공공주택이나 아파트 등에서 주로 야간에 사용되며, 특정 시간대에 범죄 예방을 위해 각 층마다 정지하여 도어를 열고 닫은 후 출발하도록 하는 장치

17 트랙션 권상기의 특징으로 틀린 것은?

① 소요동력이 작다.
② 행정거리의 제한이 없다.
③ 주로프 및 도르래의 마모가 일어나지 않는다.
④ 권과(지나치게 감기는 현상)를 일으키지 않는다.

> 트랙션 권상기의 특징
> • 기어식과 무기어식 권상기가 있다.
> • 지나치게 감기는 현상이 일어나지 않는다.
> • 행정거리의 제한이 없고, 소요동력이 작다.
> • 주로프 및 도르래의 마모가 크다.

18 전기식 엘리베이터에서 기계실 출입문의 크기는?

① 폭 0.6m 이상, 높이 1.8m 이상
② 폭 0.6m 이상, 높이 1.9m 이상
③ 폭 0.7m 이상, 높이 1.8m 이상
④ 폭 0.7m 이상, 높이 1.9m 이상

> 기계실 출입문의 조건
> • 출입문은 폭 0.7m 이상, 높이 1.8m 이상의 금속제 문이어야 하며, 기계실 외부로 완전히 열리는 구조이어야 하며, 내부로는 열리지 않아야 한다.
> • 출입문은 열쇠로 조작되는 잠금장치가 있어야 하며, 기계실 내부에서는 열쇠를 사용하지 않고 열릴 수 있어야 한다.
> • 출입문이 외기에 접하는 경우에는 빗물이 침입하지 않는 구조이어야 한다.

19 안전장치에 관한 설명 중 옳지 않은 것은?

① 정전 시 카 내 예비조명장치의 조도는 일정 조건에서 1룩스 이상이 되어야 한다.
② 로프식 엘리베이터는 125% 적재량과 정격속도로 운행 후 안전하게 감속 정지시켜야 한다.

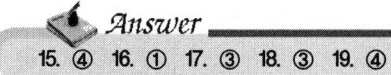

15. ④ 16. ① 17. ③ 18. ③ 19. ④

③ 완충기는 정격속도의 115%에서 충돌할 경우 평균감속도 1G 이하로 정지시키기 위해서 필요한 길이 이상으로 한다.
④ 조속기 스위치는 정격속도의 1.4배를 넘지 않는 범위 내에서 작동되어야 한다.

👉 조속기에 의해 과속이 감지되었을 때 속도가 카 정격속도의 1.3배일 경우 과속스위치를 작동시켜 엘리베이터를 정지시키며, 1.4배일 경우 조속기의 로프를 잡아 비상정지장치를 작동시킨다.

20 되먹임 제어에서 가장 필요한 장치는?
① 입력과 출력을 비교하는 장치
② 응답속도를 느리게 하는 장치
③ 응답속도를 빠르게 하는 장치
④ 안정도를 좋게 하는 장치

👉 **피드백 제어(되먹임 제어)**
입력값을 목표값과 비교하여 제어량이 일치하지 않으면 다시 입력측으로 보내 정정하는 제어 방식

21 정전기 제거의 방법으로 옳은 것은?
① 설비의 주변에 자외선을 쬐인다.
② 설비의 주변 공기를 건조시킨다.
③ 설비의 주변에 적외선을 쬐인다.
④ 설비의 금속체 부분을 접지시킨다.

👉 **정전기 제거방법**
• 설비의 금속 부분을 접지한다.
• 설비에 정전방지 도장을 한다.
• 설비 주변의 공기를 가습한다.

22 나이프 스위치의 충전부가 노출되면 무엇이 위험한가?
① 누전 ② 감전
③ 과부하 ④ 과열

👉 나이프 스위치는 손으로 핸들을 조작해 전로를 개폐하는 스위치로, 노출형이 많아 감전에 주의해야 한다.

23 안전보건 표시의 종류가 아닌 것은?
① 금지 ② 방향
③ 경고 ④ 안내

👉 **안전보건 표지의 종류**
금지, 경고, 지시, 안내, 문자 추가 시 범례가 있다.

24 화상을 입은 환자가 응급치료하는 동안 물을 마시고 싶어 한다. 어느 방법이 가장 좋은가?
① 적은 양의 물을 한 번만 준다.
② 한 번에 많은 물을 먹여야 한다.
③ 여러 번 조금씩 입에 적실 정도로 나누어 먹인다.
④ 절대로 물을 주면 안 된다.

25 응급조치에 따른 승강기 보수작업으로 적당한 순서는?
① 보수내용 청취→현장 정돈(응급조치)→안전용구 착용→자재반입 및 신호→작업 착수
② 보수내용 청취→안전용구 착용→자재반입 및 신호→현장 정돈(응급조치)→작업 착수
③ 안전용구 착용→보수내용 청취→현장 정돈(응급조치)→자재반입 및 신호→작업 착수
④ 현장 정돈(응급조치)→보수내용 청취→안전용구 착용→자재반입 및 신호→작업 착수

Answer
20. ① 21. ④ 22. ② 23. ② 24. ③ 25. ①

26 유압 엘리베이터에서 안전밸브가 작동하는 설정값은 보통 상용압력의 몇 %로 하는가?

① 115　　② 125
③ 135　　④ 145

 안전밸브는 일종의 압력조정밸브로 회로의 압력이 설정값에 도달하면 밸브를 열어 기름을 탱크로 돌려보내 압력이 높아지는 것을 방지하는 작용을 한다. 보통 상용압력의 125%에 설정한다.

27 승강기 배선공사에 주로 사용되는 IV전선의 허용온도는 몇 ℃인가?

① 40　　② 50
③ 60　　④ 75

 IV전선의 최고 허용온도는 60℃이고, 허용전류 보정계수는 1이다.

28 웜휠의 톱니가 마모되면 발생되는 현상은?

① 주행 중 진동이 발생하고 슬립(Slip)이 커진다.
② 주행 중 슬립이 많이 생겨 속도가 줄어든다.
③ 치선의 간격(Backlash)이 커져서 시동 또는 정지할 때 쇼크(shock)가 커진다.
④ 치선의 간격이 작아져서 시동 또는 정지할 때 쇼크가 커진다.

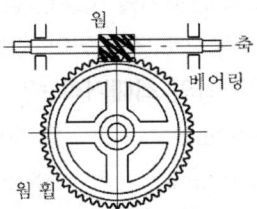

톱니가 마모되면 기어 간의 접촉이 균일하지 않아 비정상적인 충격이나 진동이 발생되고, 이로 인해 장비의 작동 소음이 커지며, 기계가 불안정하게 작동된다.

29 직류전동기의 정류자 흑화현상의 원인이 아닌 것은?

① 정류자편의 침식
② 전기자 내부의 단선
③ 전기자에 이물질 부착
④ 정류자편의 코일 납땜 용해

 흑화현상
정류자의 표면에 검은 색의 탄화물이나 탄소 찌꺼기가 형성되는 현상

30 유압식 엘리베이터의 최대 특징은?

① 고속 주행이 가능하다.
② 제어가 쉽다.
③ 장치 주변을 청결하게 유지할 수 있다.
④ 기계실의 위치가 자유롭다.

 유압식 엘리베이터의 특징
• 기계실 위치가 자유롭다.
• 소비전력이 크며, 모터의 용량도 커야 한다.
• 운행과 속도에 한계가 있다.
• 상부 틈이 작아도 된다.

31 에스컬레이터의 구동용 모터를 선정할 때 가장 큰 결정 요인은?

① 승강 높이　　② 승강 속도
③ 기계실 크기　　④ 수송 인원

 구동용 모터의 선정 시 고려사항
1분간의 수송인원, 1인당 평균 중량, 높이 등

32 유압회로에서 속도 변동을 작게 하기 위한 압력보상 기구는?

① 유량제어밸브　　② 레벨링 밸브

26. ②　27. ③　28. ③　29. ③　30. ④　31. ④　32. ③

③ 유량조정밸브   ④ 럽처 밸브

> **유량조정밸브**
> 유압회로에 유체의 통과량을 조절하고 액츄에이터의 일정한 속도를 유지하기 위해 사용되는 밸브

33 카 상부에서 행하는 검사가 아닌 것은?
① 가이드 레일 손상 유무
② 비상구출구 스위치 동작 여부
③ 인터록 스위치 동작 여부
④ 모터절연상태 검사

> 모터의 절연상태는 기계실에서 한다.
> ※ 전기식 엘리베이터 자체점검 항목 및 방법
> [이론 요약 본문(p.40)] 참고 요망

34 유압잭의 부품이 아닌 것은?
① 사일렌서   ② 플런저
③ 패킹   ④ 더스트 와이퍼

> **사일렌서**
> 소음과 진동을 흡수하는 장치

35 미터인 회로를 사용한 제어방식의 특징 중 잘못 설명된 것은?
① 유량제어밸브를 파일럿 회로에 의해 제어하므로 작동유의 온도나 압력변화 등의 영향을 받기 쉽다.
② 카의 기동 시 유량 조정이 어렵다.
③ 기동 쇼크가 발생하기 쉽다.
④ 상승 운전 시의 효율이 나쁘다.

> 유량제어밸브를 파일럿 회로에 의해 제어하므로 작동유의 온도나 압력변화 등의 영향을 받지 않는다.

36 엘리베이터의 가이드 레일의 역할이 아닌 것은?
① 카의 심한 기울어짐을 막아 준다.
② 승강로 내의 기계적 강도를 유지해 준다.
③ 비상정지장치(Safety Gear)가 작동했을 때 수직하중을 유지해 준다.
④ 카와 균형추를 양측에서 지지하며, 수직방향으로 안내해 준다.

> **가이드 레일의 역할**
> • 집중하중이나 비상정지장치 작동 시 수직하중 유지
> • 카와 균형추의 승강로 내 위치 규제
> • 카의 기울어짐 방지

37 로프식 엘리베이터의 권상 도르래(Main Sheave)와 로프의 미끄러짐 관계를 설명한 것 중 옳지 않은 것은?
① 카의 가속도와 감속도가 클수록 미끄러지기 쉽다.
② 로프와 권상 도르래의 마찰계수가 적을수록 미끄러지기 쉽다.
③ 카와 균형추의 로프에 걸리는 중량비가 클수록 미끄러지기 쉽다.
④ 로프가 권상 도르래에 감기는 권부각이 클수록 미끄러지기 쉽다.

> 로프가 권상 도르래에 감기는 권부각이 클수록 마찰력이 증가해 미끄러지기 어렵다.

38 스프링 완충기를 사용한 경우 카가 최상층에 수평으로 정지되어 있을 때 균형추와 완충기와의 최대거리는?
① 900mm   ② 1000mm
③ 1100mm   ④ 1200mm

> 완충기는 카가 어떤 원인으로 최하층 피트로 떨어질 때 충격을 완화시키는 장치이다.

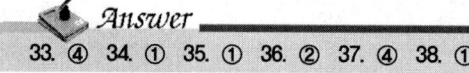

Answer
33. ④ 34. ① 35. ① 36. ② 37. ④ 38. ①

정격 속도	최소 거리(mm)		최대 거리(mm)	
	교류 1단 속도제어방식 또는 저항제어방식	그 외의 제어방식	카측	균형추측
스프링 완충기 7.5 이하 7.5 초과 15 이하 15초과 30 이하 30 초과	75 150 225 300	150	600	900
유압완충기	규정하지 않음			

39. 카가 가이드 레일에서 벗어나지 않도록 안내 역할을 하는 것은?

① 완충기 ② 가이드 슈
③ 균형 로프 ④ 세이프티 슈

> **가이드 슈(Guide Shoe)**
> • 엘리베이터 카가 가이드 레일을 따라 정확하고 안정적으로 이동할 수 있도록 돕는다.
> • 진동이나 소음을 감소시킨다.

40. 다음 그림의 리미트 스위치의 접점 명칭은?

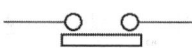

① 전기적 a접점 ② 전기적 b접점
③ 기계적 a접점 ④ 기계적 b접점

41. 엘리베이터를 카 위에서 검사할 때 주로프를 걸어 맨 고정 부위는 2중 너트로 견고하게 조여 있어야 하고 풀림 방지를 위하여 무엇이 꽂혀 있어야 하는가?

① 소켓 ② 균형 체인
③ 브래킷 ④ 분할핀

 분할핀
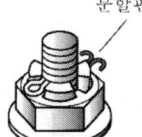

42. 감속기의 기어 치수가 제대로 맞지 않을 때 일어나는 현상이 아닌 것은?

① 기어의 강도에 악영향을 준다.
② 진동 발생의 주요 원인이 된다.
③ 카가 전도할 우려가 있다.
④ 로프의 마모가 현저히 크다.

> **감속기의 기어 치수가 맞지 않을 때 현상**
> • 진동 발생(소음)의 주요 원인이 된다.
> • 기어의 강도에 악영향을 준다.
> • 기어의 소손이 생겨 카가 전도할 우려가 있다.

43. 승강장 문의 로크 및 스위치 검사 시 적합하지 않은 것은?

① 승강장 문은 외부에서 열 수 없도록 로크장치의 설치 상태가 견고하여야 한다.
② 승강장 문이 열려 있거나 닫혀 있지 않은 경우 도어 스위치는 열려 있어야 한다.
③ 승강장 문의 도어 스위치가 확실히 열리기 전에 로크가 벗겨져야 한다.
④ 승강장 문의 인터록장치는 로크가 걸린 후에 도어 스위치를 닫아야 한다.

> 승강장 문의 인터록장치는 로크가 걸린 후에 도어 스위치가 작동한다.

44. 총 행정거리를 운행하는 데 소요되는 시간을 초과하여 어떠한 이상 현상으로 전동기가 계속 작동하는 것을 방지하기 위한 장치는?

① 공회전 방지장치 ② 리미트 스위치
③ 스톱퍼 ④ 역지장치

> **공회전 방지장치**
> 총 행정거리를 운행하는 데 소요되는 시간을 초과하여 어떠한 이상 현상으로 전동기가 계속 작동하는 것을 방지하기 위해 타이머를 설치하여 제한시간이 지나면 전동기를 정지시

Answer
39. ② 40. ④ 41. ④ 42. ④ 43. ③ 44. ①

키는 장치

45 유압 승강기의 기본 구성도이다. A부분에 해당되는 밸브의 명칭은?

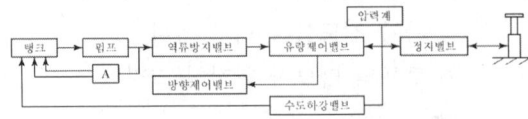

① 제어 밸브 ② 솔레노이드 밸브
③ 게이트 밸브 ④ 릴리프 밸브

☞ 릴리프 밸브
압력조정 밸브로 관내 압력이 상승하여 상용 압력의 125% 이상 높아지면 기름을 탱크로 되돌려 보내 압력상승을 방지한다.

46 주로프(권상 로프)의 소켓팅에 관한 설명으로 틀린 것은?

① 바빗트를 채운 단부의 꼬임을 굽힌 부분이 명확히 보이도록 한다.
② 주로프의 고정금구는 이중 너트로 견고히 한다.
③ 주로프의 고정금구를 채운 후 분할핀을 반드시 끼워야 한다.
④ 주로프 바빗트는 2단 붓기를 하여도 무방하다.

☞ 단부는 1본마다 강재 소켓에 바빗트 채움 또는 클램프 고정 등으로 고정한다.

47 승강기의 속도제어방식 중 에너지(전력) 소비면에서 효율이 가장 좋은 것은?

① 사이리스터 워드레오나드 방식
② 교류 2단 속도 제어방식
③ 교류 궤환 제어방식
④ 직류 가변전압 제어방식

☞ 워드레오나드 방식

· 직류전동기의 속도제어방식을 말하며, 전동기의 여자 전류를 최대로 하고 발전기의 단자전압을 제로에서 서서히 상승시키면 주 전동기는 기동저항 없이 조용히 기동한다.
· 발전기의 단자전압의 제어에 의해서 주 전동기의 속도를 단계 없이 제어할 수 있다.
· 전동기의 역전은 발전기 단자전압의 극성을 반대로 함으로써 할 수 있다.

48 다음 중 에스컬레이터에서 난간폭 800형과 1200형의 시간당 수송능력은 어떠한가?

① 800형 : 4000명, 1200형 : 6000명
② 800형 : 4000명, 1200형 : 8000명
③ 800형 : 6000명, 1200형 : 9000명
④ 800형 : 6000명, 1200형 : 12000명

☞ 에스컬레이터의 난간폭에 따른 분류
· 800형 6000명/시간
· 1200형 9000명/시간

49 엘리베이터 기계실의 권상기 제어반 등은 보수유지를 위하여 벽면에서 최소한 몇 m 이상 떨어져야 하는가?

① 0.1 ② 0.3
③ 0.5 ④ 0.8

☞ 엘리베이터 기계실의 권상기 제어반은 유지보수를 위하여 벽면에서 최소한 0.3m 이상 떨어져야 한다.

50 인장강도가 400kg/cm²인 재료를 사용응력 100kg/cm²로 사용하면 안전계수는?

① 1 ② 2
③ 3 ④ 4

☞ 안전계수 = $\frac{극한(파단)강도}{허용응력} = \frac{400}{100} = 4$

Answer
45. ④ 46. ④ 47. ① 48. ③ 49. ② 50. ④

51 전동기의 이상 상태로 볼 수 없는 것은?

① 회전하는데 소리가 나지 않는다.
② 전동기 본체 부분에 균열이 약간 있다.
③ 전동기 축 부분에 이상음이 생긴다.
④ 전동기 외함에 전류가 흐른다.

☞ **전동기의 이상 상태**
- 전동기 외함에 전류가 흐른다.
- 전동기 축 부분에 이상음이 생긴다.
- 전동기 본체 부분에 균열이 약간 있다.
- 마찰음이 심하다.

52 다음 설명 중 옳은 내용은?

① 카가 최하층에 수평으로 정지되어 있는 경우, 카와 완충기의 거리에 완충기의 행정을 더한 수치는 균형추의 꼭대기 틈새보다 작아야 한다.
② 카가 최하층에 수평으로 정지되어 있는 경우, 카와 완충기의 거리에 완충기의 행정을 더한 수치는 균형추의 꼭대기 틈새의 2배이어야 한다.
③ 카가 최하층에 수평으로 정지되어 있는 경우, 카와 완충기의 거리에 완충기의 행정을 더한 수치는 균형추의 꼭대기 틈새와 같아야 한다.
④ 카가 최하층에 수평으로 정지되어 있는 경우, 카와 완충기의 거리에 완충기의 행정을 더한 수치는 균형추의 꼭대기 틈새의 3배이어야 한다.

☞ **완충정지 성능**
- 카가 최하층에 수평으로 정지되어 있는 경우에 카와 완충기의 거리에 완충기의 충격 정도를 더한 수치는 균형추의 꼭대기틈새보다 작아야 한다.
- 카가 최상층에서 수평으로 정지되어 있을 때의 균형추와 완충기와의 거리 및 카가 최하층에서 수평으로 정지되어 있을 때의 카와 완충기와의 거리는 아래표의 규정에 합격하여야 한다.

정격 속도	최소 거리(mm)		최대 거리(mm)	
	교류 1단 속도제어방식 또는 저항제어방식	그 외의 제어방식	카측	균형추측
스프링 완충기 7.5 이하	75	150	600	900
7.5 초과 15 이하	150			
15초과 30 이하	225			
30 초과	300			
유압완충기	규정하지 않음			

- 카 또는 균형추가 완충기를 완전히 누르고 정지했을 때 카 또는 균형추의 부품은 다른 부분과 간섭이 발생하지 않아야 한다.

53 다음 중 절연저항을 측정하는 계기는?

① 회로시험기 ② 메거
③ 훅온미터 ④ 휘트스톤 브리지

☞ **메거(megger)**
- 전선로나 전동기 등의 절연저항의 측정에 사용하는 테스터이다.
- 습기가 많은 장소에 설치된 전동기 등은 특히 절연이 저하하는 경향이 있으므로, 누설 전류에 의한 사고 발생을 방지하기 위하여 필요하다.
- 절연저항계라고도 한다.

54 엘리베이터에 가장 많이 사용되는 3상 유도전동기의 전력 공급에 대한 그림에서 전동기의 회전방향을 현재의 반대방향으로 하고자 할 때 옳은 방법은?

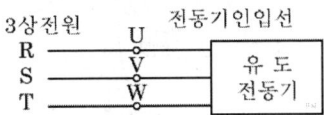

① R상은 V선으로, S상은 W선으로, T상은 V선으로 변경 연결한다.
② R상은 W선으로, S상은 V선으로, T상은 V선으로 변경 연결한다.

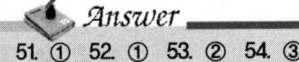

51. ① 52. ① 53. ② 54. ③

③ R상은 그대로 두고, S상은 W선으로, T상은 V선으로 변경 연결한다.

④ R상은 잠시 U선과 분리하였다가 U선과 재연결한다.

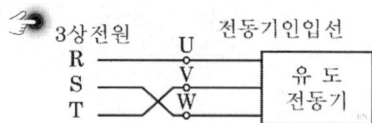

55 다음 중 마이크로미터를 이용하여 측정 가능한 것은?

① 미세한 전류 ② 작은 길이
③ 진동   ④ 미세한 압력

☞ **마이크로미터의 용도**
• 매우 정밀한 치수 측정에 사용되는 기계식 측정 기기이다.
• 일반적으로 두께, 직경, 길이 등을 마이크로미터 단위(μm)로 측정하는 데 사용된다.
• 내부, 외부의 치수나 두께 등을 정밀하게 측정할 수 있다.

56 플레밍의 왼손법칙에서 엄지손가락의 방향은 무엇을 나타내는가?

① 자장 ② 전류
③ 힘   ④ 기전력

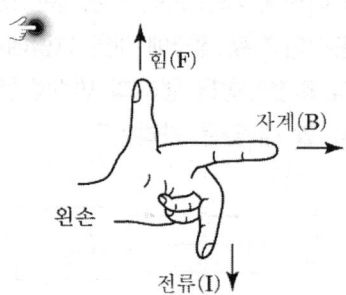

57 전압의 측정범위를 확대하기 위하여 전압계에 직렬로 접속하는 저항상자는?

① 계전기 ② 분류기
③ 배율기 ④ 압축기

☞ **배율기**
전압계의 측정범위를 확대하기 위해서 계기의 내부회로에 직렬로 접속하는 저항기

58 회로에서 콘덴서의 합성정전용량 C는 몇 F인가?

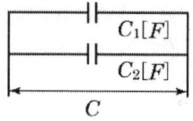

① $C = C_1 + C_2$ ② $C = C_1 \cdot C_2$
③ $C = \dfrac{1}{C_1 + C_2}$ ④ $C = \dfrac{C_1 + C_2}{C_1 \cdot C_2}$

☞ • 직렬 접속 $C = \dfrac{C_1 \cdot C_2}{C_1 + C_2}$
• 병렬 접속 $C = C_1 + C_2$

59 유도전동기의 속도를 변화시키는 방법이 아닌 것은?

① 슬립 S를 변화시킨다.
② 극수 P를 변화시킨다.
③ 주파수 f를 변화시킨다.
④ 용량을 변화시킨다.

☞ $N_s = \dfrac{120f}{P}(1-S)[\text{rpm}]$

위 회전수 식에서 주파수, 극수, 전압제어로 속도를 제어한다.

60 동기발전기에 탈조란?

① 병렬 운전 시 부하의 변화로 새 부하에 대응하는 부하각으로 변화되는 것
② 회전자의 관성에 의해 새 부하각을 중심으로 부하각이 진동하는 것
③ 등기속도로 운전되다가 부하의 변화로

Answer
55. ② 56. ③ 57. ③ 58. ① 59. ④ 60. ④

순간속도가 등기속도 전류로 변화하게 되는 것
④ 부하의 급변화로 회전속도가 등기속도를 중심으로 빨라지거나 늦어지고 하는 감쇄 주기적인 현상

탈조
- 동기발전기에서 발생할 수 있는 현상
- 발전기의 회전 속도가 동기 속도와 일치하지 않게 되는 상황을 의미한다.
- 이 현상이 발생하면, 발전기나 전력망의 불안정성을 초래하고, 기계적 손상이나 전력 품질 저하를 일으킬 수 있다.

CBT 기출 복원문제

승강기기능사

01 지상면에서 탑승물까지의 높이가 2m 이상으로 고저차가 2m 미만의 궤조를 주행하고, 궤조의 구배는 완만하며 비교적 느린 속도로 주행하는 것은?
① 로터
② 관람차
③ 해적선
④ 모노레일

👉 **모노레일**
높은 지주 위에 콘크리트제 빔을 설치하고, 이것을 주행로로 하여 세로 방향으로 복렬의 고무타이어 바퀴를 장비한 차량이 주행하는 것이다. 또 빔 위에 다시 레일을 고정시키고 그 위를 강철제 바퀴가 굴러 주행하는 것도 있다.

02 엘리베이터용 가이드 레일을 설치하는 목적이 아닌 것은?
① 도르래의 회전을 카의 운동으로 전환
② 비상정지장치 작동 시 수직하중을 유지
③ 카와 균형추의 승강로 평면 내의 위치를 규제
④ 카의 자중이나 화물에 의한 카의 기울어짐을 방지

👉 **가이드 레일의 설치 목적**
• 집중하중이나 비상정지장치 작동 시 수직하중 유지
• 카와 균형추의 승강로 내 위치 규제
• 카의 기울어짐 방지

03 유압식 엘리베이터에서 실린더와 체크밸브 또는 하강밸브 사이의 가요성 호스는 전 부하 압력 및 파열 압력과 관련하여 안전율이 얼마 이상이어야 하는가?

① 5
② 6
③ 7
④ 8

04 카가 어떤 원인으로 최하층을 통과하여 피트에 도달하였을 때 카의 충격을 완화해주는 장치는?
① 완충기
② 조속기
③ 브레이크
④ 비상정지장치

👉 **완충기**
카가 어떤 원인으로 최하층 피트로 떨어질 때 충격을 완화시키는 장치이다.

05 트랙션비(Traction ratio)를 옳게 설명한 것은?
① 트랙션비는 1.0 이하의 수치가 된다.
② 트랙션비의 값이 낮아지면 로프의 수명이 길어진다.
③ 카측과 균형추측의 중량의 차이를 크게 하면 전동기출력을 줄일 수 있다.
④ 카측 로프에 걸린 중량과 균형추측 로프에 걸린 중량의 합을 말한다.

👉 **트랙션비(Traction ratio)**
• 케이지측 로프가 매달리고 있는 중량과 균형추측 로프가 매달리고 있는 중량의 비를 말한다. 즉, 일반적으로 엘리베이터 시스템에서 로프와 풀리 간의 마찰력과 관련된 비율을 의미한다.
• 트랙션비가 높으면 로프와 풀리 사이의 마찰이 커지며 이로 인해 로프의 수명이 짧아지며, 반대로 트랙션비가 낮아지면 마찰력이 줄어 로프에 가해지는 부담이 적어져 로프의 수명이 길어질 가능성이 있다.
• 하지만 트랙션비가 너무 낮으면, 시스템의

Answer
1. ④ 2. ① 3. ④ 4. ① 5. ②

효율성이나 성능에 영향을 미칠 수 있다.
• 트랙션비가 낮다고 해서 반드시 좋은 결과만 있는 것이 아니기에 적정한 트랙션비를 유지하는 것이 중요하다.

06 권동식 권상기의 경우 카가 최하층을 지나쳐 완충기에 충돌하면 와이어로프가 늘어나 와이어로프 이탈과 전동기 과회전 등의 문제가 발생할 수 있으므로 이 와이어로프의 늘어남을 검출하여 동력을 차단하는 장치는?

① 정지 스위치
② 역·결상검출기
③ 로프 이완 스위치
④ 문 닫힘 안전장치

👉 **로프 이완 스위치**
• 로프가 이완되어 풀리에서 제대로 장력이 유지되지 않는 상황을 감지하는 역할을 한다.
• 로프 이완이 감지되면 스위치가 엘리베이터의 제어 시스템에 신호를 보내어 엘리베이터의 운행을 중지시키거나 비상안전시스템을 활성화 한다.

07 비상용 엘리베이터는 소방관이 조작하여 엘리베이터 문이 닫힌 이후부터 몇 초 이내에 가장 먼 층에 도착하여야 하는가?

① 30   ② 60
③ 90   ④ 120

👉 소방구조용 엘리베이터는 소방관 접근 지정층에서 소방관이 조작하여 엘리베이터 문이 닫힌 이후부터 60초 이내에 가장 먼 층에 도착되어야 한다. 다만, 운행속도는 1m/s 이상이어야 한다.

08 카 비상정지장치가 작동될 때 부하가 없거나 부하가 균일하게 분포된 카 바닥은 정상적인 위치에서 몇 %를 초과하여 기울어지지 않아야 하는가?

① 1%   ② 3%
③ 5%   ④ 6%

👉 카 추락방지안전장치가 작동될 때, 무부하 상태의 카 바닥 또는 정격하중이 균일하게 분포된 부하 상태의 카 바닥은 정상적인 위치에서 5%를 초과하여 기울어지지 않아야 한다.

09 스프링 완충기의 stroke(완충기의 압축된 거리) 중 틀린 것은?

① 30m/min 이하는 38mm이다.
② 30m/min 초과 45m/min 이하는 64mm이다.
③ 45m/min 초과 60m/min 이하는 100mm이다.
④ 60m/min 초과 75m/min 이하는 120mm이다.

👉 **스프링 완충기의 속도별 최소행정(stroke)**

30m/mm 미만	38mm
30m/mm 이상 45m/mm 미만	64mm
45m/mm 이상 60m/mm 미만	100mm

10 승강로 내부의 작업구역으로 접근할 경우 사용하는 문이 만족하여야 할 내용으로 틀린 것은?

① 승강로 내부 방향으로 열리지 않아야 한다.
② 폭은 0.6m 이상, 높이는 1.8m 이상이어야 한다.
③ 구멍이 없어야 하고 승강장 문과 동일한 기계적 강도이어야 한다.
④ 열쇠로 조작되는 잠금장치가 있어야 하

Answer
6. ③ 7. ② 8. ③ 9. ④ 10. ④

며, 열쇠 없이는 다시 닫히고 잠길 수 없어야 한다.

승강로문의 구비 조건
㉠ 승강로의 점검문 및 비상문은 이용자의 안전 또는 유지보수를 위한 용도 외에는 사용되지 않아야 한다.
㉡ 점검문은 폭 0.6m 이상, 높이 1.8m 이상이어야 한다. 다만, 트랩 방식일 경우에는 폭 0.5m 이하, 높이 0.5m 이하이어야 한다. 비상문은 폭 0.35m 이상, 높이 1.8m 이상이어야 한다.
㉢ 연속되는 승강장문 문턱 사이의 거리가 11m를 초과할 경우에는 다음 중 어느 하나에 적합하여야 한다.
  ⓐ 중간에 비상문이 설치되어야 한다.
  ⓑ 전기적 비상운전에 적합하고, 이 수단은 관련된 공간에 있어야 한다.
   • 기계실
   • 구동기 캐비닛
   • 비상 및 작동시험을 위한 운전패널
  ⓒ 서로 인접한 카에 8.12.3에 따른 비상구 출문이 설치되어야 한다.
㉣ 점검문 및 비상문은 승강로 내부로 열리지 않아야 한다.
㉤ 문에는 열쇠로 조작되는 잠금장치가 있어야 하며, 열쇠 없이 다시 닫히고 잠길 수 있어야 한다. 점검문 및 비상문은 문이 잠겨 있더라도 승강로 내부에서 열쇠를 사용하지 않고 열릴 수 있어야 한다.

11 균형추(Counter Weight)의 오버밸런스율을 적절하게 하여야 하는 이유로 가장 타당한 것은?
① 승강기의 출발을 원활하게 하기 위하여
② 승강기의 속도를 일정하게 하기 위하여
③ 승강기가 정지할 때 충격을 없애기 위하여
④ 트랙션비를 개선하여 와이어로프가 도르래에서 미끄러지지 않도록 하기 위하여

• 오버밸런스율은 에너지의 효율적 관리와 상관 관계가 있다. 와이어로프가 시브와 미끄러지지 않게 하는 권상비를 개선하는데도 중요한 요인이 된다.

12 무빙워크의 공칭속도는 몇 m/s 이하이어야 하는가?
① 0.15 ② 0.35
③ 0.55 ④ 0.75

• 경사도가 12° 이하인 무빙워크의 공칭속도는 0.75m/s 이하이어야 한다.
• 경사도가 30° 이하인 에스컬레이터의 공칭속도는 0.75m/s 이하이어야 한다.
• 경사도가 30°를 초과하고 35° 이하인 에스컬레이터의 공칭속도는 0.5m/s 이하이어야 한다.

13 엘리베이터를 3~8대 병설할 때에 각 카를 불필요한 동작 없이 합리적으로 운행되도록 관리하는 조작방식은?
① 범용 방식
② 군관리 방식
③ 군승합 자동식
④ 하강승합 전자동식

복수 승강기 조작방식
• 군승합 자동식 : 2~3대의 엘리베이터를 연계시킨 후 호출에 대해 먼저 응답한 카만 가동하고 다른 카는 응답하지 않아 효율적인 방식
• 군관리 방식 : 3~8대의 엘리베이터를 연계, 집단으로 묶어서 운행 관리하는 방식

14 승강기의 도어 시스템 분류 시 1S, 2S, 3S는 무슨 방식인가?
① 일반 개폐방식 ② 상하 개폐방식

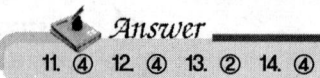

11. ④ 12. ④ 13. ② 14. ④

③ 중앙 개폐방식   ④ 측면 개폐방식

☞ **문열림 방식**
- S : 측면 열기. 1S, 2S, 3S 등이 있다.
- CO : 중앙 열기. 2CO, 4CO 등이 있다.
- UP : 위로 열기

15 카 내부의 하중이 적재하중을 초과하면 경보가 울리고 출입문의 닫힘을 자동적으로 제지하여 엘리베이터가 움직이지 않게 하는 장치는?
① 정지 스위치
② 과부하 감지장치
③ 역결상 검출장치
④ 파이널 리미트 스위치

☞ **과부하 감지장치**
- 기능 : 정격 적재하중의 105~110% 범위 내에서 동작. 경보를 울리고 해제 시까지 문을 열고 대기한다.
- 고장 시 : 초과 하중을 감지 못하고 과적재로 승강기가 추락할 수 있다.

16 승객용 승강기의 문닫힘 안전장치 중 개폐 시 문에 끼는 것을 방지하는 장치는?
① 도어 행거
② 도어 클로저
③ 세이프티 슈
④ 도어 리미트 스위치

☞ **세이프티 슈**
- 승강기의 도어 끝단에 부착된 안전장치
- 도어가 닫히는 도중에 사람이나 물건이 닿으면 반전하여 다시 열리도록 한다.

17 승강기용 전동기의 용량을 결정하는 주된 요인이 아닌 것은?
① 행정거리   ② 정격하중

③ 정격속도   ④ 종합 효율

☞ • 모터 용량(P)
$$= \frac{1\text{분간 수송인원} \times 1\text{명의 중량} \times \text{층높이}}{6120 \times \text{종합 효율}} [\text{kW}]$$
• 모터 용량(P) $= \dfrac{LVS}{6120 \times \eta} [\text{kW}]$
L : 정격하중, V : 정격속도,
$S = 1 - F$: 오버밸런스율

18 엘리베이터 고장으로 종단층을 통과하였을 때 전동기 및 브레이크에 공급되는 회로의 확실한 기계적 분리를 통해 정지시키는 장치는?
① 록다운 스위치
② 강제감속 스위치
③ 과속조절기(조속기)
④ 파이널 리미트 스위치

☞ **파이널 리미트 스위치**
카가 승강로의 완충기에 충돌되기 전에 작동되어야 한다. 단, 파이널 리미트 스위치의 작동 후에는 엘리베이터의 정상운행을 위해 자동으로 복귀되지 않아야 한다.

19 장애인용 엘리베이터의 경우 승강장 바닥과 승강기 바닥의 틈은 몇 m이어야 하는가?
① 0.01   ② 0.02
③ 0.03   ④ 0.04

☞ 장애인용 승강기는 승강장 바닥과 승강기 바닥의 틈은 0.03m 이하이어야 한다.

20 유압식 엘리베이터에서 유압회로의 압력이 설정값 이상으로 되면 밸브를 열어 오일을 탱크로 돌려보내어 압력이 과도하게 상승하는 것을 방지하는 밸브는?
① 스톱 밸브   ② 안전 밸브

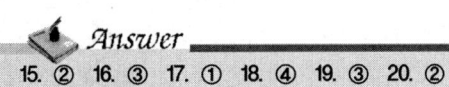
15. ②   16. ③   17. ①   18. ④   19. ③   20. ②

③ 체크 밸브 ④ 유량제어밸브

🌱 안전 밸브
유체의 압력이 최고 사용압력 이상에 도달하였을 때 유체를 자동으로 방출하여 압력의 과도 상승을 방지하는 자동밸브

21 다음 매다는 장치(현수)에 대한 기준 중 ( ) 안에 알맞은 수치는?

> 매다는 장치의 구분 중 로프의 경우 공칭직경이 8mm 이상이어야 한다. 다만, 구동기가 승강로에 위치하고, 정속속도가 ( )m/s 이하인 경우로서 행정안전부장관이 안전성을 확인한 경우에 한정하여 공칭직경 6mm의 로프가 허용된다.

① 0.75 ② 1
③ 1.5   ④ 1.75

🌱 현수 장치의 기준
• 로프 : 공칭직경이 8mm 이상이어야 한다. 다만, 구동기가 승강로에 위치하고, 정격속도가 1.75m/s 이하인 경우로서 행정안전부장관이 안전성을 확인한 경우에 한정하여 공칭직경 6mm의 로프가 허용된다.
• 체인 : 인장강도 및 특성 등이 KS B 1407에 적합해야 한다.

22 주행안내(가이드) 레일의 규격 표시에서 공칭하중은 몇 m를 기준으로 하는가?

① 0.1 ② 1
③ 5   ④ 10

🌱 레일의 호칭은 마지막 가동 전 소재의 1m당 중량으로 한다.

23 수평보행기의 구조물이 아닌 것은?

① 내측판 ② 스텝
③ 균형추 ④ 핸드레일

🌱 균형추는 엘리베이터나 덤웨이터의 구조물이다.

24 사고 예방 대책 기본 원리 5단계 중 사실의 발견에 적용하는 단계는?

① 1단계 ② 2단계
③ 3단계 ④ 5단계

🌱 사고 예방 대책 기본 원리 5단계

단계	과정	내용
1단계	조직	㉠ 경영층의 참여 ㉡ 안전관리자의 임명 ㉢ 안전 라인 및 참모조직 구성 ㉣ 안전 활동 방침 및 계획 수립 ㉤ 조직을 통한 안전 활동
2단계	사실의 발견	㉠ 사고 및 안전 활동 기록 검토 ㉡ 작업분석 ㉢ 안전점검 및 안전진단 ㉣ 사고 조사 ㉤ 안전회의 및 토의 ㉥ 근로자의 제안 및 여론조사 ㉦ 관찰 및 보고서의 연구 등을 통한 불안전요소 발견
3단계	분석 평가	㉠ 사고 보고서 및 현장조사 ㉡ 사고 기록 및 인적, 물적 조건 분석 ㉢ 작업공정 분석 ㉣ 교육 훈련 분석을 통해 사고의 직접 원인과 간접 원인 규명
4단계	시정방법의 선정	㉠ 기술적 개선 ㉡ 인사 조정 ㉢ 교육 훈련 개선 ㉣ 안전행정 개선 ㉤ 규정, 수칙 및 작업표준 개선 ㉥ 확인, 통제체제 개선
5단계	시정책의 적용(3E)	㉠ 기술적 대책 ㉡ 교육적 대책 ㉢ 단속적 대책

25 전기에서는 위험성이 가장 큰 사고의 하나가 감전이다. 감전 사고를 방지하기 위한 방법이 아닌 것은?

① 충전부 전체를 절연물로 차폐한다.
② 충전부를 덮은 금속체를 접지한다.
③ 자동차단기를 설치하여 선로를 차단할

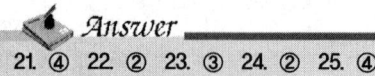

21. ④ 22. ② 23. ③ 24. ② 25. ④

수 있게 한다.
④ 가연물질과 전원부의 이격거리를 일정하게 유지한다.

㉠ 감전사고의 원인
- 전기기계기구나 공구의 절연파괴
- 콘덴서의 방전코일이 없는 상태
- 정전작업 시 무접지로 유도전압이 발생
- 충전부의 절연 불량
- 낙뢰에 의한 감전
- 기계, 기구의 자체 결함
- 이상전류에 의한 전위상승 등

㉡ 감전사고의 방지법
- 충전부 전체를 절연물로 차폐한다.
- 콘덴서 방전 후 작업한다.
- 접지를 한다.
- 파뢰기를 설치한다.
- 누전차단기를 설치한다.

26 재해의 직접 원인에 해당되는 것은?
① 기술적 원인
② 교육적 원인
③ 물적 원인
④ 작업관리상 원인

재해의 직접 원인
- 인적 요인 : 사람의 불안전한 행동, 상태(지식 부족, 미숙련, 과로, 태만, 지시 무시 등)
- 물적 요인 : 불량한 기계설비와 불안전한 환경에서 오는 요인으로 정리정돈의 결함(안전장치의 결함, 보호구의 결함, 부적절한 작업환경 등)이 해당
※ 간접 원인 : 기술적 원인, 교육적 원인, 정신적 원인, 관리적 원인, 신체적 원인

27 에스컬레이터의 승강로 내 신호회로의 사용전압이 150V 초과 300V 이하인 경우 절연저항은 몇 MΩ 이상이어야 하는가?
① 0.1   ② 0.2
③ 0.3   ④ 0.4

회로 용도	사용 전압	절연저항
전동기 주회로	300V 이하	0.2MΩ 이상
	300V 이상 400V 이하	0.3MΩ 이상
	400V 초과	0.4MΩ 이상
제어회로 신호회로 조명회로	150V 이하	0.1MΩ 이상
	150V 이상 300V 이하	0.2MΩ 이상

28 비상용 엘리베이터는 정전 시 몇 초 이내에 엘리베이터 운행에 필요한 전력용량이 자동적으로 발생되어야 하는가?
① 60   ② 90
③ 120 ④ 150

비상용 엘리베이터는 정전 시 60초 이내에 운행에 필요한 전력용량을 자동적으로 발생하여 2시간 이상 작동하여야 한다.

29 에스컬레이터의 제어장치에 관한 설명 중 옳지 않은 것은?
① 방화셔터가 핸드레일 반환부의 선단에서 2m 이내에 있는 에스컬레이터는 그 셔터와 연동하여 작동해야 한다.
② 전원의 상이 바뀌면 주행을 멈출 수 있는 장치가 필요하다.
③ 제어반의 각종 단자나 부품의 상태가 양호한지 확인한다.
④ 감속기의 오일 온도가 60℃를 넘을 경우 정지장치가 필요하다.

에스컬레이터의 감속기 오일 온도
- 정상 온도 범위 : 40~70℃의 온도 범위에서 오일은 감속기의 부품을 적절히 윤활하고, 마모 방지에 필요한 성능을 제공한다.
- 오일의 온도가 80℃ 이상이면 오일의 윤활 성능이 저하되고, 기계 부품에 손상이 발생할 수 있다.
- 오일의 온도가 너무 낮으면 오일의 점도가

Answer
26. ③   27. ②   28. ①   29. ④

높아져 윤활 성능이 떨어지고, 부품 간 마찰이 증가하여 효율이 저하될 수 있다.

30 균형추의 중량을 바르게 나타낸 것은?
① 카 자체하중+정격적재하중
② 카 자체하중+균형체인하중+이동케이블하중
③ 카 자체하중+(균형체인하중+로프하중+이동케이블하중)×50%
④ 카 자체하중+(정격적재하중×오버밸런스율)

31 승강기의 자체검사 항목이 아닌 것은?
① 브레이크 ② 가이드 레일
③ 비상정지장치 ④ 권과방지장치

> **승강기의 자체검사 항목**
> • 와이어로프   • 과부하 방지장치
> • 가이드 레일   • 비상정지장치
> • 브레이크 및 제어장치
> ※ 권과방지장치 : 권상용 와이어 로프 또는 시브 등의 기복용 와이어로프가 과하게 감기는 것을 방지하는 장치

32 어떤 기간을 두고 행하는 안전점검의 종류는?
① 일상점검 ② 정기점검
③ 특별점검 ④ 임시점검

> **정기점검**
> 일정한 기간을 정해두고 행하는 점검
>
> | 종류 | 점검시기 |
> |---|---|
> | 일상점검 | 매일 작업 전·중·후 |
> | 정기점검 | 매주 또는 매월 |
> | 특별점검 | 기계, 기구, 설비의 신설 및 변경 |
> | 임시점검 | 이상 발생 시, 재해 발생 시 |

33 피트 아래를 사무실이나 통로 등 사람이 출입하는 장소로 이용하는 경우에 균형추 측에 설치하는 장치는?
① 완충기
② 2중 슬래브
③ 과속 스위치
④ 추락방지안전장치(비상정지장치)

> 추락방지안전장치는 사람들이 출입하는 공간에서 작업이나 운영 중에 균형추의 움직임에 의한 위험을 방지하기 위해 설치된다.

34 다음 유압회로에 대한 설명으로 틀린 것은?

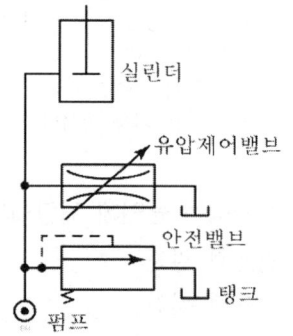

① 효율이 높다.
② 블리드 오프 회로이다.
③ 정확한 속도제어가 가능하다.
④ 유량제어밸브를 주회로에서 분기된 바이패스회로에 삽입한 회로이다.

> **블리드 오프(bleed-off) 회로**
> • 부하에 필요한 압력 이상의 압력을 발생시킬 필요가 없어 효율이 높다.
> • 부하변동이 심한 경우 정확한 속도제어가 곤란하다.

35 비선형 특성을 갖는 에너지 축전형 완충기가 카의 질량과 정격하중 또는 균형추의 질량으로 정격속도의 115%의 속도로 완충기에 충돌할 때에 만족해야 하는 기준으로

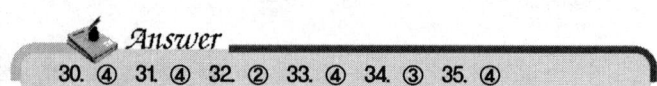
Answer
30. ④ 31. ④ 32. ② 33. ④ 34. ③ 35. ④

틀린 것은?

① 카의 복귀속도는 1m/s 이하이어야 한다.
② 작동 후에는 영구적인 변형이 없어야 한다.
③ 최대 피크 감속도는 $6g_n$ 이하이어야 한다.
④ $2.5g_n$를 초과하는 감속도는 0.4초보다 길지 않아야 한다.

👉 ①, ②, ③ 항목 외 만족해야 할 기준
- $2.5g_n$를 초과하는 감속도는 0.04초보다 길지 않아야 한다.
- 카 또는 균형추의 복귀속도는 1m/s 이하이어야 한다.

36 비상통화장치에 대한 설명으로 틀린 것은?

① 항상 사용자가 다시 비상통화를 재발신할 수 있어야 한다.
② 비상통화시스템은 승객이 사용하려고 할 때 항시 작동해야 한다.
③ 비상통화장치는 비상통화를 입력된 수신장치로 발신해야 한다.
④ 승강기 사용자의 안전을 위해 외부 연결망을 적어도 한 달에 한 번 실행해야 한다.

👉 비상통화장치
- 비상 시 안정적으로 이용자 상황을 전달할 수 있는 통화 발신 및 양방향 음성통신을 실행한다.
- 기계실 또는 비상구출운전을 위한 장소에는 카 내와 통화할 수 있도록 비상전원공급장치에 의해 전원을 공급받는 내부통화 시스템 또는 유사한 장치가 설치되어야 한다.
- 카 내에 갇힌 이용자 등이 외부와 통화할 수 있는 비상통화장치가 엘리베이터가 있는 건축물이나 고정된 시설물의 관리 인력이 상주하는 장소(경비실, 전기실, 중앙관리실 등)의 2곳 이상에 설치되어야 한다. 다만, 관리 인력이 상주하는 장소가 2곳 미만인 경우에는 1곳에만 설치될 수 있다.
- 비상통화장치는 비상통화 버튼을 한 번만 눌러도 작동되어야 하며, 작동시키면 전송을 알리는 음향 또는 통화신호가 작동되고 노란색 표시의 등이 점등되어야 한다. 그리고 비상통화가 연결되면 녹색 표시의 등이 점등되어야 한다.

37 다음 ( )에 알맞은 것은?

위험 속도에 도달하기 전에 과속조절기가 확실히 작동하기 위해, 과속조절기의 작동 지점들 사이의 최대 거리는 과속조절기 로프의 움직임과 관련하여 ( )를 초과하지 않아야 한다.

① 150mm ② 200mm
③ 250mm ④ 300mm

👉 과속조절기의 조건
- 과속조절기의 작동기준 및 전기적 확인에 따른 정격속도가 부합하는 과속조절기
- 작동 지점들 사이에 최대 거리가 로프의 움직임과 관련하여 250mm를 초과하지 않는 과속조절기
- 유지 및 관리 검사를 위해 접근이 가능한 과속조절기
- 작동시험에 부합한 과속조절기

38 정전 시 승강기 내부의 예비조명장치인 비상등의 밝기는?

① 1lux ② 2lux
③ 3lux ④ 4lux

👉 비상등은 정전 시 승강기 내부에서 2lux 이상의 밝기를 유지할 수 있는 예비조명장치이다.

39 재해의 발생 과정에 영향을 미치는 것에 해당되지 않는 것은?

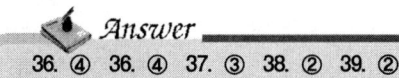

36. ④ 36. ④ 37. ③ 38. ② 39. ②

① 개인의 성격적 결함
② 개인의 성별·직업 및 교육의 정도
③ 불안전한 행동과 불안전한 상태
④ 사회적 환경과 신체적 요소

☞ 재해의 원인
  ㉠ 직접 원인
    • 인적 요인 : 사람의 불안전한 행동과 상태 (지식 부족, 미숙련, 과로, 태만, 지시 무시 등)
    • 물적 요인 : 불량한 기계설비와 불안전한 환경에서 오는 요인으로 정리정돈의 결함 (안전장치의 결함, 보호구의 결함, 부적절한 작업환경 등)
  ㉡ 간접 원인 : 기술적 원인, 교육적 원인, 정신적 원인, 관리적 원인, 신체적 원인

40 설치한 지 15년이 지난 승강기의 경우 한 차례만 정밀안전검사를 받도록 하던 것을, 몇 년마다 정밀안전검사를 받아야 되는가?

① 1년　　② 2년
③ 3년　　④ 4년

☞ 설치한 지 15년이 지난 노후 승강기의 경우 3년마다 정밀안전검사를 받아야 한다.

41 스텝 체인 절단 검출장치의 점검항목이 아닌 것은?

① 검출스위치의 동작 여부
② 검출스위치 및 캠의 취부상태
③ 암, 레버장치의 취부상태
④ 종동장치 텐션스프링의 올바른 치수 여부

☞ 암, 레버장치의 취부상태는 구동 체인 절단 감지장치의 점검 항목이다.

42 피트 내에서 행하는 검사가 아닌 것은?

① 피트 스위치 동작 여부
② 완충기 취부상태 양호 여부
③ 상부 파이널 스위치 동작 여부
④ 하부 파이널 스위치 동작 여부

☞ 상부 파이널 스위치 동작 여부는 카 상부에서 행하는 검사이다.

43 엘리베이터 전원공급 배선회로의 절연저항측정으로 가장 적당한 측정기는?

① 메거
② 콜라우시 브리지
③ 휘트스톤 브리지
④ 켈빈 더블 브리지

☞ 메거
전선로나 전동기 등의 절연저항의 측정에 사용하는 테스터이며, 습기가 많은 장소에 설치된 전동기 등은 특히 절연이 저하하는 경향이 있으므로, 누설전류에 의한 사고 발생을 방지하기 위하여 필요하다. 절연 저항계라고도 한다.

44 에스컬레이터에 대한 설명 중 옳은 것은?

① 승강장에서는 물체가 쉽게 끼어 들어가지 않도록 디딤판과 콤의 물림량은 3mm 이상이어야 한다.
② 승강장에서는 물체가 쉽게 끼어 들어가지 않도록 디딤판과 콤의 물림량은 6mm 이상이어야 한다.
③ 승강장에서는 물체가 쉽게 끼어 들어가지 않도록 디딤판과 콤의 물림량은 8mm 이상이어야 한다.
④ 승강장에서는 물체가 쉽게 끼어 들어가지 않도록 디딤판과 콤의 물림량은 10mm 이상이어야 한다.

45 피트 정지 스위치의 설명으로 틀린 것은?

Answer
40. ③　41. ③　42. ③　43. ①　44. ②　45. ④

① 보수 점검 및 검사를 위해 피트 내부로 들어가기 전에 반드시 이 스위치를 "정지" 위치로 두어야 한다.
② 수동으로 조작되고 스위치가 열리면 전동기 및 브레이크에 전원 공급이 차단되어야 한다.
③ 점검자나 검사자의 안전을 확보하기 위해서는 작업 중 카의 움직임을 방지하여야 한다.
④ 이 스위치가 작동하면 문이 반전하여 열리도록 하는 기능을 한다.

> **피트 정지 스위치**
> - 카가 최상층이나 최하층에서는 정상적인 정차장치에 의하여 정지해야 하지만 어떤 이상 원인으로 최상층이나 최하층을 지나칠 우려가 있을 때 이를 검출하여 강제적으로 카를 감속 정지시키는 장치이다. 이 스위치는 주로 리미트 스위치 전에 설치되어 있다.
> - 피트 정지 스위치 보수 점검 수리 또는 청소를 위해 피트로 들어가기 전 작동시켜 작업 중 카가 움직이는 것을 방지하는 스위치로 스위치가 작동되면 전동기 및 브레이크에 투입되는 전원이 차단된다.

46 고장 및 정전 시 카 내의 승객을 구출하기 위해 카 천장에 설치된 비상구출문에 대한 설명으로 틀린 것은?

① 카 천장에 설치된 비상구출문은 카 내부방향으로 열리지 않아야 한다.
② 카 내부에서는 열쇠를 사용하지 않으면 열 수 없는 구조이어야 한다.
③ 비상구출구의 크기는 0.3×0.3m 이상이어야 한다.
④ 카 천장에 설치된 비상구출문은 열쇠 등을 사용하지 않고 열 수 있어야 한다.

> 카 천장에 비상구출문이 설치된 경우, 유효 개구부의 크기는 0.4×0.5m 이상이어야 한다. 다만, 카 벽에 설치된 경우 제외될 수 있다.
> ※ 공간이 허용된다면, 유효 개구부의 크기는 0.5×0.7m가 바람직하다.
>
> ※ **비상구(구출구)**
> - 카 내에 승객이 갇혀 있을 때 구출을 목적으로 설치한다.
> - 카 안에서 열리지 않고, 케이지 외측에서 열려야 한다.
> - 비상구가 열려 있으면 카가 움직이지 않게 안전 스위치를 부착해야 한다.
> - 1개의 승강로에 2대 이상의 엘리베이터가 설치된 경우에는 벽면에 설치 가능하다.

47 기계실에는 바닥면에서 몇 lx 이상을 비출 수 있는 영구적으로 설치된 전기조명이 있어야 하는가?

① 100 ② 200
③ 300 ④ 400

> 기계실·기계류 공간 및 풀리실에는 다음의 구분에 따른 조도 이상을 밝히는 영구적으로 설치된 전기조명이 있어야 한다.
> - 작업공간의 바닥면 : 200lx
> - 작업공간 간 이동공간의 바닥면 : 50lx

48 한 쌍의 기어를 맞물렸을 때 치면 사이에 생기는 틈새를 무엇이라 하는가?

① 백래시   ② 이사이
③ 이뿌리면 ④ 지름 피치

> **백래시**
> 한 쌍의 기어를 맞물렸을 때 치면 사이에 생기는 틈새를 말한다. 기어의 매끄러운 회전을 위해서는 적절한 백래시가 필요하다. 백래시가 너무 작으면 윤활이 불충분하게 되기 쉬워서 치면끼리의 마찰이 커지고, 백래시가 크면 기어의 맞물림이 나빠져 기어가 파손되기 쉽다.

Answer
46. ③ 47. ② 48. ①

49 유압펌프에 관한 설명으로 틀린 것은?
① 압력맥동이 커야 한다.
② 진동과 소음이 작아야 한다.
③ 일반적으로 스크류 펌프가 사용된다.
④ 펌프의 토출량이 크면 속도도 커진다.

☞ 유압펌프의 압력맥동은 작아야 한다.
※ ②, ③, ④ 항목 외 유압펌프의 구비 조건
• 일정한 토출량을 얻을 수 있어야 한다.
• 동력 손실이 적어야 한다.

50 재료가 반복하중을 받는 경우 안전율을 구하는 식은?

① $\dfrac{허용응력}{크리프 한도}$ ② $\dfrac{피로한도}{허용응력}$

③ $\dfrac{허용응력}{최대응력}$ ④ $\dfrac{최대응력}{허용응력}$

51 용량이 1kW인 전열기를 2시간 동안 사용하였을 때 발생한 열량은?
① 430kcal ② 860kcal
③ 1720kcal ④ 2000kcal

☞ $H = 0.24Pt$
$= 0.24 \times 1000 \times 7200 = 1728000$ cal

52 클리퍼(clipper) 회로에 대한 설명으로 가장 적절한 것은?
① 교류회로를 직류로 변환하는 회로
② 사인파를 일정한 레벨로 증폭시키는 회로
③ 구형파를 일정한 레벨로 증폭시키는 회로
④ 파형의 상부 또는 하부를 일정한 레벨로 자르는 회로

☞ 클리퍼 회로
교류파형을 경계값을 기준으로 파형의 상부 또는 하부를 절단시키고, 그 외 부분은 통과시키는 회로

53 베어링의 구비 조건이 아닌 것은?
① 마찰저항이 작을 것
② 강도가 클 것
③ 가공수리가 쉬울 것
④ 열전도도가 작을 것

☞ 베어링의 구비 조건
• 축의 재료보다 연하면서 마모에 견딜 것
• 축과의 마찰계수가 작을 것
• 내식성이 클 것
• 마찰열의 발산이 잘 되도록 열전도도가 좋을 것
• 가공성이 좋으며 유지 및 수리가 쉬울 것

54 평행판 콘덴서에 있어서 판의 면적을 동일하게 하고 정전용량은 반으로 줄이려면 판 사이의 거리는 어떻게 하여야 하는가?
① 그대로 둔다. ② 반으로 줄인다.
③ 2배로 늘린다. ④ 4배로 늘린다.

☞ $C(정전용량) = \dfrac{Q(전기량)}{V(전압)}$
$= \dfrac{\varepsilon(유전율)S(극판의 면적)}{d(극판의 간격)}$
위 식으로 볼 때 2배로 늘려야 한다.

55 직류전동기의 속도제어방법이 아닌 것은?
① 저항제어법
② 주파수제어법
③ 전기자 전압제어법
④ 계자제어법

☞ 직류전동기의 속도제어방법
• 저항제어법 : 전력손실이 크며, 속도제어의 범위가 작다.
• 전기자 전압제어법 : 정토크 제어
• 계자제어법 : 정출력 제어

Answer
49. ① 50. ② 51. ③ 52. ④ 53. ④ 54. ③ 55. ②

56 아날로그 신호를 디지털 신호로 변환해주는 장치로 가장 알맞은 것은?
① A/D 컨버터 ② D/A 컨버터
③ A/D 인버터 ④ D/A 인버터

☞ ADC(Analog Digital Converter)
아날로그 신호를 디지털 신호로 변환해주는 장치
※ 인버터 : 직류(DC) → 교류(AC)
※ 컨버터 : 교류(AC) → 직류(DC)

57 250Ω의 저항에 2A의 전류가 1분간 흐를 때 발생하는 열량은 몇 cal인가?
① 14400 ② 62000
③ 72000 ④ 86000

☞ $H = 0.24I^2Rt$
$= 0.24 \times 2^2 \times 250 \times 60 = 14400$

58 23kN의 압축 하중을 받는 짧은 연강의 둥근 봉이 있다. 연강의 인장강도가 45 N/mm² 이고, 안전율이 3이라면 허용응력은 몇 N/mm² 인가?
① 10 ② 15
③ 60 ④ 135

☞ 허용응력 = $\dfrac{\text{인장강도}}{\text{안전율}} = \dfrac{45}{3} = 15 \text{N/mm}^2$

59 그림과 같은 회로는?

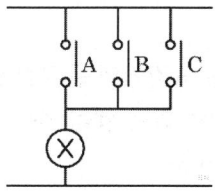

① AND 회로 ② OR 회로
③ NOT 회로 ④ NAND 회로

☞ OR 회로

논리 기호	진리표
	A B X 0 0 0 0 1 1 1 0 1 1 1 1
시퀀스 회로	논리식
	$X = A + B$

60 최대눈금이 200V, 내부저항이 20000Ω 인 직류 전압계가 있다. 이 전압계로 최대 600V까지 측정하려면 외부에 직렬로 접속할 저항은 몇 kΩ인가?
① 20 ② 40
③ 60 ④ 80

☞ $V = V_0\left(1 + \dfrac{R_m}{r_a}\right)$ 이므로
$600 = 200\left(1 + \dfrac{R_m}{20000}\right) ≒ 40$

Answer
56. ① 57. ① 58. ② 59. ② 60. ②

10회 CBT 기출 복원문제

01 엘리베이터 고장으로 종단층을 통과하였을 때 전동기 및 브레이크에 공급되는 회로의 확실한 기계적 분리를 통해 정지시키는 장치는?

① 록다운 스위치
② 강제감속 스위치
③ 과속조절기(조속기)
④ 파이널 리미트 스위치

☞ **파이널 리미트 스위치**
엘리베이터가 종단층에 도달했을 때 자동으로 작동하여 전동기 및 브레이크를 자동으로 정지시킨다.

02 피트 아래를 사무실이나 통로 등 사람이 출입하는 장소로 이용하는 경우에 균형추에 설치하는 장치는?

① 완충기   ② 2중 슬라브
③ 과속 스위치   ④ 비상정지장치

☞ 승강로 피트 하부를 사무실, 거실, 통로로 사용할 경우 균형추측에 비상정지장치를 설치해야 한다.

03 소형화물용 엘리베이터의 특징으로 틀린 것은?

① 사람의 탑승을 금지한다.
② 덤웨이터라고도 한다.
③ 음식물이나 서적 등 소형화물의 운반에 적합하게 제조되었다.
④ 바닥면적이 $0.5m^2$, 높이는 $0.6m$ 이하인 것이다.

☞ **덤웨이터**
카 바닥면적이 $1m^2$ 이하, 천장높이가 $1.2m$ 이하로 사람이 타지 않으면서 1톤 미만의 소형화물을 운반하는 엘리베이터로 정전등이 필요 없다. 다만, 바닥면적 $0.5m^2$, 높이 $0.6m$ 이하인 것은 제외한다.

04 다음 유압회로에 대한 설명으로 틀린 것은?

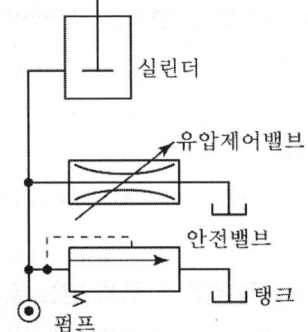

① 효율이 높다.
② 블리드 오프 회로이다.
③ 정확한 속도제어가 가능하다.
④ 유량제어밸브를 주회로에서 분기된 바이패스회로에 삽입한 회로이다.

☞ **블리드 오프(bleed-off) 회로**
부하에 필요한 압력 이상의 압력을 발생시킬 필요가 없어 효율이 높다. 부하 변동이 심한 경우 정확한 속도제어가 곤란하다.

05 승객용 승강기의 문닫힘 안전장치 중 개폐 시 문에 끼는 것을 방지하는 장치는?

① 도어행거
② 도어 클로저
③ 세이프티 슈
④ 도어 리미트 스위치

Answer
1.④ 2.④ 3.④ 4.③ 5.③

👉 **세이프티 슈**
엘리베이터의 도어 끝단에 부착된 안전장치로, 도어가 닫히는 도중에 사람이나 물건이 접촉하면 반전하여 다시 열리도록 한다.

06 층고가 6m를 초과하는 경우 에스컬레이터의 경사도는 몇 도를 초과하지 않아야 하는가?

① 30°   ② 35°
③ 40°   ④ 45°

👉 에스컬레이터의 경사각은 30°를 초과하지 않아야 한다. 단, 층고가 6m 이하일 경우에는 35°까지 가능하다.

07 엘리베이터용 전동기의 용량을 결정하는 주된 요인이 아닌 것은?

① 행정거리   ② 정격하중
③ 정격속도   ④ 종합효율

👉 모터 용량(P)
$= \dfrac{1분간 \ 수송인원 \times 1명의 \ 중량 \times 층높이}{6120 \times 종합효율}$ [KW]
$= \dfrac{LVS}{6120 \times \eta}$ [KW]
L : 정격적재용량, V : 정격속도
$S = 1 - F$(오버밸러스율)

08 완충기에 대한 설명으로 틀린 것은?

① 카가 어떤 원인으로 최하층을 통과하여 피트로 떨어졌을 때 충격을 완화하기 위하여 설치한다.
② 완충기는 카나 균형추의 자유낙하를 완충하기 위한 것은 아니다.
③ 용수철 완충기와 유압 완충기가 있다.
④ 승강기의 정격속도가 60m/min를 초과하면 운동에너지가 증가하므로 용수철 완충기를 사용한다.

👉 승강기의 정격속도가 60m/min를 초과하면 운동에너지도 크게 되므로 유압 완충기가 사용된다.

09 다음 엘리베이터 조명에 대한 설명 중 괄호 안에 들어갈 수치는?

> 카에는 자동으로 재충전되는 비상전원공급장치에 의해 (   )lx 이상의 조도로 1시간 동안 전원이 공급되는 비상등이 있어야 한다.

① 0.5   ② 1
③ 3   ④ 5

👉 카에는 자동으로 재충전되는 비상전원공급장치에 의해 5lx 이상의 조도로 1시간 동안 전원이 공급되는 비상등이 있어야 한다.

10 비상통화장치에 대한 설명으로 틀린 것은?

① 항상 사용자가 다시 비상통화를 재발신할 수 있어야 한다.
② 비상통화시스템은 승객이 사용하려 할 때 항상 작동해야 한다.
③ 비상통화장치는 비상통화를 입력된 수신장치로 발신해야 한다.
④ 승강기 사용자의 안전을 위해 외부연결망을 적어도 한 달에 한 번 실행해야 한다.

👉 비상통화장치의 정상적인 작동 유지와 외부와의 통신이 원활히 이루어질 수 있도록 하기 위한 안전관리방안으로 외부연결망은 적어도 3일에 한 번 실행해야 한다.

11 유압식 엘리베이터에서 유압회로의 압력이 설정값 이상으로 되면 밸브를 열어 오일을 탱크로 돌려보냄으로서 압력이 과도하게 상승하는 것을 방지하는 밸브는?

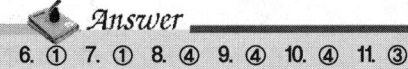
6. ① 7. ① 8. ④ 9. ④ 10. ④ 11. ③

① 스톱밸브 ② 체크밸브
③ 안전 밸브 ④ 유량제어밸브

☞ **안전 밸브**
유체의 압력이 최고 사용압력 이상에 도달하였을 때 유체를 자동으로 방출하여 압력의 과도 상승을 방지하는 자동밸브

12 소방구조용(비상용) 엘리베이터의 구조에 대한 설명으로 틀린 것은?
① 기계실은 내화구조로 보호되어야 한다.
② 소방운전 시 모든 승강장의 출입구마다 정지할 수 있어야 한다.
③ 2개의 카 출입문이 있는 경우, 소방운전 시 어떠한 경우라도 2개의 출입문은 동시에 개폐될 수 있어야 한다.
④ 동일 승강로 내에 다른 엘리베이터가 있다면 전체적인 공용 승강로는 소방구조용 엘리베이터의 내화 규정을 만족해야 한다.

☞ 2개의 카 출입문이 있는 경우, 소방운전 시 어떠한 경우라도 2개의 출입문이 동시에 열리지 않아야 한다.

13 가공이 쉽고 초기 마찰력이 우수하며 쐐기작용에 의해 마찰력은 크지만 면압이 높고 권상로프와 접하는 부분의 각도가 작게 되어 트랙션비의 값이 작아지게 되는 단점을 갖는 로프의 홈 형상은?
① U홈 ② V홈
③ M홈 ④ 언더컷 홈

☞ **V홈**
로프와의 사이에서 높은 구동 마찰력을 얻을 수 있으나 로프의 마모를 쉽게 초래하므로 저속의 큰 구동력이 필요한 소형 엘리베이터나 덤웨이터 등에 사용된다.

14 엘리베이터 제어방식 중 카의 실속도와 지령속도를 비교하여 사이리스터의 점호각을 바꿔 유도전동기의 속도를 제어하는 방식은?
① 교류 귀환제어방식
② 교류 1단 속도제어
③ 교류 2단 속도제어
④ 가변전압 가변주파수제어

☞ **교류 귀환제어방식**
속도 지령에 따라 크리프 리스로 착상 가능하기 때문에 층간 운전시간이 짧고 승차감이 뛰어나지만, 모터의 발열이 크다.

15 엘리베이터의 기계실 위치에 따른 분류에 해당하지 않는 것은?
① 상부형 엘리베이터
② 하부형 엘리베이터
③ 권동형 엘리베이터
④ 측부형 엘리베이터

☞ **엘리베이터의 기계실 위치에 따른 분류**
상부형, 하부형, 측부형, 기계실이 없는 엘리베이터로 분류한다.

16 전기식 엘리베이터의 구성 요소가 아닌 것은?
① 균형추
② 권상기
③ 파워 유니트
④ 과속조절기 로프

☞ 파워 유니트는 유압식 엘리베이터의 구성 요소이다.

17 다음 중 와이어로프의 구조에서 심강의 주요 기능으로 가장 적절한 것은?

Answer
12. ③ 13. ② 14. ① 15. ③ 16. ③ 17. ③

① 로프의 경도를 낮춘다.
② 로프의 파단경도를 높인다.
③ 소선의 방청과 굴곡 시 윤활을 돕는다.
④ 로프 굴곡 시 유연성을 극대화한다.

👉 **심강(core)**
마찰을 줄이기 위한 윤활유를 품고 있으며, 외층 스트랜드에 그리스 등의 방청제를 지속적으로 공급할 수 있는 능력을 보유하여야 한다.
※ 심강의 역할 : 충격 흡수, 마멸 및 부식 방지

18 장애인용 엘리베이터의 경우 승강장 바닥과 승강기 바닥의 틈은 몇 m 이하이어야 하는가?
① 0.04 ② 0.03
③ 0.02 ④ 0.01

19 도어에 이물질이 끼었을 때 이것을 감지하는 문닫힘 안전장치의 종류가 아닌 것은?
① 광전장치 ② 세이프티 슈
③ 도어 클로저 ④ 초음파 장치

👉 **문닫힘 안전장치**
압력 센서, 광전장치, 초음파 센서, RFID, 세이프티 슈, 비접촉식 근접 센서 등
※ 도어 클로저 : 승강장 도어가 열려 있을 때 자동으로 닫히게 하는 장치

20 가이드 레일의 규격 표시에서 공칭하중은 몇 m를 기준으로 하는가?
① 0.1 ② 1
③ 5 ④ 10

👉 가이드 레일은 길이 1m의 공칭하중이 기준이다.

21 엘리베이터의 T형 레일의 규격 8K, 길이가 5m인 경우, 레일의 중량은 몇 kg인가?
① 30 ② 35
③ 40 ④ 50

👉 레일의 중량
= 단위 중량 × 길이 = 8kg/m × 5m = 40kg

22 카 내부에 있는 사람에 의한 카문의 개방을 제한하기 위하여 카가 운행 중일 때, 카문을 개방하기 위해 필요한 힘은 최소 몇 kgf 이상이어야 하는가?
① 10 ② 20
③ 30 ④ 40

👉 **승강기 문의 수동개폐**
문을 손으로 여는 데 필요한 힘은 정지 중에는 5kgf 이상 30kgf 이하이고, 주행 중에는 20kgf이다.

23 권상기에 관한 설명으로 틀린 것은?
① 권상 도르래에 로프가 감기는 각도가 클수록 승강기가 미끄러지기 쉽다.
② 권동식은 균형추를 사용하지 않기 때문에 로프식보다 권상도력이 크다.
③ 헬리커 기어식이 웜 기어식보다 효율이 더 높다.
④ 일반적으로 권상 도르래의 지름은 주로프 지름의 40배 이상을 적용한다.

👉 권상 도르래에 로프가 감기는 각도(권부각)가 작을수록 마찰력이 감소해 로프와 도르래 사이의 고정력이 부족해져 승강기가 미끄러질 가능성이 커진다.

24 카에는 카 조작반 및 카 벽에서 100mm 이상 떨어진 카 바닥 위로 1m 이내에 모든 지점에 몇 lx 이상으로 비추는 조명장치가

18. ② 19. ③ 20. ② 21. ③ 22. ② 23. ① 24. ③

영구적으로 설치되어야 하는가?
① 80 ② 90
③ 100 ④ 110

> 카에는 카 조작반 및 카 벽에서 100mm 이상 떨어진 카 바닥 위로 1m 모든 지점에 100lx 이상으로 비추는 전기조명장치가 영구적으로 설치되어야 한다.

25 카의 비상정지장치는 점차 작동형이 사용되어야 하지만 정격속도가 최대 몇 m/s 이하인 경우에는 즉시 작동형이 사용될 수 있는가?
① 0.43 ② 0.53
③ 0.63 ④ 0.73

> **추락방지안전장치(비상정지장치)**
> 카의 추락방지안전장치는 점차 작동형이 사용되어야 한다. 다만, 정격속도가 0.63m/s 이하인 경우 즉시 작동형이 사용될 수 있다.

26 승강로의 일반적인 구조에 관한 설명으로 틀린 것은?
① 승강로 내에는 각 층을 나타내는 표기가 있어야 한다.
② 승강로 내에 설치되는 돌출물은 안전상 지장이 없어야 한다.
③ 엘리베이터의 균형추 또는 평형추는 카와 동일한 승강로에 있어야 한다.
④ 밀폐식 승강로에는 어떠한 환기구나 통풍구가 있어서는 안 된다.

> 밀폐식 승강로는 구멍이 없는 벽, 바닥, 천장으로 둘러싸인 구조이어야 한다. 다만 다음과 같은 개구부는 허용된다.
> • 승강장문을 설치하기 위한 개구부
> • 승강로의 비상문 및 점검문을 설치하기 위한 개구부
> • 화재 시 가스나 연기의 배출을 위한 통풍구
> • 환기구
> • 엘리베이터 운행을 위해 필요한 기계실 또는 풀리실과 승강로 사이의 개구부

27 균형 체인 또는 균형 로프의 역할로 적절하지 않은 것은?
① 승차감을 개선하기 위해 설치한다.
② 착상오차를 개선하기 위해 설치한다.
③ 고층용 엘리베이터에서 소음을 개선하기 위해 설치한다.
④ 카와 균형추 상호 간의 위치변화에 따른 와이어로프 무게를 보상하기 위한 것이다.

> • 고층용 엘리베이터는 균형 체인을 사용할 경우 소음이 발생할 수 있어 균형 로프를 사용한다.
> • 균형 로프는 균형 체인보다 소음이 적고, 긴 로프 길이와 높은 안정성을 제공할 수 있어 고층 엘리베이터에 더 적합하다.

28 블리드 오프 유압회로에서 카가 하강 시에 유압잭에서 오일탱크로 되돌아가는 작동유의 유량을 제어하는 밸브는?
① 감압밸브
② 체크밸브
③ 릴리프 밸브
④ 하강유량제어밸브

> **하강유량제어밸브**
> 유압식 엘리베이터의 상승 시 펌프의 구동으로 작동유를 실린더로 토출시키며, 하강 시 오일탱크로 되돌아가는 유량을 조절해 카를 수동으로 하강시킬 수 있다.

29 다음 중 카 바닥의 구성 요소가 아닌 것은?
① 에이프런 ② 안전난간대

Answer
25. ③ 26. ④ 27. ③ 28. ④ 29. ②

③ 하중검출장치 ④ 플로어베이스

👉 안전난간대는 카 상부에 설치하는 안전장치이다.

30 가변전압 가변주파수 제어방식에서 직류를 교류로 바꾸어 주는 장치는?
① 인버터 ② 리액터
③ 컨덕터 ④ 컨버터

👉 • 인버터 : 직류 → 교류
• 컨버터 : 교류 → 직류

31 다음 그림과 같은 로핑 방법은?

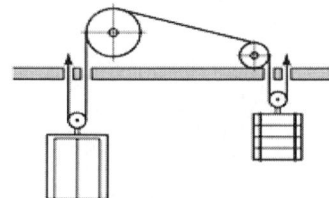

① 1 : 1 로핑 ② 2 : 1 로핑
③ 3 : 1 로핑 ④ 4 : 1 로핑

32 카 추락방지안전장치(비상정지장치)가 작동될 때, 무부하 상태의 카 바닥 또는 정격하중이 균일하게 분포된 바닥은 정상적인 위치에서 몇 %를 초과하여 기울어지지 않아야 하는가?
① 3 ② 5
③ 7 ④ 10

👉 카 추락방지안전장치의 작동 시 카 바닥 기울기는 5%를 초과하지 않아야 한다.

33 무빙워크의 경사도는 몇 도 이하여야 하는가?
① 8 ② 10
③ 12 ④ 15

👉 **수평보행기(무빙워크)의 설치 기준**
• 경사각도는 12° 이하로 할 것(단, 6° 이하일 경우에는 광폭형으로 설치할 수 있다.)
• 디딤면이 고무제품 등 미끄러지기 어려운 구조일 경우에는 15° 이하로 할 수 있다.
• 정격속도는 45m/min(0.75m/s) 이하로 한다.

34 엘리베이터용 전동기의 구비 요건으로 적합하지 않은 것은?
① 기동전류가 클 것
② 기동토크가 클 것
③ 회전부의 관성 모멘트가 적을 것
④ 빈번한 운전에 대한 열적 특성이 양호할 것

👉 • 소비전력의 효율성이 높아야 하기에 기동전류가 작을 것
• 운전상태가 정숙하고 저진동일 것

35 로프식 권상기의 허용응력이 4kN/cm^2이고, 재료의 인장강도가 40kN/cm^2일 때 안전율은 약 얼마인가?
① 5 ② 10
③ 15 ④ 20

👉 안전율 = $\dfrac{\text{인장강도}}{\text{허용응력}} = \dfrac{40}{4} = 10$

36 가이드 레일의 선정기준으로 틀린 것은?
① 지진 발생 시 수직하중에 대한 탄성한계를 넘지 않도록 한다.
② 승객용 엘리베이터는 카의 편중 적재하중에 따른 회전모멘트를 고려할 필요가 없다.
③ 비상정지장치 작동 시에는 주 가이드 레일에 걸리는 좌굴하중을 고려한다.

30. ① 31. ② 32. ② 33. ③ 34. ① 35. ② 36. ②

④ 균형추에 비상정지장치가 있는 경우에는 균형추에 3K 또는 5K의 가이드 레일은 사용할 수 없다.

> **가이드 레일의 크기를 결정하는 요소**
> • 수평 진동력 : 지진 발생 시
> • 회전 모멘트 : 불평행 하중에 대한 평형유지
> • 좌굴 하중 : 비상정지장치 작동 시

37 사이러스트를 사용하여 교류로 변환한 후 전동기에 공급하고, 사이러스트의 점호각을 변경하여 직류전압을 바꿔 회전수 조절하는 제어방식은?
① 교류귀환 제어방식
② 워드레오나드 제어방식
③ 정지 레오나드 제어방식
④ 가변전압 가변주파수 제어방식

> ① 교류 귀환제어방식 : 고속측은 사이리스터에 의한 1차 전압제어 또는 교류 2단 속도와 동일한 기동저항을 이용한 방식으로, 제동측은 사이리스터에 의한 직류전압을 모터에 가하는 다이내믹 브레이크를 작동시킨다.
> ② 워드레오나드 방식 : 직류전동기의 속도 제어방식을 말하며, 전동기의 여자 전류를 최대로 하고 발전기의 단자전압을 제로에서 서서히 상승시키면 주 전동기는 기동저항 없이 조용히 기동한다.
> ③ 정지 레오나드 방식 : 사이리스터를 사용하여 교류를 직류로 변환, 전동기에 공급하여 사이리스터 점호각을 제어하고 직류전압을 가변시켜 속도를 제어하는 방식
> ④ 가변전압 가변주파수(VVVF) 제어방식 : 인버터 방식의 최근 엘리베이터뿐만 아니라, 다른 기기에서도 널리 사용되고 있는 방식이다. 엘리베이터에서는 승강실 내 하중과 운전방향에 따라 회생전력이 발생한다. 이 회생전력을 흡수하기 위해 인버터의 직류단에 회생전류 흡수용 저항기를 설치해 열을 발산하고 있다. 정격속도 120m/min을 넘는 것의 대부분은 컨버터를 정류회로로 바꾸어 회생전력을 전원으로 되돌리고 있다.

38 다음 중 변형률의 종류가 아닌 것은?
① 세로 변형률
② 가로 변형률
③ 전단 변형률
④ 비틀림 변형률

> **변형률(strain)**
> • 가로 변형률(ε)
> $$\varepsilon = \frac{d}{\delta}$$
> d : 처음의 가로방향의 길이
> δ : 늘어난 길이
> • 세로 변형률(ε')
> $$\varepsilon' = \frac{\lambda}{l}$$
> λ : 원래의 길이, l : 변형된 길이
> • 전단 변형률(r)
> $$r = \frac{\lambda_s}{l} = \tan\phi \fallingdotseq \phi$$
> λ_s : 늘어난 길이, l : 원래의 길이
> ϕ : 전단각

39 엘리베이터 안전장치 중 리미트 스위치 형식이 아닌 것은?
① 기계적 조작식
② 광학적 조작식
③ 자기적 조작식
④ 턴버클

> **리미트 스위치**
> 카가 충돌하는 것을 방지할 목적으로 종단층의 감속정지할 수 있는 거리에 설치한다.
> ① 기계적 조작식 : 물리적 접촉을 통한 감지
> ② 광학적 조작식 : 빛을 통한 감지
> ③ 자기적 조작식 : 자기장을 이용한 감지
> ※ 턴버클 : 전선이나 와이어로프 등의 길이 조절, 장력의 조정에 사용

40 재료의 탄성한도, 허용응력, 사용응력 사이의 관계로 적절한 것은?

Answer
37. ③ 38. ④ 39. ④ 40. ①

① 탄성한도＞허용응력≥사용응력
② 탄성한도≥사용응력≥허용응력
③ 탄성한도≥사용응력＞허용응력
④ 허용응력≥탄성한도＞사용응력

41 도어 인터록에 대한 설명으로 틀린 것은?
① 도어스위치로 구성되어 있다.
② 승강장 도어의 열림을 방지하는 장치이다.
③ 도어 정비를 위하여 도어록은 일반공구를 사용하여 쉽게 풀리고 잠길 수 있어야 한다.
④ 카가 정지하지 않은 층의 도어는 전용 열쇠를 사용하지 않으면 열리지 않도록 해야 한다.

👉 **도어 인터록**
• 구조 : 도어록, 도어 스위치
• 원리 : 닫힐 때는 도어록이 먼저 걸린 후 스위치가 들어가고, 열릴 때는 도어 스위치가 끊어진 후 도어록이 열리는 구조이다.
• 사용 : 외부에서 도어록을 해제할 경우에는 전용키를 사용하며, 전 층의 도어가 닫혀 있지 않으면 엘리베이터가 운행되지 않아야 한다.

42 소방용 엘리베이터는 정전 시 몇 초 이내에 운행에 필요한 전력용량을 자동으로 발생시킬 수 있어야 하는가?
① 30   ② 60
③ 90   ④ 120

👉 소방구조용 엘리베이터는 정전 시 사용하는 보조전원공급장치는 60초 이내에 운행에 필요한 전원을 자동으로 발행하여야 하며, 2시간 이상 공급되어야 한다.

43 다음 내열 등급의 문자 표시 중 E종보다 내열 등급이 낮은 것은?
① A종   ② B종
③ F종   ④ H종

절연의 종류	허용 최고온도
Y종	90℃
A종	105℃
E종	120℃
B종	130℃
F종	155℃
H종	180℃
C종	180℃ 초과

44 엘리베이터에서 카 또는 승강장 출입구 문턱부터 아래로 평탄하게 내려진 수직부분의 앞 보호판을 나타내는 용어는?
① 슬링   ② 피트
③ 스프로킷   ④ 에이프런

👉 **에이프런**
• 작업자가 승강기 도어를 열고 작업할 때 추락을 예방해 주는 넓은 철판
• 승강기가 정지하는 경우 카 안에 승객이 균형을 잃고 승강로로 추락하는 것을 방지하고 안전한 탈출을 돕기 위한 가림판

45 기계실 작업구역의 유효높이는 최소 몇 m 이상이어야 하는가?
① 1.6   ② 1.8
③ 2.1   ④ 2.5

👉 **기계실의 규정**
• 기계실의 바닥면적은 일반적으로 승강로 수평투영면적의 2배 이상이어야 한다.
• 엘리베이터 기계실의 권상기 제어반은 유지보수를 위하여 벽면에서 최소한 0.3m 이상 떨어져야 한다.
• 기계실 온도는 5℃ 이상 40℃ 이하를 유지해야 한다.
• 기계실 내 작업구역의 유효높이는 2.1m 이

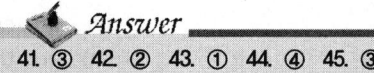

Answer
41. ③ 42. ② 43. ① 44. ④ 45. ③

상이어야 한다.
- 기계실에 설치 운용되는 주요 설비 및 장치
  : 권상기, 조속기, 제어반

46 다음 중 주택용 엘리베이터의 정원을 일반적으로 산출하는 식으로 옳은 것은?

① 정원(인) = $\dfrac{정격하중}{70}$ [kg]

② 정원(인) = $\dfrac{정격하중}{75}$ [kg]

③ 정원(인) = $\dfrac{정격하중}{80}$ [kg]

④ 정원(인) = $\dfrac{정격하중}{85}$ [kg]

47 미리 설정한 방향으로 설정치를 초과한 상태로 과도하게 유체 흐름이 증가하여 밸브를 통과하는 압력이 떨어지는 경우 자동으로 차단하도록 설계된 밸브는?

① 체크 밸브   ② 럽처 밸브
③ 스톱 밸브   ④ 릴리프 밸브

> **럽처 밸브**
> 오일이 실린더로 들어가는 곳에 설치되어 만일 파이프가 파손되었을 때 자동적으로 밸브를 닫아 카가 급격히 떨어지는 것을 방지한다.

48 엘리베이터의 제동기에 관한 설명으로 틀린 것은?

① 마찰계수가 안정적이어야 한다.
② 기어식 권상기에서는 축에 직접 고정시켜야 한다.
③ 브레이크 라이닝은 가연성 재료로 많은 동작 빈도에 견딜 수 있어야 한다.
④ 브레이크 시스템은 마찰 형식의 전자-기계 브레이크로 구성하여야 한다.

> **엘리베이터의 제동기**
> - 브레이크 라이닝은 불연성 재료를 사용해야 한다.
> - 승객용 엘리베이터는 정격하중의 125%를 싣고 하강하는 차체를 위험없이 감속 정지시킬 수 있어야 한다.

49 에스컬레이터의 특징으로 틀린 것은?

① 하중이 건축물의 각 층에 분담되어 있다.
② 기다림 없이 연속적으로 승객수송이 가능하다.
③ 일반적으로 엘리베이터에 비해 수송능력이 7~10배이다.
④ 사용전력량이 많지만 전동기의 구동 횟수는 엘리베이터에 비해 적다.

> 에스컬레이터는 연속적인 승객수송이 가능하기에 전동기의 구동 횟수는 엘리베이터보다 적지 않다.

50 엘리베이터가 미리 정해진 속도를 초과하여 하강하는 경우 조속기가 로프를 붙잡아 비상정지장치를 작동시키는 장치는?

① 완충기   ② 엔코더
③ 리미트 스위치 ④ 조속기

> **조속기**
> 엘리베이터의 카가 정격속도 이상으로 과속되었을 때 미리 설정된 속도에서 동작하여 카를 정지시키는 장치

51 승강로가 갖추어야 할 조건이 아닌 것은?

① 특수목적의 가스배관은 통과할 수 있다.
② 벽면은 불연재료로 마감 처리되어야 한다.
③ 외부와 차단되는 구조로 설치되어야 한다.
④ 엘리베이터 관련 부품이 설치되는 곳이다.

46. ② 47. ② 48. ③ 49. ④ 50. ④ 51. ①

☞ **승강로의 구비 조건**
- 외부 공간과 격리되어야 한다.
- 카나 균형추에 접촉하지 않도록 되어야 한다.
- 화재 시 승강로를 거쳐 다른 층으로 연소되지 않아야 한다.
- 승강기의 배관설비 이외에 다른 배관설비는 함께 설비되지 않도록 한다.
- 막판은 철재로서 철판의 두께는 1.5mm 이상으로 하고, 쉽게 부착 또는 개폐되지 않아야 한다.
- 막판 이면의 콘크리트벽에는 두께 2.1mm 이상의 강판 또는 스테인리스 판넬을 설치한다.(단, 막판의 두께가 2.0mm 이상일 때는 당해 판넬의 두께를 1.6mm 이상으로 할 수 있다.)
- 측면 또는 막판은 내화구조로 하고, 주요한 부분에 공간이 생기지 않도록 견고하게 부착한다.

52 카 천장에 비상구출문이 설치된 경우 유효 개구부의 크기는?

① 0.1×0.3m ② 0.3×0.4m
③ 0.4×0.5m ④ 0.5×0.6m

☞ **구출구(비상구)**
카 천장에 비상구출문이 설치된 경우, 유효 개구부의 크기는 0.4×0.5m 이상이어야 한다. 다만, 카 벽에 설치된 경우 제외될 수 있다.
※ 공간이 허용된다면, 유효 개구부의 크기는 0.5×0.7m가 바람직하다.

53 도어 머신의 구비 조건이 아닌 것은?

① 속도제어방식이 직류방식일 것
② 동작이 원활하고 정숙할 것
③ 보수가 용이하고 가격이 저렴할 것
④ 카 위에 설치하기 위하여 소형 경량일 것

☞ **도어 머신의 구비 조건**
- 동작이 원활(저진동)하고 저소음일 것
- 카 위에 설치되므로 소형, 경량일 것
- 가격이 저렴하고 유지보수가 용이할 것
- 엘리베이터 동작 횟수의 2배이므로 내구성이 뛰어날 것

54 가이드 레일의 강도 계산 시 고려하지 않아도 되는 사항은?

① 레일의 단면계수
② 레일의 단면조도
③ 카나 균형추의 총 중량
④ 레일 브라킷의 설치 간격

☞ 가이드 레일의 강도 계산 시 조도는 고려사항이 아니다.

55 압력제어밸브의 종류가 아닌 것은?

① 체크 밸브
② 릴리프 밸브
③ 시퀀스 밸브
④ 카운터밸런스 밸브

☞ **압력제어밸브의 종류**
릴리프 밸브, 감압밸브, 시퀀스 밸브, 카운터밸런스 밸브

56 2Ω의 저항 10개가 있다. 이 저항을 직렬로 연결한 합성저항은 병렬로 연결한 합성저항의 몇 배인가?

① 150 ② 100
③ 50   ④ 10

☞ ㉠ 직렬 합성저항
$R = R_1 + R_2 + R_3 + \cdots + R_n [\Omega]$
$= 2 \times 10 = 20$

㉡ 병렬 합성저항
$= \dfrac{1}{\dfrac{1}{R_1} + \dfrac{1}{R_2} + \dfrac{1}{R_3} \cdots \dfrac{1}{R_n}} [\Omega]$
$= \dfrac{2}{10} = 0.2$

∴ 직렬 합성저항은 병렬 합성저항의 100배

Answer
52. ③ 53. ① 54. ② 55. ① 56. ②

57 회전 중인 3상 유도전동기의 슬립이 1이 되면 전동기의 속도는 어떻게 되는가?
① 불변이다.
② 정지한다.
③ 무부하 상태가 된다.
④ 동기속도와 같게 된다.

☞ 슬립=1이면 유도전동기의 회전속도가 동기속도보다 1% 느리다는 것으로 유도전동기는 정지상태이며, 슬립=0이면 무부하상태이다.

58 재료가 반복하중을 받는 경우 안전율을 구하는 식은?
① 허용응력/크리프한도
② 피로한도/허용응력
③ 허용응력/최대응력
④ 최대응력/허용응력

☞ 안전율
$$\frac{극한강도}{허용응력} = \frac{피로한도}{허용응력}$$

59 피드백 제어의 특성에 관한 설명으로 틀린 것은?
① 정확성이 증가한다.
② 대역폭이 증가한다.
③ 계의 특성변화에 대한 입력대 출력비의 감도가 증가한다.
④ 구조가 비교적 복잡하고 오픈루프에 비해 설치비가 많이 든다.

☞ 피드백(되먹임) 제어
입력값을 목표값과 비교하여 제어량이 일치하지 않으면 다시 입력측으로 보내 정정하는 제어방식
• 정확성이 좋다.
• 계의 특성변화에 대한 입력대 출력비의 감도가 감소한다.

• 구조가 비교적 복잡하고 오픈루프에 비해 설치비가 많이 든다.
• 비선형성과 왜형에 대한 효과가 감소한다.

60 계전기 접점의 아크를 소거할 목적으로 사용되는 소자는?
① 바리스터 ② 바렉터 다이오드
③ 터널 다이오드 ④ 서미스터

☞ 바리스터(Varistor)
• 어떤 수치보다 높은 전압이 가해지면 흐르는 전류가 갑자기 증가하는 저항소자
• 계전기 접점의 불꽃을 소거하거나 반도체 정류기・트랜지스터 등의 서지전압(surge voltage)으로부터의 보호에 사용한다.

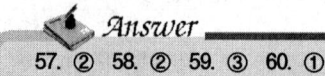
57. ② 58. ② 59. ③ 60. ①

CBT 기출 복원문제

승강기기능사

01 엘리베이터가 최종 단층을 통과하였을 때 구동기를 신속하게 정지시키며, 운행을 불가능하게 하는 장치는?
① 피트 정지 스위치
② 파이널 리미트 스위치
③ 종단층 강제 감속장치
④ 추락방지안전장치(비상정지장치)

☞ **파이널 리미트 스위치**
• 파이널 리미트 스위치는 카가 완충기에 충돌 전에 작동해야 한다.
• 파이널 리미트 스위치는 우발적인 작동의 위험이 없이 가능한 한 최상층 및 최하층에 근접하여 작동하도록 설치되어야 한다.
• 유압식 엘리베이터의 경우 주행로의 최상부에서만 작동하여야 한다.
• 권상 및 포지티브 엘리베이터의 경우 주행로의 최상부 및 최하부에서도 작동하여야 한다.

02 카에는 자동으로 재충전되는 비상전원공급장치에 의해 몇 lx 이상의 조도로 몇 시간 동안 전원이 공급되는 비상등이 있어야 하는가?
① 2lx, 1시간   ② 2lx, 2시간
③ 5lx, 1시간   ④ 5lx, 2시간

☞ 카에는 자동으로 재충전되는 비상전원공급장치에 의해 5lx 이상의 조도로 1시간 동안 전원이 공급되는 비상등이 있어야 한다. 이 비상등은 정전등으로 전원공급이 차단되면 자동으로 점등되어야 한다.

03 카의 추락방지안전장치(비상정지장치)가 작동할 때 균형추나 와이어로프 등이 관성에 의해 튀어오르는 것을 방지하기 위해 설치하는 장치는?
① 과전류차단기
② 과부하방지장치
③ 개문출발 방지장치
④ 록다운 비상정지장치

☞ **록다운 비상정지장치**
비상정지장치 작동 시 균형추나 와이어로프 등이 관성으로 상승하는 것을 방지하기 위해 설치한다. 속도는 210m/min 이상에 설치한다.

04 소방구조용(비상용) 엘리베이터에 대한 설명으로 맞는 것은?
① 소방운전 시 모든 승강장의 출입구마다 정지할 수 있어야 한다.
② 승강로 및 기계실 조명은 어떠한 경우에도 수동으로만 점등되어야 한다.
③ 승강장 문이 여러 개일 경우 방화구획된 로비가 하나 이상의 승강장문 전면에 위치해야 한다.
④ 소방관 접근 지정층에서 소방관이 조작하여 엘리베이터 문이 닫힌 이후부터 90초 이내 가장 먼 층에 도착되어야 한다.

☞ • 비상용 엘리베이터는 화재 발생 시 소방관의 직접적인 조작 아래에서 사용된다.
• 비상용 엘리베이터는 소방운전 시 모든 승강장의 출입구마다 정지할 수 있어야 한다.

05 균형추 또는 평행추에 추락방지안전장치를 설치해야 하는 경우로 맞는 것은?

Answer
1. ② 2. ③ 3. ④ 4. ① 5. ③

① 균형추의 무게가 2000kg을 초과하는 경우
② 균형추측에 유입완충기의 설치가 불가능한 경우
③ 승강로의 피트 하부 상시 출입 통로로 사용하는 경우
④ 엘리베이버의 정격속도가 300m/min를 초과하는 엘리베이터

☞ 승강로의 피트 하부 상시 출입 통로로 사용하는 경우 균형추 또는 평행추에 추락방지안전장치를 설치해야 한다.

06 기계실 작업공간의 바닥면은 몇 lx 이상을 밝히는 영구적으로 설치된 조명이 있어야 하는가?
① 5   ② 50
③ 100 ④ 200

☞ • 기계실의 작업공간의 바닥면은 200lx
  • 작업공간 간의 이동공간의 바닥면은 50lx

07 다음 중 카의 상승과속방지장치가 작동될 수 있는 장치가 아닌 것은?
① 카   ② 균형추
③ 완충기 ④ 권상도르래

☞ 카의 상승과속방지장치의 작동 장치
카, 균형추, 권상 도르래, 로프 시스템 등

08 기계실 작업구역의 유효 높이는 최소 몇 m 이상이어야 하는가?
① 1.6   ② 1.8
③ 2.1   ④ 2.5

☞ 기계실 작업구역의 유효 높이는 최소 2.1m 이상이어야 한다.

09 엘리베이터 안전기준상 승강로 출입문의 크기 기준으로 맞는 것은?
① 높이 1.5m 이상, 폭 0.5m 이상
② 높이 1.5m 이상, 폭 0.7m 이상
③ 높이 1.8m 이상, 폭 0.5m 이상
④ 높이 1.8m 이상, 폭 0.7m 이상

☞ 승강로 출입문의 크기
높이 1.8m 이상, 폭 0.7m 이상

10 트랙션비(Traction Ratio)에 대한 설명으로 맞는 것은?
① 카측 로프에 걸린 중량과 균형추측 로프에 걸린 중량의 합을 말한다.
② 무부하와 전부하 상태 모두 측정하여 트랙션비는 1.0 이하이어야 한다.
③ 카측과 균형추측의 중량 차이를 크게 할수록 로프의 수명이 길어진다.
④ 일반적으로 트랙션비가 작으면 전동기의 출력을 작게 할 수 있다.

☞ 트랙션비
• 케이지측 로프가 매달리고 있는 중량과 균형추측 로프가 매달리고 있는 중량의 비
• 승강행정이 길어지면 트랙션비가 커지고, 트랙션비가 1.35를 넘으면 시브에서 미끄러진다.
• 마찰력이 작아야 로프의 수명이 길어진다.
• 트랙션비를 작게 조절하면 전동기 출력을 줄일 수 있다.

11 권상기 주도르래의 로프홈으로 언더컷형을 사용하는 이유로 가장 적절한 것은?
① 마모를 줄이기 위하여
② 로프의 직경을 줄이기 위하여
③ 트랙션 능력을 키우기 위하여
④ 제조 시 가공을 용이하게 하기 위하여

Answer
6. ④ 7. ③ 8. ③ 9. ④ 10. ④ 11. ③

> 언더컷(홈의 밑을 도려낸)형 사용 목적
> - 로프와 시브의 마찰계수(트랙션)를 높이기 위한 것이다.
> - 로프 마모율이 비교적 심하다.
> - 주로 싱글 래핑(1 : 1 로핑)에 사용된다.

12 소방구조용 엘리베이터의 운행 속도는 최소 몇 m/s 이상이어야 하는가?

① 0.5 ② 1
③ 2   ④ 5

> 소방구조용 엘리베이터
> - 운행 속도는 최소 1m/s 이상이어야 한다.
> - 크기는 정격하중 630kg, 폭 1100mm, 깊이 1400mm 이상이어야 한다.
> - 출입구 유효폭은 800mm 이상이어야 한다.
> - 소방관이 조작하여 엘리베이터 문이 닫힌 후 60초 이내에 가장 먼 층에 도착하여야 한다.

13 일반적으로 기계실이 있는 엘리베이터에서 기계실에 설치되는 부품은?

① 완충기   ② 균형추
③ 과속조절기   ④ 리미트 스위치

> 과속조절기
> - 엘리베이터에서 과속이 발생한 경우 과속의 기계적 검출장치
> - 카와 같은 속도로 움직이는 장치로 카의 속도를 기계적인 동작으로 항상 감시

14 무빙워크의 공칭속도가 0.75m/s인 경우의 정지거리는?

① 0.30m부터 1.50m까지
② 0.40m부터 1.50m까지
③ 0.40m부터 1.70m까지
④ 0.50m부터 1.50m까지

> 무빙워크의 정지거리

공칭속도(V)	정지 거리
0.50m/s	0.20m에서 1.00m 사이
0.65m/s	0.30m에서 1.30m 사이
0.75m/s	0.40m에서 1.50m 사이
0.90m/s	0.55m에서 1.70m 사이

15 정격하중 1000kgf, 카의 중량 900kgf, 속도가 90m/min인 승강기를 오버밸런스를 40%로 설정할 균형추의 무게는?

① 1300   ② 1400
③ 1500   ④ 1600

> 균형추 무게
> =카 하중+(정격하중×오버밸런스율)
> =900+(1000×0.4)=1300kgf

16 건물 내에 승강기를 분산배치하지 않고, 집중배치할 경우 발생할 수 있는 현상이 아닌 것은?

① 운전능률 향상
② 설비 투자비용 절감
③ 승객의 대기시간 단축
④ 승객의 망설임현상 발생

> 승강기의 집중배치 시 운전효율이 좋아지고, 대기시간이 단축되며, 설치 비용이 줄어든다.

17 승강기의 안전검사 중 정기검사의 경우 기본적으로 검사 주기는 몇 년 이내여야 하는가?

① 1년   ② 2년
③ 3년   ④ 4년

> 승강기의 정기검사
> - 설치검사 후 정기적으로 하는 검사를 말하며, 검사주기는 2년으로 하되, 행정안전부령으로 정하는 바에 따라 승강기별로 검사 주기를 달리할 수 있다.
> - 설치검사를 받은 날부터 15년이 지난 경우

Answer
12. ② 13. ③ 14. ② 15. ① 16. ④ 17. ②

정밀안전검사를 받아야 한다.
• 설치검사를 받은 날부터 25년이 지난 승강기의 정기검사의 주기는 직전 정기검사를 받은 날부터 6개월이다.

18 유압식 엘리베이터에 사용되는 체크 밸브의 역할은?

① 오일의 역류하는 것을 방지한다.
② 오일에 있는 이물질을 걸러낸다.
③ 오일을 하강 방향으로만 흐르게 한다.
④ 오일의 최대 압력을 일정 압력 이하로 관리한다.

👉 체크 밸브
유체를 한쪽 방향으로만 흐르게 하는 밸브로, 카의 정지나 운행 중 오일이 역류해 카가 역행하는 것을 방지하는 밸브이다.

19 승강장 도어와 문틀 사이의 여유 간격은 몇 mm 이하이어야 하는가?

① 6   ② 8
③ 10   ④ 12

👉 승강장 도어와 문틀 사이의 여유 간격은 6mm 이하이어야 한다.

20 에이프런의 수직 부분의 높이는 몇 m이어야 하는가?

① 0.6   ② 0.65
③ 0.7   ④ 0.75

👉 에이프런의 수직 부분의 높이는 0.75m 이상이어야 한다. 다만, 주택용 엘리베이터의 경우에는 0.54m 이상이어야 한다.

21 엘리베이터의 과부하 감지장치에 대한 설명으로 틀린 것은?

① 작동하면 부저가 울린다.
② 과부하가 제거되면 작동이 멈추게 된다.
③ 주행 중에도 작동하면 카를 멈추게 한다.
④ 정격적재하중보다 많이 적재하면 작동한다.

👉 과부하 감지장치
• 과부하 감지 시 문은 개방되어야 한다.
• 부저 및 점등으로 이용자에게 알려야 한다.
• 과부하 감지가 해제되면 자동 운행되어야 한다.

22 승강장 도어 인터록에 대한 설명으로 옳은 것은?

① 카 도어의 열림을 방지하는 안전장치이다.
② 도어 스위치의 접점이 떨어진 후에 도어록이 열리는 구조이어야 한다.
③ 신속한 승객 구출을 위해 일반 공구를 사용하여 열 수 있어야 한다.
④ 도어록이 확실히 걸리면 스위치의 접점이 떨어져도 카는 움직여야 한다.

👉 도어 인터록
닫힐 때는 도어락이 먼저 걸린 후 스위치가 들어가고, 열릴 때는 도어 스위치가 끊어진 후 도어록이 열리는 구조이다.

23 전기식 엘리베이터 자체점검 중 피트에서 하는 점검항목에서 과부하 감지장치에 대한 점검주기(회/월)는?

① 1/1   ② 1/3
③ 1/4   ④ 1/6

👉 과부하 감지장치의 점검주기는 월 1회이다.

24 엘리베이터를 신호방식에 따라 분류할 때 먼저 눌러져 있는 버튼의 호출에 응답하

Answer
18. ① 19. ① 20. ④ 21. ③ 22. ② 23. ① 24. ③

고, 그 운전이 완료될 때까지 다른 호출을 일체 받지 않은 방식은?

① 군관리 방식
② 승합 전자동식
③ 단식 자동방식
④ 하강 승합 전자동식

☞ ① 군관리 방식 : 엘리베이터가 3~8대가 병설될 때 각각의 카가 합리적으로 운행, 관리하는 방식이다.
② 승합 전자동식 : 승강장에 버튼이 2개 있으며 동시에 기억시킬 수 있다. 카의 진행 방향의 누름버튼과 승강장의 버튼에 응답하면서 작동한다.
④ 하강 승합 전자동식 : 2층 이상의 승강장에는 내림 버튼만 있고, 중간층에서 윗방향으로 올라갈 때는 1층까지 내려갔다가 다시 버튼을 눌러야 올라간다.

25 소방구조용 엘리베이터의 안전기준 중 괄호 안에 들어갈 수치는?

> 소방운전 시 건축물에 요구되는 2시간 이상 동안 소방 접근 지정층을 제외한 승강기의 전기·전자장치는 0℃에서 ( )℃까지의 주위 온도 범위에서 정상적으로 작동될 수 있도록 설계한다.

① 45　　　　② 55
③ 65　　　　④ 75

☞ 비상용 엘리베이터의 전기·전자 조작장치 및 표시기는 구조물에 요구되는 기간 동안(2시간 이상) 0℃에서 65℃까지의 주위 온도 범위에서 작동될 때 카가 위치한 곳을 감지할 수 있도록 기능이 지속되어야 한다.

26 엘리베이터 보호난간의 안전기준으로 틀린 것은?

① 보호난간은 손잡이와 보호난간의 1/2 높이에 있는 중간 봉으로 구성되어야 한다.
② 보호난간은 카 지붕의 가장자리로부터 0.15m 이내에 위치되어야 한다.
③ 보호난간의 손잡이 바깥쪽 가장자리와 승강로의 부품(균형추 또는 평행추, 스위치, 레일, 브래킷 등) 사이의 수평거리는 0.1m 이상이어야 한다.
④ 보호난간 상부의 어느 지점마다 수직으로 1000N의 힘을 수평으로 가할 때, 30mm를 초과하는 탄성 변형 없이 견딜 수 있어야 한다.

☞ • 보호난간 상부의 어느 지점마다 수직으로 1000N의 힘을 수평으로 가할 때, 50mm를 초과하는 탄성 변형 없이 견딜 수 있어야 한다.
• 보호난간의 손잡이 안쪽 가장자리와 승강로의 벽 사이의 수평거리가 0.5m 이하이면 0.7m이고, 0.5m 이상이면 1.1m로 한다.

27 주행안내 레일의 규격을 결정하기 위한 고려사항으로 거리가 가장 먼 것은?

① 지진 발생 시 전달되는 수평 진동력
② 추락방지안전장치의 작동에 따른 좌굴 하중
③ 불균형한 큰 하중 적재에 따른 회전 모멘트
④ 카의 급강하시 작동하는 완충기의 행정 거리

☞ **가이드 레일의 규격 결정 요소**
• 수평 진동력 : 지진 발생 시
• 좌굴하중 : 비상정지장치 작동 시
• 회전 모멘트 : 하중에 대한 평행 유지

28 기계식 주차장치에서 여러 층으로 배치되

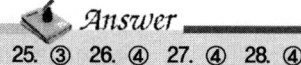
25. ③　26. ④　27. ④　28. ④

···123

어 있는 고정된 주차구획에 위·아래 및 옆으로 이동할 수 있는 운반기에 의하여 자동차를 자동으로 운반 이동하여 주차하도록 설계된 주차장치는?

① 승강기식 주차장치
② 평면왕복식 주차장치
③ 수직순환식 주차장치
④ 승강기 슬라이드식 주차장치

☞ ① 승강기식 : 여러 층의 고정된 구차구획에 상하로 움직일 수 있는 운반기에 자동차를 주차시키는 방식
② 평면왕복식 : 평면에 고정된 주차구획에 운반기로 자동차를 주차시키는 방식
③ 수직순환식 : 주차설비는 자동차를 넣고 그 주차구획을 수직으로 순환시켜 주차시키는 방식

29 베어링 메탈 재료의 구비 조건으로 적절하지 않은 것은?

① 내식성이 좋아야 한다.
② 열전도도가 좋아야 한다.
③ 축의 재료보다 단단해야 한다.
④ 축과의 마찰계수가 작아야 한다.

☞ 베어링의 표면이 너무 단단하면 표면에 부착된 작은 입자가 저널에 닿아서 저널의 표면을 손상시킨다.

30 정전 시 램프 중심으로부터 2m 떨어진 수직면상의 조도는 몇 lx 이상이어야 하는가?

① 100   ② 50
③ 10   ④ 2

☞ 정상 조명전원이 차단될 경우에는 2lx 이상의 조도로 1시간 동안 전원이 공급될 수 있는 자동 재충전 예비전원공급장치가 있어야 하며, 이 조명은 정상 조명전원이 차단되면 자동으로 즉시 점등되어야 한다. 측정은 다음과 같은 곳에서 이루어져야 한다.
• 호출버튼 및 비상통화장치 표시
• 램프중심부로부터 2m 떨어진 수직면상

31 엘리베이터에 사용되는 와이어로프 중 소선의 표면에 아연도금을 실시한 로프로 다습한 환경에 설치하는 것은?

① E종   ② G종
③ A종   ④ B종

☞ 소선 강도에 의한 분류

구분	파단하중	특징
E종	135	엘리베이터용으로 특성상 와이어로프의 반복되는 굴곡횟수가 많으며, 시브의 마찰력에 의해 구동되기 때문에 강도는 다소 낮더라도 유연성을 좋게 하여 소성이 잘 파단되지 않고, 시브의 마모가 적게 되도록 한 것이다.
G종	150	소선의 표면에 아연도금을 한 것으로, 녹이 쉽게 나지 않아 습기가 많은 곳에 적당하다.
A종	165	㉠ 파단강도가 높기 때문에 초고층용 엘리베이터나 로프 본수를 적게 하고자 할 때 사용된다. ㉡ E종보다 경도가 높기 때문에 시브의 마모에 대한 대책이 필요하다.
B종	180	강도와 경도가 A종보다 높아 엘리베이터용으로 사용되지 않는다.

32 엘리베이터가 피난운전 시 특정 안전장치를 제외하고는 기본적으로 모두 작동상태여야 한다. 여기서 제외되는 안전장치는 다음 중 무엇인가?

① 문닫힘 안전장치
② 과부하 감지장치
③ 추락방지 안전장치
④ 상승과속 방지장치

☞ 열이나 연기에 의해 영향을 받을 수 있는 문닫힘 안전장치는 도어가 닫힐 수 있도록 작동

Answer
29. ③ 30. ④ 31. ② 32. ①

하지 않게 하여야 한다.

33 하인리히 재해 발생 5단계 중 3단계에 해당하는 것은?
① 불안전한 행동 또는 불안전한 상태
② 사회적 환경 및 유전적 요소
③ 관리의 부재
④ 사고

> **하인리히(Heinrich)의 재해 발생 5단계**
> • 제1단계 : 사회적 환경과 유전적 요소 (social environment and inherit)
> • 제2단계 : 개인적 결함(personal faults)
> • 제3단계 : 불안전 행동/상태 (Unsafe Act & Condition)
> • 제4단계 : 사고(accident)
> • 제5단계 : 재해(disaster)

34 일주시간이 120초이고, 승객수가 12명일 경우 엘리베이터의 5분간 수송능력은?
① 40명 ② 30명
③ 20명 ④ 10명

> 수송능력 = $\dfrac{5 \times 60 \times 12}{120}$ = 30명

35 엘리베이터의 매다는 장치에 관한 기준으로 틀린 것은?
① 로프 또는 체인 등의 가닥수는 2가닥 이상이어야 한다.
② 공칭직경이 8mm 이상이고, 3가닥 이상의 로프에 의해 구동되는 권상 구동 엘리베이터의 경우 안전율이 12 이상이어야 한다.
③ 3가닥 이상의 6mm 이상 8mm 미만의 로프에 의해 구동되는 권상 구동 엘리베이터의 경우 안전율이 14 이상이어야 한다.
④ 매다는 장치 끝부분은 자체 조임 쐐기형 소켓, 압착링 매듭법, 주물 단말처리에 의한 카, 균형추/평행추 또는 구멍에 꿰어 맨 매다는 장치 마감 부분의 지지대에 고정되어야 한다.

> **매다는 장치의 안전율**
> • 2가닥 이상의 로프에 의해 구동되는 권상 구동 엘리베이터의 경우 : 16 이상
> • 3가닥 이상의 6mm 이상 8mm 미만의 로프에 의해 구동되는 권상 구동 엘리베이터의 경우 : 16 이상
> • 3가닥 이상의 로프에 의해 구동되는 권상 구동 엘리베이터의 경우 : 12 이상
> • 로프가 있는 드럼 구동 및 유압식 엘리베이터의 경우 : 12 이상
> • 체인에 의해 구동되는 엘리베이터의 경우 : 10 이상

36 엘리베이터용 승강장 도어 표기를 "2S"라고 할 때 의미는?
① 2 : 도어의 형태, S : 중앙 열림
② 2 : 도어의 매수, S : 중앙 열림
③ 2 : 도어의 형태, S : 측면 열림
④ 2 : 도어의 매수, S : 측면 열림

> 2 : 도어의 매수, S(side) : 측면 열림

37 카 내부에 통화장치를 설치하는 목적은?
① 보수를 편리하게 하기 위해
② 카 내 상황을 감시하기 위해
③ 기계실과 카 내의 연락을 위해
④ 카 내에서의 위급상황 등을 외부에 연락하기 위해

> 카 내 통화장치는 카 내의 긴급상황 등을 외부에 연락하기 위해 설치한다.

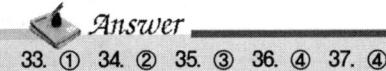
33. ① 34. ② 35. ③ 36. ④ 37. ④

38 에스컬레이터의 보조 브레이크는 속도가 공칭속도의 몇 배의 값을 초과하기 전에 유효해야 하는가?

① 1.0　　② 1.2
③ 1.4　　④ 1.6

👉 에스컬레이터의 보조 브레이크는 공칭속도의 1.2배 초과 전에 과속을 감지할 수 있어야 하고 역행 운전을 즉시 감지할 수 있어야 한다. 그리고 속도가 공칭속도의 1.4배의 값을 초과하기 전에 또는 디딤판 또는 벨트가 현재 운행 방향에서 운행 방향이 바뀌는 순간 작동되어야 한다.

39 에스컬레이터의 데마케이션은 승강장에서 스텝 뒤쪽 끝부분을 일반적으로 어떤 색상으로 표시하는가?

① 적색　　② 황색
③ 청색　　④ 녹색

👉 데마케이션은 승강장에서 스텝 뒤쪽 끝부분은 황색으로 표기하여 설치한다.

40 카의 운전조작방식에 의한 분류에 속하지 않은 것은?

① 군관리 방식　　② 단식 자동식
③ 승합 자동식　　④ 인버터 제어방식

👉 **카의 운전조작방식에 의한 분류**
- 운전원 방식 : 카 스위치 방식, 시그널 컨트롤 방식, 레코드 컨트롤 방식
- 무 운전원 방식 : 단식 자동제어방식, 하강 승합 자동식, 승합 자동식
- 복수 승강기 조작방식 : 군승합 자동식, 군관리 방식

41 금속재료를 압축하여 눌렀을 때 넓게 퍼지는 성질은?

① 인성　　② 연성
③ 취성　　④ 진성

👉 ① 인성 : 잡아당기는 힘에 견디는 성질
② 연성 : 파괴되지 않고 늘어나는 성질
③ 취성 : 재료가 외력에 의해 영구변형을 하지 않고 파괴되거나 극히 일부만 영구변형하고 파괴되는 성질

42 에스컬레이터 또는 무빙워크의 스커트가 디딤판(스텝) 측면에 위치한 경우 수평 틈새는 각 측면에서 최대 몇 mm이어야 하는가?

① 1　　② 2
③ 3　　④ 4

👉 에스컬레이터 디딤판과 스커트 가드와의 틈새는 승강로의 총길이에 걸쳐서 한쪽이 4mm 이하이어야 하고, 양쪽을 합쳐서 7mm 이하이어야 한다.

43 유압 펌프 중 용적형 펌프가 아닌 것은?

① 기어 펌프　　② 베인 펌프
③ 터빈 펌프　　④ 피스톤 펌프

👉 **용적형 펌프의 종류**
- 왕복식 : 버킷 펌프, 피스톤 펌프, 플린저 펌프, 다이어프램 펌프
- 회전식 : 기어 펌프, 나사 펌프, 베인 펌프, 자생 펌프

44 유압 작동유의 조건으로 틀린 것은?

① 압축성이 있어야 한다.
② 열을 방출시킬 수 있어야 한다.
③ 장시간 사용해도 화학적으로 안정하여야 한다.
④ 장치의 운전유온범위에서 회로 내를 유연하게 행동할 수 있는 적절한 점도가 유지되어야 한다.

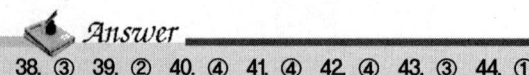

Answer
38. ③　39. ②　40. ④　41. ④　42. ④　43. ③　44. ①

👉 **유압 작동유**
유압 시스템에서 동력을 전달하는데 사용하는 액체로 구비 조건은 다음과 같다.
- 운전온도 범위에서 적절한 점도를 유지할 것
- 연속 사용해도 화학적, 물리적 성질의 변화가 적을 것
- 녹이나 부식 발생을 방지할 수 있을 것
- 비압축성일 것

45 균형로프 및 균형체인의 기능으로 옳은 것은?
① 균형추의 무게 보상
② 카의 수평 밸런스를 개선
③ 카와 균형추의 무게를 조정
④ 승강행정이 긴 경우 주로프의 무게를 보상

👉 **균형로프 및 균형체인의 기능**
- 물체를 일정한 높이에 균형을 이루며 안정적으로 고정시키는 역할
- 승강행정이 긴 경우 주로프의 무게를 보상하여 안정성을 높인다.

46 가이드 레일을 감싸고 있는 블록과 레일 사이의 롤러를 물려서 카를 정지시키는 비상정지장치는?
① F.G.C형   ② F.W.C형
③ 점차작동형   ④ 즉시작동형

👉 ㉠ 점진식 비상정지장치 : 60m/min 이상에 사용
- 플렉시블 웨지 클램프(F.W.C) : 레일을 죄는 힘이 처음에는 약하고 하강함에 따라 강해지다가 얼마 후 일정하다.
- 플렉시블 가이드 클램프(F.G.C) : 레일을 죄는 힘이 처음부터 끝까지 일정하다.
㉡ 순간식(즉시) 비상정지장치 : 카를 순간적으로 일시 정지시키는 장치로 45m/min 이하에 사용
- 롤러식 : 레일을 감싸고 있는 블록과 레일 사이에 롤러를 물려 카를 정지시킨다.
- 슬랙 로프 세이프티 : 로프에 걸리는 장력이 없어져 로프의 처짐 현상이 생길 때 즉시 동작한다. 유압식 엘리베이터에서 사용된다.

47 엘리베이터용 가이드 레일을 설치할 때 가이드 레일의 허용응력은 몇 kg/cm²를 적용하는가?
① 2000   ② 2400
③ 2600   ④ 2800

👉 **가이드 레일의 허용응력**
원칙적으로 2400kg/cm²이어야 한다.

48 펌프의 캐비테이션 방지대책으로 틀린 것은?
① 펌프의 설치 위치를 높인다.
② 회전수를 낮추어 흡입 비교회전도를 낮게 한다.
③ 단흡입 펌프 대신 양흡입 펌프를 사용한다.
④ 펌프의 흡입관 손실을 작게 한다.

👉 **펌프의 캐비테이션 방지대책**
- 펌프의 회전수를 작게 한다.
- 펌프의 설치 위치를 낮춘다.
- 흡입관경을 크게 하고, 길이를 짧게 한다.
- 양흡입 펌프를 사용한다.

49 장애인용 엘리베이터의 호출버튼, 조작반, 통화장치 등 승강기의 안팎에 설치되는 모든 스위치의 높이는?
① 바닥면으로부터 0.8m 이상 1.2m 이하
② 바닥면으로부터 0.9m 이상 1.3m 이하
③ 바닥면으로부터 1.0m 이상 1.4m 이하
④ 바닥면으로부터 1.2m 이상 1.5m 이하

Answer
45. ④ 46. ④ 47. ② 48. ① 49. ①

👉 장애인용 엘리베이터의 모든 스위치 높이는 바닥면으로부터 0.8m 이상 1.2m 이하에 설치한다. 다만, 스위치 수가 많아 1.2m 이내에 설치가 곤란한 경우 1.4m까지 가능하다.

50 에스컬레이터의 안전장치가 아닌 것은?
① 오일 완충기　② 스커드 가드
③ 핸드레일　　④ 인레트 스위치

👉 오일 완충기는 엘리베이터의 안전장치이다.

51 드릴로 뚫은 구멍의 내면을 매끈하고 정밀하게 가공하는 것은?
① 줄 가공　　② 탭 가공
③ 리머 가공　④ 다이스 가공

👉 리머 가공(리밍)
구멍의 내면을 매끈하고 정밀하게 가공한다.

52 다음 중 각도 측정기는?
① 사인바
② 마이크로미터
③ 하이트게이지
④ 버니어캘리퍼스

👉 각도 측정기
각도 게이지, 컴비네이션베벨, 사인바, 테이퍼 게이지, 만능각도기, 분할대

53 일반적으로 유량측정기기에 해당되는 것은?
① 비토 정압관　② 피토관
③ 시차 액주계　④ 벤투리미터

👉 벤투리미터
확대관 또는 축소관의 압력 차이를 이용하여 유량을 구할 수 있는 액주계

54 다음 중 버니어캘리퍼스로 측정할 수 없는 것은?
① 구멍의 내경
② 구멍의 깊이
③ 축의 편심량
④ 공작물의 두께

👉 버니어캘리퍼스
• 고정된 어미자와 움직이는 아들자로 구성되어 있으며, 아들자를 움직여 움직인 길이를 측정한다.
• 일반적인 길이 측정뿐 아니라 철판의 두께, 또는 틈 사이의 간격이나 파이프의 직경이나 내경, 파인 구멍의 깊이 따위도 측정할 수 있다.

55 용접 이음의 장점이 아닌 것은?
① 자재가 절약된다.
② 공정수가 증가한다.
③ 이음 효율이 향상된다.
④ 기밀 유지성능이 좋다.

👉 용접 이음의 장점
• 설계의 자유성이 있고, 자재비가 저렴하다.
• 재료가 절감된다.
• 강판두께에 제한이 없다.
• 제작 속도가 빠르고, 작업 능률이 좋다.
• 이음 효율이 좋다.

56 피드백 제어계 중 물체의 위치, 방위, 자세 등의 기계적 변위를 제어량으로 하는 것은?
① 서보기구(servo mechanism)
② 프로세서 제어(process control)
③ 자동조정(automatic regulation)
④ 프로그램 제어(program control)

👉 서보기구 제어
제어량이 기계적인(위치, 방위 자세, 각도, 거리) 추치 제어이다.

Answer
50. ①　51. ③　52. ①　53. ④　54. ③　55. ②　56. ①

57 제어된 제어대상의 양, 즉 제어계의 출력을 무엇이라고 하는가?
① 목표값　　② 조작량
③ 동작신호　　④ 제어량

☞ **제어량**
제어계의 출력으로서 제어대상에서 만들어진 값이다.

58 시퀀스 제어에 관한 설명으로 틀린 것은?
① 조합 논리회로도 사용된다.
② 미리 정해진 순서에 의해 제어된다.
③ 입력과 출력을 비교하는 장치가 필수적이다.
④ 일정한 논리에 의해 제어된다.

☞ **시퀀스 제어**
미리 정해진 순서대로 순차적으로 진행되는 제어(교통 신호등, 커피자판기 등)

59 발전기의 유기기전력의 방향과 관계가 있는 법칙은?
① 플레밍의 왼손법칙
② 플레밍의 오른손법칙
③ 패러데이 법칙
④ 암페어의 법칙

☞ **플레밍의 오른손법칙**
도체의 운동에 의한 전자유도로 생기는 기전력의 방향을 알기 위한 법칙
• 엄지손가락 : 도체의 운동방향
• 검지손가락 : 자기장의 방향
• 중지손가락 : 유도전류의 방향

60 전선의 굵기를 산정할 때 우선적으로 고려하여야 할 사항으로 거리가 먼 것은?
① 전압강하　　② 접지저항
③ 허용전류　　④ 기계적 강도

☞ **전선의 굵기 산정 시 고려사항**
• 전압강하
• 허용전류
• 기계적 강도

Answer
57. ④　58. ③　59. ②　60. ②

memo

승강기기능사 필기 과년도 3주 완성

1판 1쇄 발행 2015. 1. 30	6판 1쇄 발행 2020. 1. 10
2판 1쇄 발행 2016. 1. 5	7판 1쇄 발행 2021. 1. 5
3판 1쇄 발행 2017. 1. 5	8판 1쇄 발행 2022. 1. 5
4판 1쇄 발행 2018. 1. 5	9판 1쇄 발행 2025. 2. 15
5판 1쇄 발행 2019. 1. 15	

저 자 이영민·정재복
펴낸이 김주성
펴낸곳 도서출판 엔플북스
주 소 경기도 남양주시 오남읍 진건오남로797번길 31. 101동 203호(오남읍, 현대아파트)
전 화 (031)554-9334
F A X (031)554-9335

등 록 2009. 6. 16 제398-2009-000006호

저자
협의하에
인지생략

정가 **22,000**원
ISBN 978-89-6813-415-9 13550

※ 파손된 책은 교환하여 드립니다.
　 본 도서의 내용 문의 및 궁금한 점은 저희 카페에 오셔서 글을 남겨주시면 성의껏 답변해 드리겠습니다.
　 http : //cafe.daum.net/enplebooks